U0415617

含能材料译丛

含能材料
——从设计到销毁

Energetic Materials: From Cradle to Grave

【美】马诺·K. 舒克拉（Manoj K. Shukla）
【美】韦拉·M. 伯德度（Veera M. Boddu）
【美】杰弗里·A. 史蒂文斯（Jeffery A. Steevens） 著
【美】雷迪·达马瓦拉普（Reddy Damavarapu）
【美】耶日·莱斯钦斯基（Jerzy Leszczynski）

庞爱民 黎小平 等译

国防工业出版社
·北京·

著作权合同登记　图字:军-2021-036号

First published in English under the title
Energetic Materials: From Cradle to Grave
edited by Manoj Shukla, Veera M. Boddu, Jeffery A. Steevens, Reddy Damavarapu and Jerzy Leszczynski

图书在版编目(CIP)数据

含能材料:从设计到销毁/(美)马诺·K.舒克拉(Manoj K. Shukla)等著;庞爱民等译.—北京:国防工业出版社,2022.2
(含能材料译丛)
书名原文:Energetic Materials: From Cradle to Grave
ISBN 978-7-118-12483-5

Ⅰ.①含…　Ⅱ.①马…　②庞…　Ⅲ.①功能材料-研究　Ⅳ.①TB34

中国版本图书馆CIP数据核字(2022)第005655号

※

国防工业出版社出版发行
(北京市海淀区紫竹院南路23号　邮政编码100048)
三河市腾飞印务有限公司印刷
新华书店经售

*

开本 710×1000　1/16　插页7　印张28½　字数510千字
2022年2月第1版第1次印刷　印数1—2000册　定价218.00元

(本书如有印装错误,我社负责调换)

国防书店:(010)88540777　　书店传真:(010)88540776
发行业务:(010)88540717　　发行传真:(010)88540762

译 者 序

含能材料是推进剂战斗部弹药和烟火药的关键原材料，是构建国家核威胁力和实战能力的一项重要前沿技术，其性能决定着武器系统和航天动力系统的综合性能，受到了世界各国的广泛关注。

本书是施普林格公司出版的《计算化学与物理挑战与进展》丛书中的一本。研究内容包括含能材料的设计、合成、计算、模拟、应用，以及相关的降解机制、环境影响和土壤转化等方面，涵盖了含能材料整个生命周期；探讨了应用分子设计、QSPR 模型、计算模拟等先进方法突破高性能、低感度的含能材料的设计、合成和应用的瓶颈技术的基本理论和方法。因此，从事宇航动力系统、武器装备系统、能源与环境系统等领域研究人员可以参考。

本书由中国航天科技集团有限公司第四研究院第四十二研究所组织翻译、校对和审核工作，翻译人员有庞爱民（第 1~4 章）、黎小平（第 5~8 章）、席文杰（第 9~10 章）、苏昊天（第 11~12 章）、魏荣梅（第 13 章）。校对人员有黎小平、代志龙。全书由中国航天科技集团有限公司第四研究院第四十二研究所所长庞爱民研究员总审定，并由庞爱民、黎小平统稿。

本书的翻译出版得到了中国航天科技集团有限公司科技委侯晓院士的大力推荐，中国航天科技集团有限公司第四研究院科技委副主任张小平研究员给予了热情指导。

我们对所有关心和帮助本书中文版翻译出版的同行表示诚挚的谢意。我们还要感谢国防工业出版社对本书的出版提供的帮助。

由于水平有限，虽几经易稿和修改，翻译中错误和疏漏之处在所难免，敬请读者指正。

译 者

2021 年 12 月

前　言

很高兴借此机会为读者带来《含能材料——从设计到销毁》,本书是“计算化学与物理学的挑战及进展”系列丛书中的一册,讲述了弹药化合物生命周期评价技术的最新进展,使实验和理论研究人员得以共享学术成果。本书共分为13章,在内容上涉及面较广,包括弹药的设计与研制、纳米材料在弹药中的应用、归趋和迁移,以及弹药引发的毒性等。

第1章“高性能、低感度的可行性研究”(由 Politzer 和 Murray 撰写)讨论了高性能、低感度弹药(钝感弹药)的设计与研制;高性能、低感度弹药的特性;高性能、低感度这一目标是否能实现及实现途径。第2章“枪炮发射药的研制进展:从分子到材料”(由 Rozumov 撰写)对发射药的研制进展进行了综述,包括对震动、热刺激具有低感度的发射药配方制备。第3章“QSPR模型在含能材料设计及安全性研究中的应用”(由 Fayet 和 Rotureau 撰写)主要介绍了定量结构性能关系(QSPR)模型在弹药化合物设计和研制中的应用,包括各种性能的预测等。含能聚合物具有温度和压力稳定、少烟等优势,因此具有良好的应用前景。第4章“含能聚合物的合成与应用”(由 Paraskos 撰写)回顾了含能聚合物的合成和应用进展。纳米金属粉体具有大比表面积和高活性,可用作高性能自燃材料。第5章“自燃纳米材料”(由 Haines 等人撰写)对自燃泡沫等纳米自燃材料的研究进展及各项安全防护措施进行了综述。

推进剂燃速数据在火箭发动机设计中发挥着重要作用。第6章“高氯酸铵复合推进剂火焰结构与燃速的关系”,Isert 和 Son 对高氯酸铵复合推进剂火焰结构与燃速的关系进行了评价。皮卡汀尼兵工厂破片法(PAFRAG)用于评价破片弹的杀伤力及安全间隔距离,无须进行高成本的靶场破片试验,该方法的基本原理及应用在第7章中进行了阐述。第8章“复合高爆炸药冲击起爆的晶粒级模拟”,Austin 等详细描述了单晶和多晶仿真的应用,这有助于理解含能材料的安全特性响应及具体的化学物理过程。第9章“气溶胶法制备含能金属纳米粒子的归趋、迁移和演化的计算模型”,Mukherjee 和 Davari 对含能纳米材料的归趋、迁移和演化研究中不同计算模型的开发进行了回顾。第10章“用于评估选定的爆炸物组分在环境条件下归趋及迁移的物理性能”,Boddu 等对环境归趋及迁移评价中选定弹药材料的物理性能进行了阐述。第11章“高能炸药和含能推进剂:在土壤中的分解及归趋”,Dontsova 和 Taylor 对高能炸药及推进剂在土壤中的溶解及归趋进行了阐述。第 12 章“钝感弹药配方:在土壤中的溶解与归趋”,Taylor 等对钝感弹药配方在土壤中的溶解及归趋也进行了阐述。第 13 章“弹药成分在水生与陆生生物体中的毒性和生物累积”,Lotufo 对水生生物、土壤生物和陆生植物中含能化合物的毒性及生物体内积累进行了综述。

编者借此机会对所有作者表示感谢,他们付出的宝贵时间和辛勤工作使该项目得以顺利完成。编者也想对位于美国密西西比州维克斯堡市的陆军工程研发中心环境质量及设备部的高级科技主管兼主要技术负责人 Elizabeth A. Ferguson 博士一直以来对本书出版给予的支持及鼓励表示感谢! 当然,编者也十分感谢家人和朋友们,没有他们的支持,本书不可能按进度顺利完成。

美国密西西比州维克斯堡市　马诺 · K. 舒克拉
美国伊利诺伊州皮奥里亚市　韦拉 · M. 伯德度
美国密西西比州维克斯堡市　杰弗里 · A. 史蒂文斯
美国新泽西州皮卡汀尼市　雷迪 · 达马瓦拉普
美国密西西比州杰克逊市　耶日 · 莱斯钦斯基

目　录

第1章　高性能、低感度的可行性研究

Peter Politzer, Jane S. Murray

摘　要:本章提出了评价爆轰性能及感度的定量方法,随后对影响这些性能的因素进行了讨论。为了使炸药同时具有高性能和中低感度,炸药应具有高密度,以及每克炸药的气体爆轰产物具有高摩尔数;同时应避免分子表面中心区的正静电势过高,每个分子晶格内的自由空间过大,以及最大爆热值过高。尤其是我们从性能和感度的角度已经证明炸药无须具有高爆热。本章对一些具体分子特征也进行了归纳,这些特征可能有助于满足以上几项指标的要求。

关键词:炸药;爆轰性能;感度;爆轰放热;静电势;晶格内自由空间

1.1　问　　题

高爆轰性能往往伴随着高感度,能量很高的炸药在震动或撞击等偶发性刺激下通常会发生意外爆轰。根据经验得出的这一结论也许并不出乎人们意料,而且系统性研究验证了这一点[1-2]。根本问题是达到预期目标中一项指标(高性能或低感度)的因素经常会与另一项指标发生冲突,因此在改进型炸药的设计工作中应遵循近来提出的“平衡原则”[3]。

尽管以上两项研究[1-2]表明高性能可能会伴随着高感度,但我们仍对 Licht 所说的几乎兼具高性能和低感度的“理想型炸药候选材料”寄予希望[1]。我们的研究目标是实现高性能和低感度,但首先必须阐明爆轰性能与感度的表征方法。

Peter Politzer, Jane S. Murray,美国新奥尔良大学化学系/克利夫 · 西奥公司,邮箱:ppolitze@uno. edu。

1.2 爆轰性能

1.2.1 测定方法

爆轰性能定量指标[1-2,4-10]的数量较多,包括以下主要参数:

(1) 爆速 D:表征爆轰的激波阵面的稳定速度。

(2) 爆压 P:激波阵面后方形成的稳定压强。

(3) 猛度 B:爆轰产物的做功能力,即爆轰产物的破碎效应。

(4) Gurney 速度 $\sqrt{2E_G}$:金属碎片的速度。

以上每个量均有一定意义,这些量彼此之间不完全独立。例如,爆压是猛度的一项指标[4-5],而爆速和 Gurney 速度之间也存在弱相关性(图 1.1)[1,10-11]。事实上,Urtiew 和 Hayes 的研究表明,许多炸药可通过爆速来估测多种重要爆轰性能[12]。

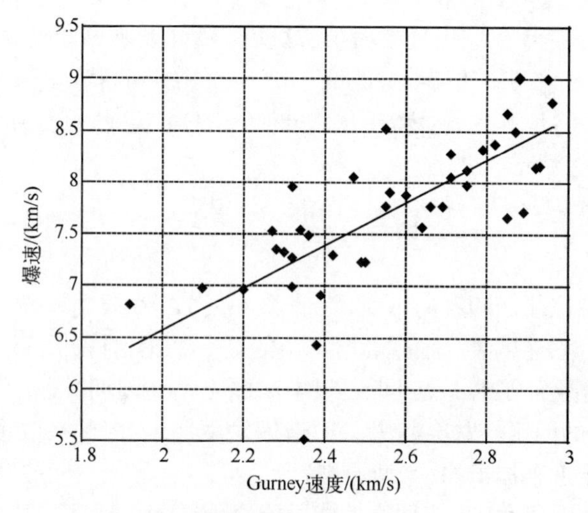

图 1.1 实验爆速与 Gurney 速度的关系[1]

鉴于以上关系,采用爆速 D 和爆压 P 作为总体爆轰性能指标似乎是合理的。基于这一目的,这两个性能参数的确得到了广泛应用,高 D 值和高 P 值代表了高性能。

爆速和爆压可通过多种实验方法[1-2,5,7]进行测定,或通过 BKW[13]、EXPLO5[14]和 CHEETAH[15]等计算机程序进行预测。但为了了解这两个性能的影响因素,采用 Kamlet 和 Jacobs 创建的基于 C、H、N、O 炸药的经验方程对 D 和 P

进行预测尤为有效[16]。

1.2.2　影响因素

Kamlet 和 Jacobs 认为，D 和 P 可由以下 4 个量进行有效表达[16]：

(1) 每克炸药气体爆轰产物的摩尔数 N；

(2) 气体爆轰产物的平均摩尔质量 M_{ave}(g/mol)；

(3) 每克炸药爆轰反应的总热放量大小 Q(cal)；

(4) 装填密度 ρ(g/cm^3)，单质炸药化合物若缺少其他信息，装填密度通常取其晶体密度的已知值或估算值。

Kamlet-Jacobs 方程为[16]

$$D = 1.01[N^{0.5}M_{ave}^{0.25}Q^{0.25}(1+1.30\rho)]\,(\text{km/s}) \tag{1.1}$$

$$P = 15.58[NM_{ave}^{0.5}Q^{0.5}\rho^2]\,(\text{kbar}) \tag{1.2}$$

D 和 P 的实验值经过多次对比，表明式(1.1)和式(1.2)十分有效[16-21]。

在使用式(1.1)和式(1.2)前，需要确定或假定 C、H、N、O 炸药最终爆轰产物的成分，这对于估算 N、M_{ave} 和 Q 的值十分必要。确定爆轰产物的成分比较困难，因为爆轰过程涉及一系列反应和平衡，会生成多种气态中间产物[13,22]。通常情况下，C、H、N、O 炸药的最终产物几乎完全由 N_2(g)、CO(g)、H_2O(g)、H_2(g)和固体碳组成[13,16,20,23-24]。但确定这些成分所占的比例也比较困难，因为其会受到炸药装填密度、温度和其他物理条件的影响[16,22-23]。

为了预测最终产物中成分所占比例，提出了几套法则，这些法则可参见文献[25-27]。Kamlet 和 Jacobs 法则得到了特别广泛的应用[16]，其规定了产物由 N_2(g)、H_2O(g)、CO_2(g)和 C(s)组成，而 O 在形成 CO_2 前先形成 H_2O，预测的产物中不含 CO。相反，其他几套法则预测的产物中 CO 含量高于 CO_2，通常也含有一定量的 H_2，但 C(s)含量较低。

研究中发现，在给定炸药和装填密度下，尽管假定产物包含不同成分，但由式(1.1)和式(1.2)得到的爆速值和爆压值相似，这一点十分明显。为了理解这一点，先将式(1.1)和式(1.2)改写为

$$D = 1.01\varphi(1+1.30\rho)\,(\text{km/s}) \tag{1.3}$$

$$P = 15.58\varphi^2\rho^2\,(\text{kbar}) \tag{1.4}$$

式中：$\varphi = N^{0.5}M_{ave}^{0.25}Q^{0.25}$。

在特定密度下 D 和 P 相似，φ 相对不受该炸药产物成分的影响。为什么会出现这种情况呢？

计算任一组产物的 N 和 M_{ave} 较为容易，Q 一般取总爆轰反应中焓值变化的

负值(尽管 Q 的实际值也取决于一些物理因素,如装填密度和气体产物的膨胀程度等[7,9,22-23])。因此,对于炸药 X,有

$$Q = -\frac{1}{M_X}\left[\sum_i n_i \Delta H_{f,i} - \Delta H_{f,X}\right] \tag{1.5}$$

式中:M_X 为炸药 X 的质量(g/mol);n_i 为最终产物 i 的摩尔数,其摩尔生成热为 $\Delta H_{f,i}$;$\Delta H_{f,X}$ 为炸药 X 的摩尔生成热。

当产物中含有较多摩尔数的双原子气体 CO 和 H_2 及相应较少的三原子 CO_2 和 H_2O 时,结果是 N 增大且 M_{ave} 减小。由于 CO(g) 和 H_2(g) 的负生成热远低于 CO_2(g) 和 H_2O(g) 的负生成热[28],Q 值也会变小。但由于 φ 的表达式中 N 的幂大于 M_{ave} 和 Q 的幂,这三个量的变化大致抵消,且 φ 近似为常数[23,27]。

因此,对于某一特定炸药和装填密度[23,27],采用不同的爆轰产物预示法则,通常会得到十分相似的 D 和 P,尽管如此,由 Kamlet-Jacobs 法则得到的 D 和 P 最接近于实验值,而装填密度接近于晶体密度[13,27]。由式(1.3)和式(1.4)可发现,φ 约为常数,也服从长期公认的关系式,对于某一给定炸药,$D \sim \rho$,$P \sim \rho^2$[13,19,25,29-30]。

但应注意的是,尽管 φ 及 D 和 P 随假定的产物成分发生的变化相对很小,但此规律一般不适用于 N、M_{ave} 或 Q,这几个量会受到产物成分的显著影响[27]。若需要专门预测生成气体的体积或放热量,这一点必须牢记。

1.3 感　　度

1.3.1 测定方法

感度是指发生意外起爆的难易程度。冲击、震动、摩擦、升温或静电火花等多种意外刺激均会引发爆轰。一般来说,某一特定炸药对以上这些刺激[3]具有不同的敏感性,尽管 Storm 等认为感度与震动和撞击、撞击和升温之间存在着相关性。[31]报道最多的感度类型是由撞击引起的感度,后面将重点对撞击感度展开讨论。

测定冲击感度的常用方法是将给定质量 m 的落体从一定高度释放到炸药试样上,测定落体释放引发反应的概率达到 50%时的高度[31-34]。此高度的大小可表示为 h_{50},h_{50} 取决于落体的质量。因此有必要对 h_{50} 进行详细说明,然而遗憾的是人们并没有每次都这样做。另一种方法可避免这一问题,该方法记录相应的撞击能 mgh_{50},其中 g 为重力加速度。对于 2.5kg 的标准质量,100cm 的 h_{50} 相当于 24.5J(24.5N·m)的撞击能。

落高 h_{50} 越小，引发反应所需的撞击能 mgh_{50} 相应就越低，炸药的感度越高。对于大多数 C、H、N、O 炸药，h_{50} 的取值范围为 10cm（撞击能为 2.5J）~300cm（撞击能为 74J），范围下限表示高感度，上限表示低感度。

测量撞击感度的一个突出问题是测试结果不仅取决于炸药的化学性质，还取决于晶体的粒度、形状、硬度、纯度和表面粗糙度、晶格缺陷、多晶形、温度和湿度等物理因素[34-39]。为了得到有效测量结果，结晶、纯化和研磨等试样制备工艺、测试程序和环境都应尽可能保持一致。相同的炸药在不同实验室进行测试，得到的 h_{50} 值可能相差很大。但若实验室采用的试样制备和测试程序始终保持一致，得到的变化趋势是相似的[40]。

1.3.2 影响因素

Kamlet-Jacobs 方程组是唯一能探究不同刺激下各类炸药感度影响因素的数学公式，利用该方程组也可对这些感度进行有效的定量估算。为此开展了大量研究工作，文献[3,32,41-44]介绍了许多撞击感度与分子显性矩阵和晶体性能之间的关系式，这些关系式有时十分有用，但其往往会受限于某一特定化学类型的炸药，如芳族硝基化合物。

感度与十几种分子和晶体性能存在着一定关系，但其中有几个（或多个）关系呈现出一定特征，即这些关系式可反映一些较常见的因素。我们和其他研究人员已确定了其中三个因素（也可能还存在其他一些因素），具体如下：

（1）炸药分子表面中心区（及其 $C-NO_2$ 和 $N-NO_2$ 键的上方和下方）的高正静电势具有一定特征[3,33,41,43,45-46]，大多数有机分子不具备这一特征，这一点通过图 1.2（苯酚）与图 1.3（苦味酸炸药）的对比就可看出。

（2）炸药晶格内每个分子的自由空间大小[3,40,47]。

（3）每单位质量[33,48]或每单位体积[40,49-50]的最大有效爆热释放量。

一般来说，以上性能具有较大或较多的正值，与较高的冲击感度有关。这些值不能体现出相关性，却能反映出总体变化趋势。

为了探究这三个因素使感度增高的原因，需要考虑起爆过程中的一些主要反应[6,10,40,49,51-60]。炸药晶体在受到撞击或震动时会发生压缩，压缩的速率和程度取决于炸药的性质及外界刺激的强度。这种压缩会在炸药晶格内产生结构效应，如剪切或滑移（晶格面相互移位）、乱序、空隙和空位塌缩及晶格缺陷的其他变化等。阻止这些结构效应会在小范围晶格内形成局部热能累积（“热点”），该热点能会部分转为分子振动模式，造成原子键断裂和分子重组，随后发生自主放热化学分解，从而释放出热能并生成气体产物，这会造成高压、超声速冲击波在体系内传播（爆轰），促进以上反应及相关反应的因素使炸药的感度升高。

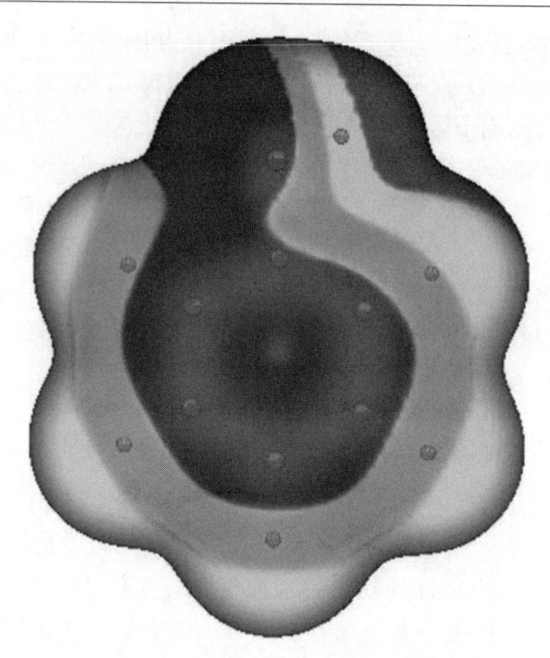

图 1.2　电子密度 0.001au 等高线定义的苯酚分子表面静电势计算值(彩色版本见彩插)

注:羟基处于高位;表面内的核位置用灰色小球表示;彩色区的静电势,红色区>20kcal/mol,黄色区 0~20kcal/mol,绿色区-10~0kcal/mol,蓝色区<-10kcal/mol;表面中心区均为负值;最高正电势(红色区)与羟基上的氢原子有关。

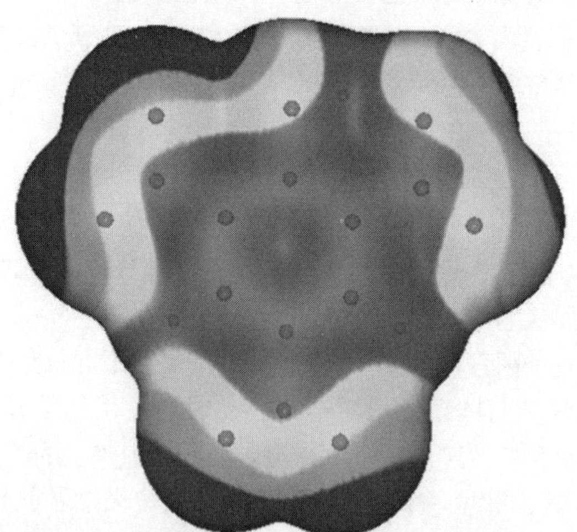

图 1.3　电子密度 0.001au 等高线定义的苦味酸分子表面静电势计算值(彩色版本见彩插)

注:羟基处于高位;表面内的核位置用灰色小球表示;彩色区的静电势,红色区>20kcal/mol,黄色区 0~20kcal/mol,绿色区-10~0kcal/mol,蓝色区<-10kcal/mol;高正电势(红色区)位于环和 C-NO_2键上方和下方;周围负电势与氧原子有关。

为了探究感度如何与炸药分子表面中心区的高正静电势产生相关性,我们首先指出静电势是一种对体系内电荷(核电荷与电子电荷)的总体分布产生重大影响的真实存在的物理性能[61-62]。这里所说的电荷不应与原子电荷混淆,原子电荷缺少物理依据,可由30多种方法中的任意一种来定义,而静电势通过实验和计算进行测定。

研究认为,炸药分子表面的高正电势是促使感度升高的原因和表现特征[3,40]。相邻分子正电势区之间互相排斥,增大了撞击或震动后压缩产生的剪切或滑移阻力,这种高阻力促使热点形成,这也是炸药起爆过程中的一种作用形式。正电势也是电子电荷被NO_2基、氮杂N等移出的一种表现特征,电子电荷的转移使$C-NO_2$和$N-NO_2$键变弱并促使其发生断裂[41,63];这些键的断裂有时可能是化学分解过程的初始阶段。这些正电势区的强度和范围的确与分子骨架类似的化合物冲击感度存在定性[45-46,63]和定量[33,64-67]关系。但本部分重点讨论各类炸药化合物冲击感度的总体变化趋势(非相关性),而这些化合物的冲击感度与其分子表面中心区的高正静电势有关。

晶格内自由空间的感度效应为双重效应[40],该效应促使炸药晶体在撞击或震动后发生压缩,从而使外界刺激的机械能转化为热能,尤其是形成热点。此外,研究表明$C-NO_2$和$N-NO_2$键较弱,晶格空隙(自由空间)面上的分子比疏松晶格内的分子更易于断裂[68-69]。

晶胞内每个分子的自由空间用ΔV表示,由下式给出:

$$\Delta V = V_{eff} - V_{int} \tag{1.6}$$

式中:V_{eff}为每个分子的假定"有效"体积,其对应于完全填充(无自由空间)的晶胞;V_{int}为分子的"本征"体积,$V_{eff}=M/\rho$,M为分子质量,ρ为晶体密度。用V_{int}表示分子电子密度0.003(任意单位)等高线包围的体积[40,47,70],选择这种V_{int}会产生堆积系数(V_{int}/V_{eff}),其与Eckhardt和Gavezzotti测定的这些炸药参数的范围和平均值具有良好的一致性[71]。(堆积系数为晶胞完全填充时的分数)

表1.1为实验方法测定的一系列炸药的性能,如冲击感度、生成热、分子质量及密度。表1.2为相同炸药的性能计算值,包括V_{int}和ΔV。

表1.1 性能测试值:冲击感度h_{50}、固相生成热ΔH_f、分子质量M和密度ρ

化合物	h_{50}①/cm	ΔH_f(s)②/(kcal/mol)	M/(g/mol)	ρ⑪/(g/cm³)
双(三硝基乙基)硝胺	5	-6.69	388.1	1.953
四叠氮基偶氮-1,3,5-三嗪	6⑭	518.9⑭	352.2	1.72⑭
PETN(季戊四醇四硝酸酯)	12	-128.8③	316.1	1.76③

续表

化合物	h_{50}[①]/cm	$\Delta H_f(s)$[②]/(kcal/mol)	M/(g/mol)	ρ[⑪]/(g/cm³)
β-CL-20(六硝基六氮杂异伍兹烷)	14[④]	103.0[④]	438.2	1.985[④]
四叠氮基联氨-1,3,5-三嗪	18[⑭]	419.0[⑭]	354.2	1.65[⑭]
三硝基吡啶氮氧化物	20	24.40[⑤]	230.1	1.8751[⑫]
LLM-119(二氨基二硝基吡唑并吡唑)	24[⑥]	114[⑥]	228.1	1.845[⑥]
RDX(三硝基三氮杂环己烷)	26	18.9	222.1	1.806
TNAZ(1,3,3-三硝基氮杂环丁烷)	29[⑦]	8.70[③]	192.1	1.84[⑬]
HMX(四硝基四氮杂环辛烷)	29	24.5	296.2	1.894
特屈儿(2,4,6-三硝基-N-甲基-N-硝基苯胺)	32	9.8	287.1	1.731
N,N′-二硝基-1,2-二氨基乙烷	34	-24.81[③]	150.1	1.709
2,3,4,6-四硝基苯胺	41	-11.74	273.1	1.861
2,4,6-三硝基间苯二酚	43	-111.7	245.1	1.83[③]
苯并三氧化呋咱	50	144.9	252.1	1.901
2,4,5-三硝基咪唑	68	15.5[⑧]	203.1	1.88[⑧]
FOX-7(1,1-二氨基-2,2-二硝基乙烯)	72[⑥]	-32[⑥]	148.1	1.885[⑥]
苦味酸(2,4,6-三硝基苯酚)	87	-52.07	229.1	1.767[③]
TNB(1,3,5-三硝基苯)	100	-8.9	213.1	1.76[③]
2,4-二硝基咪唑	105	5.6[⑧]	158.1	1.770
2,4,6-三硝基苯甲酸	109	-97.91	257.1	1.786
LLM-105(2,6-二氨基-3,5-二硝基吡嗪-1-氧化物)	117[⑨]	-3.10[⑩]	216.1	1.919[⑨]
TNT(2,4,6-三硝基甲苯)	160	-15.1	227.1	1.654[③]
LLM-116(4-二氨基-3,5-二硝基吡唑)	165[⑥]	17.3[⑮]	173.1	1.90[⑥]
苦基胺(2,4,6-三硝基苯胺)	177	-17.4	228.1	1.773
NTO(3-硝基-1,2,4-三唑-5-酮)	291	-24.09[③]	130.1	1.918

注:① 文献[31],除非另有说明;
② 文献[72],除非另有说明;
③ 文献[7],④ 文献[73],⑤ 文献[28],⑥ 文献[74],⑦ 文献[75];
⑧ 文献[76],⑨ 文献[77],⑩ 文献[66],⑪ 文献[78],除非另有说明;
⑫ 文献[79],⑬ 文献[30],⑭ 文献[81],⑮ 文献[82]。

表1.2　性能计算值:特征分子体积 V_{int}、晶格内每个分子的自由空间 ΔV、爆轰放热量 Q_{max}、每克炸药气体爆轰产物的摩尔数 N、气体爆轰产物的平均摩尔质量 M_{ave}、爆速 D 和爆压 P

化　合　物	$V_{int}/Å^3$	$\Delta V/Å^3$	Q_{max}①/(kcal/g)	N①/(mol/g)	M_{ave}/(g/mol)[a]	D②/(km/s)	P②/kbar
双(三硝基乙基)硝胺	257.4	73	1.25	0.03092	32.34	8.91	369
四叠氮基偶氮-1,3,5-三嗪	255.5	85	1.47	0.02839	28.01	7.85	266
PETN(季戊四醇四硝酸酯)	225.2	73	1.51	0.03164	30.41	8.65	327
β-CL-20(六硝基六氮杂异伍兹烷)	281.0	86	1.60	0.03081	31.13	9.43	422
四叠氮基联氨-1,3,5-三嗪	259.2	97	1.18	0.03106	25.65	7.39	229
三硝基吡啶氮氧化物	157.2	47	1.58	0.02608	34.35	8.56	333
LLM-119(二氨基二硝基吡唑并吡唑)	162.2	43	1.42	0.03069	27.44	8.45	321
RDX(三硝基三氮杂环己烷)	158.6	46	1.50	0.03377	27.21	8.83	347
TNAZ(1,3,3-三硝基氮杂环丁烷)	136.6	37	1.63	0.03123	30.02	9.00	364
HMX(四硝基四氮杂环辛烷)	210.5	49	1.50	0.03376	27.22	9.13	381
特屈儿(2,4,6-三硝基-N-甲基-N-硝基苯胺)	205.9	70	1.44	0.02699	30.46	7.80	264
N,N′-二硝基-1,2-二氨基乙烷	117.2	29	1.30	0.03664	24.02	8.28	295
2,3,4,6-四硝基苯胺	187.2	57	1.39	0.02655	33.12	8.24	307
2,4,6-三硝基间苯二酚	166.6	56	1.15	0.02550	33.94	7.66	263

续表

化合物	$V_{int}/Å^3$	$\Delta V/Å^3$	Q_{max}①/(kcal/g)	N①/(mol/g)	M_{ave}/(g/mol)[a]	D②/(km/s)	P②/kbar
苯并三氧化呋咱	165.4	55	1.69	0.02380	36.02	8.50	331
2,4,5-三硝基咪唑	135.5	44	1.49	0.02831	34.80	8.83	355
FOX-7(1,1-二氨基-2,2-二硝基乙烯)	107.4	23	1.20	0.03376	27.22	8.61	338
苦味酸(2,4,6-三硝基苯酚)	160.2	55	1.28	0.02510	33.06	7.57	251
TNB(1,3,5-三硝基苯)	153.4	48	1.36	0.02464	32.02	7.53	248
2,4-二硝基咪唑	111.3	37	1.29	0.02846	31.13	7.96	278
2,4,6-三硝基苯甲酸	177.9	61	1.15	0.02431	33.94	7.35	239
LLM-105(2,6-二氨基-3,5-二硝基吡嗪-1-氧化物)	152.0	35	1.17	0.03008	28.63	8.28	316
TNT(2,4,6-三硝基甲苯)	169.9	58	1.29	0.02532	28.52	7.01	207
LLM-116(4-二氨基-3,5-二硝基吡唑)	122.8	29	1.28	0.03033	28.97	8.47	328
苦基胺(2,4,6-三硝基苯胺)	163.5	50	1.26	0.02630	30.02	7.55	251
NTO(3-硝基-1,2,4-三唑-5-酮)	91.5	21	0.982	0.03075	29.53	8.07	300

注:① Q_{max}、N 和 M_{ave} 为 Kamlet-Jacobs 法则给出的假定爆轰产物的计算值[16];

② 用式(1.1)和式(1.2)计算时,取表 1.1 中的 ρ 和表 1.2 中的 Q_{max}、N 和 M_{ave},D、P 和 Q_{max} 的单位为 cal/g。

前面已经证明,各类炸药的 h_{50} 值通常会随着 ΔV 的增大呈递减趋势(感度升高)[40,47,70],表 1.1 和表 1.2 中所列炸药的这一变化趋势如图 1.4 所示。图 1.4并未显示出相关性,而反映了炸药感度随晶格内自由空间的增大而升高的总体变化趋势。图 1.4 中有几个明显的离群点,后面将对此进行讨论。

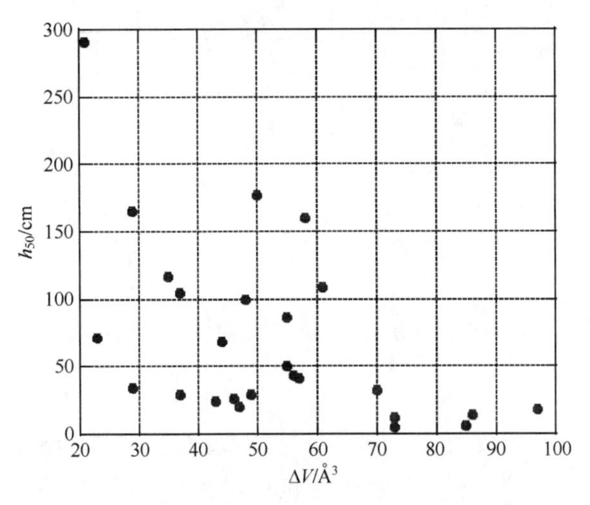

图 1.4　表 1.1 和表 1.2 中 26 种化合物的冲击感度测定值 h_{50} 与晶格内每个分子自由空间计算值 ΔV 的关系

接下来讨论爆轰放热(一直被认为是影响感度的第三个因素),爆轰放热会使化学分解能够自行维持,并产生高压、超声速爆轰冲击波。放热量的值 Q 取决于爆轰产物的实际组成。假定 C、H、N、O 炸药的主要产物通常由 N_2(g)、CO(g)、CO_2(g)、H_2O(g)、H_2(g)和 C(s)中任几种物质组成[13,16,20,23-24]。若全部的氧都转化为 CO_2(g)和 H_2O(g)[27,50],由式(1.5)得到的 Q 为最大值,因为这些成分具有最高的负生成热[28]:CO_2(g),-94.05kcal/mol;H_2O(g),-57.80kcal/mol;CO(g),-26.42kcal/mol;N_2(g)、H_2(g)和 C(s),0。Q 的最大值用 Q_{max} 表示,这与利用 Kamlet-Jacobs 法则来预测爆轰产物是一致的。

Pepekin et al.[50] 指出,Q_{max} 可看作每种炸药的固有特性,Q_{max} 代表了化学能转化为热能的“制约能力”。在几种情况下已表明感度与 Q_{max} 具有粗略的相关性,Q_{max} 指每单位质量(Q_{max} 本身)[33,48]或每单位体积(ρQ_{max})[40,49-50]的最大放热量。图 1.5 再次体现了这种相关性,图中采用了表 1.1 中的 h_{50} 和表 1.2 中的 Q_{max}。这里再次强调:图中曲线不应看作关系曲线,而只是一般变化趋势,即炸药对撞击的感度随最大爆热增大时(Q_{max} 增大)而升高(h_{50} 减小)。这一结论只针对最大爆热(炸药的固有特性),而不考虑特定情况下的实际爆热。

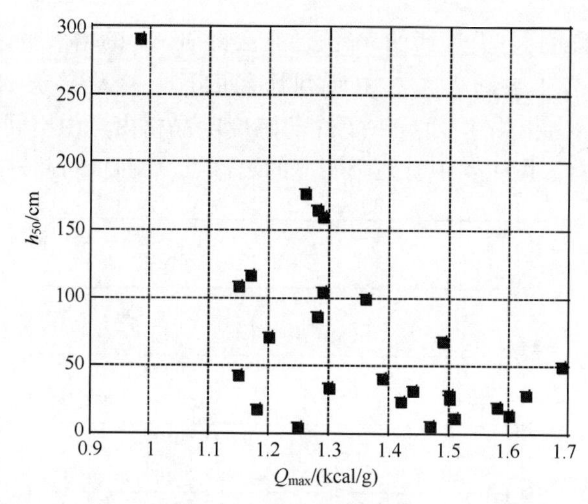

图 1.5　表 1.1 和表 1.2 中 26 种化合物的冲击感度测定值与最大爆热计算值 Q_{max} 的关系

下面更好地理解为何同一化学类型的 C、H、N、O 炸药的冲击感度大致与“氧平衡”有关[35,36,83]。氧平衡是指所有 C 原子氧化成 CO_2 及所有 H 原子氧化成 H_2O 后分子中氧原子的剩余量。由于分子中 O 原子的比例增大(氧平衡也相应增高),理论上生成了更多的 CO_2 和 H_2O。由于这些最终爆轰产物具有最高负生成热,氧平衡越高,式(1.5)中的爆热最大值越高,因此有可能会伴随着更高的冲击感度,如图 1.5 所示。

上面已讨论了可能与感度相关的分子表面中心区内的高正静电势、晶格内每个分子的自由空间大小及最大有效爆热值三个因数。由于这三个因素属于起爆过程的不同阶段,所以感度与其中任一因素不存在密切相关性(通常与任一分子或晶体性能的关系也不紧密)。这种相关性要求其他因素的作用基本不变,除特殊情况外(如同一化学类型的一组炸药),这一条件无法满足。

因此,完全可以预测到图 1.4 和图 1.5 中有一些明显的离群点,许多离群点的解释需要考虑全部三个因素(也可能是其他因素)。图 1.4 中,主要离群点为 FOX-7(h_{50}=72cm,ΔV=23Å^3)、N,N′-二硝基-1,2-二氨基乙烷(h_{50}=34cm,ΔV=29Å^3)和 TNAZ(h_{50}=29cm,ΔV=37Å^3)。每种情况下,化合物的实际感度高于 ΔV 预测的感度值(h_{50}较低),总体变化趋势如图 1.4 所示。但对应的各 Q_{max}(1.20kcal/mol、1.30kcal/mol 和 1.63kcal/mol)的值足够高,以致这几种化合物与图 1.5 中的趋势曲线有很好的拟合性,而且与 h_{50}的实测量一致。

图 1.5 中主要的离群点为四叠氮基联氨-1,3,5-三嗪(h_{50}=18cm,Q_{max}=1.18kcal/g)、双(三硝基乙基)硝胺(h_{50}=5cm,Q_{max}=1.25 kcal/g)和 2,4,6-三

硝基间苯二酚(h_{50}=43cm,Q_{max}=1.15kcal/g)。感度的实测值再次高于Q_{max}和图1.5中趋势曲线的预测值。但图1.4中各ΔV(97Å^3、73Å^{3}和56Å^3)对应的感度与h_{50}实测值完全一致。(当然,对离群点展开的讨论也应认识到h_{50}[3,31,33,35]和ΔH_f[24,84]实测值存在公认的不确定性)

以上实例表明,我们主要研究的一般因素在某些情况下预示的感度可能相差很大,但似乎预示最高感度的因素可能才是起决定作用的因素。

1.4 两难问题

在追求高性能、低感度这一目标时,我们面对的是一个明显的两难问题。高爆热决定了高爆轰性能这一点在炸药领域几乎是不言自明的,这也是几年前对张力或笼状分子[85](如八硝基立方烷和CL-20)及最近对高氮杂环分子[74,81](如四叠氮基偶氮-1,3,5-三嗪、四叠氮基联氨-1,3,5-三嗪和LLM-119)开展了大量研究的一个原因。张力或笼状分子及高氮杂环分子构成的炸药化合物通常具有较高的正生成热ΔH_f,而其他许多炸药具有负生成热ΔH_f见表1.1。由式(1.5)可知,炸药的正生成热ΔH_f会使爆热增高,这在以往的研究中得到了充分利用。

两难问题的出现是因为高Q_{max}往往伴随着高冲击感度(图1.5)。如前所述,Q_{max}被明确定义为表征炸药的一种固有特性,因此图1.5中的变化趋势与某一特定情况下的实际爆热无关。从图1.5可看出,在未出现高感度的情况下,Q_{max}值需要保持在合理的范围内(如<1.4kcal/g)。这被看作一种必要但非充分条件,因为感度也取决于其他因素,如晶格内的自由空间和分子表面静电势。

在新型炸药的设计中,有意限制Q_{max}值的理念可能会引发质疑,因为这不符合高爆轰性能这一目标,但事实未必如此。

由式(1.1)和式(1.2)可知,爆速D和爆压P会随N、M_{ave}、Q和ρ等参数的增大而增大,但M_{ave}和N的变化则大致相反[27],如图1.6所示。因此M_{ave}会抵消部分N,但式(1.1)和式(1.2)中N的幂高于M_{ave}的幂,故这些方程可近似表示为

$$D \approx N^{0.25}Q^{0.25}(1+1.30\rho)\ (\mathrm{km/s}) \tag{1.7}$$

$$P \approx N^{0.5}Q^{0.5}\rho^2\ (\mathrm{kbar}) \tag{1.8}$$

在式(1.7)和式(1.8)中,密度ρ的幂是N和Q的4倍。这一点很容易理解,因为高密度是炸药的一个理想性能指标。但式(1.7)和式(1.8)在这点上存在一定误导性。C、H、N、O炸药的密度通常高于固体有机物的密度[71],但其变化范围相对较小。例如,表1.1中密度的最大值仅比最小值高20%,而表1.2

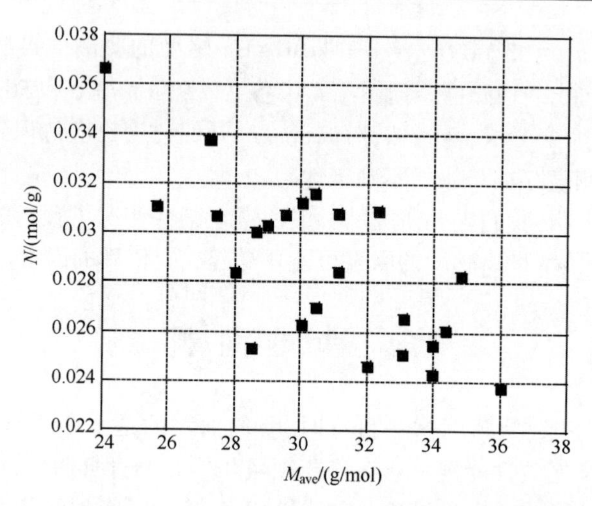

图 1.6　表 1.1 和表 1.2 中 26 种化合物的每克炸药气体爆轰产物的摩尔数 N 与平均分子质量 M_{ave} 的关系

注:图中仅含 24 个点,是由于 RDX、HMX 和 FOX-7 具有相同的 N 和 M_{ave}。

中 N 和 Q_{max} 的最大值分别比最小值高 54%和 72%。因此,如前所述[20],密度对不同炸药爆速 D 和爆压 P 相对值的影响作用,并非如式(1.7)和式(1.8)表明的那样起主导作用。

以 RDX 为例,可对这一点进行解释。与表 1.1 中的其他化合物相比,RDX 的密度仅为中间值,但由于其 N 值和 Q_{max} 值较高,其 D 值和 P 值也属于高值(表 1.2)。另一个例子中,苯并三氧化呋咱的密度与 HMX 的密度基本相等,其 Q_{max} 值在表 1.2 中是最大的,高于 HMX 和 β-CL-20 的 Q_{max} 值,但其 D 值和 P 值明显低于 HMX 的对应值,而且不属于高值,原因是苯并三氧化呋咱的 N 值很低,该值在表 1.2 中是最低的。

仔细研究表 1.1 和表 1.2 会发现,高爆轰性能要求 N、Q_{max} 和 ρ 三个量中至少有两个为高值,第三个不低于中值。若三个量均为高值(HMX 和 β-CL-20 满足这一要求),必然会达到最佳性能。但图 1.5 表明,从感度的角度考虑,高 Q_{max} 值是不能接受的。因此,为了实现高性能、低感度这一目标,我们的研究应侧重于获取高 N 值、高 ρ 值和中 Q_{max} 值。

表 1.1 和表 1.2 使我们受到了很大鼓舞,因为 Q_{max} 为中值不会对妨碍达到高爆轰性能。例如,FOX-7 的 Q_{max} 值比 RDX 的 Q_{max} 值低 20%,但两者的 D 值和 P 值相差不超过 2.6%。双(三硝基乙基)硝胺的 Q_{max} 值比 TNAZ 的 Q_{max} 值低 23%,但其 D 值和 P 值与 TNAZ 的对应值相当,在表 1.2 中属于高值。(如 3.2 节中所述,尽管双(三硝基乙基)硝胺的 Q_{max} 为中值,但其感度较高主要是因为

其 ΔV 较大）为了客观地看待 Q_{max} 所起的作用，还发现表 1.2 中 NTO 的 Q_{max} 为当前最低值，但其 D 值和 P 值高于其他 10 种炸药的对应值。

另一种可行性论证方法是估测限定 Q_{max} 值的效果，将 β-CL-20 的 Q_{max} 当前值（1.60kcal/g）降至一个更适中但仍偏高的值（1.40kcal/g），而 N、M_{ave} 和 ρ 值保持不变。图 1.5 表明，这会显著降低其感度，h_{50} 的值从 14cm 变化至 50~80cm 之间，但 D 的计算值仅从 9.48km/s 降至 9.17km/s，P 值从 422kbar 降至 395kbar，在表 1.2 中仍是最佳的爆轰性能。前面对 HMX 和 TNT 也进行了类似分析[48]。

尽管要求 Q_{max} 保持在一个合理的范围内，但 Q_{max} 值也不应过低。例如，3,3′-偶氮-双(6-氨基-1,2,4,5-四嗪)（DAAT 的结构式）的密度为 1.78g/cm^3，与 RDX 的密度几乎相等（表 1.1），其生成热非常高（206kcal/mol）[81]，其 N 值（0.03633kcal/g）也高于 RDX 的 N 值（0.03377kcal/g）。但 DAAT 结构式的 Q_{max} 值较低，仅为 0.936kcal/g，因此其 D 值（7.60km/s）和 P 值（254kbar）远低于 RDX 的 D 值（8.83km/s）和 P 值（347kbar）（表 1.2）。

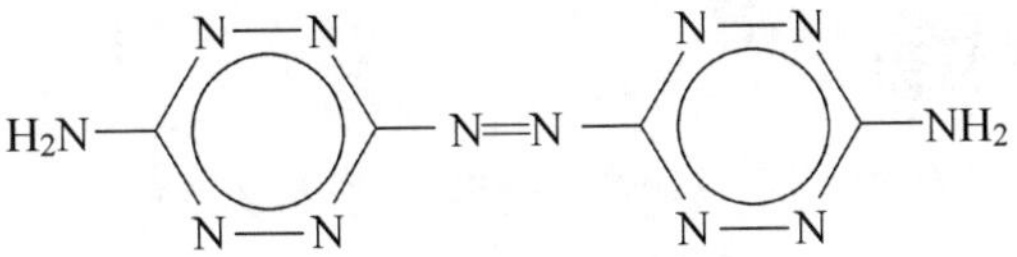

DAAT的结构式

由以上讨论可得出，“高性能、低感度”这一两难问题要求避免高爆热看似矛盾，实则并不冲突，这仅意味着研究应侧重于获取高 N 值、高 P 值和中 Q_{max} 值。

1.5　分子特征

前面提出了实现“高性能、低(中)感度”这一目标应遵循的几个原则：要求达到高密度 ρ 及每克炸药爆轰产物的高摩尔数 N，避免分子表面中心区的高正电势、晶格内每个分子存在大量自由空间 ΔV 及最大爆热值 Q_{max} 过高。为了满足以上几个原则的要求，炸药分子应具有哪些具体特征呢？

1.5.1　分子尺寸

一般来说，由平面或近平面分子构成的炸药化合物在某种程度上更有可能具有高密度[86-87]，但这一结论肯定也有不少例外。表 1.1 中具有最高密度的两种化合物由非平面分子构成（β-CL-20 和双（三硝基乙基）硝胺）。另一种情况则相反:4-硝基-1,2,3-三唑和3,5-二肼基-1,2,4,5-四嗪(两者均不在表1.1中)的分子为平面结构,但其密度较低,分别为1.689g/cm³[78]和1.61g/cm³[74]。

但可能未预测到一个更明显的趋势:炸药化合物的分子尺寸与晶格内每个分子自由空间ΔV存在相关性,ΔV会随分子固有体积V_{int}的增大而增大[87]。Dunitz等认为,芳香烃的变化趋势与以上结论相反[88]。对于炸药,就感度而言,较大的ΔV是不可取的,如图1.4所示。

分子平面性的另一个优点是除了可能会提高密度外,还可能促使晶格形成平行或近似平行的平面层结构,即石墨状结构。这种晶格在受到撞击或震动后产生的剪切或滑移阻力可能较小,因而在随后的热点形成及起爆过程不易受到破坏[3,55-56,58,89-90]。

通过比较FOX-7和TATB(2,4,6-三氨基-1,3,5-三硝基苯)发现:两者均由平面分子构成且具有层状晶格结构[56,89];但TATB为平面层,而FOX-7为Z形层,因而产生的剪切或滑移阻力更大,这也许有助于解释FOX-7的感度(h_{50}=72cm[74])较TATB的感度(h_{50}>320cm[31])更高。其他实例可参见文献[90]。

1.5.2 分子骨架

包含多个氮原子的分子骨架优于全碳分子骨架(如TNT、苦味酸、TNB和TATB等),这些分子骨架通常会提高化合物的密度,因为N原子相对于其通常取代的C-H单元具有更大的质量和更小的体积[91]。N原子也会提高化合物的正生成热,因为假定的生成反应需要破坏N_2中作用力极强的N≡N键,并生成非常弱的C-N、C=N、N-N和/或N=N等键[48]。通过提高ΔH_f使Q_{max}增大(由式(1.5)可知)是可行的,只要Q_{max}不会过大使感度升高(图1.5)。因此,应对骨架上的N/C比进行限定。

1.5.3 分子的化学计量比

每克炸药的气体爆轰产物摩尔数具有较高的N值,这是由分子中一定数量的H原子和O原子所决定的,因为这些元素可能生成最轻的气体产物H_2O(g)和H_2(g)。如前所述,完全不含H原子会出现问题。以苯并三氧化呋咱为例,由于其N值很低,其爆轰性能(表1.2)远低于由其高密度和极高爆热Q_{max}预测的值。

生成H_2O(g)的另一个优点是其负生成热足够高(-57.80kcal/mol[28]),这有利于得到Q_{max}值,但其负生成热低于另一种可能产物CO_2(g)的负生成热(-94.05kcal/mol[28]),CO_2(g)在H_2O(g)之后形成[16];过多的CO_2(g)会使Q_{max}增高。CO_2(g)也是主要产物中质量最高的,其会使N值变小。

因此,适量的 O 原子会将所有 H 原子转化成 H_2O(g),而将少量 C 原子转化成 CO_2(g)。限定 O 原子数量的一个合理方法是引入一定量的氮氧化物而非 NO_2基团。氮氧化物的优势在于其会部分抵消多氮杂环化合物(多个 N 原子键合)的减稳效应[92-94]。

1.5.4　氨基取代

引入 NH_2基会使感度降低,这一点可用一个著名实例来解释:将 1,3,5-三硝基苯转变为单氨基衍生物、二氨基衍生物和三氨基衍生物,其冲击感度会逐渐降低[31]。

NH_2基通过共轭作用提供电子电荷,因而其存在会减弱炸药分子表面中心区高正静电势这一特征,这一点在文献[33]中进行了讨论。高正静电势降低会使炸药分子在受到撞击或震动后产生的分子间剪切或滑移的斥力和阻力变小,因此会减缓热点形成(1.3.2 节)。NH_2基提供的电荷也会使 C-NO_2、N-NO_2与其他键的作用增强[95],这些键在起爆过程中有可能发生断裂。

NH_2基的第二个重要作用是其与 NO_2、ONO_2、N→O 的 O 原子或嗪的 N 原子会发生分子间及分子内氢键结合作用,从而产生增稳效应并使生成热降低,Q_{max}通常也会降低。例如,可以对表 1.1 和表 1.2 中 TNB 和苦基胺的 ΔH_f和 Q_{max}进行比较。三氨基类化合物中 TATB 的 ΔH_f和 Q_{max}还是偏低,分别为 -33.40kcal/mol和 1.09kcal/g[40]。分子间氢键结合作用也会促进石墨状晶格(如 TATB 晶格)的形成[56,89],从而减小剪切或滑移阻力。此外,分子间氢键结合作用可能会提高热导率,从而促进热点能量的扩散和消耗[52]。钝感 TATB 大量参与氢键结合作用,是“常见有机炸药分子中热导率最高的”[53]。

以上全部或部分因素也许有助于解释 NH_2基的降感效应,但有一点也许出乎意料,即 NH_2基无法持续使密度增高。Dunitz et al. [86]对大量晶体结构进行了分析,但未发现氢键结合与密度间存在的关系。预测结果表明这一关系也许具有直观性,Dunitz 等以冰为例进行了研究,发现强定向氢键结合作用形成的开放结构具有低密度。(应指出的是,Dunitz 等未对文献[3,41,46,71]中提到的含能化合物进行分析,含能化合物在某些情况下与其他有机化合物有很大差别)

1.5.5　分子结构改进

在前面已指出,用分子骨架上的 N 原子取代一些 C-H 单元往往会提高密度及生成热(1.5.2 节)。Mondal et al. [96]提出的另一种方法可实现更高密度,这种方法十分独特:将一个或多个原子插入一个分子的内部空间,从而在原始骨架上的两个原子之间形成连接桥。例如,力场计算表明用连接相应 C 原子的一个 O 原子取代 RDX 的两个 H 原子基本上对体积不会产生影响,但一定会提高质量及密度。

1.6 结　论

最后再次强调一个关键概念:高爆热 Q_{max} 不是实现高爆轰性能的必要条件,而且从感度的角度上考虑也不需要具有高爆热。清晰地认识这一点对新型炸药的设计与合成有一定指导意义。

研究表明,在追求"高性能、低感度"这一目标时,应侧重于以下几点:保持中 Q_{max} 值;获取高 N 值、高 ρ 值和低 ΔV 值;避免分子表面的正静电势过高。具体包括以下五个方面:

(1) 利用相对较小的分子来降低 ΔV 值,利用平面或近平面分子促使形成低剪切或滑移阻力的石墨状晶格;

(2) 在分子骨架中引入数量适中的 N 原子来提高密度,过多的 N 原子会得到高生成热及高 Q_{max} 值;

(3) 利用含 H 原子和 O 原子的分子来生成 $H_2O(g)$ 和提高 N 值,但 O 原子的数量应避免生成过多的 $CO_2(g)$(其会提高 Q_{max} 值及降低 N 值);

(4) 利用氮氧化物而非 NO_2 基团来提供 O 原子,有利于控制 O 原子的数量及适当提高多氮杂环化合物的稳定性;

(5) 利用含 NH_2 基的分子减弱高正静电势及促进氢键结合。氢键结合有以下作用:①可通过其稳定效应防止 Q_{max} 过高;②促使形成石墨状晶格;③可能会提高热导率及热点能耗散。

以上几点是否有助于实现"高性能、低感度"这一目标,还需要在后续研究中验证其可行性。

参考文献

[1] Licht H-H (2000) Propell Explos Pyrotech 25:126

[2] Džingalašević V, Antić G, Mlađenović D (2004) Sci Tech Rev 54:72

[3] Politzer P, Murray JS (2014) Adv Quantum Chem 69:1

[4] Eremenko LT, Nesterenko DA (1989) Propell Explos Pyrotech 14:181

[5] Hornberg H, Volk F (1989) Propell Explos Pyrotech 14:199

[6] Dlott DD (2003) In: Politzer P, Murray JS (eds) Energetic materials, part 2. Detonation, combustion. Elsevier, Amsterdam, p 125

[7] Meyer R, Köhler J,Homburg A (2007) Explosives,6th edn. Wiley-VCH,Weinheim,Germany

[8] Pepekin VI, Gubin SA (2007) Combust Explos Shock Waves 43:84
[9] Pepekin VI, Gubin SA (2007) Combust Explos Shock Waves 43:212
[10] Klapötke TM (2011) Chemistry of high-energy materials. de Gruyter, Berlin
[11] Danel J-F, Kazandjian L (2004) Propell Explos Pyrotech 29:314
[12] Urtiew PA, Hayes B (1991) J Energ Mater 9:297
[13] Mader CL (1998) Numerical modeling of explosives and propellants, 2nd edn. CRC Press, Boca Raton, FL
[14] Sučeska M (2004) Mater Sci Forum 465-466:325
[15] Bastea S, Fried LE, Glaesemann KR, Howard WM, Sovers PC, Vitello PA (2006) CHEETAH 5.0, User's manual, Lawrence Livermore National Laboratory, Livermore, CA
[16] Kamlet MJ, Jacobs SJ (1968) J Chem Phys 48:23
[17] Kamlet MJ, Hurwitz H (1968) J Chem Phys 48:3685
[18] Kamlet MJ, Dickinson C (1968) J Chem Phys 48:43
[19] Urbánski T (1984) Chemistry and technology of explosives, vol 4. Pergamon Press, Oxford, UK
[20] Politzer P, Murray JS (2011) Cent Eur J Energ Mater 8:209
[21] Shekhar H (2012) Cent Eur J Energ Mater 9:39
[22] Ornellas DL (1968) J Phys Chem 72:2390
[23] Kamlet MJ, Ablard JE (1968) J Chem Phys 48:36
[24] Rice BM, Hare J (2002) Thermochim Acta 384:377
[25] Akhavan J (2004) The chemistry of explosives, 2nd edn. Royal Society of Chemistry, Cambridge, UK
[26] Muthurajan H, How Ghee A (2008) Cent Eur J Energ Mater 5(3-4):19
[27] Politzer P, Murray JS (2014) Cent Eur J Energ Mater 11:459
[28] Linstrom PJ, Mallard WG (eds) NIST chemistry WebBook, NIST Standard Reference Database No. 69, National Institute of Standards and Technology, Gaithersburg, MD, http://www.nist.gov
[29] Gibbs TR, Popolato A (eds) (1980) LASL explosive property data. University of California Press, Berkeley, CA
[30] Zhang Q, Chang Y (2012) Cent Eur J Energ Mater 9:77
[31] Storm CB, Stine JR, Kramer JF (1990) In: Bulusu SN (ed) Chemistry and physics of energetic materials. Kluwer, Dordrecht, p 605
[32] Zeman S (2007) Struct Bond 125:195
[33] Rice BM, Hare JJ (2002) J Phys Chem A 106:1770
[34] Doherty RM, Watt DS (2008) Propell Explos Pyrotech 33:4
[35] Kamlet MJ (1976) Proceedings of the sixth symposium (international) on detonation, Report No. ACR 221, Office of Naval Research, Arlington, VA, p 312
[36] Kamlet MJ, Adolph HG (1979) Propell Explos 4:30

[37] Armstrong RW, Coffey CS, DeVost VF, Elban WL (1990) J Appl Phys 68:979
[38] Armstrong RW, Elban WL (2006) Mater Sci Tech 22:381
[39] Wang Y, Jiang W, Song X, Deng G, Li F (2013) Cent Eur J Energ Mater 10:277
[40] Politzer P, Murray JS (2015) J Mol Model 21:25
[41] Politzer P, Murray JS (2014) In: Brinck T (ed) Green energetic materials. Wiley, Chichester, p 45
[42] Brill TB, James KJ (1993) Chem Rev 93:2667
[43] Politzer P, Murray JS (2003) In: Politzer P, Murray JS (eds) Energetic materials. Part 2. Detonation, combustion. Elsevier, Amsterdam, p 5
[44] Anders G, Borges I Jr (2011) J Phys Chem A 115:9055
[45] Murray JS, Lane P, Politzer P (1995) Mol Phys 85:1
[46] Murray JS, Lane P, Politzer P (1998) Mol Phys 93:187
[47] Politzer P, Murray JS (2014) J Mol Model 20:2223
[48] Politzer P, Murray JS (2015) J Mol Model 21:262
[49] Fried LE, Manaa MR, Pagoria PF, Simpson RL (2001) Annu Rev Mater Res 31:291
[50] Pepekin VI, Korsunskii BL, Denisaev AA (2008) Combust Explos Shock Waves 44:586
[51] Tsai DH, Armstrong RW (1994) J Phys Chem 98:10997
[52] Tarver CM, Chidester SK, Nichols AL III (1996) J Phys Chem 100:5794
[53] Tarver CM, Urtiew PA, Tran TD (2005) J Energ Mater 23:183
[54] Nomura K, Kalia RK, Nakano A, Vashishta P (2007) Appl Phys Lett 91:183109
[55] Zhang C (2007) J Phys Chem B 111:14295
[56] Zhang C, Wang X, Huang H (2008) J Am Chem Soc 130:8359
[57] Kuklja MM, Rashkeev SN (2009) J Phys Chem C 113:17
[58] Kuklja MM, Rashkeev SN (2010) J Energ Mater 28:66
[59] An Q, Liu Y, Zybin SV, Kim H, Goddard WA III (2012) J Phys Chem C 116:10198
[60] Zhou T, Zybin SV, Liu Y, Huang F, Goddard WA III (2012) J Appl Phys 111:124904
[61] Politzer P, Murray JS (2002) Theor Chem Accts 108:134
[62] Murray JS, Politzer P (2011) WIREs Comput Mol Sci 1:153
[63] Murray JS, Concha MC, Politzer P (2009) Mol Phys 107:89
[64] Hammerl A, Klapötke TM, Nöth H, Warchhold M (2003) Propell Explos Pyrotech 28:165
[65] Hammerl A, Klapötke TM, Mayer P, Weigand JJ (2005) Propell Explos Pyrotech 30:17
[66] Gökçinar E, Klapötke TM, Bellamy AJ (2010) J Mol Struct (Theochem) 953:18
[67] Klapötke TM, Nordheiter A, Stierstorfer J (2012) New J Chem 36:1463
[68] Zhang C (2013) J Mol Model 19:477
[69] Sharia O, Kuklja MM (2012) J Phys Chem C 116:11077
[70] Pospišil M, Vávra P, Concha MC, Murray JS, Politzer P (2011) J Mol Model 17:2569
[71] Eckhardt CJ, Gavezzotti A (2007) J Phys Chem B 111:3430

[72] Byrd EFC, Rice BM (2006) J Phys Chem A 110:1005

[73] Simpson RL, Urtiew PA, Ornellas DL, Moody GL, Scribner KJ, Hoffman DM (1997) Propell Explos Pyrotech 22:249

[74] Pagoria PF, Lee GS, Mitchell AR, Schmidt RD (2002) Thermochim Acta 384:187

[75] Watt DS, Cliff MD (1998) DSTO-TR-0702, Defense Science and Technology Organization, Melbourne, Australia, Sect. 4. 1, p 13

[76] Calculated value, ref. 40

[77] Gilardi RD, Butcher RJ (2001) Acta Cryst E 57:657

[78] Rice BM, Byrd EFC (2013) J Comput Chem 34:2146

[79] Li J-R, Zhao J-M, Dong H-S (2005) J Chem Cryst 35:943

[80] Archibald TG, Gilardi R, Baum K, George C (1990) J Org Chem 55:2920

[81] Huynh M-HV, Hiskey MA, Hartline EL, Montoya DP, Gilardi R (2004) Angew Chem Int Ed 43:4924

[82] Calculated value, present work

[83] Kamlet MJ, Adolph HG (1981) Proceedings of the seventh symposium (international) on detonation, Report No. NSWCMP - 82 - 334, Naval Surface Warfare Center, Silver Springs, MD, p 60

[84] Rice BM, Pal SV, Hare J (1999) Combust Flame 118:445

[85] Alster J, Iyer S, Sandus O (1990) In: Bulusu SN (ed) Chemistry and physics of energetic materials. Kluwer, Dordrecht, p 641

[86] Dunitz JD, Filippini G, Gavezzotti A (2000) Tetrahedron 56:6595

[87] Politzer P, Murray JS (2016) Struct Chem 27:401

[88] Dunitz JD, Gavezzotti A (1999) Acc Chem Res 32:677

[89] Kuklja MM, Rashkeev SN (2007) Appl Phys Lett 90:151913

[90] Veauthier JM, Chavez DE, Tappan BC, Parrish DA (2010) J Energ Mater 28:229

[91] Stine JR (1993) Mater Res Soc Symp Proc 296:3

[92] Wilson KJ, Perera SA, Bartlett RJ, Watts JD (2001) J Phys Chem A 105:7693

[93] Churakov AM, Tartakovsky VA (2004) Chem Rev 104:2601

[94] Politzer P, Lane P, Murray JS (2013) Struct Chem 24:1965

[95] Politzer P, Concha MC, Grice ME, Murray JS, Lane P (1998) J Mol Struct (Theochem) 452:75

[96] Mondal T, Saritha B, Ghanta S, Roy TK, Mahapatra S, Durga Prasad M (2009) J Mol Struct(Theochem) 897:42

第2章 枪炮发射药的研制进展：从分子到材料

Eugene Rozumov

摘 要:2010—2016年对发射药开展了大量研制工作,世界各国的研究人员对枪炮推进领域的含能材料进行了非常全面的研究,目的是提高安全性和性能。为了最大限度地提高能量,研究人员对单个分子展开了研究,同时对研究过的分子重新进行了研究,并对这些分子的原有性能进行了改进。针对含能纳米材料也开展了大量研究工作,用于认识和制备含能纳米材料。本章提出了一种制备含能组分的含能材料共结晶新方法,该方法具有良好的应用前景。此外,通过发射药材料的工艺改进使燃速得到了提高。压实装药的重新应用及枪炮新概念的出现,使样机初速得到了大幅提升。实际上,几乎对发射药的各个方面都进行了研究和改进。

关键词:发射药;含能组分;含能纳米材料;含能共晶体;点火

2.1 发射药的内弹道性能

发射药的作用是将弹丸从枪炮管内推出,发射药装在枪炮燃烧室内,紧靠在待发射弹丸之后,如图2.1所示。在适当能量刺激的作用下,固体含能材料通常会快速分解成气体小分子,随后气体体积发生快速膨胀,将弹丸从枪炮弹膛内推出。枪炮可通过瞄准线(小口径枪炮、中口径枪炮和坦克炮)中靶率或非瞄准线(榴弹发射器、迫击炮和火炮)弹道进行表征。以上每个系统对最大燃烧室压强、爆炸超压、初速、枪炮管烧蚀、燃气成分和火焰温度等都有不同要求。此外,发射药要求必须在弹丸出膛前全部燃尽,而且能安全贮存几十年。我们也应牢记一点:在工作温度范围内(-60~+70℃)这些发射药的弹道性能应保持

Eugene Rozumov,美国皮卡汀尼兵工厂陆军工程研发中心(ARDEC),邮箱:eugene. rozumov. civ@mail. mil。

一致。

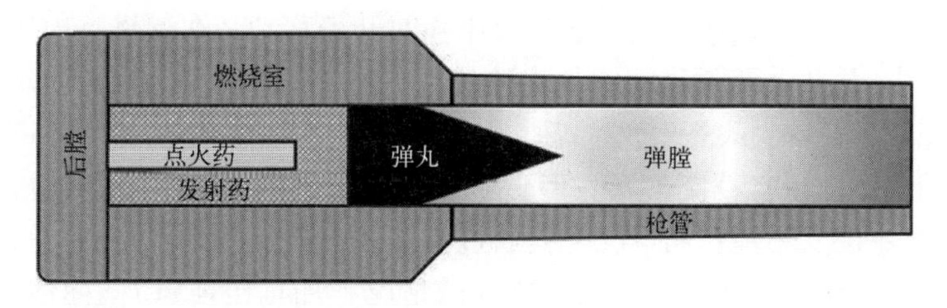

图 2.1　枪的基本结构

以迫击炮为例，其燃烧室壁厚远小于其他大口径火炮，因此要求必须具有低燃烧室压强。因为作战人员十分靠近炮口，爆炸超压和火焰温度也必须低。由于迫击炮的炮管成本很低，炮管烧蚀不是需要考虑的主要因素。一旦明确了枪炮系统和发射药的要求，就可以开始发射药的研制工作。显然，即使发射药的主要功能十分简单，其必须满足的要求也很多，而且许多要求经常是相互矛盾的。

长期以来，发射药可分为单基药、双基药和三基药三类。单基药的主要成分是硝化纤维素（NC），NC 是一种含能高分子黏合剂。在 NC 中加入硝化甘油（NG，一种敏感型高能增塑剂）后，可制成一种能量和火焰温度都很高的发射药，这种发射药称为双基药。将硝基胍加入双基药配方中可降低双基药的火焰温度，这种发射药用于大口径枪炮中可提高枪炮管的寿命。这种发射药的组分包括硝化纤维素、硝化甘油和硝基胍，称为三基药，其能量和火焰温度介于单基药和双基药之间。

发射药在工作时，首先在点火药包底部或燃烧室后膛用点火药点燃，如图 2.1所示。传统的化学点火药包括黑火药、硼/硝酸钾（$BKNO_3$）、奔奈火药或清洁点火药（CBI），CBI 中含有约 98%的硝化纤维素。点火药生成的高温燃气在快速流动中进行对流换热，同时嵌入发射药柱中的高温粒子也进行对流换热，从而使点火药引燃发射药床。爆燃过程中会发生无数次氧化燃烧反应，从而释放出热能。在近期的研究中，将纳米硼粉引入 $BKNO_3$点火药，结果表明纳米硼粉的微小粒径会提高放热量和增压速率，但使用纳米粉体不会改变产生的最大压强[1]。

发射药被点燃后沿药柱表面发生横向燃烧反应，越来越多的气体分子充满枪炮燃烧室，不断推动弹丸底部直至弹丸被推出枪炮管。弹丸后方排出的高温富燃气体形成高浓度羽烟，羽烟在接触大气氧时由于自身高温被重新点燃生成枪炮口火焰，这种火焰也必须减弱以免泄露枪炮系统的位置信息[2]。迄今为止，以上每种情况在枪炮内的持续时间仅几十毫秒。

枪炮内部压强与时间的关系曲线如图 2.2 所示。持续上升的压强将弹丸推入枪炮管内,弹丸在接近燃烧室最大压强时开始移动。在燃烧室内压快速消散的过程中,弹丸沿弹膛移动并飞出枪炮口,然后开始减速。为了提高射程等枪炮性能或延长弹丸飞行时间,需要提高弹丸的初速,而初速在内弹道循环过程中与燃烧室内压有直接关系。但由于大多数野战炮的工作压强已接近其最大压强,在不改变燃烧室的情况下仅通过提高发射药能量是不行的。而实现这一目标的最佳途径是在不提高最大压强的情况下加宽压强-时间曲线,这会增大发射药气体对弹丸的做功量,从而提高枪口初速。迄今为止,各种装药设计方法主要通过加宽压强-时间曲线来提高初速,但初速依然难以得到大幅提升。

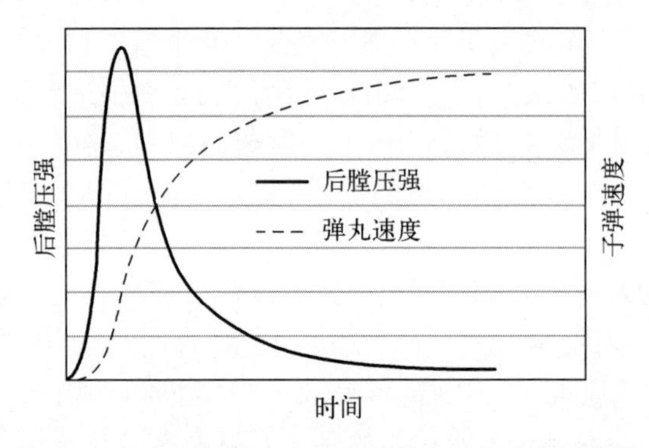

图 2.2　弹道循环过程中压强与弹丸速度的关系曲线

另一种方法是采用燃速差异较大的两种发射药,这两种药在不同时间分别达到最大压强,从而有效提高了弹丸的总压强,而不会超过最大容许压强。近期提出的一种新方法采用两级枪炮设计,采用这种设计的枪炮燃烧室内装有用活塞隔开的两个药柱和两个点火器。靠近弹丸的药柱先被点燃后推动弹丸,经过短延时后点火器点燃第二个推进药柱,该药柱推动活塞使其朝正在沿枪炮管移动的弹丸方向移动,这会使弹丸后方的气体受到压缩,从而使弹丸后方的压强升高。这种设计会使初速提高约 30%,在压强-时间曲线上表现为双驼峰效应[3]。这种枪炮结构尽管使初速得到了提高,但要求两个点火器分别位于后膛和枪炮管内,这就要求在全新枪炮系统的研制中考虑实用性。

2.2　发射药点火

为了使发射药正常、高效地工作,需要使其发生爆燃。理想情况下,整个发射药床应瞬时点燃,但实际上这一点很少实现。除了前面提到的化学点火方法外,还研究了枪炮系统的其他点火形式,包括电热化学(ETC)点火[4]和激光点火[5]。ETC 点火和激光点火的点火延时一致性远高于常规的化学点火,还可提高弹道性能。但由于多种原因,这两种点火方式难以实施。

在 ETC 点火中,点火药生成的等离子体将其能量直接传给发射药床。这种等离子体点火的优势是点火延迟的一致性很好,高装药密度可实现有效点火,整个发射药床几乎瞬时被点燃,能量输入得到了补偿,可以更好地控制极限温度下的点火。结果表明,发射药采用等离子体点火方式,点火延时可缩短 90% 左右。此外,等离子体点火器得到的结果与标准点火器结果类似,而且需要的总能量较少。将钝感 NC 药条用作点火药,利用等容条件下的爆热计算值进行了计算,结果表明 NC 点火药将产生的 2.6kJ 能量传给了发射药。在实验电流和电压下,经计算得到的等离子体贮存能量为 1.05kJ[6]。

ETC 也称为电热点火(ETI),在发射药与生成的等离子体之间建立真空,真空使等离子体在与发射药发生相互作用前形成工作流体。在近期研究中采用 ETI 作为点火源,在两种温度下(21℃和-40℃)对 45mm 实验枪中的 CAB 基低易损性(LOVA)发射药进行了点火,该发射药采用了两种装填密度($0.5g/cm^3$ 和 $0.7g/cm^3$)。发射药在极低温度下通常会失去一部分初能,导致初速和后续射程降低。研究表明,采用 ETI 点火确实缩短了点火延迟,而且具有很好的一致性。在较低的装药密度下,弹丸在低温下的速度可通过引入更多的等离子体能量得到有效补偿。但在较高的装药密度下,采用 ETI 点火后发现枪炮后膛和弹药底部之间的负压差(NDP)较大。这些负压差可通过减少等离子体能量而降低,但会使点火延迟从 1.5ms 增至 3ms[7]。

在许多情况下,点火均会产生负压差。由于化学点火是从燃烧室底部开始向弹丸传播,整装式发射药不会同时被点燃。这也会促使在枪炮燃烧室内形成压力波,压力波一旦从点火源向弹丸传播,就会被弹丸底部反射回来。这种反射波使弹丸后方的压强大幅升高,并向枪炮后膛移动从而形成负压差[8]。这种压力骤增也会促使未燃余药更快地燃烧,进一步加剧枪炮燃烧室内负压差的形成,这一点将在后面进行讨论。若负压差过大,会导致枪炮严重损坏。对发射药的配方、药柱和装药进行合理设计,从传统意义上可减少负压差带来的影响。

Nakamura 等将一种三基发射药放入一个装有爆破隔膜和几个压力传感器的密闭容器内,研究了发火管长度、发火管穿孔面积和点火药质量对负压差形成的影响。他们对奔奈点火药(黑火药和硝化纤维素的混合物)的研究结果表明,长发火管可显著降低负压差,因为高装填分数的发射药床在弹道循环过程中最先被点燃[9]。因此,中心通孔长的点火器有助于减少大口径枪炮内负压差的形成。

研究表明,含金属燃料和氧化剂的复合铝热剂是发射药的一种有效点火药。Howard 在研究中发现,含氧化剂和燃料的多种复合铝热剂可有效点燃含 JA2 的高能发射药片,而且含不同氧化剂和燃料的复合铝热剂能以不同方式点燃 JA2。一些复合铝热剂点燃 JA2 药片后会使燃烧室内的压力骤增,而其他一些复合铝热剂点燃 JA2 药片后增压缓慢,出现了增压延迟现象[10]。以上研究结果表明,通过点火可有效控制发射药的弹道性能。

Baschung 等用纳米复合铝热剂 WO_3/Al 作为点火药,采用等离子体点火方式点燃了 60mm 枪内的 LOVA 发射药,并与黑火药进行了比较。从 Nanothermite(纳米铝热剂)一词的前缀 Nano(纳米)就可看出,纳米铝热剂由氧化剂(WO_3)和铝粉(Al)燃料的纳米级颗粒组成。常规的铝热剂经活化后,氧化剂和燃料发生氧化还原反应,并释放出巨大热量。纳米铝热剂的大表面积会显著提高反应速率,从而以极快速率释放出巨大热量。由于铝热反应中不会生成气体,因而发射药床不会发生对流加热,而对流加热是发射药床实现高效点火的一个必要条件。为了解决这一问题,在 $WO_3/2Al$ 纳米铝热剂中加入了质量分数 10%的气体发生剂偶氮二甲酰胺。Baschung 等的研究表明,纳米铝热剂的点火延迟相对于黑火药会显著增大,而燃烧室内的弹丸速度和最大压强保持不变。研究结果还表明,等离子体点火产生的点火延迟显然具有更好的一致性。再次强调一点:通过调节等离子体能量,可以补偿 LOVA 发射药较差的低温性能[11]。

近期对两种纳米铝热剂点燃 JA2 的点火能力进行了研究,将两种纳米铝热点火药夹在 JA2 药片和高氯酸钾($KClO_4$)填充的纳米多孔硅片之间,$KClO_4$先将铝热剂点燃,铝热剂再依次点燃 JA2 药片。研究表明 Bi_2O_3纳米铝热剂能点燃 JA2,因为其生成的高速气体能阻止高温粒子与发射药充分接触后发生热量或能量传递。此外,氧化铜铝热剂也能成功点燃 JA2 药片。

Su 等利用超临界 CO_2流体技术制备了一种 NC 泡沫点火药,而且在点火药中嵌入了钛粉(5%~15%)。钛粉能增强传导加热效应,会以一种更高效的方式点燃发射药床。与奔奈火药相比,这种 NC-Ti 泡沫点火药点燃的发射药具有较高的燃速、较大的能量计算值及明显较高的最大压强。此外,研究中还意外发现含 10%钛粉的试样具有最高的燃速和压强,说明加入最佳含量的钛粉有利于提高弹道性能,而材料中的钛粉含量低于或高于 10%,都会使性能快速恶化[13]。

2.3 发射药燃烧

材料在燃烧过程中被氧化,以最大限度生成有效氧。燃烧中发生了一系列复杂的氧化还原反应，反应中大分子分裂成一个个原子，并形成低分子量气体，如 H_2O、N_2、CO、CO_2 及其他气体。以硝化甘油(NG)为例，其燃烧反应可表示为

$$2C_3H_5N_3O_9 \rightarrow 6CO_2+5H_2O+3N_2+1/2O_2 \tag{2.1}$$

由式(2.1)可知，NG 是一种富氧材料。在这种理想的燃烧反应中，所有的 C 原子均转化为 CO_2，H 原子均转化为 H_2O，N 原子均转化为 N_2。但大多数发射药组分的含氧量不足，无法完成上述反应。因此，发射药的燃烧反应变得更为复杂。

氧平衡(OB_{CO_2})可作为一个定量指标来评价一个分子或一种材料发生燃烧形成 CO_2 的能力。含能材料发生有效爆燃取决于分子或材料中是否存在足量的氧化剂，OB_{CO_2} 可提供这一必要信息。氧平衡的计算公式为

$$OB_{CO_2}=-\frac{1600}{M}\left(2x+\frac{y}{2}+m-z\right)\times 100\% \tag{2.2}$$

式中：x 为碳原子数；y 为氢原子数；m 为金属原子数；z 为氧原子数；M 为摩尔质量。

氧平衡的值反映了材料发生持续氧化燃烧形成二氧化碳的能力：氧平衡为零，表明材料含有等量的氧化剂和燃料；氧平衡为正值，表明材料中有足量的氧化剂，应该可以发生完全燃烧；氧平衡为负值，表明材料中有足量的燃料，但可能不会发生完全燃烧。需要注意，计算式中没有氮原子，因为氮原子优先形成 N_2，其不需要氧原子来发生氧化燃烧。分子或材料的氧平衡值越大，越有可能发生持续爆燃。

由于大多数含能材料存在轻度贫氧问题，理想情况下 NG(式(2.1))的气体燃烧产物不能实现有效预测。K-W(Kistiakowsky-Wilson)法则用逐步法处理 CO_2 的生成，该法则适用于氧平衡值大于-40%的发射药和材料。在这些情况下，C 原子首先被氧化成 CO，再利用剩余的 O 原子将 H 原子转化为 H_2O，最后利用任何可用 O 原子将 CO 转化为 CO_2。再次强调一点(在所有后续方法中)，所有的 N 原子均转化为 N_2。对于氧平衡值小于-40%的发射药，应采用改进后的 K-W 法则。在改进的 K-W 法则中，主要是将 H 原子转化为 H_2O，然后依次将 C 原子转化为 CO 和 CO_2。在上述所有方法中，未氧化的 C 原子和 H 原子被转化为残碳和 H_2。采用另一种方法可解释枪炮实际点火中发现的不一致性，该方法就是 S-R(Springall-Roberts)法则。正如 K-W 法则所描述的，C 原子首先转化为 CO，H 原子转化为 H_2O，然后 CO 转化为 CO_2。此外，还需要注意其他两点：首先，生成的 CO 中有 1/3 转化为残碳和 CO_2；其次，最初生成的 CO 中有1/6 的转化为更多的残碳和 H_2O(假定所有 H 氢原子未全部转化为 H_2O)[14]。以氧平衡值为-40%的理想分子 $C_4H_7O_6N_5$ 为例，对上述几种方法进行了说明。由以

下几个反应式可知,对于同一种分子,采用每种方法生成了不同量的燃烧产物。由于枪炮发射药在本质上属于气体发生剂,必须对爆燃过程中的气体生成量进行预测。

$6C_4H_7O_6N_5(s) \rightarrow 18CO_2(g)+6C(s)+21H_2(g)+15N_2(g)$ (理想的燃烧反应)

$6C_4H_7O_6N_5(s) \rightarrow 24CO(g)+12H_2O(g)+9H_2(g)+15N_2(g)$ (K-W 燃烧反应)

$6C_4H_7O_6N_5(s) \rightarrow 21H_2O(g)+15CO(g)+9C(s)+15N_2(g)$

(改进的 K-W 燃烧反应)

$6C_4H_7O_6N_5(s) \rightarrow 12CO(g)+16H_2O(g)+5H_2(g)+8C(s)+4CO_2(g)+15N_2(g)$

(S-R 燃烧反应)

如上所述,由于分子或材料中的氧原子不足,发射药在燃烧中不会完全生成 CO_2。氧平衡也可根据式(2.3)中的 CO 而非 CO_2进行计算,也许更能反映燃烧效率。但这些法则在预测实际燃烧产物时也不是绝对适用的,因为在枪炮实际点火中生成了不同氮氧化物和氰化物的微量气体。

$$OB_{CO}=-\frac{1600}{M}\left(x+\frac{y}{2}+m-z\right)\times 100\% \tag{2.3}$$

下面将对几种常用的含能发射药组分进行简单讨论,这些组分对应的氧平衡、密度和生成热如表 2.1 所列。当 NC 的硝化度增高时,其氧平衡增大,其生成热也增大(ΔH_f)。含能配方所具有的高势能使其拥有大的正生成热。硝化甘油(NG)分子中含有过量的氧。环状硝胺 RDX 和 HMX 的 OB_{CO}均为零,这两种组分的正生成热 ΔH_f表明其可用于含能配方。发现存在一个趋势:OB 与含能分子的猛度有关,但在多组分材料(如发射药配方)中还未发现类似趋势。表 2.1 中还存在另一个明显趋势:除 NQ 外的所有分子的 OB_{CO}为正值,表明这些材料中含有足量的氧,可以发生燃烧并形成 CO 和 H_2O。这也表明,在含能材料的性能预测中,OB_{CO}也许是较 OB_{CO_2}更为理想的一个指标。显然,OB_{CO_2}和 OB_{CO}与 ΔH_f均不具有良好的相关性。

表 2.1 几种常用的含能发射药组分性能

含能组分	摩尔质量/(g/mol)	分子式	OB_{CO_2}/%	OB_{CO}/%	密度/(g/cm³)	ΔH_f/(kJ/mol)
NG	227.09	$C_3H_5N_3O_9$	3.52	24.66	1.59	-371
PETN	316.14	$C_5H_8N_4O_{12}$	-10.12	15.18	1.78	-539
RDX	222.12	$C_3H_6N_6O_6$	-21.61	0.00	1.82	70
HMX	296.16	$C_4H_8N_8O_8$	-21.61	0.00	1.91	75
NQ	104.07	$C_1H_4N_4O_2$	-30.75	-15.37	1.76	-92

续表

含能组分	摩尔质量/(g/mol)	分子式	OB_{CO_2}/%	OB_{CO}/%	密度/(g/cm^3)	ΔH_f/(kJ/mol)
NC(12.6%N)	272.38	$C_6H_{7.55}N_{2.45}O_{9.9}$	-34.51	0.73	1.66	-708
NC(13.15%N)	279.66	$C_6H_{7.37}N_{2.64}O_{10.2}$	-31.38	2.95	1.66	-688
NC(13.45%N)	284.15	$C_6H_{7.26}N_{2.74}O_{10.4}$	-29.45	4.34	1.66	-678
NC(14.14%N)	297.13	$C_6H_7N_3O_{11}$	-24.23	8.07	1.66	-653

近期,研究人员通过建模和实验对氧平衡进行了研究,结果表明发射药的氧平衡若低于某一阈值,会因为发射药的不完全燃烧而出现残余物。他们通过改变材料中邻苯二甲酸二丁酯(一种含有很少氧原子的惰性材料)的含量,可将氧平衡控制在-29%~-103%之间。研究结果也表明,发射药中 NG 的含量与燃烧过程中容器内的压强存在着较强的相关性。NG 含量、氧平衡和压强越高,生成的残余物就越少[15]。

一旦采用适当方式将发射药点燃后,发射药会沿自身表面发生横向燃烧。药柱上表面暴露于高温燃气和点火药颗粒中,开始形成一个凝相反应区,凝相反应区中会发生氧化化学分解,生成低分子量气体并沿发射药横向排出,气体流出物会使凝相层形成泡沫状外观。凝相反应区也会使该反应区下方的发射药柱温度上升,从而降低该反应区下方材料发生燃烧反应所需的活化能。紧靠该凝相反应区的上方存在火焰锋,火焰锋与反应区之间为暗区,暗区高度由发射药柱排出的气体速度和燃烧容器内的压强决定[16]。

由于发射药柱从曝露面开始发生横向燃烧,需要对其燃速进行测定,从而有效地控制其能量释放。通常采用密闭容器(CV)试验来测定燃速,从“密闭容器”字面来看,该容器是一种完全密闭的容器,可以承受巨大压力。也可以利用药条燃速仪试验来测定燃速,该试验更适用于火箭推进剂相关的低燃烧室压强。在这种密闭容器试验中,某一药型的固定量发射药柱在密闭容器内被点燃后会发生爆燃,对不同压强下的发射药的燃速可进行测定。此外,根据 Vielle 定律(式(2.4))可对燃速系数进行测定:

$$\gamma=\beta P^{\alpha} \tag{2.4}$$

若发射药的压强指数 $\alpha>1$,说明发射药的燃速对压强十分敏感。因此,当 $\alpha>1$ 的发射药在测试室内发生爆燃时,燃速上升速率高于增压速率,这可能表示材料在某些情况下能从爆燃转为爆轰。$\alpha<1$ 的含能材料对压强变化几乎没有反应,而这正是我们所需要的。黑火药的压强指数 $\alpha<1$,因此成为一种十分有效的点火药。低压强指数使黑火药在点火药中得到了高效利用,这种点火药可

采用任一装药形式,如点火药包,因为不需要增压来有效生成火焰和高温粒子。

研究表明,密闭容器分析对试验条件十分敏感。当点火药材料的用量增大时,推进剂装填密度会发生改变,在测定发射药的燃速参数时,点火药和发射药的封装方式以及密闭容器的尺寸都发挥了关键作用。此外,当利用不同燃烧结构的燃速数据计算约 7.62mm 的弹道曲线时,密闭容器的预示燃速与枪炮点火的实验燃速并非完全一致,因而表明密闭容器试验不能有效模拟指定系统,需要进一步采用拟合因子[17]。在比较文献中报道的燃速时,必须提供发射药试样制备的全套工艺。

不同形式的密闭容器试验也能提供有效信息,在密闭容器装置中放置爆破隔膜可使推进剂中止燃烧,爆破隔膜在达到临界压力后发生爆破,并使燃烧室内压力降低。快速降压会使爆燃淬熄,燃烧室内会残留有部分燃烧的发射药。因此,可对部分燃烧的药柱进行分析。通过这种方式进行了研究,结果表明多孔型发射药柱在孔内发生了波状爆燃而非横向均匀爆燃[18]。

根据以上所有信息,在药柱设计时对增压速率进行调节以满足枪炮的具体要求。由于爆燃发生在药柱表面,因此与有效表面积有直接关系。球形或圆柱形药柱在燃烧时,有效表面积会减小,如图 2.3 所示。在爆燃过程中,由于有效表面积减小,燃速和增压减缓,这称为减面燃烧。沿圆柱形药柱中部增加一个孔可实现等面燃烧,因此药柱的外表面积在爆燃过程中会减小,当孔径增大时可补偿药柱减少的外表面积。也可采用多孔设计使推进剂实现增面燃烧,表面积在爆燃过程中会增大。利用多孔圆柱形药柱,多孔内增大的表面积过度补偿药柱减小的外表面积,导致压力骤增直至药柱分裂成碎片,此时发生减面燃烧。

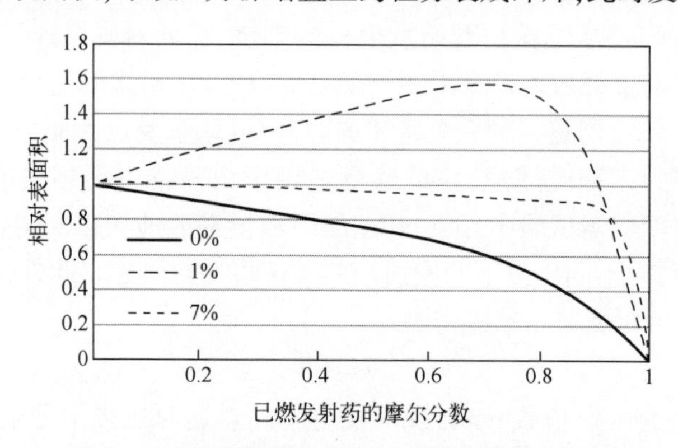

图 2.3　发射药燃烧中药型对有效表面积的影响

2.4　推进剂组分

2.4.1　含能分子

为了探究使材料和分子含能的原因,我们开展了相关研究。由定义看,含能材料是一种含有大量储存化学能的物质。当含能材料受到强烈震动、热或冲击刺激时,这些含能材料能克服材料本身的初始活化能,并在放热过程中快速释放材料中储存的能量。这种放热性为后续含能分子克服其活化能垒提供了能量,进而发生能量梯级释放。因此,生成热 ΔH_f 是评价含能材料效能的一个十分有用的热力学参数,ΔH_f 值越高,能释放的能量越多。

含能材料包括氧化剂和燃料源。在火箭推进系统中,一旦施加适宜刺激,氧化剂和燃料混合后会发生爆燃。在枪炮系统中,通过设计这种二组元发射药体系实现爆燃十分困难,但同一种材料甚至同一个分子中可同时含有氧化剂和燃料。

通常在分子中加入硝酸酯基、硝基、硝胺基和叠氮基使其含能,如下所示:

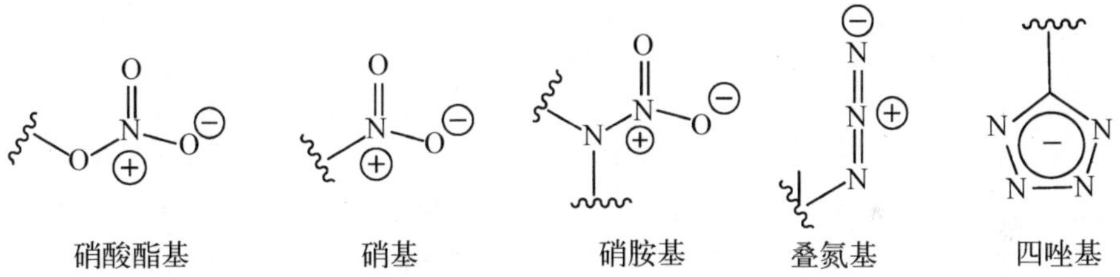

硝酸酯基　　硝基　　硝胺基　　叠氮基　　四唑基

这些基团中每个基团均含有一个以上的氮原子,这些基团还具有另一个共性:它们都有一个杂环原子弱键,其断裂后会引发级联反应并释放能量。硝酸酯基的 O-N 键极不安定,会发生快速裂解并生成氧化物和 NO_2 基团。叠氮基在燃烧过程中分解生成 N_2、H_2 和氰基,并释放出 685kJ/mol 的能量[19]。叠氮化合物具有非常高的生成热($\approx$350kJ/mol),因而得到了广泛研究[20]。制备含能材料的另一种方法是将多个氮原子引入芳环中,如四唑或四嗪。

为实现发射药所需功能,通常采用不同的含能材料配方。发射药的含能组分在本质上属于一种可控的气体发生剂,可以发生爆燃,但不会爆轰。理想的发射药应完全燃烧,没有残余物,并生成小分子量气体,如 N_2、CO_2、CO 和 H_2O 等。这些气体通过其运动不断撞击弹丸并产生压力,将弹丸推出枪炮管。

2.4.2 含能黏合剂

仅含硝化纤维素含能黏合剂的发射药通常称为单基药,该黏合剂的聚合性可使材料通过挤压成任意所需药型并保持其形状。单基药和所有发射药中主要采用硝化纤维素作为黏合剂(NC)。目前已部署的单基药包括 AFP-101 和 M1。

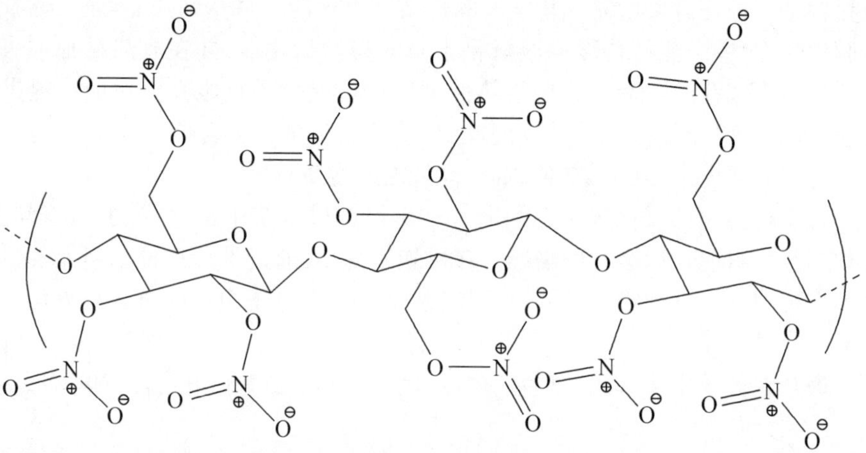

硝化纤维素

NC 是纤维素的硝化物,纤维素在硝化时有 3 个可用羟基,取决于不同硝化位置的反应条件。通常情况下,硝化在硝酸(HNO_3)和硫酸(H_2SO_4)的混合物中进行。研究表明,当 HNO_3质量分数低于 75%和高于 82%时,硝化纤维素产物能很好地溶于反应介质中,这称为均相硝化[21]。均相硝化的反应过程是逐步进行的,合成路线见图 2.4。对于均相硝化来说,硝化的相对平衡常数 K_n代表每个自由羟基。纤维素 6-位上羟基的 K_n值最高(30),最有可能发生初步硝化反应,而 3-位上的羟基具有最低的 K_n值。单硝化纤维素继续发生硝化反应,形成二硝化 NC 聚合物和最终的三硝化 NC 聚合物,还形成了少量 2,3-二硝化产物[22]。由于反应混合物中的水会严重影响硝化,制备军用级 NC 不能采用均相硝化方式。

多相硝化反应中 HNO_3的质量分数为 75%~82%,因此 NC 在溶液中为固态不溶物。未完全溶解的分子具有高硝化度,首先这一点理解起来似乎不太直观,但研究表明扩散到固态 NC 中的水要少于扩散到固态 NC 中的 HNO_3,因此自由羟基在多相硝化过程中具有较高的局部酸浓度[23]。C-核磁共振分析结果表明[13],多相硝化中纤维素 6-位上的自由羟基仅发生初步硝化[24],而后续硝

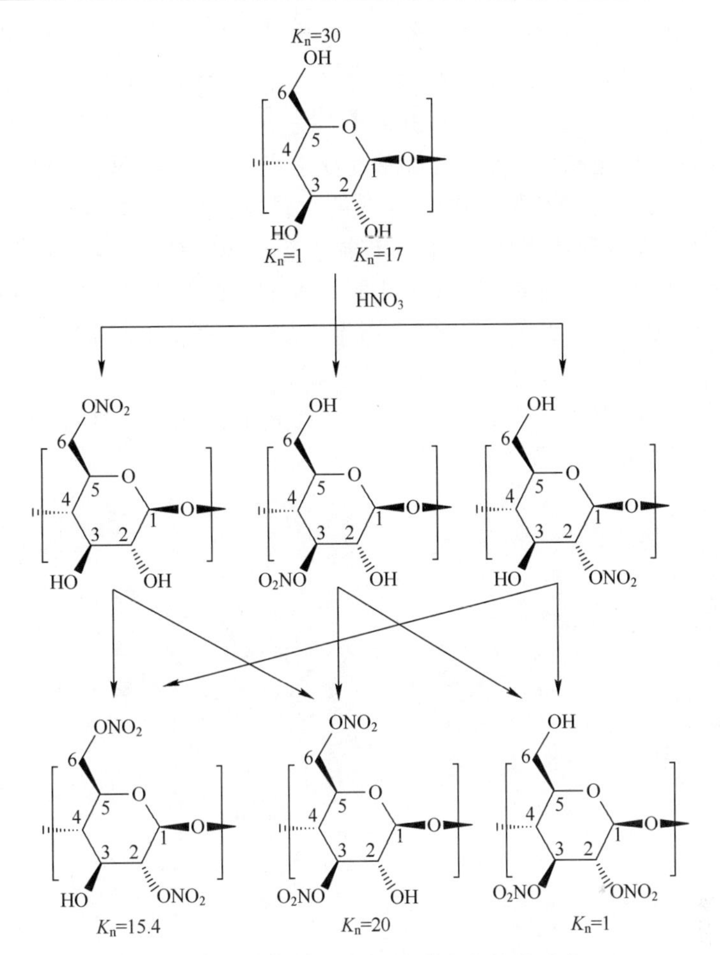

图2.4 合成路线图(纤维素硝化产物的形成)

化发生在聚合物的2-位和3-位上。

纤维素的来源决定了NC的其他重要性能,纤维素可通过木浆或棉绒制得,NC来源对NC的力学性能有很大影响,进而也会影响NC的弹性性能。近期研究中对细菌纤维素制成的NC进行了分析,细菌纤维素由带状微纤维组成,比植物纤维素小两个数量级。结果表明,细菌纤维素的热性能与常规NC相同,但由于其物理性能不同,可能会使弹道性能发生变化[25]。

近期,对乙酸硝酸纤维素(CAN,NC的一种衍生物)在发射药中的应用也进行了研究。在CAN发射药中,NC上的自由羟基被乙酰化,乙酰化反应可降低材料的感度,但引入非含能乙酸基也会使有效能量降低。105mm榴弹炮的试验结果表明,尽管CAN基发射药配方的弹道性能与标准M67发射药类似,但CAN

发射药在破片冲击试验中表现出的性能较差。研究认为,由于 CAN 发射药的燃速较高,在爆燃发射药排出破片穿孔前引起过度增压,因此对破片冲击的响应更剧烈[26]。

近期,对带含能基团而非硝酸酯基的纤维素进行了官能化反应研究。通过多种方式制备了含能 NC 聚合物,结果表明材料性能与 NC 类似,还具有更好的长期稳定性。不同升温速率下的差示扫描量热(DSC)实验结果表明,叠氮环氧纤维素(AZDC)的热稳定性优于 CAN,而 CAN 的热稳定性优于叠氮环氧纤维素硝酸酯(AZCDN)[27]。此外,还合成了纤维素的硝胺官能化衍生物,包括丁基硝胺纤维素(BNAC)和甲基硝胺纤维素(MNAC),并与二硝酰胺铵(ADN)进行了混合。结果发现,当黏合剂浓度低于 50%(质量分数)时,BNAC 和 MNAC 发射药的性能优于 NC 发射药[28]。

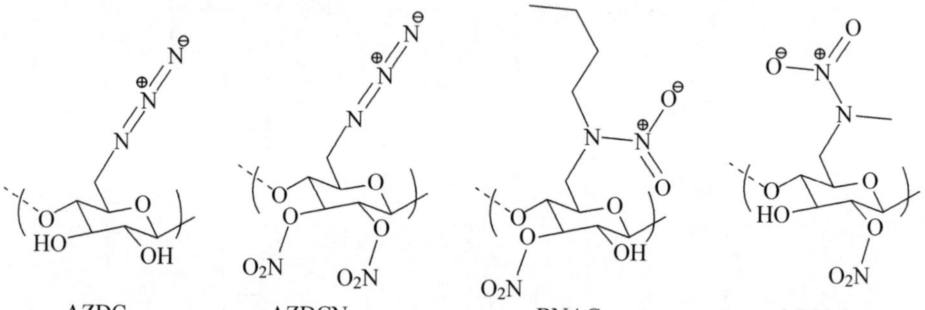

AZDC　AZDCN　BNAC　MNAC

2.4.3　含能增塑剂

发射药配方中另一种常用组分为含能增塑剂,其可使材料易于加工成不同形状,并使材料在药柱内具有一定移动性。增塑剂的作用机理是:增塑剂分子插入聚合物分子链之间,破坏使聚合物链紧密结合的弱的范德华力和氢键结合作用。增塑剂分子插入实质上是聚合物溶剂化及材料溶胀的结果,因而也增大了聚合物链间的空隙体积。由于增塑剂通常为小分子,一旦插入后会使聚合物链发生扭转和滑移,因此增塑剂起到了润滑作用。含能聚合物和增塑剂之间的这些相互作用都是为了降低材料的玻璃化转变温度 T_g。玻璃化转变温度是一个温度指标,低于玻璃化转变温度时,发射药等无定形材料的组分不会发生移动,这会使材料变得很脆。材料发脆不利于获得应有的弹道性能,因为脆性发射药在弹道循环过程中会分裂成大量碎片,因而增大了有效燃烧表面积。据此可推断,增塑剂的熔点与所得材料的低玻璃化转变温度 T_g 有关。

增塑剂可改善发射药的力学性能,通过单轴压缩试验可对这些力学性能进行评估。单轴压缩试验通过对其他药柱和燃烧室内壁施加压力,模拟药柱在弹道循环中受到的几种压缩力。典型的单轴压缩试验结果如图 2.5 所示。如图 2.5(a)所示,对一种黏弹性药柱进行了测试。首先对药柱持续进行弹性压缩直至到达屈服点,曲线在该点的斜率为压缩模量(弹性模量)。材料然后发生加工硬化(变形)直至到达失效点,之后材料完整性全部失效。脆性材料不会出现屈服点,也不会发生加工硬化,如图 2.5(b)所示,材料很快到达失效点,之后完整性全部失效。

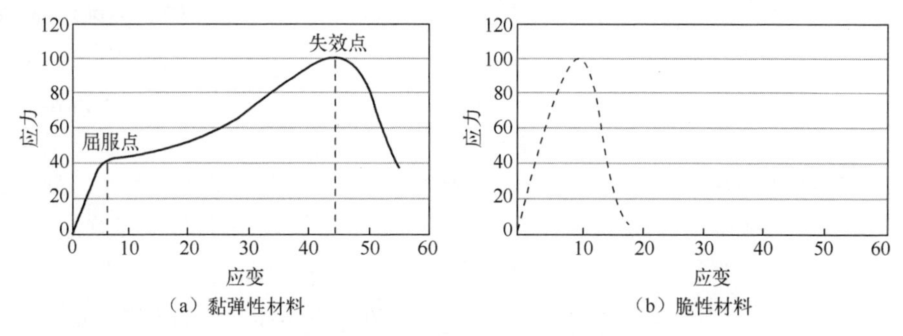

(a) 黏弹性材料　　(b) 脆性材料

图 2.5　典型的应力-应变曲线

由含能黏合剂和含能增塑剂组成的发射药称为双基药。一直以来,双基药使用硝化纤维素作为黏合剂及硝化甘油作含能增塑剂[29]。含能增塑剂是一种十分关键的组分,其通过提高药柱的弹性模量及加工硬化能力,防止药柱在弹道循环中及应力和应变作用下出现开裂。若药柱有开裂现象,会使有效爆燃表面积骤增,导致枪炮内部压力突增,从而降低弹道性能并使枪炮严重损坏[30]。目前已部署的双基药包括 M9 和 JA2。

近期对一种黏弹性高能发射药(JA2)进行了研究,实验中将温度从-50℃升至+80℃,以 10℃的温度间隔对 JA2 的弹性模量、失效应力和失效应变进行了测定。结果表明:温度低于 60℃时,在材料失效前弹性行为会发生加工硬化;温度高于 60℃时,材料中不存在弹性区。对接近失效应变的试样进行了 SEM 分析,结果表明:温度高于 20℃时,由于微孔形成减缓,压缩正交方向上的流动明显;温度低于 20℃时,微孔形成和裂纹尖端扩展是两种主要的失效模式[31]。

最近,Zhang 等对单轴压缩试验进行了改进[32]。在传统的单轴压缩试验中,对正圆柱形药柱沿其长度方向进行压缩。药柱仅在其曲面上受力,药柱两端在垂直于压缩力的方向上发生自由膨胀。在 Zhang 的试验装置中,通过在燃烧室内加入受压液压油,对大尺寸双基药柱进行全方位加压,然后在不同油压下进行单轴压缩。当药柱周围的油压升高时,屈服点也升高,在高封闭压力下未发现药柱有开裂现象,而且药柱失效表明超出了试验装置的承压极限,药柱在油压下基本能保持其形状。该试验可能是测定枪炮燃烧室内快速增压过程中发生的药柱失效的一种较具代表性的试验,试验压力可能不会使药柱像在标准单轴压缩试验机中那样变形过大。

最常用的含能增塑剂为硝化甘油(NG),NG 只是甘油的硝化产物。NG 是一种高含能材料,对任一类型的刺激都极为敏感。但当 NG 与 NC 混合时,混合物的感度会发生协同效应,所得双基药的感度远低于混合物中任一种纯净物的感度。NG 含量高的双基药存在一个严重问题,由于 NG 的尺寸较小,结构与 NC 相似,NG 会随时间发生迁移[33]。此外,还发现 NG 甚至会从药柱中渗出,然后在药柱表面上发生凝结。在这些情况下,NG 使发射药变得极为敏感。近期,等温热重分析(TGA)结果表明,NG 在温度升高时易于从药柱中挥发。此外,NG 和所有硝酸酯一样会发生催化分解,因此需要加入稳定剂来抑制这些反应[34]。以上多种性能是因为 NG 在 NC 基体中以小液滴的形式存在,而非均匀分散于 NC 基体中的分子[35]。以下是几种长期以来被用作含能增塑剂的硝酸酯增塑剂,这些增塑剂由于与 NG 具有相似性,在不同程度上具有与 NG 相同的优、缺点。近期,通过无溶剂挤压工艺制备了一种含 60% NC、28% NG 和 9.5% TEGDN 的三基药,并对其安全性和热稳定性进行了分析。结果表明,这种良好增塑的发射药的热性能主要受 NC 热力学行为的影响[36]。

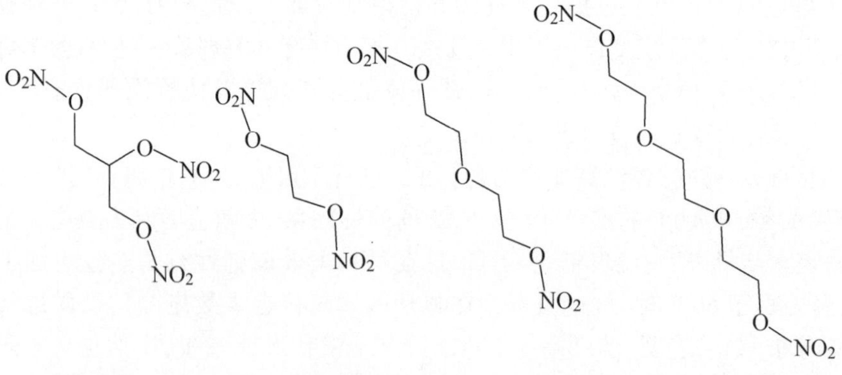

硝化甘油(NG)　乙二醇二硝酸酯(EGDN)　二乙二醇二硝酸酯(DEGDN)　三乙二醇二硝酸酯(TEGDN)

发射药使用的新型增塑剂包括双-二硝基-丙基乙缩醛/甲缩醛(BDNPA/F)和多种硝基氧乙基硝胺(NENA)。BDNPA/F 是 BDNPA 和 BDNPF 的低共熔混合物,BDNPF 为固态,BDNPA 为液态,BDNPF 可溶于 BDNPA。在 BDNPA 和 BDNPF 的共同作用下,成功降低了发射药的玻璃化转变温度。由于分子中含有偕二硝基,BDNPA/F 不仅含能量高,而且十分稳定。NENA 利用硝胺和硝酸酯来提供能量,研究表明 NENA 可使发射药达到高燃速及保持低火焰温度。此外,这些 NENA 增塑剂均具有较高的正生成热 ΔH_f。NENA 带有 R 基团,R 基的官能度小于丁基的官能度,这种 NENA 的缺点是其熔点高于-2℃,而且当烷链变短时熔点升高(表 2.2),从而使发射药配方的 T_g上升。但 ΔH_f的变化趋势则相反,丁基-NENA 的 ΔH_f值最低(259kJ/mol),而且均为正值[37]。研究表明,丁基-NENA 可改善单基药、双基药和三基药配方的含能量、钝感性和力学性能[38]。

表 2.2　不同 NENA 衍生物的性能

性　　能	Me-NENA	Et-NENA	Pr-NENA	Bu-NENA
密度/(g/cm^3)	1.53	1.32	1.26	1.21
熔点/℃	38~40	1~5	-2	-27~-28
DSC 放热温度/℃	218	210	210	210
生成热 ΔH_f/(kJ/mol)	1113	784	503	259

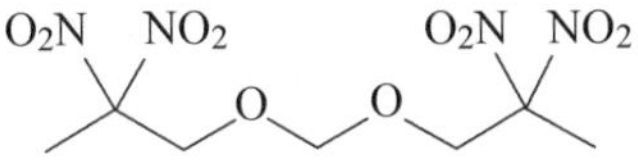

BDNPF 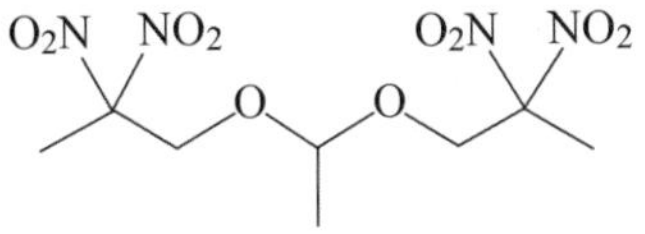　　BDNPA 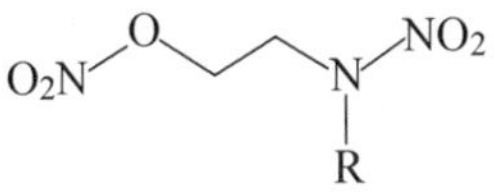　　NENA

近期,Yan 等对 10 种硝酸酯增塑剂进行了研究,测定了这些硝酸酯的热稳定性及其与结构基序的关系,如图 2.6 所示[39]。结果表明,每种硝酸酯遵循相同的分解机理,首先 O-NO_2硝酸酯键发生龟裂,键离解能约为 150kJ/mol。NG、TMPTN 和 TMETN 这三种硝酸酯不服从这一趋势,它们易于挥发,因此具有很低的分解活化能(100kJ/mol)。研究结果表明,提高这些硝酸酯热稳定性的一般趋势:首先是在叔碳上键接硝甲基基团-CH_2-ONO_2,然后是硝基-NO_2,最后是甲基-CH_3。

近年来,研究较多的另一种增塑剂为二硝基-二氮杂-烷烃(DNDA 57),该增塑剂是由 2,4-二硝基-2,4-二氮杂戊烷(DNDA-5)、2,4-二硝基-2,4-二氮杂己烷(DNDA-6)和 2,4-二硝基-2,4-二氮杂庚烷(DNDA-7)三种线性硝胺组成的混合物。含 DNDA 57 的发射药能生成平缓的温度曲线[40]。发射药在低温下通常具有较低的初能,枪炮系统在低温下的初速和射程也因此降低。为了提高发射药的低温性能,开展了大量工作,重点

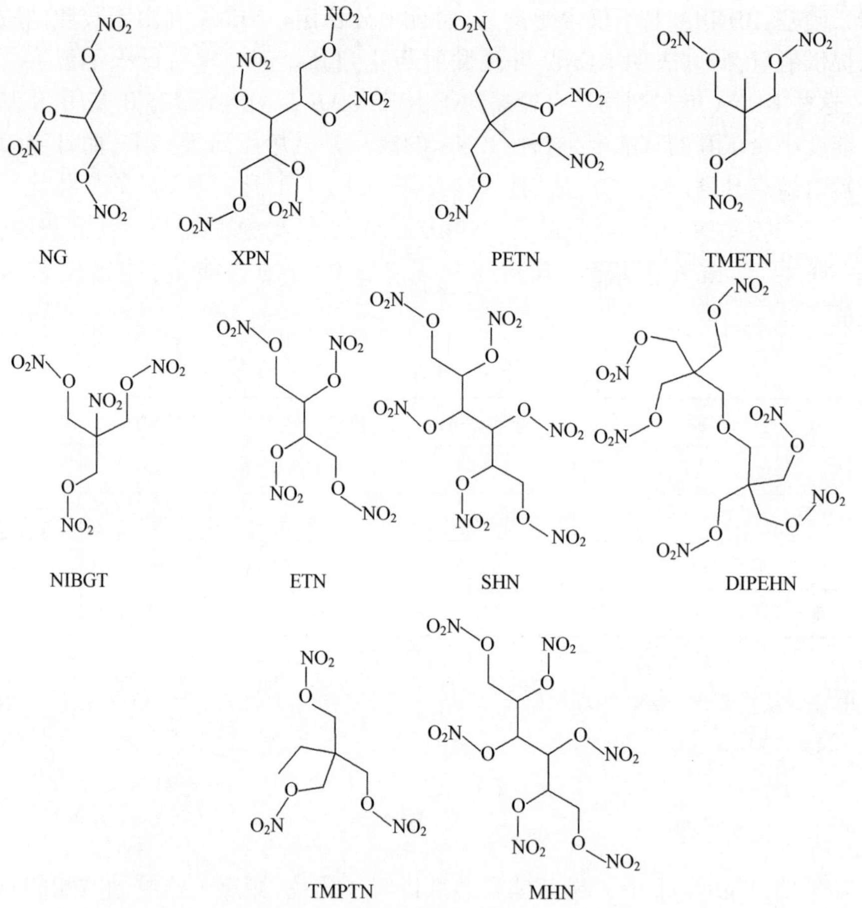

图 2.6　Yan 研究的系列硝酸酯热稳定性与结构基序的关系

对增塑剂进行了研究。

对 NADA 57 所含的三个组分进行了独立合成,采用气相色谱-质谱联用法在电子冲击和化学电离模式下对这些组分的碎裂方式进行了测定。结果表明,所有碎裂方式均相同,两个硝胺基发生断裂后形成了第一个碎片。研究表明,DNDA 混合物具有优异的小尺度感度性能,其冲击感度为 170cm(RDX 为 42cm),摩擦感度为 36kg(RDX 为 16kg)。此外,黏度分析结果表明,DNDA 57 对聚缩水甘油醚硝酸酯含能黏合剂的增塑效果明显优于 BDNPA/F[41]。如前所述,BDNPA/F 是一种良好的增塑剂,但很难实现大规模生产,而 DNDA 57 极易实现大规模生产。

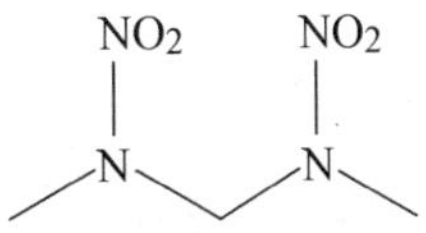

DNDA 5 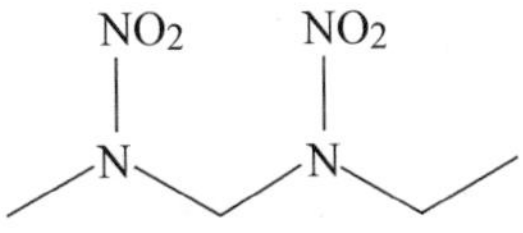　　DNDA 6 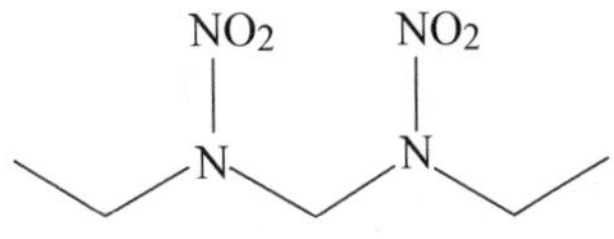　　DNDA 7

近期,对含叠氮官能团的含能增塑剂进行了合成和测试。制备了含双[2-叠氮-1-(叠氮甲基)乙基]丙二酸酯(AMEM)和双[2-叠氮-1-(叠氮甲基)乙基]戊二酸盐酯(AMEG)增塑剂的发射药,这种发射药具有良好的弹道性能[42]。由硝基丙烷通过三步法合成了另一种叠氮增塑剂——1,3-二叠氮-2-乙基-2-硝基丙烷(AENP),该增塑剂可产生约 2000J/g 的能量,玻璃化转变温度很低(-96.8℃),显著降低了含 GAP、BAMMO 和聚 NIMMO 等叠氮黏合剂的配方工艺黏度,因而制成的混合物具有良好的均匀性[43]。

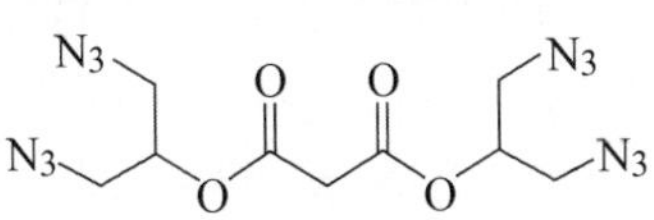

AMEM 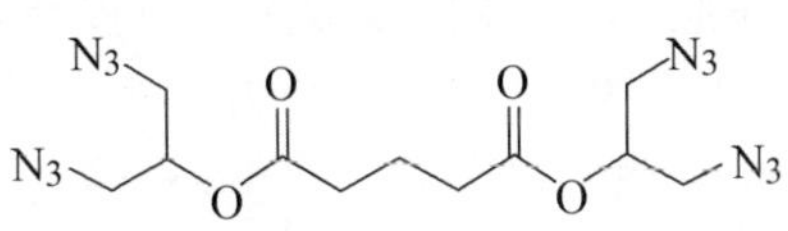　　AMEG 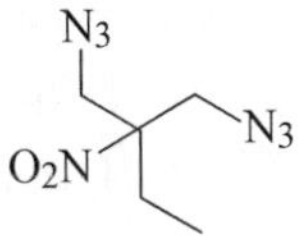　　AENP

对其他两种有应用前景的叠氮基增塑剂——1,3-双(叠氮乙酰氧基)-2-叠氮乙酰氧甲基-2-乙基丙烷(TAAMP)和 1,3-双(叠氮乙酰氧基)-2,2-双(叠氮甲基)丙烷(BABAMP),取少量进行了全面评定[44]。结果表明,这两种增塑剂对冲击和摩擦刺激都十分敏感,但含能量非常高。但在发射药中加入少量(1%~2%)这种增塑剂时,发射药对冲击和摩擦刺激的整体响应稍有增强。这并不难理解,由于这些含能增塑剂替换了惰性增塑剂——邻苯二甲酸二丁酯,从而使整体配方的能量提高。TAAMP 和 BABAMP 的生成热 ΔH_f 分别为 -157.5kJ/mol、605.6kJ/mol,BABAMP 极高的正生成热 ΔH_f 使其成为一种有望用于高能发射药配方的增塑剂,但需进一步研究这些增塑剂的生成热对力学性能和低温性能的影响。

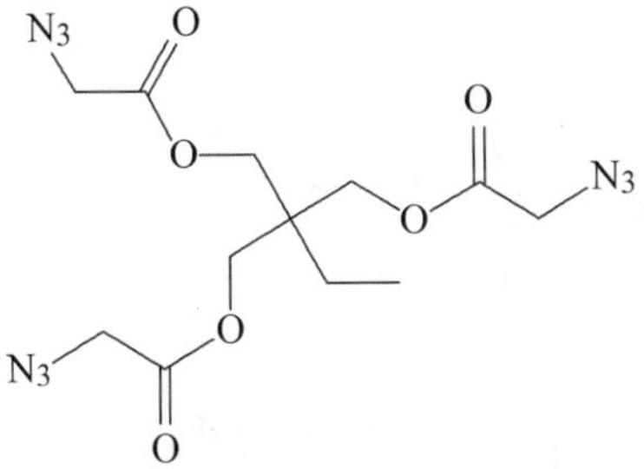

TAAMP 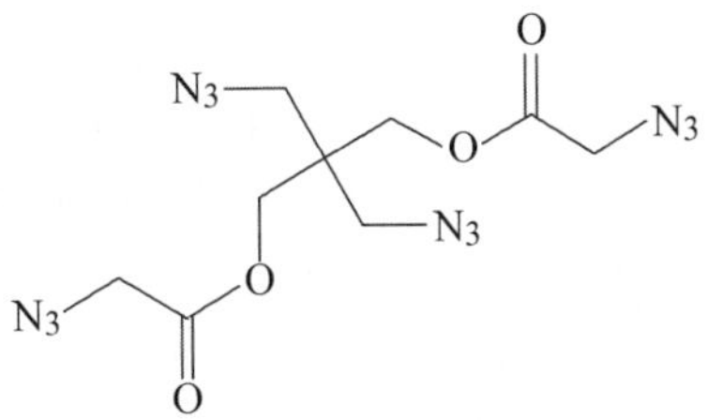　　BABAMP

2.4.4 含能填料

在进行发射药配方调节时,另一种常用方法是在双基药中加入固体含能填料。因此,由含能黏合剂(通常为 NC)、增塑剂(通常为 NG)和含能填料(通常为硝基胍)组成的发射药称为三基药,其中硝基胍是一种可用作火焰降温剂的含能分子。研究表明,高火焰温度是枪炮管烧蚀的一个主要影响因素,因此必须使用火焰降温剂来减轻大口径枪炮的身管烧蚀。三基药主要应用于大口径枪炮,目前在模块化火炮装药系统中也得到了应用。

为了提高发射药配方的弹道能量,在双基药中也加入了固体填料。由于 NG 存在稳定性差和易迁移的问题,在发射药中加入了六氢-1,3,5-三硝基-1,3,5-三嗪(RDX)和八氢-1,3,5,7-四硝基-1,3,5,7-氮杂环辛四烯(HMX)等高能硝胺作为填料,以减少能量提高对 NG 的依赖性。研究中将硝胺与硝基和叠氮基衍生物等其他填料进行了对比,发现硝胺具有高密度、高热稳定性和正生成热等优点。当 HMX 用作填料时,研究表明压强低于 10MPa 时发射药的燃速由黏合剂或黏合剂与硝胺间的相互作用进行控制,而 HMX 本身燃速不会影响发射药的燃速,但 HMX 的高成本限制了其在发射药中的应用[45]。RDX 已广泛应用于发射药的研制中,但 RDX 的毒性是影响其应用的一个问题[46]。

由于这些含能材料为固态,将其引入发射药配方中时,一般使用不溶解这些含能材料的溶剂。含能材料的形态对发射药的工艺性能和感度影响很大,冲击和摩擦等感度试验结果表明,使用球形颗粒的发射药感度比使用非球形颗粒的发射药感度低几个数量级。近期研究表明,具有较小粒径的 HMX 会提高热导率,减少热点形成的概率,降低冲击和摩擦等机械刺激下发射药的感度[47]。因此,使这些含能填料具有适当的形态十分关键。近期,通过结晶法制备了不同粒径的球形 3-硝基-1,2,4-三唑-5-酮(NTO)。结果表明,通过改变溶液(水:N-甲基-2-吡咯烷酮)降温方法和搅拌速率,可对粒径进行控制[48]。

近期,对赤藻糖醇四硝酸酯(ETN)和 1,4-二硝酸酯基-2,3-二硝基-2,3-双(硝酸酯亚甲基)丁烷(DNTN)两种硝酸酯固体填料进行了合成和分析,如表 2.3 所列[49]。结果表明,这两种材料较 PETN 具有更高的正氧平衡和生成热,但其生成热低于 RDX 的生成热。ETN 和 DNTN 的低熔点限制了其在发射药中的应用。由于 ETN 和 DNTN 的氧平衡和生成热较高,显然这两种硝酸酯作为含能填料要优于 PETN,但不如 RDX。

表 2.3　硝酸酯填料与 RDX 的比较

结构	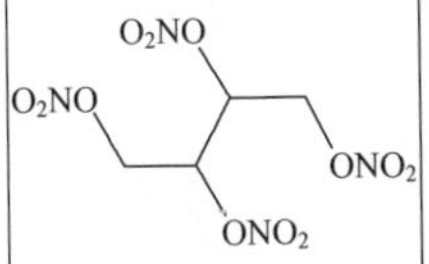	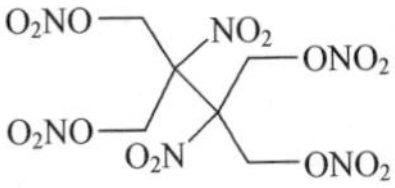	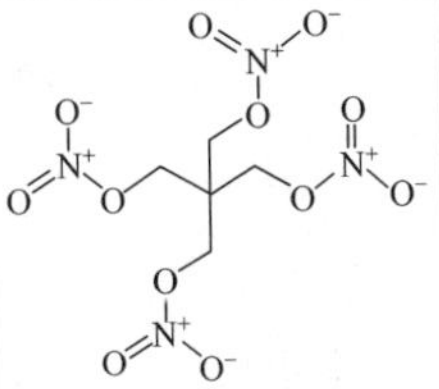	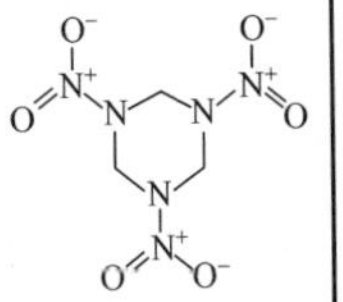
名称	ETN	DNTN	PETN	RDX
分子式	$C_4H_6N_4O_{12}$	$C_6H_8N_6O_{16}$	$C_5H_8N_4O_{12}$	$C_3H_6N_6O_6$
ΔH_f/(kJ/mol)	-474.8	-371	-538.48	-70
熔点/℃	61	85-86	143	204
分子量	302.11	420.16	316.14	222.11
OB_{CO2}	5.29	0	-10.12	-21.61
OB_{CO}	26.48	22.85	15.18	0

1. 高氮(HNC)含能材料和多氮化合物

设计的高氮材料包含多个氮原子,这些氮原子通过单键和双键相互连接。N-N 单键的键合能为 38kcal/mol,N-N 双键的键合能为 100kcal/mol,N-N 三键的键合能为 226kcal/mol。因此,在燃烧过程中希望氮原子能以三键相连。由于键合能骤增,高氮材料由于具有高的正生成热在燃烧中释放大量热能。

最初研制的一种高氮化合物为 3-硝基-1,2,4-三唑-5-酮(NTO),NTO 的合成可追溯到 1905 年,但 80 年后其用作含能材料才得到验证[50]。NTO 分子中只有两个碳原子,研究表明 NTO 的冲击感度非常低,但爆炸性能良好。在后续研究中,高氮材料利用富氮杂环作为其嵌段,可减少 H 原子数。偶氮四唑三氨基胍盐(TAGzT)等四唑类化合物是一种含很少碳原子的高含能材料[51]。研究表明,TAGzT 在宽压强范围内可提高多种发射药(尤其是含 RDX 的发射药)的燃速[52]。燃速的提高是由于偶氮四唑盐在泡沫层发生了放热分解,以及肼等三氨基胍分解产物与 RDX 分解产物之间发生了快速气相反应[53]。

利用点击化学原理合成四唑较为容易,因而其得到了广泛应用。在点击反应中,有机叠氮化物在铜的催化下容易与有机氰化物发生反应,在低温下生成的四唑具有高收率[54]。四嗪也可连接到四唑上,生成 3,6-双(1H-1,2,3,4-四唑-5-氨基)-s-四嗪(BTATz)。研究表明,3-二硝基甲烷-1,2,4-三唑酮羟铵盐易于由 3-二硝基甲基-1,2,4-三唑酮进行制备(图 2.7),π 堆积和大量氢键合会降低摩擦感度和冲击感度,甚至降低未装药的原材料感度[55]。

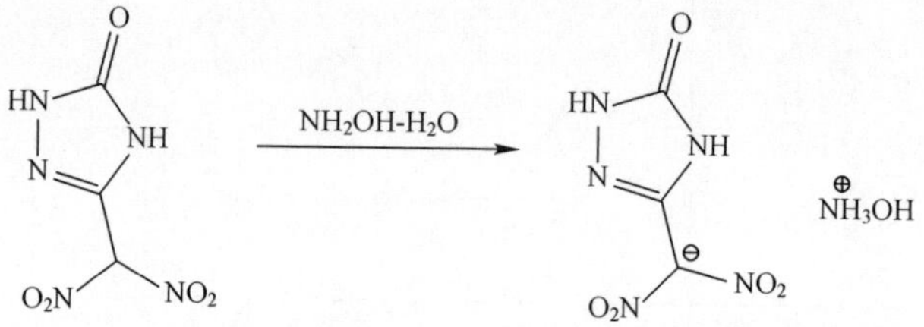

图 2.7 3-二硝基甲烷-1,2,4-三唑酮羟铵的合成

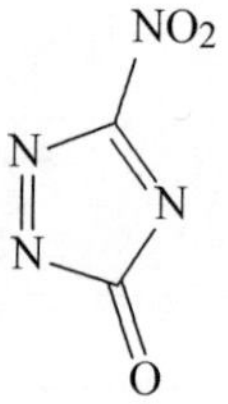

NTO 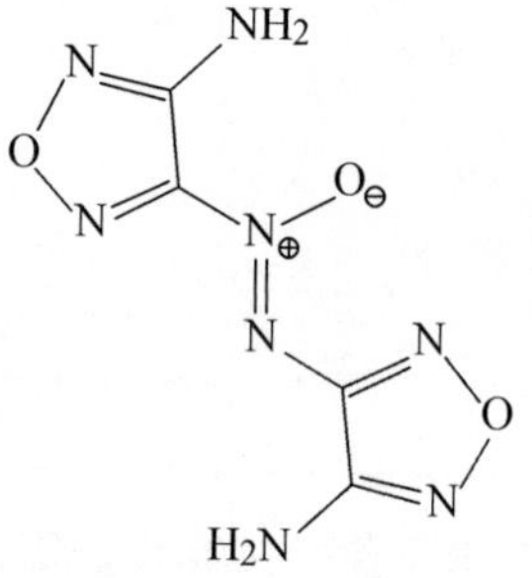　DAAF

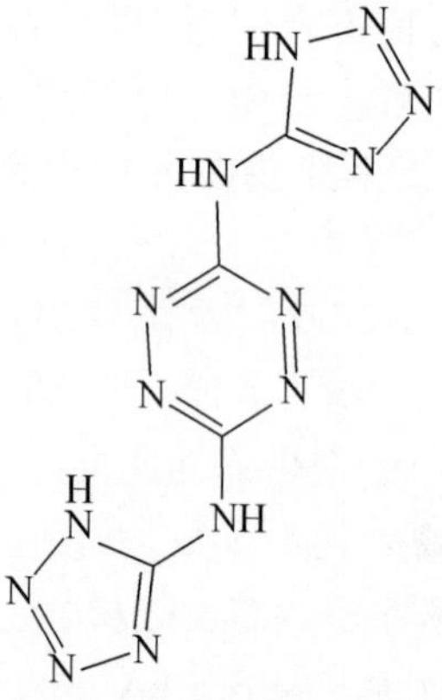

BTATz 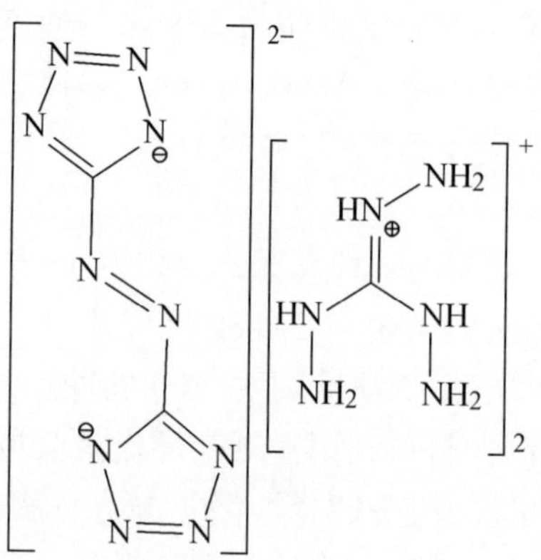　TAGzT

近期对三氨基胍(TAG)硝酸酯的燃烧机理进行了研究,结果表明 TAG 的热稳定性低于硝酸铵、RDX 等其他常用发射药填料,因此可用作其余发射药的补充热源。动力学数据也表明,TAG 燃烧的热生成在动力学上要快于 AN 或 RDX 燃烧的热生成[56]。一般来说,TAG 化合物燃烧更快,并释放出更多热量,从而促使 AN 和 RDX 等其他材料发生燃烧。

近期,对氨基胍抗衡阳离子对燃速的影响进行了研究,并制备了三种含单氨基(aTNBA)、二氨基(dTNBA)和三氨基(tTNBA)胍抗衡阳离子的四硝基联咪唑盐[57]。研究结果表明，药条燃速仪内压强在0.2~8.6MPa，胍被更多氨基官能化时，燃速升高的同时压强指数降低，这使发射药设计人员仅通过选择引入的氨基胍类型就可调节燃速。这是因为材料的密度相对保持不变，但分子能会随氨基取代程度的增大而提高。因此，分子每单位密度的含能量更高，而且能生成更多气体。近期，合成了两种含二铵基和双肼抗衡阳离子的四氨基联咪唑盐。这两种盐具有高密度和正生成热，冲击感度和摩擦感度都很低[58]。

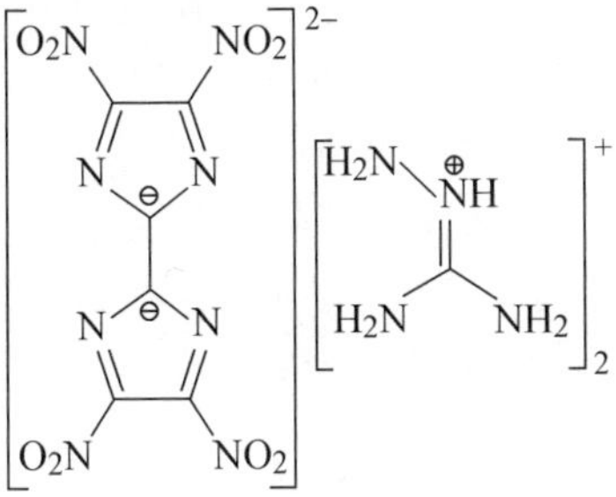

O_2N　NO_2　$2-$　N　N　N　N　O_2N　NO_2　H_2N　NH　H_2N　NH_2　+　2

aTNBA

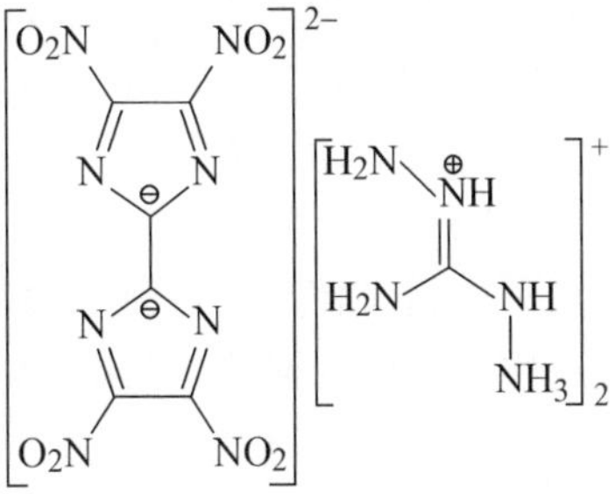

O_2N　NO_2　$2-$　N　N　N　N　O_2N　NO_2　H_2N　NH　H_2N　NH　NH_3　+　2

dTNBA

O_2N　NO_2　$2-$　N　N　N　N　O_2N　NO_2　H_2N　NH　HN　NH_2^+　NH_2　NH_2　+　2

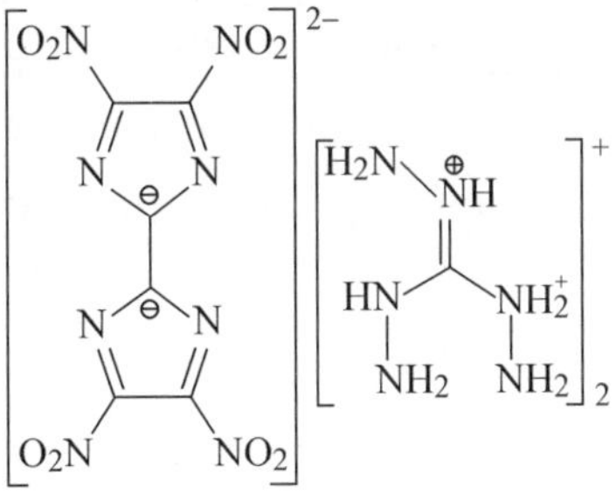

tTNBA

近期研究的其他抗衡阳离子还有5-氨基四唑(ATZ)和2,4,6-三氨基-s-三嗪(TATZ)，这两种化合物的感度都比RDX低很多，而且受到冲击时也不会发生爆轰，但TAGzT在类似条件下发生过爆轰，TATZ的唯一缺点是其电感度较高。

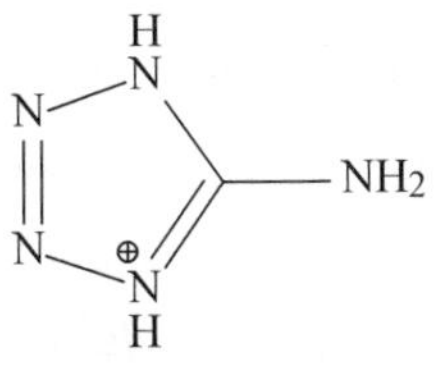

H　N　N　N　NH_2　N　H

ATZ

H_2N　N　NH_2　N　N　NH　NH_2

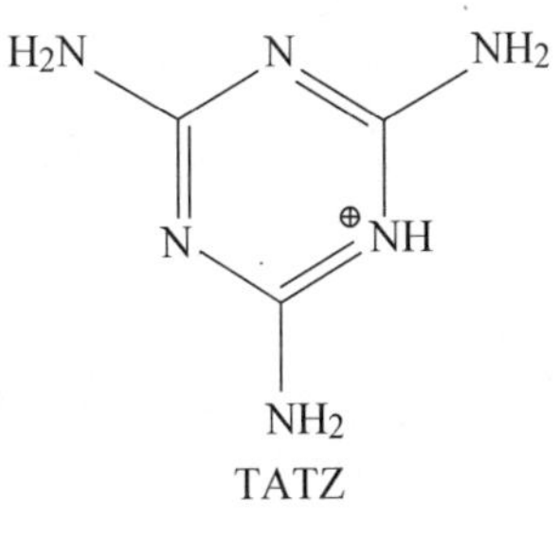

TATZ

同样,对含不同抗衡阳离子的5-氧代四唑(Otz)含能盐的性能进行了测定[60]。通常情况下,氧代四唑衍生物具有高含能量,但其感度很高。对一系列胍盐和短链胺进行了测试,测试结果见表2.4。第一组含胍-5-氧四唑盐(gOTz)、氨基胍-5-氧四唑盐(agOTz)、二氨基胍-5-氧四唑盐(dgOTz)和三氨基胍-5-氧四唑盐(tgOTz)的胍盐呈现出一个趋势:当通过引入胺基使抗衡阳离子的尺寸变大时,负氧平衡减小,正生成热显著增大,材料的熔点升高。这一组中除tgOTz外的所有四唑盐对冲击、摩擦和静电放电(ESD)均不敏感,这一点不服从含能分子熔点和感度的一般趋势,这可能是由于另一个胺结构单元加合到阳离子上,并未使氢键与OTz的结合作用增强,这点可由盐的晶体结构看出。第二组中含短链胺抗衡阳离子的铵盐有5-氧代四唑铵盐(aOTz)、5-氧代四唑肼盐(hOTz)和5-氧代四唑羟铵盐·NH_3O(haOTz),其趋势与胺结构单元加合到抗衡阳离子的趋势相似。对胍、氨基胍和2-硝亚胺基-5,6-二硝基苯并咪唑的羟铵盐进行了相同的研究,结果表明这些羟铵盐的变化趋势相似,生成热的值接近[61]。

近年来,脒基脲二硝酰胺(GUDN或FOX-12)受到了较多关注,FOX-12具有低冲击感度、低摩擦感度、高热稳定性和低火焰温度等优点,是一种优良的发射药含能填料[62]。FOX-12的高成本限制了其在发射药中的应用,为了降低成本,近期在FOX-12的最后合成阶段,使用了配比为1:3的浓H_2SO_4/HNO_3硝化混酸,并将反应温度降至-40℃,可将收率优化到50%,如图2.8所示[63]。

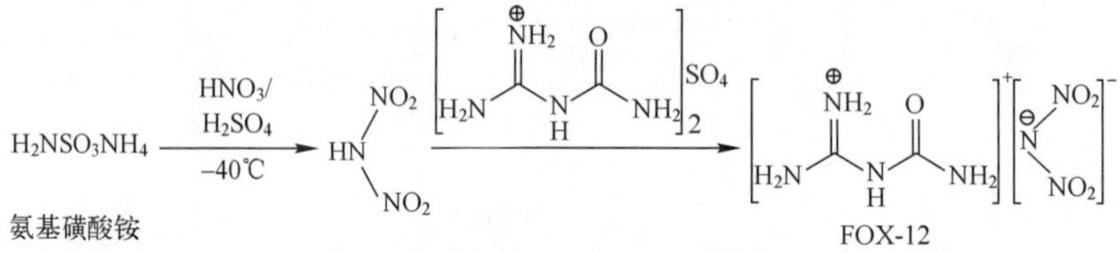

图2.8 FOX-12的改进合成

2. 纳米材料

通过控制含能材料的粒度和形态,可显著提高配方的感度和燃速,纳米材料可实现这一点。由于纳米颗粒的有效爆燃表面积远大于微米颗粒,显然可大幅提高发射药的燃速。微米级材料的感度较高,在很大程度上是由于晶体结构缺陷导致在应力作用下形成了热点。纳米粒子的晶体缺陷较少,因此感度较低[64]。但某些含能感度测试(如BAM摩擦试验)的有效性会受到质疑,由于实验装置使用了微米隙宽的砂纸,纳米颗粒在摩擦试验中被压入砂粒间隙内,因此未完全受到外加摩擦力的作用,摩擦感度的测试值低于其实际值[65]。纳米

表 2.4　Otz 盐的性能

阴离子	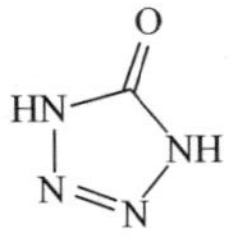 O, HN, NH, N=N	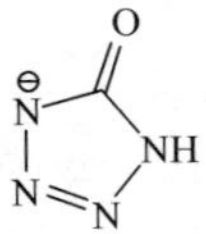 O, $\overset{\ominus}{N}$, NH, N=N						
阳离子		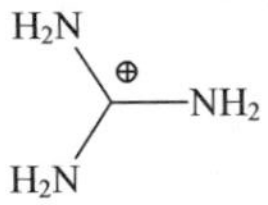 H_2N, $\oplus$, NH_2, H_2N	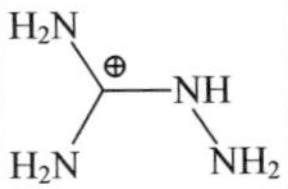 H_2N, $\oplus$, NH, NH_2, H_2N	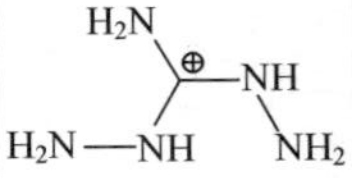 H_2N, $\oplus$, NH, NH_2, H_2N—NH	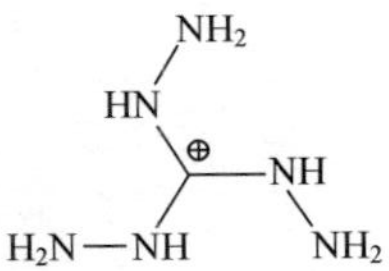 NH_2, HN, $\oplus$, NH, NH_2, H_2N—NH	$NH_4^{\oplus}$	$H_3\overset{\oplus}{N}-NH_2$	$H_3\overset{\oplus}{N}-OH\cdot NH_3O$
名称	OTz	gOTz	agOTz	dgOTz	tgOTz	aOTz	hOTz	haOTz
分子式	CH_2N_4O	$C_2H_7N_7O$	$C_2H_8N_8O$	$C_2H_9N_9O$	$C_2H_{10}N_{10}O$	CH_5N_5O	CH_6N_6O	$CH_8N_6O_3$
分子量	86. 05	145. 12	160. 13	175. 15	190. 16	103. 08	118. 09	152. 11
OB_{CO_2}	-37. 18	-71. 66	-69. 93	-68. 51	-67. 30	-54. 32	-54. 19	-31. 55
OB_{CO}	-18. 59	-49. 61	-49. 95	-50. 24	-50. 48	-38. 80	-40. 64	-21. 03
氮含量/%	65. 10	67. 56	69. 97	71. 97	73. 65	67. 93	71. 16	55. 24
ΔH_f/(kJ/mol)	5	0	116	224	340	16	173	167
密度/(g/cm^3)	1. 699	1. 612	1. 587	1. 654	1. 625	1. 618	1. 594	1. 634
熔点/℃	—	132	156	175	171	199	164	—
分解温度/℃	239	189	179	190	174	205	195	138
冲击感度/J	>40	>40	>40	>40	15	>40	>40	>40
摩擦感度/N	360	>360	>360	>360	240	>360	>252	>360
静电放电感度/J	0. 6	1	1	0. 65	1	1. 5	1. 5	0. 4

RDX 和硝酸铵粉末压片在增压过程中的燃烧快于微米级颗粒制成的试样[66]。研究结果表明,热力学性能取决于粒径。当颗粒的表面积-体积比增大时,颗粒的熔点、热容和热稳定性会降低[67]。

采用球磨法[68]、超临界溶液快速膨胀法(RESS)[69]、溶胶-凝胶法[70]和溶剂-非溶剂再结晶法[71]等制备了纳米级 RDX、HMX 和 CL-20 粉体。以上不同方法制备的纳米粉体具有不同的粒径,因此很难对这些纳米粉体进行对比,因为研究表明采用 RESS 法制备的粒径为 200nm 的颗粒比采用同一方法制备的粒径为 500nm 的颗粒更易受到冲击的影响[72]。纳米粉体采用的制备方法对产品的感度也有重要影响,通过研磨工艺制备的纳米 RDX 冲击感度为 54cm,RESS 制备的纳米 RDX 冲击感度为 75cm,而微米级 RDX 原料的冲击感度为 23cm[73]。

许多纳米材料在成形后具有大表面积极易发生团聚,与金属纳米粉体钝化方法相似的一种防团聚方法是对纳米粉体进行包覆或将其嵌入其他材料中。某研究小组使用 RESS 方法制备了纳米粉体,并用几种聚合物对其进行了包覆。这些聚合物在形成包覆层后即可防止纳米颗粒发生团聚,包覆后的纳米粉体可贮存一年以上。通过此方法制成的 RDX 颗粒非常小,RDX 的平均粒径为 30nm[74]。同样,通过喷雾干燥法制成的含纳米 RDX 的微米级颗粒可分散于聚合物基体内[75]。

在近期研究中,以 1-己基-3-甲基-溴化咪唑离子性液体为溶剂,使用溶剂-非溶剂再结晶法制备了纳米 HMX,可制成粒径为 40~140nm 的球形和多面体颗粒。X 射线衍射测试结果表明,β-HMX 与微米级 HMX 十分类似。纳米 HMX 的冲击感度显著增大,平均落高从 21cm 增至 47cm。在 5℃/m、10℃/m 和 20℃/m 升温速率下,利用差示扫描量热(DSC)分析结果可对 HMX 热分解的活化能 E_a 进行计算。经计算,纳米级 HMX 的活化能(E_a = 50kJ/mol)低于微米级 HMX 的活化能[76],这说明纳米 HMX 对热作用的敏感性高于微米级 HMX。这一点很好理解,因为纳米粒子的表面积明显大于微米粒子,而且其粒径明显小于微米粒子,这使纳米粒子能更快速吸收热量,并使热量分散于整体材料。

将 NC 溶于浓度低于 30mg/mL 的二甲基甲酰胺溶剂中,可制备纳米级球形 NC。溶剂在 5℃ 下蒸发后生成球形 NC 颗粒,其粒径为 200~900nm。与类似方式制备的微米级颗粒相比,这些 NC 颗粒可使燃速提高 350%,更易发生完全燃烧[77]。

当前研究重点是实现这些纳米材料的扩大化生产,RDX 的喷雾干燥是一种十分有效的扩大化生产方法,制成的 RDX 纳米粉体分散于聚合物基体中[78]。

结果表明,当 RDX 的粒径分布变窄时,其对冲击应力的感度也会降低[79]。喷雾干燥法也可用于制备 HMX 和 Estane(一种聚氨酯黏合剂)的纳米复合材料。结果表明,制成的材料与 HMX 原料相比,活化能提高了 40kJ/mol,在 ERL 12 型装置中的平均落高(感度)增大了 57cm[80]。

3. 共结晶

共结晶法是制备含能材料的一种新方法,共结晶技术也可对材料密度、热稳定性和力学性能进行控制。在共结晶反应中,一种已知含能分子与另一种含能或惰性分子发生结晶反应,通过两个分子间的非共价相互作用发生晶体堆积,晶体堆积过程由氢键结合、芳环的 π-π 相互作用及静电相互作用进行控制。含能材料中主要通过硝基发生氢键结合,如图 2.9 所示。结果也表明,硝基会旋出平面外并与芳环上离开原位的电子云发生相互作用,形成稳定能为 10~52kJ/mol的硝基-π 相互作用[81],这种稳定能与分子冲击感度有直接关系[82]。含硝基的含能分子在形成分子间相互作用时缺少多样性,因而难以实现含能共晶体的工程化生产。与混合机中两种分子仅通过混合形成的混合物相比,共晶体的密度、含能量、感度等性能存在着显著差异。

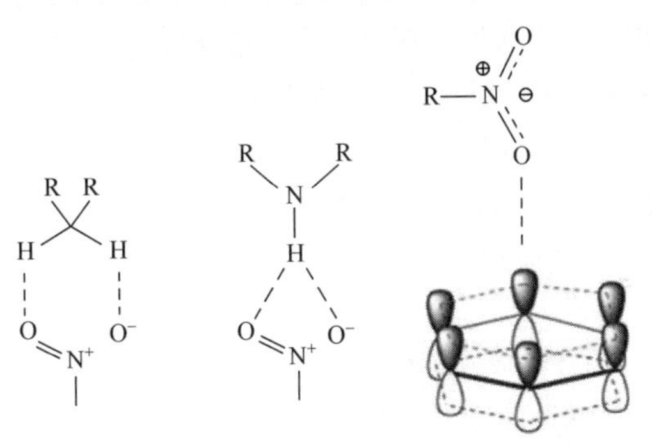

图 2.9　硝基的氢键结合与硝基-π 键合作用

最早开展的一项定向共结晶实验是对 2,4,6-三硝基甲苯(TNT)与各种惰性组分进行共结晶,采用共结晶技术生成的几种共晶体的密度和热稳定性均有提高,但使用惰性材料的共晶体相对于纯 TNT 其含能量显著降低[83]。此外,在这些材料的共结晶过程中 π-堆积为主要的合成子,因此共结晶可能不适用于推进剂中常用的一些较常规的非芳族高能材料。同样,2,4,6,8,10,12-六硝基-2,4,6,8,10,12-六氮杂异伍兹烷(CL-20)与惰性材料发生共结晶反应时,也存在与上述 TNT 共结晶同样的缺点[84]。CL-20 是一种公认的高能炸药,但有可能用作三基药的含能组分。CL-20 的一个主要缺点是其摩擦感度很高[85],若 CL-20 的感度在共结晶过程中处于受控状态,而且其含能量不会发生大量损失,这种材料可显著提高发射药的能量输出。近期,卟啉与 PETN(另一种炸药化合物)在丙酮中发生了共结晶反应,该反应可减弱 PETN 的升华作用及提高其稳定性[86]。HMX 与 N-甲基-2-吡咯烷酮通过溶液蒸发法进行了共结晶,但除结构数据和计算数据外,未得到有关性能或感度的直接信息[87]。

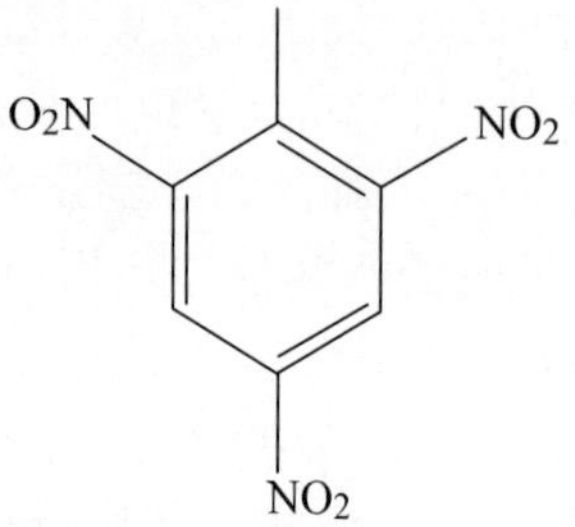

TNT 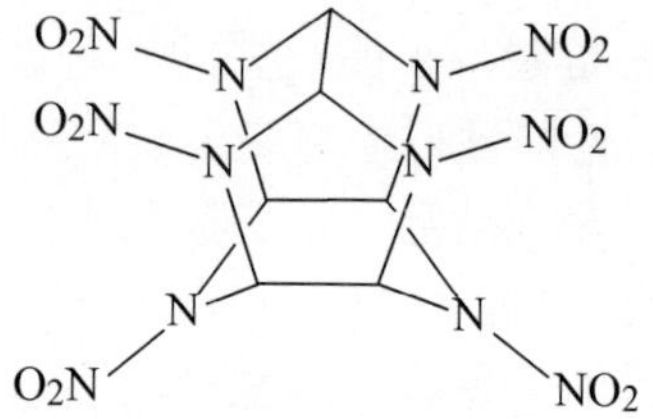　　　　CL-20

两种含能材料的共结晶技术已经实现,TNT 与 CL-20 以 1∶1 的摩尔比进行了结晶。结果表明通过与另一种含能材料的共结晶可以改善 CL-20 的感度性能,而材料的含能量不会显著下降,这一点从 CL-20 与其他惰性组分的共结晶就可看出。在 CL-20 的共结晶反应中,通过两种分子上的硝基与脂肪族氢原子发生氢键结合作用形成共结晶。得到了一个很有意思的结果:几个 CL-20 硝基与 TNT 贫电子环的相互作用与其他晶体中发现的硝基-π 相互作用极其相似。这种 CL-20/TNT 共晶体的密度仅低于纯 CL-20 的密度,但显著高于 TNT 的密度。质量约 3kg 的 CL-20/TNT 共晶体基于落高的冲击感度为纯 εCL-20 的 2 倍。结果表明,将共晶体加热到 136℃以上,两种组分会发生分离,冷却后不会再发生共结晶[88]。

制备了含 2 个 CL-20 结构单元和 1 个 HMX 结构单元的共晶体,结果发现该共晶体的冲击感度显著低于 CL-20 的冲击感度,但猛度显著高于 HMX 的猛度[89]。在随后的研究中使用相同晶体但采用共振声混合工艺制备了 CL-20 与 HMX 的共晶体,结果表明这些共晶体在 ERL 冲击试验中的感度高于 εCL-20,在 BAM 摩擦试验与 εCL-20 的感度相同[90]。

通过喷雾干燥法制备了 HMX(80%)和 TNT(20%)的共晶体。扫描电镜结果表明,共晶体的形态完全不同于原材料中任一种单晶体。X 射线衍射结果表明,同时含 HMX 和 TNT 的共晶体结构十分独特。拉曼光谱法结果表明,分子间相互作用的产生是由于 HMX 的硝基与 TNT 甲基结构单元的氢原子之间发生了氢键结合作用。DSC 结果表明,共晶体不同于喷雾干燥法制备的 HMX、HMX 原料、TNT 原料及 HMX 与 TNT 的均质混合物,共晶体的冲击感度为 62.1cm,而两种组分均质混合物的冲击感度为 31.3cm,这说明共结晶确实能改善这些材料的感度[91]。

Jung 等利用了另一种共结晶技术将 HMX 用作 NTO 结晶反应中的晶种。研究结果表明,高含能 HMX 被低感度含能 NTO 包围时,可生成核壳结构的粒子[92]。同样,CL-20 在用 1,3,5-三氨基-2,4,6-三硝基苯(TATB)进行包覆时使用质量分数 2% Estane 聚合物作为黏结剂,整个 CL-20 表面均覆盖了一层 TATB。形成的共晶体具有 3~10μm 的外壳厚度,而且纯净物和混合物材料在摩擦和冲击刺激下的感度得到了显著改善[93]。

但共晶体技术取得了重大进展,Qui 等合成了 CL-20/HMX 共晶体的纳米粒子。[94]他们采用水珠研磨工艺及 CL-20 和 HMX 晶体的化学计算量进行了制备,X 射线衍射结果表明所有的 HMX 和 CL-20 单晶体在 1h 后均变为共晶体,扫描电镜测定的共晶体粒径小于 20nm,但这些共晶体的感度或性能数据还未见报道。

2.5 低含量添加剂

在发射药中添加少量(4%)有机和无机组分,可达到不同的预期效果。这些添加剂包括稳定剂、消焰剂、遮光剂、燃速调节剂(如阻燃剂)和润滑剂。在已部署的发射药配方中,可能含有多种添加剂。例如,可能加入各类钾盐来减弱火焰,也可能加入邻苯二甲酸二丁酯作为阻燃剂来调节发射药燃速。这些低含量添加剂既可以是固体也可以是液体。

若发射药中的含能材料带有硝酸酯键,则需要加入几种稳定剂。如前所述,硝酸酯键极不安定,N-O 键的离解能仅为 150kcal/mol。因此,这些材料在长期贮存中会出现自发性均裂。形成的基团通过自催化降解进一步破坏余下的含能材料,进而产生自热效应,最终导致爆轰。含硝酸酯基的含能组分在长期贮存过程中,产生的各硝基基团会与乙基中定剂、二苯胺和 Akardite Ⅱ(3-甲基-1,1-二苯基脲)等稳定剂发生反应,从而延长发射药的使用寿命。近期研究表明,相对湿度对老化过程中稳定剂的消耗发挥了关键作用,高湿度会使减少 N-甲基-4-硝基苯胺和 2-硝基-二苯胺[95]等稳定剂的消耗。采用 DSC 来计算含不同量二苯胺稳定剂的 NC 膜分解的活化能,可以确定稳定剂的最佳用量[96]。近期,研究人员结合计算机模型与实验证据,对一系列结构类似的丙二酰胺稳定剂进行了验证。结果表明,当 HOMO-HUMO 间隙减小时,丙二酰胺的稳定效果增强[97]。该趋势在后续研究中需要与非类似结构下的趋势进行比较,来确定其作为一种稳定剂设计工具的可行性。

近期研究表明,双基药(59%的 NC 和 31%的 NG)中的斜发沸石具有稳定性能。Bergmann-Junk 测试和弹式量热法结果表明,含 4.0%(质量分数)纳米斜发沸石稳定剂的试样(由微米级试样通过机械粉碎制备)的性能显著优于含 3.0%(质量分数)中定剂的试样。经推测,该稳定效应的产生可能是因为 NO_x 被吸附到沸石表面的阳离子基团上。此外,发射药柱表面的原子力显微镜结果表明,含纳米斜发沸石的药柱表面形貌更加均匀[98]。

近期公布的一项研究十分独特,研究中对三种相同的发射药进行 DSC 分析,来测定这三种发射药的使用寿命。每种双基药具有相同的配方,采用甲基中定剂(MC)作为稳定剂及邻苯二甲酸二丁酯(DBP)作为表面燃速调节剂(阻燃剂)。三种发射药的唯一差别是:一个试样为新制试样,一个试样已存放 15 年,而另一个试件已存放 25 年。对每个试样的各热力学性能进行了详尽的 DSC 分析,结果表明未老化的发射药在 65.6℃下经过 60 天模拟老化后,与 65.6℃下自然老化的发射药具有相同的热力学性能[99]。这些发射药的组分检测结果表明,稳定剂在自然老化过程中由 3%降至 2.4%,而在加速老化过程中降至 2.2%,进一步说明通过加速老化测定稳定剂的含量是估算发射药安全使用寿命的一项有效技术。结果还表明,DBP 质量分数在 25 年自然老化过程中由 4.9%降至 4.0%,经过 120 天加速老化后 DBP 质量分数又进一步降至 3.1%。同样,NG 含量在自然老化中降幅最小(约 1%),但在加速老化中降低了约 6%。增塑剂含量在自然老化过程中减少使力学性能变差,而加速老化又进一步降低了力学性能。这一点通过动态机械分析(DMA)得到了验证,DMA 结果表明自然老化过程中 T_g 从-27℃升至-18℃。加速老化则呈现出相反的趋势。但意外的是:新制备的发射药在加速老化中 T_g 首先升高,这是由于发射药中增塑剂有挥发现象;30 天后 T_g 开始下降,最可能是由于 NC 发生了断链[100]。

碳质材料在发射药中得到了广泛应用,这些材料可用作遮光剂和消焰剂。石墨可用作表面抛光剂来减小发射药柱的摩擦系数,从而使药柱以高装填密度更有效地装填到药筒内。但其他形式的碳材料具有其他独特的效果和性能。当富勒烯[60](由苯和并五苯亚结构组成的一种类似足球的结构)与质量分数仅 1% HMX 混合时,冲击感度增高了 40%,摩擦感度增高了 30%[101]。感度增高可能是由于富勒烯在固态下也能旋转,因此在材料中起到了类似滚珠轴承的作用,使 HMX 如同在润滑作用下发生了滑移[102]。研究表明,碳纳米管也可降低 HMX 的感度[103]。近期,分子建模结果表明石墨烯/HMX 复合材料具有更好的稳定性[104]。

研究中采用了一种更独特的方法,可将含能材料封装到碳纳米管内。Abou-Rachid 等对多种含能材料进行了密度泛函理论(DFT)建模,结果表明纳米管内腔中的含能材料发挥了显著的稳定效应[104]。某研究小组采用湿式化学法成功将硝酸钾装填到碳纳米管内,并采用 DSC 和 TEM 进行了测定,制成的材料可用作纳米引发剂[105]。当采用碳封装进行能量分配时,需要考虑的一个重要问题是:在材料中引入大量碳原子时,会大幅降低含能材料的氧平衡。

氧化石墨烯(GrO*x*)是一种独特的石墨烯衍生物,GrO*x* 在严苛的氧化条件下使用高锰酸钾和硫酸制成[106]。GrO*x* 的热性能不太稳定,在受热时会发生强放热降解反应[107]。近期,非等温 DSC 测试结果表明,在 HMX 表面上包覆质量分数 2% GrO*x*,分解反应的活化能可提高 23.5kJ/mol。此外,冲击和摩擦感度分别降低了 90%和 70%[108]。显然 HMX 和 GrO*x* 彼此间发生了类似于 NC/NG 混合物的协同作用,HMX 经 GrO*x* 包覆后其感度降低、含能量增高。

2.6 发射药配方的建模与设计

目前,本章讨论的所有组分在进入实验室进行发射药配方研制前,首先需要对这些组分进行建模。当前在用的各种热力学程序(TIGER[109]、BLAKE[110]、CHEETAH[111]、EXPLO5[112]、ZNWNI[113]和 THERMO[114])专利软件提供的信息基本相同。这些程序利用了生成热、分子式和密度等分子信息,向发射药开发人员提供发射药配方潜在性能相关的一些有用的初始信息。大多数热力学程序会提供比冲(表征发射药的能量,也称为推力)和等容条件下发射药的绝热火焰温度 T_v。在这些理想情况下,比冲代表了发射药对弹丸做功的能力[115]。M1 发射药中含有 83.11%硝化纤维素、9.77%二硝基甲苯、4.89%邻苯二甲酸二丁酯、0.98%二苯胺、0.5%水和 0.75%乙醇,Blake 的输出结果如表 2.5 所列[116]。在此情况下,装填密度由 0.20g/cm^3 变为 0.30g/cm^3。T_v 随装填密度的提高略有升高,而压强几乎是原来的 2 倍,但比冲和气体分子量保持相对不变。在对发射药进行初步处理前,发射药开发人员可根据这些预测结果对配方进行优化。

表 2.5 M1 发射药的 Blake 输出结果

装填密度 /(g/cm^3)	绝热火焰温度 T_v /K	压强 /MPa	比冲 /(J/g)	气体摩尔质量 /(g/mol)	比密度 /(cm^3/g)
0.20	2447	236.0	919.2	22.138	1.105
0.25	2454	314.5	919.7	22.188	1.077
0.30	2462	402.4	919.9	22.254	1.048

这些热力学程序还可提供多种燃烧产物的浓度,如表 2.6 所列。根据 N_2、H_2和 CO 等气体的摩尔比并结合火焰温度,由燃烧产物可直接估算发射药的烧蚀率。某些气体(如 N_2)会在枪炮钢管上形成氮化铁保护层,而其他气体(如 H_2和 CO)会与存在的金属发生反应生成碳化铁,从而加剧烧蚀[117]。枪炮钢材

上 CO 的离解活化能较低。发射药燃烧产物中存在的 H_2 会与氧反应生成水，同时碳会扩散到枪炮钢材内导致表面渗碳，从而使熔点降低几百摄氏度[118]。大量 N_2 的存在（尤其在使用 HNC 发射药组分时）会使枪炮钢材发生氮化作用，形成的氮化物层会阻止 CO 与枪炮钢材发生反应，从而减轻烧蚀[119]。因此，要求发射药生成的气体具有低 H_2 浓度和高 N_2:CO 比[120]。

表 2.6　M1 发射药的气体输出结果

装填密度(g/cm^3)	0.2	0.25	0.3
CO(g)	22.94	22.88	22.79
H_2(g)	9.25	9.11	8.93
H_2O(g)	6.09	6.13	6.17
N_2(g)	4.43	4.41	4.4
CO_2(g)	2.32	2.33	2.35
NH_3(g)	0.045	0.062	0.081
HCN(g)	0.029	0.042	0.058
CH_4(g)	0.041	0.073	0.12

注：所有值为每千克发射药生成气体的摩尔数。

近期的研究结果表明，热力学程序得到的某些有毒气体（如 HCN 和 NH_3）的浓度预测值偏低[121]。对装有不同发射药的 9mm 枪炮进行了一系列点火试验，将计算程序的预测值与实际枪炮点火生成气体的分析结果进行了比较，结果表明 HCN 和 NH_3 的实测浓度比 EXPLO5 的预测值高几个数量级。认为实测浓度高于预测值可能是由于低毒性发射药具有低火焰温度，从而生成了更多的 NH_3 和 CH_4，随后这两种气体在有氧条件下会发生反应生成 HCN[122]。配方单组分（NC、NG、EC 和 DPA）的反应力场分子动力学（ReaxFF-MD）仿真结果表明，这些有毒气体主要来自芳族化合物 EC 和 DPA，而非 NC 和 NG 的硝基基团[123]。因此，可以利用这些计算程序作为设计工具，最大限度降低有毒气体的生成。

采用 THERMO 程序，同样对两种含少量 TAAMP 或 BABAMP 的三基药配方进行了分析。软件预测的不同增塑剂含量的 5 种配方的比冲偏差在 15 J/g 内，并通过密闭容器试验进行了验证，结果表明利用热力学程序可辅助发射药研发人员更有效地进行发射药研制[43]。

近期，Son 等采用 Cheetah 6.0 软件进行了预测，同时开展了实验研究。实验中将 1,4-二硝酸酯基-2,3-二硝基-2,3 双（硝酸酯亚甲基）丁烷（SMX）与不同含量的 NC 进行混合,所得发射药的比冲高于 JA2 基准配方(一种高性能钝感发射药)[124]。Cheetah 结果表明,仅含 NC 和 SMX(含量为 35%~70%)的双组元实验配方的比冲高于 JA2 配方,这说明 SMX 有望取代发射药配方中的 NG。令人意外的是,在 NC/SMX 配方中加入 20% DEGDN,比冲提高了 20J/g 以上。在高能配方中加入 DEGDN,通常会影响 NG、RDX 或 HMX 等高能组分而使比冲降低,但对于 NC/SMX 配方情况恰好相反。

2.7　工 艺 影 响

基于安全考虑,未在间歇式混合机中对所有组分进行共混。近期较多采用了注塑成型工艺,即在发射药形成药柱后将组分注入发射药中。单基药在药柱成型后以及用聚酯限燃前注入 NG,浓度分布测定结果表明,注入 NG 后在药柱内形成了浓度梯度,药柱近表面和中心处的 NG 浓度最低。研究结果表明,即使 NG 被成功注入药柱,其也易于从药柱中迁移到近表面处。这是含 NG 双基药的一个常见问题,因为 NG 在 NC 基体中具有高流动性。结果表明,限燃和注入 NG 的发射药柱发生了增面燃烧,而未注入 NG 的单基发射药柱发生了等面燃烧。结果还表明,注入 NG 的发射药具有更高能量,在燃烧室压力接近的条件下得到的烧蚀率较低(约为 16%)[125]。

在 NC 基体中也注入了 SMX,质量分数高达 40%的 SMX 与 NC 混合后,发现在 NC 纤维表面上形成了晶体。随后升温至 SMX 的熔点以上(约 85℃),使 SMX 发生液化后均匀渗入药柱。使用该工艺方法制备了含 60% NC 和 40% SMX 的发射药,所得发射药的冲击感度与 JA2 的冲击感度相当,但摩擦感度稍高于 JA2[124]。摩擦感度升高不难理解,因为研究人员考虑到 JA2 中基本上不含固体含能填料,因而会在配方中加入 40%的固体填料。

压实发射药在制备时通常是由小药粒形成大药柱,压实药其实就是小药粒黏结到一起形成的大尺寸装药结构,如多个球形小药粒黏结形成的圆柱形药柱。在药柱解体过程中,当压实药破裂成小药粒时装填密度和燃烧固有的渐增性均有大幅提高,这两个过程均会提高弹道性能,这就是压实药的优势[126]。

压实药可通过多种方法进行制备,其中一种方法是在药筒壳体内将发射药柱压缩成型[127]。采用的一种工艺是在发射药柱中加入丙酮等溶剂,丙酮会溶解部分 NC 使药柱发生溶胀,随后将这些润湿的药粒压缩成所需药型。这种方法的一个缺点是单个药粒在过程中会发生变形,使弹道性能发生改变[128]。另一种方法使用热固化黏合剂包覆发射药柱,随后对这些药柱进行热压实制成所需的发射药型[129]。

TEGDN 增塑的双基球扁药通过一组工艺进行了压实,溶于丙酮中的凝胶状 NC 在药粒的热压实过程中用作黏合剂,而且在成型工具上涂敷一层 NC/TiO_2混合物,对该压实药的最外层进行限燃。单轴压缩结果表明,该工艺可显著提高力学性能,应力和应变在失效前提高了 2 倍以上。密闭容器分析结果表明压实药出现了两级燃烧现象,NC/TiO_2外涂层先开始燃烧,随后发生的药柱解体会使动态活度猛增[130]。

近期,研究人员采用一组工艺方法来改进压实发射药,采用发泡和压模技术制备了 7 种多孔药柱。一系列急冷燃烧试验结果表明,采用新工艺制备的压实药较以前研究的压实药[132]有显著改善[131],这是因为在弹道循环的后期发射药柱才会发生解体,而药柱解体是压实发射药前期研究中的一个主要缺点。

发射药发泡会提高药柱的孔隙率,从而增大有效燃烧表面积,进而使燃速提高[133]。但发泡工艺的一个缺点是会降低发射药的密度,因此主要对可燃有壳弹药和无壳弹药中采用的含能发泡材料进行了研究。近期对聚甲基丙烯酸甲酯(PMMA)-RDX 复合材料进行了研究,通过发射药在 CO_2($scCO_2$)超临界高压流体中发生饱和作用实现发泡。CO_2会渗入发射药中,一旦发生压力快速消除,会使 CO_2从发射药中抽离,从而形成多孔材料。研究人员同时改变 RDX 含量和膨胀比,通过 CO_2超临界发泡法可形成多孔材料。研究结果表明,在 55% RDX 时,泡沫材料等效于现有纤维毡壳体技术,力常数为 450J/g,力常数代表了材料的含能量。在 75% RDX 时,力常数可达 858 J/g,接近某发射药的比冲。这一结果有些意外,因为研究中使用了一种惰性黏合剂,若能使用一种含能黏合剂,比冲会大幅提高。密闭容器试验结果表明,燃烧渐增性也会随着孔隙率或 RDX 含量的提高而改善。但有一个结果出乎意料,发泡温度实质上对材料性能没有影响[134]。

Yang 等随后对发泡工艺进行了改进,在超临界 CO_2发泡工序中增加了一个时控解吸附步骤。在改进的发泡工艺中,超临界 CO_2流体在规定的时间内可从材料中抽离,这使发射药表面残留的 CO_2少于发射药中心。一旦发泡中止,建立的 CO_2梯度会在材料内部形成多孔,同时形成明显少孔的药柱外皮[135]。

近期开发了一项基于超临界发泡技术的新工艺,解决了长期存在的 NC 发泡难题,该技术包括气体溶解、泡孔成核、泡孔生长和泡孔结构稳定化[136]。NC 的高结晶性使其发泡困难,NC 结晶区会阻止 CO_2等常用惰性气体的渗入,从而阻止了泡孔的形成[137]。

近期,对含 NG 或 TEGDN 增塑剂的 NC 泡沫双基药进行了研究[138]。研究人员可调节发射药柱的孔隙率,密闭容器试验表明气体生成量随孔隙率的增高而增多。此外,研究表明增塑剂 NG 和 TEGDN 的存在会增强 $scCO_2$吸附,从而使孔隙率提高。在密闭容器试验中,若发射药中不含增塑剂,发泡药和非发泡药之间没有差别。发泡过程显著提高了发射药的燃速,NG 基发泡药中 CO_2的解吸附速度最快。结果表明 TEGDN 对这些泡沫发射药具有较好的增塑作用。此外,还制备了带外皮的试样,密闭容器中的中止燃烧试验表明,内部孔核在外皮燃尽之前已经烧完[139]。

其他研究利用硝酸钾在单基球形药粒中生成多孔性结构,在配方中引入 KNO_3,在形成球形药粒后对发射药进行水洗。用水溶解并除去 KNO_3,但剩余发射药未接触 KNO_3,从而形成多孔状球形药粒。然后用丙酮或乙酸乙酯使多孔性球形药粒成型,从而消除了药柱表面的多孔结构,在内部形成了完整的多孔结构,制成的这种球形药粒在芯部燃烧较快。最后使用标准邻苯二甲酸二丁酯(DBP)或聚乙二醇二甲基丙烯酸酯(PEGDMA)[140]对药柱限燃。密闭容器试验结果表明,KNO_3的加入量和成形条件对球形药粒的燃烧特性有显著影响。此外,PEGDMA 在药柱内发生聚合,使单体分解于药柱中并形成阻燃剂梯度分布,较 DBP 限燃的药柱具有更好的燃烧渐增性。

在 NC 中生成多孔结构的另一种技术利用纳米钛粉作为成核位点,采用标准的混合和挤压工艺,将含 5%~15%纳米钛粉(粒径 20~40nm)的 NC(氮含量 11.8%~12.4%)制成圆柱形药柱。然后将圆柱形药柱浸入 $scCO_2$使其发泡,使用乙酸乙酯部分溶解或软化 NC,使 CO_2更好扩散到药柱中。钛粉充当了 $scCO_2$的成核位点,生成的 NC 药柱中部分泡孔填充有纳米钛粉。当纳米钛粉浓度升高时,团聚变得更为显著。而且,标准混合工艺不能使纳米钛粉均匀混合,导致药柱部分区域内钛粉的局部浓度显著升高。对这些材料进行了密闭容器试验,结果表明比冲随着钛粉含量的增大而降低。但密闭容器试验结果也表明,含 10%纳米钛粉的泡沫发射药具有最高的燃速,这与观测到的比冲趋势相反[13]。

2.8　结　论

尽管发射药的传统作用基本上未发生改变,但为了使先进武器系统具有持续性竞争力,促使人们在 2010—2015 年开展了大量研究工作,主要是开发用于高能钝感配方的新型黏合剂、增塑剂和填料。在大多数黏合剂研究工作中,主要对含非硝酸酯基的纤维素进行官能化来生成更稳定的含能纤维素。对各种不同的新型增塑剂进行了研究,结果表明这些增塑剂有望用于低冲击感度和低热感度发射药的配方研制。在发射药组分中填料的使用范围最大,研究中发现有大量材料可用作填料。试验结果表明,纳米粉体、其他形态的碳和含能共晶体可作为发射药组分,这些组分不仅能提高发射药的性能和稳定性,而且可降低感度和吸湿性,减少燃烧残余物的生成。在发射药装药层面,发射药柱的发泡和压实等新工艺有望提高后期弹道循环中弹丸后方的气体生成量,从而使初能提高。

传统的发射药组分中经过测试的可用材料相对较少,近期新分子的发现和操作促使枪炮发射药的开发人员不断拓展发射药配方的新技术,以提高作战人员在战场上的作战能力。在下一个五年内,这些新组分和新配方技术的持续进步可能会使发射药的研制模式发生转变。

参考文献

[1] Koc S, Ulas A, Yilmaz NE (2015) Propellants, Explos, Pyrotech 40:735

[2] (A) Klingenberg G (1989) Propellants Explos Pyrotech 14:57. (B) Klingenberg G, Heimerl JM (1987) Combust Flame 68:167. (C) Carfagno SP (1961) Handbook on gun flash, report DTIC AD327051. The Franklin Institute, Philadelphia, PA, USA. (D) Yousefian V, May IW, Heimerl JM (1980) 17th JANNAF combustion meeting, Hampton, 22-26 Sept 1980, vol 2, p 124. (E) Heimerl JM, Keller GE, Klingenberg G (1988). In: Stiefel L (ed) Gun propulsion technology. AIAA, Washington D. C. , p. 261

[3] Bougaev AV, Gerasimov S, Erofeyev VI, Kolchev SV, Mikhailoval YA (2014) 28th international symposium on Ballistics Atlanta, GA, 22-26 Sept 2014

[4] Birk A, Guercio MD, Kinkennon A, Kooker DE, Kaste P (2000) Army research laboratory technical report ARL-TR-2371

[5] (A) Hamlin SJ, Beyer RA, Burke GC, Hirlinger JM, Martin J, DL Rhonehouse (2005) Proceedings of SPIE-the international society for optical engineering, p 5871(Optical Technologies for Arming, Safing, Fuzing, and Firing), 587102/1-587102/9. (B) Beyer RA, Hirlinger JM (1999) Army research laboratory technical report ARL-TR-1864. (C) Beyer RA, Boyd JK, Howard SL, Reeves GP (1999) Army research laboratory technical report ARL-TR-1993 60 E. Rozumov

[6] Xiao Z, Ying S, Xu F (2015) Propellants, Explos, Pyrotech 40:484

[7] Sättler A, Åberg D, Rakus D, Heiser R (2014) 128th International symposium on Ballistics, Atlanta, GA, 22-26 Sept 2014

[8] Bieles JK (1986) 9th International symposium on Ballistics, Shrivenham, UK, April 29-May 1 1986

[9] Nakamura Y, Ishida T, Miura H, Matsuo A (2007) 23rd international symposium on Ballistics, Tarragona, Spain, 16-20 Apr 2007

[10] Howard SL (2011) Army research laboratory technical report ARL-TR-5658

[11] Baschung B, Bouchama A, Comet M, Boulnois C (2014) 28th international symposium on Ballistics, Atlanta, GA, 22-26 Sept 2014

[12] Howard SL, Churaman WA, Currano L (2014) Army research laboratory technical report ARL-TR-6950

[13] Su J, Ying S, Xiao Z, Xu F (2013) Propellants, Explos, Pyrotech 38:533

[14] Muthurajan H, Ghee AH (2008) Central Eur J Energ Mat 5(3-4):19

[15] Zheng W, Chen H, Li Q, Pan R, Lin X (2014) Int J Energ Mat Chem Propul 13:421

[16] Harrland A, Johnston IA (2012) Defence science and technology organisation technical report DSTO-TR-2735

[17] Leciejewski ZK, Surma Z (2011) Combustion. Explosion, Shock Waves 47:209

[18] Pauly G, Scheibel R (2008) 43rd Annual armament systems: gun and missile systems conference & exhibition, New Orleans, LA, USA, 21-25 Apr 2008

[19] (A) Kubota N (1988) Propellants Explos Pyrotech 13:172. (B) Kubota N, Sonobe T, Yamamoto A, Shimizu H (1990) J Prop Power 6:686

[20] Pant CS, Wagh RM, Nair JK, Gore GM, Venugopalan S (2006) Propellants, Explos, Pyrotech 31:477

[21] Miles FD (1955) Cellulose nitrate. Oliver and Boyd, London

[22] Rafeev VA, Rubtsov YI, Sorokina TV, Chukanov NV (1999) Russ Chem Bull 48:66

[23] Rafeev VA, Rubtsov YI, Sorokina TV (1879) Russ Chem Bull 1996:45

[24] (A) Wu TK (1980) Macromolecules 13:74. (B) Chicherov AA, Kuznetsov AV, Kargin YM, Klochkov VV, Marchenko GN, Garifzyanov GG (1990) Polym Sci USSR, Set. A 32:502

[25] Sun D-P, Ma B, Zhu C-L, Liu C-S, Yang J-Z (2010) J Energ Mater 28(2):85

[26] Manning TG, Wyckoff J, Adam CP, Rozumov E, Klingaman K, Panchal V, Laquidara J, Fair M, Bolognini J, Luhmann K, Velarde S, Knott C, Piraino SM, Boyd K (2014) Defence Technol 10:92

[27] Shamsipur M, Pourmortazavi SM, Hajimirsadeghi SS, Atifeh SM (2012) Fuel 95:394

[28] Betzler FM, Klapötke TM, Sproll S (2011) Central Eur J Energ Mat 8(3):157-171

[29] Nobel A, Armengaud CE (1876) Improvement in gelatinated explosive compounds, US Patent 175, vol 735

[30] (A) Ang HG, Pisharath S (2012) Energetic polymers: binders and plasticizers for enhancing performance. Wiley-VCH, Germany. (B) Kumari D, Balakshe R, Banerjee S, Singh H (2012) Rev J Chem 2:240-262

[31] Howard SL, Leadore MG, Newberry JE (2015) Army research laboratory technical report ARL-MR-0894

[32] Zhang J, Ju Y, Zhou C (2013) Propellants, Explos, Pyrotech 38:351

[33] Agrawal JP, Singh H (1993) Propellants, Explos, Pyrotech 18:106

[34] Suceska M, Musanic SM, Houra IF (2010) Thermochim Acta 510:9

[35] Taylor S, Dontsova K, Bigl S, Richardson C, Lever J, Pitt J, Bradley JP, Walsh M, Šimůnek J (2012) US army engineer research and development center technical report, ERDC/

CRREL TR-12-9
[36] Yi JH, Zhao FQ, Hu RZ, Xue L, Xu SY (2010) J Energ Mater 28(4):285
[37] Simmons RL (1994) NIMIC-S-275-94. NATO, Brussels, Belgium
[38] Chakraborthy TK, Raha KC, Omprakash B, Singh A (2004) J Energ Mater 22(1):41
[39] Yana QL, Künzela M, Zemana S, Svobodab R, Bartoskovác M (2013) Thermochim Acta 566:137
[40] Mueller D (2008) 43rd annual armament systems: gun and missile systems conference & exhibition, New Orleans, LA, USA, 21-25 Apr 2008
[41] Vijayalakshmi R, Naik NH, Gore GM, Sikder AK (2015) J Energ Mater 33:1
[42] Kumari D, Yamajala KDB, Singh H, Sanghavi RR, Asthana SN, Raju K, Banerjee S (2013) Propellants, Explos, Pyrotech 38:805
[43] Ghosh K, Athar J, Pawar S, Polke BG, Sikder AK (2012) J Energ Mater 30(2):107
[44] Ghosh K, Pant CS, Sanghavi R, Adhav S, Singh A (2008) J Energ Mater 27:40
[45] (A) Zimmer-Galler R (1968) AIAA J 6:2107. (B) Kubota N (1982) 19th Symposium (International) on combustion. The Combustion Institute, USA, Haifa, Israel, 8-13 Aug 1982
[46] Parker GA, Reddy G, Major MA (2006) Int J Toxicol 25:373
[47] Wang Y, Song X, Song D, Jiang W, Liu H, Li F (2011) Propellants, Explos Pyrotech 36:505
[48] Vijayalakshmi R, Radhakrishnan S, Rajendra PS, Girish GM, Arun SK (2012) Part Syst Charact 28:57
[49] Oxley JC, Smith JL, Brady JE, Brown AC (2012) Propellants, Explos, Pyrotech 37:24
[50] Lee K-Y, Chapman LB, Cobura MD (1987) J Energ Mater 5:27
[51] Tremblay M (1965) Can J Chem 43:1230
[52] (A) Walsh C, Knott C (2004) 32nd JANNAF propellant explosives development and characterization subcommittee meeting, Seattle, Washington. (B) Mason B, Llyod J, Son S, Tappan B (2009) Int J Energ Mater Chem Propul 8:31. (C) Conner C, Anderson W (2007) 34th JANNAF propellant & explosives development and characterization subcommittee, Reno, Nevada, 13-17 Aug 2007
[53] Kumbhakarna N, Thynell S, Chowdhury A, Lin P (2011) Combust Theor Model 15:933
[54] (A) Kolb HC, Finn MG, Sharpless KB (2004) Angewandte Chemie international edition 2001 40. (B) Demko ZP, Sharpless KB (2002) Angewandte Chemie International Edition 41:2113
[55] Zhang J, Zhang Q, Vo TT, Parrish DA, Shreeve JM (2015) J Am Chem Soc 137:1697
[56] Serushkin VV, Sinditskii VP, Egorshev VY, Filatov SA (2013) Propellants, Explos, Pyrotech 38:345
[57] Tappan BC, Chavez DE (2015) Propellants, Explos, Pyrotech 40:13
[58] Paraskos AJ, Cooke ED, Caflin KC (2015) Propellants, Explos, Pyrotech 40:46

[59] Warner KF, Granholm RH (2011) J Energ Mater 29:1

[60] Fischer D, Klapotke TM, Stierstorfer J (2012) Propellants, Explos, Pyrotech 37:156

[61] Klapotke TM, Preimesser A, Stierstorfer J (2015) Propellants, Explos, Pyrotech 40:60

[62] (A) Bottaro JC (1996) Chem Ind 10:249. (B) Bottaro JC, Schmitt RJ, Penwell P, Ross S (1993) Dinitramide salts and method of making same, U. S. Patent 5254324, SRI International, Stanford, CA, USA

[63] Badgujar DM, Wagh RM, Pawar SJ, Sikder AK (2014) Propellants, Explos, Pyrotech 39:658

[64] Armstrong RW, Ammon HL, Elban WL, Tsai DH (2002) Thermochim Acta 384:303

[65] Radacsi N, Bouma RHB, Krabbendam-la Haye ELM, ter Horst JH, Stankiewicz AI, van der Heijden AEDM (2013) Propellants, Explos, Pyrotech 38:761

[66] Pivkina A, Ulyanova P, Frolov Y, Zavyalov S, Schoonman J (2004) Propellants, Explos, Pyrotech 29:39

[67] (A) Siegel RW (1999) WTEC Panel report on nanostructure science and technology: R&D status and trends in nanoparticles, nanostructured materials, and nanodevices, International Technology Research Institute, p 49. (B) Zohari N, Keshavarz MH, Seyedsadjadi SA (2013) Central Eur J Energ Mat 10(1):135

[68] (A) Patel R (2007) Insensitive munitions and energetic materials technology symposium, Miami, Florida. (B) Liu J, Jiang W, Li F, Wang L, Zeng J, Li Q, Wang Y, Yang Q (2014) Propellants Explos Pyrotech 39:30

[69] (A) Stepanov V, Krasnoperov L, Elkina I, Zhang X (2005) Propellants Explos Pyrotech 30:178. (B) He B, Stepanov V, Qiu H, Krasnoperov LN (2015) Propellants Explos Pyrotech 40:659

[70] Tappan BC, Brill TB (2003) Propellants, Explos, Pyrotech 28:223

[71] Zhang Y, Liu D, Lv C (2005) Propellants, Explos, Pyrotech 30:438

[72] Stepanov V, Anglade V, Hummers WAB, Bezmelnitsyn AV, Krasnoperov LN (2011) Propellants, Explos, Pyrotech 36:240

[73] Redner P, Kapoor D, Patel R, Chung M, Martin D (2006) Production and characterization of nano-RDX. U. S. Army, RDECOM-ARDEC, Picatinny, NJ 07806-5000

[74] Essel JT, Cortopassi AC, Kuo KK, Leh CG, Adair JH (2012) Propellants, Explos, Pyrotech 37:699

[75] (A) Qiu H, Stepanov V, Chou T, Surapaneni A, Di Stasio AR, Lee WY (2012) Powder Technol 226:235. (B) Shi X, Wang J, Li X, An C, Central European Journal of Energetic Materials, 2014, 11(3), 433

[76] An C, Li H, Guo W, Geng X, Wang J (2014) Propellants, Explos, Pyrotech 39:701

[77] Zhang X, Weeks BL (2014) J Hazard Mater 268:224

[78] Qiu H, Stepanov V, Di Stasio AR, Chou TM, Lee WY (2011) J Hazard Mater 185:489

[79] (A) Armstrong RW, Coffey CS, DeVost VF, Elban WL (1990) J Appl Phys 68:979. (B)

Wawiernia TM, Cortopassi AC, Essel JT, Ferrara PJ, Kuo KK (2009) 8th international symposium on special topics of chemical propulsion, Cape Town, South Africa, 2-6 Nov 2009
[80] Shi X, Wang J, Li X, An C (2014) Central Eur J Energ Mat 11(3):433
[81] Parrish DA, Deschamps JR, Gilardi RD, Butcher RJ (2008) Cryst Growth Des 8:57
[82] Deschamps JR, Parrish DA (2015) Propellants, Explos, Pyrotech 40:506
[83] Landenberger KB, Matzger AJ (2010) Cryst Growth Des 10:5341
[84] Millar DIA, Maynard-Casely HE, Allan DR, Cumming AS, Lennie AR, Mackay AJ, Oswald IDH, Tang CC, Pulham CR (2012) Cryst Eng Comm 14(10):3742
[85] Divekar CN, Sanghavi RR, Nair UR, Chakraborthy TK, Sikder AK, Singh A (2010) J Propul Power 26(1):120
[86] Hikal WM, Bhattacharia SK, Weeks BL (2012) Propellants, Explos, Pyrotech 37:718
[87] Lin H, Zhu S-G, Zhang L, Peng X-H, Li H-Z (2013) J Energ Mater 31(4):261
[88] Bolton O, Matzger AJ (2011) Angew Chem 123:9122
[89] Bolton O, Simke L, Pagoria P, Matzger A (2012) Cryst Growth Des 12:4311
[90] Anderson SR, Ende DJ, Salan JS, Samuels P (2014) Propellants, Explos, Pyrotech 39:637
[91] Li H, An C, Guo W, Geng X, Wang J, Xu W (2015) Propellants, Explos, Pyrotech 40:652
[92] Jung JW, Kim KJ (2011) Ind Eng Chem Res 50(6):3475
[93] Yang Z, Li J, Huang B, Liu S, Huang Z, Nie F (2014) Propellants, Explos, Pyrotech 39:51
[94] Qiu H, Patel RB, Damavarapu RS, Stepanov V (2015) CrystEngComm 17:4080
[95] McDonald BA (2011) Propellants, Explos, Pyrotech 36:576
[96] Lin C-P, Chang Y-M, Gupta JP, Shu C-M (2010) Process Saf Environ Prot 88:413
[97] Zayed MA, Hassan MA (2010) Propellants, Explos, Pyrotech 35:468
[98] Zayed MA, El-Begawy SEM, Hassan HES (2013) Arab J Chem. doi: 10.1016/j.arabjc.2013.08.021
[99] Trache D, Khimeche K (2013) Fire Mater 37:328
[100] Trache D, Khimeche K (2013) J Therm Anal Calorim 111:305
[101] Jin B, Peng RF, Chu SJ, Huang YM, Wang R (2008) Propellants, Explos, Pyrotech 33:454
[102] Pekker S, Kovats E, Oszlanyi G, Benyei G, Klupp G, Bortel G, Jalsovszky I, Jakab E, Borondics F, Kamaras K, Bokor M, Kriza G, Tompa K, Faigel G (2005) Nat Mater 4:764
[103] Chi Y, Huang H, Li JS (2005) International autumn seminar on propellants, explosives and pyrotechnics (2005IASPEP), Beijing, China, 25-28 Oct 2005
[104] Smeu M, Zahid F, Ji W, Guo H, Jaidann M, Abou-Rachid H (2011) J Phys Chem C 115:10985
[105] Guo R, Hu Y, Shen R, Ye Y (2014) J Appl Phys 115:174901
[106] (A) Hummers WS, Offeman RE (1958) J Am Chem Soc 80:1339. (B) Marcano DC,

Kosynkin DV, Berlin JM, Sinitskii A, Sun ZZ, Slesarev A, Alemany LB, Lu W, Tour JM (2010) ACS NANO 4:4806

[107] (A) Krishnan D, Kim F, Luo JY, Cruz-Silva R, Cote LJ, Jang HD, Huang JX (2012) Nano Today 7:137. (B) Kim F, Luo JY, Cruz-Silva R, Cote LJ, Sohn K, Huang JX (2010) Adv Funct Mater 20:2867

[108] Li R, Wang J, Shen JP, Hua C, Yang GC (2013) Propellants, Explos, Pyrotech 38:798

[109] Cowperthwaite M, Zwisler WH (1973) Tiger computer program documentation, Stanford Research Institute, Publication No. Z106

[110] Freedman E (1988) Blake-A thermodynamics code based on TIGER: Users' Guide to the Revised Program, ARL-CR-422

[111] Fried LE (1996) CHEETAH 1.39 User's manual, Lawrence Livermore National Laboratory, manuscript UCRL-MA-117541 Rev. 3

[112] Sućeska M (1991) Propellants, Explos, Pyrotech 16:197-202

[113] Grys S, Trzciński WA (2010) Central Eur J Energ Mat 7(2):97

[114] Karir JS (2001) 28th International pyrotechnics seminar. 4-9 Nov 2001, Adelaide, South Australia

[115] Xu F-M (2013) Defence Technol 9:127

[116] Anderson RD, Rice BM (2000) Army research laboratory technical report ARL-TR-2326

[117] (A) Klapötke TM, Stierstorfer J (2005) Proceedings of the 26th army science conference, Orlando, Florida, 1-4 Dec 2008. (B) Johnston IA (2005) Understanding and predicting gun barrel erosion, DSTO. TR. 1757, Weapons Systems Division, Defence Science and Technology Organisation, Australia

[118] Conroy PJ, Weinacht P, Nusca MJ (2001) Army research laboratory technical report, ARL-TR-2393

[119] Conroy PJ, Leveritt CS, Hirvonen JK, Demaree JD (2006) Army research laboratory technical report, ARL-TR-3795

[120] Doherty RM (2003) 9th IWCP on novel energetic materials and applications, Lerici (Pisa), Italy, 14-18 Sept 2003

[121] Moxnes JF, Jensen TL, Smestad E, Unneberg E, Dullum O (2013) Propellants, Explos, Pyrotech 38:255

[122] Rotariu T, Petre R, Zecheru T, Suceska M, Petrea N, Esanu S (2015) Propellants, Explos, Pyrotech 40:931

[123] Jensen TL, Moxnes JF, Unneberg E, Dullum O (2014) Propellants, Explos, Pyrotech 39:830

[124] Reese DA, Groven LJ, Son SF (2014) Propellants, Explos, Pyrotech 39:205

[125] Liu B, Chen B, Yao Y-J, Wang Q-L, Yu H-F, Liu S-W (2015) Energy Procedia

66:121

[126] Yao Y-J, Liu B, Wang Q-L, Liu S-W, Wei L, Zhang Y-B (2015) Energy Procedia 66:125

[127] Martin R, Gonzalez A (1993) Proceedings of the JANNAF propulsion meeting. Monterey, California, 15-19 Nov 1993

[128] Doali JO, Juhasz AA, Bowman RE, Aungst WP (1988) U. S. army ballistic research laboratory technical report, BRL-TR-2944

[129] Cloutier T, Sadowski L (2005) Armament research, developments and engineering center, armaments engineering and technology center (Benet) technical report, ARAEW-TR-05006

[130] Xiao Z-G, Ying S-J, Xu F-M (2014) Defence Technol 10:101

[131] Li Y, Yang W, Ying S (2015) Propellants, Explos, Pyrotech 40:33

[132] (A) Doali JO, Juhasz AA, Bowman RE, Aungst WP (1988) U. S. army ballistic research laboratory technical report, BRL-TR-2944. (B) Juhasz AA, May IW, Aungst WP, Doali JO, Bowman RE (1979) 16th JANNAF combustion meeting, Monterey, CA, USA, 10-14 Sept 1979. (C) May IW, Juhasz AA (1981) U. S. army ballistic research laboratory technical report, ARBRL-MR-03108. (D) Martin R, Gonzalez A (1993) JANNAF propulsion meeting, Monterey, CA, USA, 15-19 Nov 1993. (E) Cloutier T, Sadowski L (2005) Armament research, developments and engineering center, armaments engineering and technology center technical report, ARAEW-TR-05006. (F) Bonnet C, Pieta PD, Reynaud C (2001) 19th International symposium of ballistics, Interlaken, Switzerland, 7-11 May 2001 64 E. Rozumov

[133] (A) Frolov YV, Korostelev V (1989) Propellants Explos Pyrotech 14: 140. (B) Bçhnlein-Mauß J, Eberhardt A, Fischer TS (2002) Propellants Explos Pyrotech 27: 156. (C) Bçhnlein-Mauß J, Krçber H (2009) Propellants Explos Pyrotech 34:239. (D) Kuo KK, Vichnevetsky R, Summerfield M (1973) AIAA J 11:444. (E) Kooker D, Anderson R (1981) 18th JANNAF combustion meeting, Pasadena, CA, USA, 19-23 Oct 1981. (F) James TB, Edward BF (1995) Army research laboratory technical report, ARL-CR-242

[134] Yang W, Li Y, Ying S (2015) Propellants, Explos, Pyrotech 40:27

[135] Yang W, Li Y, Ying S (2015) J Energ Mater 33:91-101

[136] Su J, Ying S, Xiao Z, Xu F (2013) Propellants, Explos, Pyrotech 38(4):533

[137] Jiang X-L, Liu T, Xu Z-M, Zhao L, Hu G-H, Yuan W-K (2009) J. Supercrit. Fluid 48:167

[138] (A) Li Y, Yang W, Ying S (2014) Propellants Explos Pyrotech 39:677. (B) Li Y, Yang W, Ying S (2014) Propellants Explos Pyrotech 39:852

[139] Li Y, Yang W, Ying S, Peng J (2015) J Energ Mater 33:167

[140] Xiao Z, Ying S, Xu F (2010) Propellants, Explos, Pyrotech 35:1 Recent Advances in Gun Propellant Development: From Molecules 65

第3章　QSPR模型在含能材料设计及安全性研究中的应用

Guillaume Fayet, Patricia Rotureau

摘　要:近年来随着计算机性能的提高,开发了材料性能的多种预测方法。在这些方法中,定量结构-性能关系(QSPR)模型仅利用化合物的分子结构信息进行预测,定量结构-活性关系(QSAR)模型常用于预测生物的活性,QSAR模型在新型化合物的研制和选择中作为筛选工具尤其适用于药物设计。QSPR和QSAR这两种模型作为实验替代方法可减少实验测试,因此在REACH法规中也得到了应用。目前,这些模型的应用范围已延伸到多种化合物尤其是含能材料的研究领域。本章介绍了遵循严格的验证原则进行的QSPR模型研制以及正确使用QSPR方法得到可靠的预测结果,重点对含能材料相关文献中报道的QSPR模型进行了综述,对QSPR模型辅助含能材料的设计与安全性研究的应用可行性进行了讨论。

关键词:QSPR模型;REACH法规;安全性;计算机模拟设计;分子描述符

3.1　引　　言

含能材料在军用和民用领域内得到了广泛应用,如汽车工业的气囊和航天工业的推进剂。研究中需要获取多种性能以确保筛选出性能最优的含能材料,从而实现目标应用及达到安全目的[1-2]。

近年来随着计算机能力的不断提升,开发了几种计算方法作为实验补充方法来预测含能材料的目标性能。多年来,一直通过测定分子结构中是否含有NO_2或$-N_3$基等“致爆”基团来表征含能材料的性能。此外,根据经验公式或基团贡献法[2,4]也开发了一些软件,如CHEETAH[3]。Toghiani等主要利用基团贡

Guillaume Fayet, Patricia Rotureau,法国国家工业环境和风险研究所(INERIS)事故风险处,邮箱:guillaume.fayet@ineris.fr。

献模型和 COSMO-MS 法来计算含能材料的物理化学性能。[5]

在现有的几种预测方法中,QSPR 模型仅利用化学品的分子结构信息就能获取其性能(至少在筛选过程中),因而得到了越来越广泛的应用。事实上,QSPR 和 QSAR 模型已成功用于生物学[6]、毒理学[7-8]及物理化学等性能的预测[9-10]。

使用 QSPR 和 QSAR 模型预测法可减少实验测试,从而降低操作人员的工作成本、时间和风险,尤其对于含能材料的情况具有较大优势。鉴于以上优点,QSPR 模型被选作 REACH 法规中用于替代实验测试的一种方法[11]。

本章主要介绍 QSPR 模型预测法及 QSPR 预测模型的开发和验证中使用的几种方法,对预测含能材料物化性能的几种现有模型进行概述。以硝基化合物为例,重点讨论量子化学计算方法在 QSPR 模型推导过程中的应用,以及首个简单模型在 QSAR 工具箱中的实施方案[12],QSAR 工具箱是 ECHA 和 OECD 创建的一个预测平台。最后,对 QSPR 模型在满足法规要求及作为新型含能材料设计工具这两方面的不同用途进行讨论。

3.2 定量结构性能关系模型

3.2.1 基本原理

QSPR 模型预测法利用了相似性原理,即分子结构相似的化合物具有相似的性能。因此,QSPR 模型可通过分子描述符表征物质的目标实验性能(宏观性能)与分子尺度结构的相关性,如图 3.1 所示。

图 3.1 QSPR 模型预测法的原理

分子描述符是化学品分子组成和性能的数值指标或性能编码,分子描述符的种类和数量极多[13-14],一般可分成以下四类(2,4,6-三硝基甲苯(TNT)的分子描述符见图 3.2)。

(1) 构成描述符:表征(特定)原子、原子基团或分子中化学键的发生概率或计数。

(2) 拓扑描述符:以原子的连接表为基础,表征分子的尺寸、形状和分枝率。

(3) 几何描述符：通过距离、角度、分子体积或面积表征分子的3D结构。

(4) 量子化学描述符：代表量子化学计算得到的活性(如化学键离解能)或静电性能(如原子电荷)等信息。

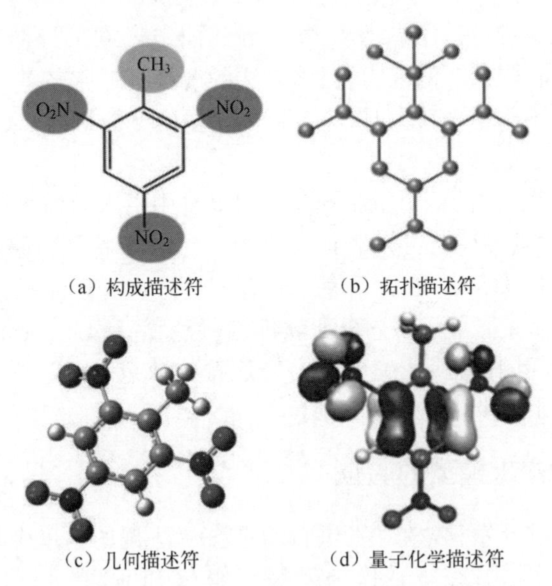

图3.2 QSPR模型中使用的各类分子描述符

若前两类描述符(构成描述符和拓扑描述符)仅需要了解简单的分子2D结构，后两类描述符(几何描述符和量子化学描述符)则需要进行初步的量子化学计算，但在创建的QSPR最终模型中可使描述符在某些方面给出更合理的化学解释。

由于QSPR模型为内插模型，新模型开发所需的实验数据集必须尽可能大和可靠。事实上，拟合过程基于更适用于大量数据的统计原理。而且大数据集可拆分为训练集和验证集，训练集用于模型的拟合，验证集用于预估模型的预测能力。为了提高数据的可靠性，需要降低测量数据中引入的不确定度，因为这种不确定度在模型拟合中会传递给模型。此外，必须对实验协议进行分析来控制非均匀数据引入的偏差。这一点在模型用于法规时尤为重要，因为法规要求采用特定的测试标准。在这些情况下，数据集中的实验值必须符合这些测试标准。

最后，运用数据挖掘策略开发了QSPR模型，来确定实验性能与分子描述符相关性的最优模型。为了实现这一点，可利用各种数据挖掘方法，其中最常

用的一种方法是多元线性回归(MLR)法,利用该方法可建立性能和一系列描述符的线性方程:

$$Y = a_0 + \sum a_i x_i \tag{3.1}$$

式中:Y为目标性能;x_i为分子描述符;a_i为回归常数。

可以使用人工神经网络(ANN)方法等其他定量方法,ANN方法通过引入非线性趋势具有较强的预测能力,但该方法的解释性通常较差。当预测目标为定性性能或实验不确定度较大时,也可以使用主成分分析(PCA)或决策树等定性方法[15]。

QSPR模型开发中的一个重要环节是对模型中引入的描述符进行筛选。如前所述,现有的大量描述符可以表征几乎所有的分子特征,通过分子特征可确定某一特定分子及其性能。目前,上百种甚至上千种描述符都可通过Codessa[16]或Dragon[17]等一系列商业软件进行计算。因此,为了避免模型出现任何过参数化的问题,必须减少模型中描述符的数量,完成这一过程可借助各种筛选方法[18],如逐步法或基因算法。

3.2.2 QSPR模型的验证

一旦模型完成开发,必须对其进行验证。从法规的角度考虑,模型的验证过程尤其关键。因此,经济合作与发展组织(OECD)[19]提出了用于法规的QSAR/QSPR模型的五个验证法则:

法则1:定义的终点包括使用的实验协议。

法则2:非模糊算法及全面定义的描述符计算协议确保正确应用。

法则3:定义应用域来判定预测的可靠性。

法则4:对模型的相关性、稳健性和预测能力进行恰当检验。

法则5:通过描述符和模型结构解释潜在机理。

为了评价模型的性能(法则4),采用了不同的验证方法。首先,通过决定系数R^2和误差(平均绝对误差(MAE)和均方根误差(RMSE))对拟合优度进行了估算,来检验训练集内计算值与实验值之间的拟合质量。

此外,对开发的模型还进行了内部验证,用于检验模型的稳健性(采用交叉验证)及避免出现任何偶然相关(采用Y随机化检验)。交叉验证首先将一种或几种化合物从训练集中剔除,然后重新拟合模型来预测剔除掉的分子性能,最后对训练集中的所有化合物重复这一过程。若实验值和新模型预测值之间的相关性不会因实际模型的拟合优度而显著降低,则根据这一估测结果认为模型是稳健的。Y随机化检验[20]主要是对实验值进行很多次随机化,来验证错误(随机化)数据生成的模型预测的性能水平不同于实际模型预测的性能水平。

可接受的 Y 随机化检验结果如图 3.3 所示。实际上，最终模型具有良好的相关性，而随机化数据生成的模型具有低随机化相关系数 R^2_{rand}，这一点可概括为平均相关系数 R^2 较低、R^2_{YS}具有显著性或 R^2 与 R^2_{rand}关系曲线的截距较小。

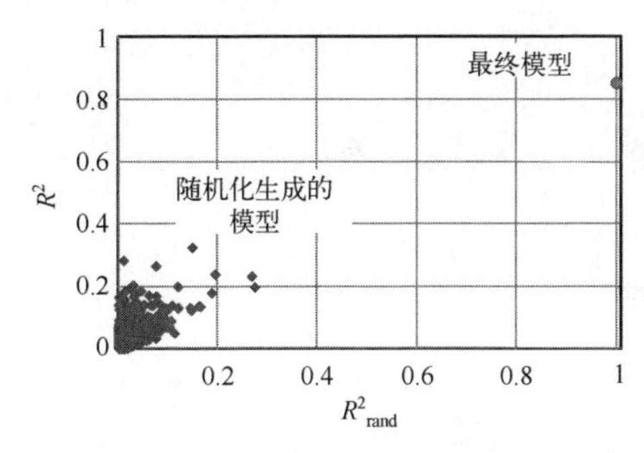

图 3.3　可接受的 Y 随机化检验结果示例

最后，通过外部验证集对模型的预测能力进行了评价。验证集必须足够大以确保外部验证所示统计性能的可靠性，验证集在化学多样性和性能值域这两方面必须能代表模型的应用域。除了 R^2、MAE 和 RMSE 等系数外，近几年还提出了其他验证系数，如 Q^2_{F1}[19,21]、Q^2_{F2}[22]、Q^2_{F3}[23]、CCC[24]、r^2_m 和 Δr^2_m[25]。

3.2.3　QSPR 模型的稳健使用

模型一旦通过验证，就可用于性能预测。但为了确保模型应用的准确性和相关性，必须采取一些对策。如前所述，一个模型仅在定义的应用域内具有适用性，包括化学多样性（在已鉴定的类别内且在训练集内描述符的值限定的化学空间内的一个定义域内）和性能域（训练集内性能值的范围）。模型开发定义的终点也必须与预测数据的最终用途（尤其在法规环境下）具有相关性。为了确保这一点，需要回答以下几个问题：

问题 1：模型是否专门用于目标化合物的分子种类？

问题 2：模型终点是否与预测值的目标应用具有相关性？

问题 3：模型应用域内的化合物是否以分子描述符的值为基础？

问题 4：最终性能计算值是否在模型的应用域内？

此外，模型在应用时必须完全遵循模型开发人员确定的程序。尤其是在量子化学描述符的计算中，必须遵循基集和方法（如函数法）等计算细节。

3.3　含能材料的 QSPR 模型概述

文献[9-10,26-28]中介绍了 QSPR 模型在物理化学性能预测中的应用，其大多数模型并未专门用于含能材料的性能预测,即使有几个模型适用于含能材料。下面介绍了几个 QSPR 模型,专门用于预测含能材料的物理化学性能,如图 3.4 所示。

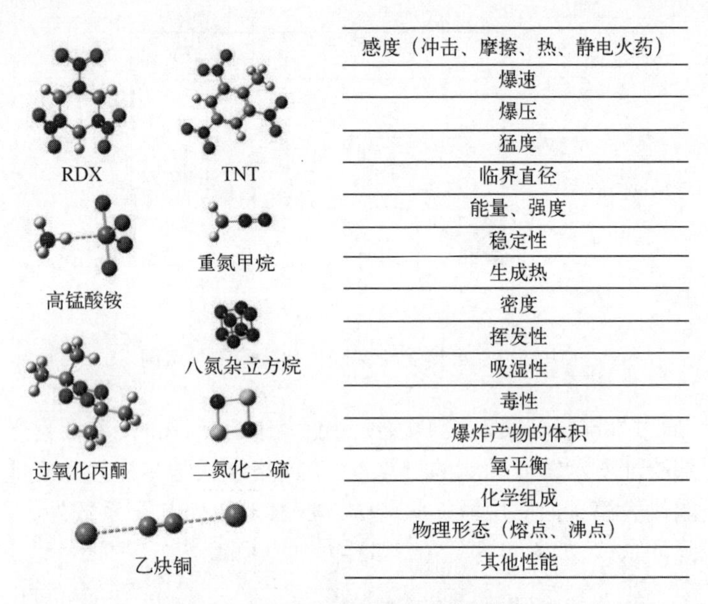

图 3.4　含能材料及相关性能示例

开发的这些 QSPR 模型用于预测含能材料的各种性能,包括特定应用中的性能(如爆轰性能)、工艺性能(如熔点)、人员或环境的安全性(如热稳定性)。总之,除了最新开发的一些模型外,这些 QSPR 模型在开发中未按 OECD 法则进行验证。

本章主要讨论物理化学性能,但必须注意的是美国环保局(EPA)的污染预防和毒物办公室和雪域研究公司(SRC)针对环境问题开发了 EPI Suite 软件包[29],通过对相关性能进行预测来评估有机化合物的环境归趋。Chakka 等的研究表明,该工具软件包括 QSAR 模块,可揭示一系列含能材料的相关性,假定这些含能材料紧靠模型的训练集(这些含能材料在模型的应用域内)。[30]

3.3.1　爆轰性能

为了预测含能材料的爆轰性能,开发了几个模型。特别是 Keshavarz 提出了一系列简单模型,这些模型主要依据化合物的化学计量比和具体结构参数进行预测。他特别开发了一个模型(式(3.2))来预测 CHNOAl 化合物的爆速 D,预测结果的均方根误差为 2.2% [31]。

$$D=D_{core}-0.620n'_{Al}-1.41n'_{NO_3salt} \tag{3.2}$$

式中：n'_{Al}、n'_{NO_3salt}分别为Al和硝酸盐分子个数的两个函数；D_{core}为

$$D_{core}=1.64+3.65\rho_0-0.135a+0.117c+0.0391d-0.295n_{-NRR'}$$

其中：ρ_0为密度；a、c、d和$n_{-NRR'}$分别为炸药中C、O、N等原子和-NRR′基的个数。

为了预测爆压P，Keshavarz利用一系列(22种)炸药的可用实验值[32]，提出了一个六参数线性方程，得到的最大误差为16.9%。

$$P=221.53-20.437a-2.2538b+17.216c+16.140d-79.067C_{SSP}-66.335n_N \tag{3.3}$$

式中：C_{SSP}为炸药的具体结构参数($C_{SSP}=1$)，炸药至少含$-N=N-$、$-O-NO_2$、NH_4^+或N_3；$n_N=n_{NO_2}/2+1.5$(其中n_{NO_2}为化合物中碳原子上连接的硝基数，这里$a=1$)。

最近，Wang等开发了几个新模型，利用量子化学描述符对54种富氮化合物的爆速进行了预测，MLR模型和SVM(支持向量机)模型预测结果的均方根误差分别为0.223km/s和0.167km/s。[33]

3.3.2 猛度

Keshavarz等提出了用于预测猛度参数的首个QSPR模型，猛度是评价军用炸药有效性的一个指标。[34]该模型通过以下方程对TNT的相对猛度($Bris_{relTNT}$)进行了预测，对于炸药CHNO(式(3.4))和CHNOAl(式(3.5))，模型预测结果的均方根误差分别为10%和11%。

$$Bris_{relTNT}=85.5+Bris_{core}-35.96Bris^-+19.69Bris^+ \tag{3.4}$$

式中

$$Bris_{core}=4.812c+2.556(d-a-b/2)$$

$$Bris_{relTNT}=-42.87(d-a-b/2)+146.71e \tag{3.5}$$

其中：$Bris_{core}$为中心猛度，利用C、H、N、O和Al的化学计量比a、b、c、d和e进行计算；$Bris^+$和$Bris^-$为修正因子，若含能化合物含$(CH_2ONO_2)_n$、$C(CH_2ONO_2)_n$、$(CH_2-NNO_2)_n$或$(-HN-NO_2)_n$中任一种($n\leqslant4$)和芳族$-N(NO_2)-$，则$Bris^+=1.0$，若含能化合物含$C(C=O)N$，则$Bris^-=1.0$，若含能化合物同时含ONO_2和$-COO-$，则$Bris^-=2.0$，若含能化合物含一个以上$-COC-$，则$Bris^-=1.5$，若含能化合物含硝胺基，则$Bris^-=1.0$。

3.3.3 密度

仅开发了少数几个QSPR模型用于密度预测[35-36]，这些模型主要应用于含

能材料领域。实际上,密度是影响炸药爆轰性能的一个主要参数[37]。1979 年,Tarver 基于一个含 188 种炸药及相关化合物的数据库的基团贡献值提出了早期开发模型[38],得到的平均误差为 0.0191g/cm^3(1.5%)。最近,Keshavarz 等提出了用于预测各类含能材料的一系列模型。最新的一个模型[39]适用于多硝基化合物,包括多硝基芳烃、多硝基杂环芳烃、脂肪族硝基化合物、硝酸酯类和硝胺类化合物(基于一个含 177 种化合物的数据库,预测结果的均方根误差为 2.2%)。

$$\rho=1.753-10.238n'_{H}+9.908n'_{H}+0.0992IMP-0.0845DMP \tag{3.6}$$

式中:ρ 为晶体密度,n'_{H}、n'_{N}分别为含能化合物中 H 原子数和 N 原子数与化合物分子量之比,IMP、DMP 分别为递增修正因子和递减修正因子,它们取决于分子间的相互作用。

3.3.4 生成热

尽管生成热 ΔH_f^0是一种通过量子化学计算[40-42]能直接得到的性能参数,但仍提出了少数几个 QSPR 模型用于预测生成热 ΔH_f^0。1994 年,Sukhachev et al.[43]基于一个含 59 种非芳族硝基化合物的数据集提出了两个预测模型,式(3.7)和式(3.8)的预测误差分别为 4.8kcal/mol 和 6.9kcal/mol。

$$\begin{aligned}\Delta H_f^0=&-98.86+1.14SBE+49.77\,{}^4K_r/N_{at}-437.78C_{mid}+61.76V_{mid}^2/N_{at}\\&+71.39F_{r1}-195.44F_{r2}-2933.25\ln(F_{r3})/N_{at}\end{aligned} \tag{3.7}$$

$$\Delta H_f^0=-22.24-11.73\ln S+1.19SBE+5.13\,{}^6K_r-1.16E_q \tag{3.8}$$

式中:SBE 为没有空间位阻的假定分子的焓计算值;${}^4K_r$、${}^6K_r$分别为 4 阶和 6 阶 Randic 指数;C_{mid}、V_{mid}为加权连接矩阵计算得到的拓扑指数;N_{at}为原子数,F_{r1}为 $-C-C-NO_2$类碎片中原子上的所有最小电荷之和;F_{r2}为 X-X-N=O 类碎片中原子上所有最小电荷的最小值,其中 X 为任一原子;F_{r3}为结构中带单键的所有 5-原子线性链中原子上的所有最大电荷之和;S 为分子中原子的范德华表面积;E_q为分子中原子电荷计算得到的电拓扑指数。

Keshavarz 对生成热也进行了研究,特别是他提出了一个预测凝相生成热 $\Delta H_f(c)$的模型(式(3.9)),对含 79 种化合物的数据集中硝胺、硝酸酯和硝基脂肪族含能化合物[44]的凝相生成热进行了预测,预测结果的均方根误差为 29kJ/mol。

$$\begin{aligned}\Delta H_f(c)=&\,9.344a-9.055b+23.12c-15.79d+51.49\sum n_{DE}DE\\&-52.00\sum n_{IE}IE\end{aligned} \tag{3.9}$$

式中:a、b、c 和 d 分别为 C、H、N 和 O 等原子的化学计量比;n_{DE}为通过递减因子

DE 降低 $\Delta H_f(c)$ 的碎片数；n_{IE} 为通过递减因子 IE 降低 $\Delta H_f(c)$ 的碎片数。

3.3.5　熔点

熔点 T_m 是含能材料在其化学鉴定和纯化中涉及的一个基本物理性能，用于计算蒸汽压和溶解度等其他物化性能。这里再强调一点，近十年内 Keshavarz 提出的一系列 QSPR 模型用于预测含能材料的熔点[45-48]。最新开发的一个模型基于一个由 149 种 $C_xH_yN_vO_w$ 化合物[45]组成的数据集，预测结果的平均偏差为 5.9%。

$$T_m = 326.9 + 5.524T_{add} + 101.2T_{non-add} \tag{3.10}$$

式中

$$T_{add} = x - 0.5049y + 2.643v - 0.3838w,\ T_{non-add} = T_{PC} - 0.6728T_{NC}$$

式中：T_{PC}、T_{NC} 分别为几个特定极性基团和分子碎片的贡献值。

最近，Wang 等基于 60 种碳环芳族硝基化合物提出了几个新模型。[49] 利用 Dragon 软件[17]计算得到的一组（1664 个）多样性分子描述符，采用多元线性回归方法和人工神经网络方法得到了两个模型。MLR 模型包括六参数方程（式(3.11)），预测结果的平均误差为 3.98%，通过外部验证对模型进行了评价。

$$T_m = -2.934D/Dr\ 09 + 96.596EEig\ 02x - 81.239Mor13u - 309.272Mor29v \\ + 181.589Mor32v + 87.320C{-}040 + 13.495 \tag{3.11}$$

式中：*D*/Dr 09 为距离/回环的 9 阶指数；EEig 02*x* 为边度加权的边邻接矩阵的本征值 02；Mor13*u* 为信号 13 的 3D-MoRSE 值或未加权值；Mor29*v* 为信号 29 的 3D-MoRSE 值或原子范德华体积加权值；Mor32*v* 为信号 32 的 3D-MoRSE 值或原子范德华体积加权值，C-040 为分子中 R-C(=X)-X/R-C#X/X=C=X 基团的原子中心碎片。

ANN 模型采用相同的 6 个描述符进行了计算，外部验证表明该模型的预测能力略高于其他模型，预测结果的平均误差为 3.82%。

必须注意的是，这些模型已通过内部和外部验证方法进行了全面验证（表 3.1），通过 William 曲线可确定这些模型的应用域[50]。

表 3.1　Wang 等的模型验证

	MLR	ANN
R^2	0.781	0.853
R^2_{adj}	0.776	—
S/℃	23.80	19.74
AARD(训练集)/%	5.31	4.42

续表

	MLR	ANN
F	37.87	—
Q^2_{LOO}	0.768	0.843
Q^2_{LMO}	0.759	0.843
R^2_{rand}截距	-0.028	—
AARD(测试集)/%	3.98	3.82

注：R^2_{adj}为调整的相关系数R^2；S为标准误差；AARD为平均绝对误差；F为费歇尔系数；Q^2_{LOO}和Q^2_{LMO}分别为留一法和留多法交叉验证得到的系数。

3.3.6 感度

感度是确保含能材料安全处理的一个关键性能，近年来提出了各种实验协议来评价不同刺激下的感度，如冲击感度、热感度、摩擦感度或静电放电感度。

在预测方法的开发过程中，考虑最多的是以上感度中的冲击感度，因为冲击感度测试是在危险品运输等法规的框架内进行的一项标准试验[51]。近年来提出了大量模型，见文献[27]。在这些模型中，INERIS 开发了一系列用于硝基化合物预测的模型，这些模型将在后面进行详细讨论。

Keshavarz 等还开发了各种简单的预测模型[52-58]，大多数模型利用了化学计量比和特定分子碎片的修正因子。例如，硝基杂芳烃的模型（h_{50}=24cm 时模型预测结果的均方根误差）用下式表示：

$$\log h_{50} = (52.13a + 31.80b + 117.6 \sum \mathrm{SSP}_i)/\mathrm{MW} \tag{3.12}$$

式中：h_{50}为冲击感度；a、b分别为 C 原子和 H 原子的化学计量比；SSP_i为结构修正因子；MW 为分子量。

Xu et al.[59]采用三维描述符提出了一些更复杂的模型，模型基于一个含有156种硝基化合物的数据集（训练集中127种，验证集中29种），其中 MLR 模型和 ANN 模型预测结果的标准偏差（误差）分别为0.177和0.130(log)。

为了预测其他刺激下的感度，也开发了少数几个模型，但成功率较低。据我们所知，Bénazet et al.[60]提出了唯一用于计算摩擦感度指数（FSI）的 QSPR 模型：

$$\begin{aligned}\mathrm{FSI} = {} & 125.721+220.69\,(\mathrm{MEP}>0)^2+1.18402\,(\mathrm{intermol\_NN}-5)^2 \\ & +725805(12.5-\mathrm{intermolO/gpNRJ})^2\end{aligned} \tag{3.13}$$

式中：MEP>0 为介质中的正静电势；intermol_NN 为连接含能基团的原子邻位上

的分子间相互作用次数；intermolO/gpNRJ 为含能基团末端原子的邻位上分子间相互作用的平均次数。

可以引用几个预测静电火花感度 E_{ES} 的模型，即使在后续研究中可利用大数据集来获取更好的性能。实际上，Fayet et al.[61] 基于一个含有 26 种硝基化合物的数据集，开发了一个四参数 MLR 模型，相关系数 $R^2=0.90$，但因数据集不够大，因而不能进行任何外部验证。

$$E_{ES}=26.9n_{single}+63.3N_{C,max}+168.4Q_{C,min}-27.8V_{C,min}+99.4 \tag{3.14}$$

式中：n_{single} 为相对单键数；$N_{C,max}$、$Q_{C,min}$ 和 $V_{C,min}$ 分别为最大亲核反应指数、最小原子电荷和 C 原子的最小化合价。

Keshavarz[62] 仅利用构成描述符也提出了一个模型，相关系数 $R^2=0.77$（基于一个含 17 种芳族硝基化合物的训练集），最大误差为 4.58 J（基于一个含 14 种其他化合物的测试集）。

$$E_{ES}=4.60-0.7333n_C+0.724n_O+9.16R_{nH/nO}-5.14C_{R,OR} \tag{3.15}$$

式中：n_C、n_O 分别为 C 原子数和 O 原子数；RnH/nO 为 H 原子数与 O 原子数之比；$C_{R,OR}$ 表示芳环上连有烷基（-R）和烷氧基（-OR）基。

最近，Wang et al.[63] 提出了一个 SVM 模型，具有非常高的预测性能（预测中相关系数 $R^2=0.999$，RMSE=0.299J），即使该模型的预测性能需要通过大数据集进行验证，由于该模型的开发仅基于 18 个分子，因此仅通过 11 种化合物进行了验证。

3.3.7　热稳定性

分解温度和分解热是法规框架内炸药化合物分类的预选标准。尤其是在放热分解能 $-\Delta H_{dec}$ 低于 500J/g 或放热分解起始温度 T_0 达到或高于 500℃时，不能进行炸药性能的全面表征。为了预测以上这些性能，2003 年 Saraf[64] 基于一个含 22 种芳族硝基化合物的小数据集提出了第一个 QSPR 模型，但不能进行任何外部验证。后来又开发了几个模型[15,65-69] 用于预测这些性能，见文献[27]。Fayet et al.[67] 得到的最佳模型用于预测分解热（kcal/mol），这就是由 Codessa 软件[16] 计算得到的 4 个描述符构成的 MLR 模型（式(3.16)），模型的预测指数 $R^2_{ext}=0.84$，通过一个外部验证集进行了验证。

$$-\Delta H_{dec}=0.8G-3.8\mathrm{WPSA1}-4255.1Q_{max}+26.8\mathrm{RPCS}-251.2 \tag{3.16}$$

式中：G 为重力指数；WPSA1 为加权正表面积；Q_{max} 为最大原子电荷；RPCS 为带正电的相对表面积。

该模型专门用于预测非邻位取代的硝基苯衍生物，考虑到邻位取代的硝基苯衍生物会按特定的分解机理发生分解（图 3.5），这在前面的 DFT 研究中得到了证实[70]。

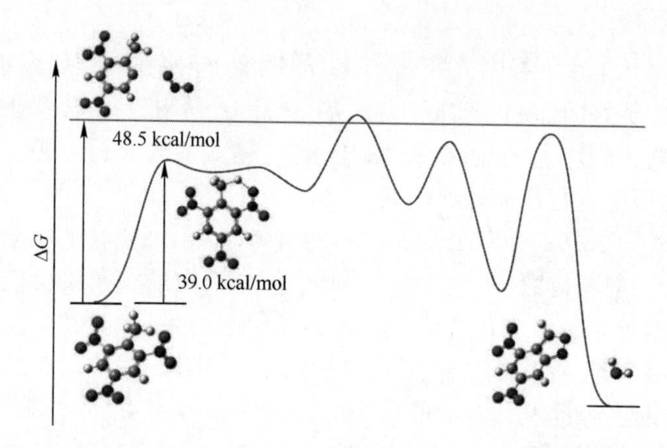

图 3.5　在 PBE0/6-31+G(d,p)水平上计算的 TNT 的主要分解机理

3.4　QSPR 模型预测硝基化合物冲击感度的实例研究

近十年来,我们开发了几个 QSPR 模型用于预测硝基化合物的冲击感度等爆炸性能。特别是在 2012 年,我们研究了一个含有 161 种硝基化合物的数据集(芳族硝基化合物、脂肪族硝基化合物和硝胺类化合物)[71]。在该项研究中虽然对于整个应用域未得到高预测能力的模型,但对于脂肪族硝基化合物和硝胺类化合物得到了两个具有良好预测性能的本地模型。

基于一个含 34 种分子的训练集,开发了用于脂肪族硝基化合物的模型。通过 Gaussian03 软件在 PBE0/6-31+G(d,p)水平上的 DFT 计算对结构进行了优化,基于该优化结构采用 Codessa 软件[16]对 300 多种分子描述符(构成、拓扑、几何和量子化学)进行了计算[72]。根据 Codessa 软件的多元线性回归法,在 MLR 模型中采用逐步法对描述符进行了筛选,最终四参数方程(式(3.17))被选作最佳模型。

$$\log h_{50} = -0.438 - 0.018\mathrm{OB} + 4.07P + 28.5Q^2_{\mathrm{NO_2max}} + 4.79N_{\mathrm{O,max}} \tag{3.17}$$

式中:h_{50}为冲击感度(cm);OB 为 TDG 法规中定义的氧平衡[51];P 为极性参数,表示原子电荷最大值与最小值的差;$Q_{\mathrm{NO_2,max}}$为 NO_2基的最大电荷;$N_{\mathrm{O,max}}$为 O 原子的最大亲核反应指数。

该模型具有良好的相关性($R^2=0.93$),采用交叉验证($Q^2_{\mathrm{LOO}}=0.90$)和 Y 随机化检验($R^2_{\mathrm{YS}}=0.12$)进行了内部验证。同时基于一个含 16 种分子的验证集对模型也进行了外部验证,模型应用域内的 $R_{in}^2=0.88$,如图3.6所示。

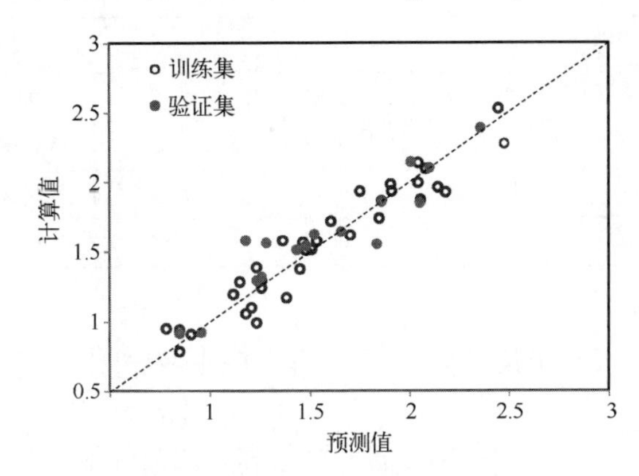

图3.6 脂肪族硝基化合物冲击感度的预测能力(式(3.17))

得到的硝胺模型(式(3.18))也是一个四参数方程(基于一个含有40种化合物的训练集)。

$$\log h_{50}=-0.42-0.017\mathrm{OB}+0.06T_1^{\mathrm{E}}+50.1N_{\mathrm{O,avg}}+27.6N_{\mathrm{N,avg}} \quad (3.18)$$

式中:T_1^{E} 为电性拓扑指数;$N_{\mathrm{O,avg}}$、$N_{\mathrm{N,avg}}$ 分别为O原子和N原子的平均亲核反应指数。

该模型也具有良好的相关性($R^2=0.92$),采用交叉验证($Q_{\mathrm{LOO}}^2=0.89$)和Y随机化检验($R_{\mathrm{YS}}^2=0.10$)对模型进行了内部验证。同时基于一个含有20种分子的验证集对模型也进行了外部验证,模型应用域内的 $R_{in}^2=0.85$。

这些基于构成描述符的模型需要进行量子化学计算,显然仅由分子的二维结构信息就可推导出较简单的模型。基于相同的数据库得到了以下两个模型:式(3.19)用于预测脂肪族硝基化合物[73],式(3.20)用于预测硝胺类化合物[74]。

$$\log h_{50}=0.94+86.3\frac{n_{\mathrm{C=O}}}{\mathrm{MW}}-0.017\mathrm{OB}+0.14n_{\mathrm{C\text{-}O\text{-}C}}-0.21n_{\mathrm{C=O}} \quad (3.19)$$

式中:$n_{\mathrm{C=O}}$ 和 $n_{\mathrm{C\text{-}O\text{-}C}}$ 分别为C-O-C和C=O碎片的个数;MW为分子量。

$$\log h_{50}=1.94-2.53n_{\mathrm{N,rel}}+0.07n_{\mathrm{sin\ gle}}+50.1n_{\mathrm{NO_2}} \quad (3.20)$$

式中:$n_{\mathrm{N,rel}}$ 为相对N原子数;n_{single} 为单键数;$n_{\mathrm{NO_2}}$ 为硝基数。

这些模型达到的性能稍低于使用量子化学描述符得到的性能(表3.2),但其优势在于使用更容易、更便捷。

表 3.2 脂肪族硝基化合物和硝胺类化合物冲击感度的 QSPR 模型预测性能

化合物类型			R^2	Q^2_{LOO}	R^2_{YS}	R^2_{In}
脂肪族硝基化合物	QC	式(3.17)	0.93	0.90	0.12	0.88
	简单	式(3.19)	0.88	0.85	0.09	0.78
硝胺类化合物	QC	式(3.18)	0.92	0.89	0.10	0.85
	简单	式(3.20)	0.88	0.83	0.10	0.88

3.5 QSPR 模型在含能材料中的使用方法

QSPR 模型仅利用分子结构信息就可估算物质的性能,因此该模型目前在含能材料中有不同的潜在应用。实际上,QSPR 模型预测的有效性取决于两个原因:首先,考虑到危险物资采购、运输和处理的要求,QSPR 模型较实验方法成本更低、速度更快;其次,QSPR 模型能减少有毒化合物的试验,而这些化合物在测试过程中对操作人员有危害性。本节对 QSPR 模型的两种使用方法进行了详细介绍,这两种方式尤其适用于含能材料。

3.5.1 法规环境下 QSPR 模型的使用

含能材料框架内的法规遵从性是一个主要问题,因为含能材料代表了天然的有害物质。含能材料在应用(如军事、汽车和航空航天)中会涉及不同的法规,如危险品运输(TDG)[51]法规、化学品全球统一分类和标识系统(GHS)法规[75]或化学品注册、评估、授权和限制(REACH)欧洲法规[76]。

因此,QSPR 模型可用于预测某目标化学品的性能以达到法规要求。实际上,定量结构-性能关系在 REACH 法规中被看作实验测试的一个相关替代方法。特别是"有效的定性或定量结构-活性关系模型((*Q*)SARs)得到的结果可反映是否存在某一危险特性",这一条已列入 REACH 中分组和 QSAR 模型使用的相关指导文件[77],文件中详细列出了这些模型的应用时机:

(1) 提供优先级设定流程信息;

(2) 指导实验测试策略;

(3) 改进现有测试数据评价;

(4) 提供支持分组等机理研究;

(5) 填补危害与风险评估、分类与标识、PBT 评估或 vPvB 评估的数据缺失。

迄今为止,使用 QSPR 模型(或毒理性危害的 QSAR 模型)完全可以达到法规要求，但仍提出了一些工具通过验证QSPR模型得到的数据相关性来支持这些模型。目前，最新开发的一些模型更有可能按以下OECD法则而非早期的法则进行验证。

为了使模型应用达到法规要求，需要对模型及其使用条件进行检验。首先，模型必须符合3.2节中提到的五个OECD验证法则[19]。为了演示模型验证过程，建立了QSAR模型报告格式文件（QMRF），这些QMRF文件包括演示QSPR模型满足所有要求需要的全部信息，如表3.3所示。尤其是委员会的专家们会使用这些文件来评估模型的质量。通过这种方式，被验证的模型种类及相关QMRF文件经专家评估后在联合研究中心的QSAR在线数据库中进行注册[78]。OECD/ECHA QSAR工具箱[12]是一个免费的在线预测平台，在该平台上专家委员会从模型的科学有效性及模型在平台上实施的技术可行性这两方面对QSAR和QSPR模型进行验收后实施。

表3.3　(Q)SAR模型报告格式

1. (Q)SAR标识符
(Q)SAR标识符（标题）；其他相关模型；模型编码软件。
2. 一般信息
QMRF日期；作者及联系方式；更新信息；模型开发者及联系方式；模型开发日期和（或）出版日期；主要科技论文和（或）软件包的参考文献；模型相关信息的有效性；完全相同的模型的另一个QMRF的有效性。
3. 定义终点（OECD法则1）
类别定义和判定；数据矩阵；终点单元；因变量；实验协议；终点数据质量和可变性。
4. 定义算法（OECD法则2）
模型类型；显式算法；模型描述符；描述符筛选；描述符生成算法和软件的名称和版本；描述符/化学品比。
5. 定义应用域（OECD法则3）
模型应用域说明；评价应用域采用的方法；应用域评价软件的名称和版本；应用局限性。
6. 定义拟合优度和稳健性（OECD法则4）
训练集的有效性和有效信息；建模前数据预处理；拟合优度的统计量；稳健性——留一法交叉验证、留多法交叉验证、Y-加扰法、自助法和（或）其他方法得到的统计量。
7. 定义预测性（OECD法则4）
测试集的有效性和有效信息；测试集的实验设计；预测性——外部验证得到的统计量；预测性——测试集评估；模型外部验证结论。
8. 提供机理解释（OECD法则5）
模型的机理基础；先验/后验机理解释；机理解释的其他信息。

续表

9. 其他信息
评论;参考书目;支持信息。

特别要提到的是,目前 QSAR 工具箱包括一个专门预测脂肪族硝基化合物冲击感度的模型[73]。该模型遵循五个 OECD 法则,用式(3.19)表示。实际上,该模型专门用于预测炸药性能中所需的冲击感度,从而对炸药化合物进行物质分类(法则1)。该模型是一个非模糊三参数模型,基于式(3.19)中的构成描述符(法则2)。该模型的应用域仅限于脂肪族硝基化合物,这些化合物的冲击感度为6~300cm,相对N原子数为0.118~0.250,单键数为11~14,硝基数为2~12(法则3)。模型性能通过一系列内部和外部验证方法进行了评估,如表3.4所列(法则4)。

表3.4　脂肪族硝基化合物冲击感度的 QSPR 模型预测性能

训练集		交叉验证			Y-随机化	
R^2	RMSE	Q^2_{LOO}	Q^2_{10CV}	Q^2_{5CV}	R^2_{YS}	SD_{YS}
0.88	0.17	0.85	0.84	0.85	0.09	0.07
验证集						
R^2_{EXT}	$RMSE_{EXT}$	Q^2_{F1}	Q^2_{F2}	Q^2_{F3}	CCC	
0.81	0.22	0.81	0.81	0.83	0.93	

该模型最终的预测结果表明,NO_2 的形成与 C-NO_2 的一次裂解具有相关性,这是脂肪族硝基化合物的主要分解机理[79](法则5)。

该模型十分简单且易于实施,2014年12月开发的3.3版 QSAR 工具箱[12]通过了专家委员会的验收并得以实施。

除了对模型进行验证外,QSPR 模型使用的正确性和相关性也必须由最终用户进行验证。为了实现这一目标,提出了一个 QSAR 预测报告格式(QPRF)文件作为 QMRF 文件的补充文件。该文件对验证"预测已适当执行,即模型已合理选择和使用"所需的全部信息进行了汇总,如表3.5所列。

表3.5　(Q)SAR 预测报告格式

1. 物质
CAS 和(或)EC 号;化学名;结构式;结构代码(如 SMILES、InChI)。
2. 一般信息
QPRF 日期;作者及联系方式。

续表

3. 预测
3.1 终点(OECD 法则 1)
终点;因变量
3.2 算法(OECD 法则 2)
模型或子模型名;版本;QMRF 的参考文献;预测值(模型结果和结论);预测输入;描述符值。
3.3 应用域(OECD 法则 3)
(描述符、结构碎片、机理)域;结构类似物。
3.4 预测不确定度(OECD 法则 4)
该化学结构的预测不确定度结论中应尽可能包含相关信息(如实验结果的可变性)。
3.5 模型预测的化学和生物学机理应支持预测结果(OECD 法则 5)
针对该特定化学结构对模型预测的机理解释展开讨论。
4. 充分性(可选)
法规用途;模型的法规解释方法;结果;结论。

3.5.2　QSPR 模型在新型含能材料设计中的应用

含能材料的研制具有成本高和耗时长等特点,尤其是对这类材料的潜在含能量有特殊要求。实际上,含能材料在处理和测试中也需要特别注意。此外,为了完成含能材料的一些测试(包括安全方面的法规测试),含能材料在严格的实际和法规约束下必须按特定的流程进行运输。因此,在含能材料的研制过程中完成性能的初步估算有很多好处,不仅可以扩大可用化合物的研究范围,而且可在研制初期通过剔除无关候选材料来节约采购时间。

QSPR 模型用于指导含能材料设计的工作流程如图 3.7 所示,在决策过程的最初阶段需要考虑安全问题,即使这些物质还未获取或购买,甚至还未合成。在此情况下,预测有助于选择一个精简的候选材料集,通过合成和实验表征再对这些材料进行深入研究。

这种方法在药物研究中是发现新药[80]常用的一种计算机辅助分子设计(CAMD)流程,可通过供应商产品目录或从化合物内部数据库收集可用化学结构的数据集,如已广泛开发的类药物结构的商业开源数据库[81]。在后续含能材料的设计中,可考虑运用相似的数据收集策略。

这种分子结构数据集也可通过自动化计算机工具虚拟生成,该方法可获取尚未研究的新创分子结构。采用不同的可用方法在限定化学空间内可生成虚拟化学结构库,第一个虚拟化学结构库基于可用结构单元和约束条件的定义和

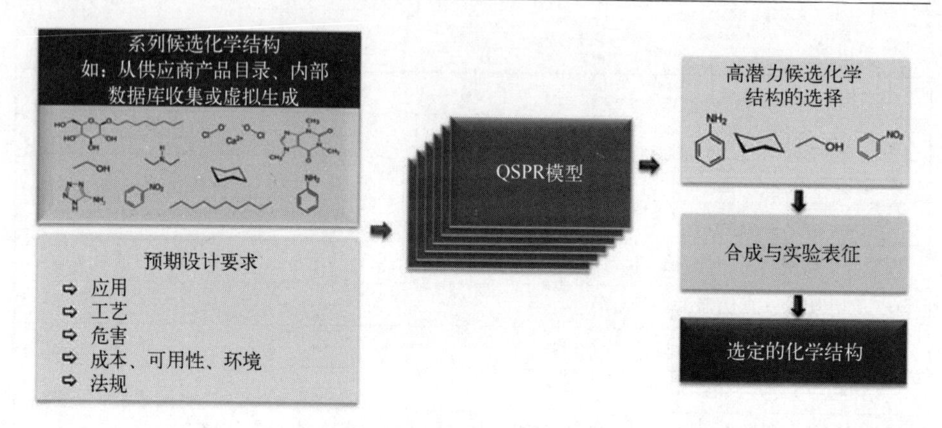

图 3.7　QSPR 模型用作筛选工具

组合。这种分子结构库的生成方法由 Gani et al.[82] 提出，该方法利用基团贡献法中的基团贡献值作为生成结构的结构单元来预测各种性能(如辛醇/水的分配系数、沸点、表面张力)。同样，Weis et al.[83] 使用特征分子描述符作为嵌段来生成分子结构，同时用作 QSPR 模型中的分子描述符在溶剂筛选阶段进行性能预测。生成虚拟库的另一种方法是通过初步选定的目标分子的虚拟反应来生成化学结构。Moity et al.[84] 使用了一种 GRASS 工具，该工具可缔合生物嵌段和共反应物来生成生物基新分子，这种方法可能适用于含能材料。

然后对生成的分子结构库(现有库或虚拟库)进行筛选，判定以下一系列预期设计要求是否与分子结构有关：

(1) 应用，如爆轰性能；

(2) 工艺约束条件(如沸点或熔点)与具体工艺条件一致；

(3) 危害，如毒性、可燃性和爆炸性；

(4) 经济和环境成本；

(5) 法规(如 TDG 或 REACH)。

若所有设计要求(如经济成本)与产品的化学结构无关，借助 QSPR 模型至少可对大部分应用性能、工艺性能和危险性能进行初步估算，对生成的化学结构进行筛选及确定目标应用的最佳候选材料。

在筛选过程中，根据目标性能和预期筛选级别，可以选用不同程度预测能力的 QSPR 模型。例如，低预测能力模型在初步筛选中速度很快，在使用耗时长的低自动化模型对大多数有应用前景的候选材料进一步分析前，可剔除绝大部分无关的替代材料。当然，也可引入量子化学计算(如 ΔH_f 的量子化学计算)、状态方程或分子建模(如流体性能的分子建模)等补充方法进行性能估算。

3.6 结论与挑战

在含能材料应用领域,借助预测方法可实现新方案的有效开发。尤其是近几年开发了多种定量结构-性能关系模型,目前仅基于含能材料的分子结构就可对其各类性能(爆轰、猛度等)进行估算。若在产品和工艺的风险评估中无法获取实验值,则利用这些预测值不仅可代替实验值达到法规要求,而且可在含能材料的初步设计阶段甚至在合成前对其性能进行预测。

QSPR模型可作为密度泛函理论等其他计算方法的补充方法,不仅可用于含能材料几何结构和电子结构相关分子描述符的计算,而且可用于解释含能材料分解过程中遵循的反应机理。

即使开发了大量模型用于预测含能材料的各种性能,也仍存在以下挑战:

(1) 专门用于含能材料的现有模型主要针对最典型的硝基化合物(如芳族硝基化合物或硝胺类化合物),但含能材料的研究涉及种类繁多的化合物(如高含氮量的含能材料)[85]。

(2) 新型含能材料中的含能盐[86]代表了一类独特的化合物,这类种化合物在离子性液体中具有特定结构(由一个阴离子和一个阳离子构成),因而需要特定的预测模型,针对此类化合物开发了QSPR模型[87-89]。

(3) 最终应用的含能材料通常由多种化合物组成,文献[90]中提出的初始模型可预测二元混合物的闪点[91],也许可以开发QSPR模型来预测含能材料配方中混合物的性能。

(4) 含能材料应用中所需的一些性能(如燃速)的预测模型还有待开发。

(5) 由于大多数模型的开发仅基于小数据集,即使是现有模型,也可通过高稳健性的大型数据集得到进一步改善;但某些性能(尤其是固态性能)难以通过模型预测,这一问题也需要解决。

最后,为了提高模型的多样性、预测性、相关性及实现与实验方法的互补性,要求构建高准确率的大型数据库,用于QSPR模型的开发和验证,提高对潜在机理的认识。

参考文献

[1] Urbanski T (1984) Chemistry and technology of explosives, vol 4. Pergamon Press

[2] Sikder AK, Maddala G, Agrawal JP, Singh H (2001) J Hazard Mater 84:1

[3] Shanley ES, Melhem GA (2000) J Loss Prevent Proc Ind 13:67

[4] Benson SW (1976) Thermochemical kinetics, 2nd edn. Wiley, New York
[5] Toghiani RK, Toghiani H, Maloney SW, Boddu VM (2008) Fluid Phase Equil 264:86
[6] Roncaglioni A, Benfenati E (2008) Chem Soc Rev 37:441
[7] Kavlock RJ, Ankley G, Blancato J, Breen M, Conolly R, Dix D, Houck K, Hubal E, Judson R, Rabinowitz J, Richard A, Setzer RW, Shah I, Villeneuve D, Weber E (2008) Toxicol Sci 103:14
[8] Netzeva TI, Pavan M, Worth AP (2008) QSAR Comb Sci 27:77
[9] Dearden JC, Rotureau P, Fayet G (2013) SAR QSAR Environ Res 24:545
[10] Katritzky AR, Kuanar M, Slavov S, Hall CD, Karelson M, Kahn I, Dobchev DA (2010) Chem Rev 110:5714
[11] Commission Regulation (EC) N° 761/2009 of 23 July 2009 amending, for the purpose of its adaptation to technical progress, Regulation (EC) N° 440/2008 laying down test methods pursuant to Regulation (EC) N° 1907/2006 of the European Parliament and of the Council on the Registration, Evaluation, Authorisation and Restriction of Chemicals (REACH)
[12] OECD/ECHA (2015) QSAR Toolbox, version 3.3.5. http://www.qsartoolbox.org/. Accessed 24 Oct 2015
[13] Todeschini R, Consonni V (2000) Handbook of molecular descriptors. Wiley, Weinheim
[14] Karelson M (2000) Molecular descriptors in QSAR/QSPR. Wiley, New York
[15] Fayet G, Del Rio A, Rotureau P, Joubert L, Adamo C (2011) Mol Inform 30:623
[16] CodessaPro (2002) University of Florida
[17] Dragon 6 (2013) http://www.talete.mi.it/products/dragon_description.htm. Accessed 30 Oct 2015
[18] Shahlaei M (2013) Chem Rev 113:8093
[19] OECD (2007) Guidance document on the validation of (quantitative) structure-activity relationships [(Q) SAR] models. Organisation for Economic Co-operation and Development (OECD)
[20] Rücker C, Rücker G, Meringer M (2007) J Chem Inf Model 47:2345
[21] Tropsha A, Gramatica P, Gombar KV (2003) QSAR Comb Sci 22:69
[22] Schüürmann G, Ebert RU, Chen J, Wang B, Kühne R (2008) J Chem Inf Model 48:2140
[23] Consonni V, Ballabio D, Todeschini R (2009) J Chem Inf Model 49:1669
[24] Chirico N, Gramatica P (2011) J Chem Inf Model 51:2320
[25] Roy K, Mitra I, Kar S, Ojha PK, Das RN, Kabir H (2012) J Chem Inf Model 52:396
[26] Le T, Epa VC, Burden FR, Winkler DA (2012) Chem Rev 112:2889 88 G. Fayet and P. Rotureau
[27] Nieto-Draghi C, Fayet G, Creton B, Rozanska X, Rotureau P, De Hemptinne J-C, Ungerer P, Rousseau B, Adamo C (2015) Chem Rev 115:13093

[28] Quintero FA, Patel SJ, Munoz F, Mannan MS (2012) Ind Eng Chem Res 51:16101
[29] EPA (2012) Estimation programs interface suite. United States Environmental Protection Agency, Washington (USA)
[30] Chakka S, Boddu VM, Maloney SW, Damavarapu R (2010) Prediction of physicochemical properties of energetic materials via EPI suite. In: Boddu V, Redner P (eds) Energetic materials—thermophysical properties, predictions, and experimental measurements. CRC Press, Boca Raton, pp 77-92
[31] Keshavarz MH (2009) J Hazard Mater 166:762
[32] Keshavarz MH (2007) Indian J Eng Mater Sci 14:77
[33] Wang D, He G, Chen H (2014) Russ J Phys Chem A 88:2363
[34] Keshavarz MH, Seif F, Soury H (2014) Propel Explos Pyrotech 39:284
[35] Lyman WJ, Reehl WF, Rosenblatt DH (eds) (1990) Handbook of chemical property estimation methods. American Chemical Society, Washington
[36] Reinhard M, Drefahl A (1999) Estimating physicochemical properties of organic compounds. Wiley, New York
[37] Sil'vestrov VV (2006) Combust Explos Shock Waves 42:472
[38] Tarver CM (1979) J Chem Eng Data 24:136
[39] Keshavarz M, Soury H, Motamedoshariati H, Dashtizadeh A (2015) Struct Chem 26:455
[40] Mathieu D, Simonetti P (2002) Thermochim Acta 384:369
[41] Stevanović V, Lany S, Zhang X, Zunger A (2012) Phys Rev B 85:115104
[42] Jaidann M, Roy S, Abou-Rachid H, Lussier L-S (2010) J Hazard Mater 176:165
[43] Sukhachev DV, Pivina TS, Volk FS (1994) Propel Explos Pyrotech 19:159
[44] Keshavarz MH, Sadeghi H (2009) J Hazard Mater 171:140
[45] Keshavarz MH, Gharagheizi F, Pouretedal HR (2011) Fluid Phase Equil 308:114
[46] Alamdari RF, Keshavarz MH (2010) Fluid Phase Equil 292:1
[47] Keshavarz MH (2009) J Hazard Mater 171:786
[48] Keshavarz MH (2006) J Hazard Mater 138:448
[49] Wang D, Yuan Y, Duan S, Liu R, Gu S, Zhao S, Liu L, Xu J (2015) Chemometr Intell Lab 143:7
[50] Atkinson AC (1985) Plots, transformations and regression—an introduction to graphical methods of diagnostic regression analysis. Oxford Science Publications
[51] UN (2011) Recommandations on the transport of dangerous goods: manual of tests and criteria, 5th edn.
[52] Keshavarz MH (2010) Propel Explos Pyrotech 35:181
[53] Lai WP, Lian P, Wang BZ, Ge ZX (2010) J Energ Mater 28:45
[54] Keshavarz MH, Zali A, Shokrolahi A (2009) J Hazard Mater 166:1115
[55] Keshavarz MH, Pouretedal HR, Semnani A (2007) J Hazard Mater 141:803
[56] Keshavarz MH (2007) J Hazard Mater 148:648

[57] Keshavarz MH, Jaafari M (2006) Propel Explos Pyrotech 31:216

[58] Keshavarz MH, Pouretedal HR (2005) J Hazard Mater 124:27

[59] Xu J, Zhu L, Fang D, Wang L, Xiao S, Liu L, Xu W (2012) J Mol Graph Model 36:10

[60] Bénazet S, Jacob G, Pèpe G (2009) Propel Explos Pyrotech 34:120

[61] Fayet G, Rotureau P, Joubert L, Adamo C (2010) Process Saf Prog 29:359

[62] Keshavarz MH (2008) J Hazard Mater 153

[63] Wang R, Sun L, Kang Q, Li Z (2013) J Loss Prevent Proc Ind 26:1193

[64] Saraf SR, Rogers WJ, Mannan MS (2003) J Hazard Mater 98:15

[65] Theerlynck E, Mathieu D, Simonetti P (2005) Thermochim Acta 426:123

[66] Prana V, Rotureau P, Fayet G, André D, Hub S, Vicot P, Rao L, Adamo C (2014) J Hazard Mater 276:216

[67] Fayet G, Rotureau P, Joubert L, Adamo C (2011) J Mol Model 17:2443

[68] Fayet G, Rotureau P, Adamo C (2013) J Loss Prevent Proc Ind 26:1100

[69] Li J, Liu H, Huo X, Gramatica P (2013) Mol Inform 32:193 How to Use QSPR Models to Help the Design and the Safety... 89

[70] Fayet G, Joubert L, Rotureau P, Adamo C (2009) J Phys Chem A 113:13621

[71] Fayet G, Rotureau P, Prana V, Adamo C (2012) Process Saf Prog 31:291

[72] Frisch MJ, Trucks GW, Schlegel HB, Scuseria GE, Robb MA, Cheeseman JR, Montgomery JA Jr, Vreven T, Kudin KN, Burant JC, Millam JM, Iyengar SS, Tomasi J, Barone V, Mennucci B, Cossi M, Scalmani G, Rega N, Petersson GA, Nakatsuji H, Hada M, Ehara M, Toyota K, Fukuda R, Hasegawa J, Ishida M, Nakajima T, Honda Y, Kitao O, Nakai H, Klene M, Li X, Knox JE, Hratchian HP, Cross JB, Bakken V, Adamo C, Jaramillo J, Gomperts R, Stratmann RE, Yazyev O, Austin AJ, Cammi R, Pomelli C, Ochterski JW, Ayala PY, Morokuma K, Voth GA, Salvador P, Dannenberg JJ, Zakrzewski VG, Dapprich S, Daniels AD, Strain MC, Farkas O, Malick DK, Rabuck AD, Raghavachari K, Foresman JB, Ortiz JV, Cui Q, Baboul AG, Clifford S, Cioslowski J, Stefanov BB, Liu G, Liashenko A, Piskorz P, Komaromi I, Martin RL, Fox DJ, Keith T, Al-Laham MA, Peng CY, Nanayakkara A, Challacombe M, Gill PMW, Johnson B, Chen W, Wong MW, Gonzalez C, Pople JA (2004) Gaussian03. Gaussian Inc., Wallington CT

[73] Prana V, Fayet G, Rotureau P, Adamo C (2012) J Hazard Mater 235-236:169

[74] Fayet G, Rotureau P (2014) J Loss Prevent Proc Ind 30:1

[75] UN (2009) Globally harmonized system of classification and labelling of chemicals (GHS), 3rd edn. ST/SG/AC. A10/30/Rev. 3

[76] Regulation (EC) N° 1907/2006 of the European Parliament and of the Council of 18 December 2006 concerning the Registration, Evaluation, Authorisation and Restriction of Chemicals (REACH)

[77] ECHA (2008) Guidance Document on information requirements and chemical safety assess-

ment, Chapter R.6: QSARs and grouping of chemicals. European Chemicals Agency (ECHA)

[78] JRC (2015) (Q) SAR Model Reporting Format (QMRF) Inventory. http://qsardb.jrc.ec.europa.eu/qmrf/. Accessed 22 Oct 2015

[79] Nazin GM, Manelis GB (1994) Russ Chem Rev 63:313

[80] Gasteiger J, Engel T (2003) Chemoinformatics—a textbook. Wiley, Weinhcim

[81] Oprea TI, Tropsha A (2006) Drug Discov Today Tech 3:357

[82] Harper PM, Gani R, Kolar P, Ishikawa T (1999) Fluid Phase Equil 158-160:337

[83] Weis DC, Visco DP (2010) Comput Chem Eng 34:1018

[84] Moity L, Molinier V, Benazzouz A, Barone R, Marion P, Aubry J-M (2014) Green Chem 16:146

[85] Klapötke TM (2007) High energy density materials. Springer

[86] Gao H, Shreeve JNM (2011) Chem Rev 111:7377

[87] Diallo AO, Fayet G, Len C, Marlair G (2012) Ind Eng Chem Res 51:3149

[88] Katritzky AR, Jain R, Lomaka A, Petrukhin R, Karelson M, Visser AE, Rogers RD (2002) J Chem Inf Comput Sci 42:225

[89] Billard I, Marcou G, Ouadi A, Varnek A (2011) J Phys Chem B 115:93

[90] Muratov EN, Varlamova EV, Artemenko AG, Polishchuk PG, Kuz'min VE (2012) Mol Inform 31:202

[91] Gaudin T, Rotureau P, Fayet G (2015) Ind Eng Chem Res 54:6596

第4章　含能聚合物的合成与应用

Alexander J. Paraskos

摘　要：含能聚合物材料中通常含有一种羟基燃料组分及一种以上含"爆炸性基团"的氧化剂组分。炸药和推进剂中使用含能聚合物而非富燃聚合物在理论上具有一定优势，因为含能聚合物可使最终配方具有高温、高压特性和少烟(残渣)特征，而且不需要加入大量高氯酸铵(AP)、硝酸铵(AN)或二硝酰胺氨(ADN)来提高燃烧效率。最常用的含能聚合物硝化纤维素(NC)，也是最早发现的一种含能聚合物，近几十年来在火箭推进剂和发射药中得到了成功应用。前期有大量文献对NC的化学性能及应用进行了报道，因此本章主要讨论新型含能聚合物的近期研究及研制进展，这些含能聚合物包括环氧乙烷衍生物、氧杂环丁烷衍生物、含能热塑性弹性体(ETPE)及其他几种新型含能聚合物等。

关键词：含能聚合物；含能热塑性弹性体

4.1　引　　言

黏合剂是大多数常用固体(非可溶)军事炸药、无烟火药、火箭推进剂和发射药中不可缺少的组分，黏合剂可使最终配方具有结构完整性和防潮性。惰性聚合物黏合剂的形态各异，如聚合物黏结炸药[1]配方中的分子结构简单的天然石蜡、化学交联氨酯和合成聚合物基环氧固化黏合剂(如已用于浇注固化炸药[2]和火箭推进剂[3]的端羟基聚丁二烯(HTPB))等分子结构较为复杂的聚合物材料。长期以来，这些聚合物材料包括燃烧中主要充当燃料的欠氧化聚合物，因此必须在整体配方中加入大量氧化剂(如AP)来实现高效燃烧。自19世纪中期发现了硝化纤维素(NC)以来，含能聚合物在推进剂和炸药研制中发挥着不可或缺的作用。许多先进应用中使用的推进剂逐渐变得越来越复杂，从单

Alexander J. Paraskos，美国皮卡汀尼兵工厂陆军工程研发中心，邮箱：alexander. j.　paraskos. civ@mail. mil。

基推进剂和双基推进剂(均为 NC 基)发展到复合推进剂,复合推进剂中含有氧化剂(如 AP、AN)和硝胺(如 HMX、RDX)等固体添加剂。为了不断提高推进剂的性能特性,在本项研制工作的推动下,含能黏合剂合成及研究的数量快速增长,最初开发的用于推进剂的多项黏合剂技术后续在炸药配方中也得到了应用。

4.2　非交联含能黏合剂

4.2.1　硝化纤维素

硝化纤维素是一种由纤维素衍生而来的硝酸酯聚合物,自 19 世纪末以来各种形态的 NC 作为主要含能聚合物在应用中处于主导地位[4]。纤维素广泛存在于植物界,木纤维、细胞壁和植物中的结构性材料包含了大量纤维素,棉纤维中含有几乎纯的纤维素。纤维素中每个单体单元有 3 个羟基,因此三硝化单体单元代表最大理论硝化度(14.14% N)。事实上,实现完全硝化是不切实际的,商品的硝化度上限仅达到 13.75%。硝化度对 NC 的溶解度有很大影响,高硝化产物基本上不溶于有机溶剂。除 NC 之外,对碳水化合物、淀粉、木质素等许多其他物质也进行了硝化,但结果表明所得硝化产物中没有一种像 NC 这样具有实用性。大量文献对 NC 的制备、处理和实际应用进行了报道,因此本节仅对 NC 进行简要概述(图 4.1)。

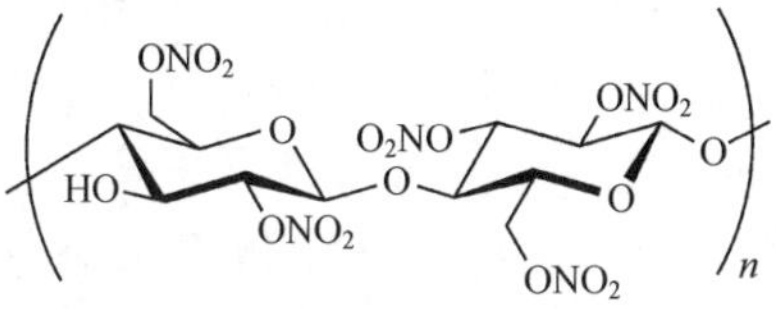

图 4.1　完全硝化的 NC 化学结构

Schönbein 和 Böttger 分别在对棉纤维进行硝化时发现了硝化纤维素,随后的研究表明木纤维素也可成功用于硝化。很快他们开始合作,并将 NC 引入火炮中。几乎在同一时期,Sobrero 制备了含能增塑剂硝化甘油(NG),此后 NG 和 NC 一起用作推进剂主要的含能黏合剂/增塑剂体系。1846 年的专利最早对 NC 的制备工艺进行了描述,纤维素首先在 50~60℃的混酸中(HNO_3与 H_2SO_4比为 1:3)硝化 1h,随后用大量水进行充分洗涤,最后用碳酸钾进行稀释。但事实证明 NC 在单独使用时很不稳定,1847 年在 Faversham 工厂发生的爆炸中有 20 人丧生。在英国的 VinCennes 和法国的 Le Bouchet 又发生了两次火棉大爆炸,致使NC在这两个国家停产了约16年。后来NC的生产经历了无数次工艺改进，最终确定了一种工艺：首先对NC纤维制浆，随后进行充分洗涤来除去残留酸，该工艺对最终产品的稳定性十分关键。自1882年发明了无烟火药以来，NC主要用作推进剂中的黏合剂。

单基火药和单基推进剂中的基本组分为纯NC，霰弹枪子弹使用的粉状火药中添加了氧化盐（硝酸盐）来促进燃烧，粉状火药是一种替代黑火药的无烟火药。步枪中使用的优质凝胶火药（Poudre B）于1884年发明，首先使可溶性NC和不溶性NC在醚醇中发生溶胀制成凝胶，对胶料进行捏合后将其压延成片，再将胶片切成方形，或通过模具将胶料挤压成条形，再将胶条切成一定长度后进行干燥。双基推进剂中同时含有NC和NG，NC、NG混合物可显著改善材料的氧平衡，使NC在燃烧中发生完全氧化，双基推进剂主要用于轻武器、加农炮、迫击炮和火箭中。巴里斯太（Ballistite）火药是1888年由Alfred Nobel发明的一种无烟火药，生产时首先在溶剂中对NC和NG进行混合（采用了不同混合比），处理完成后再除去溶剂。柯戴特（Cordite）火药由Abel和Dewar发明，这种火药中含有丙酮溶胀的NC/NG和矿物胶，其生产包括挤出/压延、切药和干燥等工序。三基推进剂中含有NC、NG和硝基胍（NQ）（产生冷却效应会减轻炮管烧蚀），这种推进剂主要用于大口径加农炮。

近一个世纪后，浇注成型的双基火箭推进剂才研制成功。最初在双基推进剂中另外加入液体增塑剂形成半增塑药柱，然后对药柱加热形成固体双基推进剂，后来才逐步将增塑剂引入NC中用于整体式药柱的成型[5]。在所需形状的模具中完成以上过程可制成星形和多孔形药柱，从而在推进剂消耗过程中（增面或减面）改变燃速。首先加入粉状NC（轻度增塑），然后另外加入增塑剂进行回填，增塑剂会使NC在固化过程中进一步发生溶胀，从而形成最终药柱。在装填过程中，必须进行大量测试来确保粉体密度满足要求。塑性溶胶NC推进剂的不同之处在于：胶状球形NC微粒可通过足量增塑剂形成料浆后倒入模具，最终形成均匀的推进剂药柱，而且无须使用挥发性溶剂[6]。

4.2.2 聚乙烯醇硝酸酯

20世纪30年代，对聚乙烯醇硝酸酯（PVN）进行了研究，希望该材料最终能改善或取代NC[7]。PVN由聚乙烯醇（PVA）经硝化合成（图4.2），PVA是一种广泛使用的合成物。在不同硝化条件下将PVA球粒加入混酸（含98%硝酸）中，或采用基于乙酰硝酸酯的料浆法。PVA在硝化过程中发生氧化反应，固体会与液体上方的氧化氮气体（NO_x）发生反应，必须注意该反应不会引起反应容器中的材料起火。PVN 的理论硝化度高达 15.73% N，但材料的稳定性随硝化度的增大而降低，而冲击感度会升高[8]。计算结果表明，PVN 用于推进剂时其性能实际上优于 NC。尽管 PVN 具有较高的性能特性计算值，但 PVN 最终在推进剂中的应用成功率较低，这是由于 PVN 的热稳定性较差，而且这种无规聚合物具有黏性，在推进剂药柱的挤压或模压过程中会使物料黏度增大。研究表明，在 PVN 链中引入立体规则线状聚体至少可以解决其中一些问题。

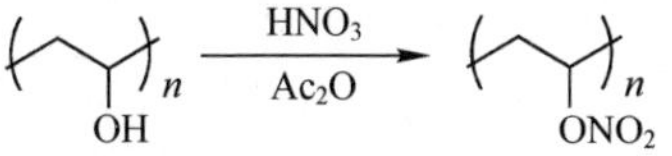

HNO_3 / Ac_2O

PVA　　PVN

图 4.2　PVN 的合成

4.2.3　含能聚酯、聚酰胺和聚氨酯

20 世纪 50 年代，航空喷气（Aerojet）公司对大量聚酯、聚酰胺和聚氨酯类含能聚合物进行了研究[9]。采用常规嵌段进行组合来构建聚合物材料库，其中聚合物通过缩聚反应合成；这些含能聚合物材料数量众多，本节中不可能大量介绍，仅对其进行了简单汇总，如图 4.3 所示。聚脲类和聚氨酯类材料在聚合后也需要进一步硝化（在脲基和氨酯基的 N 原子上引入硝基），从而使聚合物具有更高的含能量。这些含能聚合物全部为分子量相对较低的非交联固体材料，最终在推进剂或炸药配方中未得到广泛应用。

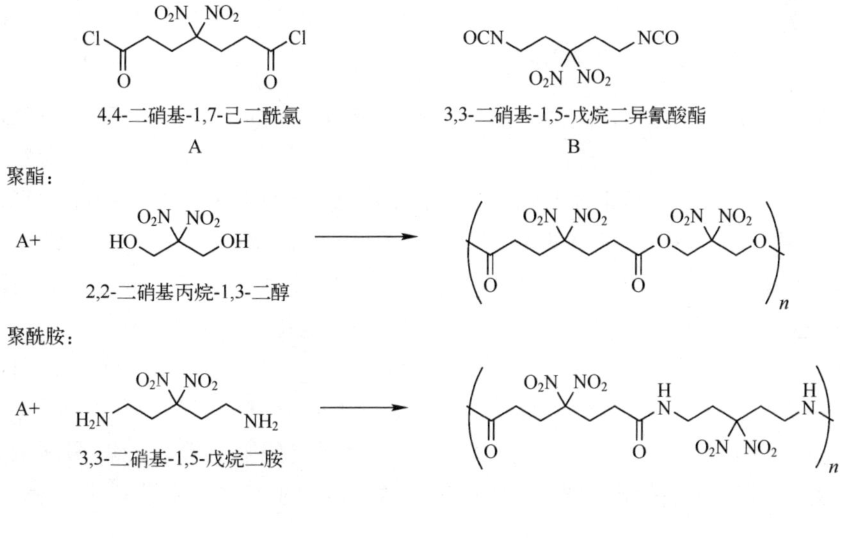

4,4-二硝基-1,7-己二酰氯
A

3,3-二硝基-1,5-戊烷二异氰酸酯
B

聚酯：

A+ 2,2-二硝基丙烷-1,3-二醇

聚酰胺：

A+ 3,3-二硝基-1,5-戊烷二胺

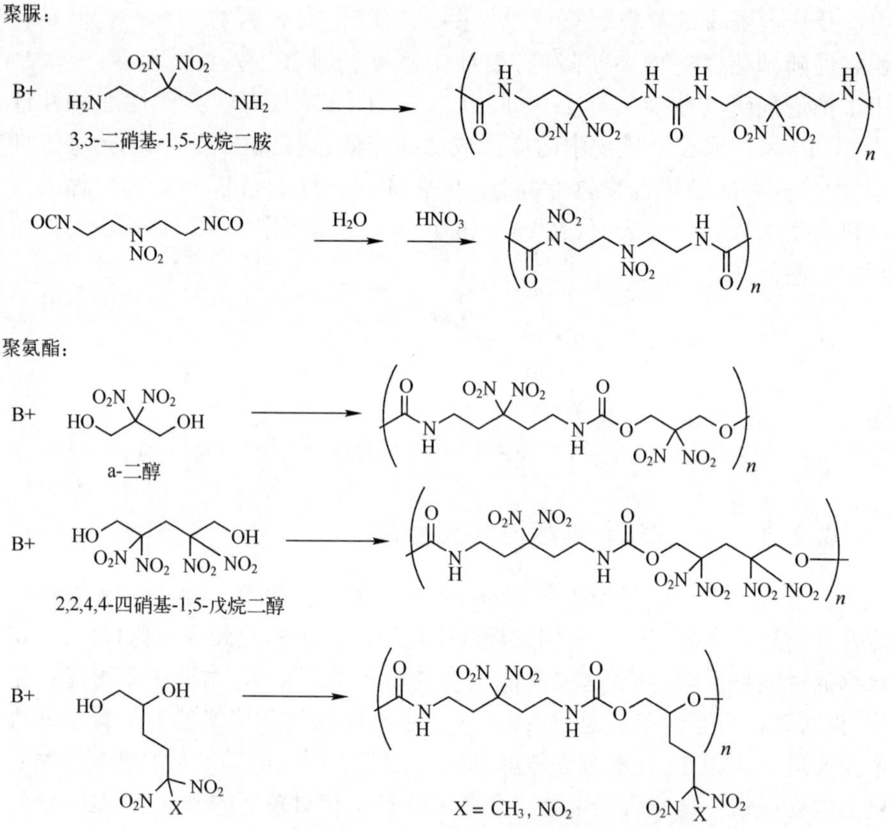

聚脲：

B+ 3,3-二硝基-1,5-戊烷二胺

X = CH_3, NO_2

聚氨酯：

B+ a-二醇

B+ 2,2,4,4-四硝基-1,5-戊烷二醇

B+

X = CH_3, NO_2

图 4.3 用于推进剂的部分聚酯、聚酰胺、聚脲和聚氨酯类含能聚合物

4.2.4 含能聚丙烯酸酯

20 世纪 50 年代，对含能丙烯酸酯进行了较为详尽的研究，最先研究的两种含能丙烯酸酯为硝基丙烯酸乙酯和硝基丙烯酸甲酯。此后，使用过氧化物作为引发剂，制备了聚(二硝基丙烯酸丙酯)(p-DNPA)及 DNPA 与 2,3-双(二氟氨丙基)丙烯酸酯(NFPA)的共聚物[10](图 4.4)。据文献报道，这些聚合物作为黏合剂可用于挤压成型的含 HMX 和铝粉的高能塑料黏结炸药，而炸药的固体含量高达 92%。此外，这些聚合物作为黏合剂还可用于 LX-09-0(93% HMX、4.6% p-DNPA 和 2.4%增塑剂)等复合炸药材料。2,3-双(二氟氨丙基)丙烯酸酯(NFPA)等含能共单体与 DNPA 一起可发生聚合反应，还可加入双(2,2-二硝基-2-氟乙基)缩甲醛(FEFO)和 4,4-二硝基戊酸甲酯等含能增塑剂来调节性能。研究表明，使用精确用量的不同离散粒径的多元固体颗粒进行级配，

对实现高固体含量的挤压成型材料十分关键。

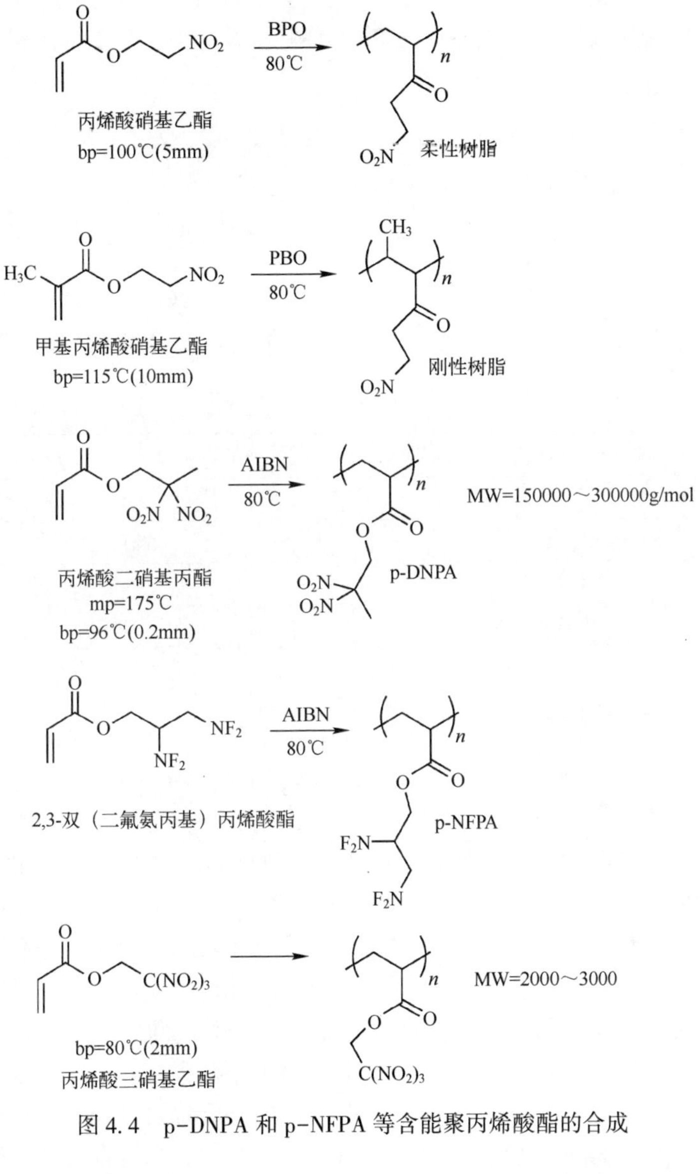

BPO 80℃

丙烯酸硝基乙酯
bp=100℃(5mm)

柔性树脂

PBO 80℃

甲基丙烯酸硝基乙酯
bp=115℃(10mm)

刚性树脂

AIBN 80℃

MW=150000～300000g/mol

丙烯酸二硝基丙酯
mp=175℃
bp=96℃(0.2mm)

p-DNPA

AIBN 80℃

2,3-双（二氟氨丙基）丙烯酸酯

p-NFPA

MW=2000～3000

bp=80℃(2mm)
丙烯酸三硝基乙酯

图 4.4　p-DNPA 和 p-NFPA 等含能聚丙烯酸酯的合成

4.2.5　聚硝基苯撑

聚硝基苯撑(PNP)是一种易于成膜的无定形(非结晶体)耐热聚合物[11]，150~155℃下 1,3-二氯-2,4,6-三硝基苯(氯苯乙烯)在加入铜粉的高沸点溶剂中(硝基苯)发生氧化交联(乌尔曼反应)可合成 PNP(图 4.5)。

得到的绿色或黄褐色粉状 PNP 易溶于丙酮和乙酸乙酯等有机溶剂,这使其在处理过程中易于成膜和成型。PNP 的性能如表 4.1 所列。PNP 材料的耐热性强,但冲击感度极高(BAM 冲击感度=4J)。PNP 已用于无壳弹药及高燃点发射药。

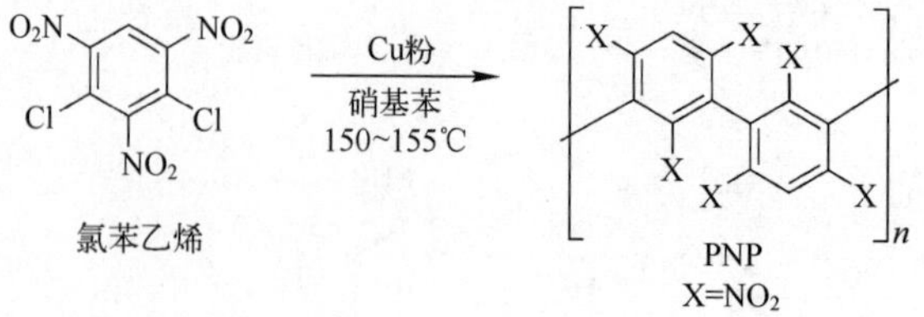

O_2N NO_2 Cl Cl NO_2 氯苯乙烯 Cu粉 硝基苯 150~155℃ X X X X X X n PNP X=NO_2

图 4.5　氯苯乙烯在硝基苯中通过乌尔曼偶联反应聚合成 PNP

表 4.1　PNP 聚合物性能

性能	数值
密度/(g/cm³)	1.8~2.2
GPC 重均分子量/(g/mol)	≈2000
DTA/TGA 放热峰/℃	250
BAM 冲击感度/J	4
BAM 摩擦感度/N	240

4.2.6　硝胺聚合物

几种含硝胺聚合物(如聚酯和聚醚)的合成示例如图 4.6 所示。聚(二乙二醇-4,7-硝基氮杂癸二酸酯)(P-DEND)和二乙二醇-三乙二醇-硝胺基二乙酸的三元共聚物(DT-NIDA)等聚酯可通过含各种二醇(特别是聚乙二醇)单体的多种二羧酸端基硝胺中任一种在酸催化下的缩合反应形成[12]。通过改变二羧酸基的长度和硝胺含量及所用基于乙二醇的二元醇长度和组合,可在宽范围内对分子性能进行调节。许多类似的聚醚也可通过相应含硝胺的双氯甲基(而非二羧酸)单体与基于乙二醇的二元醇发生反应生成[13]。例如,1,6-二氯-2,5-二硝基氮杂己烷(DCDNH)与乙二醇(EG)反应生成 α-氢-w-羟基聚亚甲氧基硝胺(EDNAP),EDNAP 可与己二异氰酸酯进一步交联形成橡胶状胶料,并在含硝胺的有铝火箭推进剂中进行了测试。在提高聚合物分子量的同时降低了材料的玻璃化温度和黏度,制备了含 DCDNH(含不同配比的乙二醇、二乙二醇和 1,3-丙二醇)的聚硝胺/聚醚。材料的玻璃化转变温度低至-18℃,分子量 M_w 为 1565~3565g/mol[14]。

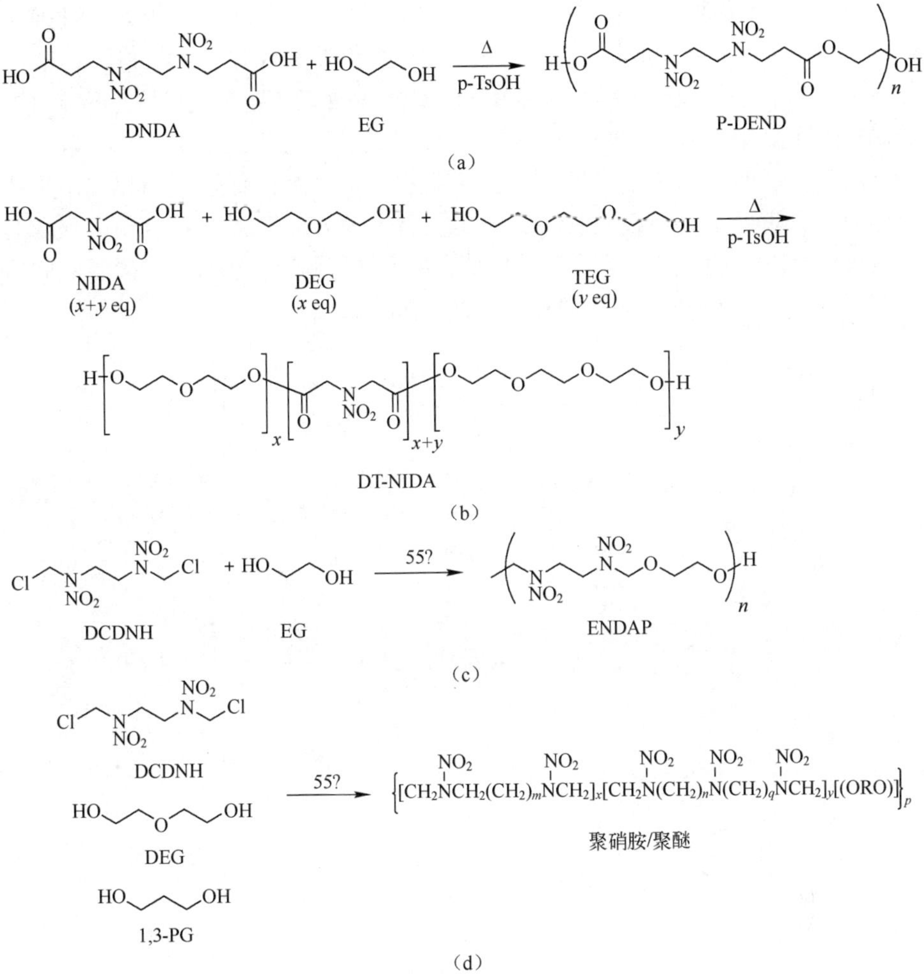

(a)

(b)

(c)

(d)

图 4.6　聚硝胺的合成

4.2.7　聚磷腈

20 世纪 90 年代，英国开始研究烷基硝酸酯和烷基叠氮化合物等带含能侧基的各种线性聚磷腈（PPZ），并对其进行了合成与表征。在非含能聚磷腈的早期研究中，首先合成了聚二氯磷腈，随后在三乙胺中用各种烷氧基和烷氨基取代基进行取代（图 4.7）。对所得材料在薄膜材料、模压材料、涂料、耐火材料和火箭壳体绝热层中的潜在应用进行了探索[15]。后来通过带各种硝基、硝酸酯基和叠氮基的聚二氯前驱体聚合物（含烷氧基取代基）在三乙胺中的类似反应合成了含能聚磷腈[16]。前驱体聚合物可通过二氯环三磷腈的热聚合反应合成，或在加入五氯化磷（PCl_5）催化剂的二氯甲烷中通过三（氯）-N-（三甲基硅烷基）磷亚胺的室温聚合反应合成。但聚二氯磷腈前驱体容易与水和氧气发生反应，使其难于处理和贮存。另一种合成方法是通过三(1,1,1-三氟乙氧基)-N-(三甲基硅烷基)磷亚胺在1-甲基咪唑的催化作用下直接聚合成聚合物，然后用各种受保护乙醇前驱体的钠盐或锂盐直接取代三氟乙氧基(图4.8)[17]，通过改变反应条件可以对取代度进行调节。用95%硝酸进行硝解生成了聚硝酸酯基取代的聚合物；可以使用几种不同的保护基，而且还可改变取代度，从而可调节相对硝化度，从而在很大程度上对所得聚合物的黏度、氧平衡和玻璃化转变温度进行调节。据报道聚磷腈的玻璃化转变温度低至-99.5℃，其能量密度高达4750J/cm^3。

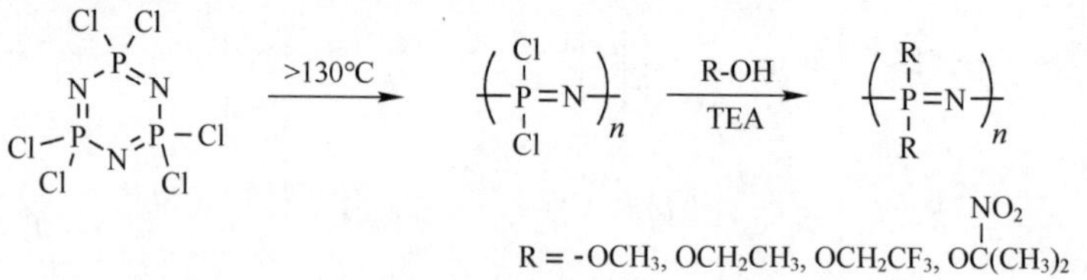

Cl Cl P N N Cl P N P Cl Cl Cl

>130°C

Cl P=N n Cl

R-OH

TEA

R P=N n R

R = -OCH_3, OCH_2CH_3, OCH_2CF_3, $OC(CH_3)_2NO_2$

图4.7 非含能聚磷腈的合成

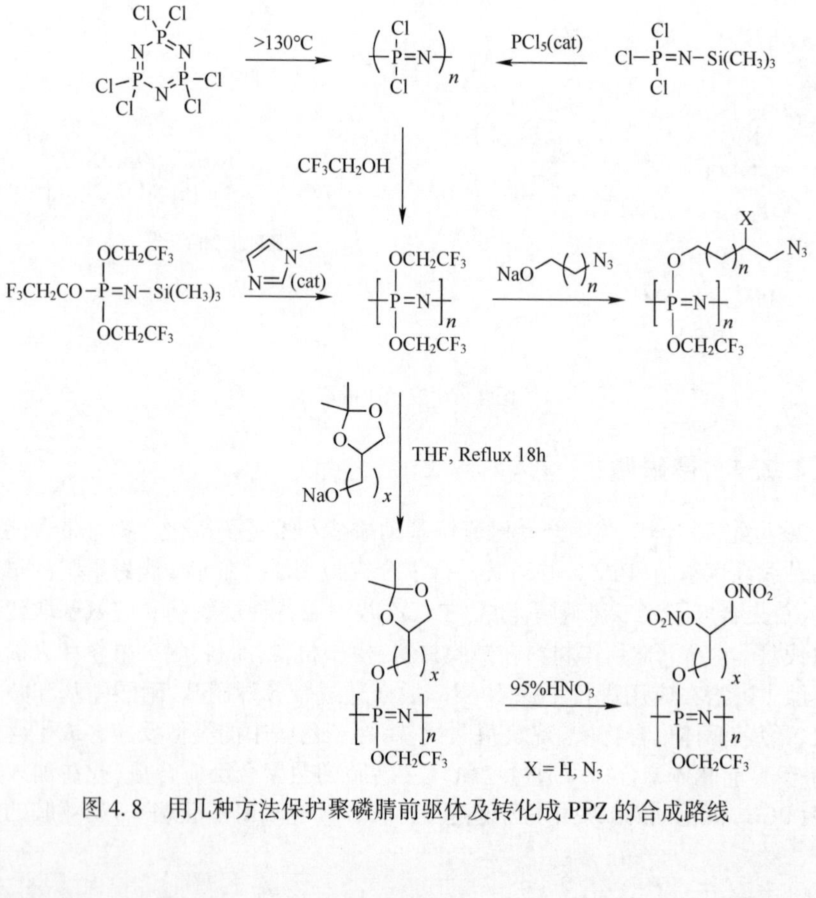

Cl Cl P N N Cl P N P Cl Cl Cl

>130°C

Cl P=N n Cl

PCl_5(cat)

Cl—P=N—$Si(CH_3)_3$ (Cl, Cl)

CF_3CH_2OH

F_3CH_2CO—P=N—$Si(CH_3)_3$ (OCH_2CF_3, OCH_2CF_3)

N N (cat)

OCH_2CF_3 P=N n OCH_2CF_3

NaO ( ) n N_3

X O ( ) n N_3 P=N n OCH_2CF_3

O O NaO ( ) x

THF, Reflux 18h

O O O ( ) x P=N n OCH_2CF_3

95%HNO_3

X = H, N_3

O_2NO ONO_2 O ( ) x P=N n OCH_2CF_3

图4.8 用几种方法保护聚磷腈前驱体及转化成PPZ的合成路线

4.3　推进剂配方的可交联非含能黏合剂体系

在火箭推进剂体系中使用可交联黏合剂,可使推进剂各组分混合形成液态药浆,药浆浇注到发动机内经固化形成具有一定硬度的橡胶状(弹性)固体材料。这些“浇注-固化”成型的推进剂配方中含有固体氧化剂(如 AP)颗粒、铝粉等金属燃料及其他几种功能性组分,包括增塑剂、固体硝胺、燃速调节剂、键合剂及其他组分,这些组分均须加入弹性黏合剂基体中。

4.3.1　聚硫化物

在传统的复合推进剂中,发生交联的黏合剂(通常为有机聚合物)中含有高氯酸铵(AP)或硝酸铵(AN)等固体氧化剂及燃料(如铝粉)等其他组分。复合推进剂最初通过混合高氯酸钾(75%)和熔融态沥青黏合剂进行制备,随后进行浇注和冷却。但由于沥青的化学交联作用很弱,而且不属于真正的弹性体材料,因而在高固体含量下导致力学性能很差。聚硫化物是最早用于推进剂中的化学交联黏合剂,其通过聚硫化钠使二氯乙基缩甲醛发生缩合反应形成,产物随后发生部分水解生成低分子量液体聚合物。1946 年,喷气推进实验室(JPL)的研究人员在锡奥科尔(Thiokol)公司的液态聚硫聚合物 LP-3 中混入 AP,同时加入了一种氧化性固化剂对醌二肟,由此引发了交联反应并形成了多个二硫键,如图 4.9 所示[18]。聚合物的平均分子量为 1000g/mol,黏度为 7.0~12.0 P(1P=0.1Pa·s),密度为 1.27g/cm^3。固化聚合物的端基 A 为生产中残留的羟基和副反应生成的其他基团。

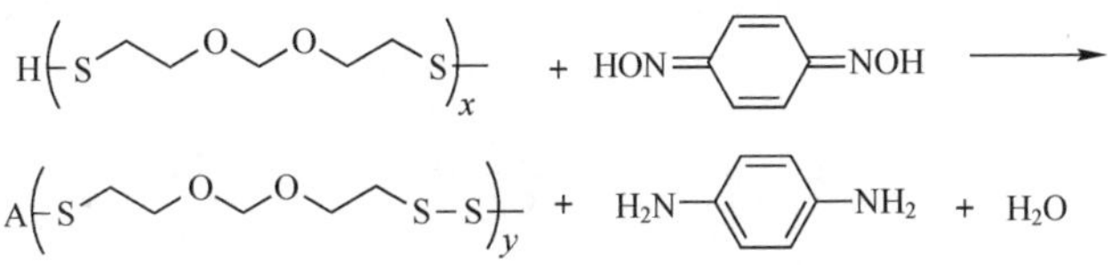

$$\mathrm{H{-}\!\left(S\diagup\!\diagdown O\diagup\!\diagdown O\diagup\!\diagdown S\right)_x\!\!-} + \mathrm{HON{=}C_6H_4{=}NOH} \longrightarrow$$

$$\mathrm{A{-}\!\left(S\diagup\!\diagdown O\diagup\!\diagdown O\diagup\!\diagdown S{-}S\right)_y\!\!-} + \mathrm{H_2N{-}C_6H_4{-}NH_2} + \mathrm{H_2O}$$

图 4.9　Thiokol LP-3 聚硫黏合剂的氧化交联

4.3.2　带羧基官能团的聚丁二烯

带羧基官能团的聚丁二烯广泛用于火箭推进剂中,最常用的材料为丁二烯与丙烯酸的共聚物(PBAA)、丁二烯、丙烯酸和丙烯腈的三元共聚物(PBAN)和端羧基聚丁二烯(CTPB),如图 4.10 所示。这些材料较以前的黏合剂体系具有较大优势,采用这些材料的 AP 基推进剂较其他 AP 基推进剂在宽温度范围内具有更好的力学性能,而且可达到更高的比冲。低预聚物黏度(所得固化体系具有更好的力学性能)和丁二烯黏合剂的高燃料值提高了最大固含量,从而使推进剂的性能得到了提高[19]。

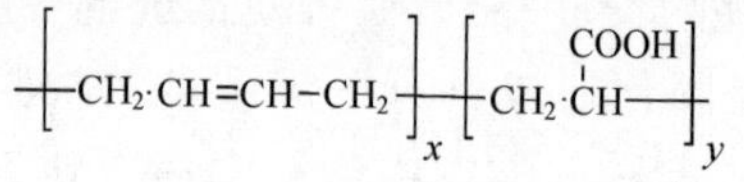

$$\left[-CH_2\cdot CH=CH-CH_2-\right]_x\left[-CH_2\cdot \underset{}{CH}(COOH)-\right]_y$$

PBAA

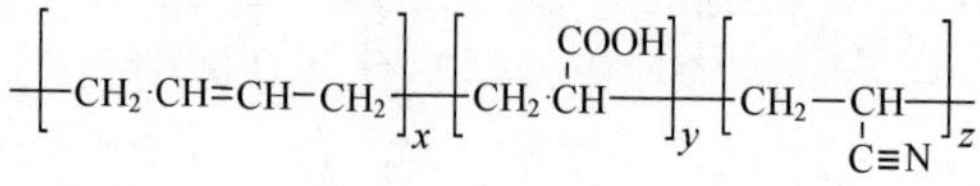

$$\left[-CH_2\cdot CH=CH-CH_2-\right]_x\left[-CH_2\cdot CH(COOH)-\right]_y\left[-CH_2-CH(C\equiv N)-\right]_z$$

PBAN

$$HOOC\left[-CH_2\cdot CH=CH-CH_2-\right]_n\left[-CH_2\cdot CH(CH=CH_2)-\right]_m COOH$$

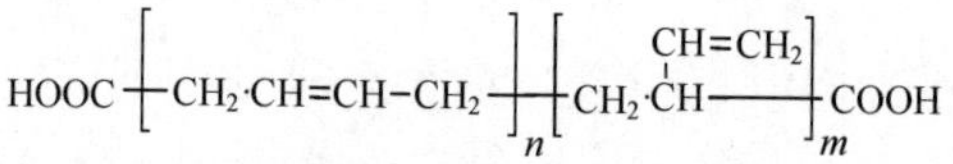

CTPB

图 4.10 PBAA、PBAN 和 CTPB 的结构

注:为了使图示清晰,对结构进行了简化。

PBAA 包含一个聚丁二烯主链,每个聚合物链上平均有 2 个随机分布的羧酸(来自羧酸单体)可作为交联位点。液态预聚物的分子量为 2000~3000g/mol,室温下的黏度为 200~300P。在推进剂制备过程中,羧基会与基于高活性环氧化物或氮丙啶的多种交联剂中任一种发生反应(图 4.11)。PBAN 在合成中通过加入丙烯腈单体引入了平均质量分数为 6%的氰基,从而使羧基的间距增大,最终使 PBAN 推进剂的固化重现性和力学性能较 PBAA 推进剂有所提高。PBAN 黏合剂在几种大型火箭系统如"大力神"-3、"民兵"和航天飞机的固体火箭助推器[20]中得到了极其成功的应用。

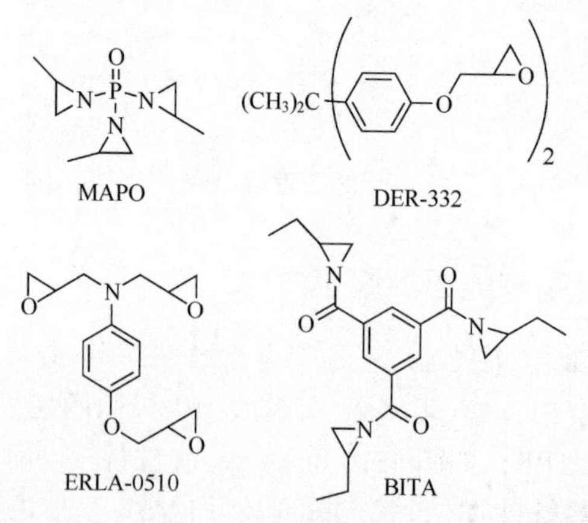

图 4.11 PBAA、PBAN 和 CTPB 使用的基于几种氮丙啶和环氧化合物的固化剂

PBAA 和 PBAN 均通过自由基乳液聚合反应合成，而 CTPB 通过有机锂引发(阴离子)的更严格的受控聚合反应制备，聚合后用 CO_2淬灭来生成端羧基聚合物链。该化学过程得到的 CTPB 官能度、分子量、顺/反双键的分布及支化度均需严格控制，这会使 CTPB 的性能较 PBAA 和 PBAN 有所提高，尤其是官能团仅在 CTPB 聚合物末端上的可靠定位会使力学性能提高。

4.3.3　聚氨酯和端羟基聚丁二烯

聚氨酯推进剂通过多官能端羟基聚合物与多官能异氰酸酯的反应生成，聚氨酯推进剂使用的异氰酸酯固化剂包括 2,4-甲苯二异氰酸酯(TDI)、六亚甲基二异氰酸酯(HDI)、异氟尔酮二异氰酸酯(IPDI)、聚亚甲基聚苯基异氰酸酯(PAPI)和 Demodur N-100，N-100 是一种由六亚甲基二异氰酸酯与水的受控反应生成的多官能异氰酸酯。使用几种金属基催化体系可对聚合物与异氰酸酯交联剂间反应的反应速率进行调节。许多不同的二醇/三醇聚合物已用作黏合剂预聚物组分，包括聚壬二酸新戊二醇酯等聚酯(NPGA)、聚丙二醇(PPG)、聚丁二醇等聚醚[21]。

20 世纪 60 年代，随后又开发了端羟基聚丁二烯(HTPB)，最终可使火箭推进剂达到更高的比冲和更好的力学性能。在丁二烯的聚合反应中通过改变催化剂来改变乙烯基含量(高乙烯基含量会得到低 T_g)，从而对 HTPB 的玻璃化转变温度进行调节。在聚己酸内酯与 HTPB 的三嵌段共聚物(PCL)制备中使用 HTPB 作为引发剂，通过开环聚合反应生成 PCL 链。PCL 的含能量低于 HTPB，PCL 比 HTPB 更易引入高能硝酸酯增塑剂，因此共聚物在浇注固化成型的推进剂配方中得到了应用[22]。

4.3.4　硝化 HTPB

对 HTPB 的各种硝化方法进行了研究，其中将硝基引入聚合物主链上的方法可提高聚合物的性能特性。早期试图采用硝汞/脱汞合成路线，但产生的大量副反应会使主链发生降解及使聚合物交联成不溶物[23]。通过 N_2O_5双键可对 HTPB 直接硝化，生成 C-硝基和 O-硝基(硝酸酯基)键的混合物，所得材料是一种在低硝化度下热稳定性较差的不溶橡胶。首先使一部分 HTPB 双键与环氧基发生反应，随后用 N_2O_5打开 NHTPB 得到连二硝酸酯，最终生成了高稳定性产物 NHTPB，如图 4.12 所示[24]。NHTPB 的硝化度为 10%~20%，聚合物黏度随硝化度的增大而升高。NHTPB 相对于 HTPB 具有一个优点：NHTPB 可与 DEGDN、TEGDN 和 NG 等含能硝酸酯增塑剂混溶。DSC 分析结果表明，10% NHTPB 的 T_g为-58℃，放热起始温度为 156℃，最高放热温度为 209℃(扫描速率为 10℃/min);20% NHTPB 硝化物的 $T_g=-22℃$。用不同异氰酸酯固化剂对 10% NHTPB 硝化物进行固化,可形成最佳交联的氨酯橡胶。

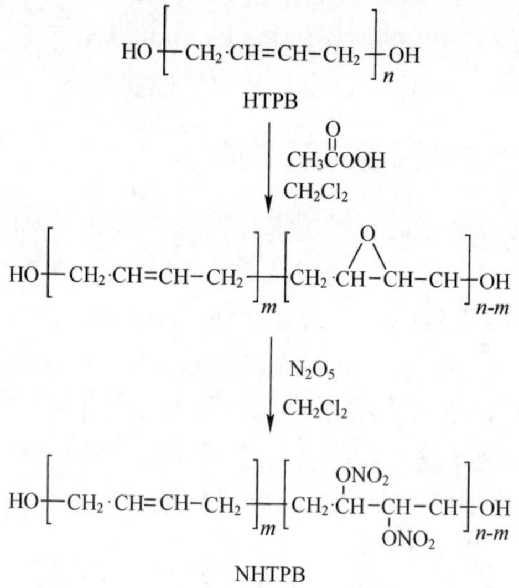

$$HO\left[CH_2\cdot CH{=}CH{-}CH_2\right]_nOH$$

HTPB

↓ $CH_3\overset{O}{\overset{\|}{C}}OOH$，$CH_2Cl_2$

$$HO\left[CH_2\cdot CH{=}CH{-}CH_2\right]_m\left[CH_2\cdot \overset{O}{\widehat{CH{-}CH}}{-}CH\right]_{n-m}OH$$

↓ N_2O_5，CH_2Cl_2

$$HO\left[CH_2\cdot CH{=}CH{-}CH_2\right]_m\left[CH_2\cdot \underset{}{\overset{ONO_2}{CH}}{-}\underset{ONO_2}{CH}{-}CH\right]_{n-m}OH$$

NHTPB

图 4.12　连硝酸酯基 HTPB 的合成(环氧化反应后用 N_2O_5 硝化)

4.3.5　环糊精硝酸酯

环糊精聚合物的几种硝化物已有报道,环糊精是一种环状结构的低聚糖,通过细菌酶对淀粉进行分解合成。许多环可形成螺旋管形结构,内部憎水而外部亲水,而且能溶解小分子并形成主客体络合物。假定环糊精硝酸酯(CDN)可以包封 NG 或 RDX 等其他“敏感性”含能材料,从而使材料的总体感度降低。β-环糊精硝酸酯(β-CDN,七元环)通过 90% HNO_3、90% HNO_3/发烟硫酸及混酸(HNO_3/H_2SO_4)的硝化反应合成,其批产量为 50lb(1lb=0.45kg),含氮量大于 13%(质量分数);合成的材料为高 ESD 感度的干燥粉体,但可用 TMET、NBTTN 等硝酸酯增塑剂来形成蜡状物[25]。得到的每个葡萄糖单元-D 上硝酸酯基团的硝化度为 2.6~3.0。配比为 2:1 的增塑剂/CDN 络合物的卡片间隙试验表明感度大幅降低(8 号起爆雷管的 0mm 间隙卡片试验),这是由于 CDN 中增塑剂发生了络合反应。对 γ-环糊精硝酸酯(γ-CDN,八元环)进行了研究,据报道其密度 1.654g/cm^3,生成热为 50.40kcal/mol。为了提高硝酸酯络合物的黏度,对交联的硝化环糊精(聚 CDN)也进行了研究,据报道 RDX 包封于聚环糊精中可降低冲击感度[26]。

4.4 炸药配方中黏合剂体系的研制

聚合物黏结炸药(PBX,也称为塑料黏结炸药)配方中含有一种固体炸药晶体材料,如硝胺(RDX、HMX 和 CL-20 等),这些炸药颗粒分散于连续性较好的聚合物基体中。结构简单的 PBX 可通过料浆包覆工艺使非固化刚性聚合物或石蜡沉积于炸药晶体表面上制得,然后在某一适用非溶剂(溶剂蒸发时使聚合物沉淀于炸药上)存在的条件下对某一适用溶剂(聚合物溶于其中)进行蒸发。随后在高压下(>10000psi,1psi=6.895kPa)将所得压塑粉压制成固体硬坯,硬坯中含有分散于某一聚合物基体中的晶体炸药材料,这些坯料即使在应力作用下也能保持其精确形状。这种方法的优点是生产工艺简单,不需要对材料进行熔化或对温度环境进行控制。

表4.2中简单列举了一些 PBX。早期研制的 PBX 使用分散于聚苯乙烯基体中的固体硝胺(如 RDX)[27]。随后研制的配方中使用了硝胺或其他常用固体炸药(如 TATB、PETN),并使用很多其他塑料作为黏合剂,包括聚乙烯、聚乙烯醇(PVA)、尼龙和胶乳等烃类化合物。含金属的 PBX 中引入了铝粉等金属,而且常使用 Teflon、Viton 和 Kel-F 等氟化聚合物。这些含铝氟化聚合物的放热反应在爆轰过程中会提高整体配方的爆炸输出特性。

表4.2 常用聚合物黏结炸药(PBX)配方

配　方	密度/(g/cm^3)	炸　药	金　属	增 塑 剂	黏 合 剂
HMX/Laminac-苯乙烯	—	HMX(83%)	—	—	聚酯树脂-苯乙烯(17%)
CB49-3	1.61	RDX(60%)	Al(23%)	—	聚酯树脂(17%)
尼龙黏结 RDX-1		RDX(90%)	—	—	尼龙(10%)
PBX-1	1.83	RDX(65%)	Al(26%)	—	尼龙(9%)
LX-04-1	1.865	HMX(85%)		—	Viton(15%)
LX-14	1.833	HMX(95.5%)	—	—	Estane(4.5%)
PBX-9010	1.789	HMX(90%)	—	—	Kel-F(10%)
PBX-9011	1.770	HMX(90%)	—	—	Estane(10%)
PBX-9205	1.68	RDX(92%)	—	邻苯二甲酸二乙酯(2%)	聚苯乙烯(6%)
PBX-9501	1.843	HMX(95%)	—	BDNPA/F(2.5%)	Estane(2.5%)
PBX-9502	—	TATB(95%)	—	—	Kel-F(5%)

续表

配　方	密度/(g/cm^3)	炸　药	金　属	增 塑 剂	黏 合 剂
PBXN-110	—	HMX(88%)	—	IDP(5.4%) 卵磷脂(0.7%)	HTPB(5.4%) PAPI(0.5%)
PBXW-14	—	HMX(50%) TATB(45%)	—	—	Viton(5%)
PAX-2A	—	HMX(85%)	—	BDNPA/F(10%)	CAB(5%)
PAX-3	—	HMX(65%)	Al(25%)	BDNPA/F(6%)	CAB(4%)
PAX-11	—	CL-20(94%)	—	BDNPA/F(3.6%)	CAB(2.4%)

开发的许多用于推进剂配方的聚合物体系很快在炸药配方中也得到了应用。采用橡胶状非含能交联聚合物研制了 PBX 配方,配方中的许多组分与推进剂配方的组分相同,这在第 2 章中已提到。使用 Kraton、Estane 等热塑性弹性体制备 PBX 可促进能量吸收,从而降低炸药的冲击起爆感度。PBX-9501 是一种含 95% HMX、2.5% Estane 和 2.5%增塑剂(BDNPA/F)的高能压制配方,与早期能量相当的 NC 基配方相比,其热稳定性和感度特性均有所提高[28]。浇注-固化成型的炸药体系实现极高的固含量会带来更大的难题,如较高的固含量会使预固化混合物的黏度升高,但还必须保证能浇入设备中。PBXN-110 是一种浇注-固化成型的高能配方,含 88% HMX、5.4% HTPB、0.5% PAPI、5.4% IDP 和 0.7%卵磷脂。

4.5　环氧乙烷基交联含能聚合物

环氧乙烷聚合物由 3-原子环醚(环氧化物)的开环聚合反应形成。一般来说,环氧乙烷单体是活性最高的一种环醚,这是由于键角的显著改变会引发大量的环应变。环氧氯丙烷(含一个氯亚甲基取代基的环氧化物)和缩水甘油(含一个羟亚甲基取代基的环氧化物)是两种常用的环氧乙烷,但环氧乙烷也可通过有机过氧化物对烯烃的氧化反应或某些适用前驱体的闭环反应来生成,这些反应在下几节中会进行讨论[29]。环氧乙烷通常在任意几种阳离子开环聚合催化剂和乙醇基引发剂的作用下发生聚合反应。在适宜的条件下,引发剂(乙醇、二醇、三醇)的官能度决定了所得聚合物的官能度。

4.5.1　聚缩水甘油醚硝酸酯

20 世纪 50 年代,美国海军喷气推进实验室最先对聚缩水甘油醚硝酸酯

(PGN)进行了研究,并对其作为含能黏合剂组分的理论可行性进行了分析[30-32]。在以上研究工作中,发现PGN一般可由硝酸酯甲基环氧乙烷(缩水甘油醚硝酸酯,又名glyn)经阳离子开环聚合生成。将溶于二氯甲烷中的单体溶液加入三氟化硼/二乙醚($BF_3 \cdot Et_2O$)等Lewis酸性催化剂中,在1,4-丁二醇(BDO)等多官能引发剂的作用下发生开环聚合反应,如图4.13所示。

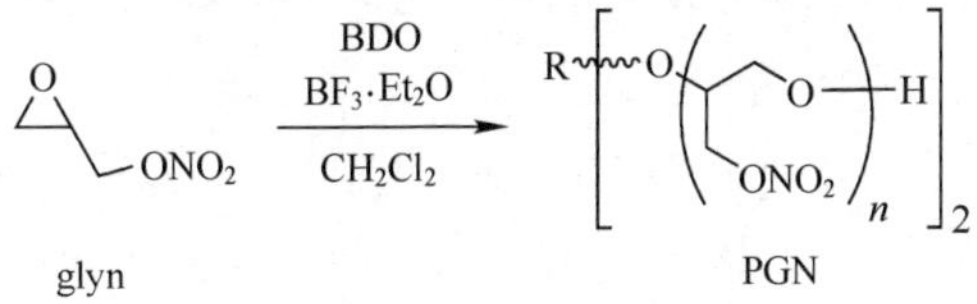

图4.13　聚缩水甘油醚硝酸酯的合成

使用这几种方法生成PGN的缺点是单体合成和纯化困难、分子量低于理想值(MW=1500g/mol)、所得聚合物的官能度低(<2),这些因素都会降低所得(固化)聚氨酯黏合剂的性能。20世纪80年代,PGN的优良性能(表4.3)使其有望用作含能预聚物[33],美国锡奥科尔公司和英国国防研究局重新对PGN材料展开了研究。在此期间以及后来的数十年间,开发了几种方法用于制备glyn单体,并将glyn单体聚合成PGN,这使最终产物的质量得到了大幅改善。

表4.3　PGN的性能

密度/(g/cm^3)	1.45
T_g/℃	-35
生成热/(kcal/mol)	-68
官能度	2或3
氧平衡	-60.5
燃点/℃	170

锡奥科尔(Thiokol)公司的Willer等的专利报道了glyn聚合的几种改进方法。他们通过两步法由环氧氯丙烷合成了glyn[34],先用硝酸处理环氧氯丙烷得到硝化环氧氯丙烷,再用碱水闭环生成glyn,其中环氧氯丙烷为副产物,单体在聚合前通过旋转带蒸馏进行纯化。专利中介绍了PGN合成聚合条件的几项改进:首先,若$BF_3 \cdot ET_2O$用作催化剂,在BDO引发剂的作用下发生络合反应后必须真空除去醚,否则会形成一定量的端乙氧基PGN聚合物(f<2),这是由于醚引发聚合后在反应淬灭过程中失去了一个乙基。另一项非常重要的工艺改

进为使反应介质中的单体保持最低浓度,这就必须使单体的加料速率基本等于单体在聚合中的消耗速率。这一策略可用于控制环醚的阳离子开环聚合,通过活性链端(ACE)机理减小聚合引起的聚合回咬量,从而最大限度减少环化低聚物的形成,其中链端为“活性”氧鎓类,其易于与乙醇或其他醚发生反应(图 4.14)。所需的更理想的反应机理是活性单体(AM1)机理,通过该机理活性单体单元被链接到聚合物生长链的端羟基上[35-37]。近期研究结果表明,在由 glyn 到 PGN 的聚合过程中两种机理很可能同时起作用[38]。在以上条件下生成产物的官能度为 2,平均羟基当量为 1200~1600g/mol(M_n = 2400~3200g/mol)。艾尔克顿的研究人员在其专利中描述了使用完全硝化的 PGN 类低聚物作为含能增塑剂[39]。在后续相关研究中,研究小组通过手性(R 或 S)缩水甘油醚硝酸酯单体的聚合反应成功合成了等规 PGN,先用硝酸后用 NaOH 处理手性甲苯磺酸缩水甘油酯[40]。等规 PGN 因分子排列的有序性增强其形态较为独特,等规 PGN 聚合物为晶体形态(mp = +47.2℃),不同于室温下为液态(T_g = −35℃)的常见无规 PGN。

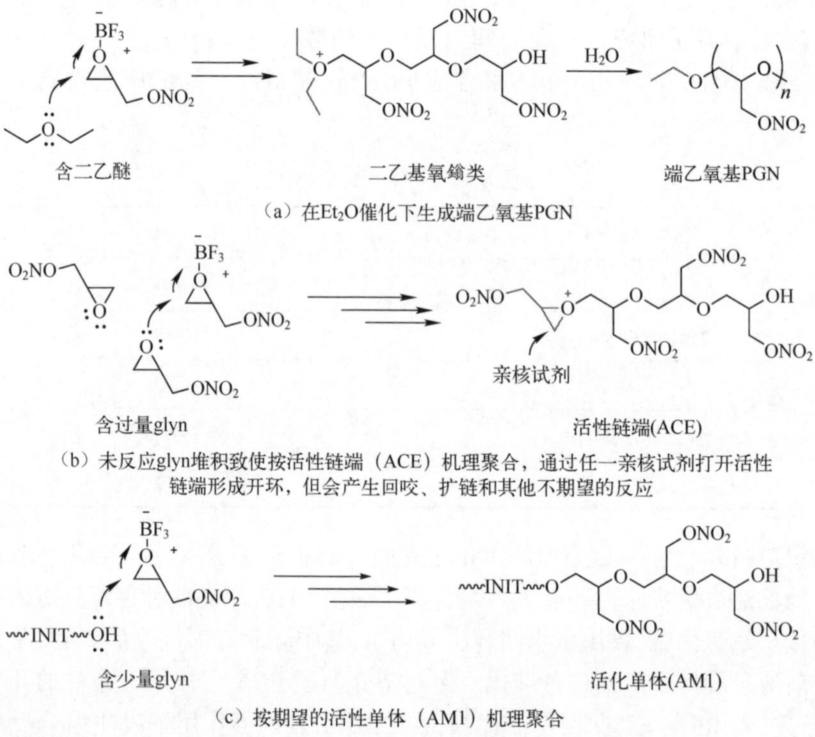

含二乙醚　　二乙基氧鎓类　　端乙氧基PGN

(a) 在Et_2O催化下生成端乙氧基PGN

亲核试剂

含过量glyn　　活性链端(ACE)

(b) 未反应glyn堆积致使按活性链端(ACE)机理聚合,通过任一亲核试剂打开活性链端形成开环,但会产生回咬、扩链和其他不期望的反应

含少量glyn　　活化单体(AM1)

(c) 按期望的活性单体(AM1)机理聚合

图 4.14　聚缩水甘油醚硝酸酯的聚合

在同一时期,英国(国防研究局(英格兰)和ICI炸药(苏格兰))的研究人员分别对PGN研究材料进行了改进。英国采用了一种截然不同的方法:通过五氧化二氮(N_2O_5)作用于缩水甘油来制备glyn单体,当时采用此方法生成了几种环状硝酸酯材料,包括glyn和3-硝酸酯甲基-3-甲基氧杂环丁烷(NIMMO)[41-43]。该工艺的优势在于硝化条件十分温和,洁净产物的收率高,而且在聚合前不需要纯化。以上聚合方法与美国当时采用的方法十分类似,主要差别在于美国常用的催化剂为HBF_4而非$BF_3 \cdot Et_2O$[44](前面提到这可能会避免生成端乙氧基PGN),尽管多年来研究人员对许多催化剂进行了实验研究。据文献报道,使用这些方法制备PGN,批次产量高达3kg,二官能材料的数均分子量为3000~4500g/mol。此外,还成功制备了三官能聚合物,其数均分子量M_n为1900~3400g/mol,完全硝化的低聚PGN可用作增塑剂,同时对爆热等性能指标也进行了计算[45]。

随后美国阿联特技术系统(Alliant Techsystems)公司的研究人员开始研究一种潜在的低成本方法用于合成glyn及由glyn生成PGN,研究中采用了制备其他危险性硝酸酯的方法,通过在二氯甲烷等惰性溶剂中硝化相应的多元醇,硝化中出现的热沉可预防失控放热反应,从酸性介质中除去生成的硝酸酯可减少分解等副反应,通过稀释可降低硝酸酯的冲击感度[46]。后来Highsmith等的研究表明,使用由甘油合成的glyn可制备高纯度PGN[47]。甘油在二氯甲烷中用HNO_3硝化可形成单硝化甘油、二硝化甘油和三硝化甘油的混合物(在硝酸浓度、反应时间和反应温度等条件下对每种物质的相对比例进行了测定)。通过氢氧化钠(NaOH)溶液闭环生成的GLYN为主要产物,同时加入了少量的单硝化甘油(MNG)和三硝化甘油(NG)。实验中发现多余的MNG以水相被洗出,而且NG会伴随着聚合反应,在聚合后续处理中被洗出。这种方法具有潜在优点是原料(甘油、硝酸和氢氧化钠)较其他已知的替代材料成本较低[48],最终开发了由甘油制备glyn的几千克级中试连续工艺[49]。

尽管已开发了几种PGN合成方法,但很快证明PGN作为黏合剂组分本身存在一些问题。实验中发现生成的PGN为相对刚性的橡胶状固体产物,当用一种适用的多异氰酸酯(如六亚甲基二异氰酸酯HDI)或Desmodur N100、Desmodur N3400等常用异氰酸酯低聚体固化时,这些橡胶产品在加速老化试验中受热时实际上会出现软化,甚至到达液化点。分解方法假定连到硝酸酯基上的β氢原子酸性及邻近氨酯基上氮原子的某种基本性质引起了断链,如图4.15所示[50]。

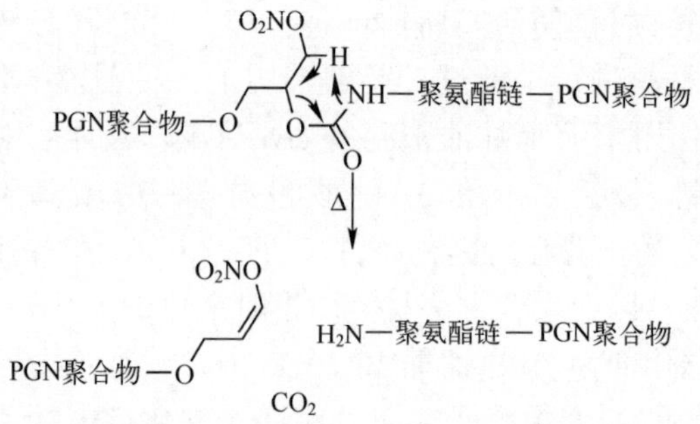

图 4.15 PGN 基聚氨酯随时间软化过程中的断链机理

开发了两种方法来解决使用 PGN 和常用脂肪族异氰酸酯过程中出现的脱固化问题,其中一种方法仅需改变异氰酸酯体系。Sanderson 等的研究表明,通过使用 PAPI(多亚甲基多苯基异氰酸酯,MDI)等聚芳多异氰酸酯固化剂,所得配方 40 天后在 62.8℃(145℉)下的邵氏硬度 A 几乎没有变化[51]。据推测引起活性降低的原因可能是氮原子在先连到苯环(芳族)再连到脂族链(苯环的诱导效应)时其碱性减弱。

4.5.2 聚缩水甘油醚硝酸酯的端基改性

使用聚芳异氰酸酯似乎是解决老化过程中 PGN“脱固化”反应的一种可行方法,需要产品具有较强的耐受性,使研究人员在利用多种常用的脂肪族聚异氰酸酯时无须担心产品降解问题。目前较好的一种方案是对 PGN 进行化学改性,通过化学改性使硝酸酯端基转化为伯羟基[52],研究人员将此方法称为“封端”或“端基改性”。在最初的研究中,主要对硝酸酯基进行了简单的碱性水解,但试验没有成功;但很快在研究中发现,在适宜条件下加入最少量的碱,聚合物末端发生了消除反应并生成了环氧乙烷基(环氧环)。随后环氧端基在弱盐酸(HCl)中发生酸催化开环反应得到端氯基聚合物;弱硫酸作用于端环氧基聚合物得到端羟基 PGN(图 4.16)。为了确保完全转化,必须使用 THF 等亲液溶剂体系。这种端基改性 PGN 得到的聚氨酯产物在 60℃高温下[53]具有良好的长期稳定性(邵氏硬度 A 未降低),尤其是若材料在处理工序中经过充分洗涤除去了残留酸。后续改进主要是在端基改性 PGN 的制备过程中引入了单锅、单溶剂工艺,这不仅减少了溶剂用量,而且简化了制备过程中所需的操作[54]。

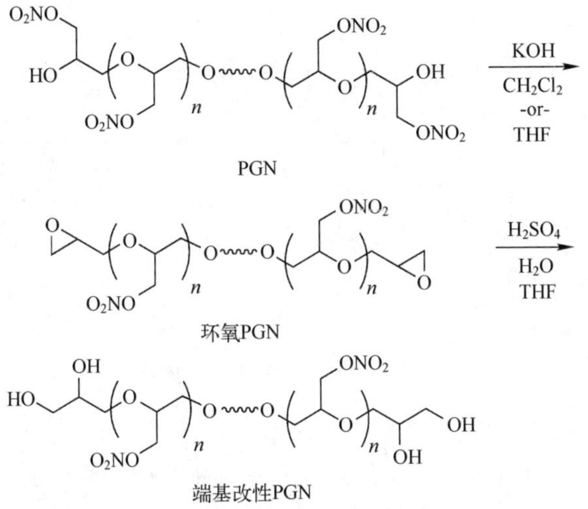

KOH CH_2Cl_2 -or- THF

PGN

H_2SO_4 H_2O THF

环氧PGN

端基改性PGN

图4.16　由环氧-PGN中间体制备的端基改性PGN

4.5.3　聚叠氮缩水甘油醚

聚叠氮缩水甘油醚(GAP)与PGN均为聚氧化乙烯主链结构,不同之处是GAP主链上连接的基团为叠氮甲基,而PGA主链上连接的基团为硝酸酯甲基。洛克达因(Rocketdyne)公司最初通过叠氮缩水甘油醚的开环聚合未能成功合成GAP,因为在标准条件下未发生开环反应。1972年赫克里斯(Hercules)公司的Vandenberg等最先报道了通过高分子量(6×10^6g/mol)聚环氧氯丙烷(PECH)的叠氮化反应来合成聚叠氮缩水甘油醚(GAP)[55],但采用了具有高分子量的橡胶材料。1976年洛克达因公司在研究中初次制备了用作浇注固化成型推进剂黏合剂的GAP材料,首先制备了低分子量(1500~2600g/mol)环氧氯丙烷,然后在DMSO中与叠氮化钠进行反应(图4.17)[56]。这种方法十分方便,可利用市售PECH作为原料(3M公司生产的Dynamar),但使用二甲亚砜作溶剂存在一些问题,这种溶剂由于具有高沸点很难从最终产物中完全除去。后来采用的方法以二甲基甲酰胺(DMF)为溶剂完成了PECH的叠氮化反应,制成的二官能聚合物的分子量约为2500g/mol,收率为73%;但这种材料几乎和DMSO作溶剂的情况一样难以纯化[57]。Frankel等采用水洗工艺在相转移催化剂的作用下通过PECH的叠氮化反应制备了GAP,显著降低了纯化难度[58]。采用低分子量聚氧化乙烯作为相对非极性反应介质,通过PECH的叠氮化最终合成了GAP,GAP的纯度和稳定性均有所提高,通过DMSO和DMF等相对极性溶剂的反复水洗可易于从产物中除去溶剂[59]。

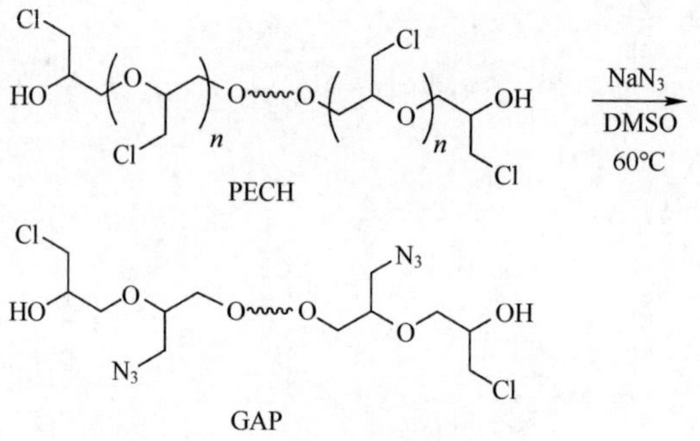

图 4.17　由聚环氧氯丙烷合成 GAP

GAP 的一些基本性能如表 4.4 所列[60]。GAP 的密度低于 PGN 的密度,但 GAP 具有较高的正生成热,这是由于多个叠氮侧基的影响,每个侧基向材料贡献了约 85 kcal/mol 的生成热,因此 GAP 聚合物作为一种纯净材料极易燃烧。GAP 的合成(由 PECH 一步合成)较为容易,再加上其具有优异的黏合剂性能,使其成为一种最易得的(可从 3M 公司购买 5527 多元醇)广泛用于实验的高能黏合剂[61]。

表 4.4　GAP 二醇和 GAP 三醇的性能

产　品	GAP 二醇	GAP 三醇
密度	1.29	1.29
T_g/℃	−45	−45
生成热/(kcal/mol)	+117	+117
官能度	2.0	2.5~3.0
分子量/M_n/(g/mol)	1700±300	≥ 900

含硝胺 GAP 基熔铸炸药的某一简单配方如表 4.5 所列,其感度数据如表 4.6 所列[62]。

表 4.5　含 GAP 硝胺基熔铸炸药配方的组分

组　分	质量分数/%
A 类 HMX(或 RDX)	60.00±10.00
E 类 HMX(或 RDX)	20.00±5.00
GAP	8.00±2.00
N-100、HDMI 或 IPDI	1.00±0.50
TMETN	2.00±0.50
TEGDN(或 BDNPA/F)	0.3±0.50
TPB 或辛酸	0.10±0.2

表4.6 含GAP硝胺基熔铸炸药配方的感度数值

性 能	质量分数/%
密度/(g/cm^3)	1.74
冲击感度(50%爆炸,2.5kg)/cm	17~19
摩擦感度(未通过@1000lb)	20/20
静电感度(未通过@0.25J)	20/20
玻璃化转变温度 T_g/℃	-55
GAP测试(NOL)(卡片)	170
真空热稳定性(48h,100℃)	0.28
自加热(临界温度)/℃	165
爆速(计算值)/km/s	8.4
爆压(计算值)/GPa	30.9

4.5.4 聚叠氮缩水甘油醚的衍生物

Ampleman的研究表明,通过与碱反应(直接类似于端环氧基PGN的合成方式)生成端环氧基PECH,然后在水或三-1,1,1-羟甲基乙烷或季戊四醇等短链多元醇中发生酸催化开环反应,可以利用双、三或四官能度起始剂生成PECH,这种高官能度PECH随后在标准条件下通过叠氮化反应转化成高官能度GAP[63]。四官能度GAP如图4.18所示。对结构较为复杂的GAP聚合物(如支链叠氮聚合物)的合成进行了研究,先对聚环氧氯丙烷/氧化烯烃共聚物(PEEC)与PECH进行链接,随后进行叠氮化反应[64]。通过这种方式可减少后续配方对多官能度异氰酸酯和多元醇等添加剂的依赖性,实际上新出现的一些方法主要是用二硝基苄基等其他基团取代GAP的部分叠氮侧基[65]。

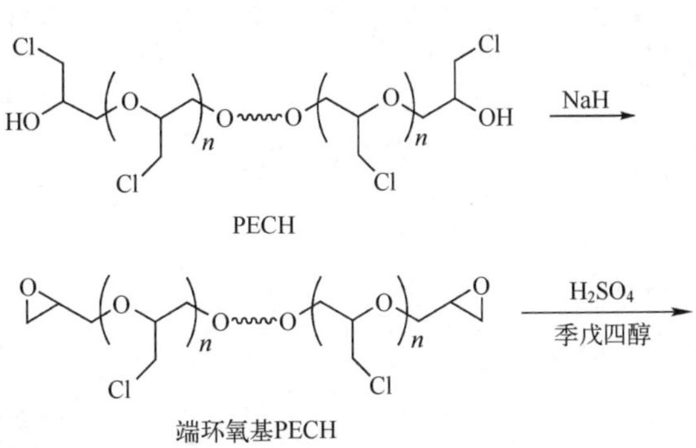

NaH

PECH

H_2SO_4
季戊四醇

端环氧基PECH

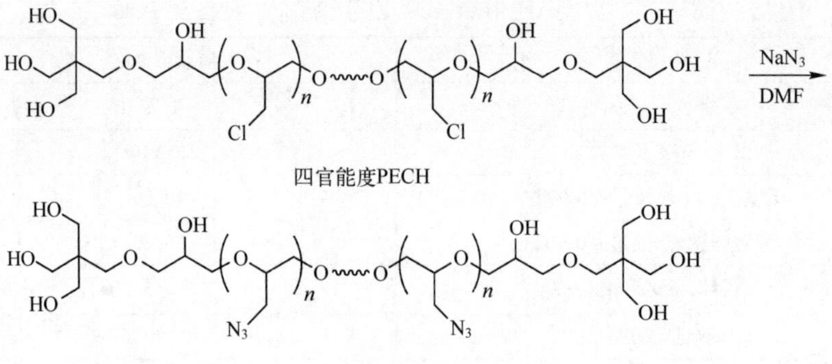

四官能度PECH

图 4.18 Ampleman 提出的由聚环氧氯丙烷合成高官能度 GAP

4.5.5 其他环氧乙烷基含能聚合物

GAP 和 PGN 这两种环氧乙烷基含能聚合物得到了最为广泛的研究,但对其他材料也开展了研究工作。Kim 等报道了聚(2-硝酸酯乙基环氧乙烷)(M-PGN)的制备,M-PGN 可看作增加一个亚甲基($-CH_2-$)侧基的 PGN[66]。单体的制备方法与 Highsmith 曾用于合成 glyn 的方法类似[42-43]。将硝酸加入按一定配比混合的 1,2,4-丁三醇和二氯甲烷的混合溶液中,这样生成的主要产物为 1,4-二硝酸酯基-2-丁醇。利用 1,4-BDO 和 BF_3 使单体聚合来生成所需的聚合物,如图 4.19 所示。另一种制备单体的方法是先用乙酰硝酸酯对 3-丁烯-1-醇进行硝化,然后用间氯过氧苯甲酸生成环氧化物[67]。研究这种材料主要是为了解决用脂肪族多异氰酸酯固化的推进剂中 PGN 的“脱固化”反应问题。增加一个亚甲基主要是为了减弱末端硝酸酯结构单元上连接的 β 氢原子酸性,以及减小低 β 氢原子到最近的氨酯基氮原子的空间邻近度。制备的材料分子量为 1800~2400g/mol,T_g=-43.0℃,材料在氨酯基配方中似乎比较稳定。增加的亚甲基在理论上会使材料性能较 PGN 有所降低,尽管当时还未掌握密度和生成热等许多性能。

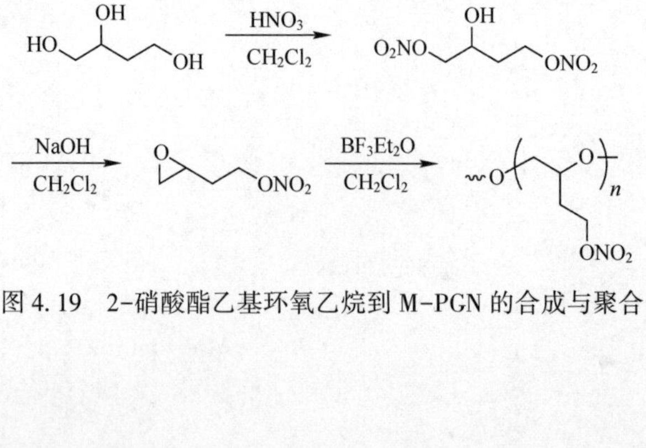

图 4.19 2-硝酸酯乙基环氧乙烷到 M-PGN 的合成与聚合

Kim 等报道了其他几种缩水甘油基单体及相应的缩水甘油基聚合物，包括二硝基丙基缩水甘油醚碳酸酯[68]和缩水甘油二硝基丙基缩甲醛[69-70]，其单体合成与聚合路线如图 4.20 所示。此外，韩国国防发展局的研究人员研究了含二硝基氮杂环丁烷侧基的缩水甘油基单体[71]，但聚合物的性能还未见报道。

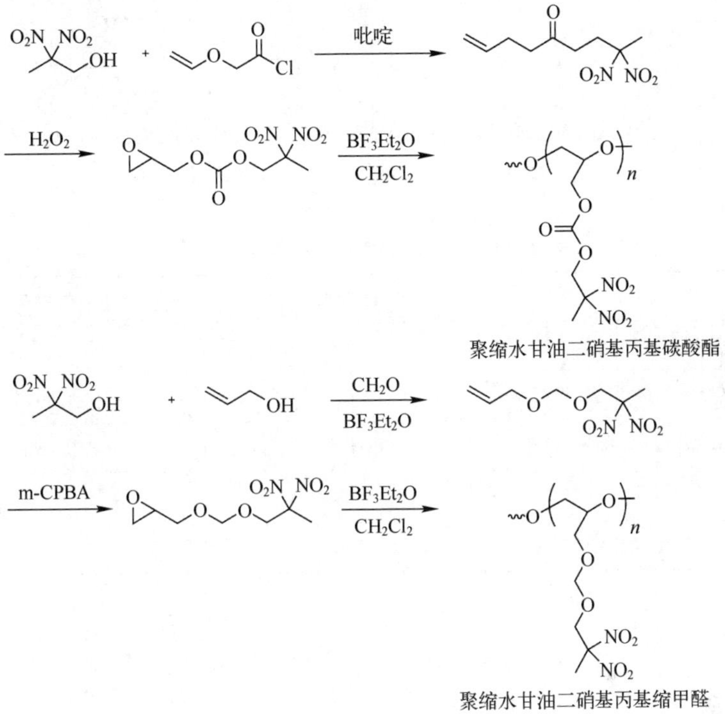

吡啶

H_2O_2

BF_3Et_2O / CH_2Cl_2

聚缩水甘油二硝基丙基碳酸酯

CH_2O / BF_3Et_2O

m-CPBA

BF_3Et_2O / CH_2Cl_2

聚缩水甘油二硝基丙基缩甲醛

图 4.20　聚缩水甘油二硝基丙基碳酸酯和聚缩水甘油二硝基丙基缩甲醛的合成与聚合

据美国加州阿苏萨市氟化工有限公司（Fluorochem）的 Kurt Baum 报道，通过烯丙基三氟甲磺酸酯直接烷化二硝基丙醇和三硝基乙醇，然后将其转化为聚合所需的相应环氧乙烷，合成的聚合物含能量得到显著提升，如图 4.21 所示[72]。烯丙醇到三氟甲磺酸酯的转化需要在中性条件下进行烷化，这样可避免反应中 2,2-二硝基丙醇/2,2,2-三硝基丙醇发生去甲酰化反应。使用不同的二官能度和三官能度引发剂使材料发生聚合，合成的聚合物材料理论分子量高达 12000g/mol，聚合物的性能如表 4.7 所列。使用多异氰酸酯仅对这些聚合物进行了初步胶料测试，在其真正用作含能黏合剂之前还需开展更多的研究。

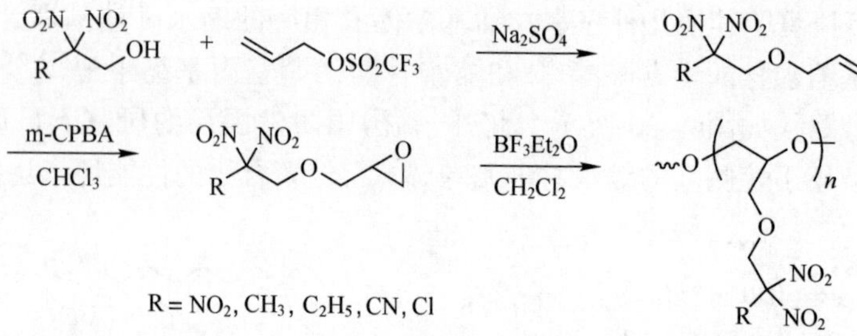

$$R = NO_2, CH_3, C_2H_5, CN, Cl$$

图 4.21　基于二硝基丙醇（PGDNP）和三硝基乙醇（PGTNE）等材料的新型高能环氧乙烷基聚合物合成

表 4.7　PGTNE 与标准 RDX 的性能对比

产　物	PGTNE	RDX
冲击感度/(kg/cm)	140	49
摩擦感度(90°摆角，临界值)/psi	>100	1200
静电火花感度(5kV，临界值)/J	>1.0	0.38
T_g/℃	-19	—
DSC 放热起始温度/℃	156	—

4.6　氧杂环丁烷基含能聚合物

氧杂环丁烷聚合物为 4 原子环醚（1,3-氧化丙烯）开环聚合的衍生产物。由于四元环中存在的环张力较小，通常情况下氧杂环丁烷单体的活性明显低于环氧乙烷的活性。氧杂环丁烷聚合物的合成方法与环氧乙烷聚合物相同，由其单体单元经过同样的阳离子开环聚合制备，存在的许多影响因素也相同。和环氧乙烷体系一样，氧杂环丁烷体系仍需采用活性单体（AM1）方法来控制多分散性低和分子量重现性差的材料中聚合物链的生长。

4.6.1　环取代的氧杂环丁烷

在含能氧杂环丁烷的早期工作中，研究了带有直接连到环结构上的含能结构单元的单体，这类结构的几种形式如图 4.22 所示。1967 年，通过在氟利昂-113[73] 中用四氟肼处理 3-亚甲基氧杂环丁烷制备了 3-二氟氨基-氟氨基氧杂环丁烷。

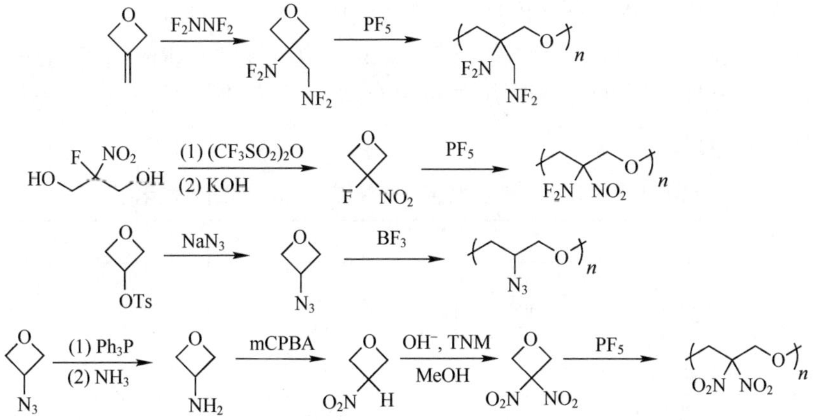

图 4.22 含直接连到环结构 3-位上的爆炸团的氧杂环丁烷

使用五氟化磷(PF_5)进行聚合得到的几乎是二官能度的聚合物,其分子量高达9783g/mol,据报道这种聚合物材料具有高弹性。文献中也描述了使用甲苯二异氰酸酯(TDI)和乙酰丙酮铁($Fe(acac)_3$)在二氯甲烷中经过扩链反应制备聚合物的过程。Baum 描述了在 PF_5 催化剂(BF_3 的低活性不足以引发聚合)的作用下 3-氟-3-硝基氧杂环丁烷的合成与聚合过程,生成的聚合物密度为 1.59g/cm^3,分子量约为 2500g/mol,熔点为 234℃[74]。据报道,通过不同方法[75]合成了 3-羟基氧杂环丁烷,随后将其用于制备几种含能单体及含能聚合物[76]。在极性有机溶剂中用叠氮化钠取代 3-氧杂环丁烯基-甲苯磺酸酯,在 BF_3 的作用下引发聚合制备了 3-叠氮氧杂环丁烷,其分子量为 3000~3100g/mol,随后与 TDI 反应生成橡胶状聚合物[77]。

最近,Willer 等描述了一种十分独特的聚氧杂环丁烷——聚(3-硝酸酯基氧杂环丁烷)(PNO)的合成过程[78]。将 3-羟基氧杂环丁烷溶于二氯甲烷后加入乙酸酐和 100% HNO_3(乙酰硝酸酯)的混合物中,由于硝化条件过于温和致使反应中环未被打开,在标准条件下又继续进行聚合反应,如图 4.23 所示。

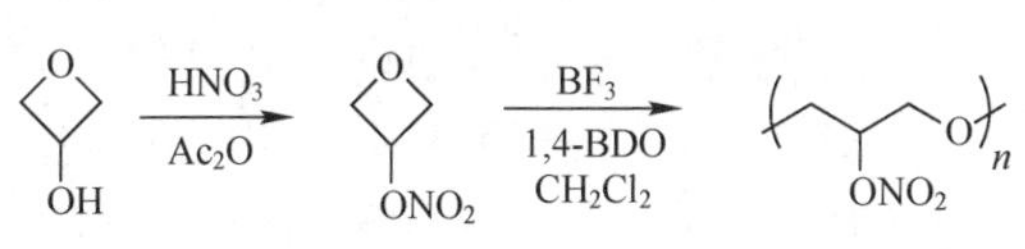

图 4.23 3-硝酸酯基氧杂环丁烷到 PNO 的合成与聚合

PNO 因其具有极高的能量密度而受到了广泛关注;实际上 PNO 为 PGN 的结构异构体,合成的聚合物具有几乎相同的性能(表 4.8)。PNO 含有伯端羟基,而 PGN 含有仲端羟基;PNO 含有仲硝酸酯,而 PGN 含有伯硝酸酯。PNO 较

PGN 具有的潜在优势是不会出现聚氨酯“脱固化”问题,因而在用多官能度异氰酸酯固化前不需要对聚合物进行进一步的化学改性[79]。PNO 具有的优点可使其用作高能浇注固化成型配方中的含能黏合剂,但其最终是否可取代 PGN 目前还未有定论。

表 4.8 PNO 聚合物与 PGN 聚合物的性能对比

	PNO	PGN
ΔH_f/(kcal/mol)	-58~72	-68
密度/(g/cm^3)	1.44	1.45
DSC 最高放热温度/℃	210	215
分子量	25000	3000

4.6.2 甲基取代的氧杂环丁烷

20 世纪 80 年代,Manser 由甲基取代的环氧乙烷单体合成了多种含能聚合物。最初使用叠氮甲基对氧杂环丁烷进行 3-位官能化来合成聚合物,这与 3,3-双(叠氮甲基)氧杂环丁烷(BAMO)和 3-叠氮甲基-3-甲基氧杂环丁烷(AMMO)的合成方法相同(图 4.24)[80]。随后不久又研制了其他取代的氧杂环丁烷,包括 3,3-双(甲基硝胺基甲基)氧杂环丁烷(BMNAMO)、3-甲基-3-硝胺基甲基氧杂环丁烷(MNAMMO)[81]、3,3-双(硝酸酯甲基)氧杂环丁烷(BNMO)和 3-硝酸酯甲基-3-甲基氧杂环丁烷(NMMO)[82]等硝酸酯烷基氧杂环丁烷,以及 3,3-双(二氟氨甲基)氧杂环丁烷(BIS-NF_2-氧杂环丁烷)和 3-二氟氨甲基-3-甲基氧杂环丁烷(MONO-NF_2氧杂环丁烷)[83]等二氟氨甲基氧杂环丁烷。通过用含爆炸团的亲核盐取代氧杂环丁烷期望的甲基侧基位置上的卤基或甲苯磺酸酯基,对 BAMO、AMMO、BMNAMO 和 MNAMMO 等单体进行了合成。在 BAMO 和 AMMO 的合成中,叠氮化钠的相关反应往往必须使用 DMF 或 DMSO 等极性疏质子溶剂,但这种溶剂很难从最终聚合物中除去。研究中发现,也可借助于相转移催化剂在叠氮化钠的水溶液中进行叠氮化反应[84]。在二氯甲烷中用乙酰硝酸酯硝化羟甲基取代的氧杂环丁烷,可以合成硝酸酯单体 BNMO 和 NMMO。在含 10%氟气的氮气中对相应氨甲基氧杂环丁烷的氨基甲酸乙酯进行氟化,制备了二氟氨基单体。一般情况下,采用三氟化硼催化剂和 1,4-丁二醇等引发剂,在二氯甲烷中进行阳离子聚合反应。研究中发现在某些情况下使用三氟化硼/四氢呋喃(BF_3·THF)作催化剂,制备的聚合物具有较高的官能度和较低的多分散性。一些较常用的氧杂环丁烷聚合物的性能如表 4.9 所列[85]。在所有情况下,对称取代的单体及其聚合物为晶体,而非对称单体及其聚合物往往为液体或蜡状。这会使这些聚合物很难广泛用作含能热塑性弹性体中的硬嵌段和软嵌段(ETPE)。

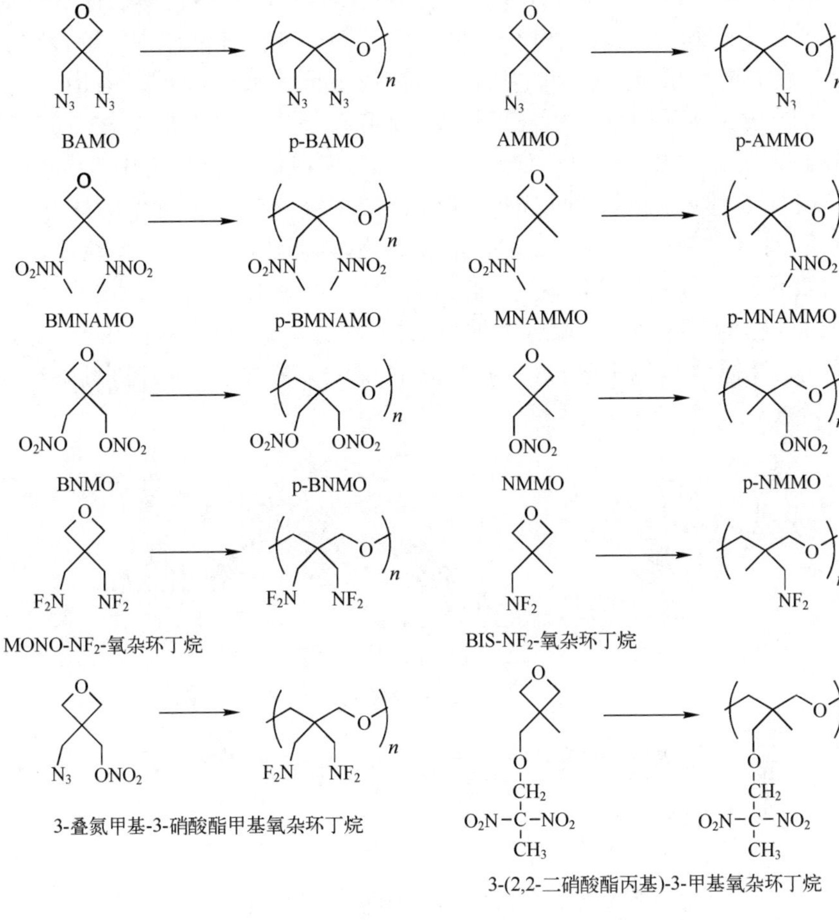

BAMO　p-BAMO　AMMO　p-AMMO

BMNAMO　p-BMNAMO　MNAMMO　p-MNAMMO

BNMO　p-BNMO　NMMO　p-NMMO

MONO-NF_2-氧杂环丁烷　BIS-NF_2-氧杂环丁烷

3-叠氮甲基-3-硝酸酯甲基氧杂环丁烷　3-(2,2-二硝酸酯丙基)-3-甲基氧杂环丁烷

图4.24　甲基取代的氧杂环丁烷及其对应的聚合物

表4.9　常用氧杂环丁烷聚合物的性能

材　料	密　度	ΔH_f/(kcal/mol)	分子式
AMMO	1.17	34.04	$C_5H_9N_3O_1$
BAMO	1.30	103.6	$C_5H_8N_6O_1$
BNMO	1.4	-89.82	$C_5H_8N_2O_7$
NMMO	1.31	-79.99	$C_5H_9N_1O_4$

4.6.3 含能热塑性弹性体

弹性体是一种在外力作用下会产生响应的聚合物材料，弹性体在高应变下的响应具有瞬时性、线性和可逆性等特点[86]。典型弹性体中的聚合物链具有相对较高的分子量，其在受力时可将链段展开为线性度更好的构象；化学交联可防止在高延伸率下生成黏性流，还可在外力消失时保持材料的形状。热塑性弹性体(TPE)是弹性体的一个分支，弹性体聚合物链中以晶体嵌段("硬嵌段")的形式发生的物理交联代替了传统弹性体中发生的化学交联。因此，弹性体类聚合物是由结晶态聚合物嵌段("硬嵌段")和弹性聚合物嵌段("软嵌段")重复交替形成的"嵌段共聚物"(图 4.25)。晶体嵌段实现聚合物链的物理交联来保持聚合物的形状；当聚合物升温至硬嵌段的熔点 T_m 或玻璃化转变温度 T_g 以上时，这种物理交联现象会消失，之后材料可以流动和改变形状。

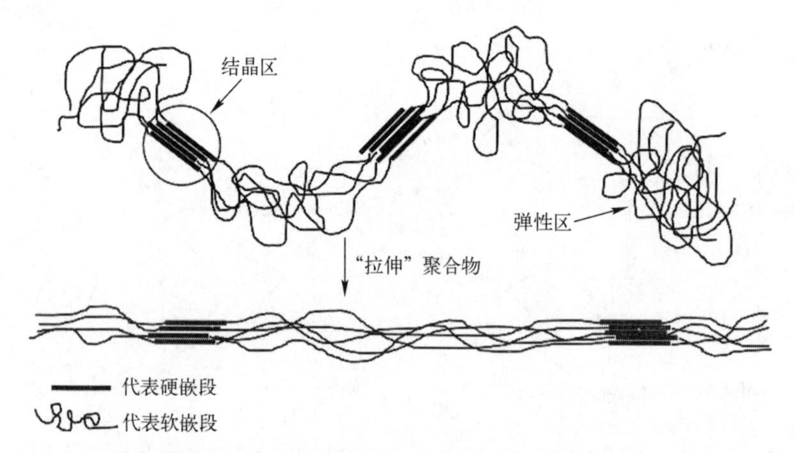

图 4.25 硬嵌段形成结晶区及软嵌段形成弹性区的热塑性弹性体简单示意图

注：弹性区经拉伸后展开直至结晶区发生物理交联防止进一步延伸；
升温至硬嵌段熔点以上会使结晶区熔融、材料流动和形状改变。

热塑性弹性体的以上特点使其可采用挤出、注塑、压塑、吹塑和热成型等多种工业生产工艺成型，通过加入增塑剂和其他助剂可对其性能进行调节。提出了几种使用 Kraton(聚苯乙烯-聚丁二烯-聚苯乙烯)、Estane(聚氨酯基 TPU)和聚丙酮-聚丁二烯-聚丙酮等热塑性弹性体的推进剂和炸药配方，并对这些热塑性弹性体用作复合火箭推进剂和炸药中的黏合剂进行了研究[87]。在制备推进剂和炸药配方时，热塑性弹性体相对于较为常规的浇注-固化化学交联方法具有诸多潜在优点。例如，已发生化学交联的弹性体在加入固化剂(或催化剂)之后必须在相对较短的一段时间内进行浇注，这段时间称为配方的适用期，超出适用期后进行浇注会使推进剂在混合锅内发生固化，而且交联的弹性体不易从最终产品中除去，从而造成后续处理困难；但热塑性弹性体也可按需求预先制备后再进行处理，理论上仅需加热聚合物使其熔化就可从最终产品中除去TPE。

含能热塑性弹性体(ETPE)仅为TPE的一个分支，其中硬嵌段、软嵌段或两种嵌段均为含能聚合物，因此可用于提高发射药、炸药、气体发生剂、可燃药筒装药等含能配方的性能。含能热塑性弹性体的期望性能包括：熔点范围为60~120℃(60℃以上可在高温下长期贮存，120℃以下许多推进剂配方组分在实际生产中可安全处理)，热稳定性好(>120℃)，在高固体含量(90%)下具有良好的力学性能，而且玻璃化转变温度低于-40℃。

含能氧杂环丁烷的性能使其成为含能热塑性弹性体合成所需嵌段的优质原料。热塑性弹性体的热塑性能(如熔点)受到玻璃态"硬嵌段"区的制约。聚(BAMO)因其熔点(约83℃)成为硬嵌段的天然原料，而大多数非对称环氧乙烷和氧杂环丁烷(如GAP、PGN、p-AMMO和p-NMMO)具有弹性，可提供适用的含能"软嵌段"。

Manser最初描述了含能氧杂环丁烷与四氢呋喃(THF)的共聚过程，由此形成了BAMO/THF和AMMO/THF等无规弹性体共聚物，从而降低了配方制备时聚合物的黏度和结晶度[88]。含能热塑性弹性体在制备时必须对聚合条件进行严格的控制，这样可实现在受控条件下形成聚合物链中的功能嵌段。许多方法主要用于制备A-B-A型嵌段共聚物，其中A表示"硬嵌段"，B表示"软嵌段"。

最初主要采用了两种方案生成了A-B-A型含能热塑性弹性体，第一种方案采用"活性聚合"法将单体连续加入反应瓶中经过聚合反应生成嵌段。例如，单体A在催化剂的作用下与引发剂发生阳离子聚合反应形成嵌段A，反应可持续进行直至未反应单体A的浓度降至很低；然后将单体B加入反应瓶中，从聚合物嵌段A的活性端被引发。在单体B的消耗过程中另外加入单体A，从嵌段B的活性端发生聚合。

第二种方法是用二官能度引发剂在单体B的聚合过程中生成二官能度嵌段B，嵌段A可从嵌段B的每一端同时生长(图4.26)。锡奥科尔(Thiokol)公司的科学家通过对反应条件进行严格筛选，证明了可对以此方式生成的含能热塑性弹性体的分子量和官能度进行有效的控制，使用该方法生成的含能热塑性弹性体其性能较以前的方法有大幅提高[89]。使用这些方法甚至可以合成结构更复杂的AnB星型聚合物[90]。但最终研究人员很快发现嵌段链接法可使材料的力学性能得到很大改善。

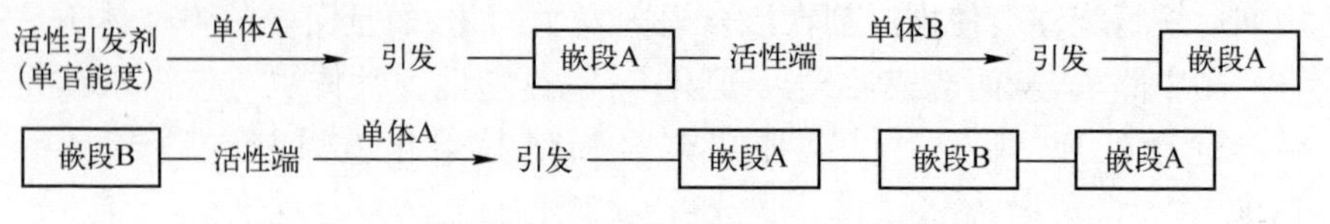

图 4.26　通过连续加入单体生成 A-B-A 型嵌段共聚物

在采用嵌段链接法制备 A-B-A 型含能热塑性弹性体时,每种单体分别发生预先聚合反应并达到预定的分子量,再对非连续的二官能度聚合物 A 和聚合物 B 进行分隔(图 4.27),然后将这些聚合物链接到甲苯二异氰酸酯(TDI)等二官能度异氰酸酯上。TDI 是一种较好的扩链剂材料,因为 4 位上异氰酸酯结构单元的活性明显高于 2-位上异氰酸酯结构单元的活性(活性约高出 26 倍),这是因为其邻位上存在甲基而产生了一定的空间位阻。这种结构有助于聚合物的封端,而不会发生大量非期望的扩链反应。采用 TDI 以此方式对嵌段 A 和嵌段 B 进行封端,然后用 1,4-丁二醇快速反应扩链剂将封端聚合物-A 和封端聚合物-B 链接到一起从而形成嵌段[91]。也可以先制备单官能度嵌段 A,再用 TDI 进行封端;随后链接二官能度嵌段 B 来生成优质 A-B-A 型聚合物[92]。

RO─[A-block]─OH —TDI→ RO─[A-block]─TDI —HO─[B-block]─OH→

RO─[A-block]─TDI─[B-block]─TDI─[A-block]─OR

图 4.27　A-B-A 型聚合物的嵌段链接法

近年来,采用各种方法制备了多种含能热塑性弹性体并对其进行了研究,如用作发射药和炸药配方黏合剂的几种 BAMO 基含能热塑性弹性体的理论性能研究[93]。对 85% 固含量的含 HMX 炸药性能进行了计算;聚合物由 25% BAMO 和 75% 不同的软嵌段组成,采用 TDI 使 BAMO 聚合物发生了扩链反应(CE-BAMO),结果如表 4.10 所列。根据计算结果,每种 ETPE 基配方的性能优于 PAX-2A 配方,而 BAMO-PGN/HMX 配方具有最佳性能。

表 4.10　含 85% HMX 的各 ETPE 基炸药配方的性能计算值

组　成	固含量 /%	密度 /(g/cm³)	P_{cj} /GPa	V_{cj} /(km/s)	$\Delta E(V/V_o=6.5)$ /(KJ/cm³)
PAX-2A	85	1.780	31.71	8.428	7.87
BAMO-AMMO/HMX	85	1.751	29.71	8.308	7.74
BAMO-GAP/HMX	85	1.779	31.81	8.539	8.15

续表

组　成	固含量/%	密度/(g/cm^3)	P_{cj}/GPa	V_{cj}/(km/s)	$\Delta E(V/V_o=6.5)$/(KJ/cm^3)
CE-BAMO/HMX	85	1.779	32.02	8.549	8.22
BAMO-NMMO/HMX	85	1.783	31.46	8.488	8.09
BAMO-PGN/HMX	85	1.813	33.36	8.704	8.44

为了评价含相同 ETPE 的发射药性能,进行了与炸药配方类似的计算。75%固含量的发射药配方采用 RDX 作为含能填料,先在混合机中对发射药进行处理,再用 RAM 挤出后进行辊轧。性能计算结果如表 4.11 所列。含 CE-BAMO 和 BAM-GAP 的发射药中由于氮含量高,可保持相对较低的火焰温度,因而其比冲存在一些最大值。BAMO-PGN 聚合物中由于含有过量的氧,可保持相对较高的火焰温度,因而具有高比冲。

表 4.11　含 85% RDX 的各 ETPE 基发射药配方的性能计算值

组　成	固含量/%	密度/(g/cm^3)	I/(J/g)	T_f/K	γ
JA2	0	1.57	1151	3423	1.227
BAMO-AMMO/RDX	75	1.604	1167	2776	1.275
BAMO-GAP/RDX	75	1.644	1289	3229	1.264
CE-BAMO/RDX	75	1.643	1320	3287	1.266
BAMO-NMMO/RDX	75	1.649	1258	3180	1.259
BAMO-PGN/RDX	75	1.692	1307	3538	1.245

开展了大量工作,对含有 BAMO/NMMO 共聚物(BN7)的层状发射药配方进行了研究,在 BN7 的制备中通过连续加入 BAMO 和 NMMO 得到了 ABA 结构的三嵌段共聚物[94]。在层状结构中,内层的主要作用是实现快速燃烧,外层缓慢燃烧得到分布更均匀的压强—时间曲线。经过处理、挤出和辊轧等工序制备了发射药,其性能测量值较 JA2 发射药有显著提高。

加拿大瓦尔卡梯尔国防研究机构(DREV)采用另一种方法合成了含能热塑性弹性体,通过 4,4′-亚甲基双-苯基异氰酸酯(MDI)使聚叠氮缩水甘油醚(GAP)发生扩链反应形成了 ETPE[95],在此反应中异氰酸酯扩链剂本身可用作 ETPE 的硬嵌段。但该方法存在一些问题,因为 MDI 的熔点非常高(约 200℃),其与 GAP 聚合物起始温度仅相差几摄氏度,生成的 ETPE 实际上不能安全熔融。此外,MDI 硬嵌段的分子量相对较低,会显著降低可用 GAP 的分子量。实际上,使用分子量为 2000g/mol 的 GAP(10%硬嵌段)得到的硬度和力学性能偏低,而使用分子量为500g/mol(40%硬嵌段)的GAP会得到更好的力学性能,但能量水平低于期望值。为了平衡能量和力学性能,使用了MW = 1000g/mol的GAP。由于聚合物不能熔融,将其溶于乙酸乙酯中与增塑剂和其他HELOVA发射药组分一起在ε桨叶混合机中进行了配方研制。

GAP/MDI含能热塑性弹性体也可用于炸药配方[96],由于这些特殊的ETPE不能安全熔融,可将其溶于TNT基熔铸炸药配方。橡胶状聚合物使熔铸混合物具有一定弹性,当混合黏度大幅增高(在20%固含量时黏度提高了5倍)时,最终浇铸产物的力学性能也得到了很大提高。最终配方的爆速介于94%~99%(B炸药),而爆压较低81%~95%(B炸药)。奥梯炸药配方的冲击感度(卡片间隙测试结果)在ETPE装填分数20%时大幅降低(最大压强从奥梯炸药配方的8.06GPa升至含20% ETPE的奥梯炸药配方的11.2GPa)。试验中发现子弹冲击反应中的感度也降低了,这一结果表明含ETPE的配方具有较低的易损性。近期研究主要是通过加入硝胺来提高熔铸材料的性能。性能结果(板痕试验)、冲击感度(卡片间隙试验)和子弹冲击试验结果如表4.12所列。

表4.12　含PTPE的熔铸炸药的性能、冲击感度和子弹冲击试验结果

	硝胺含量/%	预期密度 ρ/(g/cm^3)	爆速/(m/s)	板痕/cm	相对性能B炸药/%	#卡片	子弹冲击试验结果(模拟105mm弹)		
							试样1	试样2	试样3
XV-XRT 1	75	1.70	8107	0.820	104.9	204	II-III型	不反应	不反应
XV-XRT 1	70	1.76	8160	0.841	107.5	172	不反应	不反应	II-III型
XV-XRT 1	69.5	1.73	8064	0.826	105.6	167	燃烧	燃烧	燃烧
Comp-B	60	1.69	7885	0.782	100	216	1-II型	1-II型	1-II型
XRT 10%	54	1.64	7689	0.714	91.3	167	不反应	不反应	燃烧

DREV研制了一系列聚(α-叠氮甲基-α-甲基-β-丙内酯)(PAMMPL)聚酯基含能热塑性弹性体[97],PAMMPL是含能热塑性弹性体中的含能聚酯硬嵌段。端羟基GAP(MW=2000g/mol)与n-丁基锂发生反应后产生活性,用于引发卤代单体发生聚合(由前驱体聚合为PAMMPL)生成卤代嵌段共聚物。随后将该嵌段共聚物溶于DMF中,与叠氮化钠进行反应生成最终产物PAMMPL-GAP-PAMMPL(图4.28)。但所得聚合物的弹性偏低,研究中使用高分子量GAP(50000~70000g/mol)生成了橡胶状聚合物,但聚合物的黏度过高[98]。若想进一步调节GAP嵌段的分子量,则必须找到力学性能与混合黏度之间的平衡点。

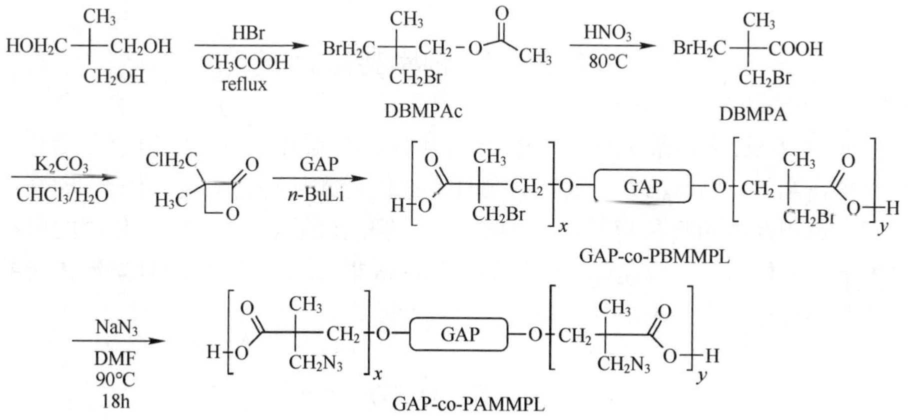

图 4.28　GAP/PAMMPL 共聚物的合成

4.6.4　三唑固化聚合物

三唑聚合物利用“点击化学”原理通过端炔基叠氮化物的 1,3-偶极环加成反应合成,称为“点击化学”是由于有机叠氮基与合理选择的末端有机烷烃间的反应效率和收率极高[99]。这种交联反应体系有可能取代常用于浇注-固化成型炸药和推进剂配方的标准聚氨酯固化体系,从而提高含能量(燃速)及避免在配方研制中使用有毒异氰酸酯。无规交联的 1,2,3-三唑聚合物通过叠氮聚合物与 ETPE(如 BAMO/AMMO、BAMO/NMMO)反应生成,首次对用于炸药配方黏合剂体系的含短链多官能度炔基的 GAP 进行了研究[100]。这种无规交联法不适用于对力学性能要求很高的火箭推进剂,而且必须对三唑基间的交联密度和链长进行更严格的控制。在美国海军研究办公室(ONR)的带领下,为了形成完善的 1,2,3-三唑黏合剂体系,开展了大量研究制备了端烃基和端叠氮基小分子、低聚物和聚合物(图 4.29)[101]的多种不同组合,使用多官能度乙炔或叠氮化物可对交联度进行控制。该技术具有较大的发展前景,后续可能会对其进一步开发,来解决新型推进剂与炸药配方研制中关注较多的环境和毒性问题。

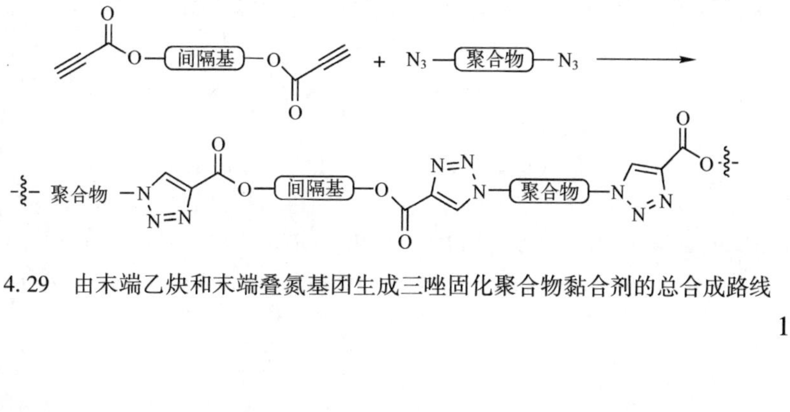

图 4.29　由末端乙炔和末端叠氮基团生成三唑固化聚合物黏合剂的总合成路线

4.7 结论及展望

50 多年来,含能黏合剂领域发生了很大改变,新开发了一些用于含能黏合剂材料研制的创新方法。含能黏合剂具有高性能和低冲击感度的优点,提高了材料生命周期中回收和利用的概率,较传统的黏合剂材料更有利于环境的可持续发展。后续研究主要是降低含能黏合剂的成本,使其与硝化纤维素等传统的主力材料相比在发挥附加优势的同时更具竞争力。

参考文献

[1] Meyer R, Kohler J, Homburg A (2007) Explosives: sixth, Completely revised edn. Wiley-VCH, Weinheim

[2] Agrawal JP(2010) High energy materials: propellants, explosives and pyrotechnics. Wiley-VCH, Weinheim

[3] Arendale WF(1969) Chemistry of propellants based on chemically crosslinked binders. In: Boyars C, Klager K (eds) Chapter 1 in propellants manufacture, hazards, and testing. Advances in chemistry, American Chemical Society, Washington, D. C

[4] (a) Davis TL(1943) The chemistry of powder and explosives. Angriff Press, Las Vegas, NV (b) Urbanski T (1964) Chemistry and technology of explosives, vol 4. Pergamon Press, Chapter 12, pp 339-353

[5] Steinberger R, Drechsel PD(1969) Manufacture of cast double-base propellant. In: Boyars C et al (eds) Chapter 1 in propellants manufacture, hazards and testing. Advances in chemistry, American Chemical Society, Washington, DC, 1969

[6] Steinberger R, Drechsel PD (1969) Nitrocellulose plastisol propellants. In: Boyars C et al (eds) Chapter 2 in propellants manufacture, hazards and testing. Advances in chemistry, American Chemical Society, Washington, DC

[7] (a) Burrows LA, Filbert W(1938) Process for preparing polyvinyl nitrate, US Patent #2,118,487. (b) Urbanski T(1964) Chemistry and technology of explosives, vol 4. Pergamon Press, Chapter 12, pp 413-419. (c) Evans RR, Mayer AG, Scott J(1948) Polyvinyl nitrate-experimental manufacture and evaluation as a propellant ingredient. U. S. Naval Powder Factory, Indian Head, MD Technical Report No. 22

[8] (a) Durgapal UC, Dutta PK, Mishra SC, Pant J(1995) "Investigations on polyvinyl nitrate as a high energetic material", vol 20. pp 64-69. (b) Deans SAV, Nicholls RVV(1949) Polyvinyl nitrate. Can J Res 27(Section B): 705-715. (c) Kaye SM(1978) Encyclopedia of explosives and related items, PATR 2700, vol 8. US Army Armament Research and Development

Command, Dover, NJ, pp 356-358

[9] Kaye SM(1978) Encyclopedia of explosives and related items, PATR 2700, vol 8. US Army Armament Research and Development Command, Dover, NJ, pp N140-N157

[10] (a) Finger M, Haryward EJ, Archibald P (1969) Multiphase extrudable explosives containing cyclotrimethylenetrinitramine or cyclotetramethylenetetranitramine. US Patent # 3,480,490. (b) Stott BA(1967) Castable explosive compositions based on dinitropropylacrylate and HMX. U. S. Naval Ordnance Test Station (NOTS) Technical Publication 4387. (c) Stott BA, Koch LE(1992) High Energy cast explosives based on dinitropropylacrylate. US Patent #5,092,944

[11] (a) Hagel R, Redecker K(1981) Polymers obtained from polynitroaromatic compounds. US Patent #4,250,294. (b) Redecker KH, Hagel R (1987) Polynitropolyphenylene, a high-temperature resistant, non-crystalline explosive. Propellants Explos Pyrotech 12:196-201

[12] Day RW, Hani R(1991) Process for the preparation of nitramine-containing homopolymers and co-polymers. US Patent #5,008,443

[13] Legare TF, Rosher, R(1974) Alpha-hydro-gamma-hydroxy poly(oxy-methylenenitroamino) polymer comfort. US Patent #3,808,276

[14] Day RW, Hani R (1994) Nitramine-containing polyether polymers and a process for the preparation thereof. US Patent #5,319,068

[15] (a) Allcock HR(1975) Preparation of Phosphazene polymers. US Patent #3,888,800. (b) Hergenrother WL, Halasa AF(1980) Polyphosphazene copolymers containing nitroalkyl substituents. US Patent #4,182,835 (c) Hergenrother WL, Halasa AF(1980) Polyphosphazene copolymers containing substituents derived from substituted 2-nitroethanols. US Patent #4, 221,900. (d) Hartwell JA, Hutchens DE, Junior KE, Byrd JD (1998) Method of internally insulating a propellant combustion chamber. US Patent #5,762,746

[16] Allcock HR, Maher AE, Ambler CM (2003) Side group exchange in poly(organophosphazenes) with fluoroalkoxy substituents. Macromolecules 3:5566-5572

[17] (a) Golding P, Trussell SJ(2004) Energetic polyphosphazenes-a new category of binders for energetic formulations. 2004 insensitive munitions and energetic materials technology symposium, San Francisco, CA, 14-17 Nov, NDIA. (b) Golding P, Trussell J, Colclough E, Hamid J(2012) Energetic polyphosphazenes. US Patent #8,268,959 B2

[18] Arendale WF(1969) Chemistry of propellants based on chemically crosslinked binders. In: Boyars C et al(eds) Chapter 4 in propellants manufacture, hazards and testing. Advances in chemistry, American Chemical Society, Washington, DC

[19] Mastrolia EJ, Klager K(1969) Solid propellants based on polybutadiene binders. In: Boyars C et al(eds) Chapter 6 in propellants manufacture, hazards and testing. Advances in chemistry, American Chemical Society, Washington, DC

[20] (a) Hunley JD (1999) The history of solid-propellant rocketry: what we do and do not know. In: Proceedings of the AIAA, ASME, SAE, ASEE Joint propulsion conference and ex-

hibit, Los Angeles, CA, 20-24 June. (b) Cohen MS (1966) Advanced binders for solid propellants—a review. In: Advanced propellant chemistry, Advances in chemistry series 54, American Chemical Society, Washington DC

[21] Oberth AE, Bruenner RS (1969) Polyurethane-based propellants. In: Boyars C et al (eds) Chapter 5 in propellants manufacture, hazards and testing. Advances in chemistry, American Chemical Society, Washington, DC

[22] Bennett SJ, Barnes MW, Kolonko KJ (1989) Propellant binder prepared from a PCP/HTPB block copolymer. US Patent #4,853,051 130 A. J. Paraskos

[23] Chien JWC, Kohara T, Lillya CP, Sarubbi T, Su B-H, Miller RS (1980) J Polym Sci Part A Polym Chem 18:2723

[24] Colclough ME, Paul MC (1996) Nitrated hydroxy-terminated polybutadiene: synthesis and properties. In: Chapter 10 in nitration: ACS symposium series, American Chemical Society, Washington, DC, pp 97-103

[25] (a) Consaga JP, Collignon SL (1992) Energetic composites of cyclodextrin nitrate esters and nitrate ester plasticizers. US Patent #5,114,506. (b) Consaga JP, Gill RC (1998) Synthesis and use of cyclodextrin nitrate. In Proceedings of the 29th annual conference of ICT, 5-1 to 5-6

[26] Ruebner A, Statton G, Robitelle D, Meyers C, Kosowski B (2000) Cyclodextrin polymer nitrate. 31st annual conference of ICT, 12-1 to 12-10

[27] Kaye SM (1978) Encyclopedia of explosives and related items, PATR 2700, vol 8. US Army Armament Research and Development Command, Dover, NJ, pp 61-77

[28] Benziger TM (1973) High-energy plastic-bonded explosive. US Patent #3,778,319

[29] Indictor N, Brill WF (1965) J Org Chem 30(6): 2074

[30] Murbach WJ, Fish WR, Van Dolah RW (1953) Polyglycidyl nitrate: part 1, preparation and characterization of glycidyl nitrate. NAVORD Report 2028, Part 1 (NOTS 685), May 6, 1953

[31] Metitner JG, Thelen CJ, Murbach WJ, Van Dolah RW (1953) Polyglycidyl nitrate: part 1, preperation and characterization of polyglycidyl nitrate. NAVORD Report 2028, Part 2 (NOTS 686), May 7, 1953

[32] Ingham JD, Nichols PL Jr (1957) High performance PGN-polyurethane propellants. Jet Propulsion Laboratory Publication No. 93

[33] Cumming A (1995) New directions in energetic materials. J Def Sci 1(3): 319

[34] Willer RL, Day RS, Stern AG (1992) Process for producing improved poly (glycidyl nitrate). US Patent #5,120,827

[35] Penczek S, Kubisa P, Szymanski R (1986) Makromol Chem Macrom Symp 3: 203-220

[36] Mojtania M, Kubisa P, Penczek S (1986) Makromol Chem Macrom Symp 6: 201-206

[37] Kubisa P (2002) Hyperbranched polyethers by ring-opening polymerization: contribution of activated monomer mechanism. J Polym Sci Part A 41: 457-468

[38] Paraskos AJ, Sanderson AJ, Cannizzo LF(2004) Polymerization of glycidyl nitrate via catalysis with bf3thf: compatibility with the activated monomer(AM) mechanism. In: Insensitive munitions and energetic materials technology symposium, San Francisco, CA, 14-17 Nov, 2004, NDIA

[39] Willer RL, Stern AG, Day RS (1995) PolyGlycidyl nitrate plasticizers. US Patent #5, 120,827

[40] Willer RL, Stern AG, Day RS(1993) Isotactic poly(glycidyl nitrate) and synthesis thereof. US Patent #5,264,596

[41] Millar RS, Paul NC, Golding P(1992) Preparation of epoxy nitrates. US Patent #5,136,062

[42] Paul NC, Millar RW, Golding P(1992) Preparation of nitratoalkyl-substituted cyclic esters. US Patent #5,145,974

[43] Bagg G, Desai H, Leeming WBH, Paul NC, Paterson DH, Swinton PF(1992) Scale-up of polyglycidylnitrate manufacture process development and assessment. In: Proceedings of the American Defense Preparedness Association's joint international symposium on energetic materials technology, 5-7 Oct 1992, Louisiana, USA

[44] Stewart MJ(1994) Polymerization of cyclic ethers. US Patent #5,313,000

[45] Desai HJ, Cunliffe AV, Lewis T, Millar RW, Paul NC, Stewart MJ (1996) Synthesis of narrow molecular weight a, x-hydroxy telechelic poly (glycidyl nitrate) and estimation of theoretical heat of explosion. Polymer 37(15): 3471-3476

[46] Marken CD, Kristofferson CE, Roland MM, Manzara AP, Barnes MW(1977) A low hazard procedure for the laboratory preparation of polynitrate esters. Synthesis 1977: 484-485

[47] Highsmith TK, Sanderson AJ, Cannizzo LF, Hajik RM(2002) Polymerization of poly(glycidyl

[48] Cannizzo LF, Hajik RM, Highsmith TK, Sanderson AJ, Martins LJ, Wardle RB(2000) A new low-cost synthesis of PGN. In: Proceeds of the 31st annual conference of ICT, 36-1 to 36-9

[49] Highsmith TK, Johnston HE(2005) Continuous process for the production of glycidyl nitrate from glycerin, nitric acid and caustic and conversion of glycidyl nitrate to poly(glycidyl nitrate). US Patent #6,870,061 B2

[50] Paul NC, Desai H, Cunliffe AV (1995) An improved polyglyn binder through end group modifications. In: Proceedings of the American Defense Preparedness Association's international symposium on energetic materials technology, 24-27 Sept 1995, Phoenix, AZ, pp 52-60

[51] Sanderson AJ, Martins LJ, Dewey MA (2005) Process for making stable cured poly (glycidyl) nitrate and energetic compositions comprising same. US #6,861,501 B1

[52] Bunyan PF, Cunliffe AV, Leeming WBH, Marshall EJ, Paul NC(1995) Stability of cured polyglyn and end modified polyglyn. In: Proceedings of the American Defense Preparedness Association's joint international symposium on energetic materials technology, 4-27 Sept 1995, Phoenix, AZ, pp 271-280

[53] Bunyan PF, Clements BW, Cunliffe AV, Torry SA, Bull H(1997) Stability studies on end-

modified PolyGLYN. In: Insensitive munitions and energetic materials technology symposium, Orlando, FL, 6-9 Oct, NDIA, pp 1-6

[54] Paraskos AJ, Dewey MA, Edwards W (2010) One pot procedure for poly (glycidyl nitrate) end modification. US Patent #7,714,078 B2

[55] Vandenberg EJ, Woods W (1972) Polyethers containing azidomethyl side chains. US Patent #3,645,917

[56] Frankel MB, Grant LR, Flanagan JE (1992) Historical development of glycidyl azide polymer. J Propul Power 8(3): 560-563

[57] Frankel MB, Flanagan JE (1981) Energetic hydroxy-terminated azido polymer. US Patent #4,268,450

[58] Frankel MB, Witucki EF, Woolery DO (1983) Aqueous process for the quantitative conversion of polyepichlorohydrin to glycidyl azide polymer. US Patent #4,379,894

[59] Earl RA (1984) Use of polymeric ethylene oxides in the preparation of glycidyl azide polymer. US Patent #4,486,351

[60] Provotas A (2000) Energetic polymers and plasticizers for explosive formulations-a review of recent advances. DSTO-TR-0966

[61] Ang HG, Pisharath S (2012) Energetic polymers: binders and plasticizers for enhancing performance, 1st edn. Wiley-VCH GmbH & Co, KGaA, Weinheim

[62] Chan ML, Roy EM, Turner A (1994) Energetic binder explosive. US Patent #5,316,600

[63] Ampleman G (1993) Glycidyl azide polymer. US Patent #5,256,804

[64] Ahad E (1994) Improved branched energetic azido polymers. European Patent #0 646, 614 A1

[65] Tong TH, Nickerson DM (2011) Energetic poly (azidoaminoethers). US Patent #8,008,409

[66] Kim JS, Cho JR, Lee KD, Kim JK (2007) 2-nitratoethyl oxirane, poly (2-nitratro oxirane) and preparation method thereof. US Patent #7,288,681 B2

[67] Kim J, Kim J, Cho R, Kim J (2004) A new energetic polymer: structurally stable PGN prepolymer. In: Insensitive munitions and energetic materials technology symposium, San Francisco, CA, 14-17 Nov, NDIA

[68] Kim JS, Cho JR, Lee KD, Park BS (2004) Glycidyl dinitropropyl carbonate and poly (glycidyl dinitropropyl carbonate) and preparation method thereof. US Patent #6,706,849 B2

[69] Kim JS, Cho JR, Lee KD, Kim JK (2007) Glycidyl dinitropropyl formal poly (glycidyl dinitropropyl formal) and preparation method thereof. US Patent #7,208,637 B2

[70] Kim JS, Cho JR, Lee KD, Kim JK (2008) Glycidyl dinitropropyl formal poly (glycidyl dinitropropyl formal) and preparation method thereof. US Patent #7,427,687 B2

[71] Kown Y-H, Kim J-S, Kim H-S (2009) US 2009/0299079 A1 "1-Glycidyl-3,3-dinitroazetidine containing explosive moiety and preparation thereof". US Patent Application 132 A. J. Paraskos

[72] Baum K, Lin W-H(2012) Synthesis and polymerization of glycidyl ethers. US Patent #8,318,959 B1

[73] Stogryn EL(1967) 3-difluoroaminomethyl-3-difluoroaminooxetane and polymers thereof. US Patent #3,347,801

[74] Baum K, Berkowitz PT(1980) 3-fluoro-3-nitrooxetane. US Patent #4,226,777

[75] Baum K, Vytautas G, Berkowitz PT(1983) Synthesis of 3-hydroxyoxetane. US Patent #4,395,561

[76] Baum K, Berkowitz PT, Grakauskas V, Archibald TG(1983) Synthesis of electron-deficient oxetanes. 3-azidooxetane, 3-nitrooxetane, and 3,3-dinitrooxetane. J Org Chem 48(18): 2953-2956

[77] Berkowitz PT, Baum K, Grakauskas V(1983) Synthesis and polymerization of 3-azidooxetane. US Patent #4,414,384

[78] Willer RL, Baum K, Lin W-H(2011) Synthesis of poly-(3-nitratooxetane. US Patent #8,030,440 B1

[79] Willer RL(2009) Calculation of the density and detonation properties of C, H, N, O and F compounds: use in the design and synthesis of new energetic materials. J Mex Chem Soc 53(3): 108-119

[80] (a) Manser GE(1983) Cationic polymerization. US Patent #4,393,199. (b) Manser GE(1984) Energetic copolymers and method of making same. US Patent #4,483,978

[81] Manser GE, Fletcher RW(1987) Nitramine oxetanes and polyethers formed therefrom. US Patent #4,707,540

[82] Manser GE, Hajik RM(1993) Method of synthesizing nitrato alkyl oxetanes. US Patent #5,214,166

[83] Manser GE, Malik AA, Archibald TG(1996) 3-azidomethyl-3-nitratomethyloxetane. US Patent #5,489,700

[84] Malik AA, Manser GE, Carson RP, Archibald TG(1996) Solvent-free process for the synthesis of energetic oxetane monomers. US Patent #5,523,424

[85] Schmidt RD, Manser GE(2001) Heats of formation of energetic oxetane monomers and polymers. In Proceedings of the 32st annual conference of ICT, 140-1 to 140-8

[86] Shanks R, Kong I(2012) Thermoplastic elastomers. Adel El-Songbati(ed) InTech Europe

[87] (a) Allen HC(1982) Thermoplastic composite rocket propellant. US Patent #4,361,526. (b) Johnson NC, Gill RC, Leahy JF, Gotzmer C, Fillman HT(1990) Melt cast thermoplastic elastomeric plastic bonded explosive. US Patent #4,978,482. (c) Wardle RB, Hinshaw JC(2002) Poly(butadiene) poly(lactone) thermoplastic block polymers, methods of making, and uncured high energy compositions containing same as binders. US Patent #6,350,330

[88] Manser GE(1984) Energetic copolymers and method of making same. US Patent #4,483,978

[89] Wardle RB, Cannizzo LF, Hamilton SH, Hinshaw JC(1994) Energetic oxetane thermoplastic

elastomer binders. Thiokol Corp. ,Final Report to the Office of Naval Research Mechanics Division,Contract #N00014-90-C-0264

[90] Wardle RB, Edwards WW (1990) Synthesis of ABA triblock polymers and AnB star polymers from cyclic ethers. US Patent #4,952,644

[91] Wardle RB(1989)Method of producing thermoplastic elastomers having alternate crystalline structure for use as binders in high-energy compositions. US Patent #4,806,613

[92] Wardle RB, Edwards WW, Hinshaw JC (1996) Method of producing thermoplastic elastomers having alternate crystalline structure such as polyoxetane ABA or star block copolymers by a block linking process. US Patent #5,516,854

[93] (a)Wallace IA,Braithwaite P,Haaland AC,Rose MR,Wardle RB(1998)Evaluation of a homologous series of high energy oxetane thermoplastic elastomer gun propellants. In:Proceedings of the 29st annual conference of ICT,87-1 to 87-7. (b) Braithwaite P,Edwards W, Sanderson AJ, Wardle RB (2001) The synthesis and combustion of high energy thermoplastic elastomer binders. In:Proceedings of the 32st annual conference of ICT,9-1 to 9-7 Energetic Polymers:Synthesis and Applications 133

[94] Manning TG,Park D,Chiu D,Klingaman K,Lieb R,Leadore M,Homan B,Liu E,Baughn J,Luoma JA(2006)Development and performance of high energy high performance co-layered gun propellant for future large caliber system. In:NDIA insensitive munitions and energetic materials technology symposium,Bristol,UK,24-28 April,pp 1-6

[95] Ampleman G,Marois A,Desilets S,Beaupre F,Manzara T(1998)Synthesis and production of energetic copolyurethane thermoplastic elastomers based on glycidyl azide polymer. In: Proceedings of the 29th annual conference of ICT,6-1 to 6-16

[96] (a)Brousseau P,Ampleman G,Thiboutot S(2001)New melt-cast explosives based on energetic thermoplastic elastomers. In:Proceedings of the 32st annual conference of ICT,89-1 to 89 - 14. (b) Ampleman G, Marois A, Desilets S (2002) Energetic copolyurethane thermoplastic elastomers. US Patent #6,479,614 B1

[97] (a)Brousseau P,Ampleman G,hiboutot S,Diaz E,Trudel S(2006)High performance melt-cast plastic-bonded explosives. In:Proceedings of the 37th Annual conference of ICT,2-1 to 2-15. (b) Beaupre F, Ampleman G, Nicole C, Belancon J - G (2003) Insensitive propellant formulations containing energetic thermoplastic elastomers. US Patent #6,508,894 B1. (c)Ampleman G,Brousseau P,Thiboutot S,Dubois C,Diaz E(2003)Insensitive melt cast explosive compositions containing energetic thermoplastic elastomers. US Patent # 6,562,159 B2. (d)Ampleman G,Marois A,Brousseau P,Thiboutot S,Trudel S,Beland P (2012) Preparation of energetic thermoplastic elastomers and their incorporation into greener insensitive melt cast explosives. In:Proceedings of the 43rd annual conference of ICT,7-1 to 7-15

[98] (a)Ampleman G,Brochu S,Desjardins M(2002)Synthesis of energetic polyester thermoplastic elastomers. In:Proceedings of the 33rd annual conference of ICT. (b)Ampleman G,

Brochu S, Desjardins M(2001) Synthesis of energetic polyester thermoplastic homopolymers and energetic thermoplastic elastomers formed therefrom. Defence Research Establishment Valcartier, Technical Report, DREV TR 2001-175. (c) Ampleman G, Brochu S(2003) Synthesis of energetic polyester thermoplastic homopolymers and energetic thermoplastic elastomers formed therefrom. US Patent Application #US 2003/0027938 A1

[99] (a) Kolb HC, Finn MG, Sharpless KB, Lutz J-F(2001) Click chemistry: diverse chemical function from a few good reactions. Angew Chem Int Ed 40(11):2004-2021. (b) Binder WH, Sachsenhofer R(2008) Polymersome/silica capsules by 'click'-chemistry. Macromol Rapid Comm 29(12-13):1097-1103. (c) Lutz J-F(2007) 1,3-dipolar cycloadditions of azides and alkynes: a universal ligation tool in polymer and materials science. Angew Chem Int Ed 46(7):1018-1025

[100] (a) Manzara AP(1997) Azido polymers having improved burn rate. US Patent #5,681,904. (b) Reed R(2000) Triazole cross-linked polymers. US Patent #6,103,029

[101] (a) Wang L, Song Y, Gyanda R, Sakhuja R, Meher NK, Hanci S, Gyanda K, Mathai S, Sabri F, Ciaramitaro DA, Bedford CD, Katritsky AR, Duran RS(2010) Preparation and mechanical properties of crosslinked 1,2,3-triazole polymers as potential propellant binders. J Appl Polym Sci 117:2612-2621. (b) Katritsky AR, Sakhuja R, Huang L, Gyanda R, Wang L, Jackson DC, Ciaramitaro DA, Bedford CD, Duran RS(2010) Effect offiller loading on the mechanical properties of crosslinked 1,2,3-triazole polymers. J Appl Polym Sci 118(1):121-127

第5章 自燃纳米材料

Chris Haines, Lauren Morris, Zhaohua Luan, Zac Doorenbos

摘　要:对于含能材料研究和开发而言,纳米材料是一种尚未开发的资源。部分原因是纳米技术的新特性,更多的则是因为缺乏将其与常规材料相结合的成熟工艺。纳米材料表面积较大,这为提高反应性、获得优异的燃烧速率、增强爆轰性能等提供了机会。此外,粒度效应也为人们获得性能可调的含能材料提供了可能性。除贵金属外,纳米级金属粉末具有良好的自燃性。本章将探讨如何在最短时间将机械研磨的金属粉末制成自燃材料,并介绍具有自燃性的纳米多孔薄膜和涂层,以及当前正在研发利用三维泡沫材料高表面积的相关工作。此外,还将简要讨论这些材料特殊处理和存储过程中的相关注意事项。

关键词:纳米材料;自燃;自燃性;纳米粉末;机械研磨;泡沫

5.1 引　　言

在分子水平上,纳米技术涉及所有材料科学和工程,是一种广泛应用的技术,包括电池、药品、化妆品、汽车、体育用品甚至服装。因此,纳米材料被应用于能量学也就不足为奇了。纳米材料应用于含能领域的原理非常直观:这种尺寸的材料可以具有很高的反应性和可调性。反应性的增强可以归功于离散颗粒或疏松材料中高体积百分比的晶界或空隙所提供的极高的表面积;可调性是因为材料的特性主要依赖于疏松材料的颗粒大小,而纳米级材料具有能够在纳米尺度上控制混合程度的优势。利用几十纳米数量级的构建基块,可以合成混合尺度也为纳米级的材料。这使多组分系统的扩散距离达到最小,从而提高了

Chris Haines, Lauren Morris, Zhaohua Luan,美国皮卡汀尼兵工厂美国陆军工程研发中心,邮箱: christopher. d. haines2. civ@ mail. mil。

Zac Doorenbos,创新材料与工艺有限责任公司。

反应性。某些情况下,材料会因反应性变强,表现出自燃行为。

本章将重点讨论纳米材料的自燃性,包括一维(1D)(5.2节纳米粉末和5.3节研磨粉末)、二维(2D)(5.4节涂层/薄膜)和三维(3D)(5.5节泡沫)材料。自燃性一词源于希腊语中的"着火"。韦伯斯特对自燃材料进行了定义:该材料在被(尤其是钢)刮擦或撞击时,会燃烧或产生火花[1]。另外,OSHA对自燃化学物质是这样定义的:"一种会在空气中以130°F(54.4℃)或更低温度自燃的化学物质。"[2]常规材料中仅有少数满足这些定义,即某些细碎的金属粉末(如锂、镁)或有机金属化合物(如氢化锂、二乙基锌和砷化氢)[2]。但是,正如以下各节所述,纳米技术开辟了一类新型自燃材料。本章将讨论这些材料的合成和加工及相关应用。另外,还将在5.6节安全性中讨论有关这些材料的安全性、存储、处理的注意事项;关于纳米材料安全性方面更为详细、系统的指南参见文献[3]。

5.2　纳米级粉末

5.2.1　引言

几十年来,科学家们对纳米级粉末进行了大量研究,主要是针对纳米级粉末(初级颗粒在1~100nm之间的粉末)因表面积非常大而使得它与大尺寸粉末的性质截然不同,正因这一点导致纳米级粉末可以实现其独特的光学、物理、化学、磁性和力学性能,本节仅举几例。在材料学中,科学家们对纳米材料的研究仅限于表面现象,他们发现,对于至少有一个维度的纳米材料来说,似乎存在一个"最佳点"。除了贵金属(如Ag、Au、Pt),纳米级金属粉末因其固有的自燃性而在含能领域获得更高关注[4]。在这种尺度下,表面原子与本体原子的比率非常高[5],即使在室温下,也会使材料与氧的反应性增强。有趣的是,当粒度小于50nm时,即使是元素周期表中熔点最高的钨(3422℃),也成为自燃材料[4]。纳米级金属的这种固有特性使其成为极具吸引力的候选材料,可用于金属化推进剂[6]、金属化炸药[7]甚至红外对抗[8]设备。

由于这些粉末的自燃特性,在合成后的处理和储存过程中必须格外小心。通常的做法是在合成过程中或合成后以可控的方式将粉末暴露在少量的氧气中,这样新生的氧化物壳层可以使材料钝化。然而,当某一特定粉末的最终用途是用于燃烧,则需要尽量减少氧化百分比以避免其钝化。随着纳米粒度的减小,氧化物百分比迅速增加,尤其是当尺寸接近20~30nm时。其原因在于,对于每种材料,新生的氧化层厚度往往是恒定的(与材料有关,而不是与颗粒大小有关)。因此,随着未反应金属量的减小,氧化物壳层的量本质上是恒定的。

图 5.1 显示了随着粒度的减小,氧化物含量是如何迅速增加的。为便于计算,将氧化壳层的厚度设置为 4nm。

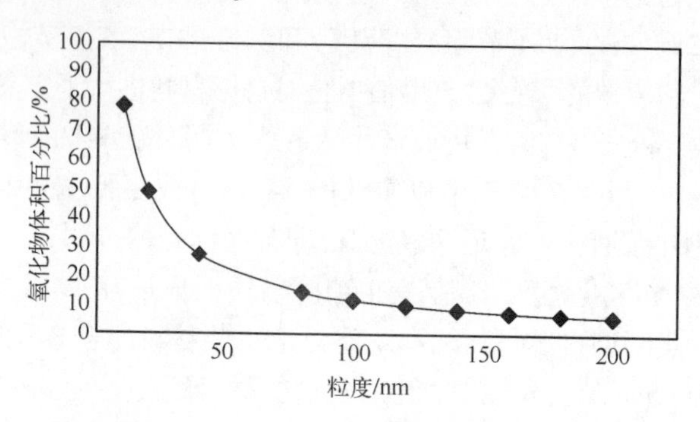

图 5.1　假设有厚 4nm 的氧化壳层,氧化物体积百分比与粒度的关系

如前文所述,大多数非贵金属在纳米级表现出自燃性。但是每种金属自燃性的实际阈值粒度会有所不同,并且很难精确测量,因为大多数粉末都具有高斯粒度分布。通常,金属对氧气的亲和力越高,阈值粒度越大。那些对氧具有高亲和力的金属(如 Mg、Zr、Al、Ti),在粒度大于 100nm 时就出现自燃性(Mg 粒度远高于 1μm),而对于那些对氧具有较低亲和力的金属(如 W、Mo、Cu),仅在粒度 100nm 以下才能表现出自燃性。此外,在该尺寸范围内,粉末的最小着火能量(MIE)很大程度上取决于粒度。例如,Bouillard 给出 200nm 铝颗粒的 MIE 为 7mJ,而 100nm 铝颗粒的 MIE 为 1mJ[9]。因为它们本身不能燃烧,所以我们认为这两种粉末都含有新生的氧化物壳层。

5.2.2　纳米铝粉

纳米铝由于其高的燃烧焓而引起了广泛关注,成为可以用于推进剂、炸药和烟火剂的极佳候选材料[6-8]。已经报道了许多不同的纳米铝粉生产工艺,包括电爆铝丝技术(ALEX)[10]、等离子体技术[11-12]和湿化学法[13]。其中,ALEX 和等离子体合成法因生产效率更高而更有前途,而湿化学法主要在实验室范围内使用。顾名思义,ALEX 工艺涉及在细铝丝上使电容器放电,这会导致铝丝汽化而引起爆炸。然后蒸汽凝结成非常细的粉末,其粒度由工艺参数决定。为避免高自燃性纳米粉末被氧化,该放电过程在惰性环境反应室内进行。然后将粉末转移到钝化室中,通过缓慢引入氧气形成保护性新生氧化物保护层。该过程的优点是几乎所有电能都直接用于引爆铝丝,从而保证了过程的高效。该生产工艺可以通过多个送丝和/或增加送丝速度来调节生产效率。缺点是没有简单的方法来进行可控的原位钝化。图 5.2 给出了用 ALEX 工艺制造的纳米铝粉的电子扫描显微镜(SEM)图像。

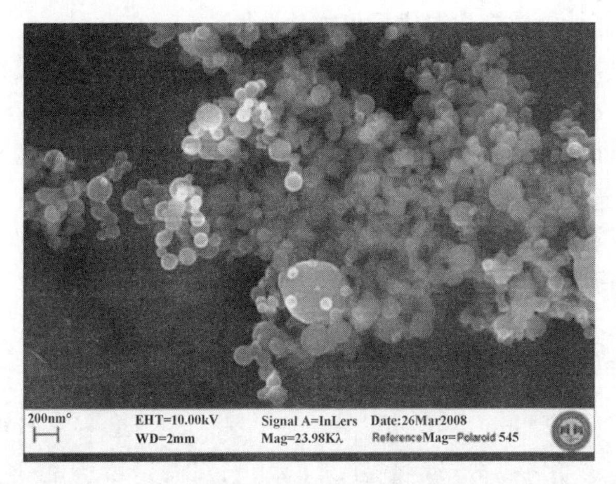

图 5.2　用 ALEX 工艺制造的纳米铝粉的电子扫描显微镜(SEM)图像

惰性气体电感耦合等离子体合成(IG-ICP)技术因其具有高产量并能生产高纯度材料的特点,已成为纳米粉末生产中使用最多的技术之一。该工艺中,用射频(RF)感应等离子炬作为热源。通过水冷式注入探头,用载气将液态或粉末原料轴向注入等离子体放电中心,然后使用冷淬气体将纳米颗粒从蒸气流中冷凝出来。该过程的示意图如图 5.3 所示。

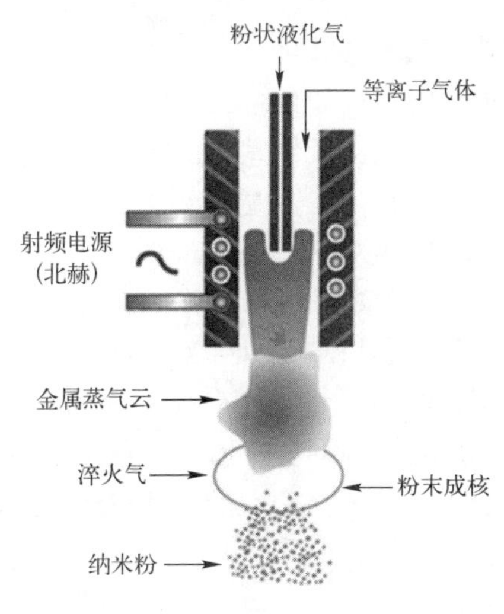

图 5.3　IG-ICP 过程示意图

这些系统通常利用旋风分离器将粗粉从超细纳米粉中分离出来,然后超细颗粒会沉积在多孔过滤器(通常是金属或陶瓷)的外部,并定期吹散和收集。这种方法用途广泛,可以在过程的多个阶段引入反应性气体,为用氧气或其他钝化涂层对粉末进行原位钝化提供了可能。

从图 5.4 可以看出,通过 IG-ICP 制备的粉末粒度均匀性较差。这主要是由于等离子体火焰内部和周围流体非常混乱导致的。因为任何一个颗粒的路径都不相同,所以热历程会发生巨大变化。理想的情况是进入的颗粒直接从等离子中心降下来,被蒸发,且最终的蒸气成分无法直接进入冷气中冷凝。从模型中可以得知,在等离子体内部和周围存在着再循环流,它可以使颗粒变大,甚至在其表面获得更小的附着颗粒。

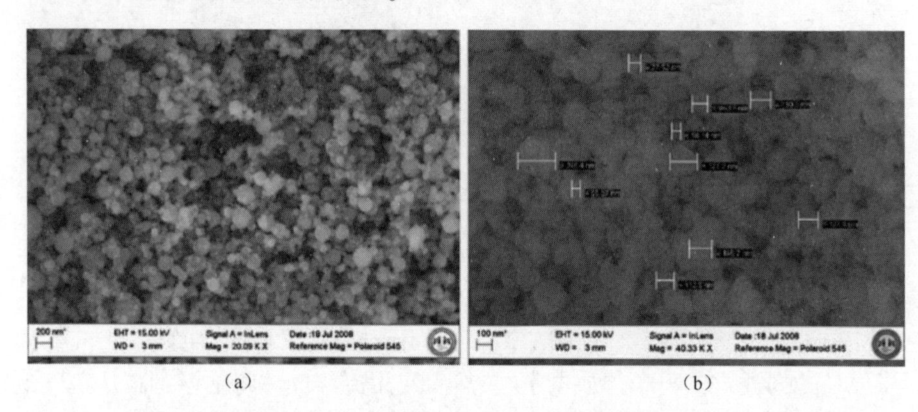

(a) (b)

图 5.4 IG-ICP 工艺合成的纳米铝粉的电子扫描显微镜(SEM)图像

在含能学领域,纳米金属粉的钝化一直是一个备受关注的研究方向。研究人员研究了一些新颖的钝化方法,如自组装单分子层(SAM)[13]、过渡金属[14]以及其他高焓金属(如硅)[15]。因为新生氧化物壳层会显著降低这些粉末的燃烧性能,所以探索新型钝化技术的关键是避免新生氧化物壳层的生成。如图 5.1 所示,因为表面有厚 4nm 的氧化物壳层,80nm 的纳米铝颗粒有 85%未氧化铝,15%的 Al_2O_3壳层显著影响了材料的燃烧性能,因此,需要开发制备未反应铝含量更高的纳米铝颗粒技术。通过在未钝化纳米铝粉表面包覆硅,从而能将未反应的铝含量提高到 90%以上,并允许使用较薄的 SiO_2新生氧化物作为钝化层。Jouet 将 SAM 作为钝化途径进行研究,并成功合成了非常小的无氧纳米颗粒。遗憾的是,SAM 钝化的铝纳米颗粒最终只能产生 15%的未反应铝,因为它们与 SAM 涂层相比尺寸很小。

5.2.3 纳米铁粉

我们对纳米铁粉也开展了大量研究工作,但重点一直是纳米铁粉在磁性材料、催化和环境改性方面的应用技术。Huber 对此研究进行了详细的回顾[16]。

早在几个世纪之前,人们就已经知道铁具有自燃特性[17]。氧化铁或倍半氧化物的简单还原会生成自燃材料。但是,这些材料的自燃程度通常取决于它们的细微差别。相比之下,纳米级和纳米结构的铁(本章后半部分)具有更易预测、更易控制的发火响应。可以通过多种湿化学方法[16,18-19]、纳米级氧化物还原法[20]和 IG-ICP[4]合成纳米级铁粉。图 5.5 给出了通过 IG-ICP 制备的纳米铁粉的 SEM 图像。通过这种方法合成的粉末的尺寸往往比通过湿化学法的粉末大得多。

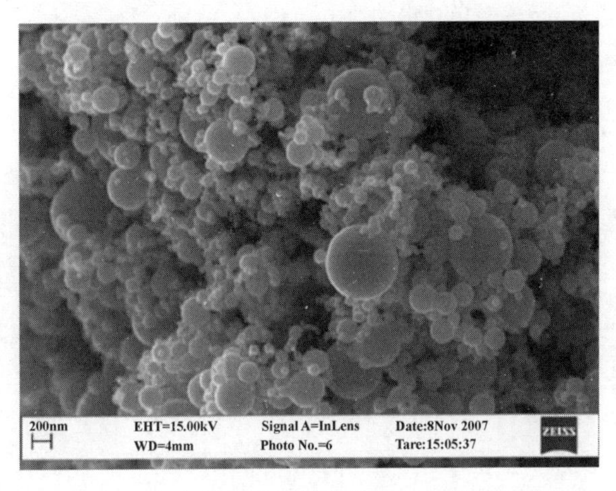

图 5.5　IG-ICP 工艺合成的纳米铁粉的电子扫描显微镜(SEM)图像

铝因其燃烧焓较高而成为金属化推进剂和炸药的首选材料,铁由于其红外(IR)特性成为烟火应用的首选材料。Baldi[21]利用纳米多孔铁箔的固有特性,将其用于红外对抗诱饵。纳米级铁粉表现出与纳米多孔铁箔几乎相同的燃烧特性,但因其更加环保,被评估为纳米孔箔的最佳替代品。然而,最大的挑战之一是如何将松散的纳米颗粒整合成一种类似于箔片的方式并展开。这将在 5.4 节中进行详细的讨论。

5.3 研磨粉末

5.3.1 引言

5.2.1 节中讨论了使用等离子体合成作为非平衡加工方法来制备纳米级自燃铝。机械研磨(MM)或金属粉末研磨是用来制造纳米级和纳米结构自燃材料的另一种有据可查的非平衡加工技术。机械研磨可以精确调整材料发生燃烧所需的亚稳态结构;与其他非平衡技术不同的是,机械研磨非常简单、快速,并且可以在室温下进行。为减小粒度或改变粉末颗粒的形态,典型的机械研磨涉及元素、金属间化合物或预合金属粉末[22]。粉末的真正合金化在机械研磨过程中不会发生,通常不需要生产自燃的纳米结构。

可以通过研磨合成几种高表面积自燃材料。可以将坚硬、易碎的材料(如硅)粉碎成小于100nm的纳米级颗粒。可以在惰性环境下将更多易延展的金属(如铝和镁)研磨成二维薄片,这些薄片看起来是透明的。最后,也可以将多种金属研磨成自燃的微米级纳米复合材料聚集体。图5.6给出了由机械研磨合成的各种自燃材料的SEM图像[23]。以下部分描述了研磨的机理,以及选择生产自燃材料所涉及的各种研磨参数(研磨机的类型、原料和工艺参数)。同时还介绍了表征研磨自燃材料特性的调整方法。

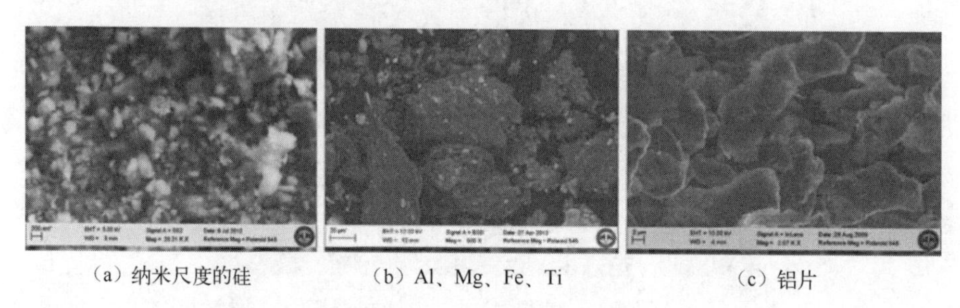

(a) 纳米尺度的硅　　(b) Al、Mg、Fe、Ti　　(c) 铝片

图5.6　由机械研磨合成的各种自燃材料的SEM图像[23]

5.3.2 机理

常规的机械研磨涉及将市售粉末与研磨介质(通常是钢球)混合并搅拌(翻滚、摇动或搅拌)的系统。在搅拌过程中,钢球发生碰撞,使它们之间的粉末颗粒发生塑性变形。粉末颗粒反复变形、断裂、冷黏结、硬化,直到尺寸减小和/或形态变化到所需要的程度为止。研磨材料的类型及其物理性质将决定所传递的能量如何分布。坚硬的脆性材料更容易发生断裂,而冷黏结和塑性变形是延性材料主要现象。图5.7给出了研磨介质在研磨过程中发生碰撞时,截留的粉末颗粒引起的形态变化。每次粉末颗粒变形或破裂时,该颗粒的新鲜表面都会暴露在研磨环境中和/或与另一个颗粒表面结合。在惰性和还原性研磨环境下,新暴露出来的颗粒表面和金属间化合物界面(如果有)保持洁净,几乎没有氧化。当反应性较高时,洁净的表面和界面与氧气反应,磨碎颗粒的表面积和反应性增加是产生自燃特征的原因。

机械研磨需要持续一段时间,直到形态、粒度和混合度有助于发生燃烧。减小尺寸所需的能量为

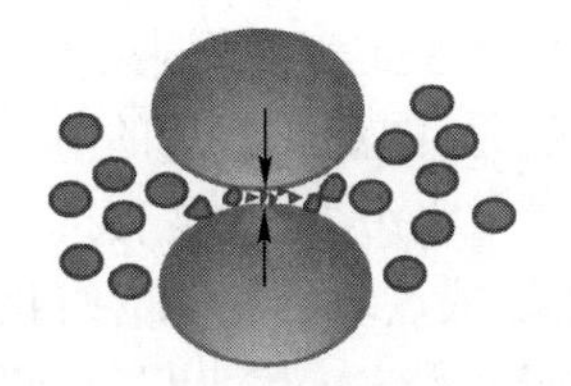
（a）单个脆性颗粒

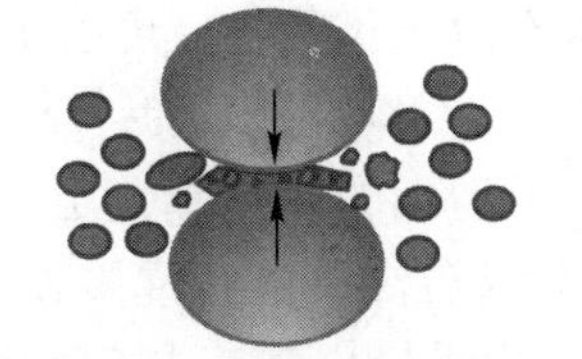
（b）韧性和脆性颗粒混合物

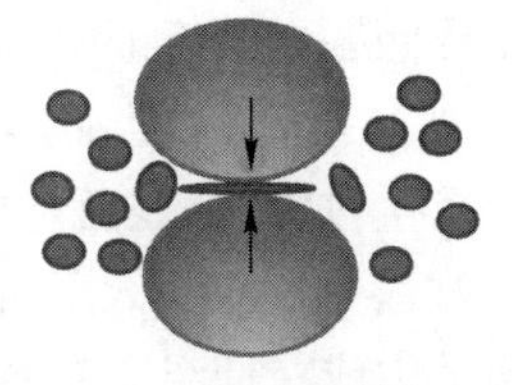
（c）单个韧性颗粒

图5.7 在高能机械研磨过程中截留的粉末颗粒引起的形态变化[23]（彩色版本见彩插）

$$E=\gamma \cdot \Delta S \tag{5.1}$$

式中：γ 为比表面能；ΔS 为比表面积的增量。

研磨机理通常分为早期、中间和稳态三个阶段。在研磨的早期阶段，颗粒较软，往往很容易黏结在一起，常常导致粒度增加/表面积减小。当研磨延展性较高的金属（如铝）时，这种现象尤其明显。在早期阶段的初期，颗粒往往以大长宽比的片状或层状复合材料的形式存在。对氧有高亲和力的金属（如铝、镁）以这种大的片状形态表现出自燃行为。随着研磨的进行，粉末开始变硬，与冷黏结相比，颗粒产生更高的断裂倾向。研磨的中间阶段是粒度逐渐减小。早期形成的大薄片就裂成较小的薄片，而复合材料混合的长度尺度则减小。研磨粉末初期的粉末粒度为

$$d=Kt^{(2/3)} \tag{5.2}$$

式中：t 为研磨时间；K 为常数[24]。

通常，粒度减小的速率与工艺时间成对数关系[22]，最终达到稳态。冷黏结时粒度增大的趋势等于压裂时粒度减小的趋势。在稳态下，尺寸减小不再对热力学有利，此时粒度达到下限 $d_{\min}$，但是可以进一步发生结构变形（如合金化）。给定系统所需的研磨时间长短取决于材料本身和特定的操作参数。生产自燃材料时，通常在薄片形成且粒度减小及机理起主导作用的早期或中间阶段（在高能球磨机中小于2h）停止研磨。

5.3.3 过程控制

1. 研磨机类型

市面上可以购买到数十种商业研磨机，它们在研磨介质、强度、容量和多功能性方面互不相同。由于 Suryanarayana[25] 对机械合金化进行了详细回顾，因此下面的讨论较为简短。大多数研磨机分为干法、湿法和低温法三类。湿磨机使用液体研磨介质（水性或有机溶剂）来帮助降低颗粒的表面能并防止冷黏结。然而，迄今为止，尚未证实湿合成法可大规模生产自燃纳米粉[26]。有机溶剂的使用、溶剂回收的复杂性以及合成的自燃材料的低稳定性仍然是湿法研磨存在

的主要问题。最近证明了用湿法研磨4~5h,可以使Al的特定表面积从0.5m^2/g增加到26.1m^2/g,从而形成了超薄的纳米薄片[26]。但是,湿法研磨后的薄片并不会发生自燃,其表面有一层新生的氧化铝壳层和碳化铝污染,这是有机溶剂干燥过程导致的。低温研磨与湿法研磨有许多类似的缺点。低温研磨直接在低温浴中或在低温夹套容器中进行。液氮或液氩用于使粉末变脆,以最大程度减少薄片形成和减小尺寸。与干法研磨相比,尽管湿法研磨和低温研磨可以使粉末的粒度更小,但粉末表面的污染仍然是制造自燃材料的瓶颈。

干法高能研磨设备最适合生产自燃材料。磨碎机是带有叶轮的卧式或立式滚筒,叶轮以非常高的速度旋转搅动,并给研磨介质和粉末提供能量。这些高能研磨机能够提供生产自燃材料所需的极端能量。市面上可以买到几种品牌的高能研磨机。但是,要制造自燃材料,必须采取一些预防措施,以避免材料过早氧化或老化。具体而言,Zoz Maschinenbau GmbH(德国)Simoloyer研磨机(图5.8)具有多种功能,使其成为用于自燃材料合成的大型高能研磨机。首先,可以严格控制Zoz Simoloyer研磨环境(空气、氩气、氮气、氢气)[27]。此外,所有粉末都可以在密闭容器中装入研磨容器或从研磨容器中排出,以便于进出手套箱。

图5.8 用Zoz Simoloyer CM01高能球磨设备制备自燃材料

在碰撞过程中,叶轮以非常高的速度(高达1800r/min,线性尖端速度为11m/s)水平旋转,在碰撞过程中,研磨介质的动能为

$$KE = 1/2mv^2 \tag{5.3}$$

式中:m为研磨球的质量;v为碰撞时介质的速度。

为了使传递到粉末上的能量达到最大,必须使碰撞频率(使用许多较小的球)和搅拌过程中的介质速度最大化。

2. 原料选择

选择原材料对于成功合成自燃材料至关重要。市售的纯金属、预合金粉和金属间化合物粉末通常用于自燃材料的机械研磨。粉末初始的粒度并不严格,通常为 1~200μm。刚开始,材料可以是球形、片状或不规则形状。尽管尺寸和形态并不重要,但粉末的质量至关重要。重要的是使原料中的氧气量最小化,以使最终产物中的氧气量最小化。还要注意的是,许多化学供应商通常以金属为基础给出金属粉末的纯度,这意味着他们没有公开其他杂质,如氧气或含氧陶瓷。

已知在惰性条件下研磨后会产生自燃特征的一些元素,包括铝、镁、铁、钛、锆、锌、锡、硼、硅和铪。这些元素的自燃特征(颜色、燃烧速度等)略有不同。研磨这些元素和许多其他元素(各种化学计量比)可以生产具有可调特征的自燃材料。这些自燃的纳米复合材料通常含有韧性金属(Al 或 Mg)片状基体,基体中嵌入了更硬、更脆的材料。制备自燃纳米复合材料时,可以采用一步或一系列步骤进行研磨,以精确调整颗粒的大小和混合长度尺度。

3. 时间和强度

自燃材料的研磨时间通常很短。该过程应留出足够的时间使新鲜的表面能够暴露出来,且保证尺寸减小和形态变化是均匀的(通常小于 2h)。研磨的强度应足够,以使在研磨室中不产生死区,并且在系统中传递的能量足够高以形成非平衡相。循环研磨(随时间上下调整强度)是一种有效的技术,可确保不会产生死区。例如,与其以 1600r/min 研磨 10min,不如运行两个 5min 的循环,其中转速在 4min 内保持在 1600r/min,然后 1min 内降至 1400r/min。搅拌器速度的反复变化有助于调节室内的颗粒流量。

4. 过程控制

通常,可以在研磨系统中添加润滑剂和表面活性剂,最大限度地减少冷黏结和结块的影响。这些材料称为过程控制剂(PCA),有助于机械研磨形成自燃材料。当易延展的金属颗粒发生塑性变形时,它们倾向于黏在一起并覆盖研磨介质和研磨腔室的表面。PCA 通过吸附在粉末表面(降低固体材料的表面能),使表面积增加(式(5.1)),从而缓解了这一问题。PCA 可以是气态、液态或固态,通常占粉末总装量的 1%~5%[22]。PCA 确实会造成粉末污染,并且在研磨过程中会整合到粉末的褶皱和夹杂物中。因此,应仔细选择 PCA,以免影响所需的自燃特性。

最受欢迎的 PCA 是有机蜡,如硬脂酸。这些蜡的分解温度较低,并且可以根据需要进行脱气。由于 PCA 的使用量很少,因此它们不会在研磨的金属颗粒上形成连续的涂层,通常不会阻碍燃烧反应。PCA 的用量和类型取决于金属的延展性、所需的形态、PCA 的化学和热稳定性以及纯度要求。含氧和氢的研磨环境通过在粉末表面形成一层硬的氧化物和氢化物层,使粉末脆化而破裂,从而充当 PCA[22,28]。

5. 介质

对于给定的系统,应优化研磨过程中使用的研磨介质的类型、大小和数量。不锈钢和氧化钇稳定的氧化锆(YSZ)因其足够坚硬且致密,是研磨介质的理想材料。当纯度非常高时,应在不锈钢上使用 YSZ。球的尺寸应足够小,以达到很高的碰撞频率,但其密度应足够大,以使它们仍然具有较大的质量(式(5.3))。通常,5mm 是安全的起始直径。较少的介质最终导致较小的粒度。球粉比(BPR)通常保持在 10:1 或 20:1,并且影响研磨时间,比率更高意味着研磨时间更短。研磨室的填充率也是一个重要参数。腔室应足够满以保证碰撞的频率,同时还应有足够的空隙,以使球在碰撞之前仍能够加速到更高速度。容器的 40%(体积)是标准腔室装料。

6. 大气

研磨机中保持有利于制造自燃材料的环境至关重要,即一种不含氧气和其他表面污染杂质的材料。确保系统中没有氧气的最佳方法是用惰性气体吹扫研磨和收集容器。氩气是最好的填充气体,因为即使在高温下,氩气的相对密度高且不易与粉末发生反应。也可以使用氦气和氮气,如果将氢气或氧气用作 PCA,则需要控制流量。所有粉末都应在惰性条件下转移和储存,以保持纯度。

7. 污染

大气中含有氧气,而氧气是破坏自燃材料的罪魁祸首,所以大气是导致污染的最重要因素。在研磨、转运和储存这些材料时可能吸收氧气。已知自燃材料会老化(即使在手套箱环境中),如果在颗粒表面上积聚了足够多的氧化物壳层,则会失去其自燃特性。研磨室、研磨机刀片和研磨介质也都有可能对粉末带来污染。大多数研磨机内衬采用超耐磨材料,以减少污染。但是,总会存在一定程度的污染。用于研磨室和介质的典型材料(按照污染增加的顺序)是氧化锆、碳化钨和硬化钢。对于短时间研磨的自燃材料,产品中的杂质含量通常不超过 1%~2%。污染程度随研磨时间的增加而增加,由于永远无法避免污染,因此应选择与产品兼容的研磨室和介质。此类污染物是否会造成问题取决于自燃材料的应用。

5.3.4 可调性

自燃材料的结构、物理和化学性质(参见 5.3.3 节)会影响材料反应后的热释放和可见特征。燃烧以及金属间的化学反应会提升热辐射。因此,任何影响这些反应的动力学和热力学性质都会反过来影响材料的特征。纳米材料的化学、物理和结构特性可以得到充分表征。对纳米材料特征进行的全面回顾参见文献[29],表 5.1 给出了对特殊考虑因素的简短描述。

表 5.1　分析自燃材料的表征技术和技巧

	技　术	性　质	设　备	分析自燃粉末(PP)的注意事项
结构性质	筛分分析	粒度分布	不同筛孔(目)尺寸的筛子	筛分必须在手套箱中进行
	气体吸附	表面积	表面积和孔径分析仪	在手套箱中装上样品单元对 PP 进行分析
				应使用粉末熔块将样品单元与大气隔离,直到将其装入仪器进行分析为止
	电子显微镜	大小、形态	扫描或透射电子显微镜(SEM/TEM)	当准备样品测量安装座时,PP 应用有机溶剂保持湿润
	动态光散射	粒度分布	粒度分析仪	在测量之前,PP 应当在有机溶剂中保持湿润
				液体介质必须与 PP 兼容(许多自燃金属会与水剧烈反应生成 H_2 气体)
	X 射线衍射	相位、微晶尺寸、晶格应变	X 射线衍射仪	PP 粉末应在手套箱中与凡士林或其他保护性介质混合,以防止在分析之前发生反应
				在后台测量中应考虑保护介质
化学性质	氧气分析	氧气含量(质量分数)	轻元素分析仪	样品坩埚应装在手套箱中用于与 PP 一起分析
	能量色散 X 射线光谱仪(EDS)	相位、混合长度	电子扫描电镜	当准备样品测量安装座时,PP 应用有机溶剂保持湿润
	燃烧测试	可见特征(燃烧时间,颜色等)	燃烧室	PP 可以保存在玻璃小瓶中,将玻璃小瓶破碎以使 PP 暴露在空气中
物理性质	热分析	质量变化	热重分析仪(TGA)	准备测量坩埚时,PP 应保持有机溶剂湿润
		相变、热流	差示扫描量热仪(DSC)	在测量燃烧响应之前,应在非常低的温度下除去溶剂

自燃材料的组成将决定辐射发射光谱,并由此决定热和可见的燃烧特征。其可见特征和颜色取决于所发射光子的波长和能量,每种颜色与离散波长相关。金属盐已经在烟火弹药的智能设计中使用了数十年,其特性是众所周知的。自燃材料应针对红外、可见光和紫外线的发射情况进行个性化设计。

组分、粒度、表面积、形态和混合度也会影响燃烧反应的强度和持续时间。

对氧具有高亲和力的自燃金属(如 Mg、Zr、Al、Ti)比低亲和力的金属反应更快,响应也更剧烈。粒度方面,较小的颗粒比较大的颗粒燃烧更快。筛分是一种将粉碎的粉末按尺寸分类,并调节燃烧速度的简单而有效的方法。尽管筛分自燃粉末必须在受保护的环境下进行,但它是一种调节燃烧时间的廉价且有效的方法。

在经过研磨的纳米复合材料中,金属间反应也对整体特征有贡献。改变复合物中金属颗粒混合长度就相当于改变其粒度,最终会影响材料的反应动力学。对于金属间反应中涉及的元素而言,小规模的混合(纳米级)是有利的,因为它确保了反应元素之间的良好接触。图 5.9 给出了四元自燃纳米复合材料的组成。更多的韧性元素(铝和镁)形成混合均匀的片状基体,其中较硬的元素(钛和铁)分散在其中。通常,研磨时间越长,导致的混合长度尺度就越短。对于由延性和脆性材料组成的纳米复合材料系统,由于在延展研磨过程中易延性材料倾向于吸收更多的能量,因此通常无法实现脆性材料的尺寸减小。所以,在对整个复合材料系统进行共同研磨之前,必须先研磨脆性成分以减小尺寸。

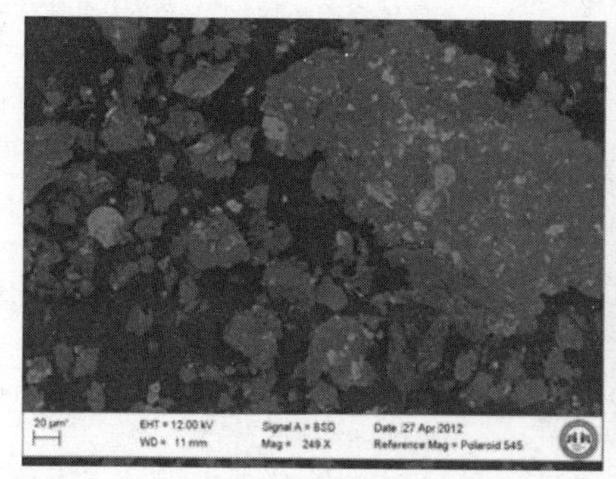

(a) 背向散射扫描电子显微图

(b) 铝(绿色)、镁(黄色)、铁(红色)和钛(蓝色)的四元自燃纳米复合材料组分

图 5.9 四元自燃纳米复合材料的组成[23]

5.4 涂层/基材

5.4.1 引言

本章讨论制造自燃和钝化纳米级粉末的加工方法。本节将概述目前正在使用或正在开发的用于形成自燃基材或结构的技术,主要侧重于自燃性 α 铁

(α-Fe)纳米级复合材料。铁是许多应用场合的首选自燃材料,因为它在纯度和氧化物形态方面都很丰富,而且氧化产物具有良好性质。除了用作自燃材料之外,反应性铁已经在许多不同的应用中使用了数十年(催化剂)。当暴露于氧气时,α 铁纳米粉具有很高的反应活性,气体的流动取决于粒度/比表面积[30]。自燃铁箔的一种应用是产生红外信号。该材料在此应用中称为固态燃烧发射体。

已经证明了用于生产铁基自燃基材与结构的不同前体材料和方法。本节不仅讨论生产技术,而且将讨论自燃基材和结构的燃烧响应数据。除了提出的制造自燃铁材料的方法外,还将讨论一种需要使用温碱溶液的化学浸出法形成高比表面积铁的技术。

5.4.2　基材/结构生产技术

1. 化学浸出

半个多世纪以来,使用化学浸出技术可以生产高比表面积的镍催化剂,用于制备兰尼(Raney)材料[31]。20 世纪 80 年代,这种加工方法普遍应用于其他材料(特别是铁)的生产。兰尼铁材料的专利可以追溯到 80 年代中期,该专利是基于此前数十年开发的技术[32]。合成兰尼铁的方法是一个多步骤的过程,需要使用高温和苛性溶液。通过加热和无氧环境,铝或锌向铁箔中开始扩散,形成合金箔材料[32]。然后将制得的合金暴露于温碱溶液(氢氧化钠或氢氧化钾)中,从合金中浸出铝或锌,从而生成高比表面积的薄箔。图 5.10 给出了用该方法生产的多孔铁箔的 SEM 图像。发明人要求可以将硼或其他燃料以低浓度添加至合金中,从而改善浸出后箔的燃烧响应。

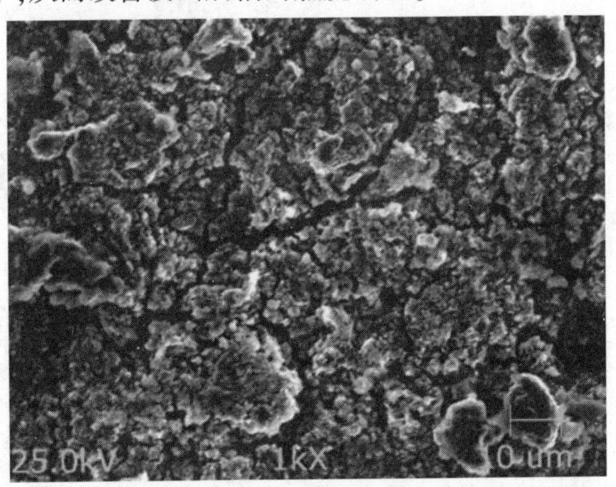

图 5.10　典型箔片在放大 1000 倍率下的扫描电子显微照片

Wilharm[33]对多孔铁箔的燃烧氧化反应进行了深入研究,推导出数学模型并进行了验证。Wilharm在论文中声称,纯多孔铁箔的唯一控制反应是铁与氧之间的反应。这得到了发明人的支持[32]。该数学模型生成的预测温度曲线与多孔铁箔燃烧实验结果相匹配。但Koch[34]在其出版物中指出,基材中存在一些会影响自燃响应的残留铝。目前,已经开发出了用于生产多孔铁箔的其他技术,但是关于该技术的公开信息极为有限。

2. 溶胶-凝胶技术

溶胶-凝胶工艺是材料学领域的一种传统技术,已经使用了一个多世纪,用于生产固体颗粒和多孔结构[35]。本章已经讨论了用于制造自燃纳米材料的各种技术。因此,本节仅简要介绍溶胶-凝胶法的使用以及用于形成自燃性基材的技术。应用Gash[36-37]的成果和传统溶胶-凝胶形成配方,Shende[38-41]小组制备了包覆多孔和非多孔基材的FeOOH凝胶。涂覆后,将FeOOH凝胶煅烧,使其在基材表面形成Fe_2O_3纳米颗粒。溶胶-凝胶工艺步骤如图5.11所示。采用溶胶-凝胶工艺对非孔钢基材进行涂覆处理,通过旋涂工艺或对多孔氧化铝基材在凝胶化之前进行浸涂处理。使用溶胶-凝胶技术涂覆有氧化铁纳米颗粒的多孔和非多孔基材的SEM显微照片如图5.12所示。

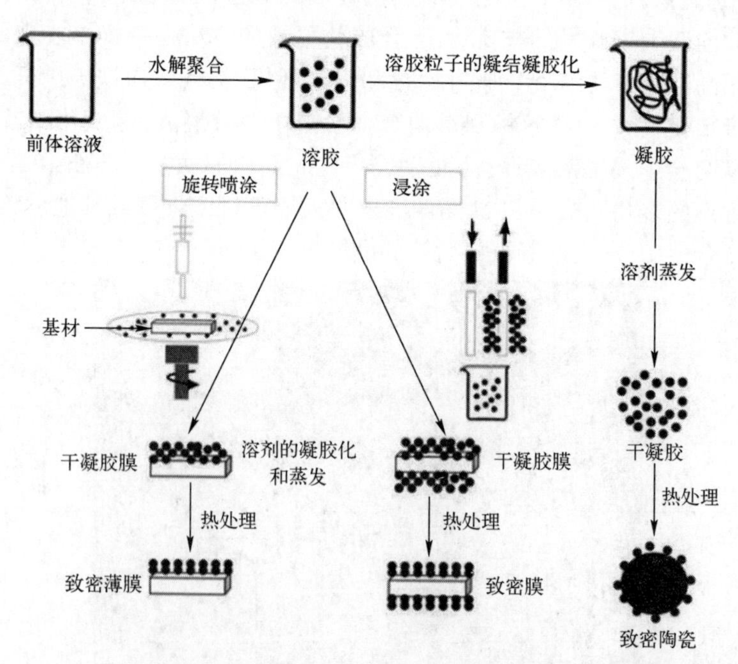

图5.11 两种溶胶-凝胶加工技术示例[74]

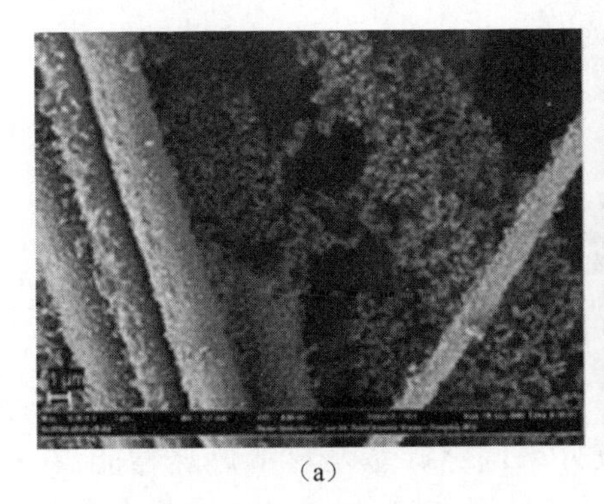

(a)

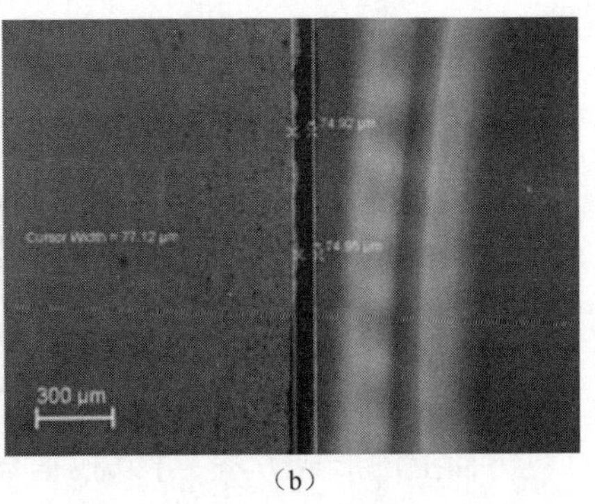

(b)

图5.12 使用溶胶-凝胶工艺[44]的多孔和非多孔基材的SEM显微照片

涂层和煅烧完成后,对基材进行氢活化,以使表面上生成自燃铁纳米颗粒[38-41]。氢活化后,多孔基材产生了燃烧反应,但是据报道仍然存在颗粒黏附于基材的问题。另外,旋涂的非多孔基材在氢活化后没有产生明显的燃烧反应。有人认为,这种响应不足的原因是涂覆在钢基材表面上的材料量和钢基材的高传热系数导致氧化反应猝灭。

3. 过滤

过滤是一种用于从液体中分离固体物质的机械过程。尽管该技术通常不用于基材的形成,但是可应用于使用所需材料悬浮浆液来制造基材。过滤技术可以用于两种多孔自支撑碳基基材的形成。该技术采用 Bucky paper™ 的概念,通过使用多壁碳纳米管和/或碳纤维以及在基体中添加纳米颗粒来形成自支撑碳基体。Doorenbos[42]和 Groven[43]详细介绍了生产方法。使用过滤的方法可以实现自下而上成型,在过滤之前,将氧化铁纳米颗粒悬浮在含有多壁碳纳米管和/或碳纤维的溶剂(水)中。为了确保形成无缺陷的均匀基材,要求将碳纳米管和纤维解束,同时要求纳米粉末在溶剂中有良好的分散性。事实证明,超声波棒是该应用的最佳技术之一。含有溶剂的材料悬浮液必须稳定(因为过滤过程可能需要数小时才能完成),通过添加分散剂使悬浮液保持稳定。

自下而上的生产方法可以形成两种类型的自支撑碳基基材。第一种基材称为非层状基材,需要三个工艺步骤:①氧化铁纳米颗粒和分散在水中的多壁碳纳米管/碳纤维复合浆料的制备及压力过滤;②将基材干燥后切成样品片;③氢活化。第二种类型的基材称为分层基材,需要经过五个工艺步骤,并由三个独立的层组成:①多壁碳纳米管/碳纤维浆料在水中的制备和过滤;②复合氧化铁纳米颗粒和多壁碳纳米管/碳纤维复合浆料在水中的制备和过滤;③多壁碳纳米管/碳纤维浆料在水中的制备和过滤;④将基材干燥并切成样品;⑤氢活化。两种基材如图 5.13 所示。

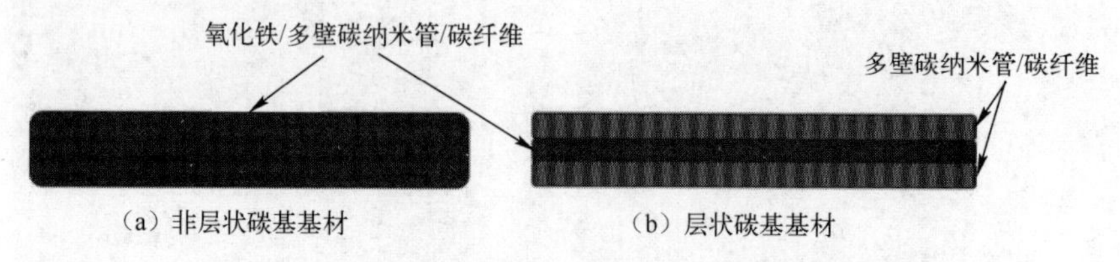

（a）非层状碳基基材　　（b）层状碳基基材

图 5.13　非层状和层状多孔碳基复合基材的直观表征

自下而上的形成方法，可以根据成分来调整碳基基材的燃烧性能，在过滤前调整铁含量或在浆料中添加燃料（如铝、硼、镁等），该方法允许在过滤之前将其加入浆液中。用这种方法生产的基材，其结构完整性有限，必须小心处理。

目前，对铁纳米颗粒的氧化反应动力学的研究已经取得突破，并见诸报道[44]。生产过程中的过滤压力会影响所制备的多孔碳基基材的反应动力学。用于纳米层状基材生产的典型压力为 20psi（$1\text{psi}=6.89\times10^3\text{Pa}$）。如果过滤压力大于 50psi，则基材的孔隙率降低，从而减少空气向基材中扩散。减少空气扩散到基材中可以减少或消除基材的自燃响应（图 5.14）。

图 5.14　通过压力过滤[44]在非层状基材的多壁碳纳米管基体内的氧化铁纳米颗粒的 SEM 图像（来源自 Zac Doorenbos 的博士论文）

4. 流延成型

流延成型技术又称刮刀法，是一种传统的陶瓷和金属加工技术，在工业上广泛用于制造大、薄、扁平的陶瓷或金属零件。使用流延成型的基材，其生坯密度取决于重力和干燥过程中黏合剂的收缩率。使用流延技术生产需要有效分散复合材料成分,这一点非常重要。根据系统的不同,可以使用不同的分散技术,如球磨或超声分散。Resodyn 公司开发了一种新的混合技术——声学混合——一种独特的混合形式,可在混合容器中提供均匀的剪切场[45]。这种独特混合技术即使在高黏度浆料中也能使组分实现微米级分散[45]。

可以增加自燃基材结构强度和环境适应性的加工技术受到极大关注。声学混合技术的应用使氧化铁纳米粉和陶瓷添加剂在高黏度黏合剂溶液(>15000cP)中均匀分散;然后将溶液流延成型并烘干,得到厚度为 0.014～0.026in(1in=2.54cm)的基材。陶瓷添加剂用于基材的形成,以保证去除有机黏合剂后基材的强度。为保证该强度,需要在活化之前对基材进行热处理或烧结。在陶瓷材料的加工工艺中,大量使用烧结技术将粉末固化成致密的部分,从而提高强度。复合基材使用长石、薄水铝石、膨润土、滑石(一水合硅酸镁)、蒙脱石、硅酸钠、硅酸锂和硅酸铝等陶瓷添加剂,其浓度为 5%～50%。经过一组初步的烧结实验,决定只使用不同的硅酸盐,根据强度、易于加工和热反应来形成复合基材。

5. 冷等静压

复合结构的生产还应用了粉末冶金和陶瓷加工中常见的另一种工艺。冷等静压(CIP)是一种极具吸引力的散装物料生产工艺,因为它允许通过等静压(全向)将粉末固结成任何形状。该技术的另一个优点是每个样品的总固结时间可能很短(在最大压力下,小于 1min)。CIP 用于带有 1in×1in×9in 软橡胶模具的氧化铁/陶瓷复合结构的形成。复合结构的 CIP 固结压力为 10000～45000psi。对于这些材料,较高的固结压力降低了结构的孔隙率,从而限制了燃烧反应。固结后,将生成横截面尺寸为 0.74in×0.77in 的、长度为几英寸的最终产品。如前所述,在活化之前需要对这些结构进行烧结,以确保在活化过程中保持结构的完整性。

5.4.3　动态燃烧特性

1. 碳基基材

应用这两种自下而上的成型技术可以得到多孔的自燃基材。在这两种技术中,非分层方法是最成功的基材成型方法。图 5.15 给出了碳基非层状基材的动态自燃响应。

2. 铁/陶瓷复合基材

通过使用红外高温计对铁/陶瓷复合基材在流动空气中的燃烧反应进行了动态分析。烧结温度和时间对基材的燃烧反应有显著影响。如前所述,铁的氧化反应动力学很大程度上取决于材料的粒度/比表面积。如果烧结过程过长,即使后续进行了氢活化,晶粒的生长和粒度的减小也会降低或消除基材的自燃响应。一般来说,在最高温度下烧结时间越短,燃烧反应越好(<60min)。根据加热和冷却速度的不同,总烧结时间为2~20h。需要较低的加热速率(<1℃/min),以确保基材在去除黏合剂和烧结过程中不开裂。在所有测试的陶瓷添加剂中,硅酸盐陶瓷基材的性能最好,而硅酸铝基材具有最佳强度和易加工性。图5.16给出了五种铁/陶瓷复合基材的动态自燃响应。

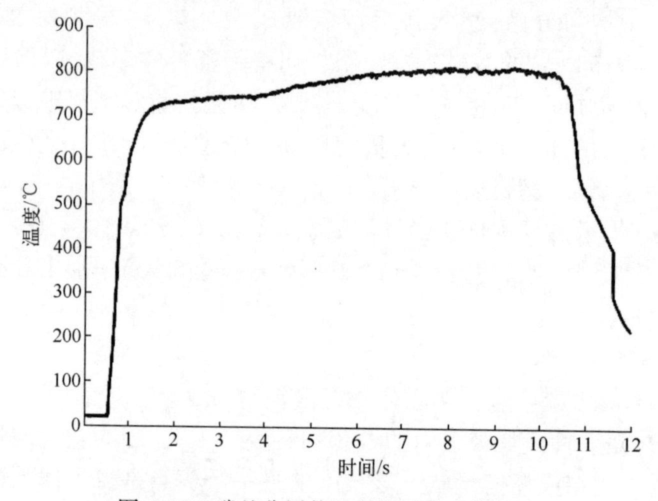

图5.15　碳基非层状基材的动态自燃响应

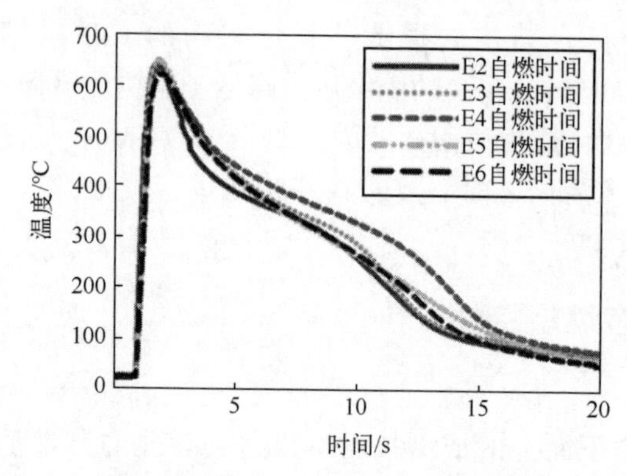

图5.16　五种铁/陶瓷(硅酸铝)复合基材的动态燃烧特性(彩色版本见彩插)

3. 铁/陶瓷复合结构

通过使用双色红外高温计测量了活化铁/陶瓷复合结构的动态燃烧特性,所选数据如图5.17所示。样品块暴露在氧气中时的最高燃烧温度为113℃。在为这些复合结构开发应用程序之前,需要进一步研究在保持结构完整性的同时增加结构孔隙度的相关技术。

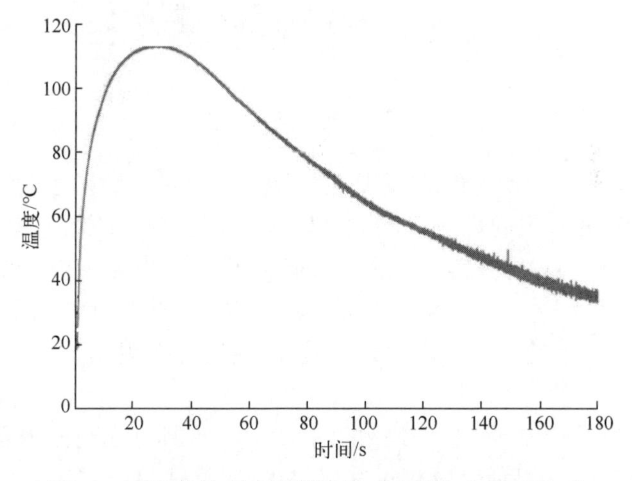

图5.17 铁/陶瓷复合材料块的动态燃烧曲线，压力为15000psi，在流动的氢气中还原5h

5.4.4 通过增加三级反应实现可调性

利用传统的铝热反应可以进一步调整碳基基材的燃烧特性。铁基材的最高燃烧温度不应超过1000℃。考虑将铝、硅或硼等燃料加入基材使铁在氧化后发生二次铝热剂反应。这种情况下，使用研磨技术生产的片状铝，其特定的表面积约为$17m^2/g$，活性铝含量为84%，为便于在水中进行处理，需要添加到碳基基材以及pH缓冲液中。图5.18给出了添加了铝的非层状碳基基材的动态燃烧曲线。

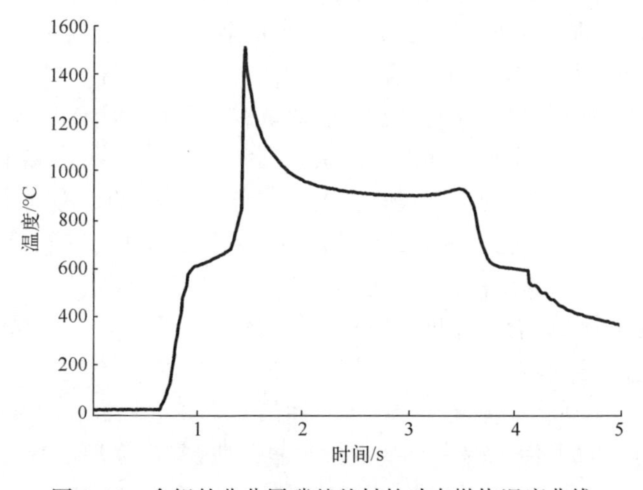

图5.18 含铝的非分层碳基基材的动态燃烧温度曲线

5.5 自燃泡沫材料

5.5.1 引言

正如本章前几节所讨论的,金属粉末颗粒的能量特性在很大程度上受其颗粒大小和相关表面积的影响。例如,铁粉与空气直接接触时,如果其粒度在18~20nm[46]范围内,即其表面积大于6m^2/g,则表现出极高的自燃性[47-48]。显然,对于任何金属粉末,其粒度和表面积是决定其能量特性的两个重要参数,但它们不一定是独立的变量。表面积是粒度的函数,但是除了减小粒度外,还有其他方法可以获得高表面积。

已经证明,还有许多其他类型的纳米结构,也具有极高的表面积和某种程度上的能量特征,包括所有物理尺寸较小(零尺寸或零维)的纳米金属颗粒、一维的纳米线和纳米棒[49-50]、二维的薄片或薄膜[51-54]以及具有相互连接的骨架结构的高多孔泡沫(三维),如泡沫金属[55]和活性炭[56]。然而,迄今为止,应用于高能金属材料领域的许多开发工作仅限于纳米金属粉末。金属材料的后一种形态常被忽略,很少有关于其在高能领域应用的文献报道。

5.5.2 金属泡沫

众所周知,金属泡沫,尤其是铝泡沫,具有相互连接的框架结构[55,57-58],目前,也很容易购买到各种不同孔隙率、表面积、壁厚和结构形态的商业化产品。众所周知,这些金属泡沫材料具有许多致密材料所不具备的物理和力学性能。例如,这类材料的密度比实体结构的密度小得多,却具有很高的比强度和刚度。它们是很好的阻尼材料,能够高度吸收冲击能、振动和声音。

这些特性使得金属泡沫材料在工业领域有非常好的应用前景,特别是在汽车和建筑领域。根据金属最初的物理状态(固态或液态),有许多用于制造金属泡沫的传统冶金工艺。可以通过直接把气体、释放气体的发泡剂注入熔融的金属液体中,或通过产生过饱和的金属溶液和气体溶液直接发泡[55]来制造金属泡沫。金属粉末也可以用作金属泡沫的制造原材料,在受控的加热过程中[57]将其与发泡剂形成混合物并进行发泡。采用粉末冶金工艺[55]制备铝泡沫的过程中,铝粉与钛氢化物(TiH_2)粉混合均匀,TiH_2作为发泡剂,在铝熔点附近分解释放出氢气。然后将前体混合物压实并加热至略高于其熔点的温度,使其熔化并释放出气体,随后液化的高黏度金属浆料膨胀,并最终形成具有高孔隙率的铝泡沫结构。目前已证实,各种制造参数如混合物组分、压实压力、发泡温度对铝泡沫的结构性能至关重要。金属泡沫材料通过自蔓延高温合成法(SHS)来制备也已被证明其可行性[58-59],目标泡沫产品合成首先通过对含有前体化学品的烟火配方柱形物进行点加热,并以具有恒定化学当量的放热反应波稳定透过柱形物的连贯各截面来持续进行。例如,Kobashi 最近证实了通过将钛和碳化硼(761kJ/mol 碳化硼)的高放热反应作为反应剂,采用自蔓延发泡工艺生产铝-镍合金泡沫的可行性[59],如图 5.19 所示。可以通过调整反应物的组成和分布来控制材料的微观结构,材料的孔隙率取决于反应剂在合成基体中所占的比例,合成基体中主要含有单质粉末吸收的氢。

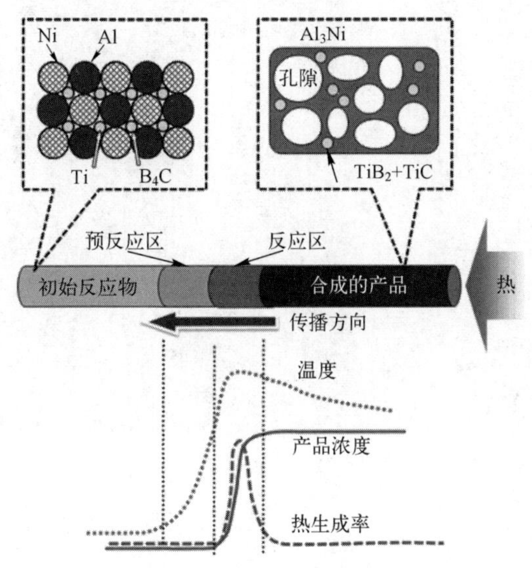

图 5.19　采用自蔓延发泡工艺用分子筛合成多孔 Al-Ni 金属间化合物[59](彩色版本见彩插)

尽管取得了这一进展,但是迄今为止生产的大多数金属泡沫材料还是应用于整体结构特性(如强度和刚度)至关重要的领域中。据我们所知,介绍高能领域中使用金属泡沫材料的资料非常有限。

在含能领域,大多数已知的金属泡沫材料缺乏规定壁厚的分层微/纳米级结构,因此采用金属泡沫材料很难达到含能材料配方所需的均匀性。之前已经讨论了将具有分层微/纳米级结构的这种泡沫金属开发成含能材料的一些机会[60],Gash 披露的一种方法是在周围环境条件下生产高能多孔金属材料的重大尝试[53],结果表明,通过溶胶-凝胶法可以制备出具有较高表面积的多孔性和自燃性铁材料。首先在水溶液中制备纳米金属氧基凝胶,然后将其干燥,通过大气蒸发或二氧化碳超临界萃取分别制备干凝胶和气凝胶。在还原性气体中对干凝胶(或气凝胶)进一步热处理,形成多孔的铁材料,该材料具有较高的表面积,并可通过火焰等热源点燃。有人指出,溶胶-凝胶合成路径是非常有吸引力的,它为合成具有不同成分、形态和密度的均匀材料提供了一种低温替代方法。

最近,Schaedler 报道了一种金属微晶格的合成材料(图 5.20),这是一种密度低至 0.9kg/m^{3}的超轻金属泡沫材料,其填充空气的体积接近 99.99%[61]。这种材料被认为是科学上已知的、最轻的结构材料之一。

图 5.20　由蒲公英种子头支撑的互连空心管金属“微晶格”结构[61]
(图片由 Dan Little© HRL Laboratories, LLC 提供)

为了制备金属微晶格这种材料,首先要准备一个大型的独立三维聚合物晶格模板,然后通过化学方法在模板表面镀上一层金属薄膜,随后将模板再腐蚀掉,留下一个独立的多孔泡沫金属结构。据报道,最初的金属微晶格样品由镍磷合金制成,该合金由直径约 100μm、壁厚接近 100nm 相互连接的空心支柱网络组成。观察到这些金属微晶格具有与弹性体相似的超弹性,其形状在压缩后可以完全恢复,从而使其具有比其他已知的超轻非金属材料(如二氧化硅气凝胶和气蚀性石墨[62],这些材料在本质上是易碎的)更为明显的优势。这些金属微晶格的潜在应用领域包括热绝缘和振动绝缘,如减震器、弹簧储能装置、电池电极以及催化剂载体等。作为一种潜在的含能材料,研究它的燃烧特性一定会非常有趣。

5.5.3　金属复合泡沫

通常,碳被认为是非金属材料,但就其含能特性而言,它可以与许多金属材料相媲美,这使它有可能改进各种金属结构的构造。在已知的碳同素异形体中,如无定形碳、石墨、钻石,以及新发现的布基球、碳纳米管、碳纳米芽、纳米纤维等富勒烯[63]中,无定形碳是最常见的形式,是炭、油烟(煤烟)和活性炭等物质的主要成分。早在1000多年前,人们就知道某些形式的碳是高度易燃的,甚至在某些条件下有可能会发生自燃,碳的这种形式可以用作产生能量的燃料,如黑火药、硝酸钾(硝化石)、木炭和硫的独特混合物[64]。除了已知的微孔小于1nm、表面积极大的碳材料之外,几十年来还开发了一种新型的具有更大孔隙结构的碳泡沫材料[65]。通常,这些碳泡沫材料在最终碳化和石墨化之前要通过"吹塑"工艺,将热固性聚合物、中间相沥青或其他替代前体进行热解制备而成[66-67]。最近,橡树岭国家实验室(ORNL)开发了一种不需要用传统"吹塑"及稳定步骤的制造工艺[67],如图5.21所示,用该方法获得的泡沫具有石墨的性质,开放式单元结构包括对质量输送非常重要的大空腔和通道。通过测量,这些泡沫的密度为0.2~0.6g/cm^3。

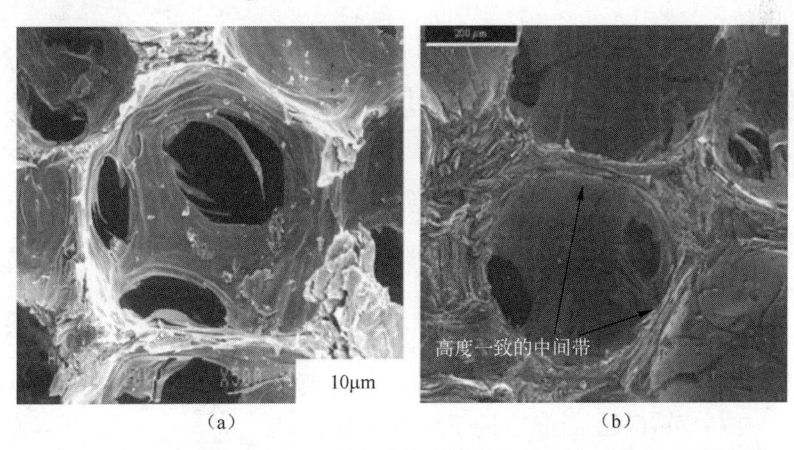

(a)　　　　(b)

图5.21　通过常规"吹塑"工艺生产的碳泡沫和中间相沥青基碳泡沫[67]

由于其重量轻、热导率高和热膨胀率低,ORNL的碳泡沫已在许多航空航天和工业应用中进行了评估,包括隔热、冲击吸收、催化剂载体以及金属和气体过滤。进一步评估那些碳泡沫材料作为含能材料的潜在应用,无论是作为燃料还是作为金属燃料、氧化剂和其他含能成分的含能主体都是非常意义的。

一直以来,人们都认为将金属元素掺入高孔隙率的碳泡沫中是生产能量特性更强的复合材料的有效方法。Gash最近介绍了一种用于制造高自燃性金属碳泡沫的工艺[68],该工艺首先生产出碳单块,然后在二氧化碳气体或蒸汽中热活化,形成微孔和大孔双模孔结构的泡沫结构。接着对水溶液或非水金属盐溶液进行液体浸渍,将铁、铂、钛、镍、锡和/或锆的金属离子加载到碳泡沫的孔中,再在碳酸钠存在下进一步热处理。化学还原剂如惰性载气中的氢气或一氧化碳可将金属离子还原为金属颗粒。据报道，所得到的金属-碳复合泡沫暴露于空气时可发生自燃，并持续燃烧。有报道指出，金属含量是表征金属-碳复合泡沫材料能量性能的一个特定参数。以金属铁为例，铁-碳复合泡沫只有在铁的含量大于3%时才会自燃。然而，金属离子的负载水平是由其孔隙率决定的，在这样的碳泡沫中，孔隙率主要是微孔，其通道小于1.0nm，这是活性炭的典型特征。而这一特性严重阻碍了前驱体铁元素进入现有的狭窄活性炭通道，同时也严重阻碍了空气中氧的进入，使得自燃材料与氧不能充分接触，限制了材料的自燃。这类材料在过去的报道中大多是作为催化剂而不是自燃材料。

最近发现了一种新的一锅合成方法，用于生产极易自燃的泡沫材料，该方法可同时生成自燃金属颗粒和自燃碳基体[69]。如图5.22所示，首先将前驱体金属分子（如草酸铁脱水）充分分散并锁定在聚合物基体（如热固性聚合物）中，然后进行热处理，以在特制的空腔和（聚合物基体碳化形成的）通道中生成自燃铁颗粒。

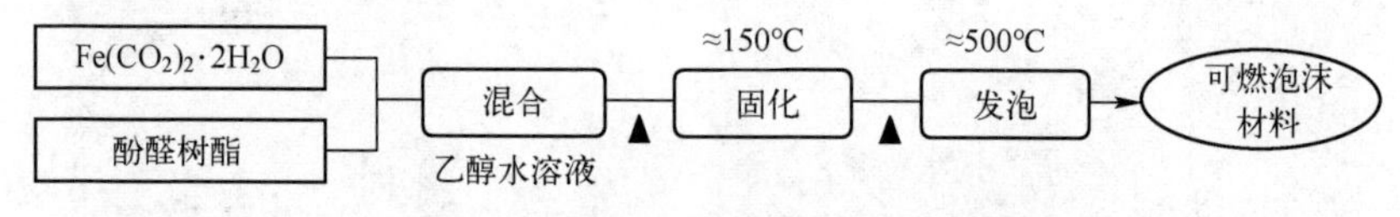

图5.22　制备高自燃性泡沫材料的过程

由于前驱体金属铁分子或团簇的分解和聚合物基体的碳化同时发生，充分利用了这些化学反应之间的协同作用。分解产生的气体产物用作聚合物基体碳化的发泡剂和活化剂，而不断生成的碳基体也不断地容纳新形成的自燃铁颗粒。当暴露在空气中时，这些泡沫材料可以发生强烈的燃烧；自燃的铁颗粒和碳基体都是高度易燃的，并且有助于总热量输出。

最后，可以根据材料的物理特性（如孔隙率、孔径、比表面积）很好地预测自燃泡沫材料的温度和辐射能量。如果能对自燃泡沫的扩散质量、热传递和化学反应进一步研究，将为含能材料领域提供更大的支撑，这可能会有助于燃烧数学模型的进一步发展。

5.6　安全注意事项

5.6.1　安全，处理和表征

纳米技术最初10~20年的研究使材料学、物理、化学等领域产生了巨大的突破。在纳米尺度上对材料的控制已经使人们意识到“存在很大空间有待发掘”[70]。纳米技术的飞速发展很快带来了数十亿美元的研究资金投入,美国目前每年的投资均超过 10 亿美元,自 2001 年国家纳米技术倡议(NNI)建立以来,投资总额超过 200 亿美元[71]。令人遗憾的是,关于这些材料对环境、健康和安全(EHS)方面是否存在影响的考虑大部分是事后才意识到的,直到最近,用于研究纳米材料对 EHS 影响因素的经费才有所增加。这项研究大部分集中在吸入、皮肤接触或摄入纳米材料对健康的潜在影响。疾病控制和预防中心(CDC)及国家职业安全与健康研究所(NIOSH)已对纳米材料的环境、安全和职业危害(ESOH)进行了全面调查,并提供了最佳实践指南[72]。纳米材料是一种需要评估的复杂材料,因为它将大量材料纳入一个类别,唯一的限定是其特征尺寸在 1~100nm 范围内。这包括离散的纳米颗粒(如量子点)、一维棒/纤维(如碳纳米管)、二维薄片(如石墨烯)和三维(如布基球)。如此复杂的材料类别需要系统的方法进行正确的评估。Collier[3] 给出了这样做的一个框架。

自燃纳米材料是一类更小的材料类别,因此从安全的角度来看更易于管理。总的来说,本章已经讨论了很多此类材料。此类纳米材料要考虑的主要安全因素是易燃性。对于未钝化的纳米金属粉来说,这毋庸置疑。但是,对于钝化良好的材料也必须采取同样的预防措施。我们必须提醒自己,这些颗粒通常只有几纳米厚度的保护外壳层来避免其进一步氧化。但是,这些钝化层是否能够有效防止自燃是很难预测的,主要是因为钝化层是否会被打开具有不确定性,而钝化层在整个颗粒上的不均匀性,甚至还有一些元素(如锆)新生的氧化物壳层有很多的孔,还有粉末在合成过程中会发生团聚而导致互连区域没有钝化,这些都为预测钝化层是否能够有效防止自燃增加了难度。如果这些区域破裂,则高度自燃的金属表面会暴露出来,并增加着火的可能性。与所有易燃材料一样,即使一个小火花也可能导致连锁反应,整个样品都将燃烧。

下面给出了一些处理/存储自燃纳米材料的通用准则:

(1) 尽可能将自燃材料存放在惰性气体手套箱中。

(2) 理论上,尽可能减少每个药筒中储存的粉末的量,以使任何事故都会被控制在最小的范围内。

(3) 尽量使用玻璃或金属罐储存,以最大限度地减少火势蔓延到罐外的可能性。

(4) 如果必须将自燃材料暴露于空气中,就缓慢将空气引入罐中。可以通过以下方法进行操作:稍微松开瓶盖,然后多次重新盖紧瓶盖,以使氧气缓慢进入罐内,钝化活性表面。

(5) 一定要有 D 类灭火器,或某种干粉灭火剂。如果没有其他可用的东西,甚至可以使用沙子。千万不要用水来扑灭涉及金属粉末的火灾,这会加速反应并导致氢气的产生。

需要注意的是,纳米级粉末还需要配备与非自燃性粉末相同的个人保护设备(PPE),以防止吸入粉末或粉末与皮肤接触。

由于易燃性的危害,还需要特别考虑自燃含能材料的特性。自燃材料具有多种化学和物理特性,包括反应性、尺寸、表面积、形态、相和氧含量。传统的纳米材料表征技术的相关细节可以参见文献中[29],此处不讨论该技术的相关理论。下一节将讨论如何调整传统技术来处理自燃材料。只要有可能,所有的材料都应该在惰性环境(如手套箱)中储存、转运和处理。如果需要暴露在空气中,自燃材料必须用有机溶剂或其他兼容的溶剂浸湿,以防止燃烧。表 5.1 总结了自燃材料的关键表征技术和技巧。

金属粉末在空气中自燃的可能性在很大程度上取决于其表面-体积比和颗粒大小。测量表面积和粒度可以采用多种技术手段,包括气体吸附、动态光散射和电子显微镜。需要注意的是,由于研磨后的颗粒(和其他颗粒)通常不是球形,因此很难直接从比表面积[29]计算出颗粒的大小。在分析气体吸附和光散射数据时,应考虑颗粒的长宽比。扫描电子显微镜是分析颗粒形态的有效工具。当与 EDS 结合使用时,SEM 分析还可以提供有关相含量和混合长度尺度的信息。

X 射线衍射、热分析和氧分析都是分析自燃材料反应前后材料特性的关键技术。反应机理(元素燃烧与金属间反应)可以通过分析暴露于氧气后形成的产物来确定。氧分析在评价自燃材料的质量和老化特性方面也特别有用。没有一种技术可以给出给定材料的所有特性。因此,重要将这些技术中的每一种都看作大型工具包中的一个工具。一个测试的结果可能有助于解释另一个测试的结果。最好的方法是采用所掌握的所有分析技术,并综合结果,为材料建立一个可靠的特性谱系。对自燃材料的特性了解得越多,越能确定其能量反应,就越能在纳米尺度上巧妙地控制这些材料,以便可以更好地应用这些材料。

随着自燃纳米材料逐步走向应用,人们已经开始研究这些材料燃烧后的性质。这是了解自燃材料从合成到燃烧后的整个寿命周期的一项非常重要的工作。尽管燃烧后的材料含有纳米材料的可能性很小,但是也要对纳米材料进行这方面的安全考虑。至少在自燃纳米材料用于纳米铝热底漆时的一个案例中,Poda[73]能够证明燃烧后得到的材料仅由微米级粉末组成。无论是在推进剂、炸药还是烟火技术中,每个具体应用都必须继续进行此类研究。许多应用涉及士兵或平民可能接触到废弃材料的场景,因此需要了解这些材料在所有情况下的性质。

5.7 结　　论

本章回顾了一类较新的含能材料,称为自燃纳米材料。这些材料利用了纳米尺度(1~100nm)所固有的独特性质,即高表面积,因此具有高反应活性。这些材料可以通过自下而上(如纳米级粉末、泡沫)以及自上而下(如机械研磨、化学浸出)的方法来合成。这些材料一旦合成,其本身就具有自燃性,因此在转运和储存时都要考虑安全问题。同时还讨论了临时和半永久钝化的方法。最后详细介绍了自燃材料的表征技术。

参考文献

[1] www. merriam-webster. com

[2] www. osha. gov/dsg/hazcom/ghd053107. html

[3] Collier ZA,Kennedy AJ,Poda AR,Cuddy MF,Moser RD,MacCuspie RI,Harmon A,Plourde K,Haines CD,Steevens JA(2015)J Nanopart Res 17:1

[4] Haines CD(2006)US Army ARDEC Laboratory notebooks. Unpublished work

[5] Klabunde KJ,Stark J,Koper O(1996)J Phys Chem 100:12142

[6] De Luca LT,Galfetti L,Severini F,Meda L,Marra G,Vorozhtsov AB,Sedoi VS,Babuk VA (2005)Combust Explos Shock Waves 41:680

[7] Brousseau P,Dorsett HE,Cliff MD,Anderson CJ(2002)In:Proceedings 12th international detonation symposium 11

[8] Shende R,Doorenbos Z,Vats A,Puszynski J,Kapoor D,Martin D,Haines C(2008)In:Proceedings 26th Army science conference

[9] Bouillard J,Vignes A,Dufaud O,Perrin L,Thomas D(2010)J Hazard Mat 181:873

[10] Ivanov GV,Tepper F(1997)In:Kuo KK(ed)Challenges in propellants and combustion:100 years after nobel. Begell House,New York,p 636

[11] Pivkina A,Ivanov D,Frolov Y,Mudretsova S,Nickolskaya A,Schoonman J(2006)J Therm Anal Calorimetry 86:733

[12] Haines CD,Martin DG,Kapoor D,Paras JP,Carpenter RC(2011)Technical report ARMET-TR-10020. www. dtic. mil/cgi-bin/GetTRDoc?AD=ADA584507

[13] Jouet RJ,Warren AD,Rosenberg DM,Bellitto VJ,Park K,Zachariah MR(2005)Chem Mater 17:2987

[14] Foley TJ, Johnson CE, Higa KT(2005)Chem Mater 17:4086

[15] Crouse C(2012)UES, Inc. on Army SBIR A112-089, Innovative passivation technologies for aluminum nanoparticles. Unpublished work

[16] Huber DL(2005)Small 1:482

[17] Troost ML, Hautefeuille(1875)Phil Mag 49:413

[18] Guo L, Huang Q, Li X, Yang S(2001)Phys Chem Chem Phys 3:1661

[19] Farrell D, Majetich SA, Wilcoxon JP(2003)J Phys Chem B 107:11022

[20] Shende R, Vats A, Doorenbos Z, Kapoor D, Haines C, Martin D(2008)Proc NSTI-Nanotech 1:692

[21] Baldi A(1984)US Patent 4,435,481

[22] Suryanarayana C(2001)Progress Mat Sci 46:1

[23] Davis RM, McDermott B, Koch CC(1998)Metall Trans A 19:2867

[24] Li S, Wang K, Sun L, Wang Z(1992)Scripta Metall Mater 27:437

[25] Suryanarayana C(1998)ASPM Handbook 7:80

[26] Puszynski JA, Groven LJ(2010)In: Altavilla C, Ciliberto E(eds)Inorganic nanoparticles: synthesis, applications, and perspectives. CRC Press, Boca Raton, vol 133

[27] http://www.zoz-gmbh.de/_ENGLISCH/content/view/36/49/lang,en/

[28] André B, Coulet MV, Esposito PH, Rufino B, Denoyel R(2013)Mater Lett 110:108

[29] Cao G(2004)Nanostructures and nanomaterials: synthesis, properties, and applications. Imperial College Press, London

[30] Schmitt C(1996)Pyrophoric materials handbook. Towson State University

[31] Adkins H, Billica HR(1948)J Am Chem Soc 70:695

[32] Baldi A(1990)US Patent 4,895,609

[33] Wilharm GK(2003)Propellants, explosives. Pyrotechnics 28:296

[34] Koch EC(2006)Propellants Explos Pyrotech 31:3

[35] Hench LL, West JK(1990)West Chem Rev 90:33

[36] Simpson RL, Gash AE, Hubble W, Stevenson B, Satcher JH, Metcalf P(2003)Safe and Environmentally Acceptable Sol-Gel-Derived Pyrophoric Pyrotechnics(SERDP Final Report) Livermore, CA: Lawrence Livermore National Laboratory, pp 1276

[37] Gash AE, Satcher JR JH, Simpson RL(2006)US Patent Application 11/165,734

[38] Shende R, Vats A, Kapoor D, Puszynski J(2007)In: Proceedings AIChE annual conference, Salt Lake City, UT

[39] Shende R, Vats A, Doorenbos Z, Kapoor D, Haines C, Martin D, Puszynski J(2008)NSTI-Nanotech 1:692

[40] Shende R, Doorenbos Z, Vats A, Puszynski J, Kapoor D, Martin D, Haines C(2008)In: Proceedings 26th Annual Army Science Conference

[41] Carles V, Alphonse P, Tailhades P, Rousset A(1999)Thermochim Acta 334:107

[42] Doorenbos Z, Groven L, Haines C, Kapoor D, Puszynski JA(2010)AIChE annual meeting.

Salt Lake City,UT
[43] Groven L,Doorenbos Z,Puszynski J,Haines C,Kapoor D(2010)27th Army science conference. Orlando,FL
[44] Doorenbos ZD(2010)Size classification,processing & reactivity of nanoenergetic materials. Doctoral Dissertation,South Dakota School Mines & Tech
[45] http://www. resodynmixers. com/technologies/
[46] Folmanis GE,Ivanova VS(2002)Metallurgist. New York,NY,United States(translation of Metallurg. Moscow,Russian Federation)vol 46,p 244
[47] Evans JP,Borland W,Mardon PG(1976)Powder Metallurg 19:17
[48] Watt GW,Jenkins WA(1951)J Am Chem Soc 73:3275
[49] Hu L,Wu H,Cui Y(2011)MRS Bull 36:760
[50] Miao L,Bhethanabotla VR,Joseph B(2005)Phys Rev 72:134109
[51] Umbrajkar S,Trunov MA,Schoenitz M,Dreizin EL,Broad R(2007)Propellants,Explos,Pyrotech 32:32
[52] Rose JE,Elstrodt D,Puszynski JA(2003)US Patent 6,663,731
[53] Gash AE,Satcher JH,Simpson RL(2006)US Patent Application US 2006/0042417 A1
[54] Callaway JD,Towning JN,Cook R,Smith P,McCartney DG,Horlock AJ(2009)PCT Int Appl WO 2009127813 A1 20091022
[55] Hunt EM,Pantoya ML,Jouet RJ(2006)Intermetallics 14:620
[56] Ahmadpour A,Do DD(1997)Carbon 35:1723
[57] Orru R,Cao G,Munir ZA(1999)Metall Mat Trans A:Phys Metallurg Mat Sci 30:1101
[58] Turnbull T(2008)Self-propagating high-temperature synthesis of aluminum-titanium metallic foams. Senior Thesis,Texas Tech University
[59] Kobashi M,Kanetake N(2009)Materials 2:2360
[60] DTIC report,(submitted),Citation Number 228425
[61] Schaedler TA,Jacobsen AJ,Torrents A,Sorensen AE,Lian J,Greer JR,Valdevit L,Carter WB(2011)Science 334:962
[62] Mecklenburg M,Schuchardt A,Mishra YK,Kaps S,Adelung R,Lotnyk A,Kienle L,Schulte K(2012)Adv Mater 24:3486
[63] Geckeler KE,Samal S(1999)Polym Int 48:743
[64] Conkling J,Mocella C(2010)Chemistry of pyrotechnics:basic principles and theory,2nd edn. CRC Press,Boca Raton,pp 1-7
[65] Ford W(1964)US Patent 3,121,050
[66] Stiller AH,Stansberry PG,Zondlo JW,US Patent 5,888,469
[67] Klett J(2000)US Patent 6,033,506
[68] Gash AE,Satcher JH,Simpson RL,Baumann TF,Worsley,M US Patent 8,172,964
[69] Luan Z,Mills KC,Morris LA,Haines CD(2017)US patent application 2017/0137340
[70] Feynman R(1960)Caltech Eng Sci 23:22

[71] www. nano. gov(2017)

[72] Approaches to Safe Nanotechnology, DHHS(NIOSH) Publication No. 2009-125. Available at www. cdc. gov/niosh

[73] Poda AR, Moser RD, Cuddy MF, Doorenbos Z, Lafferty BJ(2013) J Nanomater Mol Nanotechnol 2:1

[74] Kołodziejczak-Radzimska A, Jesionowski T(2014) Materials 7:2833

第6章　高氯酸铵复合推进剂火焰结构与燃速的关系

Sarah Isert, Steven F. Son

摘　要: 推进剂的燃烧速率是火箭发动机设计最需要的参数之一。众所周知,推进剂的燃烧速率与位于推进剂表面上方的微型火焰结构有关。高氯酸铵(CAP)复合推进剂的火焰结构和燃烧速率在很大程度上取决于高氯酸铵的粒度、推进剂的配方和燃烧室的压强三个因素。随着AP粒度的减小和燃烧室压强的增加,推进剂的燃烧速率通常会变得更高。当微型火焰结构位于推进剂表面上方较平均的更高位时,因向推进剂表面的热反馈减少,推进剂燃烧速度将变慢。向推进剂中添加燃速调节剂也可改变火焰结构,从而改变燃烧速率。目前,用参混+测试的方法研制推进剂可以获得其燃烧速率和用于计算机模型的物理参数。但是,这种方法一方面极度依赖于经验,另一方面需要大量的时间和成本,所以并非最佳方案。理想情况下,建模人员应该能够对配方的燃烧速率做出先验预测,但目前离预测还差得很远。建模人员希望创建高度逼真的计算机模型来模拟燃烧的火箭推进剂,近年来取得了很大进展。然而,在复合推进剂方面,因对其实际火焰的结构知之甚少,所以进展非常有限。了解火焰结构随压力和推进剂配方变化,不仅有助于验证这些高仿真计算机模型,而且将为推进剂配方设计者寻求使用替代成分和方法提供参考。本章试图对有关高氯酸铵复合推进剂火焰结构的现有数据,以及微型火焰结构如何影响整体燃烧速率等问题进行探讨。回顾了现有模型及其应用情况,包括模型的简化以及目前可以用于测量最终扩散火焰的最新方法。尽管距离达到真正预测推进剂燃烧速率并指导其设计的最终目标还很遥远,但目前已经取得了重大进展。

关键词: 固体火箭推进剂;平面激光诱导荧光;高氯酸铵;燃烧速率;火焰结构

Sarah Isert,美国普渡大学航空/航天工程学院。

Steven F. Son,美国普渡大学机械工程学院,邮箱:sson@ purdue. edu。

6.1 引言与背景

早在使用复合固体火箭推进剂之初,研究人员就一直试图建立燃烧模型,以便能够预测燃烧速率。人们很早就认识到,对于微型火焰结构的了解是做出这些预测的关键[1-3]。由于固体火箭推进剂简单、可靠和高推重比而用于各种场合。尽管固体推进剂已经使用了数百年,但现代固体推进剂取得重大进展是在20世纪50年代,当时复合推进剂开始取代一些已经使用的双基推进剂[4]。双基推进剂燃烧存在暗区,且各种潜在的高能添加剂导致的化学反应较为复杂,对其进行建模并非易事。因为氧化剂晶体和黏合剂之间可能存在微小扩散火焰,从双基推进剂转向异质推进剂会增加一层复杂性。由于这些微型火焰结构在空间和时间上都很小,因此复合推进剂的建模和实验观察更具有挑战性。

异质推进剂也称为复合推进剂,由燃料、氧化剂和燃速调节剂组成,它们物理混合并包含在橡胶状黏合剂中[5]。通常,除一些特细AP或燃速催化剂可以是纳米尺寸外,典型的燃料、氧化剂和燃速调节剂都是固体的,颗粒尺寸都在10~100μm之间。固体火箭推进剂中最常用的氧化剂是高氯酸铵(AP),它是一种透明的结晶物质,呈白色粉末状,具有较高的氧平衡(34%),良好的安全性和稳定性,并且易于制取[8]。尽管在低压下加热会分解,但纯AP在低于2.0MPa的低压爆燃极限(LPDL)压力下不会自行爆燃[9]。尽管AP具有许多理想的特性,但它在燃烧过程中会产生大量的氯化氢(HCl),航天飞机固体火箭助推器每次发射都会产生100t以上的HCl[10]。为了更好地了解复合推进剂的火焰结构,使用了简化的结构,如夹心结构。

已采用从可视成像到热电偶等各种方法对火焰结构进行了研究,每种方法都有优、缺点。平面激光诱导荧光已用于测量一系列夹心结构推进剂的NH、OH和CN分布,这些夹心结构的推进剂使用不同的氧化剂来确定这些物质及相关扩散火焰在火焰结构中出现的位置。在这些实验中,AP在靠近表面的地方表现出强烈的扩散火焰,并在高压下持续存在。与其他材料相比,如环三亚甲基三硝胺(RDX)、环四亚甲基四硝胺(HMX)、1,3,3-三硝基氮杂环丁烷(TNAZ)、二硝酰胺铵(ADN)和硝仿肼(HNF),只有AP表现出强烈的扩散火焰,使得燃烧速度易于控制。硝胺没有表现出扩散火焰,这对于富含燃料的材料来说是可以预见的,而其他物质则表现出较弱的扩散火焰,其距离表面太远而无法影响燃烧速率[11]。尽管寻找替代氧化剂的研究工作正在进行,但AP仍然是最常用的氧化剂,它将成为本章重点。

为了生产出具有更好性能的推进剂,通常在推进剂中使用多种粒度的 AP,以提高固体含量。典型的多峰分布推进剂通常由 2~3 个平均粒度组成;这些颗粒可能包括小粒度(数十微米)、中粒度(100~200μm)和/或大粒度(>400μm)颗粒。使用多峰分布 AP 可实现最高的氧化剂填充量,因为较小的颗粒可以填充到较大的 AP 颗粒间隙中[12-13]。通常使用双峰分布推进剂(两种粒度的氧化剂),双峰分布推进剂中球形颗粒的最大堆积可能发生在约 30%细氧化剂、70%粗氧化剂这种情况[13]。如图 6.1 所示,当粗颗粒 AP 和细颗粒 AP 的尺寸差异较大时,填充率会增加。实验获得的填充数据与计算数据有所不同,主要是因为真实的 AP 颗粒并非完美的球形。

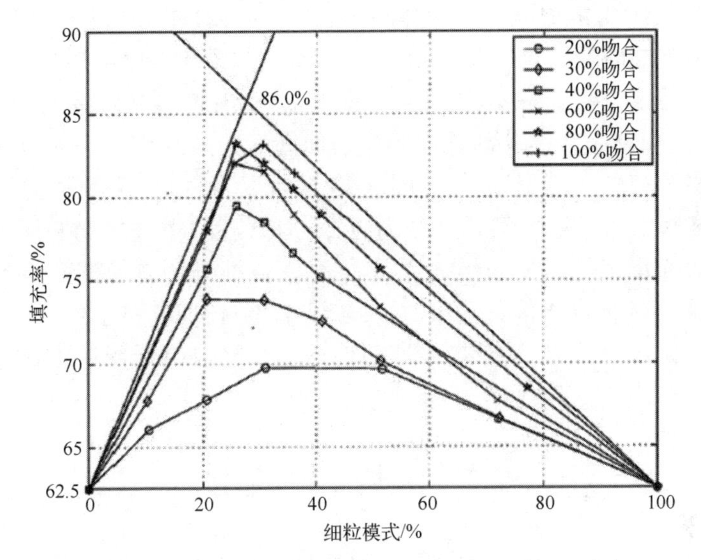

图 6.1　在粗颗粒中填充其他尺寸颗粒的填充比例[14]

注:图中的粗粒度为 7 目(3149.6μm),细粒度为 20~100 目(165.1~914.4μm),C/F 粒度比为 3.4~19.1。McGeary 用线性比例绘制了固定颗粒体积为 6.25 的填充体积 V,用非线性比例绘制的填充系数为 $62.5/V\times100\%$。此处给出的填充系数是以线性比例绘制的[13]。

向复合推进剂中添加金属燃料会提高火焰温度、燃烧热和推进剂密度[15]。尽管与理论性能相比,发动机中产生的沉渣会造成明显的两相流损失,但通过燃烧金属燃料而增加的火焰温度可以提高推进剂的比冲,且可以降低燃烧不稳定性[17]。添加到高氯酸铵复合推进剂中最常用的金属燃料是铝。

将燃速调节剂添加到推进剂中可以调整燃烧速率。添加催化剂可以增加推进剂燃烧速率。经常使用的催化剂有氧化铁(Fe_2O_3)、氧化铜(CuO)、二氧化锰(MnO_2)、铬酸铜($CuCr_2O_4$)和其他过渡金属氧化物[6,18],还对一些更奇特的催化剂如石墨烯进行了调研[19-24]。特别是氧化铁,由于它相对无毒、易于制造并且在燃烧室压力下是良好的改性剂而被普遍使用。此外,它产生的燃烧速率具有很高的再现性和良好的特性[6,25-36]。催化剂既可以直接混合到黏合剂中,也可以包含在细颗粒 AP 中[37-38],可以为微米级或纳米级,而纳米级催化剂似乎对提高推进剂的燃烧速率更为有效[6,25]。

复合推进剂中使用的黏合剂通常是黏弹性聚合物,最初它呈液态,后固化为固态。由于黏合剂为推进剂粒状成分提供结构支撑,因此需要足够的黏合剂将所有物质黏合在一起。然而,过高黏合剂百分比会降低推进剂性能,所以黏合剂也应该是推进剂燃烧中的燃料。通常,即使使用最少量的黏合剂,推进剂也富含燃料。使用的黏合剂有端羟基聚丁二烯(HTPB)、端羧基聚丁二烯(CTPB)、聚丁二烯丙烯腈(PBAN)和聚丁二烯丙烯酸(PBAA)[15]。

高氯酸铵复合推进剂燃烧过程包括冷凝相加热、AP 和黏合剂分解、熔融、热解和气相反应。推进剂燃烧取决于推进剂的微观结构、三维传热、成分熔化和分解行为、三维微观尺度的火焰行为以及上述所有因素的相互作用[39],而这些因素反过来又是推进剂组分、AP 粒度、初始情况和周围条件以及推进剂表面形态等因素的函数[40]。复合固体推进剂颗粒的燃烧速率在很大程度上取决于推进剂配方。AP 粒度较细的推进剂比平均粒度较粗的推进剂燃烧更快。一般认为,颗粒燃烧速率很大程度上取决于固体推进剂上方的微型火焰结构[41]。

6.2 火焰结构模型

引入复合推进剂后不久,就开始对高氯酸铵复合推进剂火焰结构进行建模。最早的模型之一是将火焰结构描述为接近表面的准稳定气态火焰。在该表面处,氧化剂和燃料的混合仅在气相中发生。该模型称为“颗粒扩散火焰”(GDF)模型,它假定氧化剂和燃料从相邻的气孔释放,气孔附近推进剂的消耗速率由燃料和氧化剂相互扩散以及燃烧压力下的动力学控制[3]。随后开发出更复杂的模型,该模型考虑了燃料和氧化剂的分解、AP 颗粒附近燃料和分解的氧化剂之间的异质化学反应以及最终扩散产物的气相燃烧。新模型试图解释高氯酸铵复合推进剂早期模型忽略的重要问题,如燃烧速率对压力和氧化剂粒度分布的依赖性[2]。

1970 年提出的高氯酸铵复合推进剂上方的火焰结构模型是目前得到研究人员普遍接受的一种模型。BDP(Beckstead-Derr-Price)模型描述黏合剂中的粗颗粒 AP 晶体上方的火焰结构,有黏合剂和 AP 分解产物之间的扩散火焰、粗粒 AP 晶体上方的单组元推进剂火焰以及其他两个火焰的产物产生的最终扩散火焰三个火焰区[42]。BDP 模型的前提是,当复合推进剂燃烧时,黏合剂和氧化剂会经历分解过程,所生成的气态产物会在推进剂表面上方的某个位置混合并发生反应。这些反应过程的流动性随压力的增加而增加。在低压下,反应之前就可能完全发生混合;而在高压下,混合步骤可能受到阻碍,从而导致扩散火焰。

修改后的 BDP 模型的火焰结构如图 6.2 所示。在足够高的压力下或具有足够的热反馈的情况下,粗粒 AP 基本上作为单组元推进剂燃烧,这种火焰高度依赖于压力并产生大量的氧气[43]。细粒 AP 和黏合剂上方的火焰通常被认为是预混的,特别是在计算方面。细小的 AP 分解非常迅速,并且分解产物有时间在点燃前与黏合剂的分解产物充分混合[44-47]。这种准预混火焰通常富含燃料。原始 BDP 模型的一个重要特征是在黏合剂和 AP 分解产物之间出现了位于 AP 颗粒边缘的初级扩散火焰。这种初级扩散火焰也称为前缘火焰[41,48],其很热并且靠近推进剂表面。通常认为,初级扩散火焰是预混或部分预混火焰而不是扩散火焰[46]。

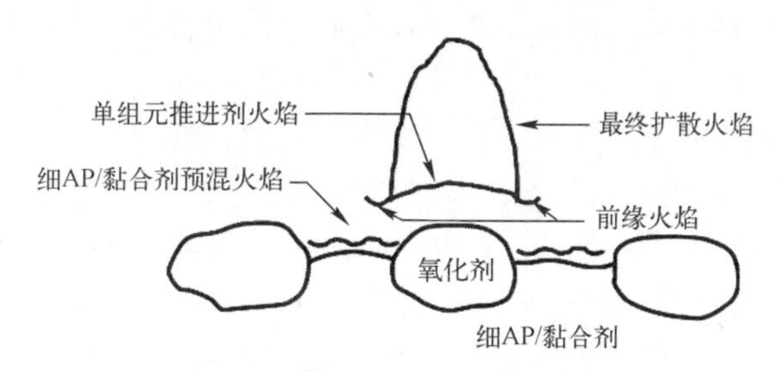

图 6.2 修改后的 BDP 火焰结构

在黏合剂基体产物和 AP 分解/单组元推进剂火焰产物之间形成二次火焰或最终扩散火焰。由于火焰是通过扩散形成的,扩散距离较长,因此最终的扩散火焰将比其他三个火焰在推进剂表面上方形成得更远。热的最终扩散火焰将对推进剂的燃烧速率产生或多或少的影响,而这些影响取决于压力,当将其推向更靠近推进剂表面时,在较高压力下它的影响更加显著[42]。

多年来,大家不断对 BDP 模型进行修正,但一直将高氯酸铵复合推进剂燃烧模型作为有价值的概念模型,仍然是所有修正模型的基础。大多数替代模型只是将 BDP 模型扩展为三维和多峰分布氧化剂尺寸。其他模型预测的火焰类似于 BDP 3-火焰模型[49],或者使用柱状扩散火焰和 AP 单组元推进剂火焰代替 3-火焰模型[50]。

6.3 研究方法

固体推进剂的火焰结构很难表征,因为它尺度小(最大为100μm),涉及的时间短(最长为100ms),具有多个火焰和一个活跃的推进剂表面。目前已经开发出几种表征火焰结构的方法。下面将对这些常见实验技术进行简要说明。

6.3.1 线性燃烧速率测量

随压力变化的线性燃烧速率是推进剂最重要和最常见的指标之一。燃烧速率与微米级火焰结构密切相关。通常在开窗的Crawford型药条燃烧器中获得线性燃烧速率随压力和初始温度变化的函数。燃烧速率用靶线法和/或在推进剂燃烧时进行光学跟踪来进行测试。通常,推进剂的侧面被抑制(限制燃烧)以避免火焰扩散。靶线是一种沿推进剂长度方向安装的电线,该电线与计时电路相连,当电线断开时,信号被发送到定时电路,由于靶线之间的距离是已知的,因此可以通过将靶线之间的距离除以接收到的电信号之间的时间来计算燃烧速率。

为了通过光学方法测试线性燃烧速率,试验装置需要安装可视窗,将摄像头放置在窗口前可以看到推进剂。推进剂燃烧时进行视频拍摄,跟踪燃烧表面的位置并相对于时间作图。位置-时间曲线的斜率就是线性燃烧速率。不论是采用靶线法还是通过光学方式确定燃烧速率,都需要在多个压力下进行多个燃烧速率的测量,然后将燃烧速率相对于压力的对数绘制成对数坐标,并拟合到St. -Robert(或Vieille)燃烧速率定律中:

$$r_b = ap^n \tag{6.1}$$

式中:r_b为线性燃烧速率;a为预指数因子;p为压力;n为燃烧速率指数,对于良好的固体推进剂,n通常为0.3~0.5,并且出于稳定性考虑,通常不大于1。

如果用药条燃烧器时可采用光学测试,则可以确定整体火焰结构[51]。图6.3(a)中可以看到典型的可采用光学测试的药条燃烧器,从图6.3(b)中可以看到在1000psi压力下燃烧的推进剂样品图。还可以在燃烧容器环境中确定有关微型火焰结构的其他信息。例如,Summerfield等将NaCl注入推进剂,把光谱仪聚焦在燃烧的推进剂上,通过使用钠盐的黄色D线,可以看到NaCl达到沸点1700 K时表面上方的对应点[3]。研究人员还进行了热电偶测量,以确定纯净材料和固体推进剂的火焰及其表面下的温度[1,52]。

（a）

（b）

图 6.3　普渡大学的 Crawford 型药条燃烧器在 1000psi
压力下燃烧的 AP/HTPB 推进剂样品图

由于固体推进剂的火焰结构尺寸很小,因此需要使用最小的侵入式探头,以免干扰火焰结构[53]。此外,瞬时性是 AP/HTPB 推进剂的自然状态,实验方法需要快速的时间响应才能捕获较大晶体的时间尺度(大约 100ms)。由于处于高压和高温的恶劣环境,且火焰通常很脏,使得火焰探测成为难题。理想的实验需要尽可能小的介入以免干扰燃烧,同时在时间和空间上可分辨,可以获得种类、温度、速度等参数,通道数多,抗干扰性强[53]。

6.3.2　光发射与传输

利用紫外线和红外光发射和透射技术对火焰结构和表面轮廓进行成像。在光发射中,火焰发出的光以已知波长(如紫外线中的 OH^* 和红外线中的 HCl 振动激发)通过陷波滤波器[54-56]。滤波后的光由增强型电荷耦合器件(ICCD)成像。ICCD 同时捕获发射图像和透射图像。由灯背光的透射图像获得表面轮廓。可以在高于 1atm($1\text{atm}=1.013\times10^5\text{Pa}$)的压力下进行光发射和透射测试。这些技术在将火焰结构与不同的黏合剂配置联系起来方面特别有用,并已用于帮助确定初级扩散火焰的性能。

6.3.3　激光诱导荧光

当原子或分子吸收激光光子,且原子或分子被激发到电子态时,就会发生激光诱导荧光(LIF)。电子必须在受到激发后才能返回到稳定的基态。激发电子的方法之一是将光子重新发射为荧光。吸收和发射都可进行波长的选择,因此 LIF 诊断可以根据激发波长和检测波长的选择来选择种类。激光诱导荧光方法可监测火焰中物质的电子基态。化学发光来自激发电子[11],背景火焰虽然会干扰 LIF 信号,但是使用脉冲激光和门控检测方法就可以区分 LIF 信号与化学发光或白炽灯光。荧光可以在波长上与激发激光分开,从而在脏火焰中可以进行诊断。

通过将荧光聚焦在垂直于光束的狭缝上,并用滤波的光电倍增管检测荧光,来捕获 LIF 测量值[57]。该方法允许检测稳定火焰中的定性浓度曲线。早期的测量在 10~40Hz 下进行,但是通过使用高速激光和光电倍增管或光电探测器可以提高时间分辨率。尽管 LIF 可用于确定温度和种类浓度,但当前激光系统只能测试推进剂燃烧中的少数几种燃气分子,而且大多数是简单的双原子分子。其中,某些可测种类燃气分子对燃烧的影响非常大。然而,某些种类燃气分子具有重叠过渡光谱,这使得确定其中哪些在发出有些困难。另外,可以通过激励重叠过渡光谱的方法来实现同时检测多种分子。

烟尘颗粒的发射带宽通常难以区分,或信号会严重衰减[58]。碰撞猝灭、辐射俘获和激光束吸收都会削弱观测到的信号[53,59]。尽管技术上还有问题有待解决,但从 20 世纪 80 年代后期开始,在推进剂测试方面的文献中已出现 LIF 技术,并逐步投入应用。目前,又出现了二维模拟平面激光诱导荧光(PLIF)技术,该技术不是用点激光束穿过火焰,而是通过一系列光学器件将光束扩展到诊断片,从而获得了火焰结构的二维图像[57]。PLIF 设备如图 6.4 所示。用 PLIF 研

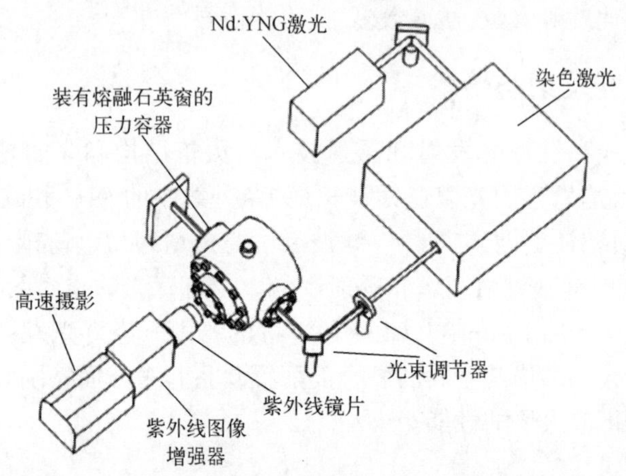

图 6.4 PLIF 设备[64]

注:泵浦激光器发出的 532nm 光束穿过有色激光器,产生紫外线(UV)光束。紫外线光束扩展为诊断片,然后进入压力容器。紫外线光束激发了火焰中的分子,并通过高速图像增强相机采集了所产生的辐射。

究的推进剂组分包括 OH[11,27,60-69]、NH[11,66-69]、CN[11,66-69]和 NO[66,68-69]，可进行定性和定量测量。测量通常在1atm和10Hz的频率下进行[11,65-69]。然而，文献[27,60-64]中出现了在5kHz以及大气压和高压下的PLIF测量。扫描PLIF最近已用于固体推进剂中，获得固体推进剂燃烧表面的准三维图像[70]。当使用旋转镜在流场上快速扫描激光片时，便形成了这些图像。

用于研究推进剂火焰结构的方法还有拉曼散射[59,66,68]、纹影成像[71]、发射光谱法[72]、热电偶测量[3,43,73]和红外表面温度测量[73]等。

6.4　配方对火焰结构的影响

固体推进剂的配方会对火焰结构产生影响。为了从根本上了解配方效果，设计了一些实验来检验简化结构的固体推进剂。本节从简化的一维结构到复杂的推进剂环境中的火焰来介绍火焰结构。在对常规实验进行简要描述之后，将对火焰结构进行描述。

6.4.1　逆流扩散火焰

逆流或逆流燃烧器由轴向对齐的燃料和氧化剂组成，它们彼此相对流动，从而在喷嘴之间形成停滞平面并建立了扩散火焰[74]。逆流扩散火焰实验示意图如图6.5所示。简单的一维几何形状可以控制实验中存在的许多变量，如化学性质、热性质（如通过燃料的稀释）和应变率[68]，并扩展了扩散火焰，允许探测火焰结构，进行动力学建模[66]。

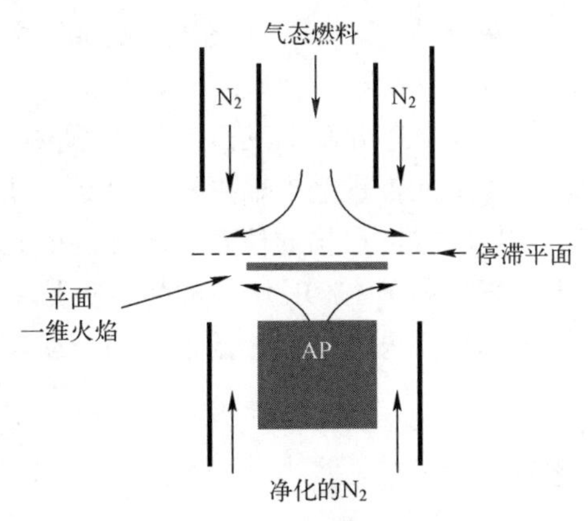

图6.5　逆流扩散火焰实验示意图（改编自文献[66]）

在AP逆流研究中，燃料为气态，氧化剂为压制的AP颗粒。用几种类型的燃料模拟 HTPB 的分解产物,包括乙烯[68,75-76]、甲烷[69,75],以及 C_2H_2、N_2和 C_2H_4的组合[66]。调整燃料气流速率,研究其对 AP 回归速率的影响。通常,可以用平行于燃料流的惰性气体的流动来使扩散火焰发生变形。改变应变率可以帮助测量不同火焰的强度是如何影响整个 AP 颗粒的回归[75,77]的。根据必要数据可以在大气压或高压下进行逆流实验。可以使用多种诊断技术包括热电偶、视觉成像、不同种类的 PLIF、吸附测量、激光诱导的白炽光以及拉曼光谱测量烟尘颗粒浓度,来探测所产生的火焰结构。

观察到的基本火焰结构是 AP 表面上方的 AP 单组元推进剂火焰,由燃料和 AP 单组元推进剂火焰产物形成的扩散火焰更接近停滞平面[68,75]。火焰结构位于停滞平面的 AP 侧[66,68-69]。可以看到火焰的橙色区域(与 AP 表面的距离极短)、浅蓝色区域、红紫色区域和明亮的黄色火焰四个区域。这些区域与 AP 自燃火焰、OH 自由基的出现、初级扩散火焰和烟灰火焰相对应[68]。研究发现,火焰结构和消退率对 AP 中的杂质非常敏感[69]。

观察到 AP 颗粒表面往上的区域温度迅速升高,并在燃料喷嘴附近区域温度降低较慢[68]。AP 表面附近温度的快速升高是由于单组元推进剂火焰和与氯化学有关的放热,随着与 AP 表面的距离增加,氯浓度迅速下降[69]。氢浓度也随着与 AP 表面距离的增加而降低,表明形成了 HCl。尽管峰值温度出现在扩散火焰的区域,但由于高放热的氯化学作用,峰值热量释放发生在 AP 表面附近[69]。NO 峰出现在 AP 表面约 0.5mm 区域内,OH 最大值与峰值温度相对应,CN 峰与停滞平面大致位于同一位置[66]。

众所周知,纯 AP 不会在 2MPa 压力以下燃烧。但是,逆流扩散火焰的实验表明,如果有其他来源的热反馈(如来自 AP 和燃料之间的扩散火焰[75]),AP 颗粒能够在自爆燃压力极限以下燃烧。在低压下,扩散火焰与单组元推进剂火焰更容易发生耦合,并提供维持 AP 分解的热反馈[75]。随着压力的增加,单组元推进剂火焰流动更快,使单组元推进剂火焰更靠近表面,并增加了 AP 的退移速率,但没有明显改变 AP/燃料扩散火焰的位置。增强的流动特性使单组元推进剂火焰能够传播,而无须来自高于 LPDL 压力的另一火焰的热反馈。从逆流扩散火焰来看,单组元推进剂扩散火焰的存在低于 AP 的爆燃低压极限,这是一个重要发现。

6.4.2 多孔颗粒

为了从一维结构变为相对简单的、稳定的二维结构,制造了带孔药丸,对压制的 AP 药丸钻了小孔,用作燃料流动端口[67]或用于填充 HTPB[77]。带孔的药丸结构非常有用,由于其可以控制长度尺度,并且固定界面区域的位置,因此更容易测量组分和温度曲线。可以根据不同的燃料/氧化剂比例改变孔的大小和数量,并模拟具有非常大粒度的 AP 推进剂[77]。带孔的药丸如图 6.6 所示。

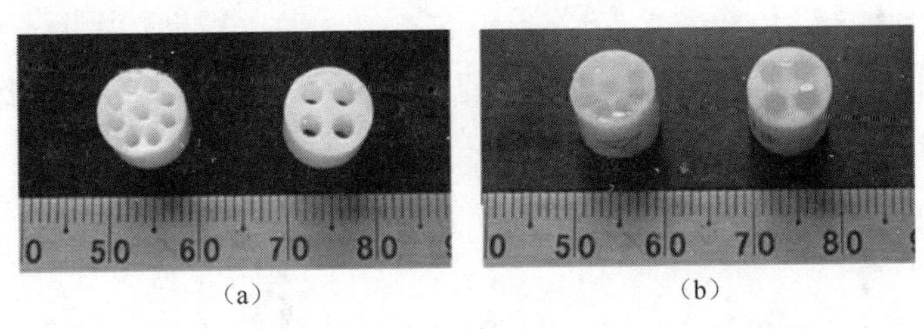

(a) (b)

图 6.6 填充 HTPB 前后的 9 孔和 4 孔 AP 药丸[77]

使用 PLIF 成像技术对带孔药丸上方的火焰进行了可视化研究。研究发现,孔的几何形状将燃料组分与 AP 单组元推进剂火焰的产物进行了部分预混,从而增加了逆流扩散火焰中看不到的复杂度。正如层流理论所预测的那样,当燃料为气态时,火焰高度与孔直径的平方成正比[67]。这表明,在推进剂环境中火焰的高度将随着粗粒 AP 之间黏合剂基体稠度的变化而变化。在形成两级火焰之前观察到了短暂的点火延迟[67]。因为气体燃料需要与 AP 的分解产物混合,所以扩散是引起点火延迟的主要因素。造成延迟的部分原因是 HCl 对 CO 氧化反应的抑制作用。这种抑制效果使 O_2扩散到火焰的中心线,从而导致在燃料分解火焰上方有稳定的部分预混燃料/氧化剂火焰[67]。

当孔中装填满 HTPB 时,火焰是圆柱形的过度通风的喷射状结构[77]。AP/黏合剂界面退移到推进剂表面,形成圆顶形的燃料表面。使用多孔的 AP 药丸的原因之一是允许前缘、末端和单组元推进剂火焰的形成,并将其与只有单组元推进剂和最终扩散火焰的反向流动实验进行比较。另外,Johansson 等利用逆流氮气来压缩火焰的方法发现,当增大逆流速度超过某一点时最终扩散焰会熄灭,药丸燃烧退移停止。这表明,需要二次扩散火焰的热反馈来支持 1atm 下单组元推进剂的前缘火焰稳定[77]。该观察结果对以下观点构成支撑:某些情况下,在 1atm 环境下之所以存在 AP 单组元推进剂火焰,是由于最终扩散火焰的支持。多孔药丸实验也已用于对预混前缘火焰的研究,并揭示了随黏合剂宽度和氧化剂尺寸的变化规律,认识到实际上可能是自然预混的。

6.4.3 三明治/薄片

因为推进剂有明显的三维特性,所以在复合推进剂环境中进行火焰结构测量非常困难。为了研究火焰结构,在对 AP 复合推进剂进行建模时可以采用夹层或片状结构来简化推进剂的几何形状,并保留推进剂的某些非均质特性[26,48]。如图 6.7 所示，在推进剂夹层结构中，将黏合剂薄片夹在 AP 薄片间，或将 AP 薄片夹在黏合剂薄片间。通过使用夹层结构，可以实现对推进剂表面几何形状、火焰结构、燃烧速率、黏合剂宽度和整体推进剂配方的调整。事实上，复合推进剂的结构并不是夹层结构，通常它们是富氧的而不是贫氧的。但是夹层几何结构可用于筛选推进剂，并提供有关 AP/黏合剂界面上方火焰结构的基本信息。

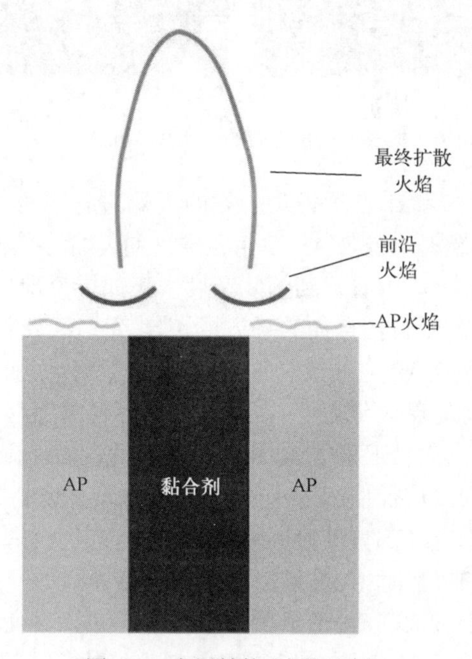

图 6.7　夹层结构（未按比例）

夹层结构推进剂实验中使用的黏合剂有 PBAA、HTPB、PBAN、CTPB、聚氨酯（PU）和聚苯乙烯（PS）[71,78]。黏合剂层的类型和厚度在火焰结构的外观中起着重要的作用。纯 AP 不会在 2MPa 压力以下燃烧，只有黏合剂层非常薄时夹层结构推进剂才会在大气压下燃烧[48]。黏合剂的热解/分解产物是较小分子时，前缘火焰会更靠近推进剂表面。如果黏合剂的分解产物较大，且需要在燃烧前进一步分解，则 LEF 将具有较大的火焰对峙。早期研究中 AP 单晶被用作 AP 薄片，但后来的研究中发现压制的多晶 AP 薄片产生的结果与单晶的实验数据非常接近[78]。

夹层结构推进剂火焰结构类似于改良的 BDP 推进剂，其中 AP 单组元推进剂火焰位于 AP 层上方，前缘火焰（LEF）位于 AP 层和黏合剂层之间的边界，最终的扩散火焰位于所有火焰的上方[79]。发射和透射成像显示，夹层结构推进剂上方的热释放集中在前缘火焰中[80]。由AP和黏合剂燃烧产物形成的前缘火焰直接位于AP/黏合剂界面上方，并且比最终扩散火焰更靠近推进剂表面。与最终扩散火焰不同，由于前缘火焰处于部分预混的气相推进剂中，因此它与空气流动的关系非常大[48,79]。尽管目前只在气态燃料火焰中观察到了前缘火焰，而尚未在固体火箭推进剂中直接观察到该现象，但是从理论来说，固体推进剂燃烧中也可能存在前缘火焰[41,48]。

前缘火焰的形状会随着黏合剂层的厚度及压力的变化而改变。其火焰结构可以被描述为组合或分裂结构（图6.8）[56]。当黏合剂层较薄时，通常会生成

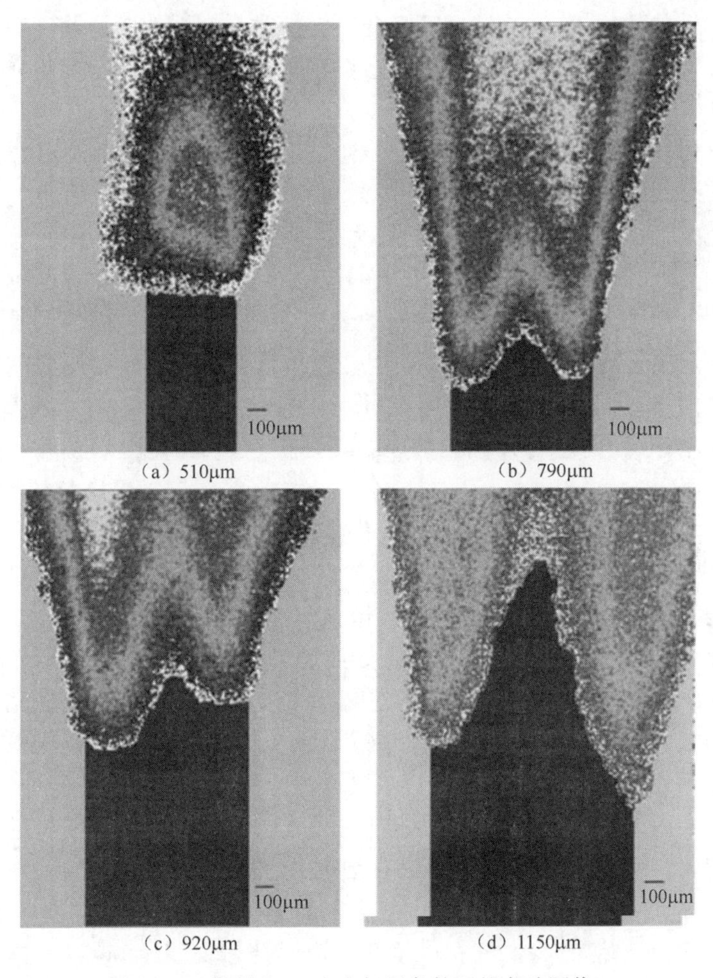

（a）510μm （b）790μm （c）920μm （d）1150μm

图6.8 燃料在15个大气压条件下的实验图像

注：图(a)给出了一个组合的LEF，图(b)～(d)给出了分裂的LEF，在每个氧化剂/黏合剂界面上都有一个单独的LEF。预计分裂的LEF会在一定程度上相互作用。

组合的前缘火焰,对于较薄的黏合剂层来说,因为火焰会在黏合剂上融合,所以焰温会升高,间距会减小,从而导致夹层的燃烧率高于分裂火焰[9]。但是,当黏合剂层变得太薄时,前缘火焰就会在燃料不足时从黏合剂上脱离[81]。当AP层厚度较小时,压力较低,且混合比是富含燃料的,则组合的前缘火焰会出现非稳态或淬火。在这些情况下,前缘火焰或逐渐远离推进剂表面,以达到稳定的热损失/热释放条件,从而减少火焰对推进剂的热反馈[81]。

如果黏合剂很稠或突出在气相中,则前缘火焰会出现分裂。由于穿过黏合剂层的扩散长度的增加,在每个AP/黏合剂界面处都会形成明显的火焰[9]。随着火焰移近并开始相互作用(但不组合),会使黏合剂层的燃烧速度增加。当前缘火焰分裂时,它们主要影响AP的退移速率,而黏合剂往往会突出在平均表面之上[81]。

通过化学放热和对推进剂表面的热反馈之间的平衡来控制组合火焰或分裂火焰前缘的距离。对于给定厚度的黏合剂,如果加大压力,前缘火焰就会收缩,从而降低化学放热。较高压力下,大量的非预混反应会导致前缘火焰的预混收缩。另外,LEF的收缩表明,增加的压力将火焰推到推进剂表面的距离是有限的[79]。当黏合剂层变厚时,由于燃料供应增加,前缘火焰的形成更靠近推进剂表面。尽管前缘火焰还会收缩,但外部扩散火焰也会随着压力的增加而向推进剂表面靠拢,这有助于热反馈,使得前缘火焰更加稳定[79]。随着LPDL的接近,AP单组元推进剂火焰为主导,最终扩散火焰会出现扩张,放热也会更多[55]。

迄今为止所描述的许多结果都是针对具有纯黏合剂层的夹层结构推进剂。在AP推进剂中,黏合剂通常被氧化或含有细粒AP。用夹层结构推进剂进行的实验表明,当黏合剂基体被氧化时,扩散火焰会比纯黏合剂时小[54]。前缘火焰从AP/黏合剂界面上方向基体层转移。如果黏合剂层中的AP颗粒较小且压力较低,那么AP和黏合剂基体层之间的前缘火焰的混合会变得更加完全。随着压力的增加,或者当基体层中的AP颗粒较大,黏合剂基体层中的颗粒可以形成自己的前缘火焰[79]。颗粒的前缘火焰可以覆盖黏合剂基体层的表面,并与AP/黏合剂层生成的前缘火焰的富燃区连成一片,从而提高了夹层结构推进剂的燃烧速率[82]。对于给定的细粒AP/黏合剂配方,理论上,其形成的前缘火焰和由细粒AP/黏合剂基体形成的预混火焰会在高压下更靠近推进剂表面[81]。按照燃料的化学当量结果来看,气相火焰会远离燃烧表面,从而导致推进剂表面温度降低;按照火焰的化学当量来看,其更靠近燃烧表面[82]。另外,火焰的高度也与黏合剂层的厚度有关[48,81]。

在推进剂夹层中添加铝,尽管会通过热反馈(显著的辐射)提高燃烧速率,或通过惰性热沉效应降低燃烧速率,但其不会显著改变AP/黏合剂的火焰结构[41]。因为准预混火焰的温度不高,不能点着铝,所以通常情况下只有外部AP层和细粒AP/黏合剂基体产生的火焰到达铝时铝才会着火。铝的作用要么是在点火前作为惰性散热器(从AP/黏合剂火焰中吸取能量),要么是在点火后作为热源。在较低压力下,铝对燃烧速率的影响非常明显,因为最终的AP扩散火焰距离推进剂表面较远,任何热反馈都有助于提高燃速。高于5atm时,最终的扩散火焰开始向夹层结构推进剂的表面转移。但铝火焰的高度受压力影响很小,因此其对推进剂燃速的影响也较小。此外,在较高的压力下铝的惰性热沉效应变得更加突出。随着热沉效应的增大,铝火焰高度对燃速的影响逐渐减弱,这导致含铝的夹层结构推进剂燃速比非含铝夹层结构推进剂的燃速明显降低,而含铝夹层结构推进剂的压强指数较小[41]。这可能与实际的推进剂有所不同。

由于火焰结构模型比复合推进剂模型更简单,因此本书建立了夹层结构推进剂的火焰结构模型。模型考虑了表面几何形状、火焰结构、燃烧速率、压力变化、粒度、黏合剂宽度和推进剂配方等因素[80]。火焰的结构通常以体积的热量释放为特征,它给出了有关冷凝相热解、气体热反馈、火焰结构和表面几何形状的信息。模拟结果表明,低压产生凹状黏合剂层,高压产生凸状黏合剂层。数值预测还表明,夹层结构推进剂的压强指数出现了中断。在低压下,计算得到压强指数为0.4,表明初级扩散火焰非常重要。然而,随着压力的增加,在0.7MPa以上,计算得到的压强指数达到0.74,表明最终扩散火焰的重要性随着其被推近推进剂表面而增加[9]。

6.4.4　单峰分布

尽管简化的几何结构有助于推进剂火焰结构的建模和了解AP复合推进剂火焰结构的基本知识,但必须考虑三维效果才能充分理解推进剂的燃烧过程[66]。最简单的推进剂配方是AP单峰分布,这意味着它只有一种尺寸分布。此时,燃速仅取决于粒度和固体物质的含量,如果固体物质的含量保持恒定,那么燃速与粒度直接相关[83]。

单峰分布推进剂的火焰结构取决于粒度。在低压下,细粒AP不会形成附着的扩散火焰,只会在准预混火焰中发生热解和燃烧[84]。随着压力增加,生成预混火焰的粒度减小,微观尺度的火焰开始附着在单个AP颗粒上[84]。随着粒度的增大,火焰还将附着在单个AP颗粒上。扩散火焰开始在单个AP颗粒上方形成的点称为预混极限。如图6.9所示,通过实验或计算可以看到,预混极限是一个转折点,在该点处燃烧开始随粒度的增大而降低。如图6.9所示,在黏合剂中掺入 AP 的夹层结构推进剂也存在预混极限[9]。当粒度足够大时,达到了 AP 单组元推进剂的极限。在粒度较大的 AP 单组元推进剂极限中,燃烧主要以温度相对较低的 AP 单组元推进剂火焰为主导,并且推进剂燃速接近纯 AP 的燃速。因为单组元推进剂火焰比最终扩散火焰更接近推进剂表面,所以推进剂的燃速取决于单组元推进剂火焰。预混极限、过渡扩散区和单峰极限区的粒度取决于压力和推进剂配方[44-45]。

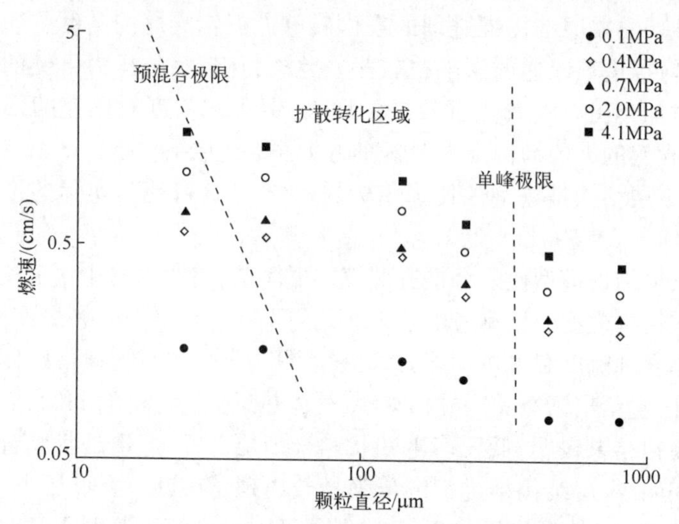

图 6.9 推进剂燃烧速率随压力和粒度的变化关系

注:图是在文献[61]的基础上进行修改的。预混极限和单峰极限位置接近,但也是合理的。

火焰结构会影响推进剂整体的燃速。对于粒度 20~800μm 的推进剂,在 1atm 处,可见火焰结构分为两类,如图 6.10 所示[77]。无论是在视觉上还是在 PLIF 成像上,含细粒 AP(20~100μm)的推进剂都具有非常均匀的火焰结构。未见明显的火焰,虽然这很可能是由于缺乏所需的空间分辨率,而不是没有火焰。当 AP 直径增大到 200μm 以上时,在图像中的珊瑚鞘火焰内部开始出现明亮的卷须,这些卷须对应于扩散火焰。在 PLIF 图像中也可以看到类似的火焰。在图 6.10(d)~(f)中,推进剂表面的亮斑与粗粒 AP 晶体相对应。在 1atm 下,PLIF 图像中 AP 粗颗粒上方的火焰结构是均匀的喷射状。

在 1atm 下,随着 AP 晶体直径的增加,火焰高度也会增加(图 6.11),这与预期结果一致。在单个 AP 晶体和一组 AP 晶体上方都可以看到喷射状的扩散火焰。AP 颗粒的团聚燃烧与在液滴燃烧中观察到的团聚燃烧很相似[85]。当 AP 晶体团聚燃烧时,其火焰结构比单个 AP 晶体的火焰结构高。人们认为,团聚燃烧的部分原因是单个颗粒前缘火焰之间的相互作用。LEF 会增加附近的粗粒 AP 的加热速率,从而导致颗粒燃烧速率增加。燃烧速率的增加导致体积流率的增加。由于火焰高度与体积流率成正比,因此团聚在一起燃烧会导致非常高的火焰[77]。

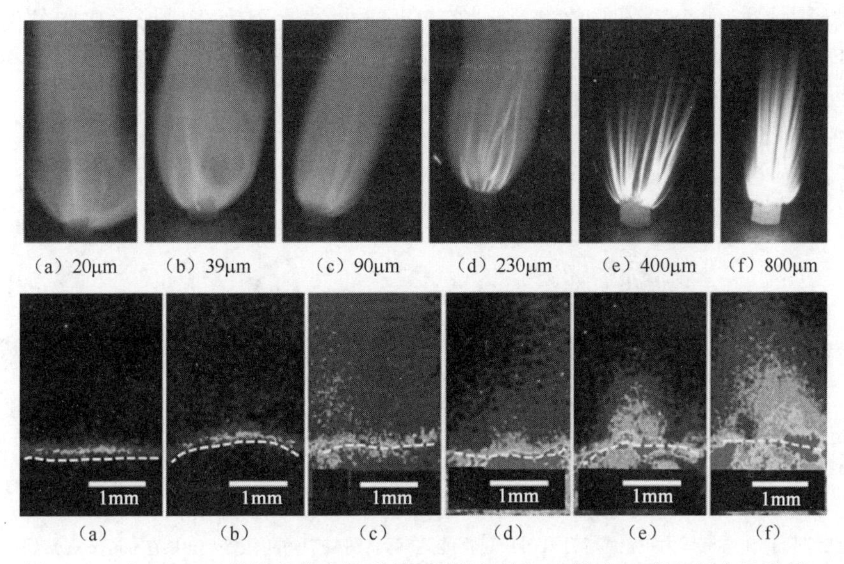

图 6.10　在 1atm 下的单峰分布推进剂(根据文献[77]修改)(彩色版本见彩插)

注:上行为推进剂火焰的可视化结构,下行为 PLIF 结构。

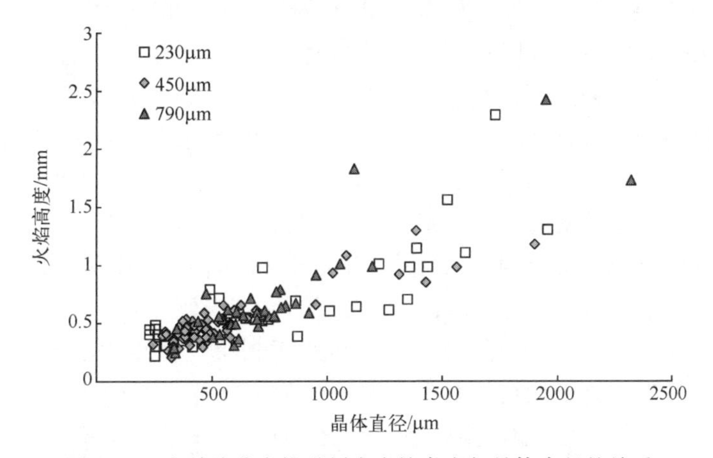

图 6.11　在单峰分布推进剂中火焰高度与晶体直径的关系

注:图根据文献[77]修正。图例是指单峰分布推进剂的平均粒度。

当压力增加到 1atm 以上时,会在细粒 AP 上方形成单独的扩散火焰。由于目前的实验分辨能力有限,因此尚未在实验中观察到这些火焰。但是,已经观察到粗粒 AP 推进剂上方的火焰结构从喷射状的欠通风火焰(图 6.10 和

图6.12(a)、(b))变成了更高的拱形过度通风的扩散火焰(图6.12(c)~(e))。在高压下观察到的粗单峰分布推进剂火焰结构呈拱形,有单拱、双拱和三拱三种结构。图6.12给出了这些火焰结构以及喷射火焰结构(图6.12(a)、(b))。双拱形火焰与两个紧邻的单拱形火焰有所不同,这是因为双拱形火焰中的两个拱共享着一个中间弧(图6.12(d))。三拱火焰由两个较高的火焰组成,两个高火焰之间有一个较矮的拱形火焰,火焰结构通常彼此紧邻。

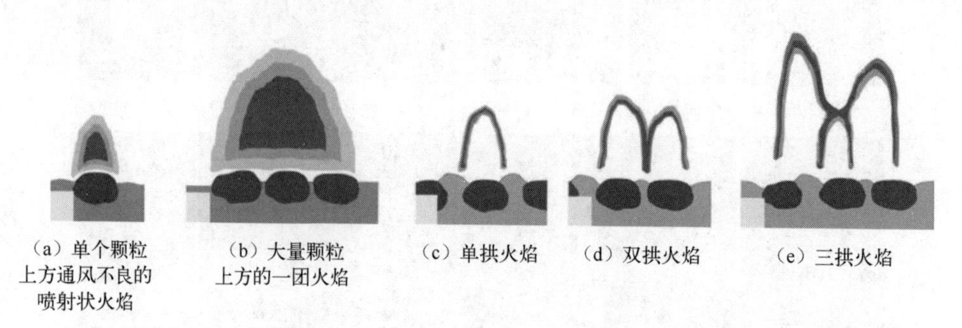

(a) 单个颗粒上方通风不良的喷射状火焰　(b) 大量颗粒上方的一团火焰　(c) 单拱火焰　(d) 双拱火焰　(e) 三拱火焰

图6.12　固体推进剂上方的火焰结构

注:图(a)在所有压力下(最高为1.0MPa)都能观察到;图(b)中的团聚火焰只在atm下观察到;图(c)~(e)中的拱形火焰只在0.3MPa以上的压力下观察到。

图6.13为0.5MPa下单峰推进剂火焰结构的实验PLIF图像[77]。图6.13(a)为20μm AP单峰分布推进剂。火焰结构无法分解,尽管从测得的燃速来看,推进剂可能仍在预混状态下燃烧,而且细粒AP上方的单个火焰结构还未形成。图6.13所示其他火焰结构高于790μm AP推进剂火焰。在这些图像中可以看到拱形的扩散火焰结构。图6.13(b)显示了U形区域,该区域连接了三重火焰的较高拱形和两个较矮的中心拱形。图6.13(c)、(d)给出了单拱形火焰。有趣的是,在0.5MPa时所有可见的推进剂拱形火焰高度都相等[77]。PLIF图像中可见的稀薄反应区被认为是由通风过度造成的,因为这些火焰的反应区比通风不足的火焰更薄[86]。在图6.13(c)中可以看到第二种高浓度的OH向单拱形火焰对角倾斜。该影像可能是另一束火焰的一部分,它落在激光片上,足以表明它的存在,但不足以捕捉到火焰的形状。这些火焰反映了推进剂火焰结构的高度不均匀性和三维特性。

通常认为,火焰结构的变化是由于粗粒AP在1atm和高压燃烧下的相对燃烧速率不同引起的[60]。在1atm下,含有细粒AP的推进剂在预混区域内以准预混火焰状态进行燃烧。在含有粗粒AP的推进剂中,大颗粒的燃烧比黏合剂燃烧要慢,这可以通过粗粒AP表面上方的凸起看出。当粒度变得足够大时,扩散开始变得重要,并且在推进剂上方开始形成喷射状火焰。随着压力增加,AP化学动力学加快。在推进剂环境中,能否在低于LPDL的压力下产生单组元推进剂火焰仍不可知(但对流燃烧器的结果强烈表明了这一点[68,75])。无论如何,即使压力低于LPDL,粗粒AP也会随着压力的增加而更快分解。推进剂上方的体积通量增加,导致分解的AP晶体附近区域局部富含氧化剂。由此产生的升高的扩散火焰很热,但仍位于推进剂表面上方。升高的火焰导致回流到推进剂表面的热量减少,相应的燃速也会降低。随着压力的进一步增加,AP晶体的燃速受AP自燃(单组元推进剂)火焰的控制,该火焰比在细粒AP和黏合剂之间形成的扩散火焰温度要低。单组元推进剂火焰比最终扩散火焰更靠近推进剂表面,但也比后者低约1000K,从而导致燃速降低[69]。

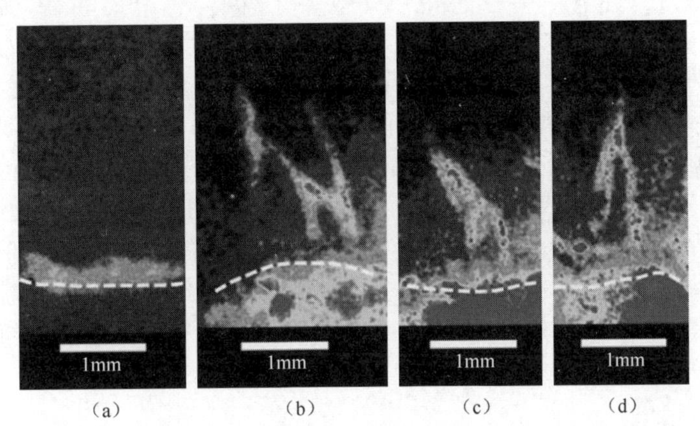

(a)　(b)　(c)　(d)

图6.13　在0.5MPa压力下,20μm和790μm单峰分布AP推进剂上方的火焰结构[77](彩色版本见彩插)

注:白色虚线置于推进剂表面以下。

总之,正如BDP模型(该模型当初是为单峰分布推进剂设计的)所述,火焰结构取决于颗粒大小。图6.13中可见的火焰结构是最终的扩散火焰,而预混火焰、初始火焰和AP单组元推进剂火焰(如果存在)都无法分辨。对于粒度小的推进剂,看不到扩散火焰。这些颗粒的扩散时间很短,以至于燃料和氧化剂可以在点火之前混合[3]。随着粒度增大,燃烧速率降低,并且出现扩散火焰结构。如果压力足够高,即使在最细的AP粒子上也可能形成扩散火焰[39,44]。

6.4.5　双峰分布

由于单峰分布推进剂的装填效率和密度较差,因此实际使用的通常是多峰分布推进剂。使用两种或更多种粒度的氧化剂可以使较细的颗粒填充在较大颗粒之间。双峰分布推进剂的燃速受粗粒AP的含量以及粗粒AP和细粒AP

的粒度比的影响。通常,由于粗粒 AP 对燃烧的影响,双峰分布推进剂的燃烧速率低于平均粒度相同的单峰分布推进剂的燃烧速率[83]。添加粗粒 AP 会降低推进剂的燃速,而少量的细粒 AP 即使比单峰分布推进剂中的 AP 更细,也不能完全弥补燃速的降低。

1. 粒度比

1) 整体燃速

如图 6.14 所示,整体燃速随粗粒 AP 和细粒 AP 的粒度比(C/F)降低。这是可以预料的,因为尽管不像单峰分布推进剂那样直接,双峰分布推进剂的燃速也会随氧化剂的平均粒度而变化。可以通过直接改变粒度或改变推进剂中 C/F 来改变多峰分布推进剂的平均粒度。随着粗粒 AP 和细粒 AP 的粒度比的变化,火焰结构也会发生变化,进而改变燃速。如果推进剂中含有大量的粗粒 AP,整个火焰以扩散火焰为主导,如果推进剂中含有大量的细粒 AP,则准预混火焰占主导地位。在典型的双峰分布推进剂中,可能会同时存在扩散火焰和准预混火焰。正如所料,粗粒 AP 和细粒 AP/黏合剂基体不会单独燃烧。当 AP 分解产物与来自细粒 AP/黏合剂基体分解或火焰产生的富燃料产物燃烧时,会产生与粗颗粒燃烧相关的前缘火焰。最终的扩散火焰由 AP 分解或单组元推进剂火焰产物和细粒 AP/黏合剂基体火焰产物形成。细粒 AP/黏合剂基体可能过于富含燃料,不能单独燃烧,需要来自前缘火焰或最终扩散火焰的热流来分解和维持燃烧。

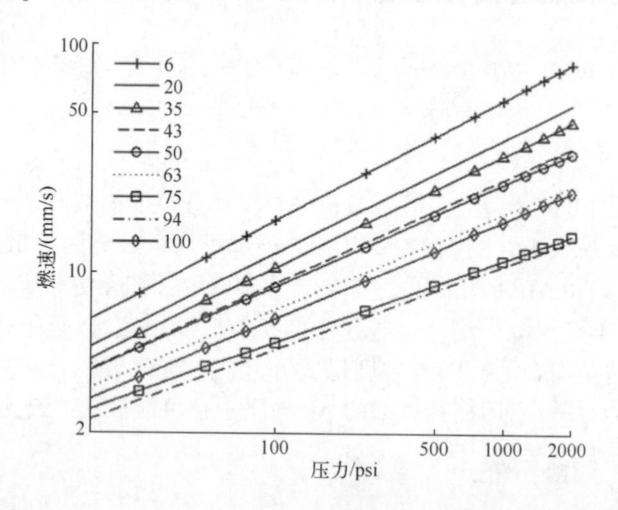

图 6.14　不同 C/F 的复合推进剂燃速(图例为粗粒 AP%)

注:源自文献[61],并做了修正。

当粗粒 AP 的直径保持恒定且细粒 AP 的直径变化时，在固定的 C/F 为 7:3 的情况下，发现除了高压情况下，总体燃速几乎不受细粒度的影响[84]。通常认为 C/F 引起的燃速变化部分是由于粗粒 AP 之间的距离以及与此相关的前缘火焰之间的相互作用所造成的。如果粗粒 AP 之间的距离相对较小，对于 C/F 较高的推进剂，认为 LEF 更靠近细粒 AP/黏合剂基体的相邻区域，正如在夹层结构推进剂燃烧中所看见的[55]。在这种情况下，来自 LEF 的热反馈比来自准预混火焰的热反馈更多，在给定压力下，燃速几乎不会随 AP 粒度的变化而变化[84]。由于 AP 颗粒的直径在一定范围内会低于预混极限，因此其对细粒 AP 的不敏感也在预料之中。在较高的压力下，不容易产生准预混火焰，导致燃速依赖于细粒 AP 的尺寸（在保持粗粒 AP 粒度恒定的情况下，也是这结果）[84]。注意，该结果对推进剂配方设计人员很重要。如果在 C/F 较高的情况下，除了在高压下，细粒 AP 的直径不影响燃速，就可以选择直径适当大的细粒 AP，以提高推进剂的加工性能和安全性。

随着推进剂中细粒 AP 含量的增加，燃速对细粒 AP 的平均粒度变得更加敏感[84]。随着推进剂中粗粒 AP 含量的减少，由于粗颗粒之间的距离增加，预计粗粒 AP 的 LEF 将无法覆盖细粒 AP/黏合剂基体。另外，随着推进剂中细粒 AP 含量的增加，准预混火焰更接近其化学计量，因此温度会变得更高。随着细粒 AP 粒度的增加，当然其粒度仍小于粗粒 AP 的粒度，将在 AP 颗粒上形成单个的扩散火焰，细粒 AP 的 LEF 将覆盖推进剂表面[84]。当压力增加时，也会发生这种情况。随着 C/F 的降低，由于推进剂表面从温度更高的、更接近其化学当量的准预混火焰或个别细粒 AP 火焰中得到更多的反馈热量，预计整体燃速有望部分提高。这两种火焰都有较短的间隔距离，并能向推进剂表面提供大量的热反馈。

2）火焰结构

双峰分布推进剂上方的火焰结构应遵循 BDP 模型，并加入准预混火焰。对于细颗粒和低压状态，不会在单个颗粒上形成扩散火焰，但是在推进剂表面上会形成准预混火焰[84]。当粒度变得足够大或压力足够高时，就会形成前缘火焰、单组元推进剂和最终扩散火焰。前缘火焰仅占整体火焰的一小部分，但由于它们靠近推进剂表面，因此对燃烧来说很重要[84]。对于低压双峰分布推进剂，LEF 可能仅附着在燃料和氧化剂大面积相互靠近的位置上，如粗晶体被较大面积的黏合剂包围的情况。随着压力增大，燃料与氧化剂相邻斑块所需的尺寸就会减小，从而条件变得有利于较小粒度氧化剂的 LEF 火焰稳定。

虽然对LEF的描述主要是理论上的,但已经在实验中直接观察到了双峰分布复合推进剂上方的扩散火焰。尽管发现的推进剂火焰是光学厚度的,但用LIF成像可以确定火焰高度能够延伸到距含87%固体物质的AP/聚丁二烯推进剂表面约6mm处。在1atm下,根据CN的浓度,认为反应区发生在推进剂表面约600μm内。在0.1~3.5MPa压力下,该反应区的厚度基本上是恒定的[59]。使用高速OH PLIF,可以看到粗晶体上方出现和消失的高OH区域,当消耗粗晶体时这些区域变得更加明显[62]。认为高OH区域是在推进剂上方出现和消失的喷射状通风不良的扩散火焰,示例如图6.15所示。类似的结果最早由Hedman等发现[62]。

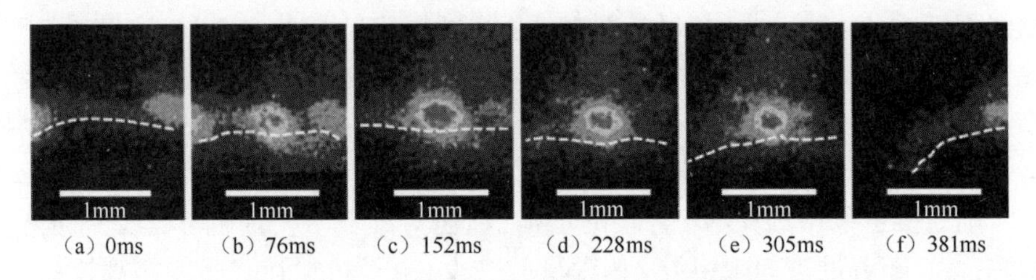

(a) 0ms (b) 76ms (c) 152ms (d) 228ms (e) 305ms (f) 381ms

图6.15 OH PLIF图像序列(彩色版本见彩插)

注:气相OH的浓度与推进剂表面的AP晶体一样明显。将白色虚线放在推进剂表面以下区域作为参考点。Isert et al.[61]和Hedman[62]的研究也得到了类似的结果。

*C/F*的变化会伴随着粗颗粒间距的变化以及细粒AP/黏合剂基体的氧燃比(O/F)的变化而变化,因此,推进剂上方的火焰结构也会发生变化[39]。使用PLIF成像,在1atm下,观察到*C/F*为1:16~16:1的推进剂,其火焰类似于单峰推进剂的通风不足的喷射状扩散火焰。对于所有*C/F*,在(0.54±0.13)mm处,单个粗粒AP上的喷射状扩散火焰的火焰高度在统计学上是相同的[61]。在相似的环境中,颗粒直径和燃速大致相同,氧化剂通量也相同,所以在1atm下最终扩散火焰的火焰高度随*C/F*的变化并不显著。尽管火焰平均高度相似,但应注意的是,火焰高度散射约25%。这种散射来自推进剂的先天异质性。虽然这些粗颗粒的平均直径、环境和燃烧速率可能相同,但实际上,它们中的一个或多个可能相差很大,从而导致相应的火焰高度不同。

对于*C/F*极低的推进剂,没有观察到团聚燃烧,因为粗晶粒相互之间的距离较远,使得LEF不能相互作用。在较粗的AP颗粒上形成的火焰是类似于单个颗粒的通风不良的喷射状火焰,但比单个颗粒的火焰高[61]。火焰高度随团聚直径的增加而增加,但通常不随*C/F*的变化而变化(图6.16)。团聚燃烧随着推进剂燃速的降低而增加。对于*C/F*较大的推进剂,由于粗粒AP间的距离增加,团聚燃烧的情况更加普遍。团聚燃烧产生的较高火焰会降低推进剂表面的热反馈,从而降低燃速。

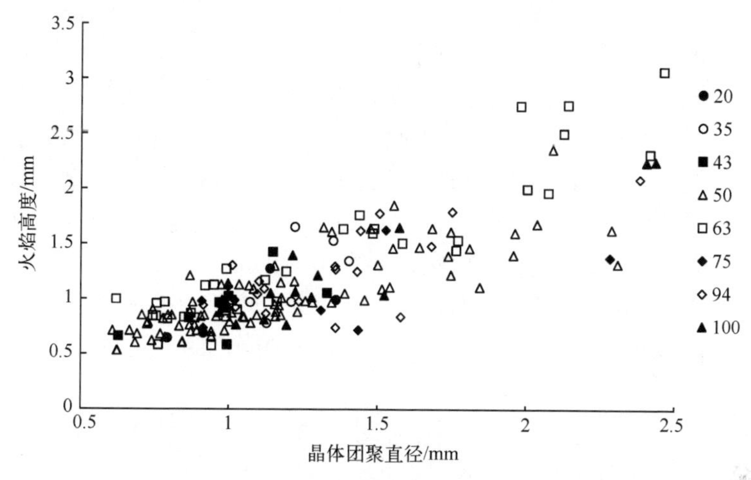

图6.16 火焰高度与AP粗晶团聚直径的关系[61](图例为粗粒AP%)

在高于0.3MPa的压力下,AP颗粒的分解动力学增加,粗颗粒开始向推进剂表面凹陷,火焰结构也开始由喷射状向上升火焰过渡[63]。尽管不太常见,但即使在1.2MPa左右的压力下,仍能看到类似喷射的火焰,且火焰高度随压力增加而增加[63]。随着压力的升高,上升的火焰变得更加引人注目,它们的持续时间与粗粒AP晶体燃烧时间相匹配[63]。随着压力的增加,粗粒AP的分解和燃速比周围的细粒AP/黏合剂基体更快,从而将大量氧化剂释放到气相中。氧化剂的局部过量会导致氧化剂和燃料在推进剂表面以上很远的地方混合燃烧,从而形成上升的、过度通风的、反向的(氧化剂在中间)扩散火焰,类似于6.4.4节中针对单峰推进剂所描述的扩散火焰。因为氧化剂的流量很大,火焰远离推进剂表面,而且随着压力的增加,火焰与推进剂表面的距离还会增加。要注意这些观察结果适用于含有大AP颗粒(400μm)的推进剂[63]。还发现,扩散火焰的高度随着推进剂燃速的增加而增加,这可能是由于与AP粗颗粒导致的大扩散距离造成的[27]。

压力不是决定火焰是否呈拱形的唯一因素。当局部通风过度时,会导致燃料和氧化剂混合并在离推进剂表面更远的地方燃烧。这种过度通风通常发生在有大量粗晶体聚集的地方。实验中,当压力较高时,C/F较低的推进剂经常会出现喷射状火焰,而对于C/F较高的推进剂则是拱形火焰。因为细粒AP/黏合剂基体燃速高,阻止了粗晶的局部过度通风,所以C/F较低的推进剂(粗粒AP含量为6%~35%)很少能够见到拱形火焰。在0.5MPa压力下,含43%粗粒AP推进剂的火焰中既有喷射状火焰又有拱形火焰[61]。这种推进剂的火焰结构多样化可能是由于附近 LEF 加热所致,使得某些粗晶或晶体群得到了必要的热通量,增大了氧化剂的体积流量,提升了火焰,而其他的则不会[61]。已发现含有 50%~100%粗粒 AP 的推进剂上方的火焰主要是拱形火焰。虽然粗粒 AP 凹陷在推进剂表面以下无法确定有多少颗粒助长了火焰,但火焰高度的相似性可能表明,火焰高度是氧化剂尺寸的函数。图 6.17 给出了在 0.5MPa 压力下固体物质含量为 80%的 AP 推进剂的火焰高度[61]。火焰较高,在视觉上与拱形火焰相对应。火焰越高,最终扩散火焰的热量释放区域就会离推进剂表面越远。另外,对于 *C/F* 较低的推进剂,放热主要发生在细粒 AP/黏合剂的准预混火焰中或靠近推进剂表面的喷射状扩散火焰中。*C/F* 较低的推进剂和 *C/F* 较高的推进剂之间的火焰结构差异是燃速随 *C/F* 增加而降低的一个因素[61]。

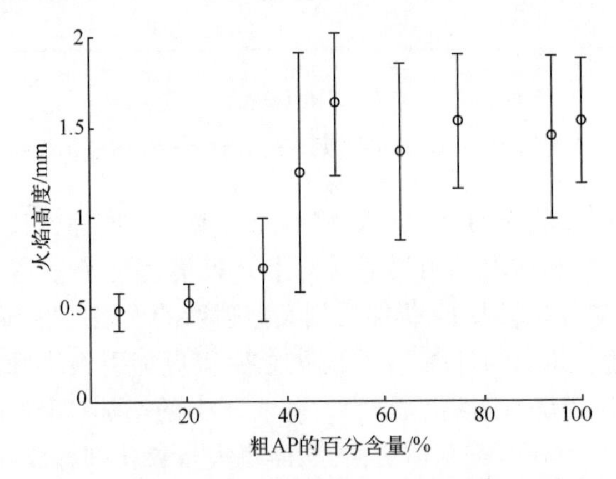

图 6.17　在 0.5MPa 时推进剂上方的火焰高度[61]

3）粗晶燃烧特性

为了解推进剂环境中粗粒 AP 的燃烧情况,测量了粗粒 AP 的燃速、点火延迟和寿命,并对粗粒 AP 的凸起或凹陷现象进行了定性观察。在两步燃烧过程中观察到了分离出来的粗粒 AP,在这一过程中,粗晶的燃烧伴随着点火延迟[62]。点火延迟不仅与粒度有关[62],而且与推进剂中粗粒 AP 的百分比有关[61]。通常,对于较小的 AP 颗粒和 *C/F*,点火延迟较短。在较小的 *C/F* 下,短的点火延迟至少部分地归因于细粒 AP/黏合剂基体火焰的预热效应。测得的粗晶燃烧速率分散大,部分原因可能是推进剂的异质性。尽管 *C/F* 发生了变化,但粗粒 AP 寿命在点火延迟时间中所占的百分比仍然保持在 70%左右[61]。

在 0.1~0.6MPa 范围内,单个粗粒 AP 的燃速先是保持在一个几乎不变的量值上,该量值等于纯 AP 颗粒的燃速,此后逐渐增加。在该压力范围内,粗粒 AP 晶体从周围的细粒 AP/黏合剂基体上方突出来,其原因是细粒 AP/黏合剂基体的燃速较高。在0.7~1.2MPa范围内,凸起程度适中,并且无法测得点火延迟,因为每当它们凸起时,粗晶粒都会消退。此时,单个AP晶体的燃速远高于纯AP的燃速[62]。当压力高于1.2MPa时,AP颗粒的燃烧比周围的细粒AP/黏合剂基体快得多,所以它会从推进剂表面凹陷下去[63]。压力并不是导致AP颗粒凸起或凹陷的唯一因素,还有一些因素,如黏合剂类型、粒度和推进剂的O/F也会影响AP颗粒凸起或凹陷[39]。凸起通常归因于低压下较低的AP降解速率和较高的黏合剂(无论有没有细粒AP)的热解速率。在较高的压力下,AP的分解动力学加快,形成单推进剂火焰,导致AP的分解速度比黏合剂基体的热解速率高。粗粒AP晶体在推进剂表面下方消退,形成盘状凹坑[87]。但是,用这些去解释推进剂中发生的所有相互作用还是太过于简单。

早期的高速OH PLIF成像发现,AP在283nm紫外激光下发出荧光,使得粗粒AP和细粒AP/黏合剂基体之间具有良好的对比度(图6.15)[62]。在这种情况下,可以在推进剂环境中测量颗粒寿命(从AP晶体首次出现在推进剂表面到消失之间的时间)。粗颗粒的寿命随C/F而变化[61]。准预混火焰的温度、周围扩散火焰的高度、粗晶之间的距离以及LEF都会影响颗粒寿命。通常,C/F较低的推进剂的颗粒寿命相对较短,部分原因是准预混火焰向粗粒AP提供热量。随着粗粒AP的比例增加,准预混火焰温度降低,扩散火焰占优势。扩散火焰比准预混火焰离推进剂表面更远,再加上准预混火焰的温度降低,推进剂表面的热反馈变少,延长了粗颗粒的寿命。随着C/F的增加,一个粗颗粒的前缘火焰更容易与附近的颗粒相互作用,从而增加了粗粒AP的分解速率并缩短了其寿命。然而,如果LEF不能提供与准预混火焰相同的热通量,那么粗晶的寿命可能会更长[61]。

2. 催化剂

通常采用催化剂而非改变推进剂C/F来调整推进剂所需的燃速和压强指数。固体火箭推进剂的燃速随着催化剂尺寸的减小(较高的表面积)而增加,其中纳米级催化剂比微米级催化剂的燃速更快。使用催化剂的夹层燃烧实验结果表明,由于暴露在催化剂中的AP表面积较大,随着氧化剂的细化,催化剂的催化效率提高[26]。在AP中添加催化剂或在AP上涂覆催化剂,其效果相似。纳米级催化剂已用作AP晶体生长的种子,导致催化剂被氧化剂包围或包裹[28,37-38,60,88]。纳米级催化剂封装在细粒AP中的推进剂比纳米级催化剂直接混入黏合剂中的推进剂具有更高的燃速[60,88]。

当在复合推进剂中加入微米或纳米级的氧化铁(Fe_2O_3)或氧化铜(CuO)时,复合推进剂的燃速会增加[27]。观察到催化剂可显著缩短AP晶体的点火延迟时间[27]。可以看出,推进剂整体燃速在很大程度上取决于粗粒AP晶体的寿命。催化剂的存在加速了AP/黏合剂基体的燃速,从而导致在1atm下粗粒AP在推进剂表面上方的凸起情况更明显[27,60]。对于没有催化剂的基准推进剂,当压力升高达到0.4MPa时,推进剂表面看不到粗粒AP。在推进剂中添加催化剂会导致AP/黏合剂基体的燃烧速率增加,即使在更高的压力下,粗粒AP也会发生凸起,使粗晶体寿命和燃烧速率可测量。在压力为0.4~0.7MPa情况下,纳米氧化铁催化推进剂的粗晶寿命比微米氧化铁催化的推进剂短[60]。对于纳米催化剂直接混合或包含于氧化剂中的推进剂,其粗晶寿命在统计学上无差异[60]。显然,封装的催化剂能够影响粗粒AP的燃烧时间,这可能是通过细粒AP燃烧之后沉积在推进剂表面上来实现的。纳米催化推进剂的粗晶寿命较短,这与催化作用这种表面现象有关。对于同等质量的催化剂,纳米催化剂比微米催化剂具有更大的表面积。表面积的增大会增大氧化剂与催化剂之间的接触面积,使粗颗粒AP的颗粒寿命缩短。

即使在低压下,添加的催化剂也会使推进剂火焰朝靠近推进剂表面的方向移动,从而提高推进剂的燃速。在没有粗粒AP的区域中,PLIF成像的OH强度明显高于添加催化剂的推进剂,表明OH的浓度较高。这种高浓度可能是由于AP/黏合剂基体燃速较高或由于动力学途径的改变而生成了更多的OH[27]。观察到添加催化剂的推进剂的火焰结构随压力、催化剂尺寸和催化剂位置而变化。在1atm下,无论有没有添加催化剂,均可在推进剂上方看见喷射状火焰。据统计,在1atm下,添加催化剂的推进剂的喷射状火焰高度与基准推进剂的火焰高度在统计学上要么相同[60]要么更高[27]。其差异可能是因为催化剂百分比和所用设备导致的。火焰高度和结构随压力而变化。对于没有添加催化剂的推进剂,观察到1atm~0.4MPa,火焰结构从射流状转变为升起的拱形火焰,即使压力增加到0.7MPa,火焰高度也保持恒定[60]。然而,微米级氧化铁催化推进剂从喷射火焰向上升火焰转变的速度更慢,并且上升的火焰比0.6MPa的喷射状火焰更频繁。同样,带有纳米级氧化铁催化剂的推进剂在0.6MPa压力附近开始转变,但直到0.7MPa才完成转变。尽管这些推进剂在观察到的最大压力下大多呈现出上升的火焰,但带有封装的纳米级氧化铁的推进剂没有转变。人们看到了一些上升的火焰,但即使在0.7MPa时,大部分火焰仍呈喷射状[60]。在图6.18中可以看到未催化的、微米级氧化铁催化的、纳米级氧化铁催化的和封装的纳米级氧化铁催化的推进剂的火焰高度。

从喷射状火焰到上升火焰的过渡与细粒AP/黏合剂基体的燃速有关。正如在6.4.4节和6.4.5.1节"火焰结构"中所讨论的,当粗粒AP比局部细粒AP/黏合剂基体燃烧得快,使该区域出现局部通风过度,导致燃料和氧化剂混合并在远离推进剂表面的地方燃烧时,就会产生上升火焰。在0.4MPa压力以上,不含催化剂的推进剂中,粗晶颗粒通常会凹入推进剂表面,这表明它们的燃烧速度比细粒 AP/黏合剂基体快,并且存在局部过度通风的情况。在这种情况下,人们可能会认为火焰通常为上升火焰,实验数据也证明了这一点。另外,在微米级和纳米级催化剂的作用下,推进剂需要更高压力才能从喷射状火焰转变为上升扩散火焰。在这些情况下,由于催化剂的作用,在较低压力下,细粒 AP/黏合剂基体比粗粒 AP 燃烧得更快。只要细粒 AP/黏合剂基体比粗粒 AP 燃烧得快,就不会发生局部通风过度的情况,火焰将呈喷射状。当粗粒 AP 的动力学增加到某程度时(细粒 AP 燃烧相对于黏合剂燃烧足够快时),火焰将上升。对于封装的催化剂,因为催化剂与 AP 颗粒紧密接触,所以粗粒 AP 的动力学不可能加速到产生过量氧化剂的程度,此时火焰仍呈喷射状[60]。注意,不需要用粗粒 AP 凹陷的方式来实现火焰上升,只要粗粒 AP 的燃速比细粒 AP/黏合剂基体快就可以使火焰局部过度通风。

燃速与火焰结构直接相关。在 0.7MPa 压力下,添加了纳米氧化铁催化剂的推进剂上方火焰升高。对于封装的纳米氧化铁推进剂,细粒 AP/黏合剂基体燃烧较快,足以缓解局部通风过度造成的燃烧问题,此时火焰呈喷射状[60,64]。通过对两种推进剂燃速的比较可以看出,当催化剂占比和推进剂的其他方面都相同,火焰升高时,推进剂的燃烧速率比火焰呈喷射状且接近推进剂表面时慢12%左右[60]。与火焰呈喷射状相比,当火焰上升时,在推进剂表面上方更容易释放热量(图 6.18)。当推进剂表面反馈热量较少时,推进剂燃速较低。虽然燃烧速率的变化肯定有其他的原因,但火焰结构无疑是一个重要因素。

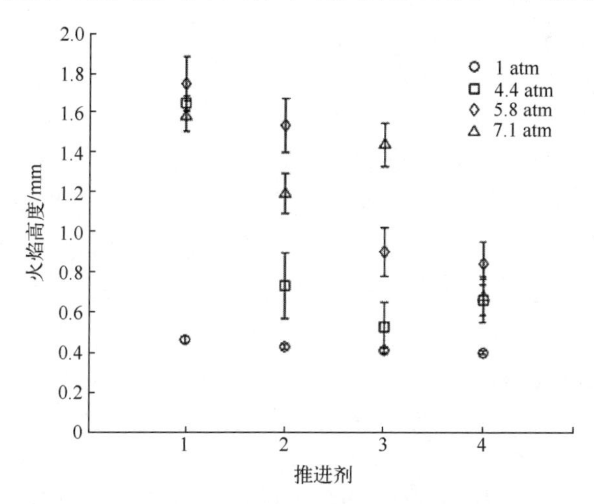

图 6.18　火焰高度与压力和推进剂尺寸的关系[60]

注:推进剂 1 是基准(无催化剂)推进剂,推进剂 2 包含 0.21% 53μm 氧化铁催化剂,推进剂 3 包含 0.21% 3nm 氧化铁催化剂,推进剂 4 包含 0.21% 3nm 封装在细粒 AP 内的催化剂。

3. 黏合剂

正如6.4.3节所讨论的,推进剂中使用的黏合剂类型也会影响AP复合推进剂的火焰结构和燃速[64]。随着压力的升高,黏合剂(燃料)的类型对燃速的影响越来越显著[73]。这可能是由于黏合剂的热解温度等因素引起的,但其他因素,如AP颗粒与黏合剂之间的黏附性,也会影响推进剂的燃烧。对于富燃料推进剂(黏合剂含量25%~30%)来说,由于推进剂表面AP颗粒覆盖着碳化层,可能会导致推进剂药条的异常燃烧甚至完全熄灭[89]。

目前已经通过开展一些有限的实验来研究改变黏合剂对火焰结构的影响。其中一项研究是对AP复合推进剂和HTPB、PBAN、二环戊二烯(DCPD)黏合剂进行比较。与本章中讨论的其他复合推进剂一样,使用这些黏合剂的AP复合推进剂在低于0.4MPa压力下会产生喷射状的扩散火焰[64]。HTPB和PBAN推进剂的OH信号基本相同,但是在基于DCPD的推进剂表面上方,背景OH PLIF信号较高。产生较高的OH PLIF信号的原因可能是黏合剂燃烧或细粒AP/黏合剂的强火焰使得OH的生成速率更高。如果考虑黏合剂体系,在0.4MPa附近喷射状火焰开始逐渐向上升火焰过渡。上升火焰通常比喷射火焰薄,并且在气相中呈现V形区域[64]。据报道,火焰高度随着压力的增加而逐渐增加,尽管这可能是由于从喷射火焰过渡到扩散火焰所致。火焰高度似乎没有随着黏合剂的变化而显著变化,这可能是由于类似的黏合剂分解产物所致。另外,火焰高度更多地取决于推进剂的O/F,由于粗氧化剂颗粒大小大致相同,推进剂的火焰高度也大致相同。

4. 铝

将铝或其他金属燃料添加到固体推进剂中通常可以提高燃气的温度,从而增加发动机的比冲。将铝添加到推进剂中会改变能量的释放[89]。在固体推进剂燃烧中,铝通常会积聚在燃烧的推进剂表面上,在其自身的火焰包围下,在推进剂表面上方缓慢地分离、点燃和燃烧[90]。在铝燃烧时通常会生成大量的氧化铝。LEF或最终扩散火焰可能会将微米级铝颗粒点燃,因为在细小的AP/黏合剂基体火焰中,通常找不到点火所需的温度;但是,观察到超细铝(直径为100nm)也可以被AP/黏合剂基体火焰点燃[91]。

铝颗粒的大小会影响整个火焰的结构,从而影响燃速。在某些情况下,未观察到微米大小的粉末会增加燃速。这可能是由于大颗粒在火焰结构的气相火焰上方燃烧,并不会显著影响推进剂表面的热反馈,而是在推进剂中形成热沉[92-93];另外,超细或纳米级粉体由于能够在较早着火和快速燃烧的细粒AP/黏合剂火焰中燃烧,从而提高了燃烧速率[92]。这些火焰的成像显示,纳米铝在靠近推进剂表面的薄发光层中发生反应和燃烧,从而向推进剂表面提供了大量的热反馈[93]。研究发现,与含有大量粗粒AP的推进剂相比,含大量细粒AP的推进剂具有更少的铝结块。认为这一现象是由于存在准预混火焰和较高的气体速度,可以使铝从推进剂表面升高[94]。

研究含铝推进剂的火焰结构难度很大,添加铝会导致火焰的亮度增加,且光学厚度加大,关于含铝推进剂PLIF研究尚未见报道。某些情况下,火焰在0.8MPa以上基本不透明。然而,在大气压下,含铝和非含铝的推进剂之间的CN发射谱发生了改变,如图6.19所示,在含铝推进剂中CN发射谱延长了。尽管仍然存在测量上的困难,但推进剂表面上的其他分子分布有可能发生变化甚至可能性很大。

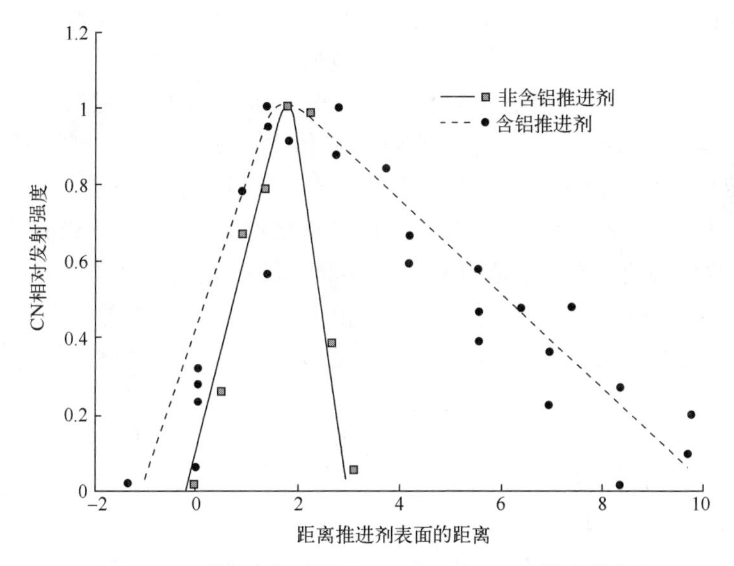

图6.19　两种AP推进剂(1atm N_{2+})的CN发射强度曲线

(源自参考资料[95]并做了修正)

6.5　火焰结构的预测

推进剂燃烧的完整模型应考虑各组分的燃烧速率、不同氧化剂的粒度分布、推进剂组分、压力和燃烧面的几何形状[87]。为了成功预测火焰结构和燃烧速率,必须用BDP模型中的三种耦合火焰。构建推进剂模型是一项艰巨的任务,然而随着高运算计算机的出现,真正具有预测性的推进剂模型开始出现了。本节将简要描述现有模型的结果。其最终目标是建立一个计算机模型,该模型不需要从实验中获得的经验参数,而是只用边界条件和基本特性,就可以预测复合固体推进剂的燃速。

推进剂的物理特性,如氧化剂颗粒在燃料黏合剂中的随机堆积、非定常三维热传导、不稳定的非平面表面回归以及非定常表面维持的三维燃烧场都可以被模拟[96]。建模过程中考虑燃烧化学特性是非常困难的,因为流动从本质上来说是一种不稳定的、三维的,并且在固相和气相之间高度耦合的状态;然而,由于目前的计算能力限制和动力学参数的不确定性,无法获得详细的流动特性。当气相火焰向推进剂表面提供热反馈时,必须考虑气相燃烧。此外,还需考虑固相反应和相变。由于 AP 复合推进剂的非均质性,其燃烧表面一般是不平坦的,在一定程度上受到 AP 晶体和细粒 AP/黏合剂基体的不同回归率的影响。气相模型必须与固相模型相耦合。为了严格地模拟许多种类的推进剂,还必须考虑铝的燃烧。最后,必须使用实验数据对模型进行验证。

开发随机堆积算法和相应燃烧模型是建立 AP 复合推进剂燃烧完整模型的关键。目前,已经建立了一种在周期性立方体中形成双峰分布球体堆积模型,并确定了模型中的表面氧化剂组分等参数[13];然后将这些随机填充与之前获得的实验数据进行比较[97],并作为 AP 燃烧的基础[98]。目前最先进的 AP/HTPB 燃烧模型使用不稳定条件和一般形状的随机颗粒包[96,99-100]。根据周围黏合剂的量、细粒 AP/黏合剂基体中的 AP 含量和系统压力可以发现粗粒 AP 能够凸起或凹进。如果推进剂富含燃料,则预计会有凹陷的颗粒[47]。

由于 AP/HTPB 火焰的尺寸非常小,在实际压力环境下不可能完全测得该火焰结构,因此开发了数学模型来研究燃烧过程[45]。AP 颗粒的大小决定了复合推进剂的燃烧性能[40]。因为目前的计算能力还不能对所有尺寸进行数值求解,所以必须确定细粒 AP 与黏合剂在哪一点上是同质的。在均质的 AP/黏合剂情况下,不需要对每个 AP 细颗粒上方的火焰单独建模,这样可以节省计算时间并降低计算的复杂性。AP 均质化直径随压力增加而减小[45]。随着粒度变小,初始火焰向外延伸,覆盖在细小的 AP/黏合剂基体上,火焰实质上变成了预混火焰,并且在细小的 AP 颗粒上的温度梯度比较大颗粒上的温度梯度低[46]。

在 1atm 的环境下,由于流动速度太慢,因此单组元推进剂和预混的细粒 AP/黏合剂无法形成火焰[46]。Gross 和 Beckstead 认为,最终的扩散火焰离推进剂表面太远,不能对燃速造成任何实质性的影响[45]。推进剂表面预混火焰中生成的产物形成了最终的扩散火焰,该火焰离推进剂表面足够近,在 20atm 的环境下,可以影响推进剂的燃速[46]。对 400μm 粗粒 AP 来说,最终扩散火焰的投射距离会随着其受压的增加而增大,而对其他粒度 AP 来说,投射高度则会减小。在压力升高的情况下,因为氧化剂的质量通量增加,最终扩散火焰会远离推进剂表面。氧化剂在发生反应之前就会流动到下游。由于流动加快,其他的火焰更靠近推进剂表面[46]。当投射距离随压力增加时,扩散火焰对表面的影响较小。当 AP 颗粒较大(如 400μm)时,AP 推进剂和细粒 AP/黏合剂火焰在远离 AP/黏合剂界面的地方形成。AP 和黏合剂的凝相分解产物之间形成了前缘火焰[45]。在可以形成前缘火焰的压力下,虽然前缘火焰在燃烧场中只占很小的一部分,但强度很高,对推进剂的回归有显著的影响[101]。图 6.20 给出了不同 AP 粒度下计算的温度场。

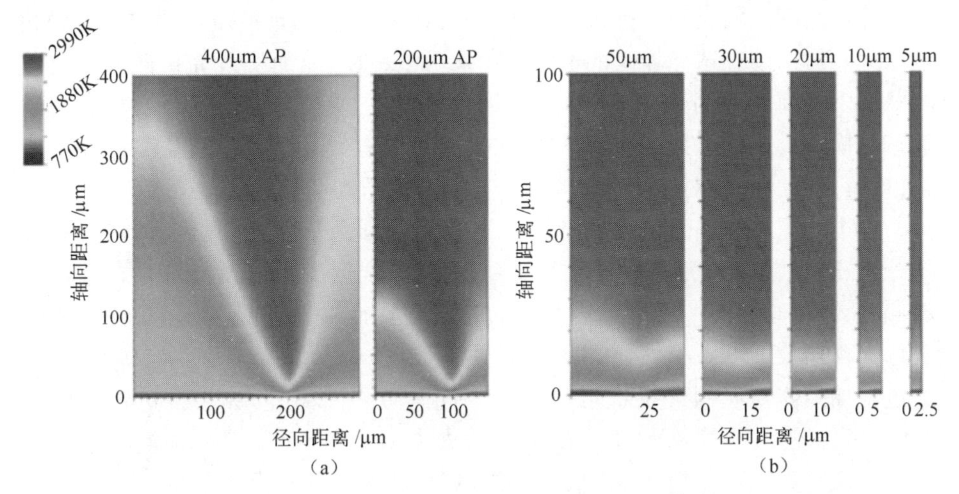

图 6.20　在 20atm 下,86%的 AP 复合推进剂的表面温度曲线[45](彩色版本见彩插)

计算表明,当压力在 20atm[40]以上时,AP 单组元推进剂的火焰高度比最终扩散火焰的火焰高度低 1~2 个数量级[40]。在正常的发动机燃烧室压力下,AP 会迅速爆燃,预计火焰高度为 1~2μm[40]。因为 HTPB 热解产物没有足够的时间与 AP 单组元推进剂分解产物混合并燃烧,所以前缘火焰的影响可以忽略[40]。随着火焰向推进剂表面推进,对凝相的热反馈增加,燃速也随之增加[40,46]。最大放热预计发生在离推进剂表面很近的位置,并对整个扩散火焰起到一个火焰保持的作用。

6.6　结　　论

AP 复合固体推进剂的燃速主要取决于 AP 粒度、推进剂的配方和工作压力。火焰结构实验表明,AP 复合推进剂上方的火焰结构在很大程度上也取决于上述三个因素。尽管 AP 粒度和推进剂配方有关,但仅尺寸的影响就非常大了,所以必须单独考虑该因素。在推进剂环境中,非常小的 AP 颗粒会在准预混火焰中和黏合剂一起燃烧。随着粒度的增加,火焰结构将在单个或一组 AP 颗粒上从预混火焰结构变为扩散火焰结构。扩散火焰结构高于准预混火焰结构。随着粒度的进一步增加,尽管最终的扩散火焰仍然存在,但 AP 单组元推进剂的火焰将占据主导地位。火焰结构的变化会影响燃速。当火焰离推进剂表面越来越远时,反馈到推进剂表面的热量就会减少,燃速也会随之降低。随着单组元推进剂火焰的占比增加,燃速会因为该火焰的热反馈小于扩散火焰而不断降低。了解火焰结构从预混到扩散再到单组元推进剂火焰为主导的转变过程,有助于推进剂配方的设计。推进剂中的细粒 AP 可在保持预混极限的情况下尽可能增大。可以通过选择较大的 AP 粒度来调整燃速,从而实现在扩散为主的燃烧状态下提高推进剂燃速,在单组元推进剂为主的燃烧状态下降低推进剂燃速。建模人员还可以用火焰结构数据来验证其模型,了解准预混假设是否有效,或者是否有必要对单个 AP 颗粒上方的火焰结构进行建模。

推进剂配方也是确定火焰结构的一个重要因素。除 AP 粒度分布外,推进剂配方还包括粒度比、固体物质含量百分比、黏合剂类型以及是否存在金属燃料和/或燃速改性剂。改变推进剂的粒度比可以改变火焰结构,因为许多相互靠近的粗颗粒可以一起燃烧。相应地,氧化剂流动的增加会使火焰高度增加。通过增加固体物质的含量也可以达到相同的效果。另外,如果推进剂中细粒 AP 的占比较多,火焰结构就不再由扩散火焰来主导,而是由准预混火焰来主导。尚未观察到黏合剂从 HTPB 到 PBAN 的变化会改变推进剂环境中的火焰结构,但是,随着固体物质含量的增加,这一领域的研究才刚刚开始。已经观察到其他黏合剂,特别是高能黏合剂,极大地改变了推进剂的燃烧速率,并且火焰结构也完全不同。已经发现,加入燃速催化剂会改变火焰结构,相比于催化了的推进剂,未被催化的推进剂可以在更低的压力下产生更高的火焰。在这一领域还应该做更多的研究,因为到目前为止,仅研究了催化剂,还没有对燃速抑制剂进行过相关的研究。将金属燃料添加到推进剂中会由于燃料的燃烧而出现另一种火焰,但尚未观察到明显改变基准推进剂的火焰结构。然而,因为火焰结构难以被观测,所以有可能基准火焰结构已经发生了某种变化,只是尚未发现。

给定推进剂配方的火焰结构会随压力的变化而变化。压力较低时,大 AP 晶体中最常见的火焰结构是通风不良的喷射状扩散火焰。随着压力的增加,火焰结构将过渡到过度通风状态形成的拱形扩散火焰。细粒 AP/黏合剂基体火焰也会随着压力的变化而变化。随着压力的增加,细粒 AP/黏合剂基体要在准预混火焰中燃烧就要求粒度变得越小。这意味着,在较低压力下会形成准预混火焰的细粒 AP 在较高压力下可以形成扩散火焰。因为火焰更高,放热发生在离推进剂表面更远的位置,所以从准预混火焰到扩散火焰的变化可能会导致燃速的降低。同样,在其他条件相同时,有着喷射状火焰的推进剂比拱形状火焰的推进剂燃速更快,因为热释放靠近推进剂表面。压力的变化也会引起火焰高度的变化,由于火焰在压力作用下更靠近推进剂表面,因此推进剂燃速也会提高。

从计算方面讲,当前最新的技术是推进剂药包的三维建模,以及具有详细动力学和物质传输的三维非稳态燃烧模型。推进剂药包可以由随机形状和任意颗粒分布的氧化剂颗粒包构成。燃烧模型使用详细的动力学以及完全耦合的气相和冷凝相反应。尽管已经用了化学/传输模型来加深对 AP/HTPB 燃烧的了解,但由于该方法计算成本高,很难将它们集成到计算量更大的模型中。使用颗粒包为完全预测模型的建立提供了可能。目前,计算能力只允许每次模拟推进剂的一小部分,同时还要对最细的 AP 晶体进行匀质化处理。尽管药包可以堆叠[100],但由于计算的限制,目前还无法模拟完整的运动颗粒。已观察到,简化模型仅需输入压力、AP 粒度和推进剂配方就可以在最短计算时间的20%~90%以内来预测燃速[102]。研究人员还在他们的模型中加入了铝的燃烧,这使所预测的推进剂燃速与实际情况更加接近[103-104],但想要准确预测燃速还有很多工作要做。例如,模拟铝燃烧会因铝的团聚而变得复杂,由于铝的团聚很难预测,因此需要更多的实验数据来辅助模拟建模。

最近在实验中使用了 5kHz OH PLIF 测量了 0.7MPa 压力下的原位火焰结构的定性信息,这不仅使得以前从未见过的火焰结构可视化了,还使得火焰高度、粗粒 AP 晶体燃烧速率和点火延迟能够被量化。该技术给出了微型火焰结构和推进剂燃速之间的关系,以及火焰结构随推进剂配方变化的宝贵信息。尽管该信息很有趣,但如果可以将该技术扩展到更高的压力,就可以研究更多推进剂及其他组分在真实的燃烧室压力下的化学特性。将 PLIF 成像技术应用于其他组分如 CN,可以为推进剂火焰结构的研究提供宝贵的意见。目前已经完成了使用三维 PLIF 探测推进剂火焰结构的初步工作,虽然还没确定具体实施计划,但可以肯定该方法对研究固体火箭推进剂上方的高三维火焰结构非常有用。

除了推进剂的三维 PLIF 成像和基准推进剂中其他组分的 PLIF 成像外,还要考虑其他推进剂的配方。虽然人们已经研究了氧化铁燃速催化剂对火焰结构的影响,但还需要进一步研究其他催化剂对火焰结构是否也有同样的影响。这将有助于人们进一步了解催化剂对推进剂的作用机理。此外,还应该研究燃速抑制剂对火焰结构的影响。例如,它们是否过早地提升了推进剂火焰?另一个需要进行深入研究的领域是不同氧化剂的火焰结构与 AP 的火焰结构有何不同。在 1atm 压力下,对 ADN 和 AN 基推进剂上方的火焰结构进行了 PLIF 初步成像,研究表明,该火焰结构与 AP 推进剂上方的火焰结构有很大不同。鉴于目前人们希望不再使用高氯酸盐推进剂，了解不同的氧化剂和含能材料添加剂如何改变固体推进剂的火焰结构，将有助于推进剂配方设计者解决目前在推进剂领域使用这些材料所存在的问题。其他感兴趣的领域包括更好地解决微米级火焰的识别系统，以及对 AP 单组元推进剂火焰、细粒 AP/黏合剂基体火焰和/或前缘火焰的实验可视化。随着技术的进步，我们可以不断突破极限，从而真正了解微观火焰结构对固体推进剂燃速的影响。

参考文献

[1] Sabadell AJ, Wenograd J, Summerfield M(1965) AIAA J 3:1580

[2] Hermance CE(1966) AIAA J 4:1629

[3] Summerfield M, Sutherland GS, Webb MJ, Taback HJ, Hall KP(1960) In: Solid propellant rocket research american institute of aeronautics and astronautics, Reston, VA, USA, p 141

[4] Sparks JF, Friedlander MP Ⅲ(1999) Fifty years of solid propellant technical achievements at Atlantic Research Corporation. In: 35th AIAA/ASME/SAE/ASEE joint propulsion conference and exhibit, Los Angeles, CA

[5] Chaturvedi S, Dave PN(2015) Arabian J Chem(In press)

[6] Chaturvedi S, Dave PN(2013) J Saudi Chem Soc 17:135

[7] Kumari A, Mehilal, Jain S, Jain MK, Bhattacharya B(2013) J Energ Mater 31:192

[8] Kuo KK, Acharya R(2012) In: Applications of turbulent and multiphase combustion. Wiley, Hoboken, p 1

[9] Ramakrishna PA, Paul PJ, Mukunda HS, Sohn CH(2005) Proc Comb Inst 30:2097

[10] Oommen C, Jain SR(1998) J Hazard Mater A67:253

[11] Parr TP, Hanson-Parr DM(1996) Symp(Int) Comb 26:1981

[12] Jeppson MB(1998) A kinetic model for the premixed combustion of a fine AP/HTPB composite propellant. Brigham Young University

[13] Knott GM, Jackson TL, Buckmaster J(2001) AIAA J 39:678

[14] McGeary RK(1961) J Am Ceram Soc 44:513

[15] Sutton GP, Biblarz O(2001) Rocket propulsion elements. Wiley, New York, pp 475-519

[16] Hill P, Peterson C(1992) Mechanics and thermodynamics of propulsion. Addison-Wesley Publishing Company, Inc., Prentice Hall

[17] Brewster MQ, Hites MH, Son SF(1993) Combust Flame 94:178

[18] Kishore K, Sunitha MR(1979) AIAA J 17:1118

[19] Dey A, Athar J, Varma P, Prasant H, Sikder AK, Chattopadhyay S(2015) RCS Adv 5:1950

[20] Huang C, Li C, Shi G(2012) Energy Environ Sci 5:8848

[21] Li N, Cao M, Wu Q, Hu C(2012) CrystEngComm 14:428

[22] Li N, Geng Z, Cao M, Ren L, Zhao X, Liu B, Tian Y, Hu C(2013) Carbon 54:124

[23] Wanga B,Park J,Wang C,Ahn H,Wanga G(2010)Electrochim Acta 55:6812
[24] Zhao J,Liu Z,Qin Y,Hua W(2014)CrystEngComm 16:2001
[25] Chaturvedi S,Dave PN(2012)J Exp Nanosci 7:205
[26] Strahle WC,Handley JC,Milkie TT(1973)Combust Sci Technol 8:297
[27] Hedman TD,Reese DA,Cho KY,Groven LJ,Lucht RP,Son SF(2012)Combust Flame 159:1748
[28] Ma Z,Li F,Chen A-S,Bai H-P(2004)Acta Chim Sinica 62:1252
[29] Joshi SS,Patil PR,Krishnamurthy VN(2008)Defence Sci J 58:721
[30] Chakravarthy SR,Price EW,Sigman RK(1997)J Propuls Power 13:471
[31] Pittman CU Jr(1969)AIAA J 7:328
[32] Patil PR,Krishnamurthy VN,Joshi SS(2006)Propellants Explos Pyrotech 31:442
[33] Jayaraman K,Anand KV,Chakravarthy SR,Sarathi R(2009)Combust Flame 156:1662
[34] Lu K-T,Yang T-M,Li J-S,Yeh T-F(2012)Combust Sci Technol 184:2100
[35] Kohga M(2011)Propellants Explos Pyrotech 36:57
[36] Krishnan S,Periasamy C(1986)AIAA J 24:1670
[37] Reese DA,Son SF,Groven LJ(2012)Propellants Explos Pyrotech 37:635
[38] Ma Z,Wi R,Song J,Li C,Chen R,Zhang L(2012)Propellants Explos Pyrotech 37:183
[39] Price EW,Chakravarthy SR,Sigman RK,Freeman JM(1997)Pressure dependence of burning rate of ammonium perchlorate-hydrocarbon binder solid propellants. In:33rd AIAA/ASME/SAE/ASEE Joint Propulsion Conference,Seattle,WA
[40] Cai W,Thakre P,Yang V(2008)Combust Sci Technol 180:2143
[41] Brewster MQ,Mullen JC(2011)Combust Explos Shock+ 36:200
[42] Beckstead MW,Derr RL,Price CW(1970)AIAA J 8:2200
[43] Beckstead MW(1993)Pure Appl Chem 65:297
[44] Gross ML,Beckstead MW(2009)J Propul Power 25:74
[45] Gross ML,Beckstead MW(2010)Combust Flame 157:864
[46] Gross ML,Beckstead MW(2011)J Propul Power 27:1064
[47] Gross ML,Hedman TD,Son SF,Jackson TL,Beckstead MW(2013)Combust Flame 160:982
[48] Price EW,Sambamurthi JK,Sigman RK,Panyam RR(1986)Combust Flame 63:381
[49] Renie JP,Condon JA,Osborn JR(1979)AIAA J 17:877
[50] King MK(1978)Model for steady state combustion of unimodal composite solid propellants. AIAA 16th Aerospace Sciences Meeting,Huntsville,Alabama
[51] Freeman JM,Jeenu R,Price EW,Sigman RK(1998)Effect of matrix variables on bimodal propellant combustion. In:Proceedings of the 35th JANNAF Combustion Subcommittee Meeting,Tucson,AZ
[52] Sinditskii VP,Egorshev VY,Levshenkov AI,Serushkin VV(2005)Propellants Explos Pyrotech 30:269

[53] Parr TP, Hanson-Parr DM(1992) In: Nonsteady burning and combustion stability of solid propellants, vol 148. American Institute of Aeronautics and Astronautics, Inc., Washington, DC, p 261
[54] Fitzgerald RP, Brewster MQ(2004) Combust Flame 136:313
[55] Fitzgerald RP, Brewster MQ(2008) Combust Flame 154:660
[56] Chorpening BT, Knott GM, Brewster MQ(2000) Proc Combust Inst 28:847
[57] Dyer MJ, Crosley DR(1982) Opt Lett 7:382
[58] Edwards T(1989) In: Air force astronautics laboratory. Edwards Air Force Base, CA
[59] Edwards T, Weaver DP, Campbell DH(1987) Appl Opt 26:3496
[60] Isert S, Groven LJ, Lucht RP, Son SF(2015) Combust Flame 162:1821
[61] Isert S, Hedman TD, Lucht RP, Son SF(2015) Combust flame(In press)
[62] Hedman TD, Cho KY, Satija A, Groven LJ, Lucht RP, Son SF (2012) Combust Flame 159:427
[63] Hedman TD, Groven LJ, Cho KY, Lucht RP, Son SF(2013) Proc Combust Inst 34:649
[64] Hedman TD, Groven LJ, Lucht RP, Son SF(2013) Combust Flame 160:1531
[65] Parr TP, Hanson-Parr DM(1991) Propellant diffusion flame structure. In: Proceedings of the 28th JANNAF Combustion Subcommittee Meeting, Los Alamos, NM
[66] Parr TP, Hanson-Parr DM, Smooke MD, Yetter RA(2005) Proc Comb Inst 30:2113
[67] Smooke MD, Yetter RA, Parr TP, Hanson-Parr DM(2000) Proc Combust Inst 28:839
[68] Smooke MD, Yetter RA, Parr TP, Hanson-Parr DM, Tanoff MA, Colket MB, Hall RJ(2000) Proc Combust Inst 28:2013
[69] Tanoff MA, Ilincic N, Smooke MD, Yetter RA, Parr TP, Hanson - Parr DM (1998) Symposium(International) on combustion proceedings vol 27, p 2397
[70] Cho KY, Satija A, Pourpoint TL, Son SF, Lucht RP(2014) Appl Opt 53:316
[71] Murphy JL, Netzer DW(1974) AIAA J 12:13
[72] Edwards T, Weaver DP, Campbell DH, Hulsizer S(1986) J Propul Power 2:228
[73] Powling J(1967) Proc Combust Inst 11:447
[74] Johansson RH (2012) Investigation of solid oxidizer and gaseous fuel combustion performance using anelevated pressure counterflow experiment and reverse hybrid rocket engine. The Pennsylvania State University, State College, PA
[75] Johansson RH, Connell TL Jr, Risha GA, Yetter RA, Young G(2012) Int J Energ Mat Chem Propuls 11:511
[76] Young G, Roberts C, Dunham S(2012) Combustion behavior of solid oxidizer/gaseous fuel diffusion flames. In: 50th AIAA aerospace sciences meeting including the new horizonsforum and aerospace exposition, Nashville, Tennessee
[77] Isert S, Connell TL Jr, Risha GA, Hedman TD, Lucht RP, Yetter RA, Son SF (2015) Combust flame(In press)
[78] Varney AM, Strahle WC(1972) Combust Sci Technol 4:197

[79] Chakravarthy SR, Price EW, Sigman RK, Seitzman JM(2003)J Propul Power 19:56
[80] Knott GM, Brewster MQ(2002)Combust Sci Technol 174:61
[81] Lee S-T, Price EW, Sigman RK(1994)J Propul Power 10:761
[82] Chakravarthy SR, Seitzman JM, Price EW, Sigman RK(2004)J Propul Power 20:101
[83] Kohga M(2008)J Propul Power 24:499
[84] Lee ST, Hong SW, Yoo KH(1993)Experimental studies relating to the combustion microstructure inheterogeneous propellants. In: 29th AIAA/ASME/SAE/ASEE joint propulsion conference and exhibit, Monterey, CA
[85] Chiu HH, Liu TM(1997)Combust Sci Technol 17:127
[86] Turns SR(2012)An introduction to combustion: concepts and applications. McGraw-Hill Education, New York
[87] Bilger RW, Jia X, Li JD, Nguyen TT(1996)Combust Sci Technol 115:1
[88] Ma Z, Li F, Bai H(2006)Propellants Explos Pyrotech 31:447
[89] Cohen-Nir E(1974)Combust Sci Technol 9:183
[90] Price EW, Sigman RK, Sambamurthi JK, Park CJ(1982)Georgia institute of technology: school of aerospace engineering. Atlanta, GA
[91] Dokhan A, Price EW, Seitzman JM, Sigman RK(2003)The ignition of ultra-fine aluminum in ammonium perchlorate solid propellant flames. In: 39th AIAA/ASME/SAE/ASEE joint propulsion conference and exhibit, Huntsville, AL
[92] Galfetti L, De Luca LT, Severini F, Meda L, Marra G, Marchetti M, Regi M, Bellucci S(2006)J Phys Condens Matter 18:S1991
[93] De Luca LT, Galfetti L, Severini F, Meda L, Marra G, Vorozhtsov AB, Sedoi VS, Babuk VA(2005)Combust Explos Shock+ 41:680
[94] Mullen JC, Brewster MQ(2008)Characterization of aluminum at the surface of fine-AP/HTPB composite propellants. In: 44th AIAA/ASME/SAE/ASEE Joint Propulsion Conference and Exhibit, Hartford, CT
[95] Edwards T(1998)Air force astronautics laboratory. Edwards Air Force Base, CA
[96] Jackson TL(2012)AIAA J 50:933
[97] Miller RR(1982)Effects of particle size on reduced smoke propellant ballistics. In: AIAA/SAE/ASME 18th joint propulsion conference, Cleveland, OH
[98] Jackson TL, Buckmaster J(2002)AIAA J 40:1122
[99] Stafford DS, Jackson TL(2010)J Comput Phys 229:3295
[100] Plaud M, Gallier S, Morel M(2015)Proc Comb Inst 35:2447
[101] Massa L, Jackson TL, Buckmaster J(2005)J Propul Power 21:914
[102] Gross ML, Hedman TD(2015)Int J Energ Mat Chem Propuls 14:399
[103] Maggi F, Bandera A, De Luca LT, Thoorens V, Trubert JF, Jackson TL(2011)Prog Propuls Phys 2:81
[104] Wang X, Hossain K, Jackson TL(2008)Combust Theor Model 12:45

第 7 章　PAFRAG 建模与实验方法评估破片弹药的杀伤力和安全间隔距离

Vladimir M. Gold

摘　要：美国陆军装备研究、设计和工程中心皮卡汀尼军械库的基本构想是破片弹药必须对士兵安全，对敌人致命。PAFRAG(Picatinny Arsenal Fragmentation)是一种分析和实验相结合的技术，可用于确定爆炸破片弹药的杀伤力和安全间隔距离，而无须进行昂贵的场地破片弹药试验。PAFRAG 方法学将高应变的高应变率计算机建模与半经验分析破碎建模以及实验相结合，为弹头设计人员和弹药开发人员提供了更多的弹药性能信息，而且花费较少。与传统的破片弹药场地试验方法相比，PAFRAG 建模和实验方法为弹药安全间隔距离分析提供了更详细、准确的弹头破碎数据。

关键词：PAFRAG；光滑粒子流体动力学；CTH 计算机程序；CALE 计算机程序；任意拉格朗日-欧拉方程式

7.1　爆炸驱使壳体破碎简介

爆炸驱使壳体破碎问题一直是军事领域中关注的话题，并且最近在许多其他应用中引起了人们的注意，包括碎片和抗爆结构以及防护设施的设计。对先前工作的回顾表明，在 20 世纪 40 年代初期对这个问题进行了广泛的研究。从历史上看，有三个突破性研究人员的名字引人注目：Gurney 因推导一个经验表达式而闻名，该表达式用于预测碎片速度，是炸药和金属壳体质量比的函数[1]；Mott 因开发用于预测平均碎片尺寸和碎片质量分布的统计模型而著称[2]；泰勒因开发了描述膨胀的壳体动力学和破裂时应力状态的模型而著称[3]。但是，大部分工作在第二次世界大战后不久就停止了，直到 20 世纪 60 年代才恢复。

在破片弹药设计者可使用最新的高应变率高应变有限差分计算机程序之

Vladimir M. Gold，美国皮卡汀尼兵工厂陆军工程研发中心，邮箱：vladimir. m. gold. civ@ mail. mil。

前,近 60 年来,爆炸性破片弹药的建模在很大程度上依赖于 20 世纪 40 年代开发的分析方法,即基于 Gurney[1] 近似的碎片速度预测以及基于 Mott[2] 和/或 Gurney et al. [4] 破碎模型的碎片质量分布统计数据。Hekker et al. [5] 简要概述了 60 年代和 70 年代广泛使用的经验破碎模型。Grady 和 Kipp 从 80 年代开始就成功地采用了 Mott[2] 提出的破裂激活动力学方法,从而在许多动态破裂和破碎领域[6-9] 中取得了重大进展,包括高速冲击破碎[10-11]、聚能射流破碎[12]、金属环的动态破碎[6-7,13]、剥落现象[14-15] 和岩石爆破[16]。Mott 概念的影响很广泛,可以在许多其他工作中找到,包括 Hoggatt et al. [17] 以及 Wesenberg et al. [18]。Grady[19] 对 Mott 的破碎概念进行了全面的回顾。Mercier et al. [20] 提出了一种扰动稳定性方法,用于使快速膨胀的金属环破碎。在 Weiss[21] 中可以找到用于评估破片弹药有效性的分析技术汇编,而在 Grady[22] 中可以找到破碎模型的简短回顾。最近,已有许多报道将最先进的连续水代码分析应用于爆炸物破碎问题,分别使用欧拉法、任意拉格朗日-欧拉法、拉格朗日法、光滑粒子流体动力学(SPH)和微粒模型法[23-27]。

Wilson 等已经报告了将最先进的连续水代码分析应用于爆炸物破碎问题的尝试[28]。该工作是使用 CTH 计算机程序[29] 和"内置代码" Grady-Kipp 破碎模型[11,30] 进行的,该模型基于泊松统计数据和平均碎片大小作为应变率的函数 $\dot{\varepsilon}$。为了验证模型,Wilson et al. [28] 将 CTH 代码分析与实验数据进行了比较,尽管碎片质量分布预测相对较差,特别是对于质量低于 2gr(1gr = 0.065g)的碎片,但在平均碎片大小的预测上有很好的一致性。由于许多军用爆破武器(包括杀伤性弹头、地雷、手榴弹和迫击炮)中产生的大多数致命碎片,其质量低于 2gr,因此需要改进计算程序,以便能够更精确地对破片弹药进行建模和仿真。

在这项工作中提出了一种预测爆炸破片弹药性能的技术,该技术基于将 CALE 计算机程序[31] 与半经验性破碎计算机模型 PAFRAG 集成在一起。CALE 是基于控制方程的任意拉格朗日-欧拉方程式的二维平面和三维轴向对称高速有限差分计算机程序。PAFRAG 代码的数学描述在以下各节中给出。在这项工作中考虑的三个示例问题的几何形状如图 7.1 和图 7.11 所示。如图 7.1 所示,高爆炸性装药起爆时,高压高速爆轰产物的快速膨胀导致硬化钢壳的高应变、高应变率膨胀,最终破裂产生高速钢壳碎片的"喷射"。在药型 A 的情况下,钢壳的膨胀伴随着铜聚能药型罩的向内破裂,从而产生了沿装药对称轴 z 移动的高速金属射流。就药型 B 而言,除炸药外,坚硬的钢壳还封装了示踪剂和引信,这些炸药和引信占据了弹药有效载荷的大部分。CALE 模型中还包括引信与硬质钢壳破碎部分之间的螺纹连接。为了允许沿接头的"滑移",采用理想塑性零屈服强度材料,在与钢相同的流体力学响应参数下,用几排计算单元建立螺纹模型。随着爆轰产物的膨胀,弹头的引信部分投射到 z 轴的反方向,而不会增加碎片喷射的杀伤力。除了规定问题的几何形状和初始边界条件之外,还必须规定所有材料的状态方程和本构方程,然后才能启动求解程序。使用 Jones-Wilkins-Lee-Baker 状态方程[32]对爆炸物进行建模,该方程使用 JAGUAR 编码对爆轰产物进行热化学平衡分析得出一组参数,并通过铜质圆筒试验膨胀数据进行校准。使用标准线性多项式近似法(通常用于金属)对钢壳和铜衬层的流体动力学响应进行建模。采用 Steinberg-Guinan 屈服强度模型[35]和 von Mises 屈服准则建立了这些金属的本构行为。分析中采用了一组标准的参数,这些参数基于 Steinberg[35,37]、Tipton[36]提供的冲击波实验中测得的应力和自由表面随时间变化的历史记录。为了完整起见,这里给出了 Steinberg-Guinan 屈服强度模型的主要方程式,如下:

$$Y=Y_0 f(\varepsilon_{\mathrm{p}})\frac{G(p,T)}{G_0} \tag{7.1}$$

式中:$G(p,T)$ 为在压力 p 和温度 T 下的剪切模量;G_0 为初始剪切模量;Y_0 为在 Hugoniot 弹性极限下的屈服强度;ε_{p} 为等效塑性应变;ε_{i} 为初始塑性应变。

$$Y_0 f(\varepsilon_{\mathrm{p}})=Y_0[1+\beta(\varepsilon_{\mathrm{p}}+\varepsilon_{\mathrm{i}})]^m \leqslant Y_{\max} \tag{7.1a}$$

$$G(p,T)=G_0\left[1+\frac{Ap}{\eta^{1/3}}-B(T-300)\right] \tag{7.1b}$$

其中:$Y_{\max}$ 为加工硬化最大屈服强度;β、m 为加工硬化的参数;η 为压缩参数;A、B 分别代表剪切模量对压力和温度的依赖性。

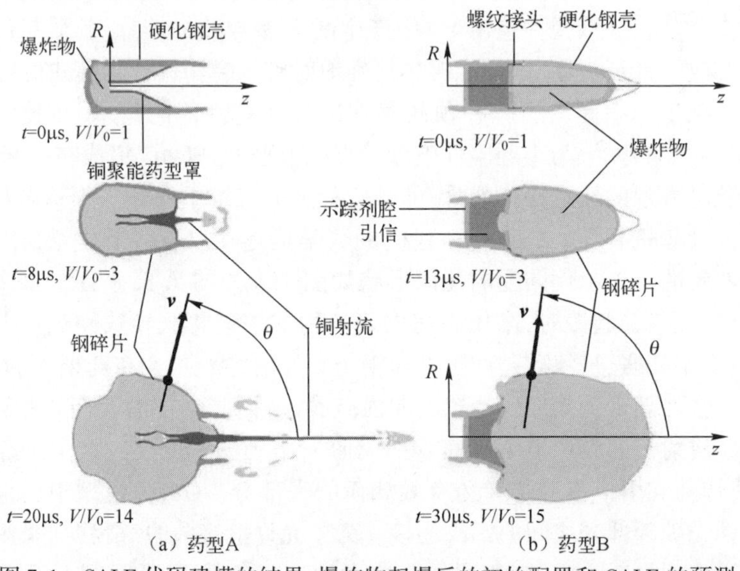

图 7.1 CALE 代码建模的结果:爆炸物起爆后的初始配置和 CALE 的预测

由于快速膨胀的钢壳的膨胀程度受到其强度的限制,因此在某些时候钢壳破裂会产生钢壳碎片的喷射,钢壳碎片的运动轨迹与 z 轴成 θ 角。这项工作的主要议题是一个数值模型用于分析描述碎片喷射的参数与"喷射"角 θ 的函数关系。在典型的大型爆炸性破片弹药试验(场地试验)中,试验弹药放置在参考极坐标系的原点,周围环绕着一系列测速屏和捕获碎片的见证板,这些距弹头很远。因此,碎裂特性被评估为极角 θ'(识别这些测量装置角度位置)的函数。

PAFRAG方法最初于2001年开发,在过去的10年中已用于支持数十种美国陆军ARDEC爆炸破片弹药的设计、开发、现代化和表征程序,从而全面收集了PAFRAG代码模块、破碎弹头分析和实验数据。本章介绍了PAFRAG应用的一些示例,说明了该技术的实用性和多功能性。由于PAFRAG程序的主要目标是模拟传统破片弹药场地试验的"数据输出"(弹头破碎性能信息),为完整起见,以下对破片弹药场地试验方法进行简要说明。

7.2 破片弹药场地试验方法

《联合弹药效能手册》[38]规定了美国破片弹药场地试验程序的基本原则和要求。在典型的破片弹药场地试验装置中,弹药放置在参考极坐标系的原点,周围环绕着一系列测速屏和捕捉碎片的见证板,所有这些弹药距离弹头都很远。将弹药纵轴定义为极轴 z,极高度角 θ 从弹药头部($\theta=0°$)到尾部($\theta=180°$)进行测量,而方位角由任取的一个抛射体特征($\varphi=0°$)沿逆时针方向进行测量。在常规的破片弹药场地试验规程中,碎片取样和碎片速度测量通常局限于相对较小的方位角,这主要是因为从整个破碎壳中回收碎片需要非常大的数据评估成本。这种采样技术需要假设整个 θ 角区域内所有方位角所涵盖的全部区域具有各向同性破碎特性,即通过两个极角所界定的完整的高度区域。通过对弹药头部到尾部的所有极区的小方位角采样,并在数学上调整此样本数据,可以获得对整个弹药碎片特征的预测。由于仅对该区域的一个小的方位角部分进行采样和放大,因此即使相对较小的弹药定位误差,也可能导致破碎数据的较大偏差,这通常需要对统计数据的稳定性进行重复测试。

根据PAFRAG建模和实验方法,使用PAFRAG代码对弹药破碎参数进行分析评估,该代码将三维轴对称高应变、高应变速率连续体分析与现象学破碎模型联系起来,而该模型又是通过一系列实验得到验证有效的,包括闪光射线照相,即Celotex™、水测的尾巴碎片回收和锯屑中的总碎片喷射回收等实验。在破片弹药场地试验中,将弹药破碎特性作为极角 θ 的函数进行评估,以识别碎片捕捉见证板和测速屏的角位置。在PAFRAG代码分析中,这些设备的位置无关紧要,参考壳体破裂时的碎片轨迹角 θ' 来评估破碎特性,轨迹角 θ' 出 CALE 代码[31]单元速度计算得出。一旦壳体破裂并形成碎片,由于多种原因,包括空气阻力和在壳体破裂时引起的刚体运动,碎片速度可能会随时间变化。假设碎片轨迹角 θ 不随时间变化(由于空气阻力,碎片的刚体运动和侧向漂移相对较小),并且角度 θ 和 θ' 的定义近似相同,则 PAFRAG 模型能够预测爆炸破片弹药的关键特性,包括碎片数、碎片大小分布和平均碎片速度。

7.3 PAFRAG 破碎模型

与破片弹药场地试验碎片采样假设相似,PAFRAG 破碎模型假设对于固定 θ_j 角区域内的任何点,碎片数分布 $N_j(m)$ 都是均匀的,并且分别与角度 θ 和 φ 无关。总碎片数分布由下式给出:

$$N(m) = \sum_{j}^{L} N_j(m) \tag{7.2}$$

式中:m 为碎片质量;L 为高度角 θ_j 区域的数目;$0 \leqslant \theta \leqslant \pi$,$N_j(m)$ 为第 j 个区域的碎片数目分布函数。

为方便起见,除第一个和最后一个"半长"区域的长度为 $\Delta\theta/2$ 之外,所有 θ 区均假设具有相同的 $\Delta\theta = \pi/(L-1)$ 的纵向长度。美国陆军装备研究开发工程中心在破片弹药场地试验中采用如下做法,即高度角区数量 L 通常取为 37,此时 θ 角分辨率统一为 $\Delta\theta = 5°$。由此,各个 θ 区就按以下序列给出的区高度角 θ_j 得以从中划分:

$$\theta_j = \begin{cases} \Delta\theta/4, & j=1 \\ \Delta\theta(j-1), & 2 \leqslant j \leqslant L-1 \\ \pi - \Delta\theta/4, & j=L \end{cases} \tag{7.3}$$

在传统的破片弹药场地试验中,全部极角 θ 区的所有单个碎片数分布函数 $N_j(m)$ 直接由试验数据确定。这种方法的主要缺点是极高的试验成本,将破片弹药场地试验局限于最终的弹药破碎表征中。另外,PAFRAG 建模和实验是一种成本相对较低的过程,可以在研究、设计和开发阶段准确评估破片弹药的性能。根据 PAFRAG 方法,利用锯屑或水箱碎片回收试验数据 $N(m)$ 解析计算出单个 θ 区碎片数分布函数 $N_j(m)$。在数学上,PAFRAG 破碎建模是式(7.1)逆问题的一种解决方案,即针对给定的 $N(m)$ 确定一系列个体的 $N_j(m)$。由于使用 PAFRAG 方法,$N(m)$ 函数是基于 98%~99%的碎片回收率数据评估的,因此 PAFRAG 预测的准确性很高。

PAFRAG 代码能够对"自然"和"受控"或"预制"弹头的破碎进行模拟。在

PAFRAG 中,通常使用 PAFRAG-Mott 模型对自然破碎弹头进行建模,使用 PAFRAG-FGS2 模型对“受控”或“预成型”破碎弹头进行建模。PAFRAG-Mott 破碎模型很大程度上是建立在 Mott 柱状“圆环-炸弹”破裂理论[39]之上的,该理论认为所产生的周向破裂碎片的平均长度是圆环在破裂瞬间的半径和速度以及金属材料力学性能的函数。因此,在 PAFRAG-Mott 模型中,自然破碎弹头的碎片尺寸的“随机变化”是通过以下碎片分布关系来解释的:

$$N(m) = \sum_{j}^{L} N_{0j} \mathrm{e}^{-(m/\mu_j)^{1/2}} \tag{7.4}$$

式中:N_{0j}、μ_j分别为根据 CALE 代码数据计算出的第 j 个 θ 区中的碎片数和平均碎片质量的一半。

PAFRAG-FGS2 破碎模型基于 Ferguson 多变量曲线[40],并以参数形式定义为

$$\begin{bmatrix} N_k(\xi_k) \\ m_k(\xi_k) \end{bmatrix} = \begin{bmatrix} \sum_{j}^{L} \dfrac{m_j}{\sum_{j} m_j}(a_{N0k} + a_{N1k}\xi_k + a_{N2k}\xi_k^2 + a_{N3k}\xi_k^3) \\ a_{m0k} + a_{m1k}\xi_k + a_{m2k}\xi_k^2 + a_{m3k}\xi_k^3 \end{bmatrix} \tag{7.5}$$

式中:ξ_k为无量纲参数,$0 \leqslant \xi_k \leqslant 1$,$k$ 是曲线指数,$k=0,1$,通过拟合两个曲线段 $k=0$和 $k=1$,在相邻两端具有曲线和切线连续性条件下得到 16 个系数 $a'_N s$ 和 $a'_m s$。在以下各节中将给出 PAFRAG-Mott 和 PAFRAG-FGS2 模型的更多详细说明和应用示例。

7.4　PAFRAG-Mott 破碎模型

为了完整起见,这里简要回顾 Mott 的理论。根据 Mott 和 Linfoot[19],碎片大小的“随机变化”是通过以下碎片分布关系来解释的:

$$N(m) = N_0 \mathrm{e}^{-(m/\mu)^{1/2}} \tag{7.6}$$

式中:$N(m)$为质量大于 m 的碎片总数;μ 为平均碎片质量的一半,$N_0 = M/\mu$,M 为碎片的总质量。

为了尝试评估膨胀金属环动态破碎过程中发生的碎片尺寸分布,Mott[39]引入了一种理想化模型,在该模型中,平均周向破裂碎片的长度不是随机的,而是由物体内瞬时破裂产生的应力释放波的相互作用决定。Mott 模型如图 7.2(a)所示。假设环中的破裂首先发生在 A_1处,并且应力释放波已经传播到点 B_1和 $\underline{B_1}$,则在区域 A_1B_1和 $\underline{A_1B_1}$中将不再发生进一步的破碎。另外,在区域 B_1B_2和 $\underline{B_1B_2}$中,塑性应变增加,这增加了这些区域任何一点的破碎概率,特别是在 B_1、

B_2, $\underline{B_1}$和$\underline{B_2}$附近。因此,根据 Mott 的理论,碎片的平均大小取决于应力释放区域(A_1B_1和$\underline{A_1B_1}$)通过塑性膨胀环扩散的速率。

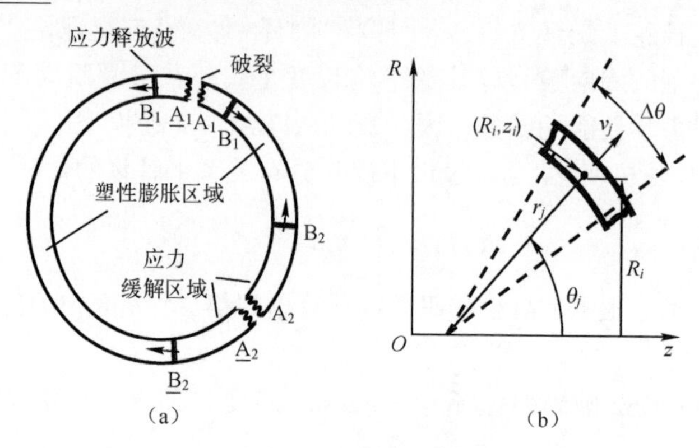

图 7.2　破碎模型示意

在破裂的时刻,设 r 为环的半径,V 为壳体向外运动的速度。然后,根据 Mott[39] 理论,产生的碎片的平均周向长度为

$$x_0 = \left(\frac{2\sigma_F}{\rho\gamma'}\right)^{1/2} \frac{r}{V} \tag{7.7}$$

式中:ρ、σ_F分别为密度和强度;γ'为确定材料的动态破裂性能的半经验统计常数。

随着壳体的径向膨胀,一系列的径向裂缝沿着壳体的长度扩展,导致形成相对较长的碎片状片段,并继续沿轴向拉伸。由于塑性变形的程度受到壳体强度的限制,因此碎片状片段最终会破碎,形成凹凸不平的形状,但尺寸近似成比例的棱柱形碎片。根据 Mott[2] 理论,碎片的圆环宽度与长度之比大致恒定,平均横截面面积与

$$(r/V)^2 \tag{7.8}$$

成比例。

考虑凹凸不平的碎片可以用简单的几何形状,如具有纵向长度 l_0,宽度 x_0 和厚度 t_0的平行六面体[2,22]来理想化,则平均碎片质量采用以下形式:

$$\mu = \frac{1}{2}\alpha\rho x_0^3 \tag{7.9}$$

式中

$$a = \frac{l_0}{x_0} \cdot \frac{t_0}{x_0}$$

将式(7.7)代入式(7.9),得到

$$\mu=\frac{1}{2}\left(\frac{2\sigma_{\mathrm{F}}}{\rho^{1/3}\alpha^{-2/3}\gamma'}\right)^{3/2}\left(\frac{r}{V}\right)^{3} \tag{7.10}$$

由于碎片分布关系，式(7.6)保证得到平均碎片质量但不了解形状，因此引入

$$\gamma=\alpha^{-2/3}\gamma' \tag{7.11}$$

式(7.10)可以用更简单、更有用的形式表示

$$\mu=\frac{1}{2}\left(\frac{2\sigma_{\mathrm{F}}}{\rho^{1/3}\gamma}\right)^{3/2}\left(\frac{r}{V}\right)^{3} \tag{7.12}$$

在 PAFRAG-Mott 模型中应用的技术示意如图 7.2(b)所示。出于计算目的，将壳体离散为有限数量的短“环”段 N。对于每个离散的环段 j，假设使用统一的场变量。因此，环段 j 的质量、速度和半径由相应参数的质量平均值定义：

$$m_j = \sum_{L_j} m_i \tag{7.13}$$

$$V_j = \frac{\sum_{L_j} V_i m_i}{m_j} \tag{7.14}$$

$$r_j = \frac{\sum_{L_j} R_i m_i}{m_j} \cdot \frac{1}{\sin\theta_j} \tag{7.15}$$

$$\theta_j-\frac{\pi}{2N}\leqslant\theta_i<\theta_j+\frac{\pi}{2N} \tag{7.16}$$

式(7.13)~式(7.16)中：m_i、V_i 和 R_i 分别为根据 CALE 代码生成的数据的第 i 个计算单元的质量、速度和径向坐标。

如图 7.2(b)所示，就 θ 角而言，壳体被离散为“环”段 j，L_j 表示第 j 个“环”段中包含的计算单元数。θ_j 表示与由下式给出的第 j 个环段相对应的 θ 角：

$$\theta_j=\frac{\pi}{2N}\cdot\left(j-\frac{1}{2}\right) \tag{7.17}$$

对于每个计算单元 i，V_i 和 θ_i 分别由下式计算：

$$V_i=\sqrt{V_{\mathrm{Z}i}^2+V_{\mathrm{R}i}^2} \tag{7.18}$$

$$\theta_i=\arctan\frac{V_{\mathrm{R}i}}{V_{\mathrm{Z}i}} \tag{7.19}$$

式中：$V_{\mathrm{Z}i}$、$V_{\mathrm{R}i}$ 分别根据 CALE 代码生成数据的轴向和径向速度分量。

假设环段 j 的速度和半径是通过式(7.14)和式(7.15)确定的，那么可以通过以下关系式计算出每段 j 的碎片大小分布：

$$N_j(m)=N_{0j}\mathrm{e}^{-(m/\mu_j)^{1/2}} \tag{7.20}$$

$$\mu_j = \sqrt{\frac{2}{\rho}} \left(\frac{\sigma_F}{\gamma} \right)^{3/2} \left(\frac{r_j}{V_j} \right)^3 \tag{7.21}$$

$$N_{0j} = \frac{m_j}{\mu_j} \tag{7.22}$$

随着爆炸波沿壳体长度传播,膨胀的爆轰产物使壳体破裂,在理想化的"长管炸弹"的情况下,不管轴向位置如何,各段 j 的破裂半径 r_j 和破裂速度 V_j 大致相同。因此,取 $\mu \approx \mu_j$,碎片数量分布关系由式(7.6)给出。

但是,常规爆炸物碎片弹药其壳体几何形状远不同于这种理想化的"长管炸弹",在这种情况下破裂半径 r_j 和破裂速度 V_j 会沿壳体长度方向发生变化,以致各碎片段 j 的平均碎片半重 μ_j 间存在相当显著的差异。在这项工作中,通过射线照相和高速摄影实验证实了壳体的圆柱形部分和弯曲部分的平均碎片尺寸存在显著差异。因此,引入以下两个碎片分布关系。"壳均"碎片分布定义为

$$N(m) = \widetilde{N}_0 e^{-(m/\widetilde{\mu}_0)^{1/2}} \tag{7.23}$$

式中

$$\widetilde{N}_0 = \sum_j N_{0j} \tag{7.24}$$

$$\widetilde{\mu}_0 = \frac{\sum_j m_j}{2\widetilde{N}_0} \tag{7.25}$$

"环段均"碎片分布定义为

$$N(m) = \sum_j N_{0j} e^{-(m/\mu_j)^{1/2}} \tag{7.26}$$

7.5 PAFRAG-Mott 模型验证:药型 A 分析

利用现有的药型 A 场地试验数据完成了 PAFRAG-Mott 破碎模型的验证。在这项工作中提出的所有破碎分析的基本假设是破碎在壳体的整个主体中同时发生。根据 Mott 的临界断裂应变概念[39],假设对于给定的壳体几何形状和材料,壳体破碎时间是壳体中塑性应变的函数,那么壳体破碎时间可以用整体壳体膨胀特性表示。考虑在典型的破片弹药装置中炸药被紧密地限制在壳体内部,膨胀炸药的累积应变和周围壳体的累积应变几乎成比例。因此,可以根据高爆轰产物的体积膨胀 V/V_0 来测量壳体破裂时的临界断裂应变。

图 7.3 显示了壳体破碎时间对碎片喷射速度分布函数的影响。实验速度与 $\theta \leqslant 15°$ 的分析之间明显不一致,是由于 PAFRAG-Mott 破碎分析中故意省略了聚能装药射流数据,原因是对整体碎片喷射杀伤力的影响极小。因此,为了

保持适当的爆炸物约束参数，尽管在 CALE 模型中包含了铜聚能装药射流，但在所有破碎分析中都忽略了铜聚能装药射流。如图 7.3 所示，将壳体破碎时间从大约 8μs（爆轰产物膨胀到其原始体积的大约 3 倍，$V/V_0 \approx 3$）更改为大约 20μs（$V/V_0 \approx 14$），碎片喷射角 θ 的变化很小，而碎片喷射速度受到的影响却很大。如图 7.3 所示，延迟壳体破裂时间可预知碎片喷射速度有显著增加，这显然是由于与膨胀的爆轰产物的长时间“加压”相互作用，从而增加了传递到壳体上的总动量。

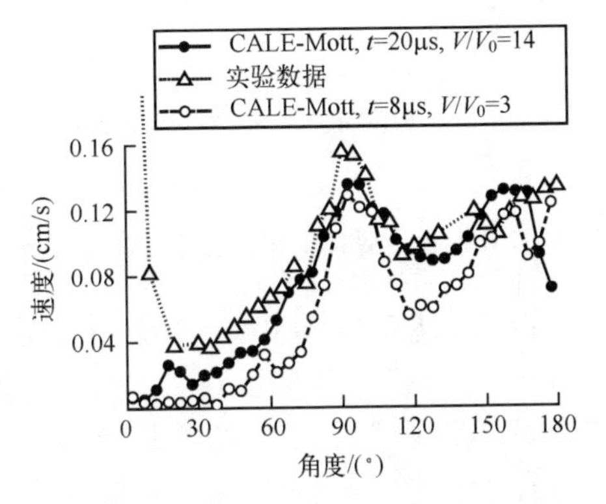

图 7.3　药型 A，碎片速度分布与喷射角 θ 的关系

图 7.4～图 7.6 显示了碎片喷射中碎片数量随碎片大小 m/μ 的变化曲线，碎片数量分布函数模型，式(7.23)和式(7.26)，喷射角 Θ，壳体破裂时间和动态破裂参数 γ 的选择。如图所示，对于 $N—m/\mu$ 和 $N—\Theta$ 关系，参数 γ 的增加导致碎片数 N 的增加。这些结果与 Mott 的理论[39]一致，根据该理论，参数 γ 定义了塑性膨胀壳体中的破裂概率，从而确定了圆周方向的断裂次数。

图 7.4 显示了由式(7.23)给出的一系列曲线，$N(m)=f_{(23)}(m,\gamma)$，对考虑的两个参数（假设的壳体破裂时间和动态破裂常数 γ）重复进行所有分析。例如，以 $\gamma=12$ 的 8μs（$V/V_0 \approx 3.0$）破碎时间和 $\gamma=30$ 的 20μs（$V/V_0 \approx 14$）破碎时间得出几乎相同的碎片分布曲线，两者均与数据一致。可接受的壳体破碎时间是根据 Pearson[41]的高速摄影数据确定的，这些数据与 CALE 分析结果基本一致。按照 Pearson[41]的观点，理想化的圆柱形壳体在体积膨胀大约 3 倍时发生破碎，破碎的瞬间定义为爆轰产物最初从壳体的破裂处出现的时间。在 CALE 分析中，壳体的破碎时间取决于（在应变加工硬化失效极限条件下 $Y=Y_{max}$，式(7.1a)）用 Steinberg-Tipton 失效模型[31]模拟壳体结构破坏。一旦满足 $Y=Y_{max}$ 破坏准则，“失效”材料的屈服强度设置为零，这为塑性膨胀壳体的结构破坏提供了合理的近似值。CALE 分析表明，随着爆轰波沿装药长度方向传播，并且壳

体继续径向膨胀,平均壳体破坏应变 ε 为 0.5~0.7,约在 8μs($V/V_0 \approx 3.0$)时,整个壳体都破坏。因此,可接受的壳体破碎时间约为 8μs($V/V_0 \approx 3.0$)。

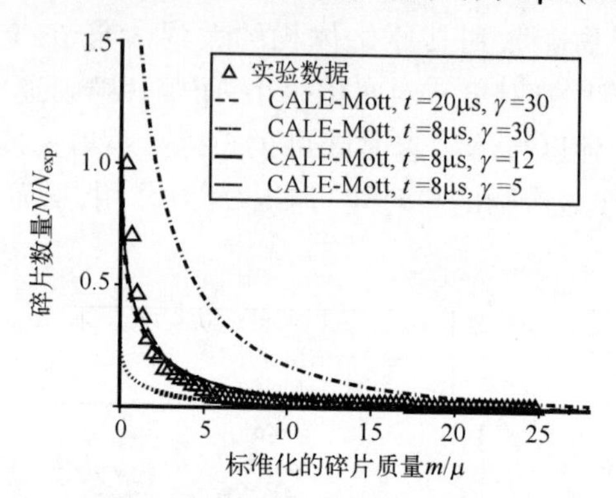

图 7.4 药型 A,碎片喷射中碎片的累计数量与碎片大小 m/μ 的关系

图 7.5 显示了场地试验数据和 PAFRAG-Mott 分析预测的碎片累计数量图,该预测利用了 $N(m)=f_{(23)}(m,\gamma)$ 和 $N(m)=f_{(26)}(m,\gamma)$ 关系,即式(7.23)和式(7.26)。如图 7.5 所示,使用式(7.23)的结果是碎片累计数始终高于式(7.26),显然是由于整体"壳均"碎片质量$\tilde{\mu}_0$ 定义的性质(式(7.25))。如图 7.5 所示,对于所考虑的两个关系都获得了两个相等的合理拟合,导致式(7.23)的 $\gamma=12$,式(7.26)的 $\gamma=14$,标准偏差分别为 $\sigma_{\gamma=12}(1.62)=2\%$ 和 $\sigma_{\gamma=14}(1.62)=-2\%$。两条曲线均在单点 $m_0/\mu=1.62$ 处拟合,该点对应于质量大于 m_0 的碎片总数。目的是复制碎片喷射的整体杀伤力,而不是关注所考虑的 m/μ 值的整个范围。因此,可接受的壳破碎约为 8μs($V/V_0 \approx 3.0$),并为所有的进一步分析选择了两个值 $\gamma=12$ 和 $\gamma=14$。

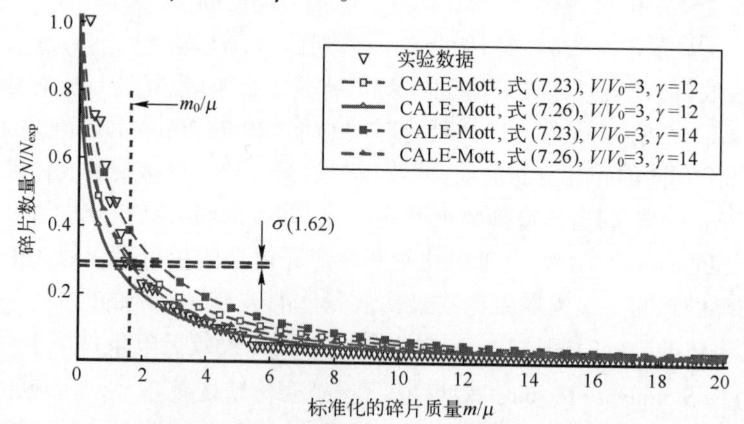

图 7.5 药型 A,碎片累计数与 m/μ(不同的 γ,用式(7.19)和式(7.22)进行 CALE-Mott 分析)(彩色版本见彩插)

有必要将 γ 的经验值与 γ'的“理论”值进行比较。根据 Mott[39]：

$$\gamma' = 2\ln(N\breve{V})\frac{1}{n}\frac{\mathrm{d}(\ln\sigma)}{\mathrm{d}\varepsilon} \tag{7.27}$$

式中：N 为单位体积$\breve{V}$中的微观缺陷数量；n 为裂纹扩展应力与裂纹长度之间关系的指数；ε 为应变。

式(7.27)基于以下基本假设：塑性膨胀的金属壳中的破裂是由于所有金属中通常有微观缺陷和裂纹而引起的，其中，当最大主应力足够大时，就会在裂纹长度最长的薄弱点处发生破裂。根据 Taylor[3]，在断裂时，径向膨胀环的外表面的周向应力 $\sigma_{\theta\theta}=Y$，径向应力 $\sigma_{rr}=0$。采用 Steinberg-Guinan 屈服强度模型(式(7.1))，并假设壳中的初始应变 $\varepsilon_i=0$，当主应变达到 ε_F时壳破裂，式(7.27)采用以下形式：

$$\gamma' = 2\ln(N\breve{V})\frac{1}{n}\frac{m\beta}{1+\beta\varepsilon_F} \tag{7.28}$$

将式(7.28)代入式(7.7)可得

$$x_0 = \left(\frac{4\ln(N\breve{V})}{\rho n}\frac{\sigma_F(1+\beta\varepsilon_F)}{\beta m}\right)^{1/2}\frac{r}{v} \tag{7.29}$$

式(7.28)和式(7.29)对于检查碎片质量分布与破碎的金属壳的主要物理性能之间的关系很有用。从式(7.29)中可以明显看出，用较大的断裂应力 σ_F 和断裂应变 ε_F来模拟易延展的高强度金属碎片，Mott 的理论正确地预示了较大的平均碎片 x_0和较少的碎片数量 N。类似地，用快速应变硬化速率对高碎裂脆性金属进行建模，硬化速率由参数 β 和 m 确定，式(7.29)正确地预示了较多的碎片数 N 和较小的平均碎片 x_0，因为增加了断裂概率 γ'。

考虑大多数金属与金属合金的屈服强度是应变率软化和应变硬化的函数，式(7.6)和式(7.10)模拟碎片数量 N 和平均碎片质量 μ_0为 σ_F/γ'比率的函数，其中断裂应力 σ_F对应于断裂时的屈服强度 Y，断裂常数 γ'确定了壳破裂或“脆性”的可能性。因此，在碎裂分析中，将破碎应力 σ_F设置为 Y_{max}，通过式(7.23)和式(7.26)拟合实验碎片分布数据获得了 γ 值。将包括平均碎片形状系数 α 在内的 γ 的实验值与式(7.28)给出的 γ'理论值进行比较是很有趣的。例如，假设 SAE 4340 钢的洛氏硬度为 C38，初始应变 $\varepsilon_i=0$，根据 Steinberg[37] 报告，加工硬化参数 β 和 m 分别为 2 和 0.5。考虑到破裂时的 $V/V_0\approx 3.0$，壳中的平均断裂应变 $\varepsilon_F\approx[(V/V_0)^{1/2}-1]\approx 0.73$。按照 Mott(1947)报告，并假设 Griffith(1924)形式的应力与裂纹长度之间的关系，参数 $n=1/2$。N 值只能猜测。例如，对于 N，Mott[39] 假设微观缺陷之间的平均距离大约为 0.1μm，因此 $NV=10^{15}$。假设 $n=1/2$ 和 $N\breve{V}=10^{15}$，由式(7.28)得出 $\gamma'=56$。将 $\gamma'=56$ 代入式(7.11),得出 α 为 8~10:对于 $\gamma=14,\alpha\approx8$;对于 $\gamma=12,\alpha\approx10.1$;尽管尚未尝试对 α 值进行定量评估,但这与采用的碎片形状理想化模型和作者的观察非常吻合。对碎片形状进行精确的统计评估以获得 α 的平均值非常费力且昂贵,尤其是对最新技术的高碎裂钢而言,产生大量质量小于 3gr 的小碎片,通常质量大于 0.3gr 的碎片在所有“可计数”碎片中占 70%以上。对于质量大于 5gr 的较大碎片,碎片长度与圆环宽度的平均比 l_0/x_0 可以从相关文献中找到其代表值。例如,对于第二次世界大战的英国军用弹药,$l_0/x_0\approx5$,对于第二次世界大战的德国弹药,$l_0/x_0\approx2.5$[39]。对于 Armco 铁筒,$l_0/x_0\approx5$;对于高碎裂的 HF-1 钢筒,$l_0/x_0\approx2.5$[42]。因此,考虑理想化的近似方形的基本平行六面体碎片,$l_0/x_0\approx t_0/x_0,\alpha(l_0/x_0)^2$;对于高破碎钢筒,$\alpha\approx6.3$,与这项工作中获得的 α 为 8~10 相比,比较合理。

图 7.6 显示了质量大于 3gr 的碎片数量与喷射角 θ 之间的关系,喷射角 θ 是弹药碎片喷射的主要杀伤力参数。这些分析结果与(实验数据)在 45°和 60°处的小尖峰差异可能是由聚能药型罩固定环的碎片造成的,这种碎片未包括在 CALE 模型中,主要是因为对整体碎片杀伤力的影响极小。分析结果与 155°处峰值之间的差异可能是由于旋转带的碎片造成的,这种碎片未包含在 CALE 模型中。如图 7.6 所示,即便使用相对粗略的壳破碎时间假设,分析和实验数据之间的总体一致性也非常好。

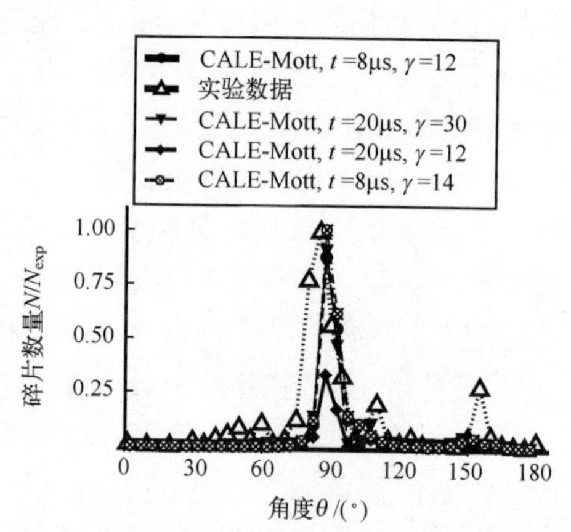

图 7.6 药型 A,碎片喷射中的碎片数量:壳破碎时间和不同的 γ

7.6 药型 B 建模与实验

在建立了模型的关键参数之后,图 7.1 所示的药型 B 被设计为产生致命性碎片总数最大化。在制造后,新装药的性能通过一系列实验进行了测试,包括闪光射线照相、高速摄影和锯屑碎片回收。

闪光射线照相测试采用位于炸弹前约 74in 处的两个 150kV X 射线头。在起爆炸弹后不久,就使两个 X 射线头分别以几微秒间隔在预定时间发出闪光。进行了两次闪光射线照相测试。每次测试都得到了破碎钢壳的两个动态图像,两个图像都叠加在胶片上。

高速摄影测试是使用 Cordin Framing Camera Model No. 121 进行的,该相机能够记录多达 26 个高速曝光帧,并且各个帧之间的时间间隔小于 1μs。在实验中,将炸弹放置在基准栅极前面的测试台上,用四个氩气弹包围,并全部封闭在白纸帐篷中。进行了高速摄影测试,每次测试获得 20 多个膨胀和破碎壳体的动态图像,间隔大约 1μs。

图 7.7 显示了 CALE 代码预测与从闪光射线照相术和高速摄影实验获得的膨胀和部分破裂的壳的图像之间的比较。由图可知,该模型可以准确预测膨胀的硬化钢壳的形状,包括早期爆轰产物从引信和主装药之间的连接处穿出。壳体破裂且爆轰产物开始在空中移动后,从高速摄影观察到的爆轰产物云的边缘位置与 CALE 代码模拟观察到的边缘位置的差异相对较大,需要对此进行讨论。这种差异主要是由于模拟的近似,采用理想化的三维轴对称几何假设、Steinberg-Tipton 失效算法和 JWLB 状态方程来模拟壳体破裂与爆轰产物的高压梯度流耦合的复杂物理现象,爆轰产物通过裂缝进入壳体周围相对低压区。从闪光射线图像可以明显看出,膨胀破碎壳的形状具有极好的整体预测,这些建模误差的最终影响是极小的。

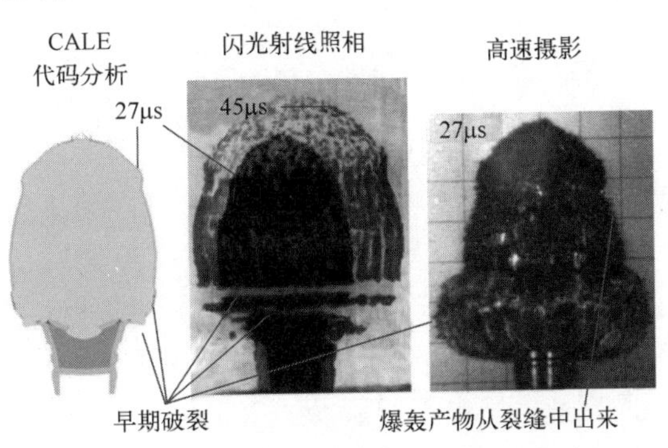

图 7.7 药型 B,CALE 代码建模和实验

参考图 7.7 中给出的部分破碎的壳的闪光射线图像,重要的是注意从装药的圆柱形和弯曲部分喷射的碎片的形状和大小之间的显著差异。从 27μs 和 45μs 的射线照相图上都可以看到,装药圆柱部分的大部分裂纹都在轴向上,从

而导致碎片喷射时产生较大的轴向取向的片状碎片。相反,在壳的弯曲的头部中,裂纹的取向是随机的,并且裂纹之间的距离更短,从而导致小的紧凑型碎片的喷射。

图 7.8 显示了一系列的高速摄影图像,显示了弹头的硬化钢壳膨胀以及爆轰产物从裂缝中出现时壳体表面的状态。如图 7.8 所示,在爆轰后大约 9.4μs 时,壳体表面开始出现可见的裂缝,根据 CALE 代码分析,这大约相当于 $V/V_0=1.8$。对间隔约 1μs 拍摄的整个系列图像的检查发现,随着壳体的膨胀,首先在壳的圆柱部分产生裂缝。随着壳体继续膨胀,已扩展的裂缝大部分沿轴向传播,偶尔在周向上通过新的横向裂缝连接在一起,最终形成大的片状碎片,如图 7.7 的射线照相图像所示。

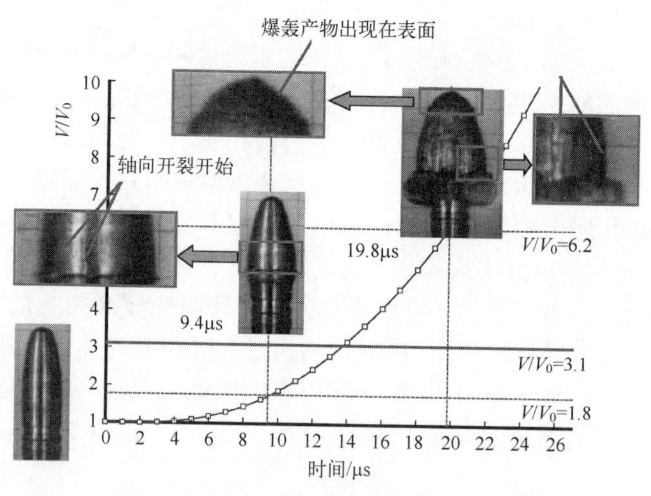

图 7.8　装药 B,膨胀壳体表面裂缝的扩展

随着壳继续膨胀,裂缝逐渐向壳的弯曲头部扩展,并在大约 19.8μs 或大约 6.2 体积膨胀下,整个壳完全破碎。破碎定义为爆轰产物从壳体裂缝中最初出现的瞬间。根据 PAFRAG-Mott 模型的假设,即以高爆轰产物体积膨胀表示壳体破裂时的临界破裂应变,壳体破裂时的“平均”体积膨胀大约为完全破碎的壳体的体积膨胀值的一半,因此 $V/V_0=3.1$。值得注意的是,$V/V_0=3.1$ 的值与最初基于 Pearson[41] 的高速摄影数据所假设的值完全吻合,该数据是就装有 Comp C-3 炸药的开口的 SAE 1015 钢筒而言的。以 330000 帧/s 成帧速率,记录时间约为 75μs,从而产生了与此项工作大致相同数量的高速图像。另外值得注意的是,将初始测试温度从正常的 26℃ 更改为-79℃,导致碎片的横截面形状发生显著变化,从剪切断裂模式变为剪切断裂和脆性拉伸断裂的组合,但是壳破裂时的体积膨胀值大致相同。有关测试的更多详细信息参见文献[41]。

图 7.9 显示了碎片速度分布函数和实验数据的 PAFRAG-Mott 分析预测。此处考虑的实验数据是从膨胀的和部分断裂的壳体的射线照相图像中提取的。如图 7.9 所示,考虑了两个分析碎片速度分布函数:假设整个壳在约 13μs($V/V_0=3$)时立即破碎,以及假设整个壳在大约 30μs($V/V_0=15$)时立即破碎。利用实验铜圆柱体膨胀数据校准的一组半经验参数对爆炸物进行模拟,膨胀(但不破裂)壳速度的 CALE 预测应该是相当准确的。如图 7.9 所示,数据与 $V/V_0=3$ 曲线之间的一致性明显好于 $V/V_0=15$ 曲线,这表明壳体在体积膨胀大约 3 倍时破裂。此外,鉴于(根据高速摄影技术)整个壳体在体积膨胀大约 6.2 倍时完全破裂,因此假设 $V/V_0=3$ 的瞬时破裂事件是相当合理的:一旦爆轰产物开始从裂缝逸出,速度上的任何进一步增加都是相对较小的,可以忽略不计。

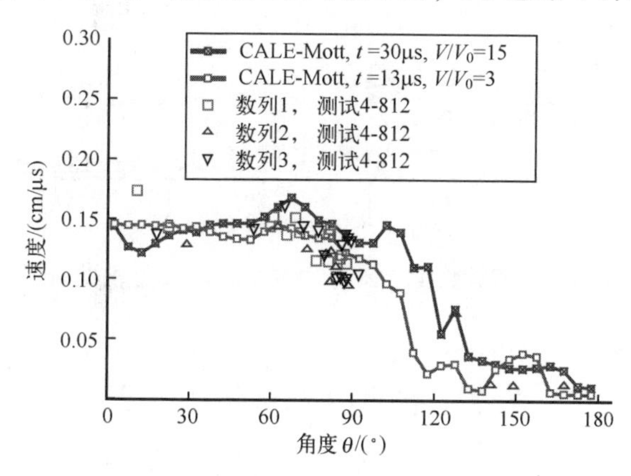

图 7.9　药型 B,碎片速度分布与喷射角 θ 的关系

在这项工作中考虑的碎片回收试验是使用一次性塑料容器进行的,该容器的直径约为 52in,高为 59in,装有约 1000lb 的锯屑。将试验过的炸弹插入可充气橡胶气球中,给气球填充空气,然后将气球放置在该塑料容器内的锯屑中。在起爆后,利用磁性(用于从锯屑中将碎片分离出来)和真空(用于从碎片中将锯屑分离出来)回收技术进行碎片回收。使用电子高精度天平仪与计算机系统进行接口,分析收集到的碎片的质量分布,该计算机系统能够自动计数碎片。使用最大容量为 410g、精度为 0.001g 的 Ohaus Voyager Balance V14130 型计量器对碎片进行称重。共进行了两次锯屑回收试验,每项试验均成功回收了约 99.8%的钢壳质量。

图 7.10 显示了 PAFRAG-Mott 碎片累计数量与碎片回收试验数据相比的分析预测。如图 7.10 所示,已经考虑了两个分析关系:"壳均"碎片大小分布(式(7.23)),以及"环段均"碎片大小分布(式(7.26))。如图 7.10 所示,式(7.23)的解析预测明显不同于实验数据,无论考虑的 γ 值如何。式(7.23)预

测和实验数据之间的分歧主要是由于沿壳的碎片质量μ_j的显著差异,最终导致对“壳均”碎片质量$\tilde{\mu}_0$高估了(式(7.26))。相比之下,实验数据与由式(7.26)给出的$\gamma=14$“环段均”碎片大小分布之间一致性较好:

$$\sigma_{\gamma=14}(1.051)=-7.3\%$$

鉴于模型相对简单,分析结果和数据之间的总体一致性非常好。

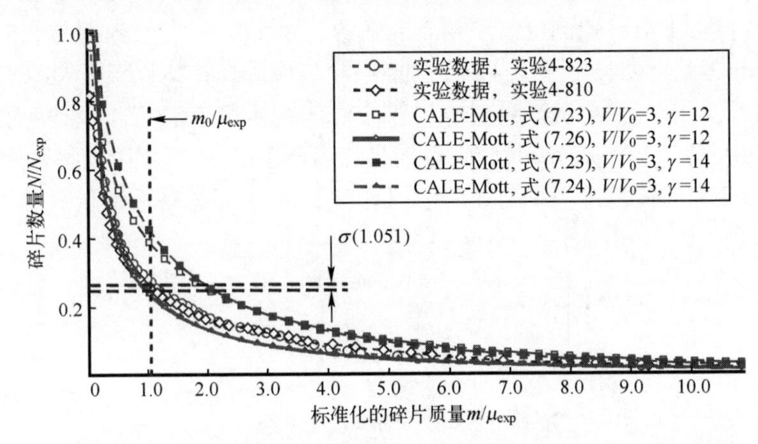

图7.10 药型B,碎片的累计数量与标准化碎片质量m/μ_{exp}的关系(彩色版本见彩插)

7.7 药型C建模和实验

图7.11显示了具有代表性的自然破碎弹头(药型C)在爆轰后30μs和50μs以及300μs和500μs时的高应变高应变率CALE建模结果和闪光射线图像。如图7.11所示,高压高速爆轰产物在高压下快速膨胀,导致硬化钢壳的高应变、高应变率膨胀,最终破裂,产生高速钢碎片“喷射”。如药型C模型所示,弹头后端有一个圆筒形空腔,用于放置示踪剂。随着爆轰产物的膨胀,示踪剂支架破裂,产生的碎片沿z轴的负方向投射,这无助于弹头杀伤力,又对炮手造成潜在危险。从图7.11所示的一系列闪光射线图像中可以看出,弹头的示踪剂支架部分分裂为许多较大的碎片,可能会对炮手造成严重或致命的伤害。

药型C的CALE分析一直进行到装药点火后大约30μs。如图7.11所示,CALE建模结果与破碎弹头的闪光射线图像非常吻合。如前几节所述,这项工作中的所有碎裂分析的基本假设是碎裂同时发生在整个壳体中,大约在体积膨胀3倍时发生,碎裂的瞬间定义为爆轰产物从壳体裂缝中首先出现的时间。因此,在大约体积膨胀3倍(12.5μs)时,假设药型C碎裂的钢壳完全破裂,并将CALE代码的单元流场数据传递给PAFRAG-Mott和PAFRAG-FGS2破碎模型。

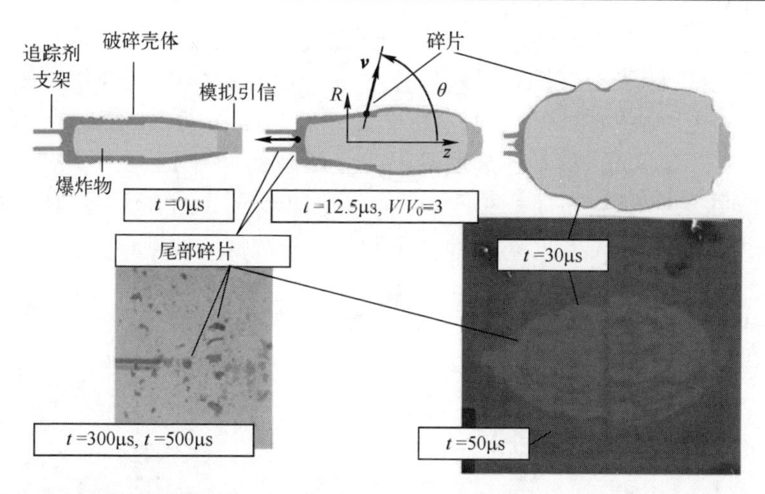

图 7.11　药型 C 爆轰后,自然破碎弹头在 30μs 和 50μs(试验编号 X-969)以及 300μs 和 500μs(试验编号 Y-070)时的 CALE 建模结果和闪光射线图像

药型 C 的 PAFRAG 建模结果在图 7.12~图 7.15 中给出。图 7.12 示出了使用 PAFRAG-Mott 和 PAFRAG-FGS2 模型计算的中小型质量($m/\mu_0<5.5$)和相对较大质量($m/\mu_0>5.5$)碎片的累计碎片数与碎片质量的关系。如图 7.12 所示,通过改变参数 γ"旋转"曲线,尝试用 PAFRAG-Mott 模型拟合锯屑碎片回收数据,但未对数据进行精确拟合。因此,应用了一个更"灵活的"PAFRAG-FGS2 模型。如图 7.12 所示,使用 PAFRAG-FGS2 模型可在整个数据范围内实现精确拟合。因此,PAFRAG-FGS2 模型用于药型 C 的所有进一步分析。

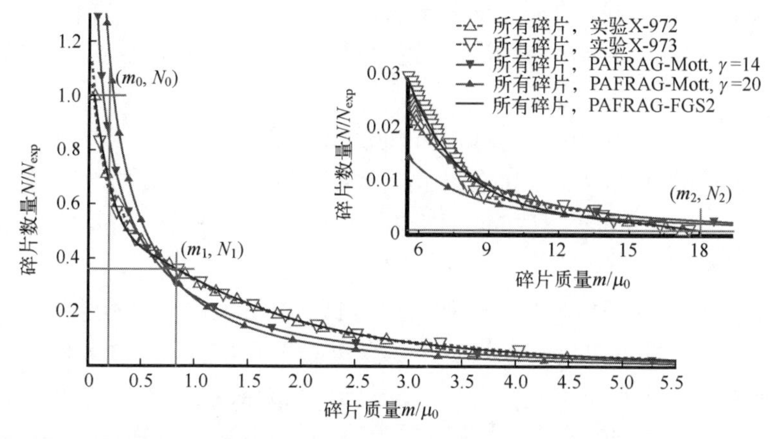

图 7.12　药型 C,对于小到中等重量($m/m_0<5.5$)和相对较大质量($m/m_0>5.5$)的碎片,碎片的累积数量与碎片质量的关系 $N=N(m)$(彩色版本见彩插)

图7.13示出了PAFRAG模型碎片速度预测与实验数据的比较。从29.4μs和49.9μs时的闪光射线图像获得了主喷射(80°≤θ≤100°)碎片的速度实验值。根据闪光射线图像评估了在125.2μs、300.0μs和310.9μs时壳体的示踪剂部分的碎片速度(其移动速度明显慢于主喷射的碎片)。从平均动量CALE代码流场单元速度获得了"平均"θ区碎片速度的PAFRAG模型预测。如图7.13所示,PAFRAG模型碎片速度预测与实验数据一致性很好。

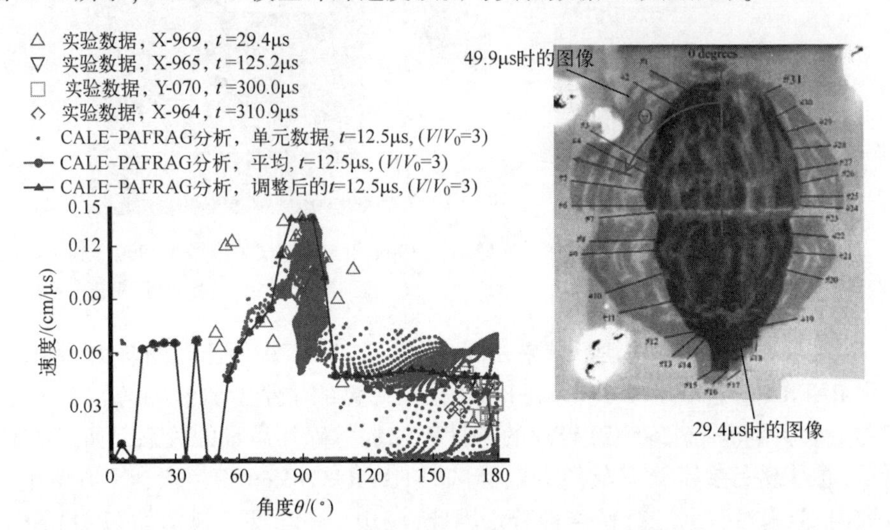

图7.13 药型C,爆轰后,在29.4μs和49.9μs(试验编号X-969)下,碎片速度与碎片喷射角θ的关系以及闪光射线图像(彩色版本见彩插)

图7.14示出了碎片质量分布与喷射角度θ的PAFRAG模型预测。区域碎片质量m_j和累积碎片质量M分布函数是根据CALE代码的单元流场数据计算得出的。

为了表达清楚,累积碎片质量分布函数M的定义角度为180°-θ,而不是喷射角θ。如图7.14所示,PAFRAG模型对累积碎片质量分布函数M的预测与在θ=161.6°(Celotex™和水测试碎片回收)和θ=180°(锯屑回收)下可获得的实验数据一致性良好。

如图7.14所示,药型C PAFRAG建模可以预测,大部分弹药碎片喷射是在垂直于投射物轴的方向上以80°~100°的角度投射到相对狭窄的θ区。这与闪光射线照相数据非常吻合,后者显示没有碎片投射到投射物的前部区域0°≤θ≤50°。在0°≤θ≤50°范围内的碎片速度"峰值"(图7.13)是由于CALE建模中一些"杂散"混合材料计算单元的数字"噪声"引起的。因为在前θ区没有相当大的碎片质量,所以这些误差的总体影响可以忽略不计,并且应该忽略0°≤

$\theta \leqslant 50°$区域中的“平均”碎片速度。

如图 7.14 显示的闪光射线图像所证明的那样，弹头的示踪剂支架部分破碎为多个相对较大的碎片，这些碎片沿 z 轴负方向投射（射向炮手）。如图 7.14 所示，Celotex™与水测试碎片回收数据非常吻合，PAFRAG 模型预测，总碎片质量的 7.2%投射到“后方”，在 $161.6° \leqslant \theta \leqslant 180°$的区域中。根据 PAFRAG 模型和闪光射线照相数据（图 7.13），这些碎片的速度约为 0.05cm/μs，因此，示踪剂支架的破裂碎片会导致炮手严重受伤或死亡。

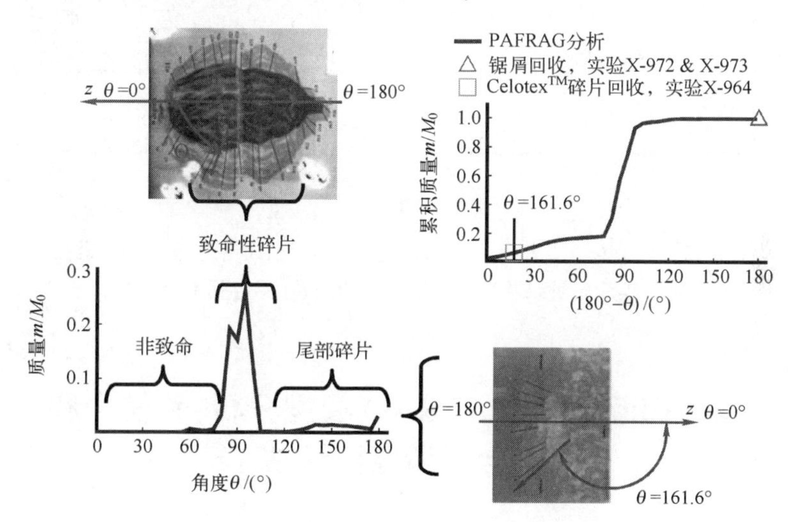

图 7.14　药型 C，碎片质量分布与 θ 的 PAFRAG 分析

（PAFRAG 分析的累积碎片质量分布与实验数据非常吻合）

图 7.15 显示了 PAFRAG-FGS2 模型对碎片累积数量与碎片质量的预测，$N=N(m)$，以及 θ 区碎片数量与 θ 的关系，$N_j=N_j(\theta)$，“所有碎片”和“仅尾部碎片”（$161.6° \leqslant \theta \leqslant 180°$）建模情况。通过锯屑碎片回收试验评估了“所有碎片”的分布，包括示踪剂部分的碎片以及整个壳体的所有碎片。“仅尾部”碎片分布是从 Celotex™和水测试碎片回收实验获得的，只对大于 161.6°角度投射的碎片。尾部碎片收集极限角 $\theta=161.6°$表示覆盖碎片回收表面积的高度角 θ。

如图 7.15 所示，通过将式（7.5）拟合到 Celotex™和水测试回收率数据的上限，获得“尾部碎片” PAFRAG-FGS2 模型碎片分布，为安全间隔距离分析提供了额外的“安全”余量。在典型的破片弹头中，由于只有少数碎片向后投射（投向炮手），因此根据常规碎裂区域试验建立统计上可靠的数据库需要重复实验而且价格昂贵。相反，来自 PAFRAG 模型的数据为弹药设计人员提供了更多的弹头性能信息，从而大大降低了费用。与传统的破片弹药场地试验方法相比，PAFRAG 为弹药安全间隔距离分析提供了更详细、更准确的弹头碎片数据。

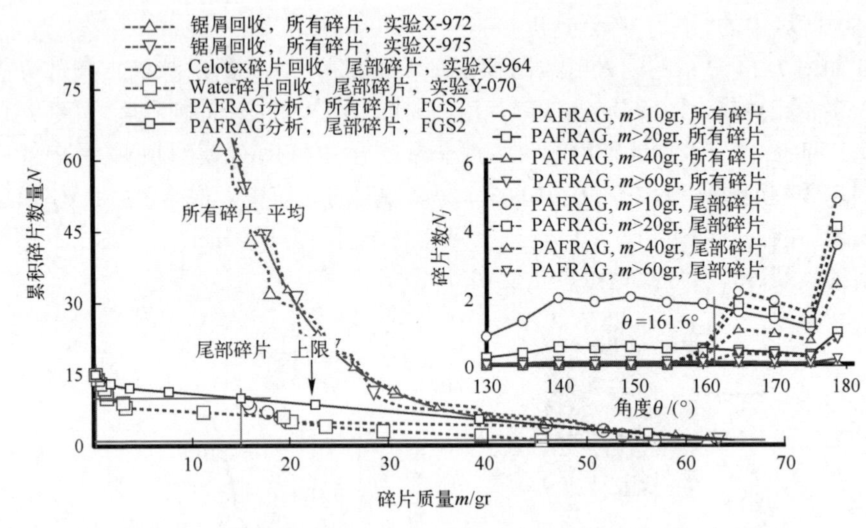

图 7.15 药型 C,“所有碎片”和“仅尾部”(θ>161.6°)分布的碎片累积数量与碎片质量以及碎片数量与 θ 的关系(彩色版本见彩插)

7.8 Charge C PAFRAG 模型分析:杀伤力和安全间隔距离评估

本节提出的安全间隔距离分析,采用针对完整喷射破片弹药代码[43]的 JMEM/OSU 致命区域安全程序和 Wedge 模型计算模块。安全间隔距离的定义是距武器发射平台和人员的固定距离[44],超过此距离,弹药会对人员和平台构成危险。因此,根据弹头碎片喷射能力,计算了未受保护的炮组人员脱离危险的概率。在安全间隔距离下,对弹药机组人员的最大风险通常认为是 10^{-6}[44]。

用于杀伤力与安全间隔距离分析的输入内容包括一系列可能的弹道轨迹和碎片喷射特性的静态 PAFRAG FGS2 模型预测。图 7.16 显示了 $0.1 \leqslant P_i \leqslant 1$ 和 $P_i \leqslant 10^{-6}$ 未受保护的人员在不同抛射速度下面临危险区域的结果。投射物的抛射速度对弹药杀伤力($0.1 \leqslant P_i \leqslant 1$)和安全性($P_i \leqslant 10^{-6}$)都有重大影响。如果枪炮正常运作,并以额定初速 V_0 发射炮弹,则所有碎片都会向前射出,对炮组人员没有危险。如果枪炮发射失败($V_z \ll V_0$),但弹药被引爆,则结果可能是灾难性的。

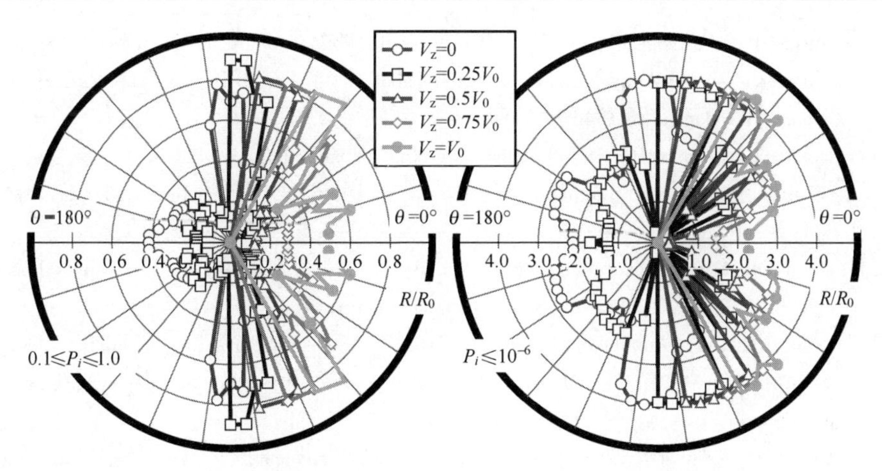

图 7.16　药型 C,“全部碎片”和“仅尾部”(H>161.6°)分布的碎片,其碎片累积数量与碎片质量的关系和碎片数量与 θ 的关系(彩色版本见彩插)

7.9　结　　论

美国陆军装备研究、设计和工程中心皮卡汀尼军械库的基本构想是破片弹药必须对士兵安全,对敌人致命。PAFRAG 是一种分析和实验相结合的技术,可以在不进行昂贵的场地破片弹药试验的情况下,确定破片弹药的杀伤性和安全的间隔距离。PAFRAG 方法学将高应变、高应变率计算机建模与半经验分析破碎建模和实验相结合,为弹头设计人员和弹药开发人员提供了更多的弹药性能信息,而且费用较少。与传统的场地破片弹药试验方法相比,PAFRAG 建模和实验方法为弹药安全间隔距离分析提供了更详细、准确的弹头破碎数据。

参 考 文 献

[1] Gurney RW(1943)The initial velocities of fragments from shells,bombs,and grenades. US-Army Ballistic Research Laboratory Report BRL 405,Aberdeen Proving Ground,Maryland,Sept 1943

[2] Mott NF (1943) A theory of fragmentation of shells and bombs. Ministry of Supply, A. C. 4035,May 1943

[3] Taylor GI (1963) The fragmentation of tubular bombs, paper written for the Advisory Councilon Scientific Research and Technical Development,Ministry of Supply(1944). In: Batchelor GK(ed)The scientific papers of Sir Geoffrey Ingram Taylor,vol 3. CambridgeUniversity Press,Cambridge,pp 387-390

[4] Gurney RW, Sarmousakis JN (1943) The mass distribution of fragments from bombs, shell, and grenades. US Army Ballistic Research Laboratory Report BRL 448, Aberdeen Proving-Ground, Maryland, Feb 19431943

[5] Hekker LJ, Pasman HJ (1976) Statistics applied to natural fragmenting warheads. In: Proceedings of the second international symposium on ballistics, Daytona Beach, Florida, 1976, p 311-24

[6] Grady DE (1981) Fragmentation of solids under impulsive stress loading. J Geophys Res86: 1047-1054PAFRAG Modeling and Experimentation Methodology… 239

[7] Grady DE (1981) Application of survival statistics to the impulsive fragmentation of ductile-rings. In: Meyers MA, Murr LE (eds) Shock waves and high-strain-rate phenomena in metals. Plenum Press, New York, pp 181-192

[8] Grady DE, Kipp ME (1985) Mechanisms of dynamic fragmentation: factors coveringfragment size. Mech Mat 4: 311-320

[9] Grady DE, Kipp ME (1993) Dynamic fracture and fragmentation. In: Asay JA, Shahinpoor M (eds) High-pressure shock compression of solids. Springer, New York, pp 265-322

[10] Grady DE, Passman SL (1990) Stability and fragmentation of ejecta in hypervelocity impact. Int J Impact Eng 10: 197-212

[11] Kipp ME, Grady DE, Swegle JW (1993) Experimental and numerical studies of high-velocityimpact fragmentation. Int J Impact Engng 14: 427-438

[12] Grady DE (1987) Fragmentation of rapidly expanding jets and sheets. Int J Impact Eng5: 285-292

[13] Grady DE, Benson DA (1983) Fragmentation of metal rings by electromagnetic loading. ExpMech 4: 393-400

[14] Grady DE (1988) Spall strength of condensed matter. J Mech Phys Solids 36: 353-384

[15] Grady DE, Dunn JE, Wise JL, Passman SL (1990) Analysis of prompt fragmentation Sandiareport SAND90-2015, Albuquerque. Sandia National Laboratory, New Mexico

[16] Grady DE, Kipp ME (1980) Continuum modeling of explosive fracture in oil shale. Int J RockMech Min Sci Geomech Abstr 17: 147-157

[17] Hoggatt CR, Recht RF (1968) Fracture behavior of tubular bombs. J Appl Phys 39: 1856-1862

[18] Wesenberg DL, Sagartz MJ (1977) Dynamic fracture of 6061-T6 aluminum cylinders. J ApplMech 44: 643-646

[19] Grady DE (2005) Fragmentation of rings and shells. The legacy of N. F. Mott. Springer, Berlin

[20] Mercier S, Molinari A (2004) Analysis of multiple necking in rings under rapid radialexpansion. Int J Impact Engng 30: 403-419

[21] Weiss HK (1952) Methods for computing effectiveness fragmentation weapons against targetson the ground. US Army Ballistic Research Laboratory Report BRL 800, Aberdeen Prov-

ingGround, Maryland, Jan 1952

[22] Grady DE (1990) Natural fragmentation of conventional warheads. Sandia ReportNo. SAND90-0254. Sandia National Laboratory, Albuquerque, New Mexico

[23] Vogler TJ, Thornhill TF, Reinhart WD, Chhabildas LC, Grady DE, Wilson LT et al(2003) Fragmentation of materials in expanding tube experiments. Int J Impact Eng 29:735-746

[24] Goto DM, Becker R, Orzechowski TJ, Springer HK, Sunwoo AJ, Syn CK(2008) Investigation of the fracture and fragmentation of explosive driven rings and cylinders. Int JImpact Eng 35:1547-1556

[25] Wang P (2010) Modeling material responses by arbitrary Lagrangian Eulerian formulationand adaptive mesh refinement method. J Comp Phys 229:1573-1599

[26] Moxnes JF, Prytz AK, Froland Ø, Klokkehaug S, Skriudalen S, Friis E, Teland JA, Dorum C, Ødegardstuen G(2014) Experimental and numerical study of the fragmentation of expand-ingwarhead casings by using different numerical codes and solution techniques. Defence Technol10:161-176

[27] Demmie PN, Preece DS, Silling SA(2007) Warhead fragmentation modeling withPeridynamics. In: Proceedings 23rd international symposium on ballistics, pp 95-102, Tarragona, Spain, 16-20 Apr 2007

[28] Wilson LT, Reedal DR, Kipp ME, Martinez RR, Grady DE(2001) Comparison of calculate-dand experimental results of fragmenting cylinder experiments. In: Staudhammer KP, Murr LE, Meyers MA(eds) Fundamental issues and applications shock-wave and high-strain-ratephenomena. Elsevier Science Ltd., p 561-569

[29] Bell RR, Elrick MG, Hertel ES, Kerley GI, Kmetyk LN, McGlaun JM et al(1992) CTH cod-edevelopment team. CTH user's manual and input instructions, Version 1.026. Sandia NationalLaboratory, Albuquerque, New Mexico, Dec 1992240 V. M. Gold

[30] Kipp ME, Grady DE(1985) Dynamic fracture growth and interaction in one-dimension. J Mech Phys Solids 33:339-415

[31] Tipton RE(1991a) CALE User's manual, Version 910201. Lawrence Livermore NationalLaboratory

[32] Baker EL(1991) An explosive products thermodynamic equation of state appropriate formaterial acceleration and overdriven detonation. Technical Report AR - AED - TR - 91013. Picatinny Arsenal, New Jersey

[33] Baker EL, Stiel LI(1998) Optimized JCZ3 procedures for the detonation properties ofexplosives. In: Proceedings of the 11th international symposium on detonation. Snowmass, Colorado; August 1998, p 1073

[34] Stiel LI, Gold VM, Baker EL(1993) Analysis of Hugoniots and detonation properties ofexplosives. In: Proceedings of the tenth international symposium on detonation. Boston, Mass, July 1993, p 433

[35] Steinberg DJ, Cochran SG, Guinan MW(1980) A constitutive model for metals applicable

athigh-strain rate. J Appl Phys 51:1498-1504

[36] Tipton RE(1991b)EOS coefficients for the CALE-code for some materials. LawrenceLivermore National Laboratory

[37] Steinberg DJ(1996)Equation of state and strength properties of selected materials. TechnicalReport UCRL-MA-106439. Lawrence Livermore National Laboratory, Livermore, California

[38] Joint Munition Effectiveness Manual(1989)Testing and data reduction procedures forhigh-explosive munitions. Report FM 101-51-3, Revision 2, 8 May 1989

[39] Mott NF(1947)F. R. S., Fragmentation of steel cases. Proc Roy Soc 189:300-308

[40] Ferguson JC(1963)Multivariable curve interpolation. Report No. D2-22504, The Boing Co., Seattle, Washington

[41] Pearson J. A fragmentation model for cylindrical warheads. Technical Report NWC TP 7124, China Lake, California: Naval Weapons Center; December 1990

[42] Mock W Jr, Holt WH (1983) Fragmentation behavior of Armco iron and HF-1 steelexplosive-filled cylinders. J Appl Phys 54:2344-2351

[43] Joint Technical Coordination Group for Munitions Effectiveness(1991)Computer programfor general full spray materiel MAE computations. Report 61 JTCG/ME-70-6-1, 20 Dec 1976, Change 1:1 Apr 1991

[44] (1999)Guidance for Army Fuze Safety Review Board safety Characterization. US Army FuzeOffice, Jan 1999

[45] Griffith AA(1920)The phenomena of rapture and flow in solids. Phil Trans Royal Soc LondA221:163

[46] Griffith AA(1924)The theory of rapture. In: Biezeno CB, Burgurs JM, Waltman Jr J(eds) Proceedings of the first international congress of applied mech, Delft, p 55

[47] Mott NF, Linfoot EH (1943) A theory of fragmentation. Ministry of Supply, A. C. 3348, Jan1943

第 8 章　复合高爆炸药冲击起爆的晶粒级模拟

Ryan A. Austin, H. Keo Springer, Laurence E. Fried

摘　要：固体含能材料的许多安全特性都与其微观结构特征有关。然而，将微结构特征与安全性相结合的机制很难直接测量。晶粒级模拟是一个快速发展的领域，有望增进我们对含能材料安全性的理解。本章讨论了两种晶粒级模拟的方法：一种方法是多晶模拟，它强调了多晶相互作用在确定材料响应中的作用；另一种方法是单晶模拟，它强调对含能材料安全的化学和物理过程进行更详细的处理。

关键词：冲击起爆；粒度级模拟；强度；塑性；HMX；高聚物黏结炸药；微观结构

8.1　引　　言

高能炸药是在化学反应中能以足够快的速度释放能量并产生超声速冲击波(称为爆炸)的材料。炸药材料有多种形式，包括颗粒状复合材料、液体、悬浮液和气体。复合粒状炸药目前在军事和工业应用中具有最广泛的用途[1]。

在复合粒状炸药中，大多数炸药块都处于结晶相。一些炸药材料直接从熔融相中凝固(如 1,3,5-三硝基甲苯(TNT))，在这种情况下，含能材料是单相多晶体。在其他普通配方中，结晶相在包含具有更高熔点的第二结晶相的料浆中固化。一个很好的例子是广泛使用的军用炸药组分 B，其中 TNT 在含有 RDX(1,3,5-trinitroperhydro-1,3,5-triazine)[1]的料浆中固化。

用于精密军事用途的固体炸药最常见的形式之一是塑料黏结炸药(PBX)[2]。塑料黏结炸药利用聚合物组分将炸药材料的晶体黏合在一起，并且可以机加成精密部件。此外，PBX 的力学性能可能会受到聚合物组分的显著影

Ryan A. Austin, H. Keo Springer, Laurence E. Fried，美国含能材料中心劳伦斯·利物莫国家实验室，邮箱：fried1@llnl.gov。

响(取决于所用塑料的类型和数量),从而使配方具有不同的硬度、强度和延展性。

高爆炸性(HE)材料的安全特性可以通过对各种损害的响应来描述,包括缓慢的冲击、撞击和加热。研究最广泛的领域之一是冲击起爆。在冲击起爆的过程中,样品会受到冲击波,从而压缩并加热材料。与在较低速度冲击下发生的响应相比,对冲击起爆的爆炸反应通常更具可重复性。然而,人们尚不完全清楚导致固体复合材料冲击起爆的详细机理。

众所周知,材料缺陷在冲击起爆中起着重要的作用[3-5]。当复合材料受到冲击时,整个材料将通过(本体)压缩加热。然而,与本体的非缺陷区域相比,具有缺陷的区域优先被加热,这些优先加热的区域通常称为"热点"。在固体(异质)炸药材料中,存在多种可能导致结晶相温度升高的局部部位源,如塌缩孔隙中的微喷、无弹性变形以及沿晶粒表面的摩擦滑动[6]。在冲击波载荷作用下激发的机理取决于材料、下面的微观结构以及载荷的速率/强度。尽管热点可能以多种形式出现,但主要机制通常与孔洞塌缩有关。当孔洞塌缩时,对周围材料施加应力和应变,从而产生局部热量。这一点可以通过试验观察冲击感度随孔隙度的变化而改变进行确定[7]。

通常,孔隙率较低的材料比孔隙率较高的材料更难以引发冲击起爆。在典型的承受冲击载荷的 PBX 中,热点大小为 0.1~10μm[8]。这些热点是在冲击上升时间(约为 1ns)期间内形成的,并可能继续形成自蔓延的燃烧前沿,或通过亚微秒级的热扩散而淬灭。考虑所涉及的时间和长度尺度,很难通过实验方法描述热点的形成和演化。因此,通过数值方法研究高能材料中的热点动力学非常有用(参见文献[9-17]和 8.2 节中引用的工作)。然而人们认识到数值计算不能完全代替实验观察和测量,于是通过建模工作帮助人们了解材料的晶粒特性,识别潜在的材料感度,以及提出可以在实验中进行测试的假设。

对于含能材料的晶粒,有几种可能的建模方法[18-19]。下面描述了基于连续体的模型,该模型已被开发用于研究单晶体中的单个缺陷以及包含许多晶体和许多缺陷的晶体聚集体。最终,希望通过数值模拟能够了解由孔洞塌缩和其他缺陷产生的热点在高能材料冲击起爆中所起的作用。这样的信息对于开发先进的冲击起爆宏观模型以及设计比现有材料更安全的新型炸药将是有价值的。

8.2 多晶模拟

迄今为止的研究主要集中在晶体聚集体对冲击波载荷的响应。为了模拟多个晶域的热/机械/化学的耦合响应,通常需要开发基础物理和化学的简化方法。这使得人们可以进行多颗粒相互作用和空间范围的研究,相当于冲击加载PBX的爆轰距离研究。此外,聚集体模拟是多尺度策略的重要组成部分,因为它们提供了有关(非均匀)热点分布的信息,并改进了人们对微观结构与性能关系的理解,因此本节重点介绍多晶体/孔模拟框架的开发。

典型PBX的微观结构是高度异质的,它由具有潜在不同热/力学性能的晶体/黏结剂相组成,并含有各种缺陷(如孔洞和裂纹)。图8.1[20]显示了一个典型的塑料黏结炸药PBX-9501的显微照片示例。为了解冲击加载的PBX中的热点分布,构建具有不同异质性和缺陷结构的初始配置。与这些多晶体研究相关的一个主要挑战是重建HE微观结构的现实实例。

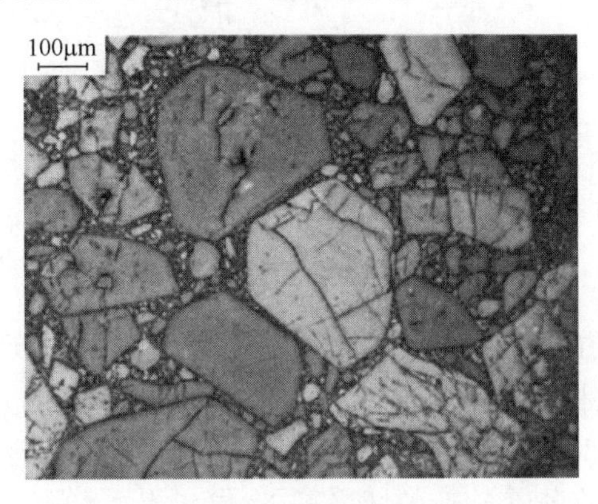

图8.1　典型基于HMX的塑料黏结炸药PBX-9501的异质微观结构
(晶粒、黏结剂、内部缺陷,标度为100μm)[20]

8.3　微观结构的表征与重建

随着新型炸药微观结构表征技术与不断改进的颗粒填充软件相结合,为人们创建用于仿真模拟的大型、逼真的多晶几何体提供了可能。下面,讨论了一些当前流行的表征技术,包括技术的局限性和权衡分析。

二维光学显微镜和聚焦离子束(FIB)方法[21]提供了高分辨率的空间数据(数十纳米),这是重建现实的多晶体结构所必需的。但是,这些方法具有破坏性,而且测量本身会改变目标样品中的缺陷数量。X射线显微照相术(图8.2)是一种非破坏性方法,但是分辨率通常限于视场的千分之一(如对于厚1mm的样品为1μm)。当观察典型的体积元素时,这样的分辨率可能不足以解析临界缺陷。另外,晶相和黏结剂相之间缺乏X射线对比度会给人们解析晶界带来挑战。超小角度X射线散射法[22]可以提供1nm~1μm的孔洞结构的信息,但是此项技术仅能提供平均的空间信息。

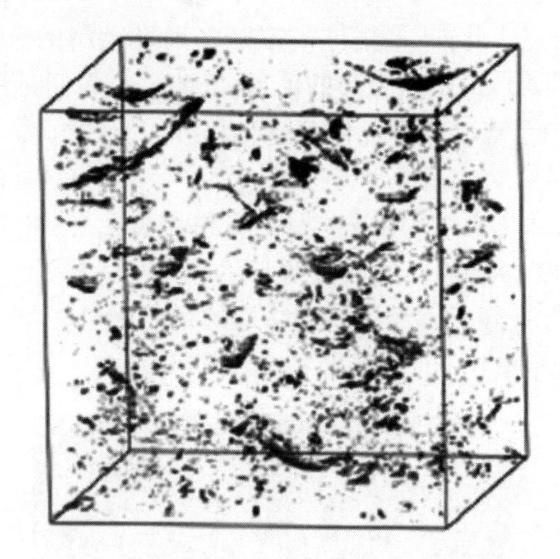

图 8.2 基于 HMX 的 PBX 拍摄的典型 X 射线显微断层图像
(立方体尺寸为 0.66mm,黑色缺陷为空隙)[74]

颗粒填充软件工具[23-25]可以在给定合适的细观结构数据(如光学或 X 射线显微断层扫描数据)的情况下直接构造 HE 复合材料的几何形状,或者在缺少空间或尺寸信息时(如超小角度 X 射线散射数据的情况)通过缩减的微结构数据集进行重建。在直接构造的情况下,将像素或体素数据绘制到网格上。而对于缩减的数据集,可以利用颗粒堆积和离散算法代替明确的几何体来生成合成的细观结构。

8.3.1 HE 冲击起爆研究

Mader[26]最早进行了多孔洞塌缩的二维连续体模拟,这些计算考虑了规则的孔洞阵列,并对有化学反应和无化学反应的冲击响应进行了研究。尽管存在计算局限性,并且孔洞的几何形状也是高度理想化的,但这项开创性的工作验证了热点形成的基本机制:孔洞塌缩,塌缩后反应以及应力波与相邻孔洞的相互作用。随后开展的三维研究[27-28]表明,在相同冲击应力下,多个塌缩孔洞之间的相互作用比单个孔洞的塌缩更可能引爆 HE 材料,如硝基甲烷、HMX、TATB 和 PETN。

Benson et al.[10]研究了 HMX 晶粒聚集体的动态压缩,其中初始构型(细观结构)是通过数字化实验显微照片获得的。这些计算是惰性的,忽略了聚合物黏结剂的存在。其他研究考虑了均匀的 HMX 晶粒的有序排列结构,以及更真实的不均匀晶粒尺寸的堆积结构[11,29]。这些计算表明,与均匀晶粒尺寸和间距的情况相比,更真实的微观结构表现出更高的温度场异质性(图 8.3)。

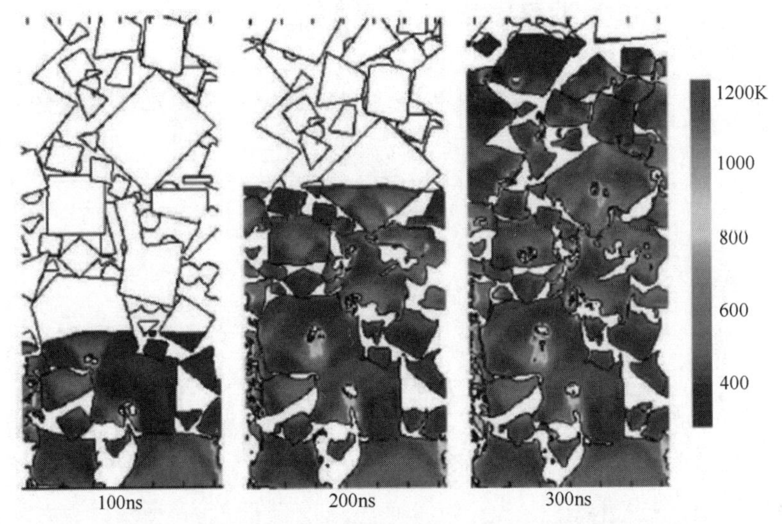

图8.3　在1000m/s冲击条件下基于HMX的PBX的计算温度场(彩色版本见彩插)

注:在这些图像中,为清楚起见,删除了聚氨酯黏结剂和孔洞空间。局部加热源于晶间孔洞塌缩和物质喷射的无弹性作用[11]。

人们已经采用扩展有限元方法来预测HMX基PBX中爆炸颗粒,黏结剂和界面的断裂特性,其承受的总应变率为10000~100000s^{-1}[30]。这些研究表明,热点主要是在变形的早期阶段通过高聚物黏结剂的黏弹性加热和在后期阶段沿裂纹表面的摩擦滑动而形成的。在图8.4中,说明了总应变率,含能材料体积分数和横向约束对计算出的热点温度分布的影响[31]。最频繁出现的热点的温度随应变率而增加。这种影响归因于摩擦耗散。随着含能材料体积分数的增加,平均黏结剂减薄,并且峰值应力增大,这导致较早的断裂和较高的摩擦耗散。

利用改进的拉格朗日计算方法研究了HMX粉末床的压实(高能固体体积含量为85%,平均晶粒度为60μm)[32],这种方法考虑了颗粒摩擦滑动和热-弹-黏塑性应力-应变响应。在这些计算中,人们发现在50~500m/s的冲击速度下,摩擦功而非塑性功是形成最高温度热点的原因。为了在这些计算中研究化学反应性,评估了临界热点尺寸/温度标准[8],以确定各种热点和加载条件的诱发时间。该标准还用于许多其他研究中,以确定各种炸药微结构的起火阈值[31,33-34]。

Reaugh[35]针对PBX所做的建模工作使研究向实际应用迈出了一步(图8.5)。这些模拟是完全三维的,具有化学反应性,并且在基于HMX的PBX中结合了对高聚物/颗粒/孔洞结构更为实际的描述。根据晶粒模拟结果,可以对反应流宏模型[36]进行参数化处理,以描述热点的点燃和发展。在这项研究中,与多步阿累尼乌斯动力学相比,利用与压力相关的爆燃模型研究热点生长,其结果与爆轰速度数据的一致性更好。这是使用多晶计算为连续反应流模型提供信息的最早示例之一。跨尺度仿真将是未来多尺度研究中需要加以解决的一个重要主题。

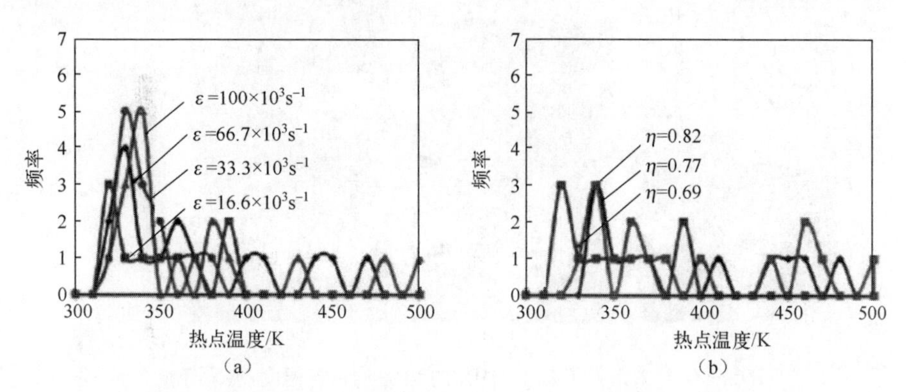

图 8.4　基于 HMX 的 PBX 在动态压缩条件下模拟的总应变率,以及含能材料体积分数对热点温度分布的影响(彩色版本见彩插)

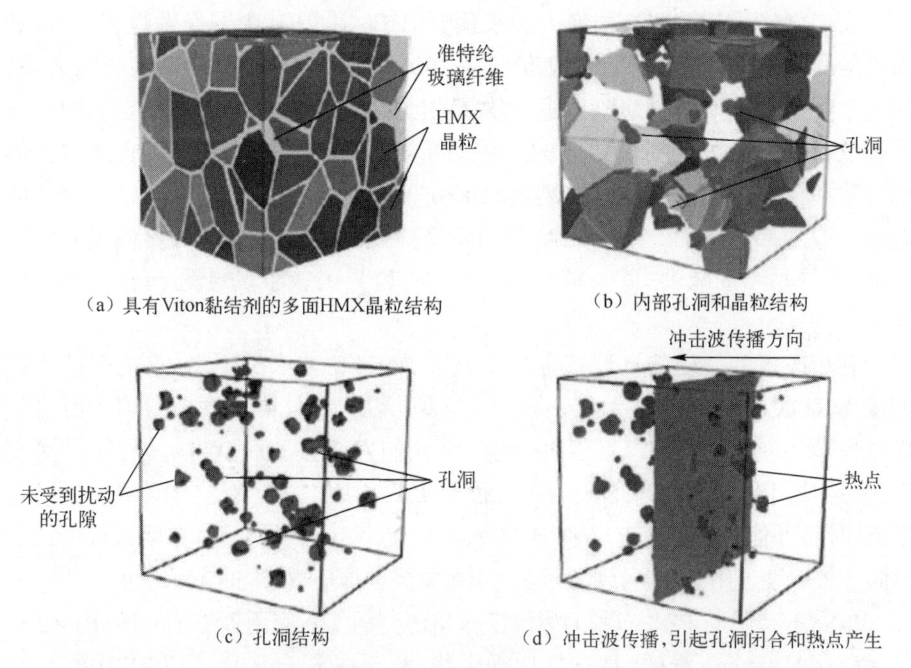

图 8.5　在对详细微观结构进行的三维模拟中,冲击载荷下形成的热点[35](彩色版本见彩插)

最近的研究试图将短脉冲冲击起爆实验与紧密耦合的反应性多晶模拟进行比较[16]。在这项研究中，一架 Kapton 飞行物(127μm)以 4.3~5.3km/s 的速度撞击 LX-10(95%HMX,5%Viton A,2%孔隙率)。给定成分和晶粒/孔尺寸分布，其中球形孔被随机置于 LX-10 域中，利用晶粒填充技术[25]重建微观结构进行模拟研究。孔隙率从 2%的基准值变化为 5%、10%和 20%。在计算中孔半径为 5μm、12.5μm 和 25 μm，并采用亚微米区域尺寸进行了解算。采用单步阿累尼乌斯动力学模型[37]描述了反应性。图 8.6 显示，对于 2%基准孔隙率的情况，与尺寸较大、数量较少、半径为 25μm 的孔相比，尺寸较小，数量更多，半径为 5μm 的孔在支持非平面反应前沿方面更为有效。结果验证了较高热点数量密度的影响。图 8.7 显示，对于 5μm 的固定孔半径，与 2%孔隙率的情况相比，在

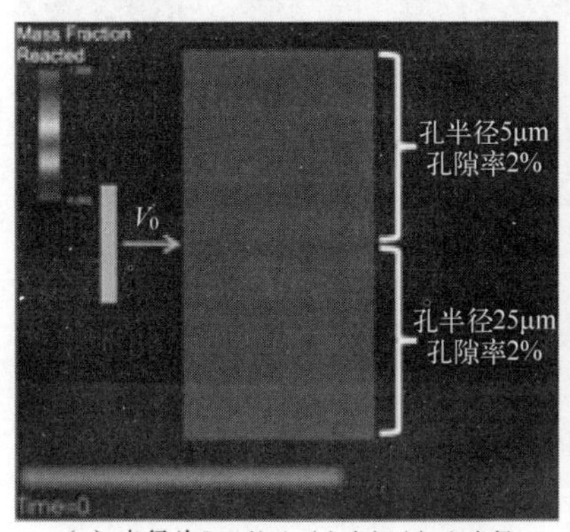

(a) 半径为5μm的孔（上半部分）和半径为25μm的孔（下半部分）的初始冲击条件

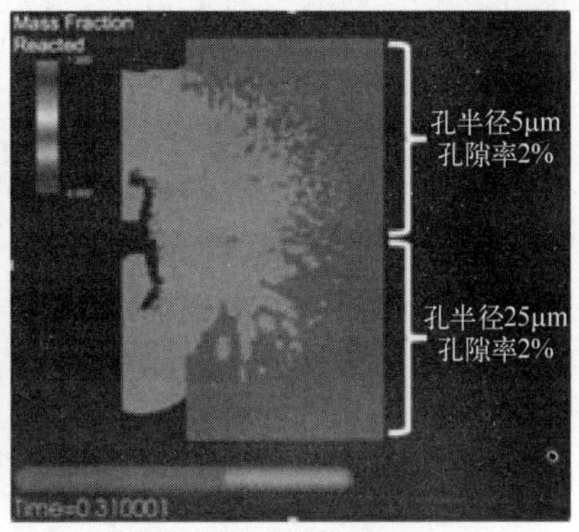

(b) 产物质量分数场

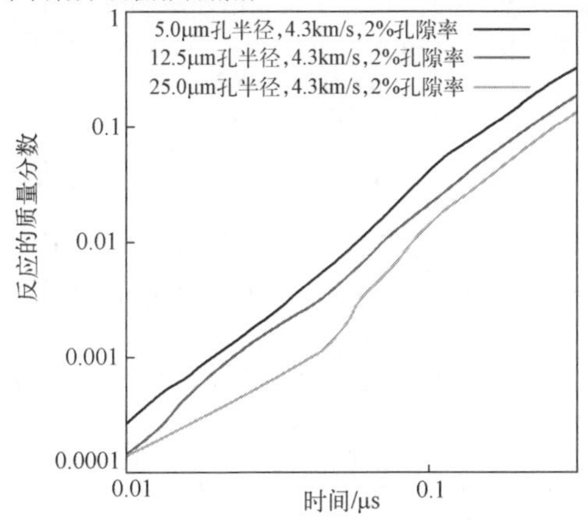

(c) 不同孔径的总产物质量分数的时间演化[16]

图 8.6　Kapton 飞行物(127μm)以 4.3km/s 的速度冲击 LX-10，孔尺寸(固定 2%孔隙率)对 LX-10 非平面反应前沿传播和整体反应性影响的计算

孔隙率为 10%的情况下,反应前沿和总反应速率更快。在较高的孔隙率下,热点密度增加,从而极大地提高了反应前沿速度和总反应性。

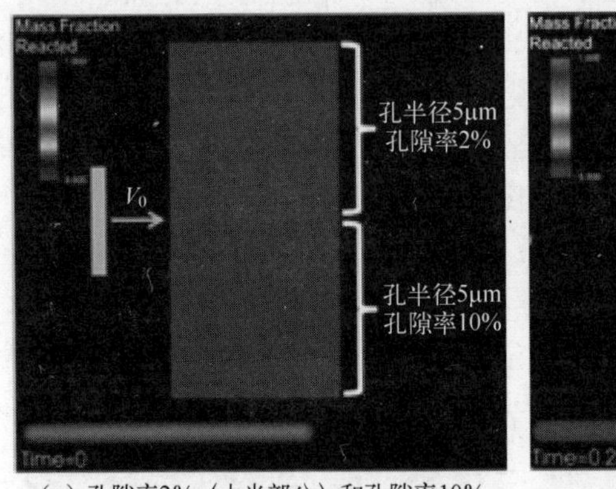

（a）孔隙率2%（上半部分）和孔隙率10%（下半部分）的初始冲击条件　（b）产物质量分数场

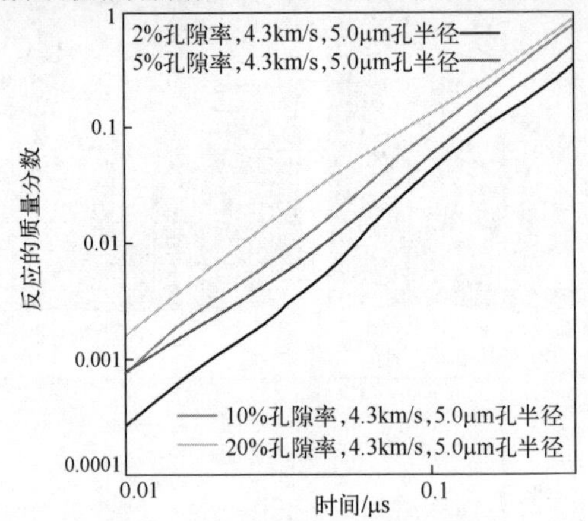

（c） 孔隙率2%~10%的总产物质量分数的时间演化[16]

图 8.7　Kapton 飞行物(127μm)以 4.3km/s 的速度冲击 LX-10,孔隙率(固定 5μm 的孔半径)对 LX-10 的非平面反应前沿传播和整体反应性影响的计算

多晶建模工作的实验验证仍然是关键挑战。为此,我们模拟了承受冲击载荷(1.3GPa)的 HMX 粉末(1.24g/cm^3),并将计算结果与嵌入式锰压力计的记录进行了对比[38]。如图 8.8 所示,计算结果与压力计记录大致吻合,证明了在多晶模拟框架中能够再现爆轰特性的能力。

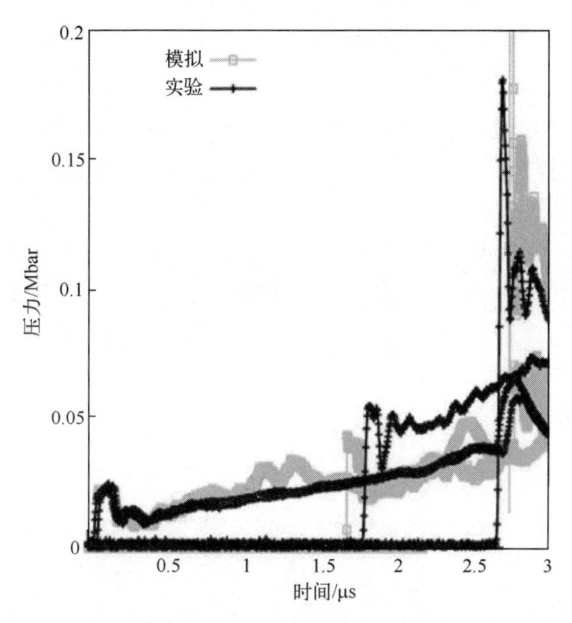

图 8.8　受冲击的 HMX 粉末(1.24g/cm^3)的现场压力记录
(测量和模拟,爆炸距离约为 6mm)[38]

8.4　单晶模拟

通过研究单个 HE 晶体中单个孔的塌缩,可以进一步了解 HE 冲击起爆发生的基本机理。尽管之前已经研究了孔洞塌缩的问题(如文献[12]),但我们认为随着晶粒级热/机械响应模型的改进,有必要继续进行研究。下面描述了针对冲击波加载的 HMX 所开发的材料模型,然后将该模型用于孔洞塌缩的数值模拟中,以研究能量局部化和冲击起爆引发的机制[39]。这种建模工作的新颖之处在于对固相强度特性(采用随时间变化的各向异性弹性/塑性配方)和由温度场(热点)引起的热分解反应的处理。在这方面,将显示模拟的反应性对固相和液相的黏塑性(强度)响应均敏感。尽管这里关注的是基于连续体的方法,但应要指出,粗粒度的分子动力学[40]或非常大尺度的分子动力学[41]是可能的替代方法。

8.4.1　HMX 连续模型

HMX 在标准环境温度和压力(298K,1atm)下最稳定的相是结晶 β 相[42-43]。β 相晶体结构为单斜晶体,每个晶胞有两个分子,如图 8.9 所示。当多孔晶体受到相对较弱的冲击波载荷时,无弹性功的耗散能量可能足以熔化部分晶相。在足够高的温度下,如果有足够长的时间,固相和/或液相将发生分解反应。因此,本节所述的材料模型解决了晶体熔化(β→液体)和分解反应产生气态产物(β+液体→气体)两个相变。β→δ 固相转换被忽略了,因为人们关注的加载条件所涉及的压力大于几吉帕[44],并且关注的时间尺度很短。在较高压力(大于 27GPa)[45]时观察到的 β→Ø 的转变也被忽略。下面讨论了有关相(β、液体、气体混合物)的热/力学性能的本构关系,并对反应路径和动力学进行了基本描述。对于通过计算测量或预测的 HMX 特性的综述,可以参见文献[46]。

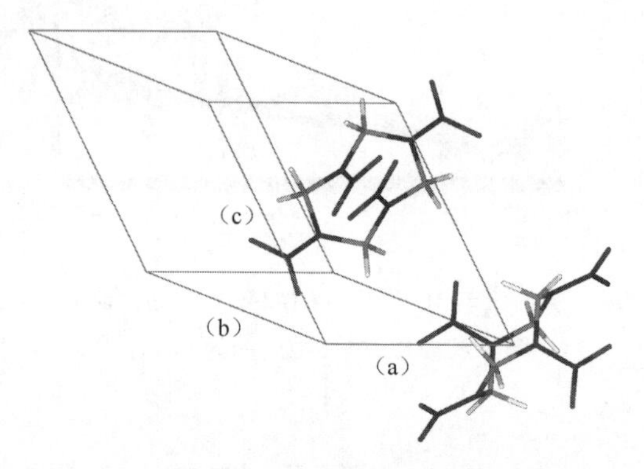

图 8.9　空间群 $P2_1=c$ 中的 β-HMX(单斜晶体结构)晶胞(彩色版本见彩插)

注:原子用颜色标记为:C(灰色),H(白色),N(蓝色),O(红色)。

HMX 分子在此阶段表现出椅子样构象

1. 固相

采用先前工作中开发的一种晶体模型描述了 β 相的热-弹性-黏塑性行为[13]。该模型考虑了弹性/塑性变形的各向异性以及材料流动的时间相关性。这里提供了晶体模型的简要说明。完整的模型细节和参数设定可参见文献[13]。

按照常规的晶体力学处理方法,采用变形梯度张量的乘积分解($F=VRF^p$ 其中,F^p 为晶格的塑性剪切,R 为晶格旋转,V 为热弹性晶格拉伸张量)来描述晶体运动学。

在本方法中,塑性变形通过位错运动(晶面滑移)传递。这样一来,中间构型中的速度梯度可以写为

$$\hat{L}=\dot{F}^{P}F^{P-1}=\sum\dot{\gamma}^{\alpha}\hat{s}^{\alpha}\otimes\hat{m}^{\alpha} \tag{8.1}$$

式中:$\dot{\gamma}^{\alpha}$ 为晶体剪切速率;$\hat{s}^{\alpha}$、$\hat{m}^{\alpha}$ 分别为第 α 个滑移系统的滑移方向和滑移平面法线的单位矢量。

根据奥罗万关系式可得

$$\dot{\gamma}^{\alpha}=\rho_{\perp}^{\alpha}b^{\alpha}\bar{v}^{\alpha} \tag{8.2}$$

式中:$\rho_{\perp}^{\alpha}$ 为位错密度;b^{α} 为伯格斯矢量量级;$\bar{v}^{\alpha}$ 为平均位错速度。

在本描述中,位错密度可视为不断演化的内部状态变量。假定本构关系为塑性动力学(基于热活化和阻尼滑移的位错运动)和位错密度的演化[13]。

在这项工作中包括了已通过实验确定的两个滑移系统,即空间组 $P2_1=/c$[47-48]中的(001)[100]和(102)[201],以及在原子计算中确定的八个附加滑移系统[13]。每个滑移系统的流动阻力与总位错密度的平方根成比例(根据泰勒表达式)。因此,位错密度有助于晶体增强和通过塑性变形来松弛非平衡剪切应力的能力。

热弹性公式将二阶弹性常数[49]与默纳汉状态方程(EOS)结合在一起,以解决非线性体积响应问题。选择 EOS 参数以从溶剂压制的 HMX 晶粒聚集体中复制 Hugoniot 数据,该数据接近完全密度[50],并从金刚石压腔实验中获得等温压缩数据[45]。应注意的是,HMX 可压缩性数据表现出广泛的分散性,并且最近的测量结果使人们对普遍接受的 β-HMX EOS 参数设定产生怀疑[51]。因此,提高 β 相 EOS 的保真度是正在进行的工作主题。为了使 β 相熔化,根据林德曼型定律推导出了基于能量的熔化标准。当内部能量超过熔融能的量并与熔融潜热的量相等时,晶体将完全转变为液相。将熔化行为的研究包括进来,是为了解释熔化区域中静力强度的损失。

2. 液相

液体和产物气体混合物相的应力、应变响应是各向同性的。选取的液相的基准密度和 EOS 与 β 相相同。这纯粹是出于方便的目的而做出的假定,并且人们公认的是,如果采用实际的液体密度和压缩系数将使模型得到改进。采用白金汉姆 6 次指数势[52]描述了气体产物混合物中各组分气体的体积响应。采用牛顿流体定律描述了液相和气相的变形响应。在本描述中,黏度是恒定的(与压力和温度无关)。标称液体黏度取为 5. 5cP,它对应于在 800K 和 1atm 下进行原子模拟计算得出的值[53]。为了更加简便,假定气体混合物的黏度等于液相的黏度。

3. 热性能

在所有相(β、液体、气体)上完成的非弹性功被完全消散并转换为热能。为了计算相温度,有必要在目标温度范围内合理计算准确的热容。β 相的热容使用与温度相关的爱因斯坦关系式来描述,该关系式遵循较低温度下的实验数据[54]和较高温度下的经典极限(珀替定律)。为方便起见,假定液相的热容量与固相的热容量相同,而气相组分的热容量则使用一组与温度有关的多项式来描述[52]。目前忽略了固相和液相的热膨胀效应。

在非绝热计算中,使用傅里叶定律对热传导进行建模。假设 β 相的热导率是恒定、各向同性的,并且与压力和温度无关。尽管分析预测表明,β 相的热导率张量是接近各向同性的[55],但在精细化处理时可能会结合温度和压力对固相热导率的影响[8,55]。方便起见,假定液相和气相的热导率等于固相的热导率。

4. 化学反应

在许多实验和建模工作中,已经研究了基于 HMX 的配方中分解反应的路径和动力学[8,37,56-60]。这些工作集中研究了由相对缓慢的直接加热引发的反应,其中样品保持在不同的限制水平下,从而构建了单步(总体)反应方案[37]和各种多步反应方案[8,37,61]。然而,在冲击波载荷作用下遵循的反应路径一直尚未明确。鉴于这种不确定性,由于单步反应方案[37]简单性而被人们所采纳。选择的反应可解决 β 相和液相 HMX 的分解问题,即

$$\begin{array}{ccc} \text{HMX}(\beta+\text{液相}) & \longrightarrow & \text{气体产物混合} \\ C_4H_8N_8O_8 & & 4CO+4H_2O+4N_2 \end{array} \tag{8.3}$$

在此方案中,要跟踪的化学物质是 HMX 和气体混合产物。根据热化学程序 Cheetah 描述该反应的动力学[52]。除了上述给出的反应之外,在气体产物组分之间还会发生许多快速反应。这些瞬间发生的反应可维持气体混合物组分和 HMX 物质之间的化学平衡。如此一来,将气体混合产物调整为还包括其他气体(如 C、H_2、CO_2、HCN、NO_2等)。因此,式(8.3)并未精确给出当前的气体产物组成,而是通过最小化受 HMX 浓度动力学约束的系统的吉布斯自由能所获得的组成。在这些计算中,物质保持压力/温度平衡。如表 8.1 所列,气态产物的形成涉及大量放热反应,这是模型温度计算的因素。

表 8.1 用于模拟单晶 HMX 冲击响应的选定材料特性和参数的值

参　数	β-HMX	液相 HMX	产物气体混合物
质量密度 ρ_0/(g/cm^3)	1.904	1.904①	—
摩尔质量 M/(g/mol)	296.156	—	—
体积模量 K_0/GPa	15.588	15.588①	—
热容 C_{v0}/(J/(g·K))	0.995	0.995①	—
体积 CTE α_0/(1/K)	0	0	—
熔化温度 T_{m0}/K	550	—	—
生成热 h_{f0}/(J/g)	253	489	-4760
流体黏度 η/cP	—	5.5	5.5②

续表

参　数	β-HMX	液相 HMX	产物气体混合物
热导率③$k/(\mathrm{W}/(\mathrm{m}\cdot\mathrm{K}))$	0.5	0.5①	0.5②
分解反应动力学参数：HMX(β+液相)⟶产物气体混合物			
阿累尼乌斯频率因子 k_0/s^{-1}	5.6×10^{12}		
活化温度 $E_a/R/\mathrm{K}$	17.9×10^{3}		

① 假定与固相的值相等；
② 假定与液相的值相等；
③ 在绝热模拟中设置为零。
注：下标 0 是指在标准环境温度和压力下的特性。

关于 HMX 的摩尔浓度，反应速率定律被认为是一阶的，因此

$$\frac{\mathrm{d}}{\mathrm{d}t}[\mathrm{HMX}]=-\frac{\mathrm{d}}{\mathrm{d}t}[\mathrm{productgas}]=-k[\mathrm{HMX}] \tag{8.4}$$

其中速率系数 k 显示出与温度的相关性，符合阿累尼乌斯方程。尽管它很简单，但当利用 Henson[37] 的动力学参数时，单步反应仍可提供实验测量的点火时间的合理近似值。如上所述，这种形式假定固相和液相的分解速率是相同的。虽然这似乎是一个合理的起点，但人们可以通过区分固相和液相的反应动力学来改进模型[57]。表 8.1 列出了在单晶模拟中采用的部分特性和参数。

8.4.2　颗粒内孔洞塌缩的模拟

利用多物理场任意拉格朗日-欧拉有限元法 ALE3D 进行了孔洞塌缩的数值模拟[62]。在此方法中，材料和网格允许进行独立的运动，其中算法解决了计算区域(元素)之间的材料平流。如此一来，网格在变形过程中逐渐松弛。这样可以处理较大的应变，同时避免严重的网格变形。

通过将单个充气孔定位在 β-HMX 晶体的矩形平板中心附近来提供计算域。目前，工作仅限于二维平面应变计算。这样，理想化的缺陷是圆柱形的。由于晶格不显示对称性，因此未考虑二维轴对称模拟(针对球形孔)。尽管进行完整的三维计算是十分理想的，但考虑材料模型的发展状态，我们认为现在进行这种昂贵的计算还为时过早。

为了对晶相的微观结构进行更真实的描述，初始位错密度场在空间中随机分布(有关详细信息参见文献[13,39])。这样做是因为网格划分时要求单元之间位错密度有一定的波动。规定了初始场，以使整个样品的初始位错密度为 $0.0307\mu\mathrm{m}^{-2}$[13]，这是退火金属的典型数值。通过在晶体平板的左表面上规定速度的轴向分量来产生平面冲击波。特征速度瞬间增加，类似于在平板实验中施加在冲击面上的条件。晶体样品的上表面和下表面是周期性的，而右表面则

受刚性无摩擦壁的约束。模拟了平板的一次冲击波传播。

下面研究了模型对于各种载荷状况和材料建模假设的预测。人们特别关注的是变形的位置和化学反应发生的细节。出于这种考虑,研究了应力波幅度、传导热传递、固相流动强度和液相黏度的影响。

1. 一种参考实例的基本结果

作为一个参考实例,人们研究了孔径 $d=1\mu m$,在垂直于$(\bar{1}\,\bar{1}\,1)_{P2_1/c}$的平面施加 $u=1\mu m/ns$ 的边界速度(这会产生 $\sigma_{11}=9.4GPa$ 的峰值轴向应力)和局部绝热条件的情况。对于该参考实例,网格研究表明,为了达到合理的收敛水平,需要进行 8nm 分区(参见文献[39])。这相当于十分精细的网格划分,因为孔径被 125 个元素所覆盖。如果要对整个晶体样本划分网格($25d\times25d$),大约需要 10^7个元素。在 512 个晶体核心上并行进行单个孔洞塌缩模拟大约需要 72h。

为了具体说明材料响应的基本元素,对上述参考实例给出了三个瞬间的压力和温度场,如图 8.10 所示。在图 8.10 中,观察窗是固定的,仅包含样品的中心部分。每个快照的时间与冲击波前沿到达孔左侧的时间相关。在冲击波前沿的后面,标称压力 p 和偏应力 S_{11}分别约为 6.6GPa、2.8GPa。偏应力较高是由于晶格的快速压缩引起的,这会产生大的(弹性)应变,随着塑性流动而松弛。

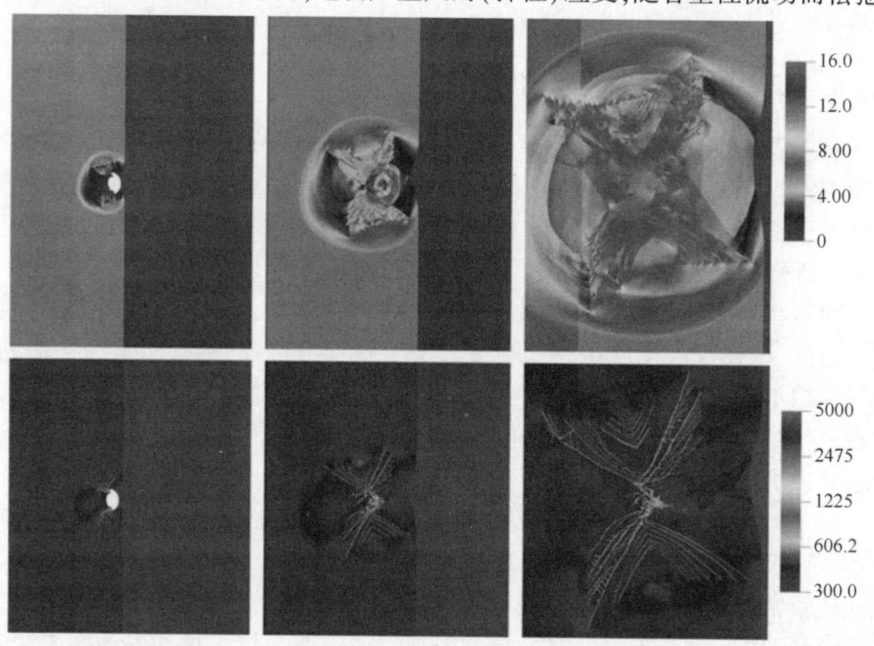

图 8.10 当冲击波(9.4GPa)使 β-HMX 晶体中的单个孔(1μm)塌缩时产生的压力和温度场(参考实例模拟参数。时间原点与冲击波到达孔左侧[75]相一致)(彩色版本见彩插)

当冲击波前沿传播穿过孔时,从晶体-空气界面(0.2ns)会发出稀疏波。稀疏波之后是当孔完全闭合(0.5ns)时产生的二次冲击波。这种扰动逐渐远离初始孔隙传播到观察窗之外(1.2ns)。模拟一直持续直到二次冲击波开始与边界相互作用为止,这样就包含了大约 2ns 的后塌缩模拟时间。

变形和能量的定位与热点的发展相关(图 8.10)。温度场表明,在塌陷的孔周围形成了中心热点以及远离孔生长的狭窄局部带。这些热材料片为剪切带,其中充填液体-HMX。这些剪切带的产生和增长是由结晶相中较大的非平衡剪切应力驱动的。随着冲击开始与孔隙相互作用,材料释放到孔隙中会在晶体-空气界面周围的某些位置产生较大的剪切变形。机械功足以使某些部分的晶体熔化,并且液相的流动强度和黏度远低于结晶相的流动强度和黏度。这样,曾经由晶相支撑的剪切载荷被传递到熔化带尖端和周围的材料上。随后的塑性变形导致充满液态 HMX 的带持续不断的熔化和传播。因此,剪切带可以看作熔体裂纹,剪切带的前进有助于减少自由能(晶格的应变能)。

应力波振幅为 6.5GPa、9.4GPa 和 10.7GPa 时的剪切带(熔体破裂)如图 8.11 所示。在该图中,通过绘制液态 HMX 的相分数来突出剪切带。在每个应力水平下,在塌缩的孔周围都形成了液态 HMX 池。在 6.5GPa 时,一些剪切带在孔洞塌缩区域外生长并分支出去形成更细的局部带。当应力增加到 9.4GPa 时,剪切带大致会在四个方向上生长,并呈现更多的分支。在 10.7GPa 时,熔融片的间距更小。在参考实例中($\sigma_{11}=9.4$GPa),晶体样品右下象限中的剪切带宽度约为 50nm。这些剪切带以约 4.6μm/ns 的速率传播,并达到 500~900K 的温度。模拟得到的剪切带特性表明,内部缺陷(或其他材料异质性)的影响可能不像人们想象的那样具有局部性。如图 8.11 所示,由剪切带增长所

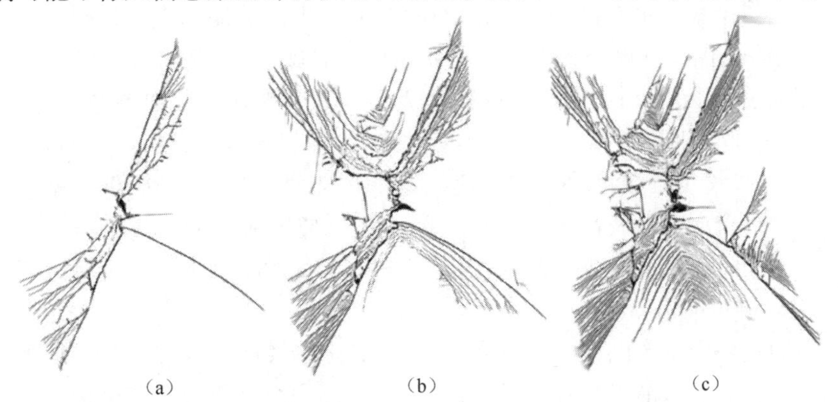

图 8.11　当晶体样品被冲击加载到不同的峰值应力水平时产生的剪切带(熔体裂纹)[75]

注:液态 HMX 的相分数绘制在灰度图上(范围为 0~1)。

产生的热点比原始孔产生的热点更大,并且分布更广。应当指出的是,除非为耗散过程做出了适当的规定(如热扩散或非局部应力应变响应),否则局部带特性(结果与网格无关)无法实现真正收敛。这应该作为未来工作的主题。

实验工作已经证明,低对称性 HE 晶体在冲击波载荷下会出现剪切带的趋势。例如,承受约 13GPa 冲击载荷的 RDX 晶体显示存在局部带,而且在回收的样品表面上有串珠状材料[63-64]。人们认为这些串珠状材料是液体-RDX,其在冲击变形期间被挤出局部带之外,并且在回收的晶体样品的表面上重新凝固。在对 α-HMX[65] 和 α-RDX[66] 中的冲击波传播进行的原子模拟中也预测到了剪切带。在原子模拟中,发现剪切带区域由非结晶的液态相组成。这些实验和计算结果令人鼓舞,因为这些结果与我们在连续 β-HMX 模拟中所预测的非常相似。

塌缩孔周围的变形非常不均匀,涉及孔内多个液体射流的形成和相互作用。有关孔洞塌缩过程的详细说明参见文献[39]。在参考实例中,材料喷射将温度升高到足以使孔洞塌缩区域中的少量材料发生反应的温度。样品的反应性通过产物的相对质量 $\xi = m_p/m_{pore}$(其中:m_p 为产物相的质量;m_{pore} 为“孔质量”,即初始孔内晶体的参考质量)进行定量。在这个时间标度($\xi<0.002$)上,低应力(6.5GPa)情况下的反应性很小。在参考实例中(9.4GPa),在约 2ns 的压缩时间后 ξ 约达到 0.08。将应力增加到 10.7GPa 不会显著增加模拟的反应性。尽管剪切带达到了相对较高的温度(800~900K),但在此时间范围内它们并未表现出明显的反应程度。对于较高的载荷(大于 20GPa),如在短脉冲启动情况下观察到的载荷,可能会发生整体冲击熔化,并绕过与材料强度相关的局部带。

下面讨论一个具有挑战性的数值模拟问题,即组分间的人工传热。由于采用 ALE 方法,因此在网格松弛阶段需要在计算区域之间平移求解变量。这种数值平移会引入误差,因为求解变量往往会在空间上被抹去。如果将一个热(反应)区的一部分平移到包含冷(未反应)材料的相邻区域中,则由于冷量和热量的混合,最初冷区的温度将均匀升高。这种传热没有物理基础,仅仅是数值处理引入的一个误差。我们试图通过关闭部分反应区域中的对流来避免这种混合[39]。但是,这并不成功,因为反应区会出现较大的体积膨胀,从而需要松弛(对流)以避免网格缠结。

与假定一个平衡的混合物温度相比,推导出能够区分反应物和产物组分温度的非平衡处理可能更为有用,然后可以基于逐个组分处理计算区域之间的混合。用这种方法,当产物气体在平流时,它将仅仅与其他产物气体混合而不会加热未反应的冷相。这样的方案尚未在我们的计算中采用,但应作为未来工作的目标。这些计算中采用精细的区域尺寸(8nm),从而有助于减少人为传热,因为对流误差会随网格长度成比例增加。但是,由于数值平流,各组分之间仍然存在一定的人工传热,这依然是一个未解决的问题。

2. 热传导问题

将参考实例建模为绝热模型,以在没有物理传热效应的情况下产生基线响应。对于此处考虑的时间尺度,热扩散的特征尺寸 $\sqrt{Kt/\rho c_V} \approx 20\text{nm}$。尽管与中心热点(塌缩的孔周围)相比该尺寸较小,但与剪切带宽度相比是不可忽略的。此外,在热点处开始的燃烧前沿的传播取决于热传导,因此有必要对模拟结果与热传导假设之间的相关性进行评估。

为了评估传热效果,利用傅里叶热传导进行了孔洞塌缩模拟(参考实例的所有其他方面保持不变)。对于 9.4GPa 的应力波振幅,通过热传导计算的温度场与使用绝热模型计算的温度场非常相似[39]。与绝热情况相比,在热传导情况下,温度梯度不是很陡,而中心热点具有相似的大小和温度。剪切带的峰值温度最多降低约 100K。远离中心热点的热通量使传导情况下的反应性比绝热情况下的反应性小。例如,计算的反应程度 ξ 降低了不到 10%[39]。这表明,当模拟持续时间限制在几纳秒内时,绝热假设是合理的,因为当包括热传导时,计算结果并没有发生实质性的改变。然而,对于更长的时间尺度(如数十到几百纳秒)和热点燃烧的模拟,应该以更有意义的方式处理热传导。

需要指出的是,当长度尺度接近声子的平均自由程时,(宏观)傅里叶定律就会失效。由于孔洞塌缩的计算涉及数十纳米范围内的强温度梯度,因此采用更复杂的小尺度传热处理将非常重要。例如,一种可说明声子相互作用的方法[67]。

3. 模型对固相流动强度的敏感性

下面考虑模拟结果与固相流动强度的相关性。到目前为止,在所有模拟中使用的晶体模型都考虑了 β 相的弹性/塑性各向异性以及塑性变形随时间的变化。在这里,塑性与时间或速率的相关性很重要,因为在较高的速率下,许多固体的流动应力会急剧增加。关于孔洞塌缩的问题,如果塑性松弛的时间尺度与孔洞塌缩的时间尺度相当,那么高剪切应力将持续存在,直到它们被非弹性变形消除。这些剪应力会影响机械功,是造成温度升高的主要原因。

为了研究与固相流动强度有关的影响效应,使用常规的各向同性/速率无关的强度模型对 β 相进行了孔洞塌缩模拟。此处,屈服强度 $Y=Y_0(1+\beta\varepsilon^p)^n$,其中,$Y_0$为初始屈服强度,$\varepsilon^p$为有效塑性应变(代表内部状态),$\beta$ 和 n 为硬化参数。通常假设屈服强度为 0.060~0.180GPa[10-11,68]。为了考虑较高的强度和较弱的应变硬化性能的影响,选择 $Y_0=300\text{GPa}$,$\beta=0.060$,$n=1$。参考实例模拟的所有其他方面保持不变。

从各向同性/与速率无关模型计算出的温度场如图 8.12 所示。在平稳射流的作用下该孔洞塌缩,产生了两个对称的热点。这些热点很大程度上是由于撞击射流两侧都形成了涡流。可以将这些温度场与先前使用晶体模型计算出的温度场进行比较(图 8.10)。在与速率相关的晶体计算中,剪切带是变形的显著特征。在与速率无关的各向同性计算中,能量局部化仅限于孔隙的周围,并且没有剪切带。

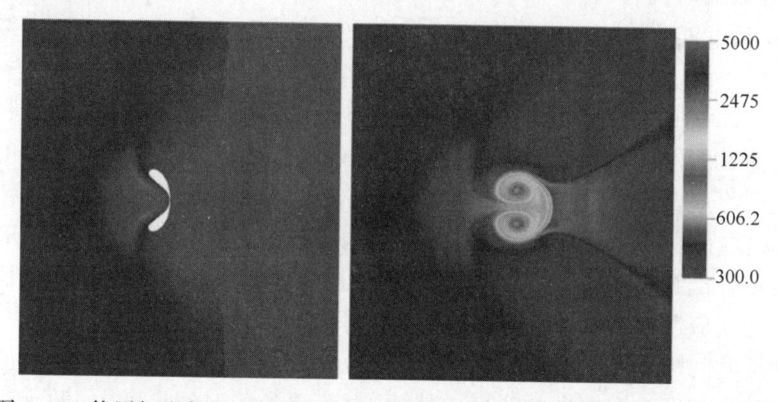

图 8.12 使用与速率无关/各向同性的强度模型(参考实例模拟参数)模拟孔洞塌缩时获得的温度场(闭合过程和局部化程度与根据速率相关/晶体模型所做的预测形成鲜明对比)(彩色版本见彩插)

局部化特性的差异主要归因于强度模型与应变率的相关性。尽管人们通常认为与速率相关的流动应力趋向于抑制局部化(假设需要更高的应力来产生更高的应变速率),但在热软化和熔化存在的情况下,这一观点就失灵了。在我们的速率相关计算中就是这种情况,相对较大的流动应力和较小的塑性应变足以熔化位于局部带尖端的材料。在与速率无关的情况下,应力状态被迫在与应变率无关的屈服面上保持不变,并根据一致性条件计算塑性应变。对于以上选择的参数,机械功不足以引发剪切带的形成。通过规定更高的屈服强度,有可能在速率无关模型中引起剪切带的形成。然而,这与准静态速率下的实验应力—应变曲线[69]和冲击波载荷下观察到的松弛行为[48]不一致。通过给各向同性模型赋予足够的应变率相关性可以诱发剪切带。在这种情况下,带在最大剪切平面上形成,而在晶体模型中,塑性流动和带结构的细节对滑移面方向很敏感。

为了量化由这些模型预测的热能局部化的差异,在模拟即将结束时计算了温度直方图(图 8.13)。这些直方图是通过根据温度统计样品质量的数据,并依据孔质量对这些数据进行归一化处理而构建的。如图 8.13 所示，各向同性模型偏向于较低的温度（在 400~500K 之间有一个大的峰值），而利用晶体模型由于剪切局部化（600~1200K）和放热反应（>2000K）因而预测的温度较高。如果给每个样品相等的能量，晶体模型预测的局部化程度更高，因此预测的热点区域更大，温度更高。尽管形成的热点温度大于 1000K，但采用速率无关模型预测的反应程度在此时间尺度内实际上为零。因此，固相强度定律对冲击诱发的塑性、所产生的峰值温度以及由于孔洞塌缩而引起的反应具有重要影响。

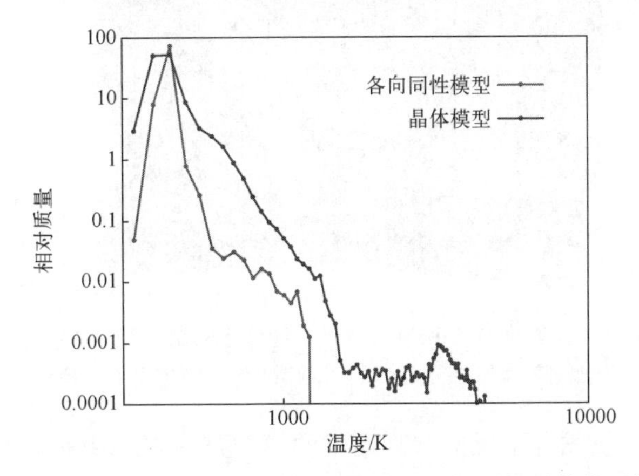

图 8.13　使用速率无关/各向同性强度模型和速率相关/晶体模型模拟孔洞塌缩时计算（在对数-对数空间中）的温度直方图（彩色版本见彩插）

4. 模型对液体黏度的敏感性

在孔洞塌缩区域之外生长的局部带被液态 HMX 填充（图 8.11）。在此模型中，液相被视为简单的牛顿流体。尽管液相的黏度取决于压力和温度（也许还取决于应变率），但为简单起见，假定液相黏度是恒定的。在参考实例中，液体黏度取为 5.5cP，对应于 800K 和 1atm 条件下的原子值[53]。现在，我们研究模型对假定的液体黏度的敏感性。为了对比起见，液体黏度增加到 22.0cP，对应于 700 K 时的原子值。参考例的所有其他方面均保持不变。

图 8.14 示出了在较高的液体黏度时模拟孔洞塌缩获得的温度场。与低黏度情况相比，剪切带更宽，数量更少，温度更高（图 8.10）。在这种情况下，剪切带的温度较高，这是因为带内的机械耗散更大。剪切带内的温度足以在该时间尺度上驱动分解反应（参见图 8.14 右下象限中最靠前的带）。

为了说明样品的反应性，计算了较低黏度和较高黏度情况下产物相对质量 ξ 的时间关系曲线图（图 8.15）。曲线的初始轨迹由围绕中心热点（孔洞塌缩区域）的液相中发生的反应控制。在参考例子中，反应仅限于中心热点，几纳秒后

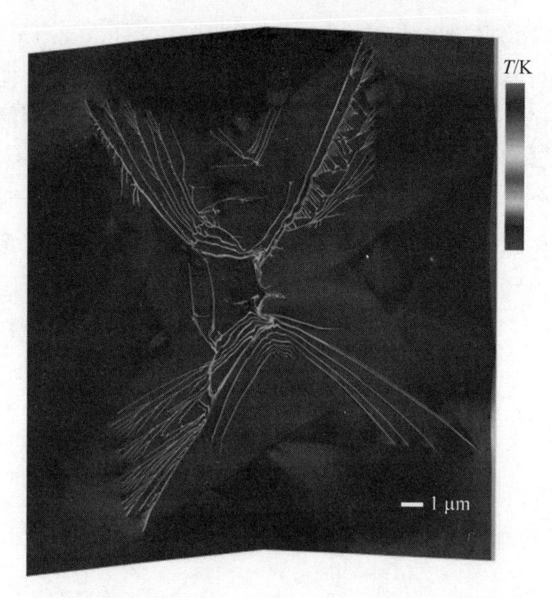

图 8.14　在较高液体黏度(22.0cP)的情况下计算出的温度场[75](彩色版本见彩插)
注:由于机械耗散增加,在中心热点(孔洞塌缩区域)和剪切带中都发生反应

约有 10%的孔质量发生了反应。高黏度的情况从一开始就表现出较高的反应性,这是由于中心热点周围的机械耗散增加了。在大约 2ns 时,较高黏度情况下的总体反应速率会急剧增加,这与剪切带中开始的化学反应相对应。在约 2ns 的后塌缩模拟时间内,ξ 约达到 0.8。出现快速增长的反应性剪切带,这表明 HE 晶体(如 HMX)的起爆可能是由局部带发出的平面燃烧波而非球形燃烧前沿所控制。

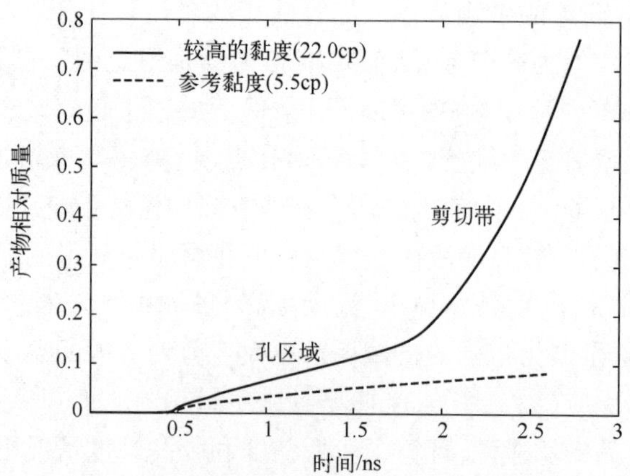

图 8.15　在较低和较高的液体黏度时计算的产物曲线(在高黏度情况下由于剪切带中开始反应导致反应率急剧增加)

因此,模型对反应性的预测结果对液相的黏度非常敏感。这是因为剪切带内的液体可能会经受极高的剪切速率。由于液相所经历的温度范围从大约 550K(在 1atm 时开始熔化)到 1000K 以上,因此未来的建模工作应结合在原子模拟中计算出的与温度相关的液体黏度,即 $\eta=\eta_0\exp(T_a/T)$,其中 $\eta_0=3.1\times10^{-4}$cP,$T_a=7800$K[53]。还应考虑压力对液体黏度的影响,尽管到目前为止我们尚不了解任何此类数据。

8.5　结　　论

在动态载荷条件下,开发模型研究 HE 材料的晶粒特性是人们长期关注的一个领域。需要阐明由撞击引起的热点形成和反应引发的机制,并作为实验研究的补充,在人们所关注的时间/长度尺度内很难进行这些实验研究。遵循这个思路,人们热衷于开发新的超快速测量技术,以研究 HE 晶体在亚纳秒尺度上的冲击压缩[51]。这些技术是真正的晶粒级测量方法,可在不久的将来进一步评估和完善 8.3 节所描述的单晶模型。

本章聚焦于两个长度尺度的 HE 模型的开发:①较粗的尺度,主要研究具有许多缺陷/非均质性的晶体聚集体的冲击响应;②较细的尺度,主要研究单晶响应和单个缺陷(孔)的行为。在后者中,描述了针对 HMX 的热/机械/化学响应而开发的连续模型。该模型用于模拟冲击加载的 β 相晶体中的孔洞塌缩以及伴随的能量局部化模式。

单晶孔洞塌缩的结果表明:①当绝热参考例($d=1\mu$m)承受高达约 10GPa 的冲击载荷并保持几纳秒时,反应程度适中;②剪切带的生长是一种重要的局部化方式;③在压缩时间超过几纳秒的情况下,通过热传导的热点耗散是重要的考虑因素;④与应变率相关的固相强度行为对能量局部化有很大影响;⑤由冲击引起的剪切带(熔体裂纹)的反应性对液相的黏度敏感。

尽管晶体模型向现实应用迈出了一步,但仍有许多工作要做,以提高模型预测的保真度。例如,通过更好地处理熔融和液相行为来改进 HMX 材料模型。在这方面,开发的模型可以包括 β 液相转变的动力学,这样可对液相 EOS 进行更为恰当的描述(与固相不同的描述)、从液相(快速)分解的动力学[57]以及与压力和温度相关的液相黏度,因为模拟的反应性对此特性非常敏感。采用能够处理非平衡物质温度(在给定的材料点或计算单元内)的公式,对于减少各种数值环境下的人工传热也可能是有价值的。

采用单晶模型可以处理的总体空间范围显然受到限制。为了获得更大的体积元素,以更好地反映实际 PBX 微结构的异质性,考虑采用对组分特性进行粗化描述的聚集计算是很有用的。在单晶计算和多晶模型之间建立联系(如通过某些信息传递方案)仍然是正在进行的工作的主要目标。然后,下一步将涉及粗晶粒的多晶(聚合)响应,以获得 PBX 宏模型。但是,建立这些联系还有许多工作要做。

展望未来,多晶(聚合)仿真可能会对解决一些长期存在的问题提供思路:

(1) 在冲击载荷条件下,缺陷尺寸、间距、形态和取向如何影响热点的形成和生长?

(2) 产生与冲击起爆过程相关的热点的缺陷尺寸的界限是什么?

(3) 炸药/黏结剂体系中的缺陷位置如晶内缺陷、界面缺陷与黏结剂缺陷如何影响冲击起爆行为?

(4) 不均匀的黏结剂层厚度和炸药/黏结剂之间阻抗不匹配如何影响冲击起爆行为?

(5) 爆炸物/黏合剂的微观结构和组分特性(附着力、流动强度)如何影响碎片,而这些碎片对安全场景中的反应烈度是否很重要?

这些工作必须在适当的时间/长度范围内进行一定水平的实验验证,这仍然是一个重大的挑战。

最后应指出的是,将来自精细/中等长度尺度的描述进行合并的多尺度策略可能为开发新的 PBX 宏模型提供基础,该模型包含微观结构特性信息,因此可以改进现有的热点模型[70-73]。我们相信,这种考虑微结构特性的模型对于设计在特殊领域中应用的具有特定性能和安全性的高爆材料非常重要。

参考文献

[1] Köhler J, Meyer R(1993) Explosives, fourth edition. VCH, Weinheim, FRG

[2] Teipel U(2005) Energetic materials: particle processing and characterization. Wiley-VCH, Weinheim, FRG

[3] Bowden FP, Yoffe AD (1952) Ignition and growth of explosions in liquids and solids. Cambridge University Press, UK

[4] Campbell AW, Davis WC, Ramsay JB, Travis JR (1961) Shock initiation of solid explosives. Phys Fluids4(4):511-521

[5] Field JE, Swallowe GM, Heavens SN (1982) Ignition mechanisms of explosives duringmechanical deformation. Proc Roy Soc Lond A Mat 382(1782):231-244

[6] Field JE(1992) Hot spot ignition mechanisms for explosives. Acc Chem Res 25(11):489-496

[7] Garcia F, Vandersall KS, Tarver CM (2014) Shock initiation experiments with ignition andgrowth modeling on lowdensity HMX. J Phys: Conf Ser 500:052048

[8] Tarver Craig M,Chidester Steven K,Nichols Albert L(1996)Critical conditions for impactandshock-induced hotspots in solid explosives. J Phys Chem 100:5794-5799

[9] Charles L Mader(1997)Numerical modeling of explosives and propellants. CRC press,USA

[10] Benson DJ,Conley P(1999) Eulerian finite-element simulations of experimentally acquiredHMX microstructures. Modell Simul Mater Sci Eng 7:333-354

[11] Baer MR(2002)Modeling heterogeneous energetic materials at the mesoscale. ThermochimActa 384:351-367

[12] Menikoff R(2004)Pore collapse and hot spots in HMX. Proc APS Topical Group Shock-Compression Condens Matter 706:393-396

[13] Barton Nathan R,Winter Nicholas W,Reaugh John E(2009)Defect evolution and porecollapse in crystalline energetic materials. Modell Simul Mater Sci Eng 17:035003

[14] Najjar FM,Howard WM,Fried LE,Manaa MR,Nichols A Ⅲ,Levesque G(2012)Computational study of 3-D hot spot initiation in shocked insensitive high-explosive. Proc APS Topical Group Shock Compression Condens Matter 1426:255-258

[15] Kapahi A,Udaykumar HS(2013)Dynamics of void collapse in shocked energetic materials:physics of void-void interactions. Shock Waves 23(6):537-558

[16] Springer HK,Tarver CM,Reaugh JE,May CM(2014)Investigating short-pulse shockinitiation in HMX-based explosives with reactive meso-scale simulations. J Phys:Conf Ser500:052041

[17] Kapahi A, Udaykumar HS(2015) Three-dimensional simulations of dynamics of voidcollapse in energetic materials. Shock Waves 25(2):177-187

[18] Rice BM(2012)Multiscale modeling of energetic material response:Easy to say,hard to do. Shock Compression Condens Matter—2011,Parts 1 and 2 1426:1241-1246

[19] Brennan JK,Lisal M,Moore JD,Izvekov S,Schweigert IV,Larentzos JP(2014)Coarse-grainmodel simulations of non-equilibrium dynamics in heterogeneous materials. J Phys ChemLett 5:2144-2149

[20] Skidmore CB,Phillips DS,Howe PM,Mang JT,Romero AJ(1999)The evolution ofmicrostructural changes inpressed HMX explosives. In:11th international detonationsymposium, p 556

[21] Wixom RR, Tappan AS, Brundage AL, Knepper R, Ritchey MB, Michael JR, Rye MJ (2010)Characterization of pore morphology in molecular crystal explosives by focused ion beamnanotomography. J Mater Res 25(7):1362

[22] Willey TM,van Buuren T,Lee JR,Overturf GE,Kinney JH,Handly J,Weeks BL,Ilavsky J (2006)Changes in pore size distribution upon thermal cycling of TATB-based explosivesmeasured by ultra-small angle X-ray scattering. Prop,Explos,Pyrotech 31(6):466

[23] Torquato S(2002)Random heterogeneous materials:microstructure and macroscopicproperties. Springer,New York

[24] Kumar NC(2008)Reconstruction of periodic unit cells of multimodal random particulatecomposites using genetic algorithms. Comp Mater Sci 42:352

[25] Particle Pack Friedman G, Manual User(2015) Version 3:1

[26] Mader C L. The two-dimensional hydrodynamic hot spot, volume IV. Los Alamos National-Laboratory Technical Report, LA-3771, 1967

[27] Mader CL, Kershner JD(1967) Three-dimensional modeling of shock initiation ofheterogeneous explosives. In: 19th International Combustion Symposium, p 685

[28] Mader CL, Kershner JD(1985) The three-dimensional hydrodynamic hot-spot model. In: 8th International Detonation Symposium, p 42

[29] Baer MR, Kipp ME, van Swol F(1999) Micromechanical modeling of heterogeneousenergetic materials. In: International detonation symposium, p 788

[30] Barua A, Zhou M (2011) A Lagrangian framework for analyzing microstructural levelresponse of polymer-bonded explosives. Model Simul Mater Sci Eng 19:055001

[31] Barua A, Horie Y, Zhou M(2012) Energy localization in HMX-estane polymer-bondedexplosives during impact loading. J Appl Phys 111(5):054902

[32] Panchadhara R, Gonthier KA(2011) Mesoscale analysis of volumetric and surface dissipationin granular explosive induced by uniaxial deformation waves. Shock Waves 21:43

[33] Barua A, Kim S, Horie Y, Zhou M(2013) Ignition criteria for heterogeneous energeticmaterials based on hotspot size-temperature threshold. J Appl Phys 113:064906

[34] Kim S, Barua A, Horie Y, Zhou M(2014) Ignition probability of polymer-bonded explosivesaccounting for multiple sources of material stochasticity. J Appl Phys 115(17):174902

[35] Reaugh JE(2002) Grain-scale dynamics in explosives. Technical ReportUCRL-ID-150388-2002, Lawrence Livermore National Laboratory

[36] Lee EL, Tarver CM(1980) Phenomenological model of shock initiation in heterogeneousexplosives. Phys Fluids 23(12):2362-2372

[37] Henson BF, Asay BW, Smilowitz LB, Dickson PM (2001) Ignition chemistry in HMX fromthermal explosion to detonation. Technical report LA-UR-01-3499, Los Alamos NationalLaboratory

[38] Springer HK, Vandersall KS, Tarver CM, Souers PC(2015) Investigating shock initiation anddetonation in powder HMX with reactive mesoscale simulations. In: 15th Internationaldetonation symposium

[39] Ryan AA, Nathan RB, John ER, Laurence EF(2015) Direct numerical simulation of shearlocalization and decomposition reactions in shock-loaded HMX crystal. J Appl Phys 117 (18):185902

[40] Moore JD, Barnes BC, Izvekov S, Lisal M, Sellers MS, Taylor DE(2016) A coarse-grainforce field for RDX: density dependent and energy conserving. J Chem Phys 144(10):104501

[41] Tzu-Ray S, Aidan PT(2014) Shock-induced hotspot formation and chemical reactioninitiation in PETN containing a spherical void. J Phys: Conf Ser 500:172009

[42] Cady HH, Larson AC, Cromer DT(1963) The crystal structure of alpha-HMX and arefinement of the structure of beta-HMX. Acta Cryst 16:617-623

[43] Chang SC, Henry PB(1970) A study of the crystal structure of-cyclotetramethylenetetranitra-

mine by neutron diffraction. Acta Cryst. B. ,26(9):1235-1240,1970

[44] Elizabeth AG,Joseph MZ, Alan KB(2009) Pressure-dependent decomposition kinetics of theenergetic material HMX up to 3.6 GPa. J Phys Chem A 113(48):13548-13555

[45] Choong-Shik Y,Hyunchae C(1999)Equation of state,phase transition,decomposition of b-HMX(octahydro-1,3,5,7-tetranitro-1,3,5,7-tetrazocine) at high pressures. J Chem Phys111(22):10229-10235

[46] Ralph M,Thomas DS(2002)Constituent properties of HMX needed for mesoscalesimulations. Combust Theor Model 6(1):103-125

[47] Sheen DB,Sherwood JN,Gallagher HG,Littlejohn AH,Pearson A(1993)An investigationof mechanically induced lattice defects in energetic materials. Technical report,Final Reportto the US Office of Naval Research

[48] Dick JJ,Hooks DE,Menikoff R,Martinez AR(2004)Elastic-plastic wave profiles incyclotetramethylenetetranitramine crystals. J Appl Phys 96(1):374-379

[49] Thomas DS,Ralph M,Dmitry B,Grant DS(2003)A molecular dynamics simulation study ofelastic properties of HMX. J Chem Phys 119(14):7417-7426

[50] Marsh SP(1980)LASL Shock Hugoniot data. University of California Press,Berkeley,CA

[51] Zaug JM,Armstrong MR,Crowhurst JC,Ferranti L,Swan R,Gross R,Teslich Jr NE,Wall MA,Austin RA,Fried LE(2014)Ultrafast dynamic response of single crystal PETNand beta-HMX. In:15th international detonation symposium

[52] Laurence EF,Howard WH(1998)An accurate equation of state for the exponential-6 fluidapplied to densesupercritical nitrogen. J Chem Phys 109(17):7338-7348

[53] Dmitry B,Grant DS,Thomas DS(2000)Temperature-dependent shear viscosity coefficient ofoctahydro-1,3,5,7-tetranitro-1,3,5,7-tetrazocine(HMX):a molecular dynamics simulationstudy. J Chem Phys 112(16):7203-7208

[54] Baytos JF(1979)Specific heat and thermal conductivity of explosives,mixtures,andplastic-bonded explosives determined experimentally. Technical report LA-8034-MS,LosAlamos Scientific Laboratory

[55] Long Y,Liu YG,Nie FD,Chen J(2012)A method to calculate the thermal conductivity of HMX under high pressure. Philos Mag 92(8):1023-1045

[56] John Z,Rogers RN(1962)Thermal initiation of explosives. J Phys Chem 66(12):2646-2653

[57] Rogers RN(1972)Differential scanning calorimetric determination of kinetics constants ofsystems that melt with decomposition. Thermochim Acta 3(6):437-447

[58] McGuire RR,Tarver CM(1981)Chemical-decomposition models for the thermal explosionof confined HMX,TATB,RDX,and TNT explosives. In Proceedings of the 7th internationaldetonation symposium,pp 56-64

[59] Craig MT,Tri DT(2004)Thermal decomposition models for HMX-based plastic bondedexplosives. Combust Flame 137(1):50-62

[60] Jack JY,Matthew AM,Jon LM,Albert LN,Craig MT(2006)Simulating thermal explosiono-

foctahydrotetranitrotetrazine-based explosives: model comparison with experiment. J Appl-Phys100(7):073515

[61] Aaron PW, William MH, Alan KB, Albert LN III(2008) An LX-10 kinetic modelcalibrated using simulations ofmultiple small-scale thermal safety tests. J PhysChem A 112(38): 9005-9011

[62] Albert LN(2007) ALE-3D user's manual

[63] Coffey CS, Sharma J (2001) Lattice softening and failure in severely deformed molecularcrystals. J Appl Phys 89(9):4797-4802

[64] Sharma J, Armstrong RW, Elban WL, Coffey CS, Sandusky HW(2001) Nanofractography ofshocked RDX explosive crystals with atomic force microscopy. Appl Phys Lett 78(4):457-459

[65] Jamarillo E, Sewell TD, Strachan A (2007) Atomic-level view of inelastic deformation in ashock loaded molecular crystal. Phys Rev B 76:064112

[66] Cawkwell MJ, Thomas DS, Lianqing Z, Donald LT (2008) Shock-induced shear bands in anenergetic molecular crystal: application of shock-front absorbing boundary conditions tomolecular dynamics simulations. Phys Rev B 78(1):014107

[67] Minnich AJ(2015) Advances in the measurement and computation of thermal phonontransport properties. J Phys: Condens Matter 27(5):053202

[68] Harry KS, Elizabeth AG, John ER, James K, Jon LM, Mark LE, William TB, John PB, Jennifer LJ, Tracy JV (2012) Mesoscale modeling of deflagration-induced deconsolidation inpolymer-bonded explosives. In Proceedings of the APS topical group on shock compressionof condensed matter, vol 1426, p 705

[69] Rae PJ, Hooks DE, Liu C(2006) The stress versus strain response of single b-HMX crystalsin quasi-static compression. In Proceeding of the 13th international detonation symposium, p 293-300

[70] Kang J, Butler PB, Baer MR(1992) A thermomechanical analysis of hot spot formation incondensed-phase, energetic materials. Combust Flame 89:117

[71] Massoni J, Saurel R, Baudin G, Demol G(1999) A mechanistic model for shock initiation ofsolid explosives. Phys Fl 11:710

[72] Nichols III AL, Tarver CM (2003) A statistical hot spot reactive flow model for shockinitiation and detonation of solid high explosives. 12th Int Det Symp 489

[73] Nichols AL III (2006) Statistical hot spot model for explosive detonation. AIP Conf Proc845:465

[74] Willey TM, Lauderbach L, Gagliardi F, van Buuren T, Glascoe EA, Tringe JW, Lee JR, Springer HK, Ilavsky J(2015) Mesoscale evolution of voids and microstructural changes inHMX-based explosives during heating through b-d phase transition. J. Appl. Phys., 118: 055901, 2015

[75] Reproduced with permission from Austin RA, Barton NR, Reaugh JE, Fried LE J Appl Phys117:185902. Copyright 2015, AIP Publishing LLC

第9章 气溶胶法制备含能金属纳米粒子的归趋、迁移和演化的计算模型

Dibyendu Mukherjee　Seyayed Ali Davari

摘　要:含能纳米材料在固体推进剂、炸药和烟火的研制中具有重要作用。其纳米尺度导致的燃料-氧化剂界面间的大比表面积、亚稳态结构和小扩散长度尺度条件下的动力学控制点火过程引起了广泛关注。为此,开展了包括Al、Si和Ti的一大类金属纳米粒子(NP)的能量特性的大量研究工作。金属NP的气相合成过程主要包括快速冷却过饱和金属蒸气(单体),其自由能驱动的碰撞过程,包括冷凝/蒸发,并最终致使成核和稳定临界团簇的产生。该临界团簇随后通过竞争的凝固/结块工艺生长,同时伴有表面氧化的界面反应。对这些过程的热力学和动力学的基本了解可使合成工艺参数得到精确控制,以调整其尺寸、形态、组成和结构,进而调整其表面氧化和能量性质。复杂且极其多样化的时间尺度使得对这些过程的实验研究充满了极大的挑战性。因此,利用高精度计算工具和建模技术以高效和稳健的方式研究这些过程的细微变化无疑是很有效的。本章的重点是对通过气溶胶途径生长的金属NP的归趋、迁移和演化进行计算研究。本章首先讨论了气相均匀成核和临界团簇的成核率,其次是基于动力学蒙特卡罗(KMC)的非等温凝固/结块过程的研究,最终推论涉及类分形NP氧化的质量迁移现象。

关键词:含能纳米材料;金属纳米粒子;动力学蒙特卡罗模拟;凝固;非等温结块;表面

Dibyendu Mukherjee,Seyayed A. Davari,美国田纳西大学诺克斯维尔分校机械、航空航天与生物医学工程系能源、能量和环境纳米生物材料实验室。邮箱:dmukherj@ utk. edu。

9.1 引　言

9.1.1 含能纳米材料:综述

几十年来,大量的研究工作集中在一类表现出更强的能量特性和反应性的新材料上,进而探寻其在推进剂、炸药和烟火等研制中的应用。为此,过去的研究涉及各种形式的、由非均相铝粉和氧化剂的不同混合物制备的含铝固体推进剂。已经证明,复合固体推进剂具有高燃速和增强点火的特点[1-5]。传统观点认为,这种混合物是可使燃料和氧化剂获得最大能量密度的化学计量混合,但这个过程的总动力学要求两个组分的原子混合,以使反应过程中燃料-氧化剂扩散长度最小化。因此,对于含较大颗粒的药柱尺寸,氧化剂与燃料之间的界面面积就越小,总的反应速度也反映了传质的局限性。另外,在纳米尺度状态下的燃料-氧化剂界面具有更大表面积,加速了动力学控制点火过程。这推动了对纳米氧化剂和燃料材料的增强点火动力学的广泛研究,为需要快速能量释放的应用提供了潜在的可能(高表面积)。因此,针对炸药中纳米铝的应用研究加大了投入[5-8]。已有一些值得注意的研究工作[9]分析了各种纳米尺度下含能复合材料的独特燃烧性能,并与其在微尺度下的燃烧性能进行了比较。还将亚硝酸铵、环三亚甲基三硝胺(RDX)和铝等爆炸物质的各种纳米粉及纳米复合材料用于其非均相燃烧特征研究中[10]。鉴于上述对新型含能纳米材料的研究,具有特定尺寸、形貌和组分的金属(燃料)纳米粒子的合理设计及合成在精确调节这类纳米材料的反应方面起着关键作用。众所周知,在不同应用中,纳米材料与其块体相比呈现出独特的物理和化学性质,纳米材料的高比表面积使其表面反应比块体材料有了显著提高。原子受力的有效性大约可达到5个原子间距离,带有约1nm不饱和键的界面原子具备高反应活性[11]。另外,由于是在制造过程中快速形成的结构,通常在长度尺度上是不平衡和亚稳定的。尽管在正常条件下这种亚稳状态可以长时间存在,但任何足以引起结构变化的扰动都可能导致以热的形式释放过剩的能量,以便衰减至稳定的结构形式。此外,纳米尺度下扩散长度非常小,其反应速率比块状提高了很多量级。以上特性吸引着研究人员研究一大类金属纳米粒子的能量增强特性。传统上,在固体推进剂和炸药类中考虑使用具有较大的燃烧焓的铝(块状铝约为1675kJ/mol)[12]。但是,考虑到单个Al原子的燃烧焓约为2324kJ/mol及上述纳米尺度下的界面能性质,纳米Al已成为含能纳米材料研究的热点。另外,许多研究人员也研究了Si和Ti之类的其他燃料[13-15]。Si具有钝化层薄、火焰温度高、表面功能化容易等优点。有大量的研究工作集中在纳米粉体的元素和结构变化,以产生亚稳定的分子间复合物(MIC)[16-18]。典型的,MIC由纳米级试剂构成,包括燃料和氧化剂,它们在原子尺度上理想混合,以减少两者之间的扩散路径。同时,MIC在正常情况下保持稳定,外加刺激下相互作用,能够释放极大的能量[19]。Al/Fe_2O_3、Al/Mo_3、Mg/CuO等金属-金属氧化物体系就是MIC的实例。但MIC并不局限于金属-氧化物体系,因为Al/Ni、Al/Ti、B/Ti等金属-金属体系已得到深入研究。此外,还研究了其不同的结构和形貌如核壳[20]、纳米线[21]、纳米多孔颗粒[22-23]和多层纳米薄膜[24-25]对MIC性能的影响。制备过程决定了纳米颗粒和纳米粉体的许多物理和化学性质,如形状、尺寸分布、元素比例、成分等,根据所需的纳米材料类别(结构、组成)进行设计,已经开发了用不同的液相和气相合成技术来制造纳米颗粒和纳米粉体。关于含能金属NP,最早提出的制备纳米铝的方法之一是基于电气感应电路爆炸产生的金属蒸气冷结[26]。该方法也广泛应用于基于此技术产生的其他许多元素的团聚物和纳米粉体的研究[27-28]。采用该技术制备的纳米铝颗粒平均粒径为30~45nm[29]。合成含能纳米颗粒的其他途径涉及化学技术。劳伦斯·利弗莫尔国家实验室的研究人员首次采用溶胶-凝胶法合成了Al/Fe_2O_3[30]。该过程是前驱体溶液聚合生成一个密集的三维交联网络,在溶液制备或凝胶过程中引入含能材料。由于是多孔结构,燃料-氧化剂组分的交联程度很高。具体而言,金属纳米粒子的实验室规模和工业合成通常采用大块金属热蒸发、电弧放电、激光烧蚀、火焰反应器、等离子体反应器等产生的过饱和金属蒸气(单体)的快速冷结形成。气相合成过程中,金属蒸气快速冷结(10^3~10^5K/s)使饱和蒸气发生自由能驱动的碰撞过程,包括冷结和蒸发,最终导致成核和稳定团簇的形成。该临界团簇随后通过凝固/结块而生长,并经历包括表面氧化在内的各种表面反应。在气相制备纳米颗粒过程中,其热力学与动力学在形成其尺寸、形貌、组成和结构方面起着重要作用,这反过来又调节了它们表面氧化的程度,从而驱动了它们的能量特性。过程复杂性与纳米粒子在气相形成过程中的相应变化和不同的时间尺度相结合,使得对于捕获整个序列金属纳米粒子的归趋、迁移和生长的统一实验研究具有极大的挑战性。因此,高精度计算工具和建模技术的出现,以高效和稳健的方式对这些复杂过程进行详细的仿真研究,提供了强大的优势。

9.1.2　研究金属纳米粒子的归趋、迁移和生长的建模工作

多年来,人们开展了大量的数值模拟工作来研究金属纳米粒子的气相合成。一般来说,这些方法和技术可以大致分为两种不同的方向。

第一类是现象学模型,探讨基于宏观热力学函数的问题,通过将粒径域划

分为离散的区域或节点以获得时间和空间的粒径分布,从而求解 Smoluchowsky 粒数衡算方程。在这个方向上发展了多种截面方法,如混合网格尺寸[31]、离散截面[32-33]和节点方法[34]。Girshick et al.[35]采用离散截面法研究了等离子气体火焰反应器中铁纳米粒子的合成。Panda et al.[36]建立了气溶胶流动反应器中 Al-NP 合成的初步模型,表明低压、低温和高冷却速率有助于形成超细 NP。Prakash et al.[37]开发了一个简单的节点模型,涉及成核、表面生长、蒸发和凝固,用于合成铝 NP。Mukherjee et al.[38]运用一个离散节点模型计算了铝 NP 中尺寸与表面张力的关系。这些方法以极少的计算量获得规模分布,具有很强的实用性,却未能捕捉到这些化学物理过程背后的微观图像。此外,它们通常受到数值扩散影响,从而在浓度和颗粒尺寸分布数据中产生数值干扰。

第二类涉及分子水平模型,其中分子动力学(MD)和蒙特卡罗(MC)模拟用于评估源于第一原理的成核过程产生的结构和自由能变化,也就是源项。在经典分子动力学中,每个原子/分子都指定一个初始位置和动量,然后将牛顿定律应用于分子。在体系中分配一个分子间势,跟踪分子的运动轨迹,以确定相变和成核率。Zachariah et al.[39]利用分子动力学模拟验证了它们的烧结模型,并表明固体颗粒的团聚时间与颗粒尺寸有关。Yasuoka et al.[40]计算了 Ar 的成核率,并显示表面过剩能和熵体积值高于 50 的团簇。Lummen et al.[41]研究了气相铂纳米粒子的均匀成核,获取了稳定团簇的成核率和性质。MD 是一种强大的分子尺度模拟技术,但它仅限于小时间尺度的模拟,模拟所需的时间步长为 1fs。因此,为了完成 1s 仿真,需要 10^{14} 个时间步,这在计算上是昂贵的,并且超出了一般机器容量。MC 模拟是一种随机技术,每一步识别一个随机配置,系统决定接受或拒绝随机配置,通过配置中的随机跳跃来决定的,模拟可以得到系统自由能[42]、纳米粒子结构[43]、尺寸分布演变[44]等。Gillespie[45]建立了生长过程和结块的随机模型。Liffman K[46]建立了颗粒结块模型来求解 Smoluchowski 方程,并引入了一种补充方法来计算模拟过程中的颗粒损失。Kruis et al.[47]建立了一个关于成核、表面生长和凝固的 MC 模型,并将其结果与分析结果进行了比较。Mukherjee et al.[44]考虑了 Si 和 TiO_2 纳米粒子在粒子碰撞和形成过程中的结块放热效应。Efendiev et al.[48]将混合 MC 模拟应用于 SiO_2/Fe_2O_3 二元气溶胶的生长。Mukherjee et al.[49]建立了碰撞-结块模型,研究了分形形态对 Al 纳米粒子表面氧化的影响。

本章主要关注基于 KMC 的模型,研究通过气溶胶途径合成为含能纳米材料的金属纳米颗粒的生长和迁移过程。本章后续几节会介绍我们开发的多种基于 MC 的模型,这些模型充分体现了这些粒子成形背后的详细化学和物理机理(包括成核、表面生长、凝结、结块等过程)及其最终对金属纳米粒子表面氧化的各种影响效应。分别考虑每一个过程，从最早的成核阶段开始，并将它们追溯到凝结/结块，最后是表面氧化（图9.1）。目的是提供对每一个过程中的机理研究，基本了解这些过程在划分氧化物的大小、形态和范围中的作用，从而驱动钝化金属或损耗金属-氧化物纳米颗粒的能量特性。

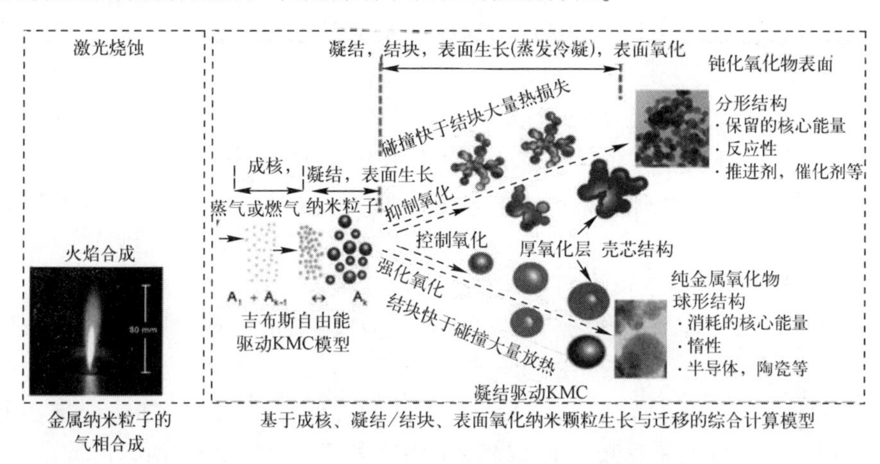

图9.1　基于核化、凝结/结块和表面氧化的气相合成金属纳米粒子的生长和迁移计算模型（彩色版本见彩插）

9.2　金属纳米粒子的均匀气相成核

通常，成核可以实现为一级相变，它标志着以临界核形式出现的热力学稳定凝结相的诞生，是结晶过程的前驱物，随后通过凝固和冷凝/蒸发过程生长临界团簇。在粒子形成过程中，成核是系统形成过程中发生的第一个物理过程。基于杂质的存在，成核可分为均匀形核和非均匀形核。原子和分子需要成核点才能凝结并形成新的相，成核点可以由成核原子、分子（自成核）或其他材料或表面提供。均匀形核是指材料（如蒸气）的特定相在由该材料内部成核，而外来材料在该过程中提供成核点方面不起任何作用。另外，异相成核是一种材料（如蒸气）的特定相在由另一种材料组成的晶胚上的成核。均相成核是一个动力学上的艰难过程，它包括在单体气相冷却过程中跨越成核屏障导致过饱和，使得团簇内通过单体的碰撞或冷凝生长，或通过蒸发分解成较小的团簇和单体。上述过程一直持续到临界核形成，形成位于成核势垒顶部的新相，并在任何扰动下经历无势垒的自发生长。一阶相变过程中自由能垒的存在使得成核成为一种小概率事件，其极小的长度与时间尺度对能够精确监测和控制原位NP形成的实验设计提出了难以克服的挑战[50-52]。当存在过饱和气相时，会发

生均匀成核。在温度 T 下,材料在载气中的过饱和程度由饱和比决定,其定义为

$$S=\frac{n_1}{n_s(T)}=\frac{p_1}{p_s(T)} \tag{9.1}$$

式中:n_1和 p_1分别为单体浓度和压力;n_s、p_s分别为饱和单体浓度和温度 T 的压力。

当 $S<1$ 时,表示松弛系统;当 $S=1$ 时,表示饱和系统(平衡);当 $S>1$ 时,表示过饱和系统(时态)。在气相合成纳米颗粒的过程中,骤冷是一种常见的方法,通过气溶胶途径生成过饱和体系。通过骤冷过渡到过饱和状态需要一个陡峭温度梯度(10^3~10^6K/s)。该温度梯度可以通过等离子体烧蚀、热蒸发、前驱体火焰合成以及随后在反应器单元中冷却以生成粒子来提供。粒子的形成分为两个阶段:第一阶段是成核和临界核(或临界团簇)的出现;第二阶段是临界核的生长。在成核过程中,焓的变化为负($\Delta H<0$),这在热力学上是有利的,而当熵的变化也为负($\Delta S<0$)时,就会导致两个热力学量之间的竞争。通常在形成临界核之前,首先要克服一个能量势垒,图 9.2 为典型的吉布斯自由能垒,它是成核过程中遇到的团簇尺寸的函数,吉布斯形成自由能增加到与临界核或团簇相对应的临界团簇大小,超过临界核或团簇,形成能随团簇大小而减小。临界团簇尺寸处的自由能高度称为成核势垒,它决定了成核和粒子形成的驱动力,对于小于临界团簇(不利)的团簇,在形成反应过程中自由能的变化为正,而在临界团簇尺寸之后,自由能的变化为负(有利),这个过程从单体碰撞开始,这些碰撞导致小的团簇形成,进而相互或与其他单体(冷凝)碰撞成长为更大的团簇后,随蒸发分解成更小的团簇。团簇的生长和解离一直持续到足够大的团簇尺寸出现,并通过成核势垒为止。团簇通过成核势垒的速率称为成核率。在这个关键阶段之后,自由能的变化对于团簇的形成是有利的,通过势垒的团簇会自发生长,并实现快速的表面生长。这一阶段的驱动力是单体浓度 n_1和粒子上饱和单体浓度 $n_{s,i}$之间的差值,该差值由 Kelvin 关系确定:

$$n_{s,i}=n_s\exp\left(\frac{4\sigma V_1}{d_i k_B T}\right) \tag{9.2}$$

式中:n_s为饱和单体浓度;σ 为表面张力;V_1为单体体积;d_i为颗粒直径;T 为温度;k_B为玻耳兹曼常数。

当微粒上的单体浓度大于饱和单体浓度($n_1>n_{s,i}$)时,驱动微粒冷凝;当 $n_{s,i}>n_1$时,驱动微粒蒸发,通过单体损失使其收缩;当单体浓度和饱和单体浓度达到平衡,即 $n_{s,i}=n_1$时,微粒表面停止生长,其中凝固与随后的结块行为成为粒子生长和演化的主导过程。

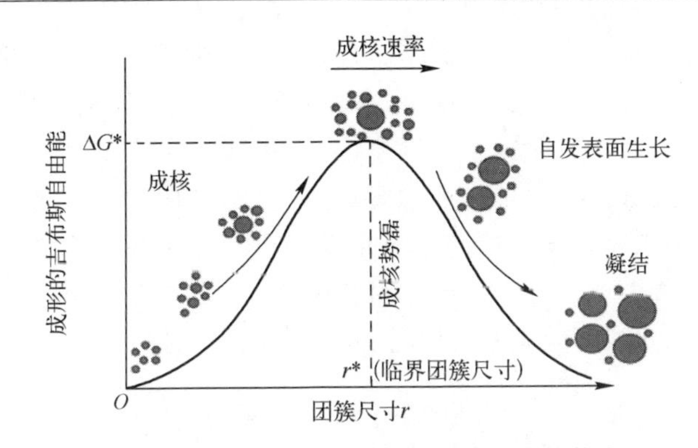

图 9.2　典型的吉布斯自由能形成和成核势垒

注：冷凝和蒸发发生在势垒左侧，直到在势垒顶部开始成核后自发的表面生长和凝固。

然而，在上述一级相变过程中，自由能势垒的存在使得成核极为罕见，其极小的长度和时间尺度对能够精确监测和控制原位 NP 形成的实验设计提出了巨大的挑战[50-52]。因此，通过对该过程的化学和物理系统建模，获得气相均匀成核的机理、细节和整体图像的高精度模拟，针对预测合成定制金属核动力源是很有必要的。这里需要注意的是，过去大多数的均匀气相成核研究（特别是对非极性液体和小有机分子的研究）[35,53-57]都采用了经典成核理论（CNT）框架，因为对于成核的基本物化机理，它能够提供一个强大的、相对准确的研究结果，方便而简洁。9.3 节将简要介绍 CNT 的基本框架。

9.2.1　经典成核理论

上述过程的反应动力学可以表示为

$$\begin{gathered}\mathrm{M}+\mathrm{M}\leftrightarrow\mathrm{M}_2\\ \mathrm{M}+\mathrm{M}_2\leftrightarrow\mathrm{M}_3\\ \mathrm{M}+\mathrm{M}_3\leftrightarrow\mathrm{M}_4\\ \cdots\\ \mathrm{M}+\mathrm{M}_i\leftrightarrow\mathrm{M}_{i+1}\\ \cdots\end{gathered}$$

式中：M_i为包含 i 个单体的簇（称为 i-mer），它描述了一组耦合反应。

上面的反应集不包括簇-簇碰撞，由于与单体相比，团簇的浓度相对较低，因此这类碰撞可以忽略不计。为了研究这一系列反应背后的动力学，需要知道正向和逆向的反应速率。在动力学理论的自由分子体系中，当团簇尺寸小于气体的平均自由程时，两个团簇相互碰撞率可以写为

$$K_{ij}^{\mathrm{F}}=K^{\mathrm{F}}(V_i,V_j)=\left(\frac{3}{4\pi}\right)^{\frac{1}{6}}\left(\frac{6k_{\mathrm{B}}T_{\mathrm{p}}}{\rho_{\mathrm{M}}}\right)^{\frac{1}{2}}\left(\frac{1}{V_i}+\frac{1}{V_j}\right)^{\frac{1}{2}}(V_i^{1/3}+V_j^{1/3})^2 \tag{9.3}$$

式中：K_{ij}^{F}为碰撞核在自由分子状态下，含有 i 和 j 单体数的两个团簇之间单位时间内的碰撞数；k_{B}为玻耳兹曼常数；ρ_{M}为团簇密度；T_i、V_i分别为第 i 个团簇的温度和体积。

反向速率是根据反应平衡（或微观可逆性）的原则确定的，要求在平衡时两种状态之间以相同速率发生转换。因此，对于形成 i-mer 的广义反应：

$$\mathrm{M}+\mathrm{M}_{i-1}\leftrightarrow\mathrm{M}_i$$

$(i-1)$-mer 的浓度变化率可以写为

$$\frac{\mathrm{d}n_{i-1}}{\mathrm{d}t}=-k_{\mathrm{f},i-1}n_1n_{i-1}+k_{\mathrm{b},i}n_i \tag{9.4}$$

式中：$k_{\mathrm{f},i-1}$、$k_{\mathrm{b},i}$分别为正反应速率和逆反应速率；n_i为 i-mer 的浓度。

在系统中所有成功碰撞的假设下，$k_{\mathrm{f},i-1}=K_{i-1,1}^{\mathrm{F}}$。当该反应过程处于动态平衡时，有

$$\frac{\mathrm{d}n_{i-1}}{\mathrm{d}t}=0\rightarrow k_{\mathrm{f},i-1}n_1n_{i-1}=k_{\mathrm{b},i}n_i \tag{9.5}$$

反应常数定义如下：

$$K_{\mathrm{c}}=\frac{k_{\mathrm{f},i-1}}{k_{\mathrm{b},i}}=\frac{n_i}{n_1n_{i-1}} \tag{9.6}$$

此外，从热力学的角度看，反应平衡常数可以展开为

$$K_{\mathrm{p}}=\frac{p_i/p_0}{(p_{i-1}/p_0)(p_1/p_0)}=\exp\left(-\frac{\Delta G_{i,i-1}}{k_{\mathrm{B}}T}\right)=K_{\mathrm{c}}n_0 \tag{9.7}$$

式中：p_i、$\Delta G_{i,i-1}$分别为 i-mer 的分压和正向反应的吉布斯自由能变化；下标“0”表示参考值。

因此，逆向反应速率可以写为

$$k_{\mathrm{b},i}=k_{\mathrm{f},i-1}n_0\exp\left(+\frac{\Delta G_{i,i-1}}{k_{\mathrm{B}}T}\right) \tag{9.8}$$

为了计算 k_{b}，需要知道正向反应的吉布斯自由能变化 $\Delta G_{i,i-1}$。

考虑粒子与其气态处于平衡状态，而且气相中每个原子的体积均大于粒子相体积（$V_{1,\mathrm{v}}\gg V_{1,\mathrm{p}}$），并且假设气相表现为理想气体，则粒子和气相的化学势差可以通过 Kelvin 关系表示为

$$u_{\mathrm{v}}-u_{\mathrm{p}}=\frac{2\sigma v_{1,\mathrm{p}}}{r}=k_{\mathrm{B}}T\ln\left(\frac{p(r)}{p_{\mathrm{s}}}\right)=k_{\mathrm{B}}T\ln S \tag{9.9}$$

式中：r 为颗粒的半径；σ 为体积状态下的表面张力；$p(r)$ 为颗粒上的单体蒸气压。

根据气相和颗粒相化学势的变化，从其蒸气中生成一个 i-mer 的吉布斯自

由能可以写为

$$\Delta G_i = 4\pi\sigma r^2 - ik_B T\ln S \tag{9.10}$$

式中:第一项表示由相变引起的能量变化;第二项表示由于表面的形成而增加的能量。

吉布斯自由能是体系尺寸、温度和饱和比的函数,当饱和比大于1($S>1$),ΔG_i具有最大值。对尺寸求导,且趋于0时,可得

$$r^* = \frac{2\sigma v_{1,p}}{k_B T\ln S} \tag{9.11}$$

对于小于r^*的团簇,吉布斯自由能随团簇尺寸的增大而增大,之后随团簇尺寸的增大而减小。r^*表示临界簇的半径,这个尺寸的吉布斯形成自由能代表成核势垒,可以写为

$$\Delta G^* = \frac{16\pi}{3}\frac{v_{1,p}^2\sigma^3}{(k_B T\ln S)^2} \tag{9.12}$$

结合式(9.11)和式(9.12)分析,随着饱和比的增加,临界团簇尺寸和成核势垒减小,将无量纲表面张力定义为

$$\theta \equiv (36\pi)^{1/3}\frac{\sigma v_{1,p}^{2/3}}{k_B T} \tag{9.13}$$

因此,式(9.10)可以重新排列为

$$\frac{\Delta G_i}{k_B T} = \theta_i^{2/3} - i\ln S \tag{9.14}$$

该方程将无量纲吉布斯自由能与无量纲表面张力、饱和比和团簇大小联系起来,团簇的平衡浓度可以表示为

$$n_i^e = n_1\exp\left(-\frac{\Delta G_i}{k_B T}\right) \tag{9.15}$$

利用CNT对团簇形成能的表达式,平衡浓度可写为

$$n_i^e = n_1\exp(-\theta_i^{2/3} + i\ln S) \tag{9.16}$$

在验证式(9.16)时,通过替换$i=1$,$\boldsymbol{n}_1^e \neq \boldsymbol{n}_1$来实现,这显然是不正确的。此外可以观察,到当$i=1$时,$\Delta G_i$给出一个非零值,而单体的吉布斯自由能预计为零。到目前为止,得到的吉布斯生成自由能在单体浓度和形成能方面表现出不一致性。然而,经典成核理论的最大优点,即简单性,促使研究人员调整生成吉布斯自由能来解决不一致性问题。Girshick et al.[35]建议用$i^{2/3}-1$取代$i^{2/3}$,以解决单体浓度和生成吉布斯自由能的不一致性问题,其自洽形式如下:

$$\frac{\Delta G_i}{k_B T} = \theta(i^{2/3} - 1) - (i-1)\ln S \tag{9.17}$$

注:随着临界团簇尺寸的增大,团簇的平衡浓度减小,之后,尺寸的增加表明浓度的增加,这在物理上是不成立的。因此,导出的平衡浓度仅在 $i=i^*$ 范围内有效。

现在回到耦合方程组,可以把离子浓度的变化写为

$$\mathrm{M}+\mathrm{M}_{i-1}\leftrightarrow\mathrm{M}_i+\mathrm{M}\leftrightarrow\mathrm{M}_{i=1}$$

$$\frac{\mathrm{d}n_i}{\mathrm{d}t}=(k_{\mathrm{f},i-1}n_1n_{i-1}-k_{\mathrm{b},i}n_i)-(k_{\mathrm{f},i}n_1n_i-k_{\mathrm{b},i+1}n_{i+1}) \tag{9.18}$$

假设改变团簇浓度的唯一相关机制是冷凝和蒸发,由于团簇的浓度明显低于单体,因此可以忽略团簇间的碰撞。然而,在高饱和比下,当团簇的浓度相当大时,这种假设就有问题了。RHS 中的第一个项表示 i-mer 输入的通量,RHS 中的第二个项表示 i-mer 输出的通量。每个团簇的成核电流定义为

$$J_i=k_{\mathrm{f},i-1}n_1n_{i-1}-k_{\mathrm{b},i}n_i \tag{9.19}$$

因此,i-mer 的浓度变化率可以用成核电流表示为

$$\frac{\mathrm{d}n_i}{\mathrm{d}t}=J_i-J_{i+1} \tag{9.20}$$

通常,为系统中的所有团簇定义一个稳定状态。在稳态时,浓度不随时间变化,输入电流和输出电流等于稳态成核电流,则有

$$\frac{\mathrm{d}n_i}{\mathrm{d}t}=0\rightarrow J_i=J_{i+1}=J_{\mathrm{ss}} \tag{9.21}$$

式中:J_{ss}称为稳态成核率,且有

$$J_{\mathrm{ss}}=\frac{n_1^2}{\displaystyle\sum_{i=1}^{i=M}\frac{1}{k_{\mathrm{f},i}\exp\left(-\dfrac{\Delta G_i}{k_{\mathrm{B}}T}\right)}} \tag{9.22}$$

稳态成核率与单体浓度和团簇形成的吉布斯自由能有关,如果总和中的项数足够大,则可以用积分来代替总和。辅助数学处理后得到稳态成核率为

$$J_{\mathrm{ss}}=\frac{d_1^2}{6}\sqrt{\frac{2k_{\mathrm{B}}T\theta}{m_1}}\frac{n_1^2}{S}\exp\left[\theta-\frac{4\theta^3}{27(\ln S)^2}\right] \tag{9.23}$$

式中:d_1、m_1分别为单体的直径和质量。由式(9.23)可知,成核率是饱和比的指数函数。

9.2.2 成核模型:基于 KMC 的模型和与 CNT 的偏差

为验证经典成核理论的成核率,人们进行了大量的研究。一般来说,用于这些研究的实验装置包括绝热膨胀室[58-59]、向上扩散室[54]、层流室[60-61]、紊流

混合室[62-63]等。这些方法的主要区别在于如何产生过饱和系统,有趣的是,经典成核理论和实验的成核率之间的比较结果可以从高度的一致性到具有几个数量级的差异。Wagner et al.[59]采用绝热膨胀法,研究了水和1-丙醇的成核率,发现经典成核理论对水的成核率预测过高,而1-丙醇的成核率比经典成核理论预测的要高得多(图9.3)。在金属蒸气的情况下,测量成核率和经典成核预测之间的差异变得更加严重[64-65]。为此,Zhang等人对该专题进行了全面的评述[66]。

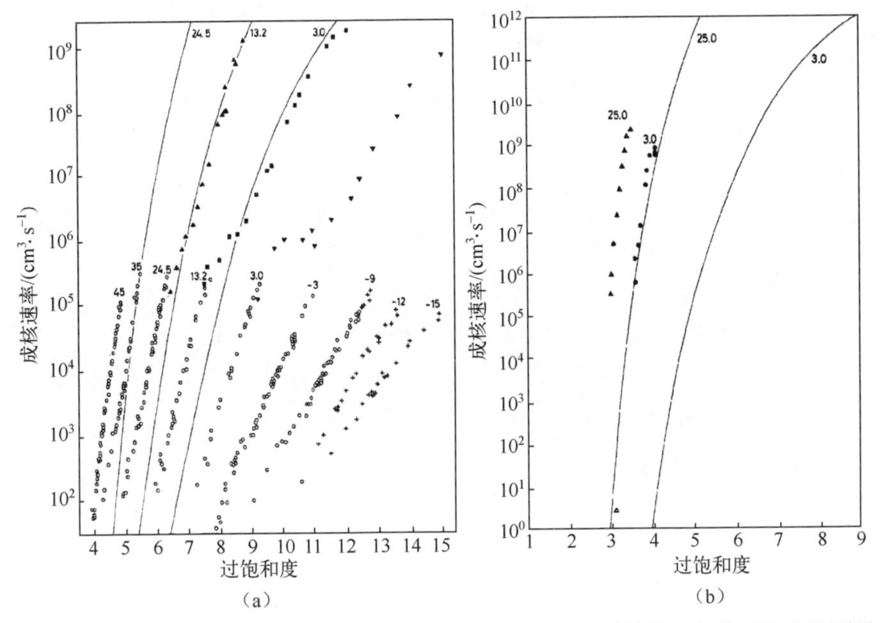

图9.3　CNT的预测值显示不同饱和比下,水和正丙醇在不同初始室温度下的成核测量(经许可改编自J. Phys. Chem.,1981,85(18),2694. Copyright(1981)American Chemical Society)

理论研究和实验研究之间的差异可以用经典成核的基本假设来解释,可以观察到成核率与团簇形成的吉布斯自由能呈指数关系。因此,吉布斯自由能形成的任何误差都会极大地改变成核率。为此,当块体特性扩展到更小的团簇尺寸时,引入了最重要的假设。块体材料的热物理性质与纳米材料有很大的不同,先前的研究表明,材料性能随着尺寸的变化而变化[67-68]。因此,Mukherjee等[38]在成核研究中采用了尺寸依赖性表面张力,用不同团簇尺寸的吉布斯自由能的形成来显示多个峰轮廓。综上所述,在混合节点模型中实现尺寸依赖性表面张力(近似非毛细作用)得到了比经典成核理论预测的成核早(图9.4)。另一个值得推敲的假设是团簇的形态,CNT呈球形团簇形状。然而,在原子水平上,原子少的团簇的几何结构几乎不是球形,因此,其他的几何和电子排列可以产生更稳定的低能量结构。某些局部簇大小的这种结构稳定性,与它们相邻的簇大小相比,可以解释为实验观察中具有相对较高浓度的一些簇尺寸的存在[69-70]。在一些文献中这些簇的大小称为奇异数。此外,Li 等[42,71-72]还利用 MC 组态积分与原子(MD)模拟计算了吉布斯自由能变化和成核率常数,并表明 Al 团簇的吉布斯形成自由能与经典成核理论预测的不同(图 9.5)。具体地说,这项工作解释了基于团簇中 Al 原子的开壳层结构的正向反应速率与经典成核理论中的传统球形假设相比的差异。基于 CNT 研究的一个广泛可接受的结果是,基于在相对较短时间内团簇浓度不变性的固有稳态假设,推导出了统一的成核通量。为此,Yasuoka 等的 MD 研究[40]已经观察到,稳态成核率仅对大于一定尺寸的团簇有效,发现其成核率是恒定的且与尺寸无关。然而,有人指出,低于该尺寸的团簇不会达到稳定状态,其浓度会随着时间而变化。具体而言,簇浓度随着簇尺寸的增大而减小,超过一定的尺寸,浓度随尺寸近似不变。最后,除了上述广泛的假设外,还假设 CNT 所有的团簇和背景气体处于相同的温度,从而假设等温成核情形的发生。但是,为了建立等温成核,惰性气体的压力必须足够高,从而导致可冷凝蒸气与惰性气体相比被稀释,允许冷凝热通过与惰性气体分子的碰撞而迅速冷却。然而,在高饱和比下,这种假设就有了问题。Wyslouzil et al. [73]研究了非等温成核对水的成核率的影响,发现在低压条件下,非等温成核率明显低于等温成核率,并且随着惰性气体压力的增加,这种差异性减小。Barrett[74]在氩、正丁醇和水的成核研究中也观察到类似的行为,这些结果在图 9.6 所示的水和氩在不同惰性气体压力条件下的成核率曲线中得到了证明。

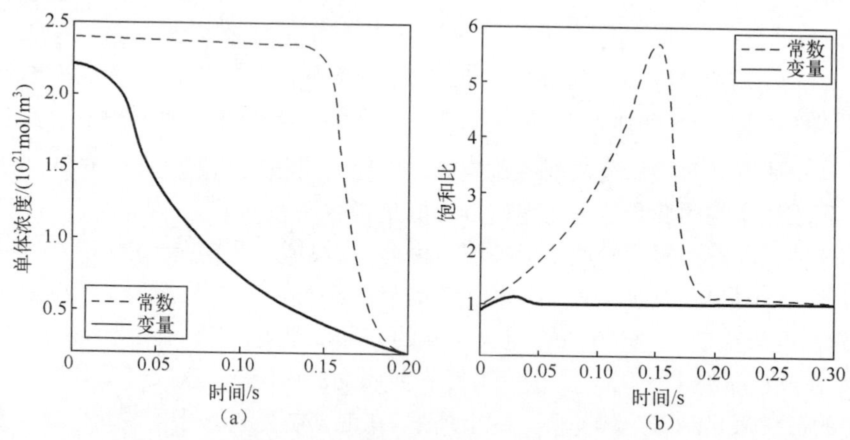

图 9.4 恒定和尺寸依赖表面张力的形核开始的差异,单体浓度和饱和比的突然变化说明了成核的开始(转载自 J. Aerosol Sci. ,37,1388(2006).[38] Copyright(2006),经 Elsevier 许可转载)

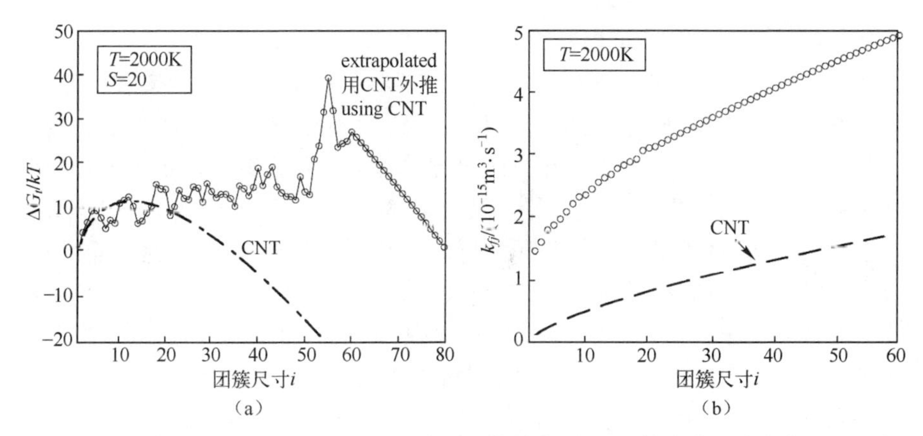

图 9.5 经典成核理论与 MC、MD 模拟考虑团簇结构时 Al 团簇吉布斯自由能和正反应速率的比较(转载自 J. Chem. Phys. 131,134,305(2009)[72],经 AIP 许可公开)

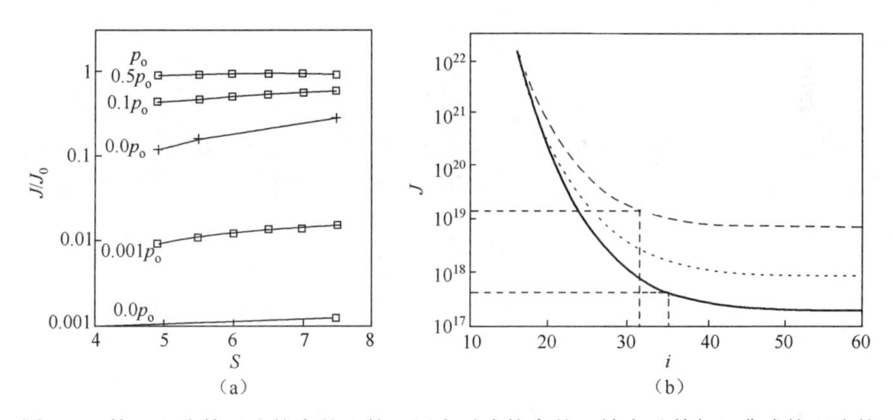

图 9.6 等温和非等温成核率的比较。压力对成核率的正效应及其与经典成核理论的比较(转载自 J. Chem. Phys. 97,2661(1992)[72],经 AIP 许可公开)压力对氩成核率的正确影响,线条依次为经典成核理论,低压力气体和没有压力气体(转载自 J. Chem. Phys. 128,164519(2008)[73],经 AIP 许可公开)

为了解决并从根本上研究成核研究中的上述差异,需要更实用的模型,以便在捕获团簇生长和成核的系统性质的同时,更有效地消除上述假设。这种稳健的模型可以提供对成核背后的机理及其内在物理现象。为此,人们会将 MD 模拟作为首选。然而,如前所述,它们受到时间步长的严格限制,对于分析发生在巨大变化的时间尺度范围内的集成过程是不现实的。因此,具有速率控制时间步的基于随机的 KMC 模型成为能够捕获集合、统计随机和罕见事件样成核的首选模拟技术。此外,MC 模型简洁的算法允许在没有先验假设的情况下轻松实现附加性能。

如前所述,KMC 模型可以提供真实的模拟,以捕捉动力学驱动的时间步长中的物理化学现象,它们可以在不需要任何控制方程的情况下求解多尺度、多时间系统。一般来说,KMC 模型可以分为恒定数量模型和恒定体积模型两大类。恒定数量模型是指模拟框中的粒子数保持恒定,并且只要识别出粒子数改变(如凝固、蒸发)的成功事件,系统就需要在模拟中添加或移除粒子。通常这些方法可以分为“时间驱动”[75-76]和“事件驱动”[47,77-78]模型。在时间驱动技术中,时间步长是在仿真之前确定的,系统根据时间步长来决定有多少个事件,哪些事件是成功的事件。在“事件驱动”技术中,首先识别事件,然后根据识别事件的速率计算适当的时间步长,事件发生的概率与事件的发生率有关。

在每一步仿真中,选择两个团簇的生长过程作为参考对象。在反应体系(R1)中,正向反应速率是基于自由分子体系中的碰撞核。因此,事件发生的概率可以写为

$$P_{i,j} = \frac{k_{i,j}}{\sum_{i,j} k_{i,j}} \tag{9.24}$$

对所有可能的内核求和可能是一项昂贵的计算任务,Matsoukas et al.[78]研究表明,在不牺牲精度的情况下,对所有内核的求和可以用粒子间的最大核代替:

$$P_{i,j} = \frac{k_{i,j}}{k_{\max}} \tag{9.25}$$

时间步长对应于事件,然后可以基于模拟框中的粒子总数、模拟框的体积和事件速率计算:

$$\Delta T_{\mathrm{f}} = \frac{V_{\mathrm{comp}}}{\sum R_{\mathrm{f}}} = \frac{V_{\mathrm{comp}}}{\sum k_{i,j}} = \frac{2V_{\mathrm{comp}}}{\langle k_{i,j} \rangle M(M-1)} \tag{9.26}$$

式中:V_{comp}为模拟盒的体积;$<k_{i,j}>$为系统的平均内核。

为了防止碰撞对的重复计数,引入了“2”因子,因为计算平均内核可能会在计算上很昂贵。研究[44,79]表明,可以用已识别核的内核替换平均核,而不会在结果中引入显著误差。同样的逻辑也可以用于反向事件,如蒸发、生长和分解过程将改变模拟中的粒子总数。文献[46]表明,MC 模拟的精度与 $1/\sqrt{N}$成正比,其中 N 为模拟框中的粒子总数。因此,为了保持精度,每当粒子总数下降到初始值的一半时,整个模拟框将被复制[46]。

最近,我们积极参与高精度 KMC 模型的开发,以研究气相 Al 纳米粒子的均匀成核[80]。该模型使用自洽的吉布斯形成自由能表达式,如式(9.17)所示。为了达到这个目的,根据 Metropolis 算法的基本原理和详细的平衡原理,可以根据反应过程中吉布斯自由能的变化对团簇生长过程中冷凝和蒸发的基本概率

进行建模：

$$p_{c}=\begin{cases}e^{-\frac{\Delta G_{i,i-1}}{k_{B}T}}, & \Delta G_{i,i-1}>0\\ 1, & \Delta G_{i,i-1}\leqslant 0\end{cases} \tag{9.27}$$

$$p_{e}=\begin{cases}1, & \Delta G_{i,i-1}>0\\ e^{-\frac{\Delta G_{i,i-1}}{k_{B}T}}, & \Delta G_{i,i-1}\leqslant 0\end{cases} \tag{9.28}$$

我们目前的模拟方法是根据式(9.25)给出的概率来模拟团簇之间的碰撞。另外,式(9.27)和式(9.28)的目的是在存在成核势垒的情况下驱动该过程,其中冷凝的可能性受到冷凝过程中吉布斯自由能变化的阻碍,而蒸发的可能性则是一致的。模型发展的基本原理是粒子受吉布斯自由能分布的驱动,直到它们超越并最终通过成核势垒形成临界团簇尺寸。一旦临界团簇通过势垒,它们通过冷凝的方式生长是有利的($P_c=1$),而蒸发不再有利($P_e<1$)。上述 KMC 模拟的初步结果表明,成核率偏离了 CNT 的稳态预测值[80]。具体地说,较小的团簇(图 9.7 中小于 10mer 的尺寸)表明,与较大的团簇相比,更高的成核率一直持续到临界团簇尺寸,最终在成核开始时获得稳态恒定通量(图 9.7)。在先前的 Lennard-Jones 流体气相成核的 MD 模拟中也报道了这样的观察结果[40]。这

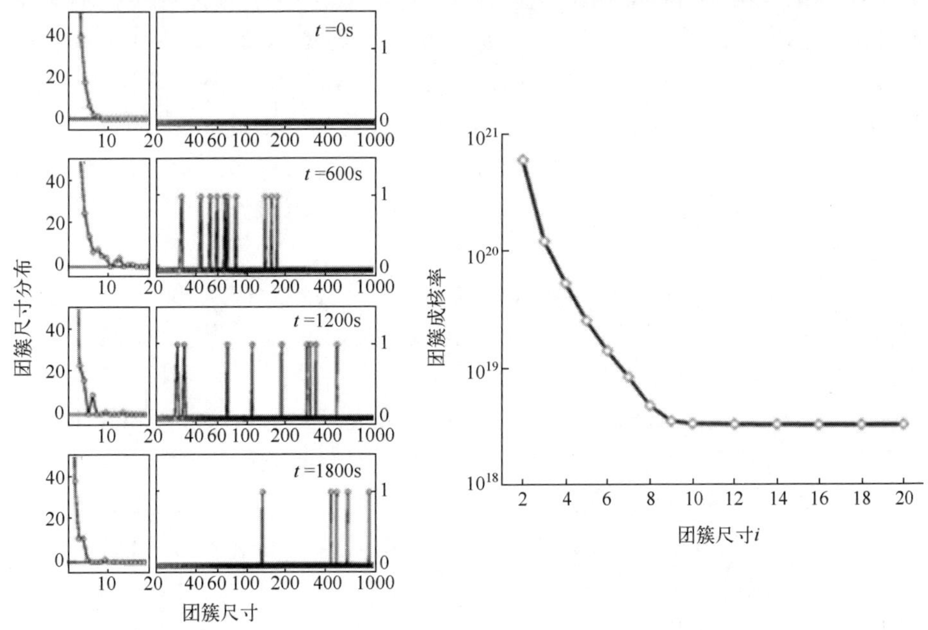

图 9.7　基于 Lennard-Jones 流体成核的左 MD 模拟的团簇分布和成核率(转载自 J. Chem. Phys. 109,8451(1998)[40],经 AIP 许可公开)和对铝纳米粒子气相形成的 KMC 模拟

些结果表明,KMC 模型可以消除先前 CNT 假设,而不局限于典型的 MD 时间步。在此情况下,可以设想一个实用的成核模型,它可以帮助消除 CNT 的所有内置假设,同时考虑其他物理效应,如尺寸相关特性和冷凝热效应。这是本课题组正在进行的一项研究工作,以期最终能够对金属纳米粒子的成核过程有一个基本的了解,并因此进行迄今为止还捉摸不定的实验结果的比较。

9.3 非等温凝固与结块

凝固是指在气相合成时纳米粒子通过碰撞团聚的增长机制,尤其是当粒子在经历无障碍自发生长时,后续发生的临界团簇成核。凝固之后经常发生结块,导致结构重排,使得在烧结的聚合物中表面积/能量降低及颈部形态。这里,“团聚体”是指初始粒子的组装(如物理连接在一起),它的总表面积明显不同于初始粒子的比表面积总和,然而“凝聚体”是指初始粒子组装,通过烧结/重排形成颈部形态,它的总比表面积比初始粒子的总表面积少。对纳米气溶胶的凝固与结块导致在聚合物和团聚体中的初始粒子的聚合及团聚形态、生长特征、形貌和尺寸分布的研究工作,已经在理论和试验两个方面深入开展。导致粒子球形化的粒子结块对预测颜料合成、化学气相沉积、炭黑等所需的粒子尺寸的均匀性可能是很重要的。另外,单个初始粒子团簇形成高比表面积团聚体可提高其在推进剂中的催化活性[81]或能量释放速率[82]。实际上,许多热、力学和光学性能[83]是由初始粒子的尺寸决定的。因此,在凝固或结块的自由态或稳态下,对实现有尺寸依赖性的纳米材料的许多工程应用,包括金属纳米粒子的能量行为,预测和控制纳米结构材料初始粒子尺寸的能力是非常重要的。

在许多气相溶胶工艺中,高浓度的极小粒子都会经历快速凝固。这可能导致由大量粒径近似一致的球形初始粒子组成的类分形结块[84]。初始粒子尺寸主要由粒子-粒子碰撞和气溶胶增长结块的相对速率决定[85]。例如,在非常高的温度下,粒子几乎在接触时立即结块,导致形成一致的相对表面积较小的球形初始粒子。在较低温度下,结块速率很慢,在团聚前粒子经受了多频次的碰撞,可能发生了结构重排,导致产生由许多小的初始粒子组成的类分形团聚和大的比表面积。人们特别感兴趣的是那些中间状态的,哪个工艺都不是速率控制的。最终控制结块速率的仅仅可能是通过材料性能认知,以及一个生长环境的程序化的、特征鲜明的时间-温度轨迹的应用[86]。

过去在试验和理论方面的努力,主要致力于预测气相生长纳米粒子初始粒子尺寸,包括:研究 TiO_2 纳米粒子自由喷射烧结动力学和应用一个简单的结块-

碰撞时间变化模型来决定初始粒子的形状[87-88]；在热气流中烧结过程中，用TEM观察TiO_2初始粒子尺寸[9]；或者分析SiO_2[89-91]纳米颗粒在气溶胶反应器单元中的生长特征[92]。使用粒数平衡方程（Smoluchowski方程的变形）的非等温焰中纳米颗粒结块模型已经研发[93]。针对气相化学反应和烧结的团聚气溶胶动力学截面模型也进行了研发，以确定在不同反应器温度下初生和团聚颗粒的尺寸分布[89]。

在此需要强调的是，上述所有提到的关于初生颗粒尺寸预测的工作基本都是建立在颗粒始终处于气相温度背景的假设之下。关于气溶胶团簇冷凝过程中的能量释放，唯一最近和最早的试验工作可能是Freund et al.[94]在研究关于金属蒸气均相成核时进行的。这里，必须注意的是在实验方面，将在本章中详细讨论，在极短时间尺度上颗粒温度的确定，要求确定和相关的实验工作来探索这种影响。

在近几年的开创性课题中，Lehtinen和Zachariah已经证明[86,95]，结块过程的放热性可能明显改变纳米粒子的烧结速率。而且，他们还展示了一些独特的结果，说明背景气体压强和材料的体负荷载能明显改变所有结块粒子的总体时间能量平衡，并可作为有效工艺参数来定制初始粒子尺寸和聚集的开始[95]。这种新观察的动机起源于Zachariah et al.[34]早期的分子动力学（MD）研究，观察了硅纳米颗粒的结块特征。这项工作表明，纳米粒子在结块过程中的温度有了显著提高。碰撞后粒子间新的化学键的形成产生大量的热释放，在粒子间形成颈部形态。在某些条件下，这种热释放可能导致在粒子温度增加远高于背景气体温度。Lehtinen和Zachariah[86,95]特别指出，粒子结块在很大程度上受固态扩散机理控制，这是一种对温度极其敏感的函数。因此，粒子温度升高对结块动力学有着非常重要的影响。实际上，在某些情况下对硅纳米粒子的结块，这种效果可能减少结块时间达几个数量级。然而，一个重要的观察点是这些研究没有同时考虑气溶胶的综系效应，这引出了Mukherjee等的后续研究[44]，开发了详细的KMC模型来捕捉非等温热凝固和结块，对含能纳米粒子的生长动力学的综系效应。综系效应是指任意大小和尺寸的粒子/聚集体对之间随机碰撞/结块过程，允许在任何时刻发生碰撞的所有团聚体结块。

鉴于上述观察，本章以下小节将主要侧重于Mukherjee等的工作[44]，即依照Efendiev和Zachariah的早期工作[48]开发了一个基于MC模型，通过考虑非等温有限速率结块过程来拓展他们在粒子结块方面的工作。通过这项工作，我们将研究由Lehtinen和Zachariah提出的热量释放与结块的相互关系[86,95]。在此过程中，将介绍由Mukherjee等开发和使用的KMC方法[44]，研究纳米粒子云在随机碰撞/结块过程中随着时间的演变，气体温度、压力和物料体负荷载对过程中放热现象的影响。本节还将讨论和分析这些背景工艺参数在预测初始粒子生长速率中的意义。

本节主要讨论了对典型 Si 纳米粒子,非等温结块过程对控制初始粒子生长速率和结块形态的作用。我们还将展示二氧化钛(TiO_2)纳米粒子研究发现的一些重要的亮点。这两种材料的选择是建立在大量早期工作的基础上的,主要是由于这些粒子在工业上的重要性,以及它们的能量特性。

9.3.1 数学模型和理论

1. Smoluchowski 方程与碰撞核公式

凝固过程中多分散气溶胶的粒径分布可用 Smoluchowski 方程描述:

$$\frac{\mathrm{d}N(t,V_j)}{\mathrm{d}t} = \frac{1}{2}\int_0^{V_j} K(V_i,V_j - V_i)N(t,V_i)(t,V_j - V_i)\,\mathrm{d}V_i - N(t,V_j)\int_o^{\infty} K(V_{j,}V_i)N(t,V_i)\,\mathrm{d}V_i \tag{9.29}$$

式中:t 为时间;$K(V_i,V_j)=K_{i,j}$为具有体积 V_i和 V_j的粒子的动力学凝固核;$N(t,V_j)$为 j 团簇的数密度[85]。

凝固或碰撞核的适当形式取决于生长的 Knudsen 大小体系。自由分子体系的核形式为[85]

$$K_{ij}^{\mathrm{F}}=K^{\mathrm{F}}(V_i,V_j)=\left(\frac{3}{4\pi}\right)^{\frac{1}{6}}\left(\frac{6k_{\mathrm{B}}T_{\mathrm{p}}}{\rho_{\mathrm{p}}}\right)^{\frac{1}{2}}\left(\frac{1}{V_i}+\frac{1}{V_j}\right)^{\frac{1}{2}}(V_i^{1/3}+V_j^{1/3})^2 \tag{9.30}$$

式中:k_{B}为波耳兹曼常数;T_{p}为考虑碰撞的粒子温度;ρ_{p}为粒子密度(假设为常数)。

在自由分子状态下,碰撞核($K_{ij}^{\mathrm{F}}\propto T_{\mathrm{p}}^{1/2}$)的温度依赖于从动力学理论中衍生出来的纳米粒子平均热速率,并以如下形式表达:

$$\bar{c}_i=(8k_{\mathrm{B}}T_{\mathrm{p}}/\pi_{\rho}PV_1)^{1/2}$$

虽然内核对温度的依赖性很弱,但在这种情况下粒子的温度会明显高于背景气体的温度。在构造碰撞核时,该模型考虑了其在凝固过程中与粒子温度的关系。因此,上述碰撞内核的形式如下:

$$K_{ij}^{\mathrm{F}}=K^{\mathrm{F}}(V_i,V_j)=\left(\frac{3}{4\pi}\right)^{\frac{1}{6}}\left(\frac{6k_{\mathrm{B}}}{\rho_{\mathrm{p}}}\right)^{\frac{1}{2}}\left(\frac{T_i}{V_i}+\frac{T_j}{V_j}\right)^{\frac{1}{2}}(V_i^{1/3}+V_j^{1/3})^2 \tag{9.31}$$

式中:T_i和 T_j为考虑碰撞体系中各自的粒子温度。

2. 凝固过程的能量方程

在凝固过程中,粒子之间迅速形成一个颈部,它会转变成一个小球,然后慢慢地接近一个球体,伴随着由于热释放而产生的粒子温升,如 Zachariah et al.[39]所描述的,如图 9.8 所示。

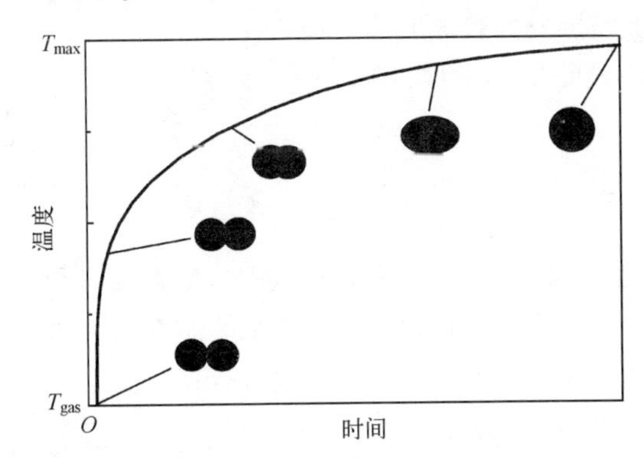

图 9.8　纳米粒子凝固过程中粒子温度和形状随时间形成示意

考虑这样一种情况,基于碰撞概率,一个典型的碰撞事件已经成功地发生在两个大小为 V_i和 V_j的球形粒子之间,然后凝固形成体积 V_i+V_j的新粒子。它由 N 个原子或单元组成,这些原子或单元本质上会经历凝固过程,随后将用来建立典型的能量方程,模拟与所有这些粒子整个过程有关的相应的热释放。假设粒子在凝固过程中的能量 E 可以用体积和表面贡献项来描述[96]:

$$E=\underbrace{N_{\mathrm{w}}[\varepsilon_{\mathrm{b}}(0)+c_{\mathrm{V}}T_{\mathrm{p}}]}_{E_{\mathrm{bulk}}}+\underbrace{\sigma_{\mathrm{s}}a_{\mathrm{p}}}_{E_{\mathrm{surf}}} \tag{9.32}$$

式中:a_{p}为结块粒子对的表面积;σ_{s}为表面张力;$\varepsilon_{\mathrm{b}}(0)$为 0℃下的体积结合能(负值);$c_{\mathrm{V}}$为质量定容热容(质量比,J/(kg·K));$N_{\mathrm{W}}$为经过结块的粒子对中 N 个原子的等效质量(kg)。

在考虑粒子对的绝热条件下,能量 E 将是恒定的,而结块将导致比表面积 a_{p}的减少,因此导致粒子温度的升高。

粒子(或聚集体)的总能量 E 的任何变化,都是源于对流、对周围气体的传导、辐射或蒸发而引起的环境能量损失。因此,粒子(或聚集体)的时间能量守恒方程可以写成如下形式:

$$\frac{\mathrm{d}E}{\mathrm{d}t}=N_{\mathrm{W}}c_{\mathrm{V}}\frac{\mathrm{d}T_{\mathrm{p}}}{\mathrm{d}t}+\sigma_{\mathrm{s}}\frac{\mathrm{d}a_{\mathrm{p}}}{\mathrm{d}t}=-Z_{\mathrm{c}}m_{\mathrm{g}}c_{\mathrm{g}}(T_{\mathrm{p}}-T_{\mathrm{g}})-\varepsilon\sigma_{\mathrm{SB}}a_{\mathrm{p}}(T_{\mathrm{p}}^4-T_{\mathrm{g}}^4)-\frac{\Delta H_{\mathrm{vap}}}{N_{\mathrm{av}}}Z_{\mathrm{ev}} \tag{9.33}$$

式中:T_{p}为粒子温度;T_{g}为气体温度(K);c_{g}为质量比热容;m_{g}为气体分子的质量(kg);ε 为粒子发射率;σ_{SB}为斯特藩-波耳兹曼常数;ΔH_{vap}为蒸发焓(J/mole);N_{av}为阿伏加德罗常数;Z_{c}为自由分子范围内气体-粒子相互作用的碰撞速率(s^{-1});Z_{ev}为表面原子蒸发速率,是基于粒子表面的原子非均质缩合速率(s^{-1})的基础上计算的。

式(9.33)左侧的第二项是由于表面积减少而产生的结块引起的放热;右侧的第一和第二项是分别由于与气体分子的碰撞和辐射而产生的热损失,最后一项表示由于粒子表面蒸发而造成的热量损失。

式(9.33)中的表面积减少项,用著名的线性速率定律[97]对最后阶段的结块进行了评价:

$$\frac{\mathrm{d}a_{\mathrm{p}}}{\mathrm{d}t}=-\frac{1}{\tau_{\mathrm{f}}}(a_{\mathrm{p}}-a_{\mathrm{sph}}) \tag{9.34}$$

其中,面积缩小的驱动力是结块颗粒面积 a_{p} 和等效体积球体的面积 a_{sph} 之间的面积差。式(9.34)已广泛应用于从球粒接触到完全结块整个过程的建模,因为整个烧结阶段是由初始生长到球体的速度控制[97]。

经替换,粒子温度的非线性微分方程可表示为

$$N_{\mathrm{W}}c_{\mathrm{V}}\frac{\mathrm{d}T_{\mathrm{p}}}{\mathrm{d}t}=\frac{\sigma_{\mathrm{s}}}{\tau_{\mathrm{f}}}(a_{\mathrm{p}}-a_{\mathrm{sph}})-Z_{\mathrm{c}}m_{\mathrm{g}}c_{\mathrm{g}}(T_{\mathrm{p}}-T_{\mathrm{g}})-\varepsilon\sigma_{\mathrm{SB}}a_{\mathrm{p}}(T_{\mathrm{P}}^{4}-T_{\mathrm{g}}^{4})-\frac{\Delta H_{\mathrm{vap}}}{N_{\mathrm{av}}}Z_{\mathrm{ev}} \tag{9.35}$$

式中:τ_{f}为特征结块或者是融并时间,且有

$$\tau_{\mathrm{f}}=\frac{3k_{\mathrm{B}}T_{\mathrm{p}}N}{64\pi\sigma_{\mathrm{s}}D_{\mathrm{eff}}} \tag{9.36}$$

式中:σ_{s} 为颗粒表面张力;D_{eff}为原子扩散系数(为上述方程引入明显的非线性,在本节后面将详细讨论,计算公式是基于文献[98]导出的)且有

$$D_{\mathrm{eff}}=D_{\mathrm{GB}}\left(\frac{\delta}{d_{\mathrm{p(small)}}}\right)$$

其中:D_{GB}为具有 Arrhenius 形式的固态晶界扩散系数,$D_{\mathrm{GB}}=A\exp(-B/T_{\mathrm{p}})$;$\delta$ 为晶界宽度(表 9.1);$d_{\mathrm{p(small)}}$ 为结块簇在经历晶粒边界扩散过程中最小颗粒的直径。

这里假设的逻辑是,任何聚集体中的较小粒子都会更快地结合成较大的粒子,从而确定特征结块时间。指前因子 A 和活化能项 B 的数值见表 9.1。

表 9.1　硅和二氧化钛的热力学和扩散性质

性　能	硅	二氧化钛	参考文献
块体熔点 T_{m}/K	1683	2103	[151]
密度 ρ_{p}/(kg/m^3)	2330	3840	[151,160]
固体表面张力 σ_{s}/(J/m^2)	0.9	0.6	[88,151]
液体表面张力 σ_{l}/(J/m^2)	—	0.34	[151]
质量定容热容 c_{V}/(J/(kg·K))	729	800	[151]

续表

性　　能	硅	二氧化钛	参考文献
汽化热 ΔH_{vap}/(J/mole)	384000	598712	[151,157]
熔解热 L/(J/mole)	—	47927	[95]
扩散系数参数			
指前因子 A/(m^2/s)	4.69×10^{-7}	7.2×10^{-6}	[39,161]
活化能 E_{ac}/(kJ/mole)	62.84	286	[39,161]
标准活化能 $B=(E_{ao}/8.34)$/K	7562	34416	
饱和蒸汽压关系			
硅			[100]
$\lg p_s=a+\frac{b}{T_p}+c\lg T_p+dT_p+eT_p^2$ （p_s单位为mmHg；T_p单位为K） $a=315.0687$；$b=-7.1384\times10^4$；$c=-89.68$ $d=8.3445\times10^{-3}$；$e=-2.5806\times10^{-9}$			
二氧化钛			
$\lg p_s=a+\frac{b}{T_p}+cT_p$（$p_s$单位为Pa或N/$m^2$；$T_p$单位为K） $a=16.20$；$b=-30361$，$c=-0.492\times10^{-3}$			[157]
注：J. Chem. Phys. 119, 3391 (2003)[44]再版。			

在自由分子状态下，气体粒子碰撞速率 Z_c(s^{-1})导致从粒子到周围气体的导热损失，并从动力学理论中得到如下结果：

$$Z_c=\frac{p_g a_p}{\sqrt{2\pi m_g k_B}T_g} \tag{9.37}$$

式中：a_p为结块粒子对的面积，按线性速率定律(式(9.34))随时间变化；p_g为背景气体压力。

表面原子蒸发速率 Z_{ev}(s^{-1})是通过详细平衡[99]来确定的，并根据动力学理论评价，在饱和蒸汽压下，基于对颗粒表面的非均质凝结速率进行计算[85]：

$$Z_{ev}=\frac{\alpha_c p_d a_p}{\sqrt{2\pi m k_B}T_p} \tag{9.38}$$

式中：α_c为调节系数，假定为统一；p_d为液滴(球形粒子)上的饱和蒸汽压，由Kelvin效应决定。

因此，对于蒸发热损失项：

$$\frac{\Delta H_{vap}}{N_{av}}Z_{ev}=\frac{\Delta H_{vap}}{N_{av}}\left(\frac{\alpha_c p_d a_p}{\sqrt{2\pi m k_B}T_p}\right)\exp\left(\frac{4\sigma_s v_m}{d_p R T_p}\right) \tag{9.39}$$

式中:p_s为结块过程中瞬时粒子温度下平面上饱和蒸汽压[100](Pa);V_m为摩尔体积(m^3/mol)。

表9.1给出了本工作中使用的硅和二氧化钛的蒸汽压方程。指数依赖于粒子温度,表明由于粒子通过结块加热,可能发生蒸发冷却。

综上所述,根据式(9.34),结块过程减小了比表面积,导致表面能损失。在绝热情况下,这些能量被划分为颗粒的内部热能。然而,对周围环境的损失会对颗粒温度和结块动力学产生显著影响。通过数值求解式(9.34)和式(9.35),得到了结块动力学和能量转移的详细描述。

应该指出的是,由于在粒子中固态原子扩散系数 D_{GB}与温度呈指数相关性,因此式(9.33)是高度非线性的,可表示为

$$D_{GB} = A\exp\left(-\frac{B}{T_p}\right) \tag{9.40}$$

式中:A、B 为与物质有关常数(表9.1)。

因此,在典型的固态烧结过程中,如果由于热释放效应而使颗粒温度升高,则会降低气体压力,增加体负荷载(更高的碰撞频率)和高气体温度,可能导致颗粒产生的热量大于对周围环境的热量损失。这反过来又增加了扩散系数 D_{eff},减少了特征结块时间 τ_f,从而进一步增加了粒子温度。

在结块中可能发生的另一个复杂情况是,产生的粒子能够弛豫到背景气体温度之前,它可能会遇到又一次碰撞。当特征结块时间大于碰撞时间($\tau_f>\tau_{coll}$)时,就会出现聚集体这种情况。如果 $\tau_f<\tau_{coll}$,粒子有足够的时间去结块,不会形成聚集体。因此,人们经常观察到这种聚集体结构的形态,这种结构是由碰撞和结块的相对速率决定的。然而,结块产生的热释放,如果不将其从粒子中有效去除,则会使结块时间相对于碰撞时间较小,从而延缓聚集体形成的开始。我们的目标是了解导致聚集体形成的非线性动力学,以及它对形成这些聚集体的初始粒子的生长特性的影响。

3. 纳米粒子熔点降低对结块的影响

纳米粒子中的扩散机制可能不同于块体扩散过程,之前已经有过研究[39]。虽然这一现象并没有得到明确的理解,对于这项工作的大部分实用目的,一个可能的假设,即体积、晶界和表面扩散的经典概念是适用的[98]。在多晶纳米粒子中晶界扩散被认为是最重要的固相扩散过程[39,98],尽管原子扩散的准确过程取决于粒子的晶体结构。

扩散系数对相态(熔融或固体)非常敏感,必须注意跟踪生长过程中的相变化。在感兴趣的尺寸范围内,极重要的是超细粒子熔点的尺寸相关性。近似纳米粒子熔点的经验关系为[101]

$$T_{mp}(d_p)=T_m\left[1-\frac{4}{L\rho_p d_p}\left(\sigma_s-\sigma_1\left(\frac{\rho_p^{2/3}}{\rho_1}\right)\right)\right] \tag{9.41}$$

式中：T_m为块体熔点；L为熔化潜热(J/kg)；σ_s和σ_1是表面张力(J/m^2)；ρ_p、ρ_l分别为固相密度和液相密度(kg/m^3)。表9.1列出了各种材料的性能值。

这种低熔点对粒子结块过程的影响，被证明对二氧化钛的生长研究是特别重要的，因为这些研究通常是在1600~2000K范围内进行的。式(9.41)表明，对块体熔点为2103K的二氧化钛来说，在5nm时的熔点降至1913K左右，1nm时粒子的熔点降至1100K左右。在这种情况下，实验中遇到的典型火焰温度下，颗粒可以在与固态扩散机制相反的黏性流动机制下结块。这也意味着，由于能量释放过程，即$T_P(t)>T_{mp}(d_p)$，颗粒可能在结块期间遇到相变。

考虑到这一点，对TiO_2的扩散过程和相应的特征结块时间进行了如下计算：

(1) 当$T_p(t)<T_{mp}(d_p)$时，假设为固相晶粒边界扩散过程计算出结块时间，如式(9.40)；

(2) 当$T_P(t)>T_{mp}(d_p)$时，采用黏性流动机制[102]，如

$$\tau_f=\frac{\mu d_{eff}}{2\sigma_t} \tag{9.42a}$$

式中：μ为在颗粒温度下的黏度；σ_l为颗粒的液体表面张力；d_{eff}与瞬时有效粒径(V_p/a_p)成正比，如$d_{eff}=6V/a_p$。

根据经验关系式[103]估计黏度μ，作为颗粒温度T_p，以及相应颗粒尺寸的熔点$T_{mp}(d_p)$的函数。纳米颗粒黏度尺寸的相关关系由经验关系式给出：

$$\mu=10.87\times10^{-7}\times\frac{[M\cdot T_{mp}(d_p)]^{1/2}\exp\left(\frac{L}{RT_p}\right)}{v_m\exp\left[\frac{L}{RT_{mp(dp)}}\right]} \tag{9.42b}$$

式中：L为熔融潜热(J/mol)；R为普适气体常数(J/(mol·K))；V_m为摩尔体积(m^3/mol)；M为摩尔质量(kg/mol)。

4. 纳米粒子辐射热损失项：讨论

来自小粒子的热辐射是一个令人感兴趣和复杂的课题，之前的一些工作[104-107]已经对此进行了讨论。该工作的主要关注点是在式(9.35)中需要的辐射率值，以确定辐射热损失在典型纳米颗粒中的影响。然而，与块体材料不同，对于颗粒小于波长的热辐射，辐射率成为颗粒特征尺寸的强函数[108]。由瑞利散射理论可知，吸收效率$Q_{abs}\propto X$，其中，X为无量纲粒子尺寸参数，$X=\pi d_p/\lambda$，(λ为考虑到辐射发射的波长)。对于非常细的颗粒和波长范围800nm或更大

的（对于热辐射），吸收效率 Q_{abs} 值非常小（$10^{-5} \sim 10^{-7}$）。

由球形颗粒辐射的基希霍夫定律可知 $Q_{abs} = \varepsilon$[109]。得出来自纳米颗粒热辐射的发射率在瑞利极限内（$d_p \ll \lambda$）可以忽略，除非在非常高的温度下操作。因此，出于所有实际目的，现阶段研究的辐射热损失项可以忽略，并从式（9.35）中删除，以给出其最终形式：

$$N_w c_V \frac{dT_p}{dt} = \frac{\sigma_s}{\tau_f}(a_p - a_{sph}) - Z_c m_g c_g (T_p - T_g) - \frac{\Delta H_{vap}}{N_{av}} Z_{ev} \tag{9.43}$$

9.3.2 非等温凝固与结块的建模：凝固驱动 KMC 模型

MC 方法最近被证明是模拟凝固-结块现象的一种有用的工具。其优点是不用一个单一的统一控制的多元方程，长度和时间尺度现象可同时解决。此外，MC 方法为模拟随机凝固过程提供了一种直观的工具，不需任何气溶胶粒径分布的先验假设。为此，Rosner et al.[110]用 MC 方法证明了自由分子状态下二元组分的“自保持”渐近概率分布函数。Kruis et al.[47]使用 MC 方法证实了其对复杂粒子动力学模拟的适用性。通过与凝固时聚集体和渐近自保持粒子尺寸分布[85]的理论解的比较，这些工作清楚地证明了 MC 方法的统计精确性。在一项并行的工作中，Efendiev et al.[48]还通过开发一种混合 MC 方法来模拟两组分气溶胶混凝和内部相隔离，证明了该方法的有效性。此外，对任意给定尺寸的颗粒，数量浓度作为时间的函数，MC 方法近似于气溶胶凝固方程，Norris[111]严格地证明了这一点。这里提到的 Mukherjee 等提出的 KMC 模型[44]，主要是以 Liffman[46]和 Smith et al.[78]早期的工作及 Efendiev et al.[48]最近发展的混合 MC 法为基础。

在大量为模拟分散体系生长而发展起来的 MC 技术中，主要分为恒定数量（恒定 N）和恒定体积（恒定 V）两种方法。经典的恒定 V 法是一种恒定体积的粒子系统，并且随着时间的推移，由于凝固作用而减少了样品中颗粒的数量。这是与任何其他时间驱动的数值积分的方法相同，因而它没有提供统一的统计时间精度。这种样品的减少通常需要模拟大量的初始粒子，以确保一个可接受精度水平的结果。这可能导致计算资源的利用不足[112]。这个问题可以用一个恒定 N 法来解决，这个方法是采用残存粒子的复制品，重新填充系统中粒子阵列的空位置来解决该问题。该方法已被证明是更有效的，已被 Kostoglou et al.[112]，Smith et al.[78]，Efendiev et al.[48]采用来模拟粒子凝固。

为了克服因凝固导致粒子数不断减少而造成的精度损失，使用了 Liffman[46]提出的不连续重新填充程序。在该方法中，只要粒子数降至充分小的值（为初始数的 50%),系统就被复制。恒定 N 法可以用两种常规的方法来实现:第一种方法是设置一个时间间隔 Δt,然后使用 MC 算法来决定在特定的时间间隔[46,113]中实现哪些事件和多少个事件。这实质上等于在时间上整合组分平衡,需要时间步骤的离散化。第二种方法是选择单个发生事件,并以适当的时间提前量来模拟与事件相关的现象[45,114]。这种方法不需要明显的时间离散化,并且在模拟过程中经过时间步长的推算,可以根据不同过程的速率进行调整。

本节所提到的工作采用第二种方法描述粒子凝固,而一旦凝固事件被识别,用第一种方法模拟粒子结块。因此,更准确地说,首先识别系统中粒子的单一凝固事件的发生,然后计算出下一个凝固事件发生所需的间隔平均时间 ΔT,最后在该时间间隔期间颗粒的结块过程与系统中所有相关能量释放一起被模拟。值得一提的是,为清晰起见,在粒子(或团聚体)两次连续碰撞事件之间的任一指定时刻,在该时刻之前已发生碰撞的其他系统粒子会存在结块现象。

重要的是要认识到,平均特征碰撞时间($\tau_{\mathrm{coll}} \approx \tau_{\mathrm{c}}$)本质上表示任何特定粒子(或,聚集体) 在遇到另一次碰撞之前必须等待的平均时间间隔,而平均事件间隔时间则代表系统中任何两个粒子(或聚集体)中任何两次连续碰撞事件之间的时间(ΔT)。后者也成为当前模型的 MC 模拟时间步长。

1. MC 算法的实现:凝固特征时间尺度的确定

本节提出的 MC 算法是在 Mukherjee 等工作的基础上提出的[44],其中,建立了一个初始粒子浓度为 C_0的模拟系统。在模拟中可以有效地处理粒子数 N_0的选择,定义了有效计算体积,$V_0 = N_0/C_0$。为了将模拟与实际时间连接起来,任意两次连续碰撞之间的事件间时间或 MC 时间步长 ΔT_k与所有可能事件的速率之和成反比:

$$\Delta T_k = \frac{V_0}{\sum\limits_l R_l} = \frac{2N_0}{C_0 \sum\limits_{i=1}^{N_{k-1}} \sum\limits_{i=1}^{N_{k-1}} K_{ij}^{\mathrm{F}}} \tag{9.44}$$

式中:$R_1 = K_{ij}$为事件 1 的速率,定义为 (i,j) 对的凝结;K_{ij}为尺寸 i 和 j 的凝固核;$V_0 = N_0/C_0$为在模拟系统中实际体积,C_0为颗粒的浓度;N_0为模拟颗粒的数量。

为了计算时间效率,平均凝固概率为

$$\langle K_{ij}^{\mathrm{F}} \rangle = \frac{\sum\limits_{i=1}^{N_{k-1}} \sum\limits_{j=1}^{N_{k-1}} K_{ij}^{\mathrm{F}}}{N_{k-1}(N_{k-1} - 1)} \tag{9.45}$$

因此,蒙特卡罗时间步长的最终形式为

$$\Delta T_k=\frac{2N_0}{C_0\langle K_{ij}^{\mathrm{F}}\rangle N_{k-1}(N_{k-1}-1)} \tag{9.46}$$

对于每一个碰撞事件,使用事件间时间 ΔT_k(或简单的 ΔT),通过整合表面减小和能量方程来模拟所有粒子的结块过程。然后根据系统中每个 MC 时间步长结束时,计算得出的粒子面积、体积和温度的平均值,用 Friedlander 的自保护尺寸分布理论估算自由分子体系中的平均特征碰撞时间[85]:

$$\tau_{\mathrm{c}}=3/B$$

式中

$$B=(\alpha/2)\left(\frac{6k_{\mathrm{B}}\,\overline{T}_{\mathrm{p}}}{\rho_{\mathrm{p}}}\right)^{1/2}\left(\frac{3}{4\pi}\right)^{1/6}\phi\,\overline{V}_{\mathrm{p}}^{-5/6} \tag{9.47}$$

其中:$\overline{T}_{\mathrm{p}}$、$\overline{V}_{\mathrm{p}}$ 分别为粒子的平均温度和体积;α 为无量纲常数,$\alpha=6.55$[115];ρ_{p} 为粒子材料的密度(假定与温度无关);ϕ 为所考虑系统中的材料体负荷载。

对于每个事件间时间 ΔT,结块过程的整体时间步长定义如下:

$$\Delta t=\frac{\Delta T}{n_{\max}} \tag{9.48a}$$

及

$$n_{\max}=\frac{\Delta T}{\tau_{\mathrm{f}}}\times p \tag{9.48b}$$

式中:$n_{\max}$为时间上数值积分的迭代循环数;τ_{f}为在式(9.42)中定义的特征结块时间;p 为整数,通常选择 $p=10$。

这种选择数值时间步长的方法保证了时间步长的离散性,以获得所需的分辨率,用于模拟特定事件间碰撞时间和特征烧结时间的结块过程,这两种时间对尺寸和温度都很敏感。

为了实现数值计算,凝固概率为

$$P_{ij}=\frac{K_{ij}^{\mathrm{F}}}{K_{\max}^{\mathrm{F}}} \tag{9.49}$$

式中:$K_{\max}^{\mathrm{F}}$为所有液滴中凝固核的最大值。

每一步随机选择两个粒子,并根据 p_{ij}判断是否发生凝固事件。如果事件发生,则事件间时间 ΔT 按早期的计算,模拟了随后的结块过程。正如 Smith et al. [78] 以及 Efendiev et al. [48] 指出的那样,这一概率原则上应以所有的 K_{ij}之和归一化,但是通常选择 $K_{\max}^{\mathrm{F}}$来增加在保持相对概率大小的同时的接受率。

在目前 KMC 模型的实现中,只有当从均匀分布中提取的随机数小于凝固概率 p_{ij}时,才会发生凝固事件。如果凝固被拒绝,则挑选两个新的粒子,重复上面的步骤,直到满足凝固条件。在成功完成这一步骤后,选择体积 V_i和 V_j的粒

子组合成体积 V_i+V_j 的新粒子,从而减少系统中的粒子总数。

当由于这种重复的凝固过程而产生的颗粒数下降到初始值的一半时,系统中的粒子就会被复制。为了保持与时间的物理连接,加注过程必须保持系统的平均行为,如体负荷载或与时间相对应的粒子数密度应先于加注过程。在这种时间驱动的 MC 过程中,通过增加有效模拟体积 V_0 与补充后的系统粒子数增加成比例,确保粒子碰撞的事件间时间保持不变。

在将 MC 模拟与结块过程的真实物理联系起来时,对表示不同事件时间尺度的示意图是有帮助的,如图 9.9 所示。

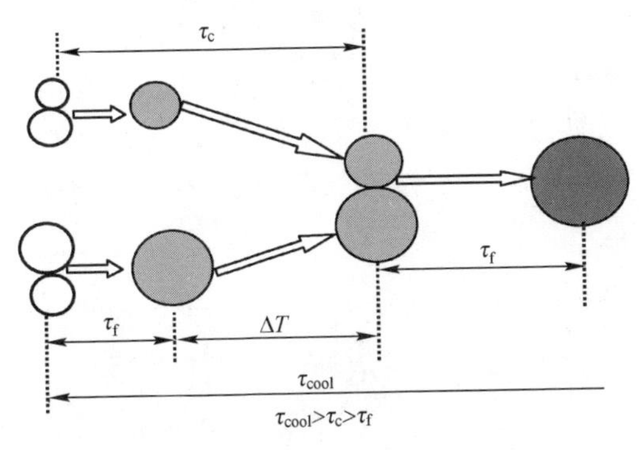

ΔT—特征事件间时间;τ_f—特征结块或融并时间;τ_c—特征碰撞时间;τ_{cool}—特征冷却时间。

图 9.9　不同时间尺度示意图

图 9.9 显示特征冷却时间 τ_{cool}、特征碰撞时间 τ_c 和特征结块或融并时间 τ_f 三个时间尺度的相对大小,碰撞粒子是否会经历完全的烧结,释放更多的热量和长大形成较大均匀的初始粒子,或迅速淬火并失去热量,形成具有较大比表面积的团聚体,但初始粒子的尺寸较小,对于这些的确定是非常关键的。如果满足 $\tau_{cool}>\tau_c>\tau_f$,应该期望看到有很大的放热量的完全烧结的初始粒子。如果 $\tau_c<\tau_f$,则粒子在遇到下一次碰撞之前不能完全烧结,这就产生了聚集体的形成。

2. KMC 算法的模型指标与验证

对由 1000 和 10000 个粒子组成的两个系统,通过分析特性碰撞和融并时间、温度升高和其他特性,确定了在研究中达到统计精度所需的 MC 颗粒数量。虽然计算时间明显地增加了,但这两个系统的特征碰撞时间、融并时间和粒子温度的平均结果都没有明显变化,表明达到统计平衡。因此,下面一节中有关当前 KMC 模拟结果的所有结果都是使用 1000 个粒子的系统获得的。这里回顾的是,Liffman[46] 提出的加注技术的使用,即使使用的粒子较少,需要计算机内存较小,但可减少模拟中的统计误差。在所有的研究中,对于体负荷载为 10^{-4} 的 1000 个粒子系统,平均模拟时间在 15～2h 之间(取决于事件研究参数),

在明尼苏达超级计算研究所的 IBM-SP 机器上运行时,有 8 个 1.3GHz Power4 处理器共享 16GB 内存。

为了便于定标,下面几节中的模拟是从一个直径为 1nm 粒子的单分散体系的假设开始的。另外,根据观察,由结块释放热量而引起的背景气体温度的升高不明显,因此这里讨论的所有仿真结果都假定气体温度是恒定的。这里提出的代表性结果是硅和二氧化钛纳米颗粒。硅和二氧化钛的热力学性质,包括密度、热容、熔融潜热和表面张力,假定与粒径无关[91,96],并在表 9.1 中列出。

这里提出的 MC 算法对凝固研究已被验证,其细节可以在 Mukherjee 等研究中找到[44],其准确性被认为与 Lehtinen 和 Zachariah 的截面模型模拟完全一致[34]。作为模型度量,如图 9.10 所示,在很长一段时间的粒子尺寸分布,与 Vemury et al.[116]的数值结果相比较时,与用于凝结气溶胶的已知自保持尺寸分布表现得非常一致。

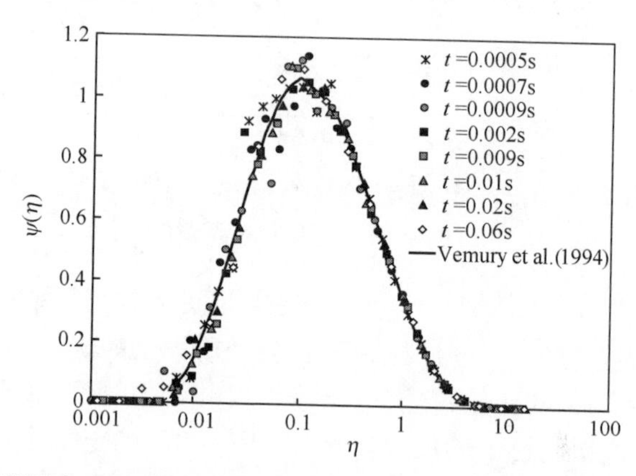

图 9.10 凝固中 MC 方法的自保持尺寸分布与 Vemury 等的数值结果的比较

注:以无量纲的数密度 $\psi(\eta)=N(t,V_p)\bar{V}_p/N_\infty$,对无量纲体积 $\eta=V_p/\bar{V}_p$ 作图,假设硅在 $T_g=320$K 是自由分子尺度碰撞核。

9.3.3 结果与讨论:工艺参数对纳米颗粒经由凝固和非等温结块而生长的影响

1. 背景气体温度的影响

用模拟方法研究了硅纳米粒子在 325K、500K 和 800K,背景气压 $p_g=100$Pa,材料体负荷载 $\phi=10^{-6}$ 下的放热和浴气冷却的竞争效应。图 9.11 为采用 Mukherjee 等结果绘制[44],表示特征碰撞和结块时间作为生长时间的函数。

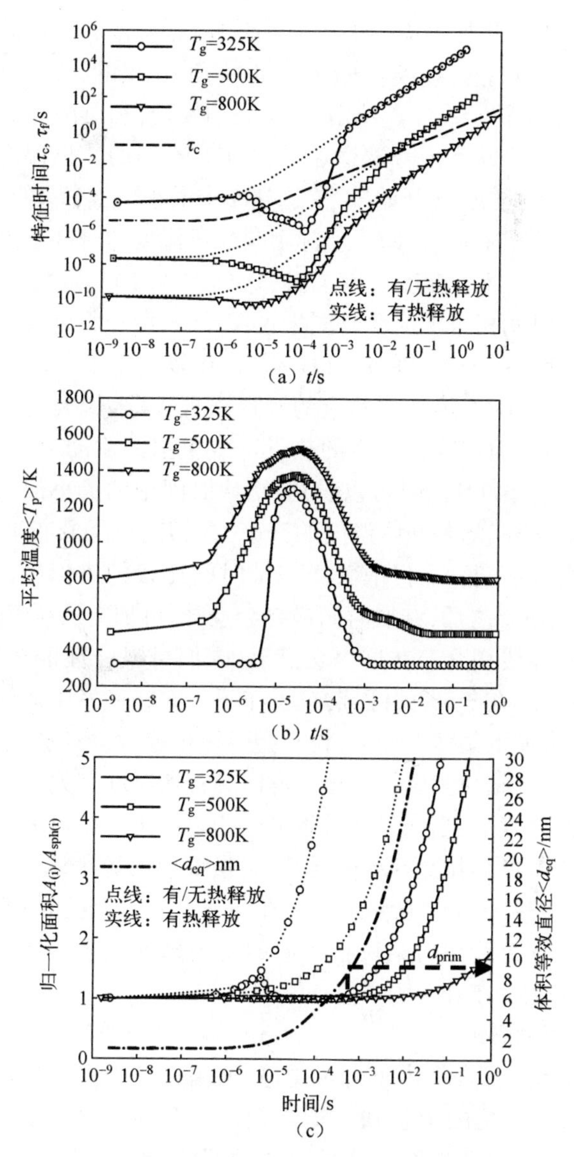

$A_{(i)}$—粒子面积;$A_{sph(i)}$—相应粒子的等效球体面积。

图9.11　硅在不同的背景气体温度下,特征结块(融并)时间τ_f和特征碰撞时间τ_c,平均粒子温度$\langle T_p \rangle$,归一化面积和平均体积等效直径随滞留时间的变化($p_g = 100$Pa,$\phi = 10^{-6}$)

图9.11是由Windeler等提出的[87],来评估这两个时间之间的竞争及其交叉点。在图9.11(a)中,粗虚线表示特征碰撞时间,该时间相对于温度独立,由于粒子数浓度净减少,凝固过程的时间增加。如前所述,结块时间是颗粒大小

和温度的函数。在这里所考虑的工作中，结块能量释放和对周围环境的损失可显著地改变这个时间。正如 Windeler et al. [87] 所建议的，交叉点定义为聚合的开始，能够预测初始粒子尺寸。然而，后来我们发现，利用 τ_f 和 τ_c 之间的交叉点来预测初始粒子尺寸并不是普遍适用的。针对不同的气体温度研究，我们发现，随着滞留时间的增加，τ_f 开始减小，达到一个最小值，然后单调增加。

特征结块(融并)时间 τ_f 的减少实际上与粒子温度的升高有关，如图 9.11(b)所示。由图可以看到粒子温度急剧上升，达到 1200K 以上。这表明，在这些条件下的特征冷却时间相对于结块时间来说缓慢，τ_f 意味着更大的热量产生。较高的背景温度表明，由于较低的冷却驱动力，在较高温下出现一个较早高温和较长的滞留时间。同时，热释放效应的延迟出现，产生较大的聚集体并试图完全结块，这导致由表面积减少产生的热量产生更强的驱动力，因此增加了颗粒温度的净升高。由图 9.11(a)可以看到，结块时间中的最小值大致对应于达到峰值粒子温度。此外，随着气体温度的升高，在相同粒径分布下，τ_f 的相对值减小，但 τ_c 保持相对不变。在目前关于特征时间比较的讨论中，由图 9.11(a)、(b)看到，在开始下降之后，结块时间最终会上升，再加上从粒子热损失开始，直到它与碰撞时间曲线相交。在这一交点上，人们可以合理推断，团聚成形作用已经被触发。此外，在 $\tau_f>\tau_c$ 的区域，粒子在下一次碰撞发生前没有充足的时间充分烧结，从而形成聚集体。最终，粒子会变得足够大，所以它们的热容量足够大，足以抵消任何与结块和生长的粒子返回到背景温度有关的温升。

随着在较高温度下，当 $d\tau_f/dt$ 接近 $d\tau_c/dt$（在交叉点处，$\tau_f\approx\tau_c$），可能形成具有长颈部的长圆形颗粒并且形成强结合，最终形成聚集体。但在较低的温度下，交叉发生在生热区，$d\tau_f/dt\gg d\tau_c/dt$（在 $\tau_f\approx\tau_c$）。因此，在这种情况下，在团聚体中形成了由弱范德华力结块在一起的均匀球形粒子。这一理论也被发现与 Windeler 等先前的工作一致[87]。

2. 背景气压的影响

传统观点认为，背景气体压力对碰撞/结块过程中的传热没有影响。这种假设之所以不确定，是因为直到最近之前的工作都忽略了结块的放热性质。Lehtinen et al. [86,95] 是首先确认该影响，并得出气体压力 p_g 会对初始粒子尺寸产生影响的。

p_g 对硅在恒定气体温度 τ_f 下的影响（$T_g=500\text{K}$，$\phi=10^{-6}$）如图 9.12(a)所示。相应的平均颗粒温度如图 9.12(b)所示。在 101kPa 时，热释放的影响可忽略不计，因为对周围环境的热损失显然是很容易的。然而，当压力降低时，通过传导降低的热损失项使粒子能够经历高温。在这种情况下，压力越低，粒子温度越高。这种自热也反映在特征烧结时间的降低，如图 9.12(a)所示。在模

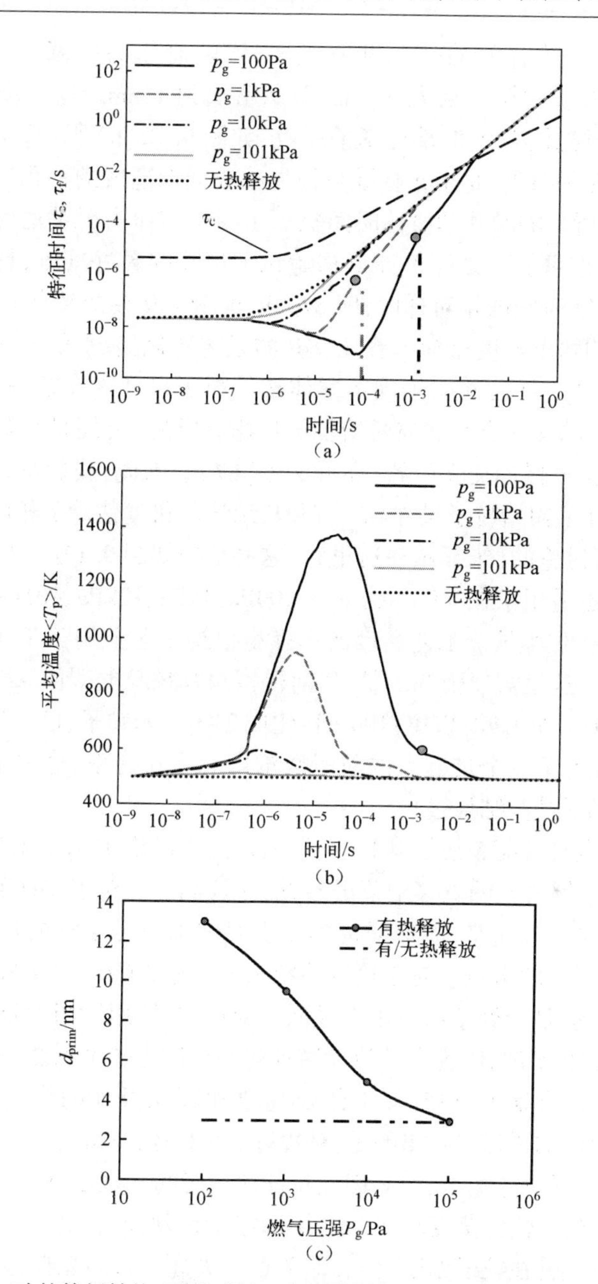

图 9.12　硅的特征结块/融并时间 τ_f 和碰撞时间 τ_c 变化随滞留时间的变化；平均粒子温度($\langle T_p \rangle$)在各种背景气体压力 p_g 随滞留时间的变化；考虑热释放效应，初始粒子尺寸(d_{prim})随背景气体压力 p_g 的变化

注：T_g = 500K，$\phi = 10^{-6}$，灰点表示当 $A_{(i)}/A_{sph(i)} \geq 1$ 时的梯度变化；结果适用于硅。

拟的最高压力下,热释放的作用并不重要,而随着压力的降低,在 101kPa ~ 100Pa 时,初始粒子的尺寸从大约 3nm 单调增加到 13nm。这一增长清楚地确定了气体压力对初始粒子生长速率的影响,如图 9.12(b)所示,反映了在较低压力下较高的粒子温度,是由于传导热损失率较低而造成的。我们清楚地注意到,图 9.12(a)所示的融并和碰撞时间显示了一个与压力无关的交叉点。这个结果表明,交叉点可能不是评价球形初始粒子尺寸的最好准则,特别是在发热量范围以外,特征时间的相对梯度,即 $d\tau_f/dt$ 和 $d\tau_c/dt$ 在交叉点上互相接近时。图 9.12(a)中的两个灰度点标志着 $d\tau_f/dt$ 的显著变化,表示归一化表面积偏离单位的时间($A/A_{sph}>1$),并用于确定球体初始粒子尺寸。在这一点之后,粒子被结块(τ_f和 τ_c的交叉点)之前初始粒子是非球形的(可能是大颈长圆形),这主要是由于 τ_f和 τ_c慢的交叉所致,详见文献[87]。因此,我们从归一化面积项($A/A_{sph}>1$)估计了初始粒子尺寸(d_{prim})和从结块的角度估计了相应的体积等效直径,如前面所讨论的(未显示在这里)。这些结果如图 9.12(c)所示。

上述模型也适用于在气体压力 p_g为 100Pa、1kPa、10kPa、101kPa,$T_g=1600K$ 下的 TiO_2纳米颗粒生长。工艺温度的选择是根据工业上用于 TiO_2生产的工艺参数来进行的。这里需要强调的是,目前模拟跟踪颗粒的凝固/结块,从前驱体反应导致前驱体($TiCl_4$或,TTIP)100%转化成 TiO_2纳米粒子,已经取得了一定的研究成果,因此有了一个足够大的粒子数浓度和生长速率,这完全取决于没有任何成核影响的碰撞/结块过程。

本章的重点是含能金属纳米粒子,下面将简要讨论 TiO_2纳米粒子案例研究的结果。TiO_2案例研究的更多细节可参见文献[44] 。对于 TiO_2纳米粒子体系的研究最有意义的方面是,能够捕捉到相变对纳米粒子生长的作用,连同与熔点相关的尺寸对其的影响。对于给定的粒子可依靠式(9.41)来确定,在结块过程中的任何时刻,是否处于熔点以上或低于熔点,要使用适当的烧结模型(固态或黏流)。这是必要的,因为黏性流动特征时间比固态扩散低 2~3 个数量级。

由于 τ_f和 τ_c 的竞争,在时间上的热释放和颗粒温度的升高是明显的,如图 9.13(a)所示。这里需要指出的是,最初对于小粒径(1nm),$T_p(t)>T_{mp}(d_p)$(来自式(9.41)),粒子处于熔融状态,因此特征结块时间 τ_f很小,使颗粒在接触时几乎立即结合,并经历快速蒸发冷却。但由于凝固/结块而使颗粒尺寸增大,相应的熔点也增加,并上升在粒子温度之上,即 $T_p(t)<T_{mp}(d_p)$,颗粒在移动到更慢的固态扩散机制,随后只有缓慢的传导损耗。从粒子能量弛豫周期中 τ_f和 T_p的梯度变化,可以清楚地观察到这些过程,如图 9.13(a)、(b)所示。这与先前从 Si 纳米颗粒中进行的讨论是一致的 (图 9.13(a)),对所有的压力状态 100Pa~101kPa 的研究,根据 $d\tau_f/dt \gg d\tau_f/dt$ 的准则,确定 τ_f和 τ_c在交叉点的球形初始粒子的尺寸。

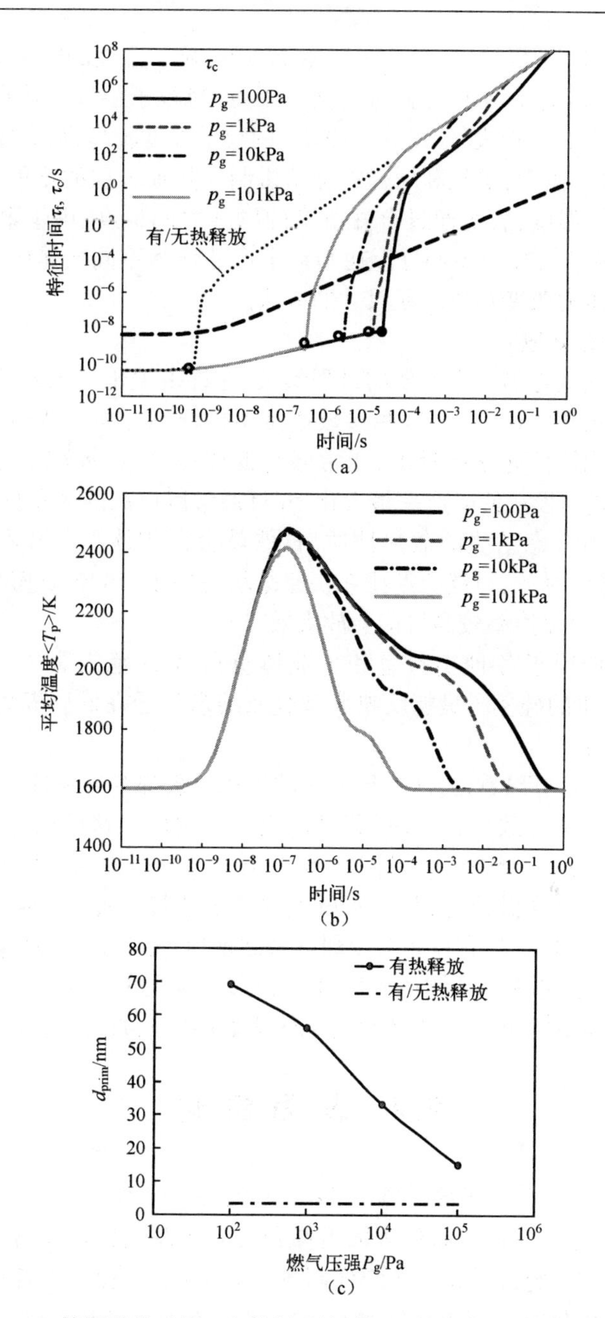

图 9.13 TiO_2特征融并时间 τ_f和特征碰撞时间 τ_c的变化,平均粒子温度$\langle T_p \rangle$在各种背景气体压力 p_g随滞留时间的变化(圆圈说明从熔融到固态相关的相变梯度突变),前面所述情况热释放效应对初始粒子尺寸影响($T_g = 1600K, \phi = 10^{-3}$)

由图9.13(b)可以看出,在不同气体压力下,粒子温度的峰值上升(在黏性扩散机制区域)确实显示出明显的变化。然而,当粒子温度弛豫(在固态扩散区)时,由于较小的热损失,使得 $p_g = 100Pa$ 的粒子温度较高,从而导致随着时间的推移,在能量平衡中,延长和增强的烧结机制与热损失项的竞争。最后,它们冷却到背景气体温度,表明通过合并所有的融并时间梯度,由于聚集增长 τ_f 保持单纯增长。图9.13(c)说明球形初始粒子尺寸作为不同气体压力的函数,说明了利用背景压力改变初始颗粒尺寸的方法。

3. 体积负载效应

体积负载效应是另一个重要的过程参数,在许多关于纳米粒子结块过程的初始颗粒尺寸预测的研究中,这些参数通常不做详细分析。普通实验室实验,特别是对于使用原位光学探针的,通常限于低体积分数($\phi = 10^{-6}$),以易于实验。工业实践进程设法使生产率最大化,并且通常以更高的体积分数($\phi = 10^{-3}$)下进行。如果不考虑结块的放热性质,自然就会期望体积分数不起作用。另外,考虑到热量的释放,可能会期望在快速结块条件下,热释放速度快于对周围环境的能量损失,碰撞率较高可能会放大效果。

该模型已应用于各种实验室和工业体负荷载 ϕ 范围为 $10^{-6} \sim 10^{-3}$ 的硅(图9.14)。这里的硅例子最能反映典型金属纳米粒子在低压等离子体合成时可能发生的情况。

由图9.14(a)可以看出,所有被考虑的体积负载都会导致粒子温度升高,但体积分数的增加会导致更长的时间阶段、更高的温度。这反映了以下事实:如果特征融并时间远小于碰撞时间,则有机会通过增加碰撞速率增大体负荷载来增强结块过程。这样做的过程中,实质上提高了热释放速率,通过缩短烧结粒子所经历的冷却过程,与它在完全冷却下来之前所遇到另一个碰撞之间的时间间隔,因此粒子会更热。预测的各种体负荷载相应的初始颗粒尺寸如图9.14(b)所示,它清楚地显示了随着体负荷载的增加而增大的初级颗粒尺寸。

9.4 表面氧化

在火焰合成[117-118]、等离子体工艺[119]或流动反应器[120-121]制备纳米粒子过程中,其生长和形成导致复杂的表面重构和反应活性,包括表面氧化,已进行了广泛研究。这些研究的动机在于定向制备具有可控孔隙率、比表面涂层和催化性能的纳米结构材料和薄膜。纳米粒子形成过程中的结构重排会导致形成低比表面积的致密球形纳米粒子(电子器件制造、传感器等),或具有高比表面积的类分形聚集体(纳米催化剂、含能材料、H_2储存等)。然而,如前几节所讨论的碰撞/结块等各种物理路径之间的复杂相互作用,以及这些结构在气相合成过

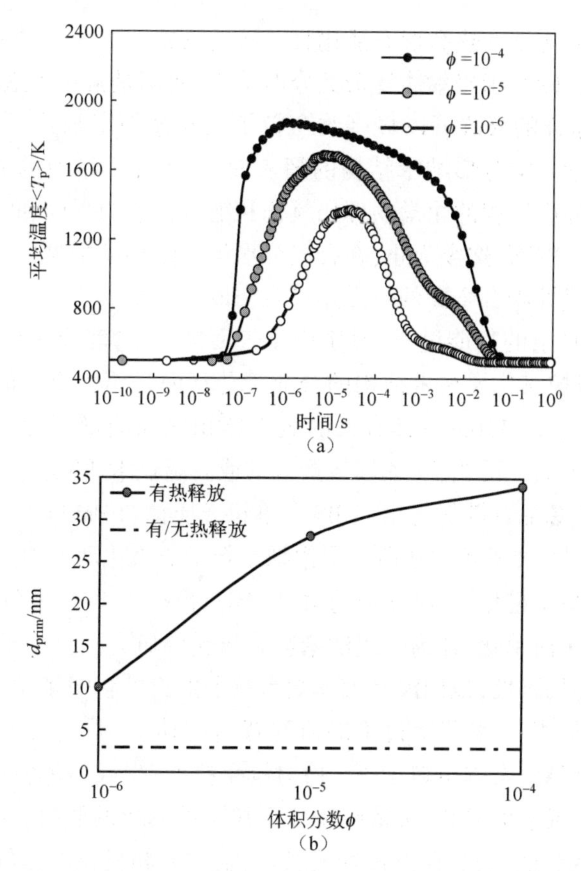

图9.14　粒子体积分数 ϕ 为 10^{-4}、10^{-5}、10^{-6} 对平均粒子温度的实时变化的影响，以及对硅纳米粒子结块初始粒子尺寸预测的影响（$T_g = 500\text{K}$，$p_g = 100\text{Pa}$）

注：没有热释放效应的初始粒子尺寸预测也被标出。

程中，其表面反应的化学动力学之间的复杂相互作用，人们并不清楚。

基于气溶胶动力学截面/节点模型[37-38,122]、矩估值法[123-124]或粒子负载流动模型[125-126]，已广泛应用于纳米粒子的形成研究。但是直到最近，基于MC的随机模型，如在前面章节中所开发的，才能够模拟纳米粒子的凝固、聚集、表面生长和重构[47,79]，不诉诸单一统一的控制多元方程[44]。具体地，通过结块/烧结的纳米粒子聚集和重构的MC模拟[102]，提供了很好的洞察过程参数在气相合成纳米粒子中控制结构的作用[127]。此外，由于自增强的原子在纳米尺度上扩散，结块的高放热和能量性质[39,95]促使最近的动力学MC（KMC）研究，来阐明非等温结块在调控通过碰撞-结块事件产生的纳米粒子的大小和形状的作用[44]。竞争的非等温碰撞结块事件导致复杂的纳米粒子形状，这对这些纳米结构材料的界面化学的热和形态活化具有深远意义。

上述研究激励纳米聚集体复杂类分形结构,而不是常用等效球形状的系统表征[128-129]。这样的修改可以显著改变粒子间碰撞频率函数[130],从而改变它们的生长动力学。类分形纳米结构的超表面积,再加上结块的放热性质,使得表面能驱动的界面过程的化学物理如氧化和纳米粒子的凝固和结块[131]高度复杂和耐人寻味。然而,迄今为止,在合成分形纳米结构的框架内,所有上述高能过程之间的非线性耦合全面的研究还没有完成。

了解这些复杂的高能过程,对于用于表面钝化、含能或比催化和电子方面的应用,建立可控氧化层纳米结构的合成工艺指南是至关重要的[132-134]。特别地,金属纳米粒子(<100nm)具有大的表面体积比和能量密度[135-137]的能量特性引起了燃烧界的广泛关注(如固体推进剂或高温技术研究)。为此,采用热重分析(TGA)、卢瑟福背散射光谱(RBS)、单粒子质谱(SPMS)[139]和激光诱导击穿光谱(LIBS)[140]技术等方法研究了铝纳米粒子的氧化动力学。

最近的现象学模型[12]和分子动力学(MD)模拟[141-142],虽然在假设球形粒子形状方面过于简单化,却为金属纳米颗粒氧化的研究提供了重要的见解。但是,由于计算的局限性,他们没有考虑纳米粒子生长机制中碰撞-结块过程相互竞争的放热效应[44]。本节所讨论的研究背后的动机,源于大多数关于金属纳米粒子氧化的研究,考查单粒子[12]、均匀粒径粒子[143]或整体粒子尺寸分布[144]的尺寸形成和/或表面氧化,都依赖于球形粒子的简化的假设。因此,这里介绍最近研发的KMC模型,其在由背景压强p_g、温度T_g和材料体负荷载ϕ决定的典型工艺条件下合成具有分形结构的金属纳米粒子过程中,在耦合了粒子能量平衡和表面氧化的凝固/结块事件中具有有效的占比。该模型在第一时间内研究形态复杂性的作用,该复杂性定义为金属纳米聚集体在其生长机制中的表面分形维数、能量活性、氧化程度和结构/组成变化。依据大量高质量的实验数据[135-140],我们特别报道了以气相法合成Al纳米粒子连同氧化(Al/Al_2O_3体系)为例,验证了KMC模型的有效性。

9.4.1 数学模型与理论

1. 形貌:表面分形维数

本部分研究的是界面过程,如结块和表面氧化,因此采用表面分形维数D_s[145]来描述颗粒的形貌。对于类分形表面,基于粒子表面积A_p与体积V_p之间的比例法则关系[146]为$A_p \propto V_p^{D_s/3}$。对整个粒子体系,依据如下关于其初始粒子的归一化面积-体积关系[145],由$\ln(A_p)/A_0-\ln(V_p)/V_0$线性拟合的斜率来估算$D_s$:

$$\frac{A_{\mathrm{p}}}{A_0}=\left(\frac{V_{\mathrm{p}}}{V_0}\right)^{\frac{D_{\mathrm{s}}}{3}} \tag{9.50}$$

理论上,$2 \leqslant D_{\mathrm{s}} \leqslant 3$,其中,$D_{\mathrm{s}}=2$ 代表完全光滑的球体,$2<D_{\mathrm{s}}<3$ 表示经历部分结块的自相似分形聚集体,$D_{\mathrm{s}}=3$ 代表完全开链状分形聚集体(图9.15)。在使用式(9.50)时,需要指出的是,如先前所用的[112],当调节生长的碰撞-结块($\tau_{\mathrm{f}} \ll \tau_{\mathrm{coll}}$)明显生成大的、均匀的球形粒子作为新形成的聚集体中的初始粒子时,选择初始单体作为系统中的初始粒子是无效的。因此,聚集成均匀球形粒子服从对数正态分布(稍后讨论),粒子系综的对数平均直径被指定为特征初始粒子直径。在聚集开始时,从最近的粒子系估计的初始粒子尺寸用于对所有未来凝聚体的 D_{s} 估计。此外,式(9.1)对于 $D_{\mathrm{s}}>2$ 的有效性,在任何簇团中都需要大量的初始粒子(10~20),以尽量减少由球形初始粒子形态引起的误差($D_{\mathrm{s}}=2$)。

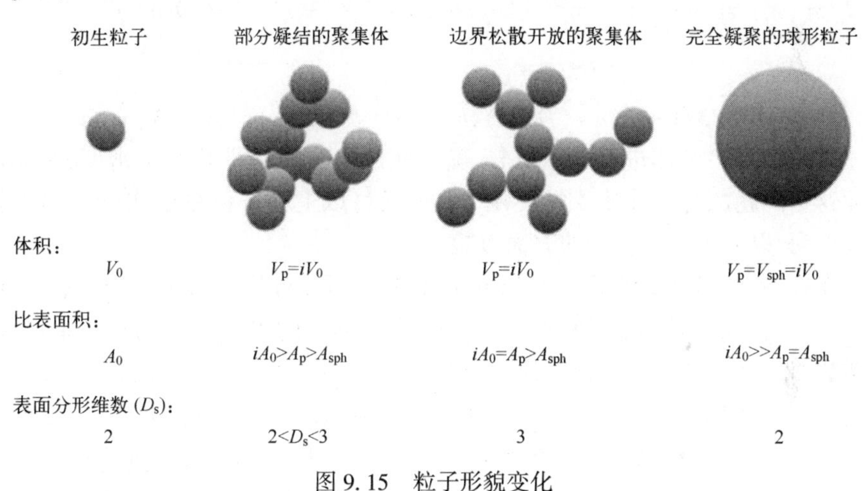

图9.15 粒子形貌变化

2. 碰撞核与特征碰撞时间

基于式(9.3)和式(9.30),任意形状和团簇大小的两个粒子 i 和 j 之间碰撞核的自由分子形式,粒子温度改变[44]和密度(由于组成变化)可表示为[145]

$$\beta_{ij}=\frac{1}{4}\left(\frac{8k_{\mathrm{B}}}{\pi}\right)^{1/2}\left(\frac{T_i}{\rho_i V_i}+\frac{T_j}{\rho_j V_j}\right)^{1/2}\left[(s_i A_i)^{1/2}+(s_j A_j)^{1/2}\right]^2 \tag{9.51}$$

$$s_i=(D_{\mathrm{s}}-2)\left(\frac{2}{i}\right)^{1-\chi}+(3-D_{\mathrm{s}}) \tag{9.52}$$

有人指出,当密实球体的 $D_{\mathrm{s}}=2$ 时,对于典型的纳米粒子聚集体,$S_i=1$,χ 由实验确定为0.92[147-148]。

依据β_{ij}(式(9.51))和基于无量纲的粒子体积$\eta_i=N_\infty V_i/\varphi$和尺寸分布$\psi(\eta_i)=N_i\varphi/N_\infty^2$(图9.10)的气溶胶自保持尺寸分布(SPD)理论[85],粒子数浓度变化速率为

$$\frac{\mathrm{d}N_\infty}{\mathrm{d}t}=-\frac{a}{2}\Omega N_\infty^{5/2}I(\eta_i,\eta_j) \tag{9.53}$$

式中

$$I(\eta_i,\eta_j)=\int_0^\infty\int_0^\infty F(\eta_i,\eta_j)\psi(\eta_i)\psi(\eta_j)\mathrm{d}\eta_i\mathrm{d}\eta_j$$

$$\Omega=\left(\frac{2k_\mathrm{b}\overline{T}}{\pi\bar{\rho}\varphi}\right)^{\frac{1}{2}}\left(\frac{A_0}{2\chi\eta_0^\gamma}\right)$$

其中

$$F(\eta_i,\eta_j)=\left(\frac{1}{\eta_i}+\frac{1}{\eta_j}\right)^{1/2}[\eta_i^{\gamma/2}\{1+(b\theta/a)\eta_i^{1-\chi}\}^{1/2}+\eta_j^{\gamma/2}\{1+(b\theta/a)\eta_j^{1-\chi}\}^{1/2}]^2 \tag{9.53a}$$

$$\gamma=(D_\mathrm{s}/3+\chi-1),a=(D_\mathrm{s}-2),b=3-D_\mathrm{s},\theta=(2\eta_0)^{\chi-1},\eta_0=N_\infty V_0/\varphi$$

对式(9.53)整体进行体积积分,确定使用一个总体平均粒子密度$\bar{\rho}$和温度$\overline{T}$,而这个问题的统计性质支持使用D_s,可通过以上粒子体系由式(9.50)线性拟合得到,以表示单个粒子的表面形貌。

在式(9.53a)中,在不同体积分形维数D_f下,对均匀形式的$F(\eta_i,\eta_j)$、$I(\eta_i,\eta_j)$可通过数值求解[85],但是对于非均匀形式的$F(\eta_i,\eta_j)$、$I(\eta_i,\eta_j)$的分析和数值计算量是庞大且棘手的。因此,当$(b\theta/a)\ll1(D_\mathrm{s}\to2)$时,$\{1+(b\theta/a)\eta_i^{1-\chi}\}^{1/2}\approx1$和当$(b\theta/a)\gg1(D_\mathrm{s}\to3)$时,$\{1+(b\theta/a)\eta_i^{1-\chi}\}^{1/2}\approx(b\theta/a)^{1/2}\eta_i^{1-\chi/2}$(说明:$(b\theta/a)$的范围超过了几个数量级,而$\eta_i^{1-\chi}\approx0.5\sim1.0$)的渐进解可推导至$I(\eta_i,\eta_j)$的均匀形式。根据数值积分,$I(\eta_i,\eta_j)$收敛到平均值为6.576和6.577,在$D_\mathrm{s}$的范围分别在2.4~3.0和2.0~2.6(见表9.2)。最后,在式(9.53)中利用平均值$I(\eta_i,\eta_j)=6.577$,在不同的D_s范围内,特征碰撞时间(根据一个粒子到2倍体积,接着通过结块$N_\infty\sim N_\infty/2$)根据下式估算:

$$\tau_\mathrm{coll}=\frac{N_\infty^{(\gamma-3/2)}(1-0.5^{\gamma-3/2})}{Y_a(\gamma-3/2)I(\eta_i,\eta_j)},D_\mathrm{s}\to3(\text{趋近分形}) \tag{9.54}$$

$$\tau_\mathrm{coll}=\frac{N_\infty^{(\gamma-\chi-1/2)}(1-0.5^{\gamma-\chi-1/2})}{Y_b(\gamma-\chi-1/2)\left(\frac{2V_0}{\phi}\right)^{\chi-1}I(\eta_i,\eta_j)},D_\mathrm{s}\to2(\text{趋近分形}) \tag{9.55}$$

相互作用系数为

$$Y=-\frac{1}{2}\left(\frac{2k_{\mathrm{b}}\overline{T}}{\pi\bar{\rho}\phi}\right)^{\frac{1}{2}}\left(\frac{A_0}{2\chi}\right)\left(\frac{\phi}{V_0}\right)^{\lambda} \tag{9.56}$$

最后，τ_{coll}从式(9.55)和式(9.56)构建的各自粒子形貌范围 $D_{\mathrm{s}}\to 2$（较早时间）和 $D_{\mathrm{s}}\to 3$（较晚时间），在较晚阶段由于类分形凝聚体碰撞截面更大，τ_{coll}表现出预期的上升。

表 9.2　在式(9.54)中 $I(\eta_i,\eta_j)$ 的积分值对 $D_{\mathrm{s}}\to 2$ 和 $D_{\mathrm{s}}\to 3^{\mathrm{a}}$

D_{s}	2.0	2.1	2.2	2.3	2.4	2.5	2.6	2.7	2.8	2.9	3.0	平均
$I(\eta_i,\eta_j)$ $D_{\mathrm{s}}\to 3$	6.739	6.702	6.657	6.624	6.576	6.578	6.569	6.546	6.576	6.572	6.615	6.576
$I(\eta_i,\eta_j)$ $D_{\mathrm{s}}\to 2$	6.624	6.576	6.578	6.569	6.546	6.576	6.572	6.615	6.651	6.694	6.744	6.577

3. 结块

结块可由式(9.34)估计来模拟比表面积减少率[85]。在这种情况下，平均特征融并时间 τ_{f} 的变化（减少多余的团聚比表面积所需的时间 $A_{\mathrm{p}}-A_{\mathrm{sph}}$ 值达63%）必须考虑由于纳米粒子复合相分离的形成，即金属（M）→金属氧化物（MO_x）相变的结果。在此过程中，τ_{f}是从单个 $\tau_{\mathrm{f(M)}}$ 和 $\tau_{\mathrm{f(MOX)}}$ 分别按各自的金属（M）/金属氧化物（MO_x）体积分数加权估算的：

$$\tau_{\mathrm{f}}=\tau_{\mathrm{f(M)}}^{\varphi_M}\tau_{\mathrm{f(MO}x)}^{\varphi_{\mathrm{MO}x}} \tag{9.57}$$

考虑粒子内部 M 和 MO_x组分的动态变化所导致的主要扩散速率。依据粒子温度 T_{p}、熔点 $T_{\mathrm{m}(x)}$ 和材料的物理状态，单项 $\tau_{\mathrm{f}(x)}$（x=M 或 MO_x）计算如下：

（1）$\tau_{\mathrm{f}(x)}=\dfrac{3k_{\mathrm{b}}T_{\mathrm{p}n_x}}{64\pi\sigma_{\mathrm{s}}(X)D_{\mathrm{eff}}}$，晶界扩散（$T_{\mathrm{p}}<T_{\mathrm{m}(x)}$ [98]时的固态烧结），其中 D_{eff}为有效扩散系数[44]（$\mathrm{m}^2\cdot\mathrm{s}^{-1}$）；

（2）$\tau_{\mathrm{f}(x)}=\dfrac{\mu_x d_{\mathrm{p(eff)}}}{2\sigma_{l(x)}}$，黏性扩散（$T_{\mathrm{p}}\geqslant T_{\mathrm{m}(x)}$ [102]熔融状态液体烧结），其中 $d_{\mathrm{p(eff)}}=6V\mathrm{p}/A_{\mathrm{p}}$，考虑一个颗粒上的多个烧结颈[44]。

$T_{\mathrm{m}(x)}$（x=M 或 MO_x），对纳米尺度上的颗粒尺寸 d_{p}高度敏感性，是根据纳米材料的尺寸依赖熔点的表达式决定的[149]：

$$T_{\mathrm{m}(x)}(d_{\mathrm{p}})=T_{\mathrm{b}(x)}\left\{1-\frac{4}{h_{\mathrm{l}}\rho_{\mathrm{s}(x)}d_{\mathrm{p}}}\left[\sigma_{\mathrm{s}(x)}-\sigma_{\mathrm{l}(x)}\left(\frac{\rho_{\mathrm{s}(x)}}{\rho_{\mathrm{l}(x)}}\right)^{2/3}\right]\right\} \tag{9.58}$$

式(9.58)中使用的各自的热化学和物理性质，详见表 9.3 中关于 $\mathrm{Al/Al_2O_3}$ 案例研究的具体报告。

表 9.3 Al 和 Al_2O_3 的热化学和物理性能

性 能	Al	Al_2O_3
固相密度 $\rho_{s(x)}$/(kg/m³)	2700[151]	3980[151]
固相表面张力 $\sigma_{s(x)}$/(J/m²)	1.14[151]	1.12[151]
液相密度 $\rho_{l(x)}$/(kg/m³)	2377[152]	2930[153]
液相表面张力 $\sigma_{l(x)}$/(J/m²)	1.05[154]	0.64[153]
分子质量/(g/mol)	27	102
摩尔体积 V_{mol}/(m³/mol)	1×10^{-5}	2.5
蒸发热 h_v/(kJ/mol)²	294[151]	346.94[155]
熔融潜热 h_L/(kJ/mol)	10.7[151]	109[153]
质量定压热容 $c_{p(X)}$/[J/(kg·℃)]	917[151]	775[151]
块体熔点 $T_{m(X)}$(K)	933[151]	2327[151]
黏度 μ_X/(Pa·s)	$4.97\times10^{-4}[T_m(T_p-T_m)]^{0.5714}$ [156]	$3.2\times10^{-3}\exp[4.32\times10^4/(R_uT_p)]$ [153]
晶界扩散系数 D_{GB}/(m²/s)	$(\alpha/\delta)\exp[-\beta/(R_uT_p)]$ [151]	$(\alpha/\delta)\exp[-\beta/(R_uT_p)]$ [151]
δ:晶界宽度=0.5nm	$\alpha=3\times10^{-14}$ m²/s, $\beta=3\times10^4$ J/mol	$\alpha=3\times10^{-3}$ m²/s, $\beta=4.77\times10^5$ J/mol
饱和蒸汽压 p_{sat}/Pa	$\exp(13.07-36,373/T_p)$[12]	$101325\exp(13.42-27320/T_p)$[157]
其他热化学性能		
反应焓/(kJ/mol)	2324[139]	
温度依赖表面张力/(N/m)	$\sigma_{Al}(T_p)=0.001[860-0.134(T_p-933)]$[158]	
Al_2O_3 热导率 k_{ash}/[(W/(m·K)]		$\alpha+\beta\exp[\gamma(T_p-\theta)]/[(T_p-\theta)+\varepsilon]$[159] $\alpha=5.85$;$\beta=15360$;$\gamma=0.002$;$\theta=273.13$
一阶反应速率常数 k_f/(m/s) d_p<50nm 50nm<d_p<100nm 100nm<d_p	$24\exp[-31.8\times10^3/(R_uT_p)]$[139] $180\exp[-56.9\times10^3/(R_uT_p)]$ $(5.4\times10^7)\exp[-174.6\times10^3/(R_uT_p)]$	

续表

性　　能	Al	Al_2O_3
非均相扩散系数/(m^2/s)	$O_2 \to Al_2O_3$ $D_{(O_2\|Ash)} = \alpha\exp[-\beta/(R_u T_p)]$[139] $\alpha = 1.72 \times 10^{-9}\ m^2/s$, $\beta = 69.5 J/mol$	$Al_2 \to Al_2O_3$ $D_{Al_2\|Ash} = \alpha\exp[-\beta/(R_u T_p)]$[157] $\alpha = 2.8 \times 10^{-3}\ m^2/s$, $\beta = 477.3 J/mol$

注:1. 摘自 AIChE J. ,58,3341(2012)[49];

2. 假设 Al_2O_3汽化路径:$4/3Al+1/3\ Al_2O_3 \to Al_2O(g) \to 2Al\ (g)+1/2\ O_2(g)$ [155]。

4. 表面氧化:迁移模型与系综平衡

表面氧化模型具有以下特点:

(1) 在收缩核模型[150]的基础上,形成均匀的氧化物壳层,核的尺寸收缩,而外部粒子表面形貌(D_s)保持不变(图 9.16);

(2) 固体和液体材料只有表面氧化导致固体氧化物(灰分)的形成;

(3) O_2通过灰层扩散到壳核界面来氧化金属(图 9.16);

(4) 熔融金属从未反应核通过灰层反向扩散与颗粒表面的 O_2发生反应(图 9.16);

(5) 核中与 O_2向内扩散的反向梯度压力导致的灰层[12]破裂或变薄,不考虑;

(6) D_s驱动的形状参数因子表明了粒子形态。

达姆科勒数 D_a决定了反应($D_a \ll 1$)或扩散受限($D_a \gg 1$)氧化机制的相对作用。它定义为反应体系($m = O_2$或金属)扩散通过介质(n 代表气体膜或灰层),即

$$D_{a\langle m|n\rangle} = \frac{\tau_{\mathrm{diff}\langle m|n\rangle}}{\tau_{\Gamma xn}} \tag{9.59}$$

纳米粒子表面氧化的特征反应时间定义为

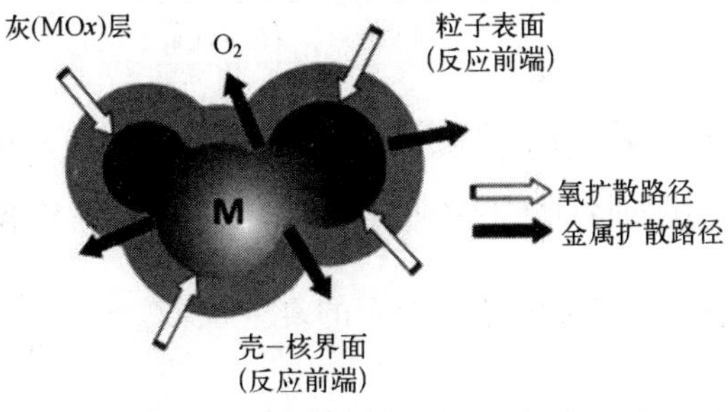

图 9.16　壳核氧化模型原理图

$$\tau_{\Gamma xn}=\frac{1}{\xi_{SV}k_f(T,d_p)} \tag{9.60}$$

其中，$\zeta_{SV}=A_p/V_p$为表面体积比(m^{-1})；$k_f(T,d_p)$[$\approx\alpha_{oxid}\exp(-E_{oxid}/k_b T_p)$]为温度和尺寸(根据 Al 纳米颗粒氧化研究的尺寸范围为<50nm，50~100nm，>100nm[139])依赖的一级反应速率系数(表 9.3)。

对于物质而言，物质 m 扩散通过介质 n 的特征扩散时间定义为

$$\tau_{\mathrm{diff}(m|n)}=\frac{1}{\zeta_{SV}^2 D_{(m|n)}} \tag{9.61}$$

在这项研究中，考虑了下列氧化途径：

(1) 裸金属粒子：O_2通过气体薄膜的扩散。

对于所有研究情况，表征 O_2扩散到裸金属颗粒表面的 $D_{a(O_2|Gas)}\ll 1$(其中，$\tau_{\mathrm{diff}(O_2|Gas)}$是由式 (9.61)使用 $D_{(O_2|Gas)}$确定的)表明该过程总是被反应控制的。因此，反应速率表示为

$$\dot{\omega}_{O_2|Gas}=-\frac{dn_{o_2}}{dt}A_p k_f C_{O,\infty} \tag{9.62}$$

(2) 氧化物包覆粒子。

氧化物壳层的形成促使以下平行过程：

① O_2通过氧化物壳向核表面扩散。净氧化速率主要由核金属表面处的反应控制 (图 9.16)，导出如下：

$$\dot{\omega}_{O_2|Ash}=-\frac{dn_{o_2}}{dt}=\frac{A_p k_f C_{O,\infty}}{1+\dfrac{D_{a(O_2|Ash)}}{Z_{O_2}}} \tag{9.63}$$

② 熔融金属通过氧化物壳向颗粒表面扩散。净氧化速率主要由颗粒表面的反应控制(图 9.17)，导出如下：

$$\dot{\omega}_{M|Ash}=-\frac{dn_M}{dt}=\frac{A_p k_f C_{M,c}}{1+\dfrac{D_{a(M|Ash)}}{Z_M}} \tag{9.64}$$

式(9.63)和式(9.64)由粒子及其核表面积和体积间的比例法则关系 $A_p/A_c=(V_p/V_c)^{D_s/3}$(前述的特征 1 和图 9.16 中的自相似收缩核假设)导出的，因此通过以下无量纲的形状参数来考虑形态的复杂性：$Z_{O_2}=\sqrt{\dfrac{4\pi}{A_p}}\dfrac{\lambda^2}{\zeta_{SV}(\lambda-1)}$ (对 O_2通过灰层扩散出去)，$Z_M=\dfrac{1}{\lambda^2}Z_{O_2}$(对金属通过灰层扩散进入)，$\lambda=(V_p/V_c)^{D_s/6}$。

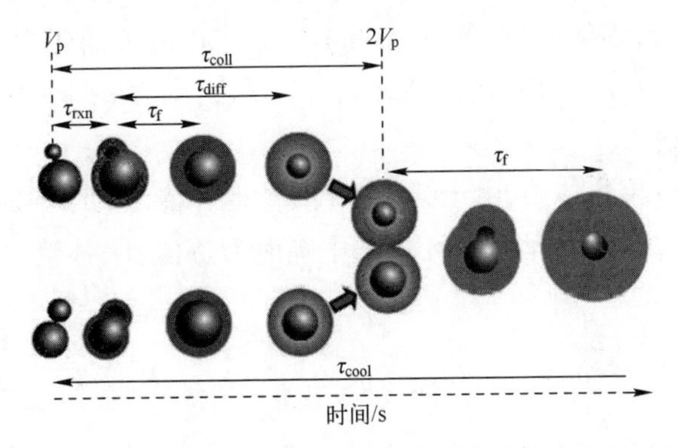

图 9.17 纳米粒子合成期间事件的相对时间尺度的示意图

注:该事件经历表面氧化同时碰撞结块过程,其中对于典型的能量氧化过程 $\tau_{cool}>\tau_{coll}>\tau_f>\tau_{diff}>\tau_{rxn}$。

式(9.63)中边界条件 O_2浓度[150]:$C_0(A_p)=C_{0,\infty}$;$C_0(A_c)=0$。

式(9.64)中的金属浓度:$C_M(A_c)=C_{M,c}$;$C_M(A_p)=0$。

特征 $D_{a(O_2|Ash)}$(O_2扩散通过灰层)和 $D_{a(M|Ash)}$(金属扩散通过灰层)利用式(9.59)和式(9.60)计算,使用各自的 $\tau_{diff(O_2|Ash)}$ 和 $\tau_{diff(M|Ash)}$(式(9.61))从 $D_{(O_2|Ash)}$ 和 $D_{(M|Ash)}$ 估算。值得注意的是,式(9.63)和式(9.64),通过其机制设计,当表达式$\dfrac{D_{a(O_2|Ash)}}{Z_{O_2}}\ll 1$ 和$\dfrac{D_{a(M|Ash)}}{Z_M}\ll 1$ 时将使得氧化的反应受限,反之亦然,使得氧化的扩散受限。

特别是这里讨论的 Al/Al_2O_3案例中,从现在模型中得到的结果,转换率 α 的范围(铝转化为 Al_2O_3的数量)定义为[139-140,150]

$$2Al+\frac{3}{2}\alpha O_2\rightarrow(1-\alpha)Al+\alpha Al_2O_3 \tag{9.65}$$

式中

$$\alpha=\frac{2n_{Al_2O_3}}{2n_{Al_2O_3}+n_{Al}}$$

化学计量物质平衡导致净氧化速率如下:

$$\dot{\varpi}_{O_2}=\dot{\varpi}_{O_2|Ash}+\frac{3}{4}\dot{\varpi}_{Al|Ash} \tag{9.66}$$

此外,考虑到组分变化,在 Al/Al_2O_3系统模拟过程中使用的平均颗粒密度 ρ_p和表面张力 σ_p,估算如下:

$$\rho_p=\varphi_{Al}\rho_{Al}+(1-\varphi_{Al_2O_3})\rho_{Al_2O_3}$$
$$\sigma_p=\varphi_{Al}\sigma_{Al}+(1-\varphi_{Al_2O_3})\sigma_{Al_2O_3}$$

式中：ρ_{Al}和$\rho_{Al_2O_3}$为固体密度，即$\rho_{s(Al)}$和$\rho_{s(Al_2O_3)}$；Al 的表面张力则由σ_{Al}从$\sigma_{Al}(T_p)$计算，当$T_p<T_{m(Al_2O_3)}$时，$\sigma_{Al_2O_3}$为$\sigma_{s(Al_2O_3)}$，反之，则为$\sigma_{l_{(Al_2O_3)}}$（表 9.3）。

5. 能量平衡

在纳米粒子/聚集体中，由于结块和氧化引起体能量的净增加率E_p，是由传导和蒸发的热损失率（在纳米尺寸粒子中辐射为负值）来补偿的[44]，可由下式计算：

$$\frac{dE_p(T_p)}{dt}=(m_M c_{p(M)}+m_{MOx}c_{p(MOx)})\frac{dT_p}{dt}=\dot{E}_{coal}+\dot{E}_{oxid}-\dot{E}_{cond}-\dot{E}_{evap} \quad (9.67)$$

基于结块速率（式(9.34)）降低的表面能$\dot{E}_{coal}$，给出如下[44]：

$$\dot{E}_{coal}=-\sigma_p\frac{dA_p}{dt}=\frac{\sigma_p}{\tau_f}(A_p-A_{sph}) \quad (9.68)$$

从式(9.66)得到的用氧消耗速率$\dot{\omega}_{O_2}$计算$\dot{E}_{oxid}$：

$$\dot{E}_{oxid}=\dot{\omega}_{O_2}\frac{H^0_{rxn}}{N_{av}} \quad (9.69)$$

式中：H^0_{rxn}为金属氧化焓（$kJ\cdot mol^{-1}$）。

$\dot{E}_{cond}$为通过热导的热损失率，计算公式如下：

$$\dot{E}_{cond}=\frac{R_{kin}(T_p-T_g)}{1+\left(\dfrac{R_{kin}}{R_{Ash}}\right)} \quad (9.70)$$

式中：$R_{Ash}=k_{ash}\dfrac{\sqrt{4\pi A_p}}{\lambda-1}$为通过灰层的热传导阻力项；$R_{kin}=m_g c_g\dfrac{P_g A_p}{\sqrt{2\pi m_g k_b T_g}}$考虑粒子表面气体分子的碰撞，由动力学理论导出[44]。这里，假设金属核内的集热对于$c_p(M)>c_p(MO_x)$是有效的。

通过蒸发的热损失率按下式计算：

$$\dot{E}_{evap}=\frac{\varepsilon_{kin}(h_v/N_{av})A_p}{1+\left(\dfrac{\varepsilon_{kin}}{\varepsilon_{diff}}\right)} \quad (9.71)$$

式中：$\varepsilon_{diff}=D_{M|Ash}C_{M,c}\dfrac{\sqrt{4\pi A_p}}{\lambda-1}$为熔融金属核通过灰层扩散的基值，并与因粒子表面熔融金属蒸发而产生的$\varepsilon_{Kin}=\dfrac{P_{drop}}{\sqrt{2\pi k_b T_p m_M}}$之间相竞争[12]，其中，液滴上的蒸汽压$p_{drop}$与随温度$T_p$变化的平面上蒸汽压$p_{sat}$相关，可通过开尔文关系得到：

$$p_{drop}=p_{sat}(T_p)\exp\left(\sqrt{\frac{\pi}{A_p}}\frac{4\sigma_p v_{mol}}{R_u T_p}\right) \tag{9.72}$$

对于完全氧化的粒子，$\dot{E}_{evap}$可只根据纯金属氧化物的h_v、p_{drop}和p_{sat}从ε_{kin}项计算。目前研究的可使氧化物壳蒸发的温度范围，虽然构建了防范超高粒子温度的模型，但由于$T_{mp(M)} \ll T_{mp(MO_X)}$以及$p_{sat}$对于大多数金属氧化物来说都是极低的事实，可以忽略不计。

本研究中，上述方程中用于模拟Al/Al_2O_3体系的所有热化学和物理性质列于表9.3。

9.4.2　表面氧化建模：凝固驱动KMC模型

这里提出的KMC模型是建立在早期的具有周期性边界条件的凝固驱动恒定数值（恒N）MC上的，并在前面作了详细描述和研究[112]。如前所述，当前的MC算法是基于式(9.49)表述的凝固事件的发生概率P_{ij}来运行的，其中MC算法当粒子数下降到初始数目的50%时，通过复制系统中存活粒子来补充正在进行凝结的粒子，从而使在不损失精度的情况下，有效的计算方法成为可能。这里，按照式(9.51)，$\beta_{max}=f(V_p,\rho_p,T_p,D_s)$，可从系统中的所有粒子中估算得出。在任何步骤中，对于$P_{ij}\geqslant R\in[0,1]$，两个随机选择的粒子（$i$、$j$）之间的碰撞事件，伴随着MC时间步长$\Delta T_{MC}$（连续凝固之间的平均事件间时间）的推进，由所有可能的碰撞事件的速率之和的倒数计算，并以式(9.44)~式(9.46)表示，见9.3.2节。

在这里模拟类分形聚集体的表面，在每个ΔT_{MC}内，式(9.34)和式(9.62)（裸金属粒子）或式(9.66)（氧化物包覆粒子）和式(9.67)是全体粒子结块、氧化和能量/物质守恒的数值求解。图9.17说明控制上述过程之间相互作用的特征时间尺度，即碰撞（τ_{coll}）、融并（τ_f）、扩散（τ_{diff}）或反应（τ_{rxn}）限制氧化时间，是相对于在粒子中能量突降过程所需的特征时间（τ_{cool}）的。为了捕捉真实的物理化学过程，速率控制的特征时间τ_{char}被认为是τ_{coll}、τ_f、τ_{diff}和τ_{rxn}中速度最快的，并被用作每一个ΔT_{MC}内的时间步长ΔT：

$$\Delta t=\frac{\Delta T_{MC}}{k_{max}} \tag{9.73}$$

式中：k_{max}为数值积分的迭代循环数（k为10或100，以确保精度），且有

$$k_{max}=\frac{\Delta T_{MC}}{\tau_{char}}\times k$$

在N_{MC}为5000和10000时模拟得到的典型的粒子温度曲线的变化是可以忽略不计的。由于对5000个粒子的计算时间约为3天，而对于10000个粒子则为3~5周，因此所给出的所有结果均为$N_{MC}=5000$粒子。

9.4.3 形貌和非等温结块对金属纳米粒子表面氧化的影响：研究结果

本节的所有结果都是典型的 Al/Al_2O_3 纳米粒子在气相合成过程中的氧化和形成过程。

1. 初始粒子尺寸估算

为了估计初始粒子平均尺寸，当整体平均归一化过剩表面积$<(A_p-A_{sph})/A_{sph}><0$时，假定粒子系为“大部分球形”。例如，对于 $T_g=800K$，当$<(A_p-A_{sph})/A_{sph}>>0$（图 9.18(a)）时，在 $t=7.52\times10^{-5}s$ 初始粒径为定值，它对应于 τ_f与 τ_{coll}

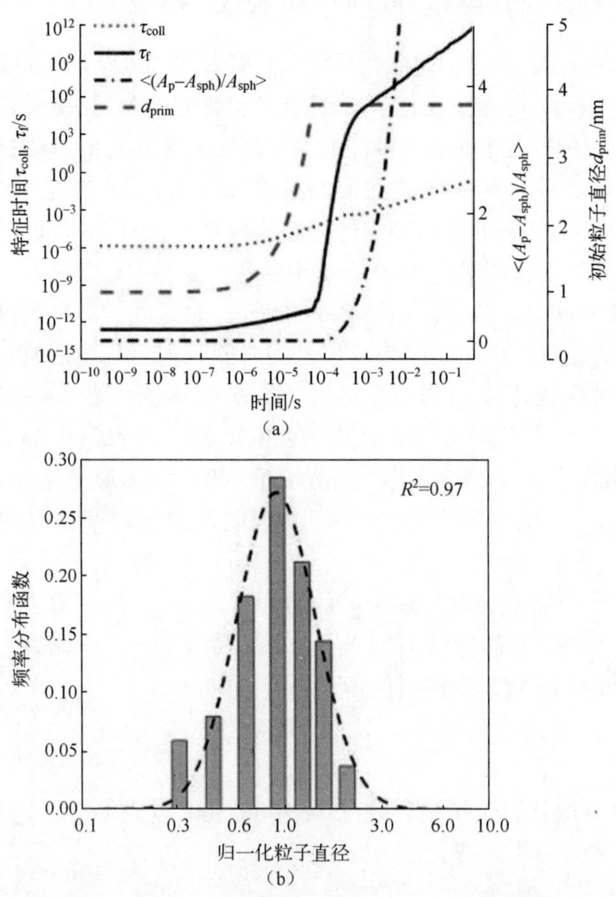

图 9.18　测定初始粒子尺寸 d_{prim}(nm)对应于特征融并 τ_f与碰撞 τ_{coll}的交叉点；相应的初始粒子尺寸的概率分布函数以及最佳拟合，初始粒子尺寸$<d_{prim}>\approx3.8nm$，$\sigma_g=1.93$ 遵循对数正态分布($T_g=800K$,$p_g=1atm$ 和 $\phi=10^{-6}$)

之间的交叉点,标志着聚集的开始[85],因此当$\tau_f \ll \tau_{coll}$时形成的球形粒子,当$\tau_f >$ τ_{coll}(碰撞比结块更快)时结块形成聚集体。在交叉点处,τ_f缓慢接近τ_{coll}($d\tau_f/dt \ll$ $d\tau_{coll}/dt$),可能导致长圆形长颈粒子的形成[44],严格使用$<(A_p-A_{sph})/A_{sph}>>0$作为初始粒子直径选择的判据,保证只选择球形初始粒子。此外,由于周期性的边界条件,充分碰撞保证了聚集开始前形成的均匀球形粒子的对数正态分布。另外,将最新粒子分布的对数平均直径为确定值,将其作为初始粒子尺寸,进行其他粒子形成研究。图9.18(b)中的粒子直径的概率分布函数证实了这一点,在$t=7.5\times10^{-5}$s时(对应于图9.18(a)中的$<(A_p-A_{sph})/A_{sph}>\geqslant 0$表示估计对数平均直径$<d_{prim}>\approx 3.8$nm,$\sigma_g=1.93$呈对数正态分布),这与$<d_{prim}>$相称(图9.18(a)中标出),作为未来粒子形成研究的初始粒径(A_0,V_0)。

2. 粒子形态估计

在式(9.50)中使用A_0和V_0,从两个典型$\ln(A_p/A_0)$和$\ln(V_p/V_0)$的线性拟合的斜率,估算了两个不同粒子形成阶段$D_s=2.35$和$D_s=2.94$(图9.19),$T_g=$ 800K,$p_g=1$atm和$\phi=10^{-6}$。

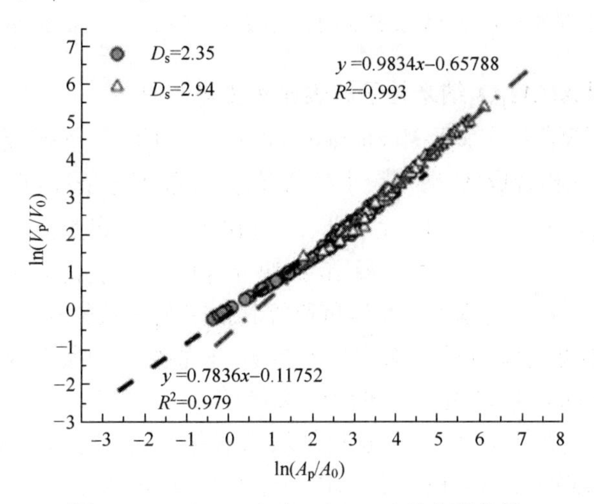

图9.19　$\ln(V_p/V_0)$对$\ln(A_p/A_0)$的典型曲线

注:线性拟合较好,从斜率确定D_s,如式(9.3)表述。$T_g=800$K,$p_g=1$atm,$\varphi=10^{-6}$。

图9.20中D_s的时间变化描述了在上述工艺条件下,不同特征时间尺度τ_f、τ_{coll}、τ_{rxn}和$\tau_{diff(O_2|Ash)}$下的粒子形态演变。在初期迅速结块与碰撞,表面反应引起的氧化,或通过灰层的扩散相比($\tau_f \ll \tau_{coll}$,τ_{rxn}和$\tau_{diff(O_2|Ash)}$),产生球形粒子($D_s=2$)。但硬质氧化物壳层的形成减缓了自扩散,从而导致结块。因此,当τ_f迅速通过τ_{rxn}和$\tau_{diff(O_2|Ash)}$,其次是τ_{coll}时,粒子从熔融黏性向固态扩散区过渡,从

而使放热结块-氧化过程停止。对应于这些交叉点，D_s迅速从 2(球体)向 $D_s>2$(非球形)偏移，导致聚集形成($D_s\approx3$ 中后期阶段，图 9.20)。在 T_g较低的情况下，由于金属通过氧化层的扩散极慢，所引起的表面氧化是可以忽略的。

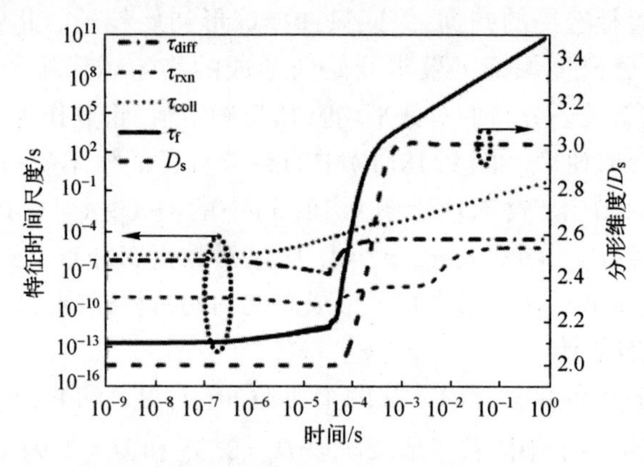

图 9.20 纳米粒子典型特征时间形成 τ_f、τ_{coll}、τ_{rxn}和 $\tau_{diff(O_2|Ash)}$，以及与各自分形维数交叉点的意义($T_g=800K$,$p_g=1atm$,$\phi=10^{-6}$)

3. 类分形 Al/Al_2O_3纳米粒子的表面氧化与形成

本节的模拟结果是基于 Mukherjee 等的研究案例[44]，该研究描述了典型的实验室或工业气相合成 Al 纳米粒子的情况，其标准工艺条件：T_g为 400K、600K、1000K、1400K；p_g为 0.1atm、1atm；φ 为 10^{-6}、10^{-8}。这里将重点研究不同背景气体温度 T_g的案例，以阐明放热式凝结/结块介导的表面氧化对类分形纳米聚集体的能量行为。关于气体压力和体负荷等其他工艺参数的作用，类似研究的进一步细节，可参见文献[44]。除非另外指明，本节给出的所有模拟结果都是针对初始粒径为 1nm、数量为 5000 的 MC 系统的。

与以往的结块研究[44]不同，这里结块与氧化之间的非线性能量耦合，表现在平均粒子温度$\langle T_p\rangle$的急剧上升。背景温度 T_g从 400K 到 1000K、1400K 时产生独特的双模态温度曲线(图 9.21(a))。$\langle T_p\rangle$早期上升(图 9.21(a)中的粗大箭头)，随后的降低，并形成第二个峰值，最后与 T_g平衡。在早期阶段，较高的 T_g促进热被激活的过程，如碰撞结块事件竞争引起的非等温结块($\tau_f\ll\tau_{coll}$，图 9.21(b))，以及 O_2和熔融铝(在这种情况下) 扩散通过相对较薄的氧化物层。当$\langle T_p\rangle>1000K$ 时，增强的 Al 扩散促进快速氧化，导致硬氧化物壳层的形成，进而延缓结块，导致$\langle T_p\rangle$的暂时降低。但氧化物壳绝热性也延缓了铝核的导热和蒸发热损失，对于小团簇尺寸(d_{prim}为 4.7nm、8.4nm，T_g为 1000K、1400 K，分别见图 9.21(b))，激活以金属-金属氧化物烧结为主的第二放热机制(图 9.21(a)和

图 9.21(b)中的 $\tau_f \ll \tau_{coll}$)。厚氧化膜阻碍 Al 和 O_2的扩散和通过最后氧化阶段结束结块($\tau_f > \tau_{coll}$,图 9.21(b))。最终,具有大的表面体积比 ζ_{SV}的类分形结构(图 9.22),促进蒸发和热导的热损失,使$\langle T_p \rangle$松弛回到 T_g。

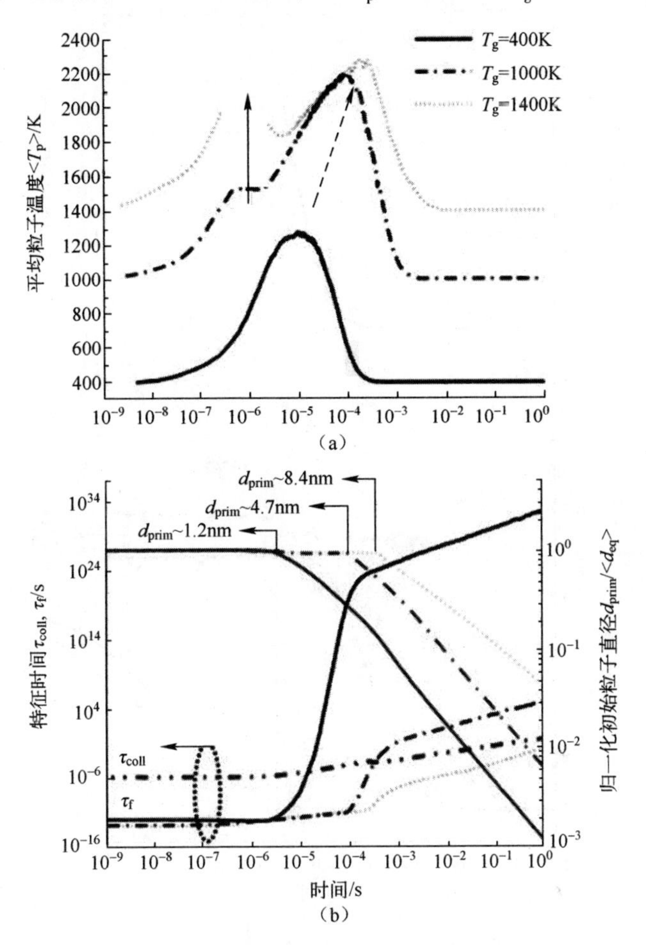

图 9.21 粒子温度 T_p随时间的变化;特征碰撞时间 τ_{coll}融并时间 τ_f(黑线,Y 左轴)和等效粒子直径(d_{prim}/d_{eq})(灰线,Y 右轴),T_g为 400K、1000K、1400K($p_g = 1\text{atm}, \phi = 10^{-6}$),相应的对于不同 T_g下,标记了当 $d_{prim}/d_{eq} \gg 1$ 时 d_{prim}值

与上述事件的顺序有关,形态演变(图 9.22(a))表明,T_g的增加延迟了 τ_f和 τ_{coll}之间的交叉点。这与具有较大的 d_{prim}(图 9.21(b))非球形团簇($D_s>2$) 和较低的ζ_{SV}(图 9.22(a))的形成是一致的。而在 $T_g = 400$K 时,类分形结构($D_s>2$)的早期出现与$\langle T_p \rangle$中的峰相一致,粒子继续结合成球体($D_s = 2$),直到 T_g 为 1000K、1400K 的$\langle T_P \rangle$(图 9.21(a))的第二个峰。最后,类分形聚集体($D_s = 3$)

形成,使ζ_{SV}降低到一个恒定的下界值,但$T_g=1400K$除外,其中$d\tau_f/dt\approx d\tau_{coll}/dt$(图9.21(b))促进部分烧结的非球形粒子形成($D_s<2.25$,图9.22(a))。

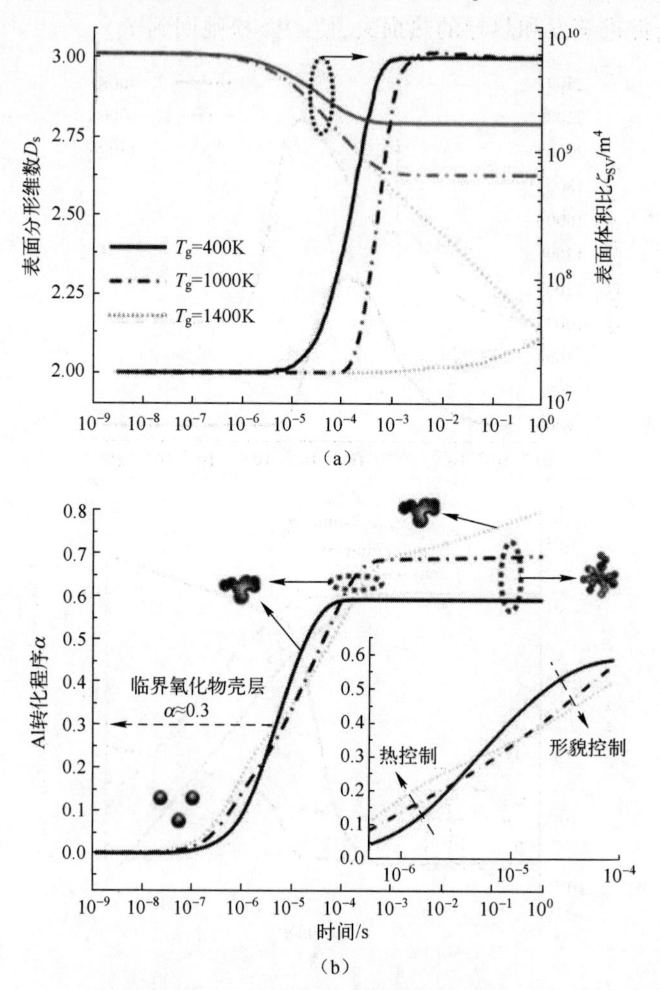

图9.22　表面分形维数D_s(黑线;Y左轴)和表面体积比ζ_{SV}(灰线,Y右轴)随时间的变化,以及在NP合成中Al的转化程度α随时间的变化,T_g为400K、1000K、1400K($p_g=1atm,\phi=10^{-6}$)

注:示意图表示在粒子形成的不同阶段(内嵌放大拐点附近的α,即临界氧化物壳层,$\alpha\approx0.3$)的相应形态。

在图9.22(b)中,对$T_g=400K$氧化程度α表示球形粒子($D_s=2$)氧化到$4\times10^{-6}s$(图9.22(a))形成临界壳层(图9.22(b)中$\alpha=0.3$),超过具有过量表面积部分烧结非球形粒子(图9.22(a)中的$D_s\approx2\sim2.5$),促使α达到最大值($\alpha=0.59,d\alpha/dt\approx0$,在图9.22(b)中)。但当$T_g$为1000K、1400K时,$\langle T_P\rangle$曲线

的第一个峰沉降(图9.21(a)),与$\alpha=0.3$相一致(图9.22(b)),表示到目前为止,表面氧化是主要的放热贡献者。在后期,直到约10^{-4} s球形粒子的形成($D_s=2$)(图9.22(a)),意味着结块占主导(如前面所讨论的),其中大部分氧化(>85%)已经接踵而至(图9.22(b))。最终,当非球形粒子(D_s为2~2.5)在$T_g=1000$K时后面时间($>10^{-4}$s),α和分形维数($D_s=3$)达到最大值。而$T_g=1400$K时,粒子的α值继续表现出稳步上升(图9.22(b))。$\alpha=0.3$的拐点(如图9.22(b)所示,$T_g=1400$K很突出)将两种能量状态分开:

(1)在临界氧化膜形成之前,热控制氧化促使α随T_g的升高而升高。

(2)超过此点,形态控制氧化,其中$T_g=400$K的非球形粒子(D_s为2~2.5(来自图9.22(a)),$T_p>1000$K(来自图9.21(a))获得高于其他T_g的α值(由图9.22(a)可见,直到约10^{-4}s时$D_s=2$,同时由图9.21(a)可知$T_p>1200$K)。这是由$T_g=1400$K的例子特别说明(图9.22(b))。

为了探讨经典氧化机制的作用,图9.23比较了KMC模拟(t_{MC})与典型反应($t_{Reaction}$)和扩散控制过程($t_{Diffusion}$)的滞留时间,理论上根据通过扩散($T_{Diffusion}$)或反应($T_{Reaction}$)完全转化的特征时间确定为[150]

$$\frac{t_{Reaction}}{T_{Reaction}}=1-(1-\alpha)^{1/3} \tag{9.74a}$$

式中

$$T_{Reaction}=\frac{\rho_{mol(Al)}d_p}{(8/3)k_f C_{O,\infty}}$$

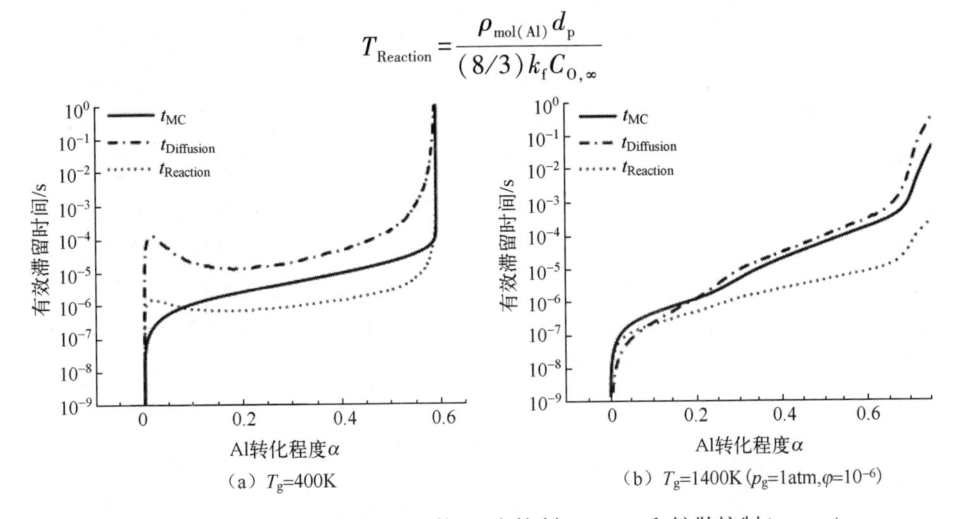

图9.23　作为转化程度α的函数,反应控制($t_{Reaction}$)和扩散控制($t_{Diffusion}$)氧化机理的理论滞留时间变化,根据式(9.74a)和式(9.74b)计算结果与KMC模拟滞留时间(t_{MC})比较

$$\frac{t_{\text{Diffusion}}}{T_{\text{Diffusion}}}=1-3(1-\alpha)^{2/3}+2(1-\alpha) \tag{9.74b}$$

式中

$$T_{\text{Diffusion}}=\frac{\rho_{\text{mol(Al)}}d_p^2}{32D_{O_2|\text{Ash}}C_{O,\infty}}$$

其中：$\rho_{\text{mol(Al)}}$为 Al 的摩尔密度(mol/m^3)。

对 $T_g=400K$，不像常见纳米粒子氧化模型[12,139]，机制从反应受限开始，随着粒子的形成，在扩散和反应限制区之间转变（形态控制的），而对于 $T_g=1400K$，氧化则是在初始氧化物壳层形成后立即发生的。在此基础上，t_{MC}一致遵循扩散限制机制的发展趋势（以热激活为主的结块），从而导致 α 的持续增长，如上面所讨论的那样。

在不同的背景气体压力 p_g 和体积负载 ϕ 也进行了类似的研究。这些研究还表明了人们所熟悉的双模态温度轮廓，说明了类分形 Al 纳米粒子，在放热型结块中的介导表面氧化过程中的能量行为。较低的气体压力和较低的体积负载下，聚集体的能量行为得到增强，在前一种情况下，由于缺乏气体分子来促进纳米粒子的散热，在后一种情况下，较低粒子浓度引起的碰撞减少，促进了放热结块。有关这些研究的更多详情可参见文献[49]。

4. 结块驱动类分形形态对 Al/Al_2O_3 纳米粒子表面氧化的影响

本部分研究的独特贡献可以通过比较 Al 纳米粒子氧化的结果来实现，初始直径 $d_{ini}\approx 1nm$，在 $T_g=400K$ 和 $p_g=1atm$ 的条件下，考虑：①通过碰撞机理产生的非球形纳米粒子的介导式放热结块的形态形成；②在碰撞粒子瞬间结块成球的假设下无形态变化或放热型结块。如图 9.24(a)、(b)所示，对 $T_g=400K$，当情况①中的粒子从球形($D_s=2$)形成类分形结构($D_s=3$)时，转化程度 α 对于情况①来说明显高于情况②(1 黑线和 2 灰线)。与此相结合的是，形貌复杂、比表面积大的粒子(情况①)的最终的 ζ_{SV}(图 9.24(b))明显高于球形粒子(情况②)，从而支持情况①α 的增强。此外，在情况①中，与瞬间结块的球形粒子相比，类分形聚集体的出现(图 9.24(a)中的 $D_s>2$)会产生体积等效直径 d_{eq} 更大的粒子(图 9.24(b))。结果表明，对于情况①，在 $d_{eq}<10nm$($t\approx 10^{-4}s$)的尺寸范围内，相当数量的氧化发生($\alpha\approx 0.59$)。在早期阶段球形粒子中，增强结块介导的热活性占据主导地位，直到 $d_{eq}>1.5nm$($t\approx 4\times 10^{-6}s$)，超过此后，直到 $d_{eq}\approx 10nm$($t\approx 10^{-4}s$)时，由结块介导的非球形形态驱动最后阶段粒子氧化，即 α 为 0.3~0.59 时，D_s 为 2~2.5(如之前讨论的)。相比较而言，情况②的速度显得要慢得多，然而，无论粒子直径或形态如何，它在整个形成过程中都会持续上升。

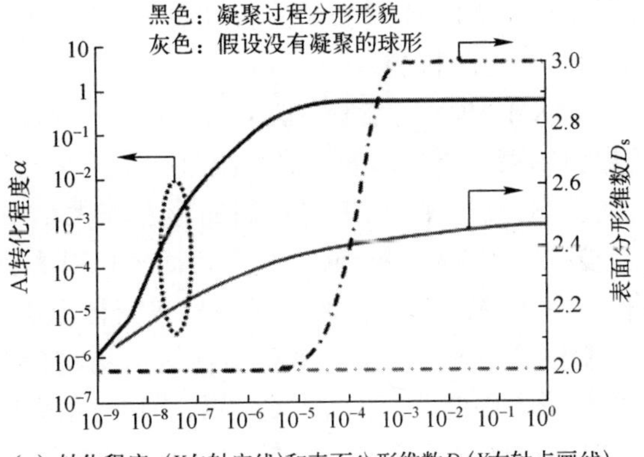

（a）转化程度α(Y左轴实线)和表面分形维数D_s(Y右轴点画线)

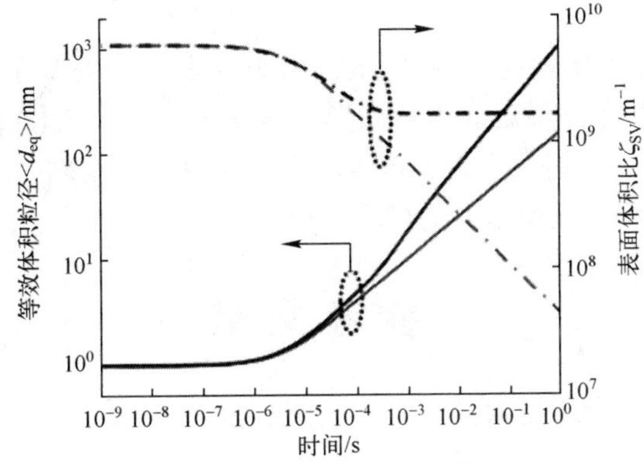

（b）体积等效直径d_{eq}(Y左轴上的实线)和表面体积比ζ_{SV}(Y右轴点画线)

图 9.24　KMC 模拟的时间变化比较

注：d_{ini} = 1nm，T_g = 400K，p_g = 1atm，$\phi = 10^{-6}$，

放热型结块介导的形态形成（黑线）和假定粒子是球形，没有任何结块（灰色线）。

9.5　结　　论

本章讨论了各种计算模型的发展，以研究通过气溶胶途径生长的金属 NP 的归趋、迁移和演化。结果和讨论表明，在气相合成金属 NP 过程中，工艺参数在定制其最终尺寸、形状、组成和结构方面起着重要作用，这反过来又调整表面反应性和能量行为。从碳纳米管假设得到的均匀成核被引入作为第一步，到作为新的纳米相结构临界团簇的起始。此外，我们援引了一个偏离 CNT 的理论模型的讨论，其中包括与尺寸有关的表面张力的作用，以及我们最近发现的用于气相成核研究的吉布斯自由能驱动的 KMC 模型，以及关于小团簇尺寸的稳态假设的崩溃。对于种子 NP,通过表面生长和凝固,临界团簇的大小、形状和形成速率,决定了后续的生长机制。

我们提出了一个 KMC 模型, 考虑到 NP 碰撞/结块现象的系综效应,不受粒子直径分布的先验约束。典型的非等温结块过程中的热产生对金属 NP 的结块动力学有很大的影响,反过来,在决定它们的形态和大小中扮演了一个重要角色。最后,进一步扩展了 KMC 模型,研究了表面氧化对类分形纳米团聚体形成和生长的影响。这些结果说明了过程参数 (背景气体温度、气体压力和颗粒体积负载)用于定制气相合成金属/金属氧化物纳米结构的能量特性的作用。特别地, 类分形颗粒形态中的非等温结块结果与用瞬时结块球形粒子的假设得到的结果相比较,对前面情况的非球形金属 NP 的表面氧化,清楚地表明了这一作用。

本章整合的计算研究,为我们继续努力开发统一的基于 KMC 模型、模拟 NP 生命周期从开始到最后的生长和形成氧化的(表面钝化) 类分形聚集体的工作铺平了道路。这些研究将为基本的理论理解奠定基础,并与气相合成生成的金属 NP 的历程的试验结果进行了比较。

参考文献

[1] RenieJ et al (1982) Aluminum particle combustion in composite solid propellants. Purdue University, West Lafayette,Ind

[2] Bakhman N,Belyaev A,Kondrashkov YA (1970) Influence of the metal additives onto the burning rate of the model solid rocket propellants. Phys Combust Explos 6:93

[3] Chiaverini MJ et al (1997) Instantaneous regression behavior of HTPB solid fuels burning with GOX in a simulated hybrid rocket motor. Int J Energ Mat Chem Propul 4(1-6)

[4] Mench M,Yeh C,Kuo K (1998) Propellant burning rate enhancement and thermal behavior of ultra-fine aluminum powders(Alex). Energ Mat-Prod,Process Charac 30-1

[5] Ritter H, Braun S (2001) High explosives containing ultrafine aluminum ALEX. Propellants,Explos,Pyrotech 26(6):311-314

[6] Ilyin A et al (2002) Characterization of aluminum powders I. Parameters of reactivity of aluminum powders. Propellants Explos Pyrotech 27(6):361-364

[7] Brousseau P,Anderson CJ (2002) Nanometric aluminum in explosives. Propellants,Explos, Pyrotech 27(5):300-306

[8] Weiser V,Kelzenberg S,Eisenreich N (2001) Influence of the metal particle size on the ignition of energetic materials. Propellants,Explos,Pyrotech 26(6):284-289

[9] Pantoya ML,Granier JJ (2005) Combustion behavior of highly energetic thermites: nano versus micron composites. Propellants,Explos,Pyrotech 30(1):53-62

[10] Pivkina A et al (2004) Nanomaterials for heterogeneous combustion. Propellants, Explos, Pyrotech 29(1):39-48

[11] van der Heijden AEDM et al (2006) Processing, application and characterization of (ultra) fine and nanometric materials in energetic compositions. Shock Compression Condens Matter Pts 1 and 2 845:1121-1126

[12] Rai A et al (2006) Understanding the mechanism of aluminium nanoparticle oxidation. Combust Theor Model 10(5):843-859

[13] Mason BA et al (2013) Combustion performance of several nanosilicon-based nanoenergetics. J Propul Power 29(6):1435-1444

[14] Piekiel NW et al (2013) Combustion and material characterization of porous silicon nanoenergetics. In: 26th Ieee international conference on micro electro mechanical systems (Mems 2013) p 449-452

[15] Thiruvengadathan R et al (2012) Combustion characteristics of silicon - based nanoenergetic formulations with reduced electrostatic discharge sensitivity. Propellants, Explos, Pyrotech 37(3):359-372

[16] Prakash A, McCormick AV, Zachariah MR (2005) Synthesis and reactivity of a super-reactive metastable intermolecular composite formulation of Al/$KMnO_4$. Adv Mat 17(7): 900-903.

[17] Perry WL et al (2004) Nano-scale tungsten oxides for metastable intermolecular composites. Propellants, Explos, Pyrotech 29(2):99-105

[18] Perry WL et al (2007) Energy release characteristics of the nanoscale aluminum-tungsten oxide hydrate metastable intermolecular composite. J Appl Phys 101(6)

[19] Berner MK, Zarko VE, Talawar MB (2013) Nanoparticles of energetic materials: synthesis and properties (review). Combust Explosion Shock Waves 49(6):625-647

[20] Prakash A, McCormick AV, Zachariah MR (2005) Tuning the reactivity of energetic nanoparticles by creation of a core-shell nanostructure. Nano Lett 5(7):1357-1360

[21] Zhang KL et al (2007) Synthesis of large-area and aligned copper oxide nanowires from copper thin film on silicon substrate. Nanotechnology 18(27)

[22] Prakash A, McCormick AV, Zachariah MR (2004) Aero-sol-gel synthesis of nanoporous iron-oxide particles: A potential oxidizer for nanoenergetic materials. Chem Mater 16 (8): 1466-1471

[23] Subramanian S et al (2008) Nanoporous silicon based energetic materials, DTIC Document

[24] Blobaum KJ et al (2003) Deposition and characterization of a self-propagating CuOx/Al thermite reaction in a multilayer foil geometry. J Appl Phys 94(5):2915-2922

[25] Ma E et al (1990) Self-propagating explosive reactions in Al/Ni multilayer thin-films. Appl Phys Lett 57(12):1262-1264

[26] GenM, ZiskinM, Petrov I (1959) A study of the dispersion of aluminium aerosols as dependent on the conditions of their formation. Doklady Akademii Nauk SSSR 127(2):366

-368

[27] Kwon YS et al (2003) Passivation process for superfine aluminum powders obtained by electrical explosion of wires. Appl Surf Sci 211(1-4):57-67

[28] Kwon YS et al (2007) Properties of powders produced by electrical explosions of copper-nickel alloy wires. Mater Lett 61(14-15):3247-3250

[29] Sarathi R, Sindhu TK, Chakravarthy SR (2007) Generation of nano aluminium powder through wire explosion process and its characterization. Mater Charact 58(2):148-155

[30] Tillotson TM et al (2001) Nanostructured energetic materials using sol-gel methodologies. J Non-Cryst Solids 285(1-3):338-345

[31] Jacobson MZ, Turco RP (1995) Simulating condensational growth, evaporation, and coagulation of aerosols using a combined moving and stationary size grid. Aerosol Sci Technol 22(1):73-92

[32] BiswasP et al (1997) Characterization of iron oxide-silica nanocomposites in flames. 2. Comparison of discrete-sectional model predictions to experimental data. J Mater Res 12(3):714-723

[33] Landgrebe JD, Pratsinis SE (1990) A discrete-sectional model for particulate production by gas-phase chemical-reaction and aerosol coagulation in the free-molecular regime. J Colloid Interface Sci 139(1):63-86

[34] Lehtinen KEJ, Zachariah MR (2001) Self-preserving theory for the volume distribution of particles undergoing Brownian coagulation. J Colloid Interface Sci 242(2):314-318

[35] Girshick SL, Chiu CP (1989) homogeneous nucleation of particles from the vapor-phase inthermal plasma synthesis. Plasma Chem Plasma Process 9(3):355-369 336 D. Mukherjee and S. A. Davari

[36] Panda S, Pratsinis SE (1995) Modeling the synthesis of aluminum particles by evaporation-condensation in an aerosol flow reactor. Nanostruct Mater 5(7-8):755-767

[37] Prakash A, Bapat AP, Zachariah MR (2003) A simple numerical algorithm and software for solution of nucleation, surface growth, and coagulation problems. Aerosol Sci Technol 37(11):892-898

[38] Mukherjee D, Prakash A, Zachariah MR (2006) Implementation of a discrete nodal model to probe the effect of size-dependent surface tension on nanoparticle formation and growth. J Aerosol Sci 37(10):1388-1399

[39] Zachariah MR, Carrier MJ (1999) Molecular dynamics computation of gas-phase nanoparticle sintering: a comparison with phenomenological models. J Aerosol Sci 30 (9):1139-1151

[40] Yasuoka K, Matsumoto M (1998) Molecular dynamics of homogeneous nucleation in the vapor phase. I. Lennard-Jones fluid. J Chem Phys 109(19):8451-8462

[41] Lummen N, Kraska T (2005) Molecular dynamics investigation of homogeneous nucleation and cluster growth of platinum clusters from supersaturated vapour. Nanotechnology 16(12):2870-2877

[42] Li ZH et al (2007) Free energies of formation of metal clusters and nanoparticles from molecular simulations: Al-n with n=2-60. J Phys Chem C 111(44):16227-16242

[43] McGreevy RL (2001) Reverse Monte Carlo modelling. J Phys-Condens Matter 13(46): R877-R913

[44] Mukherjee D, Sonwane CG, Zachariah MR (2003) Kinetic Monte Carlo simulation of the effect of coalescence energy release on the size and shape evolution of nanoparticles grown as an aerosol. J Chem Phys 119(6):3391-3404

[45] Gillespie DT (1975) Exact method for numerically simulating stochastic coalescence process in a cloud. J Atmos Sci 32(10):1977-1989

[46] Liffman K (1992) A direct simulation Monte-Carlo method for cluster coagulation. J Comput Phys 100(1):116-127

[47] Kruis FE, Maisels A, Fissan H (2000) Direct simulation Monte Carlo method for particle coagulation and aggregation. AIChE J 46(9):1735-1742

[48] Efendiev Y, Zachariah MR (2002) Hybrid Monte Carlo method for simulation of two-component aerosol coagulation and phase segregation. J Colloid Interface Sci 249(1):30-43

[49] Mukherjee D, Wang M, Khomami B (2012) Impact of particle morphology on surface oxidation of nanoparticles: a kinetic Monte Carlo based study. AIChE J 58(11):3341-3353

[50] Auer S, Frenkel D (2001) Prediction of absolute crystal-nucleation rate in hard-sphere colloids. Nature 409(6823):1020-1023

[51] Valeriani C et al (2007) Computing stationary distributions in equilibrium and nonequilibrium systems with forward flux sampling. J Chem Phys 127(11)

[52] Allen RJ, Valeriani C, Ten Wolde PR (2009) Forward flux sampling for rare event simulations. J Phys-Condens Matter 21(46)

[53] Katz JL et al (1976) Condensation of a supersaturated vapor. Ⅲ. The homogeneous nucleation of CCl_4, $CHCl_3$, CCl_3F, and $C_2H_2C_{14}$. J Chem Phys 65(1):382-392

[54] Katz JL (1970) Condensation of a Supersaturated Vapor. Ⅰ. The homogeneous nucleation of the n-alkanes. J Chem Phys 52(9):4733-4748

[55] Oxtoby DW (1992) Homogeneous nucleation: theory and experiment. J Phys: Condens Matter 4(38):7627

[56] Rusyniak M et al (2001) Vapor phase homogeneous nucleation of higher alkanes: dodecane, hexadecane, and octadecane. 1. Critical supersaturation and nucleation rate measurements. J Phys Chem B 105(47):11866-11872

[57] Finney EE, Finke RG (2008) Nanocluster nucleation and growth kinetic and mechanistic studies: a review emphasizing transition-metal nanoclusters. J Colloid Interface Sci 317(2):351-374

[58] Schmitt JL (1981) Precision expansion cloud chamber for homogeneous nucleation studies. Rev Sci Instrum 52(11):1749-1754 Computational Modeling for Fate, Transport and Evolution of … 337

[59] Wagner P, Strey R (1981) Homogeneous nucleation rates of water vapor measured in a two-piston expansion chamber. J Phys Chem 85(18):2694-2698

[60] Hameri K, Kulmala M (1996) Homogeneous nucleation in a laminar flow diffusion chamber: the effect of temperature and carrier gas on dibutyl phthalate vapor nucleation rate at high supersaturations. J Chem Phys 105(17):7696-7704

[61] Anisimov MP, Hameri K, Kulmala M (1994) Construction and test of laminar-flow diffusion chamber-homogeneous nucleation of Dbp and N-hexanol. J Aerosol Sci 25(1):23-32

[62] Wyslouzil BE et al (1991) Binary nucleation in acid water-systems. 2. Sulfuric-acid water and a comparison with methanesulfonic-acid water. J Chem Phys 94(10):6842-6850

[63] Viisanen Y, Kulmala M, Laaksonen A (1997) Experiments on gas-liquid nucleation of sulfuric acid and wafer. J Chem Phys 107(3):920-926

[64] Fisk JA et al (1998) The homogeneous nucleation of cesium vapor. Atmos Res 46(3-4):211-222

[65] Ferguson FT, Nuth JA (2000) Experimental studies of the vapor phase nucleation of refractory compounds. V. The condensation of lithium. J Chem Phys 113(10):4093-4102

[66] Zhang RY et al (2012) Nucleation and growth of nanoparticles in the atmosphere. Chem Rev112(3):1957-2011

[67] Lu HM, Jiang Q (2005) Size-dependent surface tension and Tolman's length of droplets. Langmuir 21(2):779-781

[68] Lai SL et al (1996) Size-dependent melting properties of small tin particles: nanocalorimetric measurements. Phys Rev Lett 77(1):99-102

[69] Tomanek D, Schluter MA (1986) Calculation of magic numbers and the stability of small Siclusters. Phys Rev Lett 56(10):1055-1058

[70] Boustani I et al (1987) Systematic ab initio configuration-interaction study of alkali-metal clusters: Relation between electronic structure and geometry of small Li clusters. Phys Rev B 35(18):9437

[71] Li ZH, Truhlar DG (2008) Cluster and nanoparticle condensation and evaporation reactions. Thermal rate constants and equilibrium constants of Al(m) + Al(n-m) <-> Al(n) with n=2-60 and m=1-8. J Phys Chem C 112(30):11109-11121

[72] Girshick SL, Agarwal P, Truhlar DG (2009) Homogeneous nucleation with magic numbers: aluminum. J Chem Phys 131(13)

[73] Wyslouzil BE, Seinfeld JH (1992) Nonisothermal homogeneous nucleation. J Chem Phys 97 (4):2661-2670

[74] Barrett JC (2008) A stochastic simulation of nonisothermal nucleation. J Chem Phys 128 (16)

[75] Domilovsky ER, Lushnikov AA, Piskunov VN (1979) Monte-Carlo simulation of coagulation processes. Izvestiya Akademii Nauk Sssr Fizika Atmosfery I Okeana 15 (2):194-201

[76] Debry E, Sportisse B, Jourdain B (2003) A stochastic approach for the numerical

simulation of the general dynamics equation for aerosols. J Comput Phys 184(2):649-669

[77] Garcia A et al (1987) A Monte Carlo method of coagulation. Phys A 143:535-546

[78] Smith M, Matsoukas T (1998) Constant-number Monte Carlo simulation of population balances. Chem Eng Sci 53(9):1777-1786

[79] Efendiev Y, Zachariah MR (2003) Hierarchical hybrid Monte-Carlo method for simulation of two-component aerosol nucleation, coagulation and phase segregation. J Aerosol Sci 34(2):169-188

[80] Davari SA, Mukherjee D (2017) Kinetic Monte Carlo simulation for homogeneous nucleation of metal nanoparticles during vapor phase synthesis. AIChE J. Accepted. doi:10.1002/aic.15887

[81] Pratsinis SE (1998) Flame aerosol synthesis of ceramic powders. Prog Energy Combust Sci24(3):197-219

[82] Mench MM et al (1998) Comparison of thermal behavior of regular and ultra-fine aluminum powders (Alex) made from plasma explosion process. Combust Sci Technol 135(1-6):269-292

[83] OzakiY, Ichinose N, Kashū S (1992) Superfine particle technology. Springer, Berlin 338 D. Mukherjee and S. A. Davari

[84] Megaridis CM, Dobbins RA (1990) Morphological description of flame-generated materials. Combust Sci Technol 71(1-3):95-109

[85] Friedlander SK (1977) Smoke, dust and haze: Fundamentals of aerosol behavior. Wiley-Interscience, New York, vol 333, p 1

[86] Lehtinen KEJ, Zachariah MR (2001) Effect of coalescence energy release on the temporal shape evolution of nanoparticles. Phys Rev B 63(20)

[87] Windeler RS, Lehtinen KEJ, Friedlander SK (1997) Production of nanometer-sized metal oxide particles by gas phase reaction in a free jet. 2. Particle size and neck formation - Comparison with theory. Aerosol Sci Technol 27(2):191-205

[88] Windeler RS, Friedlander SK, Lehtinen KEJ (1997) Production of nanometer-sized metal oxide particles by gas phase reaction in a free jet. 1. Experimental system and results. Aerosol Sci Technol 27(2):174-190

[89] Tsantilis S, Pratsinis SE (2000) Evolution of primary and aggregate particle-size distributions by coagulation and sintering. AIChE J 46(2):407-415

[90] Ehrman SH, Friedlander SK, Zachariah MR (1998) Characteristics of SiO_2/TiO_2 nanocomposite particles formed in a premixed flat flame. J Aerosol Sci 29(5-6):687-706

[91] Schweigert IV et al (2002) Structure and properties of silica nanoclusters at high temperatures. Phys Rev B 65(23)

[92] Kruis FE et al (1993) A simple-model for the evolution of the characteristics of aggregate particles undergoing coagulation and sintering. Aerosol Sci Technol 19(4):514-526

[93] Xing YC, Rosner DE (1999) Prediction of spherule size in gas phase nanoparticle synthesis. J Nanopart Res 1(2):277-291

[94] Freund HJ, Bauer SH (1977) Homogeneous nucleation in metal vapors. 2. Dependence of heat of condensation on cluster size. J Phys Chem 81(10):994-1000

[95] Lehtinen K, Zachariah M (2001) Energy accumulation during the coalescence and coagulation of nanoparticles. Phys Rev B 63(20):205402

[96] Zachariah MR, Carrier MJ, BlaistenBarojas E (1996) Properties of silicon nanoparticles: a molecular dynamics study. J Phys Chem 100(36):14856-14864

[97] Koch W, Friedlander SK (1990) The effect of particle coalescence on the surface-area of a coagulating aerosol. J Colloid Interface Sci 140(2):419-427

[98] Wu MKet al (1993) Controlled synthesis of nanosized particles by aerosol processes. Aerosol Sci Technol 19(4):527-548

[99] Martin DL, Raff LM, Thompson DL (1990) Silicon dimer formation by three-body recombination. J Chem Phys 92(9):5311-5318

[100] Yaws C (1994) Handbook of vapor pressure. Gulf Pub. Co., Houston

[101] Buffat P, Borel JP (1976) Size effect on the melting temperature of gold particles. Phys Rev A 13(6):2287

[102] Tandon P, Rosner DE (1999) Monte Carlo simulation of particle aggregation and simultaneous restructuring. J Colloid Interface Sci 213(2):273-286

[103] Iida T et al (2000) Equation for estimating viscosities of industrial mold fluxes. High Temp Mater Processes (London) 19(3-4):153-164

[104] Hansen K, Campbell EEB (1998) Thermal radiation from small particles. Phys Rev E 58 (5):5477-5482

[105] Kumar S, Tien CL (1990) Dependent absorption and extinction of radiation by small particles. J Heat Transfer-Trans Asme 112(1):178-185

[106] Tomchuk PM, Tomchuk BP (1997) Optical absorption by small metallic particles. J Exp Theor Phys 85(2):360-369

[107] Altman IS et al (2001) Experimental estimate of energy accommodation coefficient at high temperatures. Phys Rev E 64(5)

[108] Bohren CF, Huffman DR (1983) Absorption and scattering by a sphere. Absorption Scattering Light Small Part 82-129

[109] Siegel R, Howel J (1992) Thermal radiation heat transfer. Hemisphere Publishing Corp, Washington DC Computational Modeling for Fate, Transport and Evolution of ... 339

[110] Rosner DE, Yu SY (2001) MC simulation of aerosol aggregation and simultaneous spheroidization. AIChE J 47(3):545-561

[111] Norris JR (1999) Smoluchowski's coagulation equation: uniqueness, nonuniqueness and a hydrodynamic limit for the stochastic coalescent. Ann Appl Probab 9(1):78-109

[112] Kostoglou M, Konstandopoulos AG (2001) Evolution of aggregate size and fractal dimension during Brownian coagulation. J Aerosol Sci 32(12):1399-1420

[113] Gooch JRV, Hounslow MJ (1996) Monte Carlo simulation of size - enlargement

mechanisms in crystallization. AIChE J 42(7):1864-1874

[114] Shah BH, Ramkrishna D, Borwanker JD (1977) Simulation of particulate systems using concept of interval of quiescence. AIChE J 23(6):897-904

[115] Friedlander SK, Wu MK (1994) Linear rate law for the decay of the excess surface-area of a coalescing solid particle. Phys Rev B 49(5):3622-3624

[116] Vemury S, Kusters KA, Pratsinis SE (1994) Time-lag for attainment of the self-preserving particle-size distribution by coagulation. J Colloid Interface Sci 165(1):53-59

[117] Rosner DE (2005) Flame synthesis of valuable nanoparticles: Recent progress/current needs in areas of rate laws, population dynamics, and characterization. Ind Eng Chem Res 44 (16):6045-6055

[118] Strobel R, Pratsinis SE (2007) Flame aerosol synthesis of smart nanostructured materials. J Mater Chem 17(45):4743-4756

[119] Bapat A et al (2004) Plasma synthesis of single-crystal silicon nanoparticles for novel electronic device applications. Plasma Phys Controlled Fusion 46:B97-B109

[120] Holunga DM, Flagan RC, Atwater HA (2005) A scalable turbulent mixing aerosol reactor for oxide-coated silicon nanoparticles. Ind Eng Chem Res 44(16):6332-6341

[121] Kommu S, Wilson GM, Khomami B (2000) A theoretical/experimental study of silicon epitaxy in horizontal single-wafer chemical vapor deposition reactors. J Electrochem Soc 147 (4):1538-1550

[122] Gelbard F, Tambour Y, Seinfeld JH (1980) Sectional representations for simulating aerosol dynamics. J Colloid Interface Sci 76(2):541-556

[123] Frenklach M, Harris SJ (1987) Aerosol dynamics modeling using the method of moments. J Colloid Interface Sci 118(1):252-261

[124] Whitby ER, McMurry PH (1997) Modal aerosol dynamics modeling. Aerosol Sci Technol 27(6):673-688

[125] KommuS, Khomami B, Biswas P (2004) Simulation of aerosol dynamics and transport in chemically reacting particulate matter laden flows. Part I: algorithm development and validation. Chem Eng Sci 59(2):345-358

[126] Garrick SC, Lehtinen KEJ, Zachariah MR (2006) Nanoparticle coagulation via a Navier-Stokes/nodal methodology: Evolution of the particlefield. J Aerosol Sci 37(5):555-576

[127] Tsantilis S, Pratsinis SE (2004) Soft- and hard-agglomerate aerosols made at high temperatures. Langmuir 20(14):5933-5939

[128] Wu MK, Friedlander SK (1993) Enhanced power-law agglomerate growth in the free-molecule regime. J Aerosol Sci 24(3):273-282

[129] Maricq MM (2007) Coagulation dynamics of fractal-like soot aggregates. J Aerosol Sci 38(2):141-156

[130] Zurita-Gotor M, Rosner DE (2002) Effective diameters for collisions of fractal-like aggregates: Recommendations for improved aerosol coagulation frequency predictions. J

Colloid Interface Sci 255(1):10-26

[131] Schmid HJ et al (2006) Evolution of the fractal dimension for simultaneous coagulation and sintering. Chem Eng Sci 61(1):293-305

[132] Zhou L et al (2008) Ion-mobility spectrometry of nickel nanoparticle oxidation kinetics: application to energetic materials. J Phys Chem C 112(42):16209-16218

[133] Dikici B et al (2009) Influence of aluminum passivation on the reaction mechanism: flame propagation studies. Energy Fuels 23:4231-4235

[134] Wang CM et al (2009) Morphology and electronic structure of the oxide shell on the surface of iron nanoparticles. J Am Chem Soc 131(25):8824-8832 340 D. Mukherjee and S. A. Davari

[135] Rai A et al (2004) Importance of phase change of aluminum in oxidation of aluminum nanoparticles. J Phys Chem B 108(39):14793-14795

[136] Sun J, Pantoya ML, Simon SL (2006) Dependence of size and size distribution on reactivity of aluminum nanoparticles in reactions with oxygen and MoO_3. Thermochim Acta 444(2):117-127

[137] Trunov MA et al (2005) Effect of polymorphic phase transformations in Al_2O_3 film on oxidation kinetics of aluminum powders. Combust Flame 140(4):310-318

[138] Aumann CE, Skofronick GL, Martin JA (1995) Oxidation behavior of aluminum nanopowders. J Vac Sci Technol, B 13(3):1178-1183

[139] Park K et al (2005) Size-resolved kinetic measurements of aluminum nanoparticle oxidation with single particle mass spectrometry. J Phys Chem B 109(15):7290-7299

[140] Mukherjee D, Rai A, Zachariah MR (2006) Quantitative laser-induced breakdown spectroscopy for aerosols via internal calibration: application to the oxidative coating of aluminum nanoparticles. J Aerosol Sci 37(6):677-695

[141] Alavi S, Mintmire JW, Thompson DL (2005) Molecular dynamics simulations of the oxidation of aluminum nanoparticles. J Phy Chem B 109(1):209-214

[142] Vashishta P, Kalia RK, Nakano A (2006) Multimillion atom simulations of dynamics of oxidation of an aluminum nanoparticle and nanoindentation on ceramics. J Phys Chem B 110(8):3727-3733

[143] Zhang F, Gerrard K, Ripley RC (2009) Reaction mechanism of aluminum-particle-air detonation. J Propul Power 25(4):845-858

[144] Trunov MA et al (2006) Oxidation and melting of aluminum nanopowders. J Phys Chem B 110(26):13094-13099

[145] Xiong Y, Pratsinis SE (1993) Formation of agglomerate particles by coagulation and sintering. 1. A 2-dimensional solution of the population balance equation. J Aerosol Sci 24(3):283-300

[146] Mandelbrot BB (1983) The fractal geometry of nature 173 (Macmillan)

[147] Meakin P, Witten TA (1983) Growing interface in diffusion-limited aggregation. Phys

Rev A 28(5):2985-2989

[148] Schmidtott A (1988) New approaches to insitu characterization of ultrafine agglomerates. J Aerosol Sci 19(5):553-563

[149] Buffat P, Borel JP (1976) Size effect on melting temperature of gold particles. Phys Rev A 13(6):2287-2298

[150] Levenspiel O (1999) Chemical reaction engineering. Ind Eng Chem Res 38(11):4140-4143

[151] German RM (1996) Sintering theory and practice. Wiley, New York

[152] Assael MJ et al (2006) Reference data for the density and viscosity of liquid aluminum and liquid iron. J Phys Chem Ref Data 35(1):285-300

[153] Paradis P-F, Ishikawa T (2005) Surface tension and viscosity measurements of liquid and undercooled alumina by containerless techniques. Jpn J Appl Phys 44:5082-5085

[154] Sarou-Kanian V, Millot F, Rifflet JC (2003) Surface tension and density of oxygen-free liquid aluminum at high temperature. Int J Thermophys 24(1):277-286

[155] Blackburn PE, Buchler A, Stauffer JL (1966) Thermodynamics of vaporization in the aluminum oxide-boron oxide system. J Phys Chem 70(8):2469-2474

[156] Polyak EV, Sergeev SV (1941) Compt Rend (Doklady) Acad Sci URSS 33

[157] Samsonov G (1982) The oxide handbook. Springer, New York

[158] Jensen JE et al (1980) Brookhaven national laboratory selected cryogenic data notebook, U. S. D. O. E. Brookhaven National Laboratory Associated Universities Inc., Editor. Brookhaven national Laboratory Associated Universities: UptUUpton, NY

[159] Munro RG (1997) Evaluated material properties for a sintered alpha-alumina. J Am Ceram Soc 80(8):1919-1928

[160] WeastRC (1989) CRC handbook of chemistry and physics. CRC Press, Boca Raton, FL

[161] Astier M, Vergnon P (1976) Determination of the diffusion coefficients from sintering data of ultrafine oxide particles. J Solid State Chem 19(1):67-73

第10章 用于评估选定的爆炸物组分在环境条件下归趋及迁移的物理性能

Veera M. Boddu, Carmen Costales-Nieves, Reddy Damavarapu,
Dabir S. Viswanath, Manoj K. Shukla

摘 要:弹药化合物的物理性能是评估其在环境中的分布及迁移时所必需的信息,可预测潜在的危险。在选择、设计有效的物理、化学、生物环境修复过程时也需要这些信息。本章总结了与选定的爆炸性组分在三种环境基质,即土壤、水和空气中分布的相关物理化学性能,包括熔点(MP)、沸点(BP)、水溶解度(S_w)、辛醇-水分配系数(K_{ow})、Henry 法则常数(K_H)、蒸汽压(VP)及从文献中获得的模型预测的蒸发焓值 ΔH。列出了共计 16 种能量化合物的实验研究结果。涉及的爆炸性化合物有二硝基苯甲醚(DNAN)、n-甲基-p-硝基苯胺(MNA)、硝基三唑酮(NTO)、三氨基三硝基苯(TATB)、环四甲撑四硝氨(HMX)、环三亚甲基三硝胺(RDX)、2,4,6-三硝基甲苯(TNT)、2,4,6,8,10,12-六硝基-2,4,6,8,10,12-六氮杂异伍兹烷(CL-20)、二氨基二硝基乙烯(DADE)、1,3,3-三硝基氮杂环丁烷(TNAZ)、季戊四醇四硝酸酯(PETN)、2,4-二硝基酚(DNP)、1-甲基-2,4,5-三硝基咪唑(MTNI)、三丙酮三过氧化物(TATP)、2,4,6-三硝基苯甲硝胺(TETRYL)、(2,3,2,-三硝基乙基)-3,6,-二氨基四嗪(BTAT)。采用的预测模型仅限于 EPI 体系、SPARC、以及官能团贡献和 COSMOtherm 软件。将模型预测结果与可用的实验数据进行了比较。本章不是对文献中可用数据的详尽回顾。

Veera M. Boddu,美国农业部农业研究院国家农业利用研究中心植物聚合物研究室,邮箱:Veera. Boddu@ ars. usda. gov。

Carmen Costales-Nieves,美国陆军工程研发中心建筑工程研究实验室环境进程分部。

Reddy Damavarapu,美国皮卡汀尼兵工厂陆军武器研究发展与工程中心动能与战斗部室。

Dabir S. Viswanath,美国密苏里大学原子能技术与工程学院/美国奥斯汀得克萨斯州大学 J. J. Pickle 研究中心。

Manoj K. Shukla,美国陆军工程研发中心环境实验室。

关键词:Henry 法则常数;水-辛醇分离系数;EPI 体系;蒸汽压;水中的溶解度

10.1 引 言

一种爆炸性化合物释放到环境后的归趋及分布主要取决于:化合物的物理化学性能;通常的释放点环境条件;爆炸物的退化及转化。因此,在发展有效的环境预测及修复方法时,精准的物理化学性能是很关键的。在理解爆炸性化合物在环境中的分散和归趋时,物理化学性质如熔点(MP)、沸点(BP)及蒸汽压(VP)都很重要。通常,由于爆炸性化合物需要有专门的安全及操作要点,这些性能很难在实验室通过实验获得。因此,在评估爆炸物的物理性能时,通常依赖模型预测。本章给出了 16 种选定的爆炸性化合物的实验测试结果与模型预测结果。选定的爆炸性化合物有二硝基苯甲醚(DNAN)、n-甲基-p-硝基苯胺(MNA)、硝基三唑酮(NTO)、三氨基三硝基苯(TATB)、环四甲撑四硝氨(HMX)、环三亚甲基三硝胺(RDX)、三硝基甲苯(TNT)、六硝基六氮杂异伍兹烷(CL-20)、二氨基二硝基乙烯(DADE)、1,3,3-三硝基氮杂环丁烷(TNAZ)、季戊四醇四硝酸酯(PETN)、2,4-二硝基酚(DNP)、1-甲基-2,4,5-三硝基咪唑(MTNI)、三丙酮三过氧化物(TATP)、2,4,6-三硝基苯甲硝胺(TETRYL)、(2,3,2-三氨基)-3,6-二氨基四嗪 (BTAT)(图 10.1)。预测模型仅限于 EPI 体系[1],SPARC[2]和 COSMOtherm 软件[3]。将模型预测结果与测试得到的实验数据进行比较,并确定数据差异。总的来说,本章不是单纯地对文献中的数据进行详细回顾,而且对于每种化合物来说,没有包括其所有的性能。

一般情况下,化学成分具有相似的结构,那么在环境条件下其物理和化学特性会表现出相似的转化、运输及衰减特性。水中的溶解度、蒸汽压、化学分离系数、退化率以及 Henry 法则常数都可以提供信息,用于评估污染物在环境中的迁移性。水溶解度高、退化率及转化率低,预示着爆炸物很容易迁移到地表或地下水中。

爆炸性化合物的沸点就是在该温度下液体的蒸汽压与液体周围环境的压强相等。在给定温度下,液体的蒸汽压越高,液体的标准沸点就越低。分离系数用于评估化合物在溶剂中的溶解吸收与固相吸附之间的相对关系。关于这些选定的物理性能的更多细节下面会介绍。

水中的溶解度 S_w:与有机化合物环境表现相关的重要的物理性能之一。溶解度是一种平衡性质,定义为在平衡条件下可能的最大溶质浓度。在浓度单独发挥作用时,溶解度也可以看作一个限制因素[4]。水溶解度是指在某一给定温

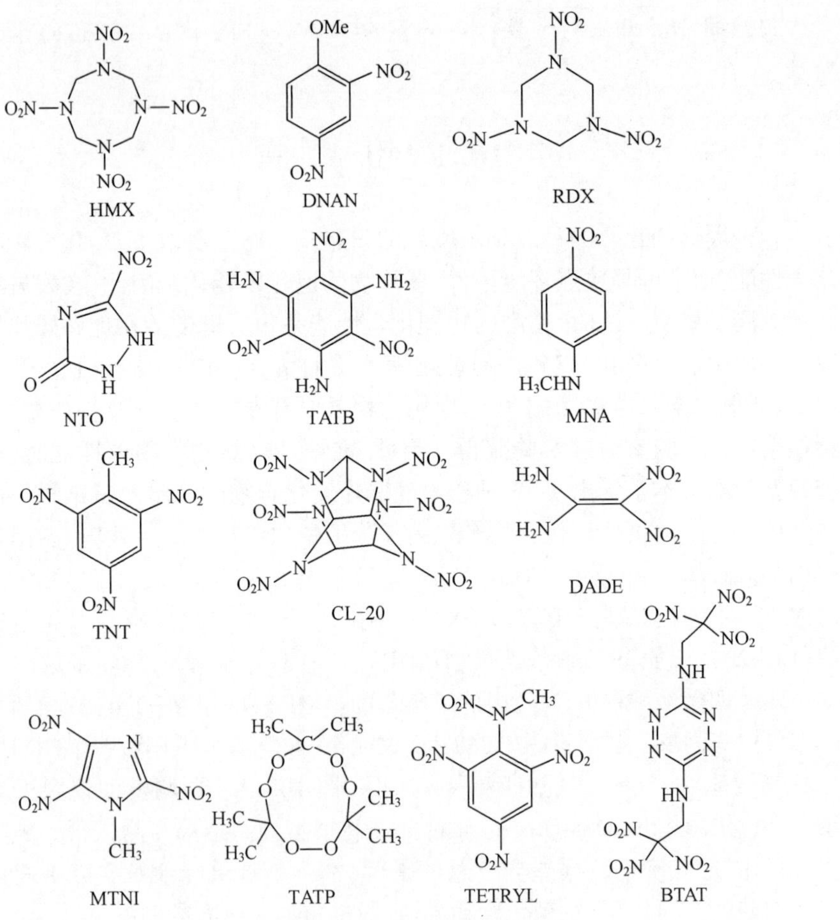

图 10.1　选定爆炸性化合物的化学结构

度、压强条件下,化合物在水中的最大(饱和)浓度。一种化合物的水溶解度也显示其亲水、疏水性。由于水体中存在其他盐、pH 值和其他成分,以及水的温度等,这些都会引起溶解度的变化。化合物通过地下水转移的趋势与其溶解度直接相关,与它被吸附到土壤及从水中的挥发趋势呈反相关[5]。具有高水溶解度的化合物倾向于从土壤及沉积物中解吸,更可能保留在水中。

辛醇-水分配系数 K_{ow}:一种化学物质在两相系统辛醇相中的浓度与在水相中的浓度之比。K_{ow}是一种平衡性能,受温度变化的影响。辛醇-水分配系数可用于评估一种化学物质在不同极性环境相中的分离倾向[6-7]。对化合物的 K_{ow} 值取对数,K_{ow} 值小于 1 的化合物为高度亲水的,而 K_{ow} 值大于 4 的化合物会分解成土壤颗粒,也倾向于形成生物聚集体,因为它们是亲油性的[8]。辛醇是一种有机溶剂，可以用作天然有机物的替代品。很多环境研究都采用 K_{ow} 值来确定化合物在环境中的归趋。在生物聚集体、生物浓度因子、(BCF)、死亡率为 50%的致死剂量、水溶解度及有机碳-水分离的预测中都非常有用。假设在两种溶剂中溶质分子相同，并且溶剂是充分稀释的[9]。K_{ow} 可预示溶解的疏水有机化合物在土壤与地下水间的迁移。如果疏水性更好一些，则该材料更易被脂肪吸收。由于辛醇-水系数在预估化合物的毒性及生物性摄取中也很重要，因此 K_{ow} 与生物浓度因子密切相关。由于在周围环境中存在爆炸性物质，因此，BCF 对预测爆炸物在海洋/生物有机体中的趋势是重要的。

水/有机碳化物的分离系数 K_{oc}：对化合物在土壤与水之间分离趋势的估量。K_{oc} 定义为每单位重量的有机碳化物吸收的化合物与水中溶解浓度之比。这个系数可用于估算一种化合物被吸附到土壤中而不随地下水迁移的程度。K_{oc} 值越高，化合物分离进土壤的趋势越大[5]。K_{oc} 值随温度、pH 值、颗粒尺寸分布、浓度、固体与溶液之间的比率、化合物的挥发性、化合物的退化及接触时间而变化。

土壤吸附系数 K_d：根据 K_{oc} 系数计算得到，即 K_{oc} 值乘以有机碳化物在土壤中的占比($K_d = K_{oc} \times$有机物的占比)[1,10-11]。

Henry 法则常数 K_H：化合物蒸汽压与其水溶解度的比值。K_H 值可用于关于化合物从水中挥发进入空气，形成污染的一般预测。通常，$K_H < 10^{-7}\ \mathrm{atm \cdot m^3/mol}$ 的物质挥发缓慢，$K_H > 10^{-3}\ \mathrm{atm \cdot m^3/mol}$ 的挥发速度快[8,12]。

水生物毒性：在预测爆炸性化合物对水生有机物的毒性时是重要的。能杀死 50%的试验物种或种群的浓度是致命浓度。表皮的渗透性对预测有毒的爆炸性化合物渗透动物的皮肤及对生物体的影响很重要。而水解率常数则对预测一种化合物在不同 pH 溶液中的水解速度快慢很重要。这一信息对开发展有效的工业设备废水或其他受污染水体的处理方法很有帮助。生物降解概率对预测剩余的没有被处理的化合物在环境中的生存寿命很重要[7]。

蒸汽压(VP)：化合物及其蒸气处于平衡状态时的压强。该值可用于确定化合物在空气中的扩散程度，以及从土壤和溶液中的挥发率[5]。通常，在空气中或土壤中不会存在大量的蒸汽压低于 10^{-7} mm 汞柱的化合物，蒸汽压高于 10^{-2}mm 汞柱的化合物会存在于大气中[13]。

熔点(MP)与沸点(BP)：在预测爆炸性化合物的热性能时，熔点及沸点的预测很重要。熔点和沸点表示物质的相对纯度及物理状态。沸点还可表示化合物的挥发性。将模型预测结果与测试得到的实验数据进行比较，并确定数据差异[10,13-14]。

10.2 模型预测

本节主要考虑物理性能的三种预测方法，分别是评估程序界面(EPI)体系、SPARK 和 COSMOtherm 软件[1-3]。Boddu 等已经在别处展示了额外的细节[15-18]。本节包含估算的性能。

10.2.1 采用评估程序界面体系预测物理性能

在评定环境风险时，如果通过实验获得的物理化学性能数据不可用，采用预测模型就是一种估计必需值的可行方法。开发 EPI 程序有助于环境科学家为国家图书馆医学危险物质数据库(EPA)的很多化学物质准备档案数据。EPI 程序仅需要简单的化学结构或化学抽象式(CAS)注册数就可以预测或检索实验性能值。

Chakka 等报道了采用 EPI 体系程序估算的物理性能[10,15]：溶解度 S_W、辛醇-水分配系数 K_{ow}、Henry 法则常数 K_H、水/有机碳化物的分离系数 K_{oc}、生物浓度因子(BCF)、水生物毒性(LC_{50})、表皮渗透系数(K_p)、水解率常数、生物降解率、沸点(BP)、蒸汽压(VP)和熔点(MP)。他们一共报道了六种高能物质的数据，并与文献值进行了比较。研究中涉及的爆炸性化合物有二硝基苯甲醚(DNAN)、n-甲基-p-硝基苯胺(MNA)、硝基三唑酮(NTO)、三氨基三硝基苯(TATB)、环四甲撑四硝氨(HMX)、环三亚甲基三硝胺(RDX)以及三硝基甲苯(TNT)。

一种有机化合物的水溶解度 S_W 也可以通过 K_{ow} 和化学结构来估算[19]。EPI 体系展示如下两个关系式，可以预测水溶解度：

$$\log S(\mathrm{mol/l}) = 0.796 - 0.854\log K_{ow} - 0.00728\mathrm{MW} + \mathrm{cf} \tag{10.1}$$

$$\log S(\mathrm{mol/l}) = 0.693 - 0.96\log K_{ow} - 0.0092(\mathrm{MP} - 25) - 0.00314\mathrm{MW} + \mathrm{cf} \tag{10.2}$$

式中：MW 为分子量；MP 为熔点；cf 为修正因数。式(10.1)基于 85 种已确认的物质，并对实验结果 K_{ow} 取对数，其中没有熔点。式(10.2)基于 817 种化合物，并测出了水溶解度和熔点。

利用下式计算得到 K_{ow} 值，同时考虑化学物质在水中的浓度与在含水的两相平衡体系水中的浓度之比：

$$\log K_{ow} = \sum (f_i n_i) + \sum (c_j n_j) + 0.229 \tag{10.3}$$

式中：$\sum (f_i n_i)$ 为 f_i(每个原子或碎片的系数)乘以 n_i(原子或碎片在结构中出

现的次数)的总和；$\sum(c_jn_j)$ 为 c_j(每一修正因子系数)乘以 n_j(修正因素在结构中出现或实施的次数)的总和。

使用两套系统对实验 K_{ow}的对数值进行多重线性回归,第一套系统对应 K_{ow}的对数值,第二套系统对应相关的修正因素,在此基础上发展了原子/碎片贡献方法。然后将化合物的化学结构值累加起来,得到 K_{ow}的对数值[7]。

采用 Hine et al.[20] 的官能团贡献与结合贡献法计算 0~50℃ 范围的 K_H值[12]。EPI 体系在实验数据的基础上发展了新的碎片常量进行该计算[6]。从实验测得的 $K_{空气-水}$的对数值得到官能团贡献与结合贡献,在此基础上得到 K_H的估算值。

$$K_H = 蒸汽压 \times 分子量/水溶解度(Pa \cdot m^3/mol) \tag{10.4}$$

土壤中每单位重量的有机碳被吸收的量与平衡状态下溶解的浓度之比即是 K_{oc}值。遵循 SMILES 符号、分子连通目录及修正系数得到化学结构。根据有机物的化学分类[20]可得

$$K_d = 被吸收到土壤中的浓度/水中的平均浓度 \tag{10.5}$$

$$K_{OC} = (K_d/OC\%) \times 100 \tag{10.6}$$

式中:“OC”是有机碳的分离系数。

EPI 体系可根据一个文件估算 BCF 值,该文件包含所测得的 BCF 及 K_{ow}对数值。物质的离子特性进一步可分为羧基酸、酸性硫酸基及其盐以及季 N 化合物。非离子的 BCF 对数值由 K_{ow}的对数值及一系列针对每种化学物质的修正系数[11]进行估算:

$$BCF = a \times K_{ow} \tag{10.7}$$

式中:a 为油脂分数,实际范围为 0.02~0.20。

EPI 体系从行业提交的实验数据集合中得出 LC_{50}值,这些数据是基于测量的测试数据或具有相似结构的化学物质的其他来源。将水毒性实验值与 K_{ow}估计数值相结合,建立了各类化学品的回归方程。将估算的 K_{ow}值代入以下回归方程

$$\lg LC_{50}(96h) = -0.73\lg(K_{ow}) - 2.16 \tag{10.8}$$

可得到新的化学物质的毒性值,并根据化学物质的分子量调整计算结果[7]。

MP 值可以使用 Joback 官能团贡献方法[21]及 MP 与 BP 之间的相关性[22]进行估算,然后将两种方法得到的 MP 值与有机化合物的化学结构进行比较,并报道了两种方法得到的值与建议的 MP 值的差异大小。采用 Stein 方法估算 BP 值[23]:

$$BP = 198.2 + \sum n_i g_i \tag{10.9}$$

$$BP(corr.) = BP - 94.84 + 0.5577BP - 0.0007705(BP)^2, BP \leqslant 700K \tag{10.10}$$

$$BP(corr.)=BP+282.7-0.5209BP, BP>700K \tag{10.11}$$

式中：g_i为官能团增加值；n_i为化合物中官能团出现的次数。

然后采用式(10.2)和式(10.3)对得到的BP值进行修正。

采用Antoine方法、改进型Grain方法以及Mackay方法对VP值进行估算[22]。Antoine关系式适用于沸点在200℃以下、25℃条件下蒸汽压大于10^{-2}kPa的液体。对于蒸汽压随温度(从熔点到临界温度的85%)而变化的物质，Antoine关系式是最可靠的三参数方程式。Antoine关系式还特别适合压强在1~100kPa范围的物质。等温保留指数为

$$L(x)=A+\frac{B}{T_C+C} \tag{10.12}$$

式中：A、B、C为常数，取决于物质种类及用于Antoine方程的固定基数。

10.2.2 物理性能预测：采用SPARC执行化学自动推理的程序包

建立了从分子结构上预测不同类型有机化学品理化性质的SPARC建模系统，它是由美国环保署(USEPA)的生态系统研究部门开发的[2,24-25]。由于最近管理战略的趋势，水及土壤中新污染物质的广泛探测，环境保护局(EPA)开发了建模系统，该建模系统可以在不同溶剂、温度、压强及pH条件下预测物理性能。下面是基于使用SPARC模型和EPI系统对所选炸药组分的物理特性进行比较总结[16]。

SPARC具有计算不同物理性能，包括蒸汽压(随温度而变化)、沸点(随压强而变化)、分子量、扩散系数、电子吸引力、密度、折射率、Henry法则常数、K_{ow}(随温度而变化)、溶解度、活性系数及分布系数的能力。SPARC采用了一系列模型，包括线性自由能关系(LFER)、结构活性关系(SAR)、振动分子轨道(PMO)理论对这些物理性能进行评价。程序要求使用者输入分子结构，诸如简化的分子输入线性入口规格(SMILES)符号，及所关注的条件，如溶剂、温度和压强[24]。如果化学制品的SMILES符号不可用，也可以提供化学分子结构来生成。要计算蒸汽压或者溶解度，程序就需要化合物的熔点。如果用一种众所周知的化合物，如RDX(三次甲基三硝基胺)、SPARC能够从其数据库得到熔点值。但是，在预测一种新的化合物的性能时，用户就必须提供熔点值。Costales-Nieves et al. [16]已经估算了物理性能，如蒸汽压、水中溶解度、辛醇-水分配系数，预测了温度在15~100℃时的Henry常数，还预测了其他物理性能，包括沸点、蒸汽焓ΔH_{vap}、活性系数γ。将SPARC程序生成的结果与文献中可获得的实验数据进行了比较，同时，还与采用USEPA的EPI模型得到的结果进行了比较[10]。

采用SPARC程序估算了爆炸物及推进剂的物理性能，包括环三亚甲基三

硝胺(RDX)、环四甲撑四硝氨(HMX)、三丙酮三过氧化物(TATP)、二氨基二硝基乙烯(DADE,FOX 7)、硝基三唑酮(NTO)、三氨基三硝基苯(TATB)、2,4,6,8,10,12-六硝基-2,4,6,8,10,12-六氮杂异伍兹烷(CL-20)、二硝基苯甲醚(DNAN)、(2,2,2-三硝基 2 基)-3,6-二氨基四嗪。化合物的 SMILES 符号见表 10.1。

表 10.1　选定爆炸性化合物的 SMILES 符号

爆　炸　物	SMILES 符号
RDX	C1N(CN(CN1[N+](=O)[O-])[N+](=O)[O-])[N+](=O)[O-]
HMX	C1N(CN(CN(CN1[N+](=O)[O-])[N+](=O)[O-])[N+](=O)[O-])[N+](=O)[O-]
TATP	CC1(C)(OOC(C)(C)OOC(C)(C)OO1)
DADE	N(=O)(=O)C(N(=O)(=O))=C(N)N
NTO	O=C(NN=1)NC1N(=O)(=O)
TATB	C1(=C(C(=C(C(=C1[N+](=O)[O-])N)[N+](=O)[O-])N)[N+](=O)[O-])N
CL-20	O=N(=O)N(C(N(N(=O)=O)C1C23)C4N3N(=O)=O)C(N4N(=O)=O)C(N1N(=O)=O)N2N(=O)=O
DNAN	c(cc(c1)N(=O)=O)c(OC)c1N(=O)=O
BTAT	n(nc(n1)NC(N(=O)=O)(N(=O)=O)N(=O)=O)c(n1)NC(N(=O)=O)(N(=O)=O)N(=O)=O

10.2.3　用于计算物理性能的 SPARC 方法的理论背景

SPARC 利用以下常规的自由能关系式,并将其与化合物的物理性能联系起来:

$$\Delta G_{过程} = \Delta G_{相互作用} + \Delta G_{其他} \tag{10.13}$$

式中:$\Delta G_{相互作用}$为液相中与分子间相互作用有关的能量变化。

这种相互作用机制根据分子结构进行计算,可用下列等式表示所有相互作用的总和。

$$\Delta G_{相互作用} = \Delta G_{弥散作用} + \Delta G_{感应作用} + \Delta G_{偶极-偶极作用} + \Delta G_{H-结合} \tag{10.14}$$

所有分子之间,包括极性与非极性分子都存在弥散作用。感应作用存在于两个分子之间,其中至少一个分子具有局部偶极矩。当两种分子都有局部偶极矩时,就会有偶极-偶极相互作用。当 $\alpha_i\beta_j$ 或 $\alpha_j\beta_i$ 产物为非零时会出现 H-结合相互作用,其中 α 代表质子贡献者的强度,β 代表质子接收者的强度[25]。

10.2.4 水溶解度及活性系数评估的 SPARC 方法

水溶解度是根据活性系数模型计算的。SPARC 根据无限稀释活性系数 γ^∞ 估算分子溶解度：

$$-RT\log(\gamma^\infty) = \sum_{\text{Interaction}}^{\text{All}} \Delta G_{ij}(\text{Interaction}) + RT\left(-\log\frac{V_i}{V_j} + \frac{\frac{V_i}{V_j}-1}{2.303}\right) \tag{10.15}$$

当 γ^∞ 的对数值大于 2 时,摩尔分数溶解度可按下式估算：

$$x^{\text{sol}} \approx \frac{1}{\gamma^\infty} \tag{10.16}$$

当 γ^∞ 的对数值小于 2 时,上面的溶解度的近似值偏低,因为在这些情况下,$\gamma^\infty \gg \gamma^{\text{sol}}$。而通过设置溶解度的初始推测值 $X_{\text{guess}}=1/\gamma^\infty$,SPARC 对于这些情况可采取迭代计算。特别地,SPARC 模拟一种混合物,其中溶质、溶剂分别定义为 X_{guess}、$1-X_{\text{guess}}$。SPARC 可以重新计算 γ^∞,直到其趋近于 1(即是可溶混的)[25]。

10.2.5 蒸汽压评估的 SPARC 方法

纯溶质 i 的蒸汽压 P_i 可通过分子间的相互作用力进行计算：

$$\log P_i = \frac{-\Delta G_{ii}(\text{Interaction})}{2.303RT} + \log T + C \tag{10.17}$$

式中：ΔG_{ii}(Interaction)代表分子间相互作用机制(弥散、感应、偶极-偶极、H-结合);log(T)+C 描述与从液态向气态转变时的体积变化相联系的熵的贡献变化。

对于 25℃时为固态的分子,其晶体能贡献会变得重要。对于每种分子间的相互作用,SPARC 假设是不同的,但是假设其焓与熵贡献的比值为恒量。假设熔点时 $\Delta G_{ii}=0$,SPARC 可在此基础上估计晶体能贡献[24]。

10.2.6 沸点评估的 SPARC 方法

SPARC 可通过迭代法估算熔点。它可计算蒸汽压。当蒸汽压与预设的压强相等时,温度与该压强下的沸点相一致。可通过设置压强为 760Tor($1\text{Tor}=10^2\text{Pa}$)来计算标准沸点。当压强下降时,通过将压强设置为不同的值来计算沸点。在熔点以上,偶极-偶极和 H-结合作用变得不是很重要而且明显降低[25]。

10.2.7　辛醇–水分配系数评估的 SPARC 方法

辛醇–水分配系数可以通过在液相中每种分子种类无限稀释情况下的活性系数来计算：

$$\log K_{\frac{\text{liq1}}{\text{liq2}}}=\log\gamma_{\text{liq2}}^{\infty}-\log\gamma_{\text{liq1}}^{\infty}+\log R_{\text{m}} \tag{10.18}$$

式中：γ^{∞} 为两液相相互无限稀释时的活性系数；R_{m} 为两相分子的摩尔比（M_1/M_2）。

另外，SPARC 具有估算任一两互不融合液–液分离系数的能力，这些相也可以是混合溶剂[25]。

10.2.8　Henry 法则系数评估的 SPARC 方法

Henry 常数可用下式计算：

$$H_x=P_i^o\gamma_{ij}^{\infty} \tag{10.19}$$

式中：P_i^o 为纯溶质 i（液相或过冷液相）的蒸汽压；γ_{ij}^{∞} 为溶质 i 在液相 j 中无限稀释情况下的活性系数。

SPARC 蒸汽压及活性系数模型可用于计算溶质–溶剂液相中任一溶质的 Henry 常数[2]。

10.2.9　蒸汽焓评估的 SPARC 方法

蒸汽焓（蒸汽热）是分子间作用力的函数，可用下式计算：

$$\log\Delta H(\text{vap})=\frac{-\Delta G_{ii}^{\text{H}}(\text{Interaction})}{2.303RT}-\log T+C^{\text{H}} \tag{10.20}$$

式中：ΔG_{ii}^{H} 为自身相互反应对焓值的贡献引起的自由能变化；$\log T+C^{\text{H}}$ 描述了在蒸发过程中与从液相到气相引起的体积变化相关的熵的变化，C^{H} 为克劳修斯–克拉珀龙（Clausius–Clapeyron）综合常数[24]，与温度无关。

10.3　官能团贡献和 COSMOtherm 软件方法

Toghiani et al.[14,18] 使用官能团贡献方法及 COSMOtherm 软件方法预测 7 种化合物的蒸汽压（表 10.2）。根据式（10.12）得到的这些预测结果比文献报道的实验数据要大。数据点间的差异表明，低挥发性化合物难以在实验研究中收集到蒸汽压的数据。图 10.2 总结了获得的 RDX 蒸汽压数值。

表 10.2 使用 COSMOtherm 软件得到的 Antoine 系数[18]

化合物	A_i	B_i	C_i
DNAN	18.01	7087.5	-43.94
DNP	17.72	7092.4	-60.25
MNA	18.19	6757.9	-61.43
MTNI	17.99	7080.5	-41.10
NTO	20.63	7334.04	-76.29
TATB	18.27	6756.2	-62.45
CL20	18.74	9247.9	-38.79
RDX	18.56	7718.5	-42.65
HMX	20.24	11881.4	-35.96

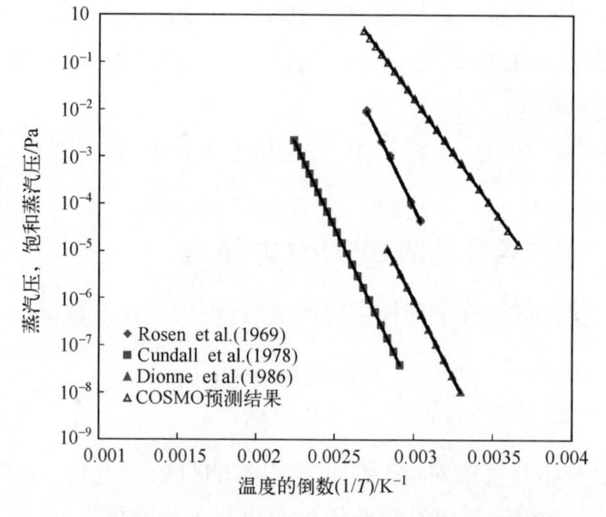

图 10.2 不同文献 RDX 蒸汽压数值的比较

对于熔点较高、挥发性较低的物质，Grain 方法给出的估算结果更可信一些。Grain 方法在预测固体物质的蒸汽压时可信度也更高一些，如当过冷液体固化时蒸汽压更低一些[26]。Grain 方法在 Watson 表达式中使用了一个近似值，表示焓与温度的依赖关系，解决了 Antoine 关系式引入关于焓随温度变化的不合理假设所引起的问题[19,26]。该程序根据为不同种类的化学物质推荐的方法计算出了 VP 建议值。

10.4 实验方法

测量水溶解度 S_w 的实验方法：一般情况下采用在纯水中溶入过量的化合物，然后进行水溶解度测量。爆炸性化合物在水中的含量采用定量化学分析法，如色谱法进行测量。本节介绍了 Boddu 等采用的方法[27-28]。通过向含8mL去离子水溶剂的玻璃烧瓶中加入过量固态爆炸性成分，获得 S_w 值。用螺丝拧紧瓶子，防止水蒸发。在振动水浴中进行实验，温度精度控制在±0.5 ℃。在温度为288~313K之间，每隔10K获得1个数据。以150r/min的速度搅拌烧瓶24~28h。溶质在溶液中摇晃24h后达到饱和，溶液中显示迁移现象，在瓶子的底部会出现过量的爆炸性颗粒。在给定的温度下，一旦建立热平衡，从每种样品中取出1mL样品，放入干净的玻璃瓶，在瓶中加入1mL的去离子水稀释，以免沉淀。在实验时，为了避免爆炸性物质在玻璃器皿上的吸附损失，将所有玻璃器皿放在各自的爆炸性化合物溶液中浸泡24h，再用去离子水漂洗几次，这样就可去除以前试验中过量的爆炸性化合物。为了避免爆炸物再结晶，在采样和过滤时使用的五金器具，在实验温度下达到了平衡。使用HPLC方法确定了爆炸性化合物的浓度[27]。

10.4.1 辛醇-水分配系数测量的实验方法

下面将介绍 Boddu et al.[27-28]所描述的方法。制备了一种过量爆炸性化合物1-辛醇溶液，此浓度超出溶解度极限。测定溶液的浓度。在带有硅树脂隔膜的8mL瓶子中进行实验。在实验温度下，两种溶剂，即辛醇与水，互相饱和。然后加入爆炸性化合物，溶解于1-辛醇中。为了防止由于蒸发引起的物质损失，烧瓶里装满两相体系。在温度为288~313K，每隔10K进行一次试验。将烧瓶置于水浴中振动，控制温度，温度精度±0.5K。然后在设定的温度下使其达到平衡状态，并保温24~48h。用带有可移动不锈钢针的注射器将每个瓶中的水相取出。注射器中部分充满空气，通过辛醇层时轻轻排出空气。一旦注射器中有充足的水量，快速取出注射器，并去掉注射针头。这种排出水相的操作排除了1-辛醇污染的风险。对两相进行了爆炸物浓度分析。以爆炸物组分在有机相和水相中浓度的比值作为辛醇-水分配系数。

10.4.2 蒸汽压

蒸汽压对于评价一种化合物在土壤、空气和水等环境单元中的分布及其在这些单元中的寿命是很重要的。使用热重法(TGA)的理论基础是 Langmuir 关系式[29]：

$$\left(\frac{1}{a}\right)\frac{\mathrm{d}m}{\mathrm{d}t}=p\alpha\sqrt{\frac{M}{2\pi RT}} \tag{10.21}$$

式中$\left(\frac{1}{a}\right)\frac{\mathrm{d}m}{\mathrm{d}t}$为每单位面积的质量损失率($\mathrm{kg\cdot s^{-1}\cdot m^{-2}}$)；$p$ 为蒸汽压(Pa)；M 为蒸发化合物的蒸汽分子量($\mathrm{kg\cdot mol^{-1}}$)；$R$ 为气体常数($\mathrm{J\cdot K^{-1}\cdot mol^{-1}}$)；$T$ 为热力学温度；α 为蒸发系数。

重排 Langmuir 关系式，得到下面的关系式：

$$p=kv \tag{10.22}$$

式中：v 为根据 TGA 数据计算得来；k 为 p-v 直线图相关参数。且有

$$k=\frac{\sqrt{2\pi R}}{\alpha},\quad v=\frac{1}{a}\ \frac{\mathrm{d}m}{\mathrm{d}t}\sqrt{\frac{T}{M}}\ ,\log p=A+\frac{B}{T_{\mathrm{C}}+C}$$

根据 Clausius-Clapeyron 关系式，绘制 $\ln p$- $1/T$ 图，直线斜率为 $\Delta H/R$。绘制 $\ln v$-$1/T$ 图，直线斜率也为 $\Delta H/R$。

$$\ln p=A-\frac{\Delta H}{RT} \tag{10.23}$$

Rosen et al.[29]采用 Langmuir 方法，在常温下测量升华率，确定了 VP 值。他们采用下式计算了 RDX、HMX 和 TATB 的 VP 值，这些数值来自观察到的真空加热样品的质量损失：

$$P=17.14G\sqrt{\frac{T}{M}} \tag{10.24}$$

式中：P 为压强(Torr)；G 为质量损失($\mathrm{g/(cm^2\cdot s)}$)；T 为绝对温度；M 为分子量。

按照下列方法使用从 TGA 测试得到的质量损失信息，得出爆炸性化合物的蒸汽压。采用 Rosen et al.[29]描述的 Langmuir 方法在恒定温度下测量的升华速率，确定 RDX、HMX 和 TATB 的 VP 值，然后采用式(10.24)根据从观测的真空中加热试样的质量损失计算出蒸汽压。借鉴 Toghiani et al.[14,17-18]的数据，Stein-Brown 在 Joback 方法的基础上进行修正，获得 CL-20、RDX、HMX、DNAN、DNP、MNA、MTNI、NTO 及 TATB 的沸点。改性包含附加的官能团，其中包括环上的氮基团[18]。使用热重分析法及差示扫描量热法获得熔点、沸点及焓变。

Chakka et al.[13]已采用差示扫描量热法(DSC)及热重分析法实验测量获得选定爆炸物的 MP、BP 及 VP 值。这些方法涉及 TGA 的加热速率为10℃/min，或设定的升温速率为 5~10℃/min。用于爆炸性成分的实验样品质量为(3±0.1)mg，

用于脂肪酸及二甲基草酸实验的样品质量为(5±0.1)mg。将每个试样置于铝制密封电解槽,在进行 DSC 实验时用铝盖子密封。将试样均匀且薄薄地分散在电解槽中,完全覆盖在底部表面。试样随着带有穿孔盖的铝质密封电解槽和带波纹的铝质密封电解槽运行。用铟及锌标准样对 DSC 进行了热流及温度标定,并用铟标准进行了验证。以 5℃/min 的加热速率获得热分析图。在运行 TGA 实验时,每个试样都要放置在开放的铝质电解槽中。将试样均匀摊薄放置在电解槽中,并完全覆盖电解槽的底部表面。实验的试样质量(3±0.1)mg。将试样放置在氮气环境中,氮气流量为 20mL/min。将实验结果与可获得的文献中的实验结果进行了比较。使用 EPI 体系及 SPARC 模型[15-16]得到的预测数据见表 10.3和表 10.4。图 10.3 中包含采用 SPARC 方法预测得出的大约 9 种爆炸性化合物的蒸汽压。

表 10.3　选定爆炸性化合物的沸点、蒸汽压及熔点的实验测试及模型预测结果

化合物	BP/℃	VP/mmHg	MP/℃
DNAN	588[14] 319.62[23] 206 @ 12mmHg①	29936.32 @ 532.85℃[14] 0.000145[8,26]	359.9[30] 96.56② 94.5①
MNA	527[14] 259.24[23]	31286 @ 474.85℃[14] 0.000839[8,26]	425.15[31] 60.96② 152①
NTO	568[14] 389.94[23]	64521 @ 555.85℃[14] 5.83×10^{-7}[8,26]	539.35[32] 547.9[33] 161.19②
TATB	481.26[23]	42391 @ 639.85℃[14] 0.733×10^{7}@ 129.3℃[29] 0.746×10^{7}@ 129.3℃[29] 1.83×10^{7}@ 136.2℃[29] 1.93×10^{7}@ 136.2℃[29] 10.3×10^{7}@ 150.0℃[29] 9.42×10^{7}@ 150.0℃[29] 9.73×10^{7}@ 150.0℃[29] 32.2×10^{7}@ 161.4℃[29] 32.3×10^{7}@ 161.4℃[29] 45.8×10^{7}@ 166.4℃[29] 167×10^{7}@ 177.3℃[29] 1.58×10^{-11}[8,26] 3.00×10^{-3}@ 175℃①	594~599[34] 203.85② 350①

续表

化合物	BP/℃	VP/mmHg	MP/℃
HMX	709[14] 436. 41[23]	39765 @ 640. 85℃[14] 0.0324×10^{7}@ 97. 6℃[29] 0.164×10^{7}@ 108. 2℃[29] 0.390×10^{7}@ 115. 6℃[29] 0.385×10^{7}@ 115. 6℃[29] 0.419×10^{7}@ 115. 6℃[29] 2.83×10^{7}@ 129. 3℃[29] 2.87×10^{7}@ 129. 3℃[29] 2.41×10^{-8}[8,26] 3.3×10^{-14}①	553. 15[35] 182. 89②
RDX	627[14] 353. 43[23]	43516 @ 569. 85℃[14] 3.5×10^{7}@ 55. 7℃[29] 3.24×10^{7}@ 55. 7℃[29] 3.42×10^{7}@ 55. 7℃[29] 8.21×10^{7}@ 62. 6℃[29] 7.14×10^{7}@ 62. 6℃[29] 8.63×10^{7}@ 62. 6℃[29] 69.3×10^{7}@ 78. 2℃[29] 78.7×10^{7}@ 78. 2℃[29] 155×10^{7}@ 85. 3℃[29] 735×10^{7}@ 97. 7℃[29] 667×10^{7}@ 97. 7℃[29] 702×10^{7}@ 97. 7℃[29] 1.34×10^{-6}[8,26] 4.1×10^{-8}①	478. 5[36] 205. 5①
TNT	364. 14[23]	1.72×10^{-5}[8,26] 8.02×10^{-6}①	124. 36② 80. 1①
CL-20	862[14]	36688 @ 784. 85℃[14]	513[37]
TATP	712[14] 168. 45[23]	$\ln P$ (atm) = 22. 73 − 9695. 5/T @ 12~97℃[38] $\ln P$ (atm) = 15. 29 − 6978. 8/T @ T>97℃[38] $\lg P$ (Pa) = 19. 791 − 5780/T @ 12-60℃[39] 2. 24[8,26]	13. 07②

续表

化合物	BP/℃	VP/mmHg	MP/℃
DNP	575[14] 332.13[23]	51994@543.85℃[14] 1.29×10^{-5}[8,26] 3.9×10^{-4}@20℃①	363~364[40] 118.46② 115.5①
TNAZ	311.56[23]	0.000221[8,26]	95.15② 101[41]
PETN	363.86[23]	4.21×10^{-6}[8,26] 5.45×10^{-9}	119.48② 140.5①
MTNI	629[14] 402[23]	41040@571.85℃[14] 4.14×10^{-7}[8,26]	355.15[42] 148.36②
TETRYL	432.11[23]	1.17×10^{-7}[8,26]	159.69② 131.5①
DADE	287.51[23]	0.00104[8,26]	83.37

① 实验,未报道,Boddu 及其合作者。

② 几次实验结果的质量平均值。

注:表中的大部分文献数据是实验测得的结果,也包括一些模型预测结果,读者可参见文献获得更多的细节。

10.5　结　　论

本章中包含的物理性能数据测量值有选定的爆炸性化合物的水溶解度、辛醇-水分配系数、Henry 法则常数、沸点、熔点及蒸汽压。将测量数据与 EPI、COSMOtherm 和 SPARC 模型结果进行了比较。这些模型可以预测爆炸性化合物水、废水及其他环境基质的浓度和性能。文献综述表明,许多爆炸性物质的水溶解度、辛醇-水分配系数、蒸汽压,以及沸点和熔点数据都非常有限,而且文献中许多数据存在差别。通常实验测试是困难的,因此主要依赖模型预测。至少需要少量的实验测量来验证模型和模型预测。对于某些模型,模型预测结果与已有的实验数据存在较大的差异,需要进一步的实验数据对预测模型进行修正。

表 10.4　爆炸物在不同温度下[a]的物理性能

爆炸物	T/℃	VP/Pa	S_w/(mg/L)	log K_{ow}	K_H /(Pa·m^3/mole)	BP/℃	MP/℃	ΔH_{vap}(25℃) /(kcal/mol)	(25℃) logγ
RDX	15	2.84×10^{-12} 3.91×10^{-10}[43]	26.63 23.32[15-16] 29.67[44]	0.13 0.917[15-16]	2.37×10^{-11}	546.3 353.43[1]	205.5[15-16] 132.76[1] 205.35[36]	35.02	4.8
	25	7.02×10^{-11} 1.79×10^{-4}[1] 2.42×10^{-9}[43]	30.47 40.94[15-16] 59.7[1] 56.35[44]	0.39 0.89[15-16] 0.87[1]	5.11×10^{-10} 2.04×10^{-6}[1] 0.90@21℃[44]				
	35	1.08×10^{-9} 1.32×10^{-8}[43]	33.4 55.01[15-16]	0.64 0.864[15-16]	7.18×10^{-9}				
	40	3.58×10^{-9}	34.9 61.57[15-16]	0.75 0.855[15-16]	2.27×10^{-8}				
	45	1.10×10^{-8} 6.51×10^{-8}[43]	36.85	0.85	6.65×10^{-8}				
	55	8.77×10^{-8} 2.90×10^{-7}[43]	41.21	1.03	4.72×10^{-7}				
	65	5.74×10^{-7} 1.188×10^{-6}[43]	46.62	1.19	2.73×10^{-6}				
	75	3.20×10^{-6} 4.47×10^{-6}[43]	53.24	1.33	1.33×10^{-5}				
	85	1.55×10^{-5} 1.56×10^{-5}[43]	61.26	1.44	5.63×10^{-5}				
	90	3.27×10^{-5} 2.85×10^{-5}[43]	65.88	1.49	1.1×10^{-4}				
	100	1.33×10^{-4} 9.05×10^{-5}[43]	76.49	1.58	3.87×10^{-4}				

续表

爆炸物	T/℃	VP/Pa	S_w/(mg/L)	log K_{ow}	K_H /(Pa · m^3/mole)	BP/℃	MP/℃	ΔH_{vap}(25℃) /(kcal/mol)	(25℃) logγ
HMX	15	6.91×10^{-18}	4.11	0.2	4.98×10^{-16}	462.4 436.41[15-16] 179[29]	276~286[15-16] 182.89[1] -56[29] 286[45] 280[46]	46.75 26.05[45]	5.36
	25	3.57×10^{-16} 0.21×10^{-6}[1] 6.33×10^{-13}[46]	3.84 58[1] 4.46[44] 2370[47] 6.6@(20℃)[45]	0.55 0.16[1] 0.165@(21℃)[44]	2.75×10^{-14} 8.78×10^{-5}[1] 2.5×10^{-14}@(20℃)[47] 0.165@(21℃)[44]				
	35	1.04×10^{-14}	3.63	0.87	8.49×10^{-13}				
	45	1.76×10^{-13}	3.44	1.15	1.52×10^{-11}				
	55	2.20×10^{-12}	3.34	0.55	1.95×10^{-10}				
	65	2.20×10^{-11}	3.35	1.61	1.94×10^{-9}				
	75	1.82×10^{-10}	3.45	1.8	1.57×10^{-8}				
	85	1.29×10^{-9}	3.63	1.96	1.06×10^{-7}				
	100	1.90×10^{-8}	4.08	2.16	1.38×10^{-6}				
TATP	15	144.8	2.78	4.88	11600	175.9 263.59[1]	91[15-16] 64.56[1]	11.06	6.19
	25	292.9 1.26[1]	4.35 3.725[1]	4.71 4.63[1]	14900				
	35	498.7	6.9	4.54	16100				
	45	868.7	10.82	4.38	17900				
	55	1490	16.76	4.22	19700				
	65	2490	25.61	4.07	21600				

续表

爆炸物	T/℃	VP/Pa	S_w/(mg/L)	log K_{ow}	K_H /(Pa·m^3/mole)	BP/℃	MP/℃	ΔH_{vap}(25℃) /(kcal/mol)	(25℃) logγ
TATP	75	4060	38.6	3.92	23400	175.9 263.59[1]	91[15-16] 64.56[1]	11.06	6.19
	85	6450	57.39	3.78	25000				
	100	11600	94.56	3.59	27200				
DADE	15	1.69	3940	2.37	0.0634	249.1 287.51[1]	83.37[15-16] 83.37[1]	15.38	2.87
	25	5.36 0.139[1]	6130 1000000[1]	2.19 −2.86[1]	0.13 1.45×10^{-7}[1]				
	35	9.99	6790	2.16	0.22				
	45	20.35	8070	2.09	0.37				
	55	41.37	9910	2.01	0.62				
	65	82.05	12400	1.92	0.98				
	75	157.9	15500	1.83	1.51				
	85	290.2	19200	1.76	2.24				
	100	614.2	23500	1.64	3.87				
NTO	15	3.22×10^{-7}	129.5	−1.84	3.23×10^{-7}	276.2 379.34[1]	161.19[15-16] 144.89[1] 266.2[32] 274.75[33]	16.06	4.23
	25	3.79×10^{-6} 2.13×10^{-4}[1]	180.6 131000[1]	−1.49 −2.17[1]	2.73×10^{-6} 4.12×10^{-8}[1]				
	35	2.85×10^{-5}	184.3	−1.08	2.01×10^{-5}				
	45	0.000173	225.8	−0.78	9.99×10^{-5}				
	55	0.000925	297.5	−0.53	4.04×10^{-4}				
	65	0.00513	469	−0.29	0.00142				

续表

爆炸物	T/℃	VP/Pa	S_w/(mg/L)	log K_{ow}	K_H /(Pa · m^3/mole)	BP/℃	MP/℃	ΔH_{vap}(25℃) /(kcal/mol)	(25℃) logγ
NTO	75	0.0246	715.6	−0.0971	0.00447	276.2 379.34[1]	161.19[15-16] 144.89[1] 266.2[32] 274.75[33]	16.06	4.23
	85	0.1	1060	0.07	0.0128				
	100	0.73	1810	0.28	0.0526				
TATB	15	4.37×10^{-6}	68.74	2.55	1.64×10^{-5}	462.4 481.28[1] 669.5[48]	350[15-16] 350[49] 203.85[1] 320.85~325.85[18]	21.79 23.51[48]	3.99
	25	2.73×10^{-5} 2.11×10^{-9}[1] 1.16×10^{-15}[48] 1.79×10^{-9}[47]	120.8 262,600[1] 160[18],197[18] 32[47]	2.42 −1.28[1]	5.84×10^{-5} 8.72×10^{-12}[1] 5.8×10^{-12} @ (20℃)[47]				
	35	5.35×10^{-5}	103.2	2.55	1.34×10^{-4}				
	45	1.24×10^{-4}	108.4	2.59	3.03×10^{-4}				
	55	3.11×10^{-4}	128.8	2.59	6.24×10^{-4}				
	65	7.55×10^{-4}	164.1	2.56	1.19×10^{-3}				
	75	0.00178	216.9	2.5	0.00212				
	85	0.0041	291.5	2.44	0.00363				
	100	0.0135	456.5	2.34	0.00765				
CL-20	15	9.14×10^{-30}	7.35×10^{-6} 6.4[15-16] 2.48[44]	−0.38 0.01[15-16]	5.45×10^{-22}	1020 588.63[1]	240[15-16] 240[50] 239.85[37] 254[1]	74.38	11.08
	25	3.28×10^{-27} 6.22×10^{-11}[1]	7.73×10^{-6} 5.4[15-16] 899.9[1] 3.65[44]	0.3 −0.05[15-16] 0.34[1] 1.92@21℃[44]	1.86×10^{-19} 1.42×10^{-9}[1]				

续表

爆炸物	T/℃	VP/Pa	S_w/(mg/L)	log K_{ow}	K_H /(Pa·m^3/mole)	BP/℃	MP/℃	ΔH_{vap}(25℃) /(kcal/mol)	(25℃) logγ
CL-20	35	2.35×10^{-24}	1.09×10^{-5} 6.14 (插值)[44] 4.3[15-16]	0.84 0.275[15-16]	9.42×10^{-17}	1020 588.63[1]	240[15-16] 240[50] 239.85[37] 254[1]	74.38	11.08
	45	3.28×10^{-22}	1.29×10^{-5} 9.51(插值)[44]	1.36 -0.425[15-16]	1.11×10^{-14}				
	55	1.55×10^{-20}	1.40×10^{-5} 15.05(插值)[44]	1.83	4.86×10^{-13}				
	65	4.45×10^{-19}	1.53×10^{-5}	2.25	1.28×10^{-11}				
	75	9.00×10^{-18}	1.72×10^{-5}	2.62	2.30×10^{-10}				
	85	1.39×10^{-16}	1.98×10^{-5}	2.94	3.06×10^{-9}				
	100	5.58×10^{-15}	2.59×10^{-5}	2.34	9.44×10^{-8}				
DNAN	15	0.017	232.3 155[51]	2.48	0.0145	308 319.62[1] 376.2[48]	94.5[15-16] 96.56[1] 94.5[48] 86.75[38]	18.31 14.33[48]	4.18
	25	0.0771 0.0194[1] 0.0021[48]	368.7 632.1[1] 140[18],159[52] 276.2[28]	2.39 1.71[1] 1.70,1.38, 1.92[52] 1.612[28]	0.0414 0.0305[1] 1.366[28]				
	35	0.36	324.8 399.2[28]	2.54 1.549[28]	0.0977 1.397[28]				
	45	0.37	336.2 560.0[28]	2.62 1.472[28]	0.22 1.442[28]				
	55	0.9	381.3	2.65	0.47				

续表

爆炸物	T/℃	VP/Pa	S_w/(mg/L)	log K_{ow}	K_H /(Pa·m^3/mole)	BP/℃	MP/℃	ΔH_{vap}(25℃) /(kcal/mol)	(25℃) logγ
DNAN	65	2.07	456.4	2.65	0.9	308 319.62[1] 376.2[48]	94.5[15-16] 96.56[1] 94.5[48] 86.75[38]	18.31 14.33[48]	4.18
	75	4.56	563.4	2.63	1.6				
	85	9.61	707.2	2.61	2.69				
	100	25.91	960.7	2.55	5.34				
BTAT	15	2.71396×10^{-14} 4.73799×10^{-7}[15-16]	65.5	2.68		459.8 502.89[1]	184[15-16] 213.95[1]	36.08 3.65×10^{-24}[1]	4.64
	25	2.71×10^{-14} 6.42117×10^{-7}[15-16] 3.02×10^{-8}[1]	111.2 1000000[1]	2.6 −5.17[1]	2.75×10^{-8} 3.65×10^{-24}[1]				
	35	1.83×10^{-12} 8.7012×10^{-7}[15-16]	53.9	3.01	2.47×10^{-7}				
	45	1.02477×10^{-11} 1.17943×10^{-6}[15-16]	41.2	3.23	1.28×10^{-6}				
	55	5.53491×10^{-11} 1.59835×10^{-6}[15-16]	40.19	3.35	1.00×10^{-5}				
	65	2.70833×10^{-10} 2.16667×10^{-6}[15-16]	45.06	3.39	4.38×10^{-5}				
	75	1.19369×10^{-9} 2.93619×10^{-6}[15-16]	54.56	3.4	1.60×10^{-4}				
	85	4.93806×10^{-9} 3.97898×10^{-6}[15-16]	69.16	3.39	5.20×10^{-4}				
	100	3.64302×10^{-8}	102.5	3.34	2.59×10^{-3}				

注:表中的大部分文献数据是实验测得的结果,也包括了一些模型预测结果,读者可参考文献获得更多的细节。

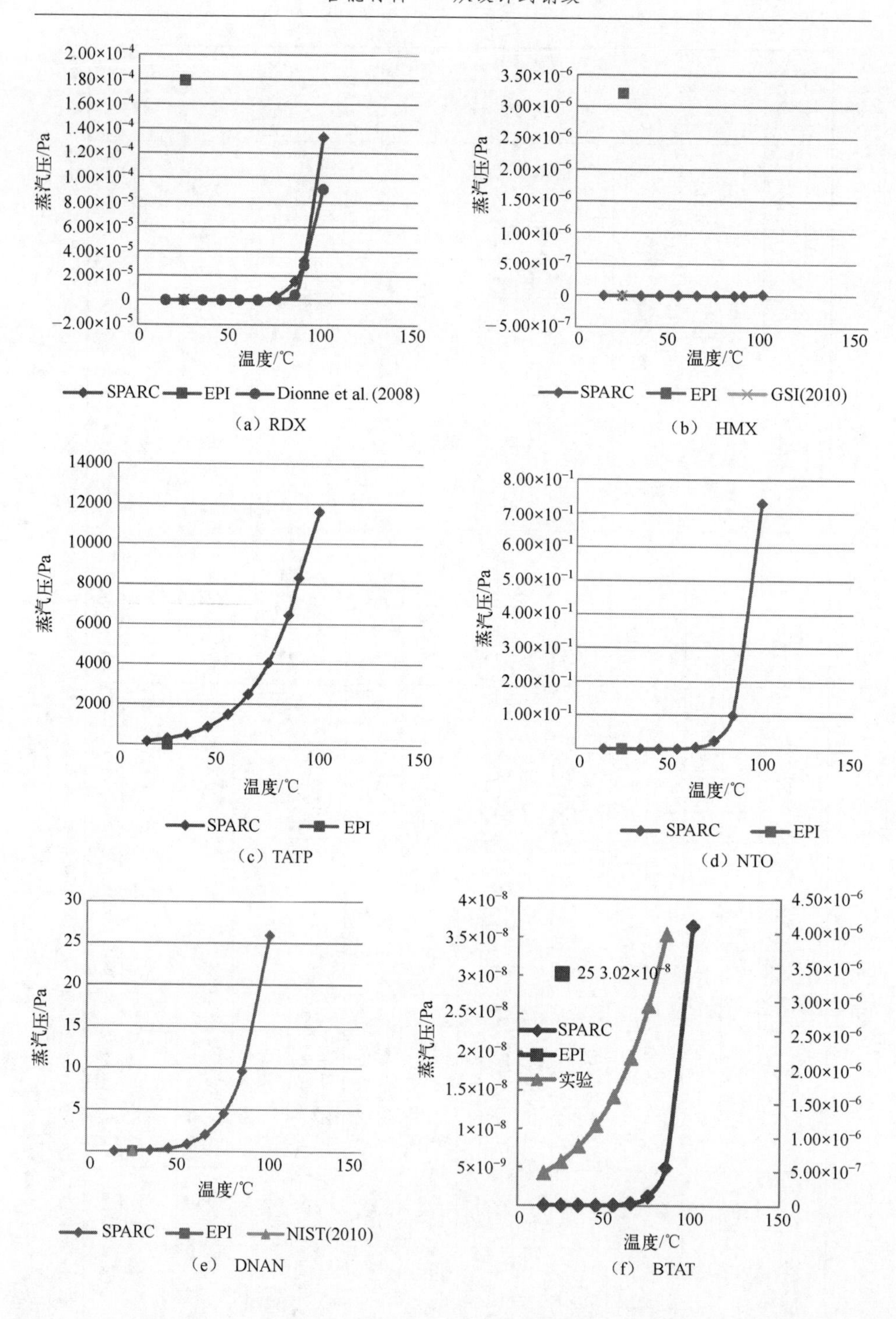

（a）RDX（b） HMX

（c）TATP（d）NTO

（e） DNAN（f） BTAT

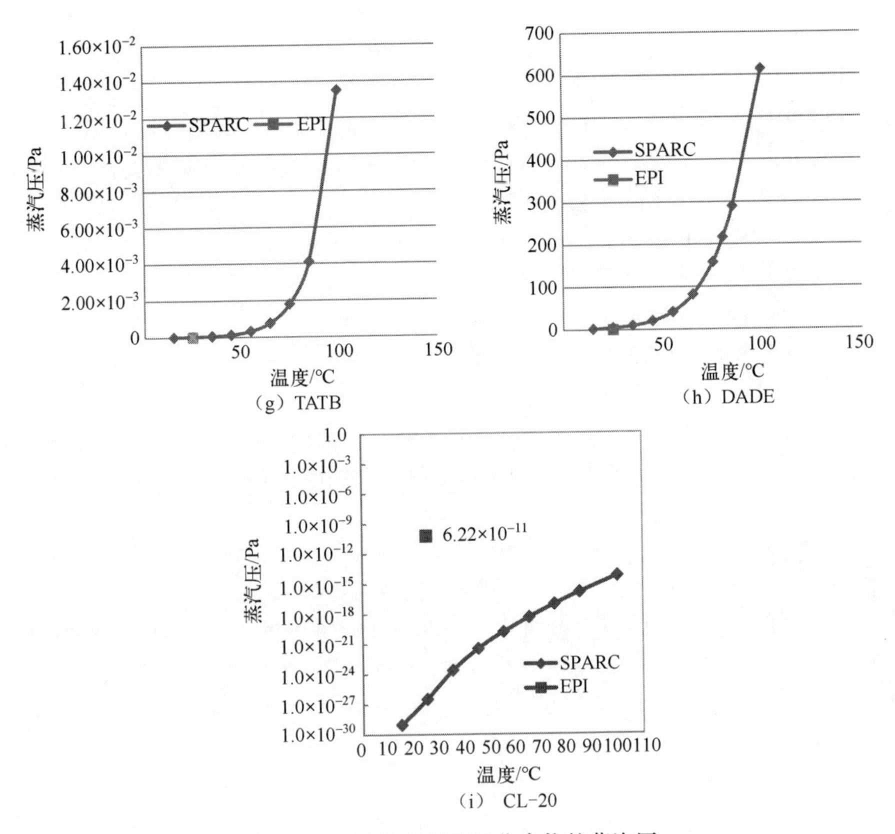

(g) TATB

(h) DADE

(i) CL-20

图10.3 选定的爆炸性化合物的蒸汽压

致 谢

该报告中使用的交易、产品及公司名称仅仅是为了描述的目的,并不暗示获得美国政府的认可。除非另有说明,这里所描述的实验及呈现的数据结果都是通过研究获得的。该研究是由USAERDC在美国陆军工程兵团环境质量技术项目及美国国防部环境安全技术认证计划的支持下进行的。经过总工程师的同意公布这些信息。本报告的调查结果不应解释为陆军官方部门的立场,除非有指定的其他授权文件。

参 考 文 献

[1] EPI Suite, Estimation Programs Interface, (EPI) (2009) EPI suite: EPA's office of pollution toxics and syracuse research corporation. http://www. epa. gov/opptintr/exposure/pubs/episuitedl. htm. Accessed Nov 2009

[2] Hilal SH, Karickhoff SW, Carreira LA (2003b) Verification and validation of the SPARC model. USEPA report number: EPA/600/R-03/033, Georgia, Athens

[3] http://www. cosmologic. de/products/cosmotherm. html

[4] Yalkowsky SH, Banerjee S (1992) Aqueous solubility-methods of estimation for organic compounds. Marcel Dekker, New York

[5] OGE (O'Brien & Gere Engineers. Inc.), Hazardous waste site remediation (1988) Hazardous waste site remediation: the engineer's perspective. In: Bellandi R (ed) Van Nostrand Reinhold. New York

[6] Meylan WM, Howard PH (1995) Atom/fragment contribution method for estimating octanol-water partition coefficients. J Pharm Sci 84(1995):83-92

[7] Meylan WM, Howard PH, Boethling RS (1996) Improved method for estimating water solubility from octanol/water partition coefficient. Environ Toxicol Chem 15:100-106

[8] Lyman WJ, Rosenblatt DH, Reehl WJ (1990) Handbook of chemical property estimation methods: environmental behavior of organic compounds. American Chemical Society, Washington, D. C.

[9] Stanger J (1997) Octanol-water partition coefficients—fundamentals and physical chemistry. Wiley, New York

[10] Chakka S, Boddu VM, Maloney SW, Damavarapu R (2010) Prediction of Physicochemical Properties of Energetic Materials via EPI Suite. In: Energetic materials: thermophysical properties, predictions and experimental solubility and experimental measurements, chapter 5. CRC Press, pp 77-92

[11] Meylan W, Howard PH, Boethling RS (1992) Molecular topology/fragment contribution method for predicting soil sorption coefficients. Environ Sci Technol 26:1560-1567

[12] Meylan WM, Howard PH (1991) Bond contribution method for estimating Henry's law constants. Environ Toxicol Chem 10:1283-1293

[13] Chakka S, Costales-Nieves C, Boddu VM, Damavarapu R (2011) Physical properties of munitions compounds—Chinalake-20 (CL-20), diamino-dinitroethylene (DADE), cyclotetramethylenetetranitramine (HMX), and cyclotrimethylenetrinitramine (RDX). In: Conference Proceedings, AIChE Conference Proceedings, Annual Meeting, Minneapolis, MN, October 2011

[14] Toghiani RK, Toghiani H, Maloney SW, Boddu VM (2010) Prediction of physicochemical

properties of energetics materials, Chapter 10. In: Energetic materials: thermophysical properties, predictions and experimental solubility and experimental measurements. CRC Press, pp 171-198

[15] Chakka S, Boddu VM, Maloney SW, Toghiani RK, Damavarapu R (2009) Vapor pressures and melting points of select munitions compounds. In: 2009 AIChE Annual Meeting Conference Proceedings

[16] Costales-Nieves C, Boddu VM, Maloney SW, Chakka R, Damavarapu R, Viswanath DS (2010) SPARC prediction of physical properties of explosive compounds. In: AIChE Annual Meeting Conference Proceedings, Nov 2010

[17] Toghiani RK, Toghiani H (2009) Prediction of physciochemical properties of energetic materials for identification of treatment technologies for generated waste streams. Project Report to US Army ERDC-CERL. Mississippi State University, July 2009

[18] Toghiani RK, Toghiani H, Maloney SW, Boddu VM (2008) Prediction of physicochemical properties of energetics materials. Fluid Phase Equilib 264:86-92

[19] U. S. Environmental Protection Agency, General Sciences Corporation (1987) GEMS User's Guide, Laurel, MD, USA Physical Properties of Select Explosive Components for Assessing … 369

[20] Hine J, Mookerjee PK (1975) The intrinsic hydrophilic character of organic compounds. Correlations in terms of structural contributions. J Org Chem 40:292-298

[21] Joback KG, Reid RC (1987) Estimation of pure-component properties from group-contributions. Chemical Engineering Communications 57:233-243

[22] Poling BE, Pausnitz JM, O'Connell JP (2004) The properties of gases and liquids, 5th edn. McGraw Hill, NY

[23] Stein SE, Brown RL (1994) Estimation of normal boiling points from group contributions. J Chem Inf Comput Sci 34:581-587

[24] Hilal SH, Karickhoff SW, Carreira LA (2003) Prediction of the vapor pressure boiling point, heat of vaporization and diffusion coefficient of organic compounds. QSAR & Combinational Science 22:565-574

[25] Hilal SH, Karickhoff SW, Carreira LA (2004) Prediction of solubility, activity coefficient and liquid/liquid partition coefficient of organic compounds. QSAR Comb Sci 23:709-720

[26] Boethling RS, Mackay D (2000) Boiling Point. In: Handbook of Property Estimation Methods for Chemicals Environmental and Health Sciences. CRC Press, Florida, pp 33

[27] Boddu VM, Abburi K, Maloney SW, Damavarapu R (2008) Physicochemical properties of an insensitive compound, N-methyl-4-nitroaniline (MNA). J Haz Mat 155:288-294

[28] Boddu VM, Abburi K, Maloney SW, Damavarapu R (2008) Thermophysical properties of an insensitive munitions compound, 2,4-dinitroanisole (DNAN). J Chem Eng Data 53:1120-1125

[29] Rosen JM, Dickinson C (1969) Vapor pressures and heats of sublimation of some high

melting organic explosives. J Chem Eng Data 1:120-124

[30] Beringer FM, Brierley A, Drexler M, Gindler EM, Lumpkin CC (1953) Diaryliodonium salts Ⅱ. The phenylation of organic and inorganic bases. J Am Chem Soc 75:2708

[31] N-Methyl-4-nitroaniline; MSDS No. 261586 [Online]; J&K Scientific Ltd.: Beijing, China, 11 Jan 2010. http://www.laborservice-bb.de/pdf/312/261586_en.pdf. Accessed 24 Feb 2017

[32] Liu ZR, Shao YH, Yin CM, Kong YH (1995) Measurement of the eutectic composition and temperature of energetic materials. Part 1. The phase diagram of binary systems. Thermochim Acta 250:65-76

[33] Kim KJ, Kim MJ, Lee JM, Kim SH, Him HS, Park BS (1998) Solubility, density, and metastable zone width of the 3-nitro-1,2,4-triazol-5-one+ water system. J Chem Eng Data 43, 65-68

[34] Zeman S (1993) The thermoanalytical study of some Aminoderivatives of 1,3,5-trinitrobenzine. Thermochim Acta 216:157-168

[35] Maksimov YY (1992) Boiling points and heats of evaporation of liquid hexogen and octogen. Zh Fiz Khim 66:540-542

[36] Hall PG (1971) Thermal decomposition and phase transitions in solid nitramines. Trans Faraday Soc 67:556-562

[37] Andelkovic-Lukic M (2000) New high explosive-polycyclic nitramine hexanitrohexaazaisowu- rtzitane (HNIW, CL-20). Naucno-Tehnicki Pregled 50:60-64

[38] Egorshev V, Sinditiskii V, Smironov S, Glinkovsky E, Kuzmin VA (2009) Comparatice study on cyclic acetone peroxides. In: Proceeding of the New Trends in Research of Energetic Materials, Czech Republic

[39] Oxley JC, Smith JL, Shinde K, Moran J (2005) Determination of the vapor density of Triacetone Triperoxide (TATP) using a gas chromatography headspace technique. Propellants, Explos, Pyrotech 30:127-130

[40] Katritzky AR, Scriven EFV, Majumder S, Akhmedova RG, Akhmedova NG, Vakulenko AV (2005) Direct nitration of five membered heterocycles. ARKIVOC iii:179-191

[41] Sikder N, Sikder AK, Bulakh NR, Gandhe BR (2004) 1,3,3-Trinitroazetidine (TNAZ), a melt-cast explosive: synthesis, characterization and thermal behavior. J Hazard Mater 113: 35-43

[42] Cho JR, Kim KJ, Cho SG, Kim JK (2002) Synthesis and characterization of 1-methyl-2, 4,5-trinitroimidazole (MTNI). J Heterocycl Chem 29:141-147 370 V. M. Boddu et al.

[43] Dionne BC, Rounbehler DP, Archer EK, Hobbs JR, Fine DH (1986) Vapor pressure of explosives. J Energ Mater 4:447-472

[44] Montiel-Rivera F, Paquet L, Deschamps S, Balakrishnan VK, Beaulieu C, Hawari J (1025) Physico-chemical measurements of cl-20 for environmental applications comparison with RDX and HMX. J Chromatogr 2004:125-132

[45] Bausum HT (1989) Recommended Water Quality Criteria for Octahydro-1,3,5,7-Tentranito-1,3,5,7-Tetrazocin (HMX). U. S. Army Biomedical Research and Development Laboratory, Report Number: A165852

[46] Makisimov YY, Russ J (1992) J Phys Chem 66: 280-281 (as cited in ref. 18)

[47] GSI Environmental Inc., (2010) Triaminotrinitrobenzene. Retrieved May 2010, from http:// www. gsi-net. com/

[48] NIST Chemistry Web Book. Retrieved May 2010, from http://webbook. nist. gov

[49] Encyclopedia of Chemistry, TATB. Chemie. DE Information Service GmbH. Retrieved May 2010 from http://www. chemie. de/lexikon/e/TATB/

[50] Global Security. Global Security. org. Retrieved May 2010, from http// www. globalsecurity. org/military/systtems/munitions/Explosives-nitramines. htm, (2000-2010)

[51] Myrdal P, Ward GH, Dannenfelser RM, Mishra D, Yalkowsky SH (1992) AQUAFAC 1: aqueous functional group activity coefficients; application to hydrocarbons. Chemosphere 24:1047-1061

[52] Spectrum Laboratories I (2203) Chemical fact sheet: HMX. Retrieved May 2010, from http://www. speclab. com/compound/c2691410. htm

第11章 高能炸药和含能推进剂：在土壤中的分解及归趋

Katerina Dontsova, Susan Taylor

摘 要：实弹军事训练将含能化合物散布在靶场土地中，爆炸物和推进剂组分一旦沉积在土壤中，就会溶于水并土壤组分发生复杂的相互作用，迁移到地下水中。当与土壤接触时，这些化学物质也会在固体和液体状态下受到生物和非生物（水解、光解和与金属反应）影响而转化。本章总结了有关含能残渣在靶场土壤中的沉积现状，以及残渣的性状及其溶解速度。同时，还论述了高能炸药和推进剂中含能化合物的关键物理化学性能（水溶解度 S_w、pH 值、辛醇-水分配系数、K_{ow}），以及这些参数对含能化合物与土壤发生生化反应的影响。了解这些化学组分的反应路线会有助于人们了解它们的归趋和对生态的影响，以及如何加强原位修复。

关键词：高能炸药；分解；土壤；相互作用；反应运移

缩略词和释义列表

2-ADNT	2-氨基-4,6-二硝基甲苯
4-ADNT	4-氨基-2,6-二硝基甲苯
2,4-DANT	2,4-二氨基-6-硝基甲苯
2,6-DANT	2,6-二氨基-4-硝基甲苯
2,4-DNT	2,4-二硝基甲苯
2,6-DNT	2,6-二硝基甲苯
ATSDR	有毒物质和疾病登记机构
CEC	阳离子交换能力

Katerina Dontsova，美国亚利桑那大学，邮箱：dontsova@ email. arizona. edu。
Susan Taylor，美国寒冷领域研究和工程实验室。

B 炸药	B 炸药,高爆炸物由比例为 60-39-1 的 RDX-TNT-wax 组成
DoD	国防部
DNX	六氢-3,5-二亚硝基-1-硝基-1,3,5-三嗪
EDAX	能量色散 X-射线光谱仪
EOD	爆炸性军械处理
EPA	环境保护机构
ERDC	工程研究和发展中心
ER	环境恢复
HE	高爆炸物
HMX	八氢-1,3,5,7-四硝基-1,3,5,7-四佐辛
HPLC	高效液相色谱
K_d	土壤吸附系数
K_{ow}	辛醇-水分配系数
K_{oc}	有机碳吸附系数
MC	弹药组分
MNX	六氢-1-亚硝基-3,5-二硝基-三嗪
NC	硝化纤维
NC or NC +2,4-DNT	单基推进剂
NC + NG	双基推进剂
NC + NG + NQ	三基推进剂
NDAB	硝基-2,4-二氮正丁醛
NG	硝化甘油
NQ	硝基胍
NT	硝基甲苯
OC	有机碳
OM	有机物
pK_a	酸解离常数
RDX	六氢-1,3,5-三硝基-1,3,5-三嗪
S_w	水溶解度
TAT	2,4,6-三氨基甲苯
TNT	2,4,6-三硝基甲苯
TNX	六氢-1,3,5-三亚硝基-1,3,5-三嗪
Tritonal	由约 80%的 TNT 和 20%的 Al 组成的爆炸物
UXO	未爆炸弹药

11.1 引　　言

炸药和推进剂都是高能氮基化学物质，当爆炸或燃烧时，它们会快速释放出大量的能量和气体产物。由于其爆炸特性，这些化学物质被广泛应用于军事、建筑和矿业中[1-2]。美军通常使用硝基芳香化合物 TNT(2,4,6-三硝基甲苯)、爆炸物中的环硝胺 RDX(环三亚甲基三硝胺)和 HMX(环四亚甲基四硝胺)，以及推进剂中的 DNT(2,4-二硝基甲苯)、NG(三硝基甘油)和 NQ(硝基胍)(图 11.1)。

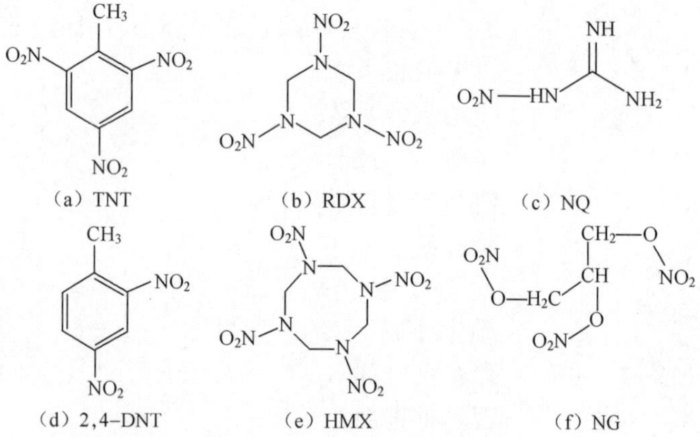

(a) TNT　(b) RDX　(c) NQ

(d) 2,4-DNT　(e) HMX　(f) NG

图 11.1　常用弹药组分的化学结构

实弹军事训练将含能化合物散布在靶场土地中，爆炸物和推进剂组分一旦沉积在土壤中，就会溶于水并会在固体和液体状态下受到非生物(水解、光解和与金属反应)和生物(有氧和无氧生物转化)反应(图 11.2)。如果现场的生态受体受到威胁或者受污染的地下水从军事基地迁移，那么根据政策和监管举措可能会导致训练靶场关闭。

这里论述了爆炸物和含能化合物的沉积、分解和土壤吸附，并总结了它们的主要理化性能对其在土壤中分解和生化反应以及运移的影响。这些数据值得关注的原因有两点：一是这些化学组分具有可变毒性，并且不同程度上对人类、动物和植物的健康都有害[3]；二是这些化合物能够通过地下土壤迁移，从而会污染地下水[4]。了解这些化学组分的反应路线会有助于人们了解它们的归趋和对生态的影响，以及如何加强原位修复。

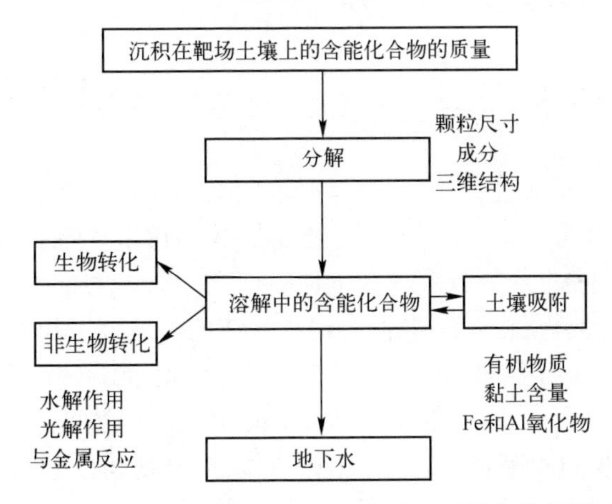

图 11.2　沉积在训练场土壤上的炸药对环境归趋的影响

11.2　现场沉积

军事训练使爆炸物和推进剂化合物散布在土地表面上,散布物质的质量取决于弹药燃烧的类型和爆炸方式:高阶、低阶(局部)、未爆炸弹药(UXO),或者 UXO 的原位吹气爆炸。表 11.1 列出了常用爆炸物和推进剂中出现的化合物。

表 11.1　军用推进剂和爆炸物中出现的含能化学组分

化合物		应用	关注的化学组分
推进剂配方	单基	榴弹炮(M1)	2,4-DNT
	双基	小型武器,迫击炮,榴炮弹	NG
	三基	榴炮弹(M31)	NG 和 NQ
爆炸物配方	B 炸药	榴弹炮,迫击炮	RDX,TNT
	C4	炸药	军事级 RDX
	Tritonal	空投炸弹	TNT,Al
	组分 A4	40mm 手榴弹	RDX
	TNT	榴炮弹(M31)	TNT
	组分 H-6	空投炸弹	RDX 和 TNT,Al
	Octol	反坦克火箭弹	HMX 和 TNT

注:军用级 RDX 包含约 10% 的 HMX,军用级 TNT 包含约 1%的其他 TNT 异构体,技术级 DNT 包含约 90% 的 2,4-DNT 和 10%的 2,6-DNT。

11.2.1 推进剂

推进剂通常由浸渍过2,4-二硝基甲苯(称为单基)、硝化甘油(称为双基)或硝化甘油和硝基胍(称为三基)的硝化纤维(NC)组成。推进剂残留部分被燃烧,未燃烧的固体推进剂颗粒沉积在土地表面上。原始的推进剂药柱形状与是否有通孔(用于提高燃烧速率)共同决定了残渣的外观[5]。比如,单孔推进剂药柱会留下环状或新月状残渣(图11.3(a)),多孔推进剂药柱会留下裂片(图11.3(b)),而无孔推进剂药柱则会留下比原始推进剂更小的残渣(图11.3(c))。推进剂残渣的尺寸范围受原始推进剂药柱颗粒尺寸的约束,其中很多颗粒的尺寸是毫米级的。

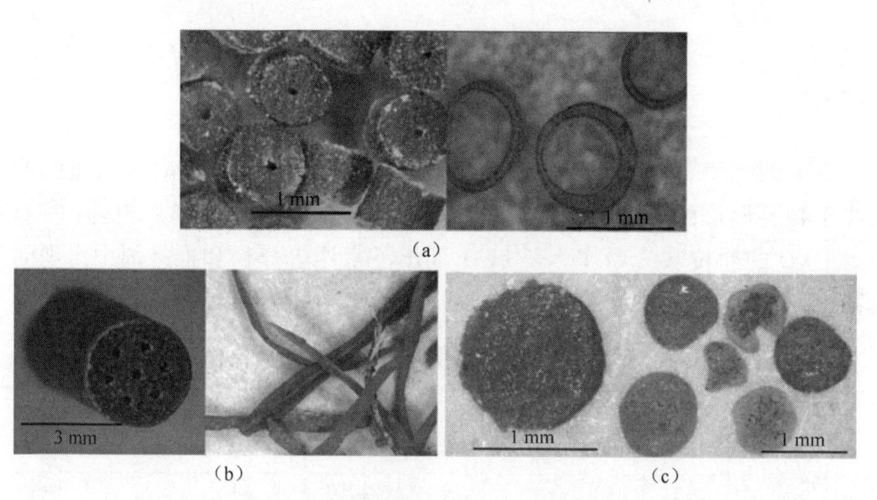

图11.3 单孔M45推进剂药柱和残渣、多孔M1推进剂和残渣以及M9药柱和残渣(c)[5]

实际上,小型武器、迫击炮、炮弹和肩抗式发射的反坦克火箭弹的发射试验和量化残渣表明,沉积的NG和2,4-DNT的质量会因弹药的不同而有所改变(表11.2)。比如,对于155mm榴弹炮,每次弹药燃烧时的沉积NG质量估算为1.2mg,而对于84mmAT4肩抗式发射火箭弹,每次火箭弹发射时的NG沉积物为20000mg。这种沉积的大部分都是以NC颗粒的形式发生的,而且NG或2,4-DNT都位于NC基体中[6]。当用于发射155mm榴弹炮时,含NQ的推进剂会出现少量残渣[7]。

表 11.2　燃烧中沉积的推进剂含能组分的质量

武器系统		推进剂	成　分	发射弹药	残渣/弹药/mg	沉积距离/m	参考文献
榴弹炮	105mm	M1-I/II	2,4- DNT	71	34		[66]
	105mm	M1	2,4DNT	22	6.4		[6]
	155mm	M1	2,4DNT	60	1.2		[67]
迫击炮	60mm	点火匣	NG	40	0.09	12	[68]
	81mm	M9(照明器)	NG	61	1000	50	[68]
	120mm	M45	NG	40	350		[69]
肩扛式发射火箭弹	84mm Carl Gustov(卡尔·古斯托夫)	AKB 204/0	NG	39	1055	30①	[28]
	84mm AT4	AKB 204	NG	5	20000	50①	[66]
坦克(“美洲豹”)	105mm	M1	2,4-DNT	90	6.7		[70]
手榴弹	40mm HEDP	M1	NG	144	76	5	[71]
	40mm TP	F15080	NG	127	2.2	5	—
小型武器	5.56mm 步枪	WC844	NG	100	1.8	10	[72]
	5.56mm 机枪	WC844	NG	200	1.3	30	—
	7.62mm 机枪	WC846	NG	100	1.5	15	—
	9mm 手枪	WPR289	NG	100	2.1	10	—
	12.7mm 机枪(0.5英寸口径)	WC860/857	NG	195	11	40	—

① 对于肩抗式发射火箭弹,主要沉积在分数线之后。

残渣的分布模式会随着推进剂的使用状况而发生变化。在固定射击位置,除肩扛式火箭弹的残渣(残渣从射击位置向后沉积)以外,推进剂残渣会降低射程。对于小型武器,推进剂残渣一般沉积在距发射位置 5~30m 处(表 11.2)。对于炮弹,残渣沉积在距发射方向 75m 处。对于肩抗式发射火箭弹,残渣主要位于发射位置之后约 30m 的区域。对于反坦克火箭弹,推进剂残渣也位于碰撞区域,因为火箭打击目标之前,所有的推进剂一般未被耗尽。

在训练靶场土地上经常可以见到推进剂碎片,另外,虽然一般情况下推进剂颗粒未被迁移,但是起初在 NC 推进剂基体中的 2,4-DNT、NG 和 NQ 会沉淀分解,并随着水一起进入土壤中。Taylor et al.[8] 发现,对于未燃烧的药柱,任何接近推进剂表面的 NG 都容易被分解。可是,药柱中心的能量需要一定的时间才能通过不溶性 NC 基体进行扩散。将未用过的推进剂装袋在土地上焚烧,可能会使部分燃烧的药柱分散开,并且污染土壤。为此目的设计的燃烧盘是一种更清洁的选择[9]。

11.2.2 高能炸药

弹药爆炸时,高爆炸药的碎片会被分散在土地上。对于高阶爆炸,这些弹药中 99.99%的质量在爆炸中都会被消耗(表 11.3),少量沉积的残渣都是微米级的颗粒[10-11]。另外,低阶或局部爆炸将部分填料(表 11.3)沉积为颗粒物和块状物(图 11.4)。每一次弹药燃烧时,沉积的大块状残渣比高阶爆炸大 10000~100000 倍[7]。Dauphin 和 Doyle 研究了不同类型弹药的低阶爆炸率[12]。

表 11.3 TNT 和 B 炸药填充弹的高阶爆炸和局部爆炸沉积的残渣质量

高阶爆炸		分析物	#取样弹药	沉积的 HE 填料平均值/%	参考文献
迫击炮——B 炸药	60mm	RDX	11	3×10^{-5}	[73]
		TNT	11	1×10^{-5}	
	81mm	RDX	5	2×10^{-3}	[73]
		TNT	5	3×10^{-4}	
	120mm	RDX	7	2×10^{-4}	[69]
		TNT	7	2×10^{-5}	
手榴弹——B 炸药	M67	RDX	7	2×10^{-5}	[73]
		TNT	7	未测	
榴弹炮——B 炸药	105mm	RDX	9	7×10^{-6}	[74]
		TNT	9	2×10^{-5}	
	155mm	RDX	7	5×10^{-6}	[67]
		TNT	7	—	
局部爆炸		分析物	#取样弹药	沉积的 HE 填料平均值/%	参考文献
迫击炮——B 炸药	60mm	RDX+TNT	6	35	[51]
	81mm	RDX+TNT	4	42	[51]
	120mm	RDX+TNT	4	49	[51]
榴弹炮——B 炸药和 TNT	105mm	RDX+TNT	15	27	[51]
	155mm	TNT	12	29	[51]

发射时,某些弹药不会爆炸,并导致出现未爆炸的 UXO,如果不清除或销毁炸药,最终会将所有炸药释放到环境中(图 11.5)。UXO 有时会由军方爆炸物

(a)　(b)　(c)

图 11.4　来自单一局部爆炸的 B 炸药碎片[11]

处置(EOD)技术人员或者承包商的 UXO 技术人员通过现场吹扫销毁。目前,军方 EOD 人员采用 C4(一种炸药,是 91%的 EDX)用于现场吹扫作业。因此,即使在 UXO 中没有未爆炸的 RDX,当弹药被现场吹扫时,在土壤中也会经常出现。引爆 UXO 高阶爆炸的现场吹扫操作,几乎与发射弹药的高阶爆炸一样清洁。但是,现场吹扫爆炸也会导致局部爆炸,这会沉积大部分炸药(表 11.3)。

(a)　(b)

图 11.5　遭受未爆炸弹药(UXO)外壳腐蚀的爆炸填料[65]

在反坦克火箭弹靶场内,从发射位置到靶标之间的距离仅几百米,所以大部分弹药在接近靶标时就发生爆炸或破裂。浓度最高的是靶标附近,并且随距离靶标的距离而降低[13]。与反坦克射程不同,靠近炮弹靶标的土壤残渣浓度非常低,并且随距离靶标之间没有浓度梯度。炮弹发射位置和靶标之间的距离越大,靶标周围的碰撞区域就越大。经常用于火炮和迫击炮测试和训练的迫击炮靶标也存在这种情况。

与推进剂不同,对于高爆炸物残渣一般没有明确的沉积形式。撞击区域散布炸药的最大来源是局部爆炸(低阶爆炸),未爆炸弹药(UXO)因附近的实弹爆炸弹片而爆炸,或者因产生低阶爆炸的现场吹扫活动而爆炸。来自这些情况下的残渣会产生局部高浓度区域,即“点源”,这些点源在整个靶场都不关联。由于对 UXO 的数量和局部爆炸不是很了解,所以即使知道弹药发射的数量和类型也很难评估碰撞区域内存在的 HE 质量。由 Dauphin et al. [12] 提供的数值可以作为指导使用,但沉积的残渣质量仍需通过取样来测定。

文献[14-15]中讨论了含能残渣的沉积形式和针对不同射程类型如何取样。有关由燃烧产生的其他污染物类型(如金属),需要考虑它们是如何沉积的及其在空间分布中的形式[8,16]。

11.3 含能化合物的溶解

溶解作用被认为是含能化合物在水中运移的限速步骤。图 11.6 显示了在实验室和室外环境中测量单个爆炸后 HE 颗粒溶解的实验技术[17]。每种技术都将溶解与土壤相互作用的混杂影响隔离开来,并直接通过滴水率(实验室测试)或降水率(室外测试)确定溶解。这些试验模仿了有关训练场地的现场条件、残渣在土壤表面上的分散及组分通过沉淀被分解。这些试验已成功用于测试和高爆炸物的模型分解[18]。

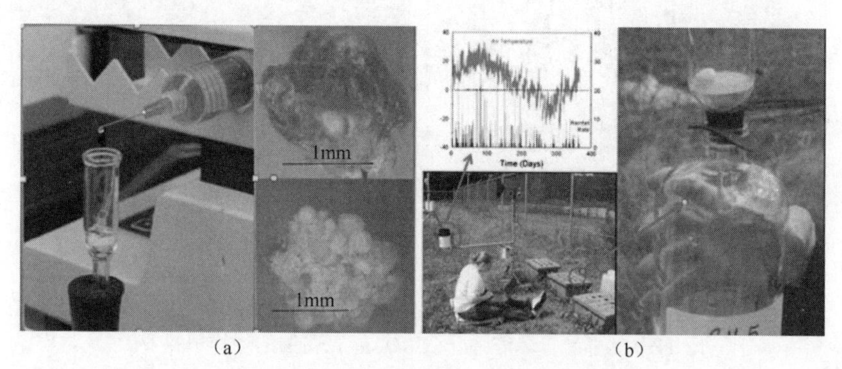

(a) (b)

图 11.6 实验室滴落试验和室外分解试验[24]

11.3.1 推进剂

含有 2,4-DNT 的单基推进剂一般用于发射火炮弹,主要是榴弹炮的 105~155mm 弹药。Taylor et al. [5] 从滴水试验中发现,2,4-DNT 从未焙烧的颗粒中缓慢溶解,但速率保持恒定:500 天后,DNT 的最大损失仅为 10%。较大的推进剂颗粒比较小的颗粒损失更多的 DNT,但所含比例较小。M1 七孔推进剂(12 根纤维)残渣的 2,4-DNT 损失率最高,因为它们具有较大的表面与体积之比。质量损失曲线是非线性的,它们初期上升速度快,之后变得比较线性,但是仍具有正斜率。

双基推进剂是最普通的推进剂类型,一般用于发射小型武器、迫击炮和火箭。在滴水试验中,未燃烧的双基推进剂显示出 NG 最初溶解速度快,然后溶解缓慢很多。大部分双基推进剂损失的 NG 与它们包含的 NG 数量成比例。例如,含有 40% NG 的 M9 推进剂比含有较少 NG 的推进剂损失的比例更大。Taylor et al.[5] 发现,已分解的 NG 质量是推进剂中 NG/NC 比例的函数(图 11.7(a))。使用这种标准化技术进行的数据收集表明,NC 与 10%~20%的 NG 结合,其他多余的 NG 都容易被溶解。

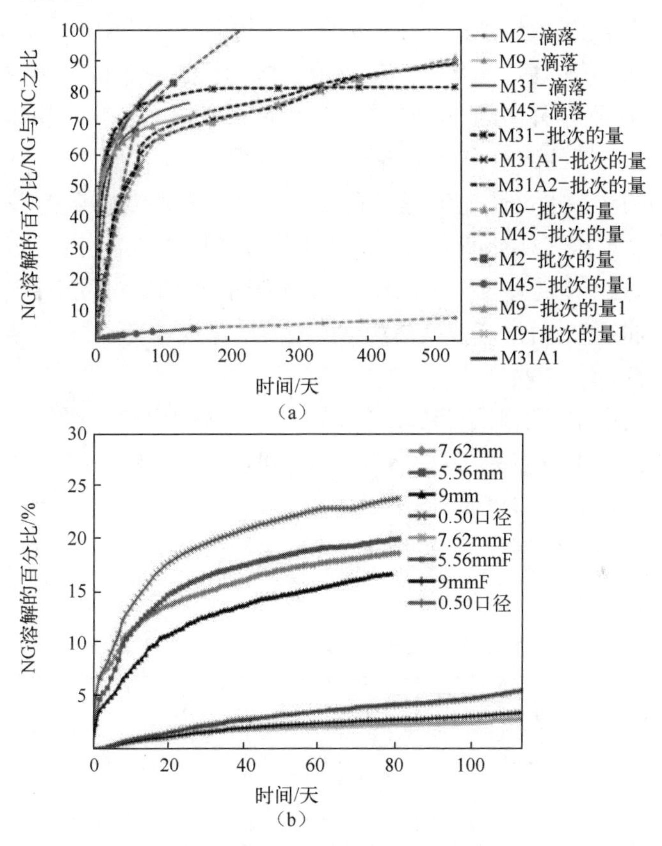

图 11.7　通过 NG/NC 之比与时间的关系来规范溶解的 NG 百分比以及
四种相同的小型武器推进剂未燃烧(顶端)和燃烧(底部)的 NG 溶解百分比与时间关系

用于发射小型武器的球形推进剂和用于发射迫击炮的 M45 推进剂却与这种趋势不符。球形推进剂均含有 10%的 NG,但是 NG 的溶解与其中的 NC 含量无关。M45 推进剂也含有 10% 的 NG,但是在滴落试验中损失不到 1%(图 11.7(a))。M45 是带中孔的矮而宽形药柱,这会增大其 NG 损失。较低的

NG 损失表明,M45 中的硝化纤维素在生产时并未完全硝化,因此 NG 与 NC 有效结合。

溶解数据是从用于小型武器的双基球形推进剂燃烧的残渣和未燃烧的药柱上收集的。未燃烧药柱中 NG 的浓度是在技术手册给出的数据范围内变化,而燃烧后的残渣在质量基准中约含 80%的原始 NG。图 11.7(b)表明,未燃烧推进剂种溶解的 NG(15%~20%)比残渣种溶解的 NG(3%~7%)多。对于未燃烧推进剂,其累积的质量损失随时间关系曲线与药柱表面 NG 快速损失和药柱内部 NG 缓慢扩散相一致。NG 的高水溶解度 S_w 表明,如果 NG 作为 NC 基体中微小的液滴存在,那么通过与水接触就可能被快速溶解。药柱表面的液滴会因沉淀而快速溶解,而药柱中的 NG 则需要通过 NC($\approx 10^{-14} cm^2/s$)基体扩散达到水面[19]。因此,后期的溶解将会受到分子扩散的限制。

扩散限制的溶解也定性地解释了在药柱燃烧过程中观察到的非常低的溶解速率。点火发射很可能会使表面上的 NG 液滴燃烧或挥发,因此溶解会受到 NC 基体中较深处 NG 的分子扩散限制。结果表明,在燃烧过程中,燃烧残渣的累积质量损失曲线呈线性,燃烧残渣中 NG 的溶解速度较慢,与未燃烧的药柱相比,NG 的浓度降低了 20%。

三基推进剂也用于发射炮弹,除了 NG 以外,还包含了 NQ。在 M31 推进剂中,虽然 NQ 比 NG 的含量多,但是 NQ 比 NG 更易溶解(表 11.4),同时就质量和百分比来说,NG 分解得更多(图 11.8)[19]。发生这种情况的原因是在推进剂制造过程中,NG 以液体形式添加,而 NQ 以固体形式混合。所以,NQ 在离开推进剂之前就必须分解。

表 11.4 爆炸物的部分物理化学性能

化合物	分子式	摩尔质量	密度/(g/cm³)	在 25℃时的 S_w/(g/L)	在 25℃时的 $\log K_{ow}$
TNT	$C_7H_5N_3O_6$	227	1.65	0.10[75]	1.86~2.00[76]
2,4-DNT	$C_7H_6N_2O_4$	182	1.52	0.28[76]	1.98[76]
RDX	$C_3H_6N_6O_6$	222	1.82	0.060[77]	0.87[77],0.81~0.87[76]
HMX	$C_4H_8N_8O_8$	296	1.81	0.0045[78]	0.17[78]
NG	$C_3H_5N_3O_9$	227	1.6	1.95[79]	1.62[79]
NQ	$CH_4N_4O_2$	104	1.71	2.6[80],4.4[81]	-0.89[80],0.148[80]

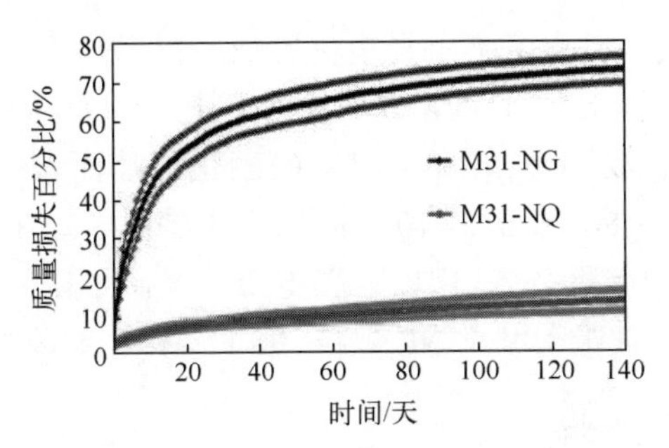

图 11.8　对于未燃烧 M31 单孔推进剂[5],NG 和 NQ 溶解百分比(平均值±1σ,$n=8$)与时间的关系

测试三基推进剂中组分混合情况的试验[20]表明,NG 并未像 NC 和 NQ 一样容易混合;另外,NG 更多存在于表面附近,药柱内部则较少。Yazici 等建议,在一定临界值(12.2%的硝化 NC 中有 27%的 NG)之后,NG 没有有效地与 NC 结合,并以低黏度流体的形式迁移到推进剂表面。这种迁移在推进剂表面会得到液态 NG,在与水接触时它会被移走。

HYDRUS-2D 模拟能够通过将高能物质扩散和吸附到 NC 基体上来模拟 M31 推进剂中 NG 和 NQ 的溶解(图 11.9)。扩散只是没有充分描述试验结果。然而,增加动力学吸附明显地改善了这种匹配(图 11.9),且降低了参数评估的错误。对于 NG 而言,吸附至两种类型(一种慢速和一种快速)的动力学位点,比只吸附一个位点更能描述数据,但是对于 NQ,一种动力学位点就够了。如果未对吸附进行建模,则拟合的扩散系数将低于包括动力学吸附在内的模拟确定的扩散系数,扩散主要是缓慢释放引起的。如果包括了吸附作用,那么通过缓

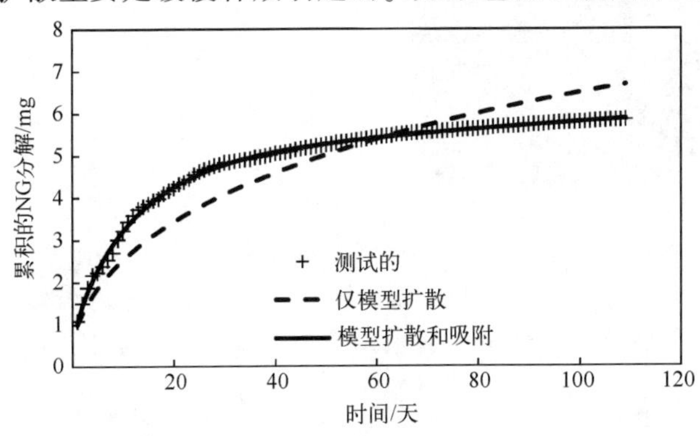

图 11.9　在没有土壤的滴灌研究中,观察到的(十字叉形线)和 HYDRUS-1D 从 M31 推进剂颗粒生成的 NG 的累积分解曲线:仅扩散(虚线)以及在 NC 中两个动力学位点的扩散和吸附(实线)[5]

慢解吸附,就可以在一定程度上解释缓慢释放。扩散系数(NG 为($2.09\times10^{-8}\pm4.39\times10^{-9}$)$cm^2/s$ 和 NQ 为($1.78\times10^{-9}\pm3.74\times10^{-10}$)$cm^2/s$)比小型武器推进剂中得到的要高[8,19],但对于醋酸纤维素中的硝化甘油而言,其扩散系数一般与 Levy[21]报道的数字一致,为 $5.2\times10^{-9}cm^2/s$。HYDRUS-2D 模拟需要一个吸附项来描述推进剂中的能量分解,这一事实支持了 Yazici 和 Kalyon [22]的观察,即推进剂颗粒中的 NG 被吸附并由 NC 保持,阻止了其在颗粒中的移动。

11.3.2 高爆炸药

在实验室[17]和场地[23]对 TNT、B 炸药和混合爆炸物的碎片和颗粒的溶解进行了测量。测量结果表明,当溶解后,TNT 颗粒变得更光滑、更细,但是保持了它们的原始形状。当 TNT 表面溶解出较大的(≈0.1mm)、较慢溶解的 RDX 晶体时,B 炸药的颗粒很明显变得凹凸不平,而且看上去像砂糖一样。随着 TNT 溶解暴露出 Al 颗粒(图 11.10(a)、(b)),混合爆炸物颗粒变得更小并产生轻微凸起。

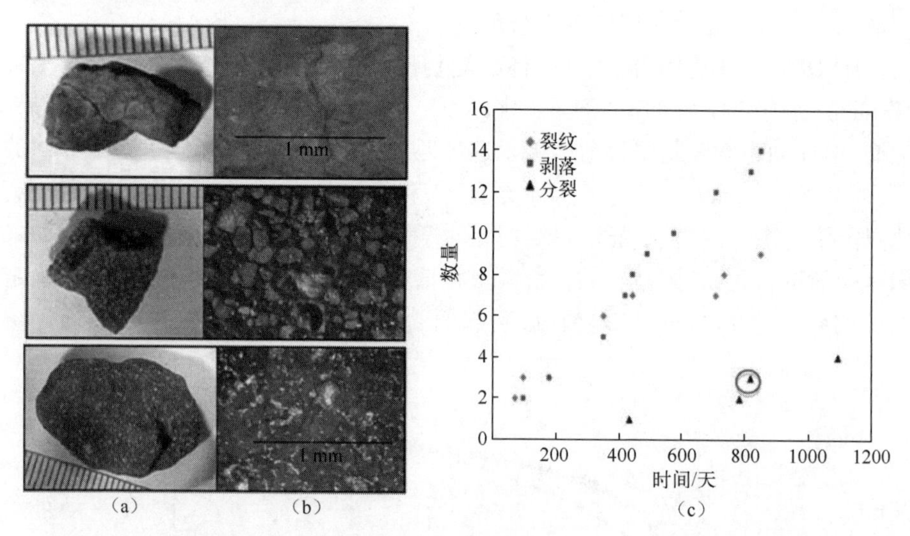

图 11.10 颗粒照片;TNT、B 炸药和混合爆炸物表面的特写;HE 块状物的数量,3 年试验中,破裂、裂开成 1mm 碎片或分裂成多样的毫米级碎片(带圆圈的三角形代表试验 810 天时三个 34 块状物已经分裂)

室外溶解试验表明,B 炸药、混合爆炸物和 TNT 颗粒均变成了铁锈,并偶有富有光泽、近乎彩虹色、黑色的斑点。暴雨之后,带红色的产物从某些表面上冲了下来,漏出了下面的浅色炸药。四个 34HE 块状物在试验中自然地分离,而其他的剥落了小薄片或破裂(图 11.10(c)和 11.11(b))。

图11.11(a)表明了TNT碎片的累积质量损失。Taylor et al.[24]给出了B炸药、混合爆炸物和C4的数据。除了分裂的颗粒之外(TNT3和TNT5),在所有的颗粒中,累积质量损失曲线的形状是相似的。虽然最大的颗粒失重最多,但是,由于较高的比表面积,微小的HE块状物失去的原始质量百分比较大。

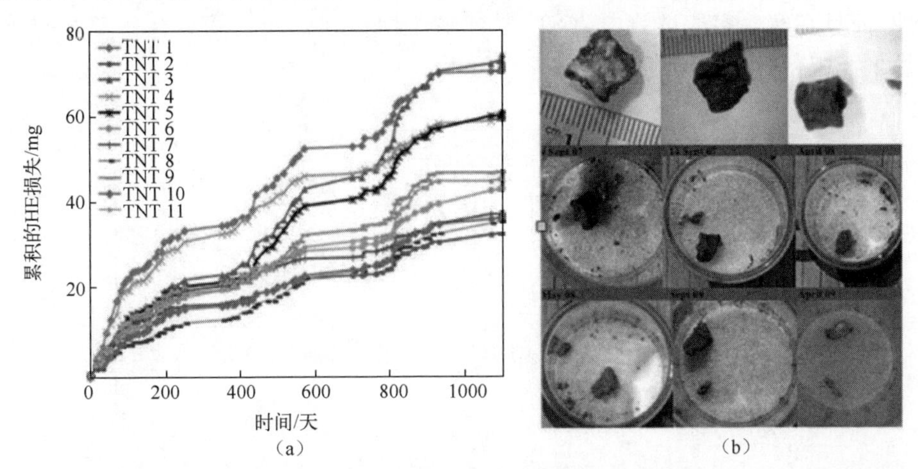

图11.11　TNT的累积质量损失与时间关系(由HPLC测试)以及试验过程中TNT3号的图像

采用来自实验室和室外试验的数据[18,23-24]发展和验证了爆炸物的溶解模型。关键的输入参数是颗粒尺寸、HE类型、年降雨量和平均温度。通过给定这些参数,这个模型提供了一种简单和精确的方法来预测水相HE流入土壤(图11.12)。

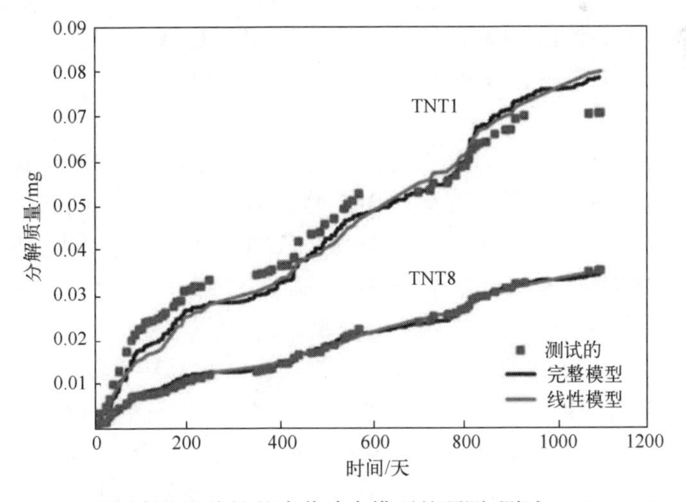

图11.12　随同完整和线性的滴落冲击模型的预测,测试TNT 1(1.9g)和TNT 8(0.36g)的已分解TNT质量

图 11.13 给出了 3 年后每个 HE 块状物的质量损失。两种测试类型相互对应:由电子天平测量的质量损失和通过高效液相色谱(HPLC)分析得到的累积分解质量。由电子天平测量的质量损失大于分解质量,并且损失随着时间而增加。这些结果是出乎意料的,因为两种测试方法具有很低的不确定性,而且在实验室的试验中,TNT、混合爆炸物和 B 炸药之间具有非常好的质量平衡[17-18]。

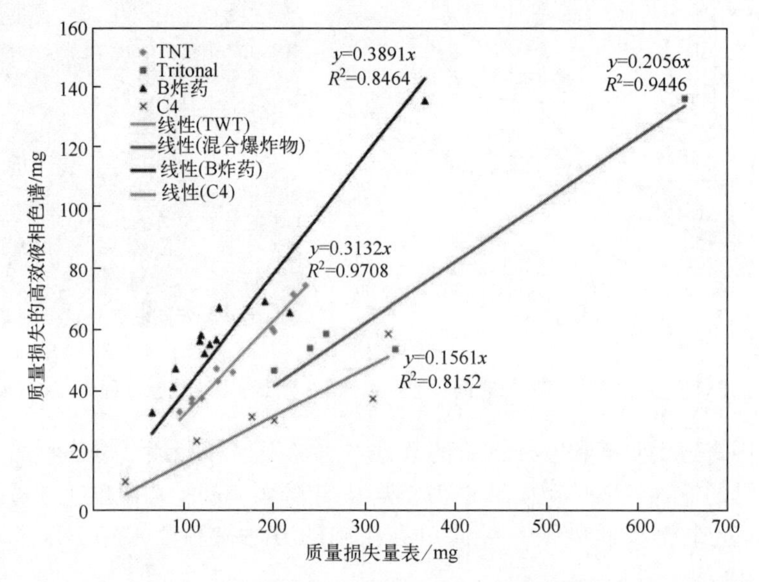

图 11.13 HE 碎片的质量损失超过 60%,通过电子天平测量,未像已分解爆炸物一样通过 HPLC 测量。未说明的质量大于已分解爆炸物质量,测量接近每个颗粒的表面区域,并且随着时间而增加

质量平衡差异可能归因于形成的转化产物不能通过 HPLC 被量化,这由颗粒表面的光解作用或由颗粒湿润表面上的水解作用引起。光转化是爆炸物的室外侵蚀所固有的,包含爆炸物和水溶液的 TNT 常变为红色,而且 RDX 也降解了[25]。发现 TNT 产生了 2-氨基-4,6-二硝基苯甲酸和红色产物,它们具有稳定性、可溶性、极性和预溶剂峰值中的洗脱色谱性[24]。发现 2-氨基-4,6-二硝基苯甲酸的浓度与 TNT 测试结果相似,并且可以解释质量缺失大约一半的原因。RDX 的质量平衡差归因于其在光降解研究中检测到的光降解形式,即甲醛和硝酸盐[24-25]。在训练场上,这些转化产物可能构成额外的 HE 基污染物渗入土壤中。

11.4　炸药和推进剂组分化学物理性能

考虑到含能化合物在环境中的归趋由其物理化学性能引起,包括水溶性(S_w)、水和非极性溶剂之间的分离(辛醇-水分配系数,K_{ow})以及酸电离常数(pK_a),表 11.4 总结了所研究的炸药关键理化参数。水溶性是指在一定温度、pH 和离子强度下化合物在水中的溶解能力。化合物的溶解能力与分子极性和尺寸相关,即极性分子越小,溶解度越高。推进剂中的高能物质(如 NG 和 NQ)是可溶的(表 11.4),对饮用水的健康筛查水平较低。例如,NG 在 20℃的水中具有大约 1500mg/L 溶解极限[26],在居民水中的屏蔽水平为 1.5μg/L[27]。另外,硝化纤维(NC)不可溶,不具有健康和环境危害,因此没有估计其沉积质量[28]。高爆炸性的含能化合物,如 RDX、HMX 和 TNT,溶解性并不高。HMX 在水中几乎是不溶的(4 mg/L),吸附于土壤中,不会迁移至地表;而 RDX 和 TNT 在地下环境和污染点的地下水中可以检测出[29]。如表 11.4 所列,在硝基芳香化合物(TNT、DNT)、环硝基胺(HMX、RDX)、硝基酯(NG)和硝基亚胺(NQ)每个层级之间的溶解性具有显著变化。

辛醇-水分配系数是分子极性的量度,通过多种途径影响其在环境的地球-生物化学相互作用。对于非极性辛醇溶剂而言,越低的极性具有越高的亲和力;而对于极性脂类溶剂和水溶剂,更高的极性具有更高的亲和力。因此,化合物脂类分离具有更高的 $\log K_{ow}$ 值,而化合物水分配具有更低的 $\log K_{ow}$ 值。具有高 $\log K_{ow}$ 值的化合物会分解为脂质,而具有低 $\log K_{ow}$ 值的化合物则会分解为水。由于涉及非极性相互作用,因此具有高 $\log K_{ow}$ 值的炸药倾向于分配到土壤有机质(OM)中。对土壤 OM 的高度分配通常意味着土壤吸附力高,并且通过地下进入地下水的迁移减少。高的 $\log K_{ow}$ 也能促进通过细胞膜的扩散,从而潜在的损害了生物受体。随着环境污染物变得更亲酯($\log K_{ow}$ 值达到 3~4),其摄入也增加[30]。

TNT 具有三个 $-NO_2$ 基团分离 OM,其具有最高的疏水性($1.8<\log K_{ow}<2.0$)。TNT 转化为其亚胺衍生物,即 $-NH_2$ 取代 $-NO_2$ 基团,降低了其对土壤有机物的疏水性和亲和力,提高了水溶性。因此,还原的 TNT 胺产物趋向于通过地下土壤迁移,除非它们的迁移通过固定机制,例如固定化反应而减慢,通过与土壤中 OM 形成-NH-C(O)-共价键进行化学吸附[31]。

11.5 土壤相互作用

炸药是富含官能团的 N 基有机物，该性质可促进环境中生物地球化学的相互作用。土壤组分，包括有机质、层状硅酸盐黏土、铁和铝氧化物和氢氧化物，都可以吸附或干扰吸附高能化合物，这是由于它们具有高表面积和多种官能团（参见文献[32]）。炸药组分与土壤的相互作用会影响它们的环境归趋以及实地应用的风险。当炸药中的 $-NO_2$ 官能团在各种氧化还原环境下转变为相应的 $-NH_2$（氨基）基团时[2,37]，不同的产品会具有不同的物理化学性质（S_w，pK_a，K_{ow}）并影响其土壤吸附能力[3,38-40]。Haderlein 等[36]报道，蒙脱土的可逆吸附随着硝基的增加而降低，并遵循 TNT>DNT>NT（硝基甲苯）的顺序。

土壤吸附系数 K_d 是土壤中化合物浓度与溶液之间的比值，用于表征高能物质对土壤的亲和力。随着 K_d 值的增加，化学物质主要倾向于残留在固体表面上，而很少在孔隙中随水下传输。由于大多数有机污染物在土壤中的吸附归因于土壤 OM，因此 K_d 值（表 11.5）通常根据土壤有机碳（OC）含量进行归一化。然后可以将所得的 K_{OC} 参数（土壤 OC 吸附系数）用于根据其碳含量计算这些化合物对其他土壤的吸附能力。例如，RDX 倾向于分解成有机碳[32-33]，其行为可以使用 K_{OC} 进行预测。但是，TNT 表现出非常复杂的吸附行为。此外，除了吸附到有机物的极性和非极性区域[34-35]之外，TNT 还可以插入并吸附在黏土层之间[36]。

11.5.1 TNT、DNT 及其转化物

硝基芳香族化合物（如 TNT 和 DNT）与土壤中有机物及层状硅酸盐黏土都会相互作用。Haderlein et al.[36]研究表明，钾饱和黏土对 TNT 和 DNT 都有很高的亲和力，但是当黏土被其他阳离子饱和时，其亲和力下降了几个数量级。尽管钾离子通常不是土壤中的主要阳离子，但实验表明土壤黏土确实吸附了硝基芳族化合物，但是根据混合黏土矿物学，阳离子组成以及有机和土壤黏土表面氧化物涂层形成，吸附能力会降低[32,41]。

有机物也影响土壤中 TNT 的吸附（图 11.14）。硝基芳族化合物的辛醇-水分配系数（表 11.5）表明对 OM 的非特异性疏水分配[42]。人们认为这种机制对

表 11.5　高能化合物与土壤、矿物质相互作用的土壤吸附系数 K_d

土　壤	黏土/%	OC/%	K_d/(L·kg^{-1})					
			TNT	2,4-DNT	RDX	HMX	NG	NQ
纽波特	5.6	3.5	2.3[37]	—	—	—	—	—
龙星	10.0	0.06	2.5[37]	—	—	—	—	—
内布拉斯加州	20.0	0.83	4.1[37]	—	—	—	—	—
克兰	20.6	2.8	3.7[37]	—	—	—	—	—
乔利埃特	23.8	3.6	6.8[37]	—	—	—	—	—
休斯顿 B	43.8	1.2	3.0[37]	—	—	—	—	—
莎琪黏土	54.4	2.4	11[37]	—	—	—	—	—
K^+-LAAP D	32	0.20	167[85]	12.5[86]	0.66[85]	1.73[85]	—	—
水凝胶	>87	ND	130[86]	130[86]	6.6[86]	8.9[86]	—	—
檫树肥土	11[78]	0.33[78]	—	2.34[5]	—	0.7[78]	0.26[5]	0.60[5]
	16.4[5]	1.30[5]	—	—	—	—	—	—
卡特林淤泥肥土	15.7[5]	3.75[5]	17.9[32]	15.30[5]	2.03[5]	—	1.27[5]	0.24[5]
	18[32]	4.23[32]	—	—	—	—	—	—
肯纳淤泥	55	35.4	285.2[32]	—	36.19[32]	—	—	—
本代尔精细沙地肥土	20	0.89	1.77[32]	—	0.78[32]	—	—	—
阿德勒淤泥肥土	4.5[47]	0.29	2.4[47]	—	0.48[47]	0.48[47]	0.08[52]	—
普利茅斯沙石肥土	14.4[5]	1.72[5]	1.6[47]	5.06[5]	0.65[47]	0.43[47]	1.41[5]	0.44[5]
	5.0[47]	—	—	0.28~2.01°	—	—	—	—

续表

土壤		黏土/%	OC/%	K_d/(L·kg^{-1})					
				TNT	2,4-DNT	RDX	HMX	NG	NQ
横纳/莎琪黏土		48.7	2.4	10[59]	12.5[36]	3.5[37]	12.1[88]	—	0.43[88]
		—	—	—	9.43[36]	—	—	—	—
皮卡蒂尼		5	0.63	—	—2.06[84]	—	4.25[88]	3.8[83]	—
农庄土堆		10	0.29	—	0.43[84]	—	0.12[88]	—	—
瓦伦尼斯		4	8.4	4.2[82]	—	1.9[82]	2.5[78]	—	—
LAAP A		6	0.3[5]	1.09[85]	—	—	1[85]	—	—
LAAP C		12	0.08	1.06[85]	—	—	—	—	—
LAAP D		32	0.2	1.67[85]	1.67[87]	0.3[85]	2.4[85]	—	—
矿物	K^+-蒙脱石	NA	ND	21500[36]	7400[36]	1.2[36]	—	—	—
	K^+-伊利石	NA	ND	12500[36]	3650[36]	—	—	—	—
	K^+-高岭石	NA	ND	1800[36]	690[36]	—	—	—	—
	Ca^{2+}-蒙脱石	NA	ND	1.7[36]	—	—	—	—	—
	Ca^{2+}-伊利石	NA	ND	1.2[36]	—	—	—	—	—
	Ca^{2+}-高岭石	NA	ND	0.3[36]	—	—	—	—	—
	K^+-蒙脱石	NA	ND	414[85]	—	3.17[85]	22.1[85]	—	—

注:LAAP—路易斯安娜军队弹药植物;NA—不适用;ND—不确定。

颗粒状有机物很重要[34],而极性更强的可溶性有机碳则通过与腐殖质中存在的官能团的键与 TNT 及其转化产物相互作用[34,42]。TNT 在土壤中的吸附等温线呈非线性形状(图 11.14(a))表明,除 OM 分配外,其他机理也有助于其保留。

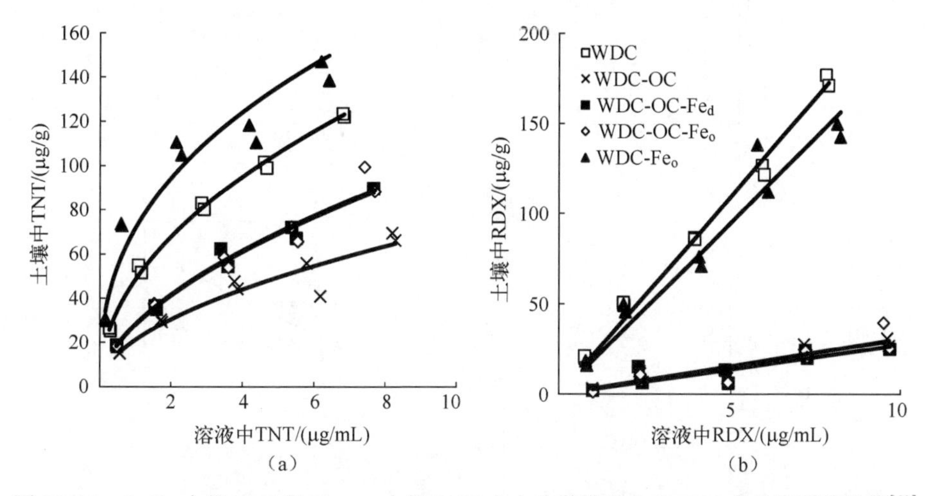

图 11.14　Catlin 中的 TNT 和 Kenner 中的 RDX 在水分散性黏土(WDC)中的吸附等温线[32]
注:对 WDC 样品进行处理,以除去碳酸盐,有机物(-OM),非晶硅铝酸盐和水合氧化物($-Fe_o$)以及游离铁铝氧化物和氢氧化物($-Fe_d$)。

纯铁氧化物(如磁铁、赤铁矿、鳞片石和针铁矿)不会吸附 TNT 或其他硝基芳烃[43]。Ainsworth et al.[44]研究表明,土壤中连二亚柠檬酸盐可提取铁(Fe_d)与 TNT 吸附呈负相关。去除结晶性差的氧化铁(草酸盐可萃取)可以增加土壤黏土对 TNT 的吸附(图 11.14(a))。氧化铁对 TNT 吸附产生负面影响的可能原因是它们覆盖了黏土表面,干扰了黏土矿物对 TNT 的吸附。

一旦 TNT 和 DNT 中的硝基还原为氨基,后者可通过形成共价键不可逆地吸附到 OM[31,45],其机制涉及 TNT 的氨基转化产物(2-ADNT,4-ADNT,2,4-DANT,2,6-DANT 和 TAT(2,4,6-三氨基甲苯))与土壤腐殖酸中的醌和其他羰基进行亲核加成反应,形成杂环和非杂环缩合产物。早期的研究结果还表明,TNT、ADNT 和 DANT 的单氨基和二氨基衍生物在土壤中经历可逆吸附过程[46-47]。TNT 吸附的有力指标是阳离子交换能力(CEC),既能反映土壤中有机质和黏土的含量,又能反映黏土矿物学(图 11.15)。对于 2,4-DNT,对黏土的吸附较低(表 11.5),而 OC 是对土壤吸附的较好预测指标(图 11.15)。

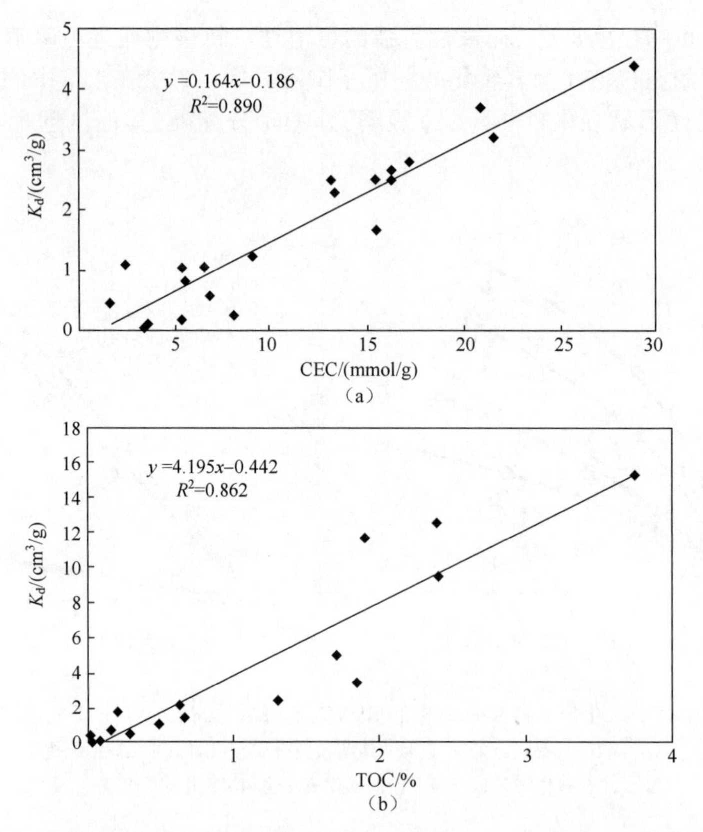

图 11.15 测定的 TNT 土壤吸附系数 K_d 与土壤中黏土和有机质的阳离子交换容量(CEC)之间的线性相关($P=1.5\times10^{-10}$[46]),以及测定的土壤中 2,4-DNT K_d 值和有机碳百分比(OC)($P=7.61\times10^{-8}$[5,46])

注:P 值小于 0.01 表示高度显著相关

11.5.2 RDX 和 HMX

RDX 和 HMX 是杂环化合物,与硝基芳香族 TNT 和 DNT 相比,它们极性更大且 K_{ow} 值更小(表 11.4)。它们不吸附在黏土矿物上[36],并且对土壤的亲和力较低,而亲和力主要由 OM 决定(图 11.14(b)和图 11.16)。

Brannon et al.[46] 以及 Tucker et al.[33] 对测定的土壤吸附系数进行了综述。Tucker et al.[33] 发现 RDX K_d 值与土壤 OC 含量之间存在显著的线性回归关系,表明有机物吸附是 RDX 与土壤相互作用的主要方式。RDX 的吸附等温线通常是线性且可逆的[32-33](图 11.14(b)),证实了分配是主要吸附机理。Haderlein et al.[36] 研究表明,RDX 对硝基芳族化合物没有表现出对黏土表面的特异性吸

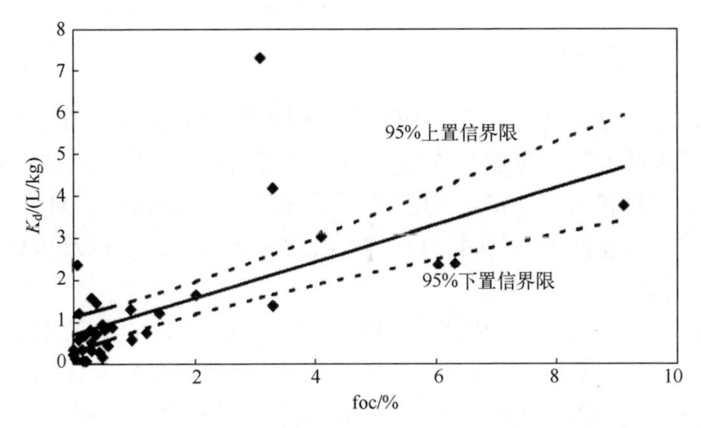

图 11.16　土壤中有机碳百分比与 RDX 的吸附系数 K_d 之间的线性关系[33]

附,但是它可以与土壤黏土进行氢键结合。与硝基芳烃类似,RDX 不吸附铁氧化物。Szecsody et al.[48]在研究沉积物时没有观察到 RDX 吸附对氧化铁含量有依赖性,去除铁氧化物(无定形和结晶态)并不会影响土壤颗粒对 RDX 的吸附[32]。HMX 的行为与 RDX 类似,但 K_d值较高(表 11.5)

11.5.3　硝酸甘油

硝酸甘油的土壤吸附系数范围为 0.08~3.8cm³/g(表 11.5),低于 2,4-DNT 测定值。这与两个 K_{ow}值较低(表 11.4)的因素一致,尽管对于两种化合物而言,测得的 K_d值比 K_{ow}值的差异更大。NG 吸附系数与有机物含量无关(P=0.4945),这表明其他机理可引起吸附。NG 是一种极性分子[49],可与土壤中的极性部分形成偶极-偶极和氢键。

11.5.4　硝基胍

NQ 是强极性化合物。然而,报道的 pK_a值(12.8)表明其在环境 pH 范围内没有质子化[50]。它在土壤中的吸附和降解很低,而且流动性很强。批量研究报告 K_d 为 0.15~0.60cm³/g[5,51]。色谱柱迁移研究还表明,NQ 吸附的潜力有限,K_d 为 0~0.14cm³/g[52]。计算得出的 NQ 的 log K_{oc}值相似:文献[53]为 1.25~2.12,文献[5]为 0.82~1.66,文献[52]为 1.83~2.22。然而,NQ 吸附系数与土壤中的 OC 含量无关(P=0.1585),表明缺乏分配行为。这可能与具有负 log K_{ow}值的 NQ 分子极性有关(表 11.4),导致土壤中非极性有机物的亲和力较低。

11.5.5 反应传输

许多研究已经评估了炸药和推进剂在土壤中的传输,这些研究都测量了制备的水溶液和溶解颗粒溶液的传输,后者结合了溶解和迁移,以观察浸出模式并评估由于溶解和化合物相互作用而引起的高能物质浓度变化对迁移的影响。本节讨论了炸药和推进剂的固溶相运输,溶解和运输相结合以及爆炸性化合物的胶体和颗粒运输。

图 11.17(a)、(b)给出在沙质土壤中观察到的 TNT 和 RDX 水溶液的穿透曲线。注意,RDX 受土壤相互作用的影响很小,并且在非反应性水溶液示踪剂之后立即洗脱,而 TNT 的洗脱时间比示踪剂晚,且浓度降低。图 11.17(c)、(d)显示了将组分 B 作为水溶液和小颗粒添加到色谱柱表面时的传输行为。第二种情况代表了在预期土壤条件下溶解在土壤表面的颗粒。在溶液中加入组分 B 时,由于组分 B 中的 RDX 含量较高且 TNT 在土壤中快速转化,使得渗滤液中的 RDX 浓度比所有其他溶质高得多。相反,当使用组分 B 颗粒时,TNT 和 RDX 的浓度在数量级上要接近得多。这些突破曲线之间存在差异是因为 TNT 的溶解速度比 RDX 快。总体而言,对于组分 B 颗粒,溶解是相对稳定的,并且与通过 HYDRUS-1D 模拟确定的溶出速率之间存在高度显著的线性关系,该溶出率

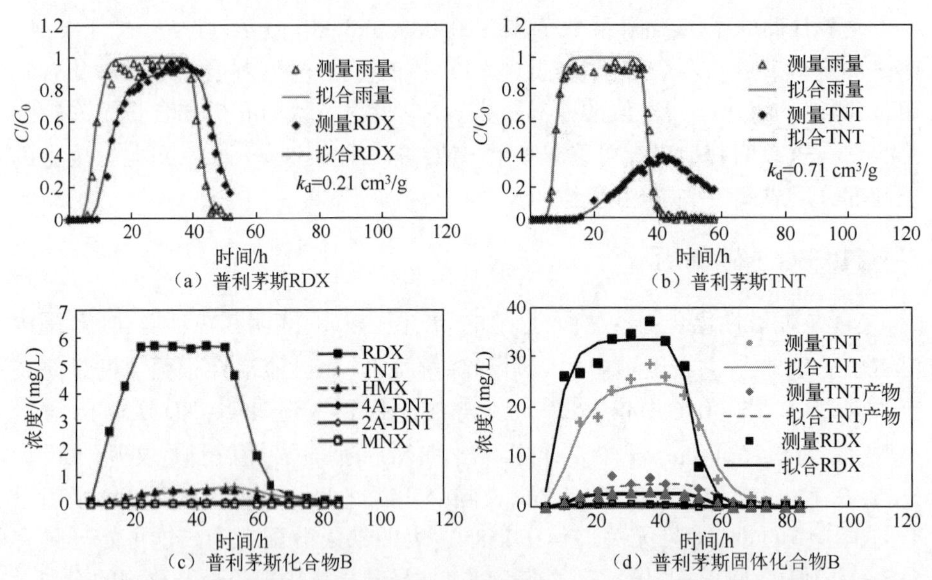

图 11.17 $^{3}H_2O$ 示踪剂以及连续流动实验用^{14}C-RDX、^{14}C-TNT、液相 B 炸药和固相 B 炸药的穿透曲线(试验使用了马萨诸塞州爱德华兹营地的普利茅斯壤土砂和该地区的典型降雨量)[47]

由 TNT、RDX 和 HMX 从颗粒中洗脱[47]。

推进剂在土壤中的传输行为是其与土壤亲和力的函数。2,4-DNT 和 NG 在土壤中被吸附和转化,因此在运输过程中被阻滞,而 NQ 则不吸附到土壤中并且非常持久,它倾向于与水一起穿过土壤。推进剂的溶解和洗脱模式与炸药有很大不同。炸药遵循准零级溶解动力学,推进剂的特点是非常高的初始溶出颗粒,随后是稳态或准稳态溶解。如 11.3.1 节中所述,可通过不溶性 NC 基质中进行扩散限制溶解来解释该模式。如果流量被中断然后又重新开始(降雨时可能发生),则流出物浓度会再次增加(图 11.18)。峰值浓度和稳态浓度都高度依赖于化合物。对于 NQ,浓度有一个非常尖锐的峰值,然后是低的稳态浓度,而 NG 则没有一个峰值,但随着时间的推移,即使推进剂中的 NQ 浓度高于 NG (M31 推进剂中 19.5% NG、55% NQ),也倾向于在流出物中保持更高的浓度(图 11.18(c))。浓度的巨大差异会引起土壤对推进剂非线性吸附行为,随着第一个洗脱波穿过土壤剖面,最初,土壤对推进剂具有较低的亲和力,而当浓度较低时,具有较高的亲和力。由于在土壤中的低溶解速率和高吸附转化率,M1 推进剂[5,56]色谱柱的流出物中几乎没有 2,4-DNT。对于所有研究的推进剂,未

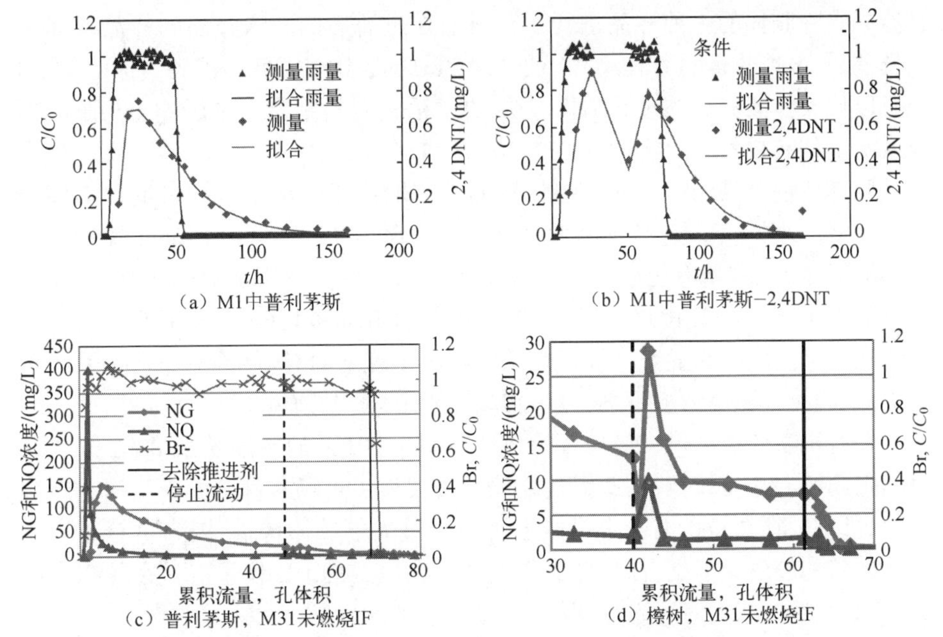

图 11.18　在普利茅斯和檫木土壤中进行连续流动实验和使用固体推进剂的断流(段)的 NG、NQ 和 2,4-DNT 的^{3}H2O 示踪剂的穿透曲线

注:流动中断时,NG 浓度的降低归因于转化,随后由于时间有限的溶解而导致浓度升高。NQ 仅在流动中断时经历浓度增加,因为它不会转化。

燃推进剂的流出物浓度高于燃烧后推进剂残渣的流出物浓度。流量增加导致NG浓度降低,表明对推进剂组分流量的溶解限制。推进剂中高能物质的缓慢溶解导致它们在NC颗粒中长时间滞留,并且没有地下水污染[61]。

胶体传输或促进传输是一种不常考虑的传输机制,但它会影响土壤中高能物质的运动。胶体是0.001~1μm的粒子,由于其较高的表面积,表现出具有潜在的移动性和对溶解的炸药具有很高的亲和力。如果高能物质被胶体强烈吸附,胶体促进的传输就将成为该化学物质整体运动的重要组成部分。对爆炸物进行分析时,通常会用0.45μm过滤器过滤水样,因此在水分析中可能包含一部分胶体吸附的爆炸物。大于0.45μm的部分炸药可能运动但未进行常规分析,而小于0.45μm的部分炸药是包含常规水分析中。水中胶体吸附炸药的行为不同于溶液中纯炸药的行为。这是因为胶体的迁移率受溶液中离子键强度的影响,所以低电解质雨水会使这些胶体及其HE"乘客"移动。水溶液中的任何盐也可能会沉淀出HE。

为了确定胶体运输的贡献,我们分析了TNT和RDX溶液土壤色谱柱的流出物。对流出物进行过滤(0.45μm)、对流出物不进行过滤或使用明矾絮凝并过滤以去除胶体的三种样品进行了分析。在过滤后的和未过滤的样品之间未发现差异,表明炸药附着在尺寸小于0.45μm的胶体上或完全溶解。但是,添加明矾以使胶体絮凝后的过滤结果表明,过滤后的材料中有大量爆炸物与胶体颗粒或溶解的有机物一起运输(图11.19、表11.6)。

胶体传输对高能物质的总体传输的贡献取决于土壤类型和溶液化学性质(表11.6)。高电解质浓度导致胶体传输的贡献较小。对于在所有土壤和条件下的RDX,以及在所有土壤中不加盐和在Benndale土壤中加盐的TNT,胶体迁移率显著不同。对于RDX而不是TNT,使用0.01mol/L $CaCl_2$和不使用盐的炸药传输质量之间存在显着差异。在低电解质浓度下,胶体传输对炸药传输的贡献更大,因为在更高浓度下,胶体被絮凝并固定(图11.19(a))。

在有机质含量高(4.2%OC)的矿质土壤中,RDX的传输量最大(6.56%)。自然降雨的含盐量较低,因此无盐处理真实代表了现场条件。由于使用重新装填的色谱柱,在高OM土壤中可能会观察到过大的胶体传输,因为重新装填会迁移更多的胶体。但是,如果考虑作为高能物质源的HE粒子沉积在了撞击区域,那么土壤的扰动时可以预期的。

在实验过程中,胶体传输的贡献有所不同(图11.19(c))。在测试开始时,预计贡献量最大,因为这时流出物中胶体浓度最大(图11.19(a))。然而,在等温线的解吸阶段,胶体的迁移量最大,传输实验中观察到的拖尾现象在很大程度上与胶体输运有关。

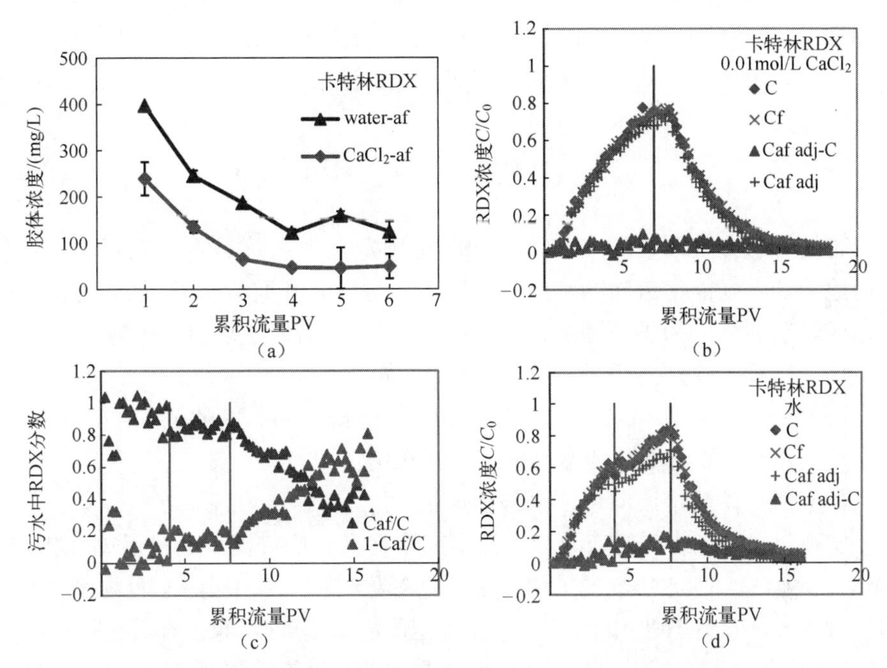

图 11.19 溶液中的胶体浓度以及存在 0.01mol/L $CaCl_2$的卡特林土壤中和水中 RDX 的穿透曲线以及溶液中吸附到胶体的 RDX 的一部分

表 11.6 溶液中爆炸物总量中带有胶体颗粒的百分比

		卡特林淤泥肥土		本代尔精细沙地肥土		肯纳淤泥	
		4.2% OC		0.9%OC		35.3%OC	
		18%黏土		20%黏土		55%黏土	
		16%WDC		8%WDC		7%WDC	
		平均	CI	平均	CI	平均	CI
TNT	0.01mol/L $CaCl_2$	1.37	1.65	0.49	0.16	0.43	0.54
	水	2.08	1.07	1.43	1.05	0.70	0.01
RDX	0.01mol/L $CaCl_2$	4.11	1.20	0.97	0.31	1.34	0.05
	水	6.56	0.84	1.36	0.00	2.61	0.38

注:WDC 代表水可分散黏土。

炸药传输的另一种方式是爆炸或微粒风化引起的微米级炸药残渣穿过土壤[62]。Fulller et al. [63]研究表明,与毫米大小的颗粒相比,B 炸药 20~45μm 的颗粒在砂土中移动,引起传输增加。对于在砂土和玻璃珠中研磨成 2~50μmm 的 2,6-DNT 颗粒,也获得了相似的结果[64]。在孔隙大、孔隙水速度快的粗粒沉积物中,炸药颗粒的传输作用更为显著,而在较细的土壤中,微米级颗粒由于其具有高的单位质量表面积而可能在被运输之前溶解。

11.6 结　论

靶场管理人员面临的一个关键问题是确定实弹训练是否可能污染其靶场下的地下水。高能污染物的基地外迁移可能触发联邦监管行动,从而可能关闭基地或限制训练。为了预测基地外污染的可能性,需要了解以下内容:

(1) 靶场上炸药的质量、类型和空间分布;

(2) 每种类型 HE 的溶出率与样品大小、降雨量和温度的关系;

(3) 水相 HE 与不同类型土壤的相互作用;

(4) 通过渗流带流向地下水的输送量。

实弹射击训练残渣的定量和定性研究取得了良好进展。测量了 TNT、RDX、HMX、2,4-DNT、NG 和 NQ 的关键环境理化参数(溶解度、辛醇-水分配系数和土壤吸附系数),并为 TNT 和 RDX 建立了稳定的溶解模型(如果已知其粒径)。

在地下水污染方面,TNT 通过生物及光降解,其进入地下水的可能性比 RDX 低,这是因为 TNT 比 RDX 稳定,并且对土壤的亲和力低。推进剂残渣中的高能物质 2,4-DNT、NG 和 NQ 倾向于从其硝化纤维素基质中缓慢溶解,并且 NG 与 NC 比例似乎可以控制 NG 的溶解量。由于 2,4-DNT 和 NG 与土壤相互作用强,并且具有很高的吸附和转化速率,因此它们不太可能到达地下水。另外,NQ 具有较低的土壤吸附能力,并且不会在土壤中降解或转化,则可能流向地下水。

预测 HE 水相流入靶场土壤的最大不确定性来源可能是靶场内 HE 残渣的量化较为困难。这些粒子的数量和大小取决于许多因素,如使用的弹药、燃烧速率、爆炸概率(高阶、低阶或哑弹)以及风化和机械分解。如果对 HE 颗粒的质量有了更好的估计,则该信息可用于预测 HE 水溶液向土壤的涌入。当与渗流模型耦合时,这些数据将为达到达地下水的 HE 质量提供一阶估算。

致谢:感谢美国战略环境研究与发展计划(SERDP)支持本章的研究。

参考文献

[1] Jenkins TF, Hewitt AD, Grant CL, Thiboutot S, Ampleman G, Walsh ME, Ranney TA, Ramsey CA, Palazzo AJ, Pennington JC (2006) Identity and distribution of residues ofener-

getic compounds at army live-fire training ranges. Chemosphere 63:1280-1290

[2] Spain JC, Hughes JB, Knackmuss H - J (2000) Biodegradation of nitroaromatic compoundsand explosives. Lewis Publishers, Boca Raton, FL

[3] ATSDR(1995) Toxicological profile for 2,4,6-trinitrotoluene and RDX. US Department of-Health and Human Services, Public Health Service, Agency for Toxic Substances and Disease Registry, Atlanta, GA

[4] Environmental Protection Agency. In the Matter of Training Range and Impact Area, Massachusetts Military Reservation. Administration Order for Response Action; EPA Docket Number SDWA-1-2000-0014; U. S. EPA Region 1: 2000

[5] Taylor S, Dontsova K, Bigl S, Richardson C, Lever J, Pitt J, Bradley JP, Walsh M, Šimůnek J (2012) Dissolution rate of propellant energetics from nitrocellulose matrices. Cold Regions Research and Engineering Laboratory, Hanover, NH

[6] Jenkins TF, Pennington JC, Ampleman G, Thiboutot S, Walsh MR, Diaz E, Dontsova KM, Hewitt AD, Walsh ME, Bigl SR, Taylor S, MacMillan DK, Clausen JL, Lambert D, Perron NM, Lapointe MC, Brochu S, Brassard M, Stowe R, Farinaccio R, Gagnon A, Marois A, Gilbert D, Faucher D, Yost S, Hayes C, Ramsey CA, Rachow RJ, Zufelt JE, Collins CM, Gelvin AB, Saari SP (2007) Characterization and fate of gun and rocketpropellant residues on testing and training ranges: interim report 1. Engineer Research and Development Center

[7] Walsh ME, Thiboutot S, Walsh ME, Ampleman G, Martel R, Poulin I, Taylor S (2011) Characterzation and fate of gun and rocket propellant residues on testing and training ranges. ERDC/CRREL TR-11-13

[8] Taylor S, Jenkins TF, Rieck H, Bigl S, Hewitt AD, Walsh ME, Walsh MR (2011) MMRP guidance document for soil sampling of energetics and metals. Cold Regions Research and Engineering Laboratory, Hanover, NH

[9] Walsh ME, Thiboutot S, Walsh ME, Ampleman G (2012) Controlled expedient disposal ofexcess gun propellant. J Hazard Mater 15:219-220

[10] Taylor S, Campbell E, Perovich L, Lever J, Pennington J (2006) Characteristics ofcomposition B particles from blow-in-place detonations. Chemosphere 65:1405-1413

[11] Taylor S, Hewitt A, Lever J, Hayes C, Perovich L, Thorne P, Daghlian C (2004) TNT particle size distributions from detonated 155-mm howitzer rounds. Chemosphere 55:357-367

[12] Dauphin L, Doyle C (2000) Study of ammunition dud and low - order detonation rates. Aberdeen proving ground, U. S. Army Environmental Center report SFIM-ACE-ET-CR-200049, MD

[13] Thiboutot S, Ampleman G, Gagnon A, Marois A, Jenkins TF, Walsh ME, Thorne PG, RanneyTA (1998) Characterization of antitank firing ranges at CFB Valcartier, WATC Wainwright and CFAD Dundurn. Report DREV-R-9809

[14] Hewitt AD, Bigl SR, Walsh ME, Brochu S (2007a) Processing of training range soils for the analysis of energetic compounds. ERDC/CRREL TR-07-15

[15] Hewitt AD, Jenkins TF, Walsh ME, Walsh MR, Bigl SR, Ramsey CA (2007b). Protocols for collection of surface soil samples at military training and testing ranges for the characterizationof energetic munitions constituents. ERDC-CRREL TR-07-10

[16] Clausen JL, Richardson J, Perron N, Gooch G, Hall T, Butterfield E (2012) Evaluation of sampling and sample preparation modifications for soil containing metallic residues, ERDC TR-12-1

[17] Taylor S, Lever JH, Fadden J, Perron N, Packer B (2009) Simulated rainfall-drivendissolution of TNT, tritonal, Comp B and Octol particles. Chemosphere 75:1074-1081

[18] Lever JH, Taylor S, Perovich L, Bjella K, Packer B (2005) Dissolution of composition Bdetonation residuals. Environ Sci Technol 39:8803-8811 402 K. Dontsova and S. Taylor

[19] Taylor S, Richardson C, Lever JH, Pitt JS, Bigl S, Perron N, Bradley JP (2011) Dissolution of nitroglycerin from small arms propellants and their residues. Int J Energ Mater Chem Propuls 10:397-419

[20] Yazici R, Kalyon DM, Fair D (1998) Microstructure and mixing distribution analysis in M30 triple-base propellants. U. S. Army Armament Research, Development and Engineering Center, Warheads, Energetics and Combat - support Armaments Center, Picatinny Arsenal, New Jersey

[21] Levy ME (1955) Microscopic studies of ball propellant, Frankford Arsenal report. Pitman-Dunn Laboratories, Philadelphia, PA, USA

[22] Yazici R, Kalyon DM (1998) Microstructure and mixing distribution analysis in M30triple-base propellants

[23] Taylor S, Lever JH, Fadden J, Perron N, Packer B (2009) Outdoor weathering and dissolution of TNT and tritonal. Chemosphere 77:1338-1345

[24] Taylor S, Lever JH, Walsh ME, Fadden J, Perron N, Bigl S, Spanggord R, Curnow M, Packer B (2010) Dissolution rate, weathering mechanics and friability of TNT, Comp B, tritonal, and Octol. ERDC/CRREL

[25] Bedford CD, Carpenter PS, Nadler MP (1996) Solid-state photodecomposition of energetic nitramines (RDX and HMX). Naval Air Warfare Center Weapons Division, China Lake, CA 93555-6001

[26] Yinon J (1999) Forensic and environmental detection of explosives. John Wiley, Chichester, UK

[27] U. S. Environmental Protection Agency (2012) Region 9 human health screening levels

[28] Jenkins TF, Ampleman G, Thiboutot S, Bigl SR, Taylor S, Walsh MR, Faucher D, Martel R, Poulin I, Dontsova KM, Walsh ME, Brochu S, Hewitt AD, Comeau G, Diaz E, Chappell MA, Fadden JL, Marois A, Fifield LNR, Quemerais B, Simunek J, Perron NM, Gagnon A, Gamache T, Pennington JC, Moors V, Lambert DJ, Gilbert MD, Bailey RN, Tanguay V, Ramsey CA, Melanson L, Lapointe MC (2008) Strategic environmental research anddevelopment program (SERDP) Characterization and fate of gun and rocket propellantresidues on testing and train-

ing ranges: final report

[29] Paquet L, Monteil-Rivera F, Hatzinger PB, Fuller ME, Hawari J (2011) Analysis of the key intermediates of RDX (hexahydro-1,3,5-trinitro-1,3,5-triazine) in groundwater: occurrence, stability and preservation. J Environ Monit 13:2304-2311

[30] Gobas FAPC, Moore MM, Hermens JLM, Arnot JA (2006) Bioaccumulation reality check. SETAC Globe 7(5):40-41

[31] Thorn KA, Kennedy KR (2002) 15N NMR investigation of the covalent binding of reduced TNT amines to soil humic acid, model compounds, and lignocellulose. Environ Sci Technol 36:3787-3796

[32] Dontsova KM, Hayes C, Pennington JC, Porter B (2009) Sorption of high explosives to water-dispersible clay: influence of organic carbon, aluminosilicate clay, and extractable iron. J Environ Qual 38:1458-1465

[33] Tucker WA, Murphy GJ, Arenberg ED (2002) Adsorption of RDX to soil with low organic carbon: laboratory results, field observations, remedial implications. Soil Sediment Contam 11:809-826

[34] Eriksson J, Skyllberg U (2001) Binding of 2,4,6-trinitrotoluene and its degradation products in a soil organic matter two-phase system. J Environ Qual 30:2053-2061

[35] Zhang D, Zhu D, Chen W (2009) Sorption of nitroaromatics to soils: comparison of the importance of soil organic matter versus clay. Environ Toxicol Chem 28:1447-1454

[36] Haderlein SB, Weissmahr KW, Schwarzenbach RP (1996) Specific adsorption of nitroaromaticexplosives and pesticides to clay minerals. Environ Sci Technol 30:612-622

[37] Pennington JC, Patrick WH (1990) Adsorption and desorption of 2,4,6-trinitrotoluene by soils. J Environ Qual 19:559-567

[38] Elovitz MS, Weber EJ (1999) Sediment-mediated reduction of 2,4,6-trinitrotoluene and fate of the resulting aromatic (poly)amines. Environ Sci Technol 33:2617-2625High Explosives and Propellants Energetics: Their Dissolution ...403

[39] Haderlein SB, Schwarzenbach RP (1995) Environmental processes influencing the rate ofabiotic reduction of nitroaromatic compounds in the subsurface. In: Spain JC(ed) Biodegradation of nitroaromatic compounds. Springer Science+Business Media, NewYork, pp 199-225

[40] Rieger P-G, Knackmuss HJ (1995) Basic knowledge and perspectives on biodegradation of 2,4,6-trinitrotoluene and related nitroaromatic compounds in contaminated soil. In: Spain JC (ed) Biodegradation of nitroaromatic compounds. Plenum Press, New York, pp 1-18

[41] Weissmahr KW, Hildenbrand M, Schwarzenbach RP, Haderlein SB (1999) Laboratory and field scale evaluation of geochemical controls on groundwater transport of nitroaromaticammunition residues. Environ Sci Technol 33:2593-2600

[42] Li AZ, Marx KA, Walker J, Kaplan DL (1997) Trinitrotoluene and metabolites binding to humic acid. Environ Sci Technol 31:584-589

[43] Weissmahr KW, Haderlein SB, Schwarzenbach RP (1998) Complex formation of soil min-

erals with nitroaromatic explosives and other pi-acceptors. Soil Sci Soc Am J 62:369-378

[44] Ainsworth CC, Harvey SD, Szecsody JE, Simmons MA, Cullinan VI, Resch CT, Mong GM(1993). Relationship between the leachability characteristics of unique energetic compounds and soil properties. U. S. Army Biomedical Research and Development Laboratory, Fort Detrick, Frederick, MD

[45] Thorn KA, Pennington JC, Kennedy KR, Cox LG, Hayes CA, Porter BE (2008) N-15 NMR study of the immobilization of 2,4- and 2,6-dinitrotoluene in aerobic compost. Environ Sci Technol 42:2542-2550

[46] Brannon JM, Pennington JC (2002) Environmental fate and transport process descriptors for explosives. US Army Corps of Engineers, Engineer Research and Development Center, Vicksburg, MS

[47] Dontsova KM, Yost SL, Simunek J, Pennington JC, Williford CW (2006) Dissolution and transport of TNT, RDX, and composition B in saturated soil columns. J Environ Qual35: 2043-2054

[48] Szecsody JE, Girvin DC, Devary BJ, Campbell JA (2004) Sorption and oxic degradation of the explosive CL-20 during transport in subsurface sediments. Chemosphere 56:593-610

[49] Winkler DA (1985) Conformational analysis of nitroglycerin. Propellants Explos Pyrotech 10:43-46

[50] Spanggord RJ, Chou TW, Mill T, Haag W, Lau W (1987) Environmental fate of nitroguanidine, diethyleneglycol dinitrate, and hexachloroethane smoke. Final report, phase II. SRI International, Menlo Park, CA, p 67

[51] Pennington JC, Jenkins TF, Ampleman G, Thiboutot S, Brannon JM, Hewitt AD, Lewis J, Brochu S, Diaz E, Walsh MR, Walsh ME, Taylor S, Lynch JC, Clausen J, Ranney TA, Ramsey CA, Hayes CA, Grant CL, Collins CM, Bigl SR, Yost SL, Dontsova KM (2006) Distribution and fate of energetics on DoD test and training ranges: final report. Engineer Research and Development Center, Vicksburg, MS

[52] Dontsova KM, Pennington JC, Yost S, Hayes C (2007) Transport of nitroglycerin, nitroguanidine and diphenylamine in soils. Characterization and fate of gun and rocket propellant residues on testing and training ranges: interim report 1. Engineer Research and Development Center, Vicksburg, MS

[53] Pennington JC, Jenkins TF, Ampleman G, Thiboutot S (2004) Distribution and fate of energetics on DoD test and training ranges: interim report 4. U. S. Army Engineer Research and Development Center, Vicksburg, MS

[54] Alavi G, Chung M, Lichwa J, D'Alessio M, Ray C (2011) The fate and transport of RDX, HMX, TNT and DNT in the volcanic soils of Hawaii: a laboratory and modeling study. J Hazard Mater 185:1600-1604

[55] Dontsova KM, Chappell M, Šimunek J, Pennington JC (2008) Dissolution and transport ofnitroglycerin, nitroguanidine and ethyl centralite from M9 and M30 propellants in soils. Charac-

terization and fate of gun and rocket propellant residues on testing and training ranges: final report. ERDC TR - 08 - 1. U. S. Army Engineer Research and Development Center, Vicksburg, MS 404 K. Dontsova and S. Taylor

[56] Dontsova KM, Hayes C, Šimunek J, Pennington JC, Williford CW (2009) Dissolution and transport of 2,4-DNT and 2,6-DNT from M1 propellant in soil. Chemosphere 77:597-603

[57] Gutiérrez JP, Padilla IY, Sánchez LD (2010) Transport of explosive chemicals when subjected to infiltration and evaporation processes in soils. Ingeniería y Competitividad 12: 117-131

[58] Townsend DM, Adrian DD, Myers TE (1996) RDX and HMX sorption in thin disk soilcolumns. Waterways Experiment Station, US Army Corps of Engineers, p 33

[59] Townsend DM, Myers TE, Adrian DD (1995) 2,4,6-Trinitrotoluene (TNT) transformation/sorption in thin-disk soil columns. US Army Corps of Engineers, Waterways Experiment Station, p 58

[60] Yamamoto H, Morley MC, Speitel GE, Clausen J (2004) Fate and transport of highexplosives in a sandy soil: adsorption and desorption. Soil Sediment Contam 13:459-477

[61] Bordeleau G, Martel R, Ampleman G, Thiboutot S, Poulin I (2012) The fate and transport of nitroglycerin in the unsaturated zone at active and legacy anti-tank firing positions. J Contam Hydrol 142-143:11-21

[62] Fuller ME, Schaefer CE, Andaya C, Fallis S (2015) Production of particulate composition B during simulated weathering of larger detonation residues. J Hazard Mater 283:1-6

[63] Fuller ME, Schaefer CE, Andaya C, Fallis S (2014) Transport and dissolution of microscale composition B detonation residues in porous media. Chemosphere 107:400-406

[64] Lavoie B (2010) Transport of explosive residue surrogates in saturated porous media. In: Geology. The University of Tennessee, Knoxville

[65] Taylor S, Bigl S, Packer B (2015) Condition of in situ unexploded ordnance. Sci Total Environ 505:762-769

[66] Walsh MR, Walsh ME, Hewitt AD (2009) Energetic residues from the expedient disposal of artillery propellants. ERDC/CRREL TR-09-8

[67] Walsh MR, Taylor S, Walsh ME, Bigl S, Bjella K, Douglas T, Gelvin A, Lambert D, Perron N, Saari S (2005a) Residues from live fire detonations of 155-mm howitzer rounds. U. S. Army Engineer Research and Development Center, Cold Regions Research and Engineering Laboratory, Hanover, NH

[68] Walsh MR, Walsh ME, Ramsey CA, Rachow RJ, Zufelt JE, Collins CM, Gelvin AB, Perron NM, Saari SP (2006) Energetic residues from a 60-mm and 81-mm live fire exercise

[69] Walsh MR, Walsh ME, Collins CM, Saari SP, Zufelt JE, Gelvin AB, Hughes JB (2005b) Energetic residues from live-fire detonations of 120-mm Mortar rounds. ERDC/CRREL TR-05-15

[70] Ampleman G, Thiboutot S, Marois A, Gagnon A, Gilbert D, Walsh MR, Walsh ME, Woods P

(2009) Evaluation of the propellant, residues emitted during 105-mm leopard tank live firing at CFB Valcartier, Canada. Defence R&D Canada-Valcartier, TR 2009-420

[71] Walsh MR, Walsh ME, Hug JW, Bigl SR, Foley KL, Gelvin AB, Perron NM (2010) Propellant residues deposition from firing of 40-mm grenades. ERDC/CRREL TR-10-10

[72] Walsh MR, Walsh ME, Bigl SR, Perron NM, Lambert DJ, Hewitt AD (2007) Propellantresidues deposition from small arms munitions. Cold Regions Research and Engineering Laboratory, U. S. Army Engineer Research and Development Center, Hanover, NH

[73] Hewitt AD, Jenkins TF, Walsh ME, Walsh MR, Taylor S (2005) RDX and TNT residues from live-fire and blow-in-place detonations. Chemosphere 61:888-894

[74] Walsh ME, Collins CM, Hewitt AD, Walsh MR, Jenkins TF, Stark J, Gelvin A, Douglas TS, Perron N, Lambert D, Bailey R, Myers K (2004) Range characterization studies at Donnelly training area, Alaska: 2001 and 2002. ERDC/CRREL TR-04-3

[75] Ro KS, Venugopal A, Adrian DD, Constant D, Qaisi K, Valsaraj KT, Thibodeaux LJ, Roy D (1996) Solubility of 2,4,6-trinitrotoluene (TNT) in water. J Chem Eng Data 41:758-761

[76] Rosenblatt DH, Burrows EP, Mitchell WR, Parmer DL (1991) Organic explosives and related compounds. In: Hutzinger O (ed) The handbook of environmental chemistry. Springer, Berlin, pp 195-234High Explosives and Propellants Energetics: Their Dissolution ...405

[77] Banerjee S, Yalkowsky SH, Valvani C (1980) Water solubility and octanol/water partition coefficients of organics. Limitations of the solubility - partition coefficient correlation. Environ Sci Technol 14:1227-1229

[78] Monteil-Rivera F, Paquet L, Deschamps S, Balakrishnan V, Beaulieu C, Hawari J (2004) Physico-chemical measurements of CL-20 for environmental applications. Comparison with RDX and HMX. J Chromatogr A 1025:125-132

[79] U. S. Army Materiel Command (1971) Properties of explosives of military interest. In: Engineering design handbook. Explosives series, AMC pamphlet 706 - 177, Washington, DC, 29 Jan 1971

[80] Haag WR, Spanggord R, Mill T, Podoll RT, Chou T-W, Tse DS, Harper JC (1990) Aquatic environmental fate of nitroguanidine. Environ Toxicol Chem 9:1359-1367

[81] Van der Schalie WH (1985) The toxicity of nitroguanidine and photolyzed nitroguanidine to freshwater aquatic organisms. U. S. Army Medical Bioengineering Research and Development Laboratory, Fort Detrick, Fredrick, MD

[82] Sheremata TW, Halasz A, Paquet L, Thiboutot S, Ampleman G, Hawari J (2001) The fate of the cyclic nitramine explosive RDX in natural soil. Environ Sci Technol 35:1037-1040

[83] Pennington JC, Jenkins TF, Ampleman G, Thiboutot S, Brannon JM, Lynch J, Ranney TA, Stark JA, Walsh ME, Lewis J, Hayes CA, Mirecki JE, Hewitt AD, Perron N, Lambert D, Clausen J, Delfino JJ (2002) Distribution and fate of energetics on DoD test and trainingranges: interim report 2. Army Corps of Engineers, Washington, DC, U. S, p 126

[84] Pennington JC, Thorn KA, Hayes CA, Porter BE, Kennedy KR (2003) Immobilization of 2,

4-and 2,6-dinitrotoluenes in Soils and Compost. US Army Engineer Research and DevelopmentCenter, Vicksburg, MS

[85] Price CB, Brannon JM, Yost SL, Hayes CA (2000) Adsorption and transformation ofexplosives in low-carbon aquifer soils. Engineer Research and Development Center Environmental Laboratory, Vicksburg, MS, p 26

[86] Leggett DC (1985) Sorption of military explosive contaminants on bentonite drilling muds. CRREL report 85-18

[87] Pennington JC, Brannon JM, Berry TE Jr., Jenkins TF, Miyares PH, Walsh ME, Hewitt AD, Perron N, Ranney TA, Lynch J, Delfino JJ, Hayes CA (2001) Distribution and fate ofenergetics on DoD test and training ranges: interim report 1. U. S. Army Engineer Researchand Development Center, Vicksburg, MS

[88] Brannon JM, Deliman PN, Gerald JA, Ruiz CE, Price CB, Hayes C, Yost S, Qasim M (1999) Conceptual model and process descriptor formulations for fate and transport of UXO. U. S. Army Engineer Waterways Experiment Station, Vicksburg.

第 12 章　钝感弹药配方:在土壤中的溶解与归趋

Susan Taylor,Katerina Dontsova,Marianne Walsh

摘　要:抗冲击耐高温新型炸药可作为 TNT(2,4,6-三硝基甲苯)和 RDX(六氢-1,3,5-三硝基-1,3,5-三嗪)的替代物,目前已经在测试阶段。DNAN(2,4-二硝基苯甲醚)和 NTO(3-硝基-1,2,4-三唑-5-酮)拥有良好的爆炸特性,是钝感弹药配方中的主要成分。然而,这两种化合物都比 TNT 和 RDX 更易溶解。有关于它们归趋的数据有助于确定 DNAN 和 NTO 是否有可能进入地下水并且从基地中流出。如果属实,这会在未来的军事训练场造成污染问题,并且需要进行监管。本章研究了钝感弹药中的成分(DNAN、NTO、硝基胍、RDX 和高氯酸铵)在三种钝感弹药(IMX-101、IMX-104 和 PAX-21)中的溶解速率以及钝感弹药主要成分的溶液与不同类型土壤之间的相互作用。这些研究结果再加上一系列的大量钝感弹药公式就可以估算钝感弹药的溶解度,它们的迁移与归趋及其到达地下水的可能性。

关键词:高能炸药;溶解;土壤相互作用

12.1　引　　言

抗冲击耐高温新型炸药可作为 TNT(2,4,6-三硝基甲苯)和 RDX(六氢-1,3,5-三硝基-1,3,5-三嗪)的替代物。DNAN(2,4-二硝基苯甲醚)和 NTO(3-硝基-1,2,4-三唑-5-酮)拥有良好的爆炸特性,是正在部署的钝感弹药。配方中的主要成分(表 12.1)。这两种化合物都比 TNT 和 RDX 更容易溶解(表 12.2)。研究表明,这两种化合物都具有毒性,对人体和环境有害。毒理学数据表明,对哺乳动物而言,DNAN 的毒性大于 TNT[1-3],能抑制种子萌发和植

Susan Taylor,Marianne Walsh,美国寒冷领域研究和工程实验室,邮箱:Susan.Taylor@ erdc.dren.mil。
Katerina Dontsova,美国亚利桑那大学。

物生长[4]。此外,对细菌和蚯蚓而言,DNAN 也具有毒性[5]。对哺乳动物来说,NTO 的毒性较低[6],而 DNAN 和 NTO 均可形成毒性产物[3,7-8]。

表 12.1　本章研究含 DNAN、NTO 钝感弹药的组分

钝感弹药	组　分	应　用
IMX-101	DNAN、NQ、NTO	主要用于装填 155mm 弹丸
IMX-104	NTO、DNAN、RDX	美国陆军用 60mm 和 81mm 迫击炮弹
PAX-21	DNAN、AP、RDX	不再在美国训练或测试射击中使用

注:RDX 中含有大约 10% HMX(八氢-1,3,5,7-四硝基-1,3,5,7-四氮杂环辛烷)的杂质。数据来源于文献[17-20]。

表 12.2　钝感弹药组分中 DNAN、NTO 和其他成分的性能

高能组分	水中溶解度(25℃)/(mg/L)	密度	化学式	参考文献
DNAN	276	1.34	$C_7H_6N_2O_5$	[21]
NTO	16642	1.93	$C_2H_2N_4O_3$	[22]
TNT	128	1.65	$C_7H_5N_3O_6$	[23]
RDX	56	1.82	$C_3H_6N_6O_6$	[24]
HMX	4.5	1.81	$C_4H_8N_8O_8$	[24]
NQ	2600±100	1.55	$CH_4N_4O_2$	[25]
AP	217000	1.95	NH_4ClO_4	[26]

当未爆弹药(UXO)外壳失效时,或者装满炸药的弹药在现场爆破作业中未完全(部分)引爆,以及现场爆破时,爆炸物会分散到训练场的土壤中。据估计,局部爆炸产生的大部分可溶解炸药会沉积在一定范围的土壤中[9]。钝感弹药中的固体颗粒由于不完全爆炸而分散后,在土壤中沉积后溶解,然后进入地下水。这些化合物能否进入土壤与它的溶解速率、在固体和水溶液中的光转化,以及在通过通气层时炸药水溶液与土壤的复杂作用有关。

固体炸药的溶解速率取决于其溶解度、粒度和气候条件(降水和气温)[10-12]。温度由 20℃升到 40℃,DNAN 和硝基胍(NQ)的溶解度增加 2 倍,NTO 的溶解度增加近 1 倍(图 12.1)。作为弹药中主要成分的 DNAN 和 NTO,在土壤中的溶解不仅取决于自身溶解度,而且取决于每一组分与水的接触面积。烈性炸药的溶解过程已有文献[10-14]进行描述和建模,但是 DNAN 炸药与其他不同。后者的组分在溶解度上与其他组分有数量级的差异,导致 DNAN 表现出的不是 HE 那样粒径更小的颗粒,而是具有相同初始粒径的孔洞颗粒[15-16]。DNAN 是钝感弹药的基本组成部分,由于其是最不易溶于水的组分之一,因此它多以多孔颗粒的形式存在,且受光转化的影响。DNAN 的表面很可能在环境中发生光转化,如果产物是可溶的,这些化合物就会随着降水渗入土壤,并可能进入地下水。

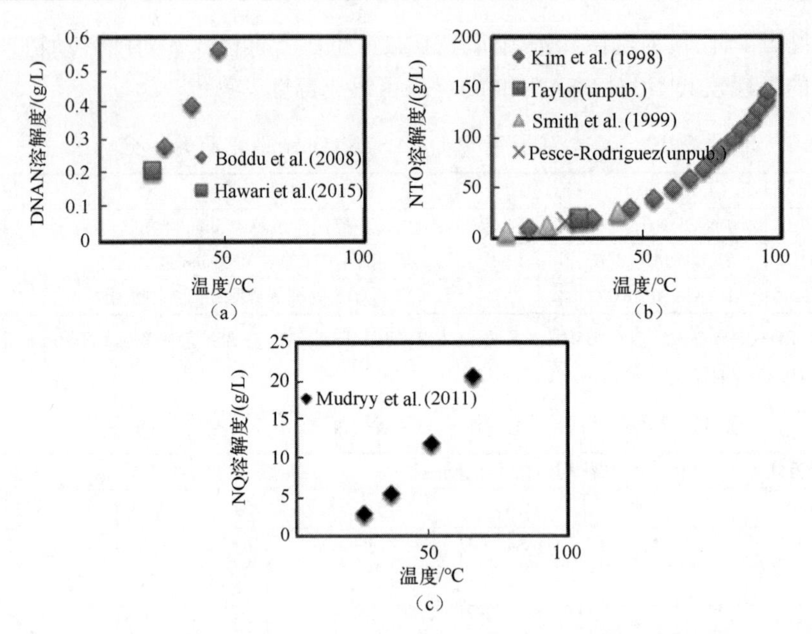

图 12.1 DNAN、NQ 和 NTO 在水中的溶解度随温度变化趋势

12.2 土壤沉积

军事训练过程中,炸药和推进剂会分散到土壤中。如前所述的 HE,其散落的材料质量取决于发射类型和引爆方式,如高位、低位和现场爆破。钝感炸药主要应用到迫击炮弹和火炮炮弹中(表 12.1)。表 12.3 总结了 IM 和 HE 的相近口径炮弹的爆炸试验结果。在高位爆炸测试中,使用引信模拟器进行发射或指令引爆。

模拟器中的 C4 炸药是由雷管引爆的,本次爆炸启动了炮弹爆炸序列。在现场爆破试验中,爆破处理人员按照设定程序,将 C4 炸药块放置在炮弹的外侧。结果表明,在相似的爆炸条件下,IM 残留物的沉积量大于 HE 残留物。因为在 HE 高位爆炸中,炮弹中质量比为 99.99%的炸药被消耗掉,但对大多数 IM 弹药来说,消耗的炸药比例相对稍低,而它们中最重要的有效成分消耗量更低,PAX-21 中高氯酸铵消耗较少(消耗约 84%),IMX-101 装药炮弹中 NTO 和 NQ 消耗量更少,NTO 消耗量为 83%~94%,NQ 消耗量为 60%~72%。在高位爆炸中,IMX-104 炮弹消耗的 NTO 始终很高(>99.5%),而在现场爆破中很低(47%~90%)。IM 爆炸时比 HE 爆炸时剩余了更多的残留物,尤其是它们的晶体成分 AP、NQ 和 NTO(表 12.3)。值得注意的是,美国军队已经停止使用 PAX-21 填充炮弹的训练,因为其中含有大量的高氯酸铵(AP)。

表 12.3 IM 和 HE 在高位和现场爆破后残留对比

沉积残留					高位爆炸							现场爆破		
口径/mm	标识码	抽样	炸药填充	化合物	质量/g	残留物/mg	爆炸效率	标识码	抽样	炸药填充	化合物	质量/g	残留物/mg	爆炸效率
迫击炮 60	M888	7	B 炸药	TNT RDX+HMX	153 230	无资料 0.073	效率含能/% 100.000	M888 Block C4	7	B 炸药	TNT RDX+HMX	750	200	含能/% 100.000
迫击炮 60	M888	5	B 炸药	TNT RDX+HMX	153 230	无资料 0.074	100.000	—	—	—	—	—	—	—
迫击炮 60	M768	7	PAX21	DNAN RDX+HMX AP Total	120 130 91 341	7.1 9.2 14000 14016.3	99.994 99.993 84.615 95.890	M768 Block C4	7	PAX21	DNAN RDX+HMX AP Total	120 130 91 341	7.1 9.2 14000 14016.3	99.994 99.993 84.615 95.890
迫击炮 60	—	7	IMX-104	DNAN NTO RDX+HMX Total	110 180 75 365	5.3 2200 4.5 2209.8	99.995 98.778 99.994 99.395	No dodic Block C4	7	IMX-104	DNAN NTO RDX+HMX Total	110 180 600 890	20120 85000 8300 117420	—
迫击炮 81	M374	14	B 炸药	TNT RDX+HMX	400 600	无资料 8.5	99.999	M374 block C4	7	B 炸药	TNT RDX+HMX	1100	150	—
迫击炮 81	M374	3	B 炸药	TNT RDX+HMX	400 600	无资料 10	99.998	—	—	—	—	—	—	—
迫击炮 81	M821A2 12g C4	7	IMX-104	DNAN NTO RDX+HMX Total	260 430 150 840	27 1900 16 1943	99.990 99.558 99.989 99.769	M821A2 block C4	7	IMX-104	DNAN NTO RDX+HMX Total	260 430 680 1370	45000 230000 20000 295000	—
迫击炮 81	M821A2 18g C4	5	IMX-104	DNAN NTO RDX+HMX Total	260 430 160 850	7.8 540 7.6 555.4	99.997 99.874 99.995 99.935	M821A2 block C4	7	IMX-104	DNAN NTO RDX+HMX Total	260 430 860 1550	5000 45000 2100 52100	—
迫击炮 81	M821A2 18g C4	1	IMX-104	DNAN NTO RDX+HMX Total	260 430 160 850	13 1150 3.8 1166.8	99.995 99.733 99.998 99.863	—	—	—	—	—	—	—

续表

口径/mm		标识码	抽样	炸药填充	化合物	质量/g	残留物/mg	爆炸效率	标识码	抽样	炸药填充	化合物	质量/g	残留物/mg	爆炸效率
迫击炮	81	M821A2 18g C4	2	IMX-104	DNAN NTO RDX+HMX Total	260 430 160 850	17 720 4.1 741.1	99.993 99.833 99.997 99.913	—	—	—	—	—	—	—
迫击炮	120	M933	7	B 炸药	TNT RDX+HMX	 1800	 19	 99.999	M933 Block C4	7	B 炸药	TNT RDX+HMX	 2300	—	—
榴弹炮	105	M1	9	B 炸药	TNT RDX+HMX	 1300	 0.095	 100.000	M1 Block C4	7	B 炸药	TNT RDX+HMX	 1800	 50	 99.997
榴弹炮	155	M107	7	B 炸药	TNT RDX+HMX	 4200	 0.3	 100.000	M107 Block C4	7	B 炸药	TNT RDX+HMX	 4700	 15	 100.000
榴弹炮	155练习弹	M107	7	TNT	TNT	6600	无资料		M107 Block C4	7	TNT	TNT RDX	6600 520	5.9 5.9	100.000 99.999
榴弹炮	155练习弹	M1122 40gC4	1	IMX-101	DNAN NTO NQ RDX+HMX Total	480 230 430 40 700	5900 40000 170000 18 210018	98.771 82.609 60.465 99.955 69.997	M1122 Block C4	3	IMX-104	DNAN NTO NQ RDX+HMX Total	480 230 430 710 1370	5300 15000 100000 21 115021	98.896 93.478 76.744 99.997 91.604
榴弹炮	155练习弹	M1122 50gC4	7	IMX-101	DNAN NTO NQ RDX+HMX Total	480 230 430 50 710	2400 15000 130000 12 145012	99.500 93.478 69.767 99.976 79.576	—	—	IMX-104	—	—	—	—
榴弹炮	155练习弹	M1122 60gC4	1	IMX-101	DNAN NTO NQ RDX+HMX Total	480 230 430 50 710	660 14000 120000 10 134010	99.863 93.913 72.093 99.980 81.125	M1122 2BlocksC4	3	IMX-104	DNAN NTO NQ RDX+HMX Total	480 230 430 1200 1860	21000 24000 100000 46 124046	95.625 89.565 76.744 99.996 93.331

续表

口径/mm		标识码	抽样	炸药填充	化合物	质量/g	残留物/mg	爆炸效率	标识码	抽样	炸药填充	化合物	质量/g	残留物/mg	爆炸效率
榴弹炮	120	100gC4		PAX-21	DNAN	1700	无资料			5	PAX-21	DNAN	1700	53000	96. 882
					NTO	1100	23	99. 998	5BlocksC4			NTO	1100	410000	62. 727
					RDX+HMX	740	无资料					RDX+HMX	3300	3800	99. 885
					Total	3540	23	99. 999				Total	6100	466800	92. 348

注:1. 炸药填充(特指装药)是指圆形炸药配方的类型。

2. 数据源自 Walsh 等。

3. 高爆残留物从发射弹药或正常爆炸弹药中收集,远程打击使用一个或多个 C4 炸药块放置在炮弹外部——目前 EOD 的常月做法。

IM 的土壤沉积主要有两个方面不同于 HE:一是 IM 炮弹在设计上更难在引爆后留下大量残留物;二是即使在高位爆炸过程中,DNAN 基体中也有一部分 NTO、NQ 和 AP 晶体沉积到土壤中(表 12.3)。微型计算机断层扫描(μCT)图像显示,在爆炸过程中,晶体部分与 DNAN 基体脱黏,部分晶体分散(图 12.2)。

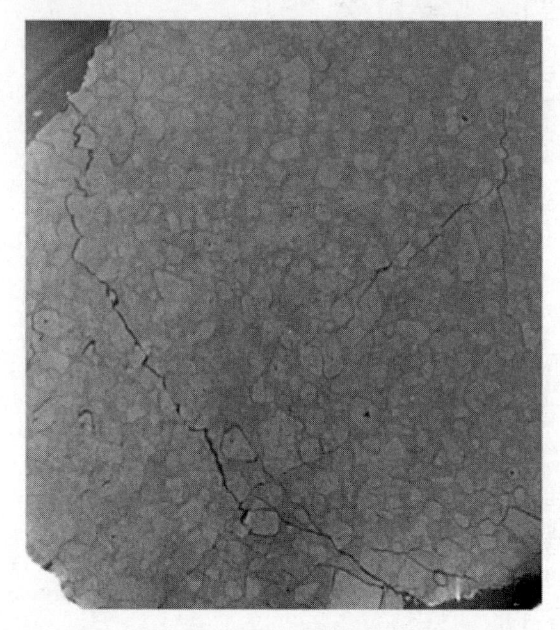

图 12.2 IMX-101 粒子部分爆炸的微型计算机断层扫描(μCT)图像

注:这些断层倾向于通过 DNAN 基体和 NTO 与 NQ 晶体的外围。

12.3 IM 爆炸残留物的溶解

12.3.1 室内滴落实验

Talor et al.[32] 通过控制良好的实验室滴落实验获得了现场采集的 IMX-101、IMX-104 以及爆炸实验中 PAX-21 颗粒的溶解数据[29,31]。实验室测试采用了大量的单个毫米大小的炸药试样,放在了玻璃熔块上,然后以 0.5mL/h 的速率滴在水里(图 12.3(a)),之后用 HPLC 分析该溶液。IMX-101 颗粒的实验结果表明,NTO 时最先溶解的化合物,其次是 NQ 和 DNAN(图 12.4),这与各组分的溶解度一致(表 12.2,图 12.1)。NTO 很快就溶解完,质量损失曲线显示急剧上升然后变缓。NQ 的初始上升曲线不那么陡峭,但是也达到一定的高度。DNAN 是最后一个被溶解的组分。4 个 IMX-104 粒子的质量损失曲线(图 12.4

底部)表明,NTO 再次迅速溶解。DNAN 基体的质量损失百分比曲线是线性的,测试早期 DNAN 溶解百分比大,测试后期 RDX 溶解百分比变大。这些结果与同样溶解在 150mg IMX-101 上的结果一致[32-33]。

室内 IMX-101 和 IMX-104 的质量平衡测试表面,由于大部分质量(100(1±5%))被回收,这些配方在实验室中没有进行显著的光或生物转化[15]。如果这些 IM 组分转化成新的未知化合物,质量平衡就会很差。

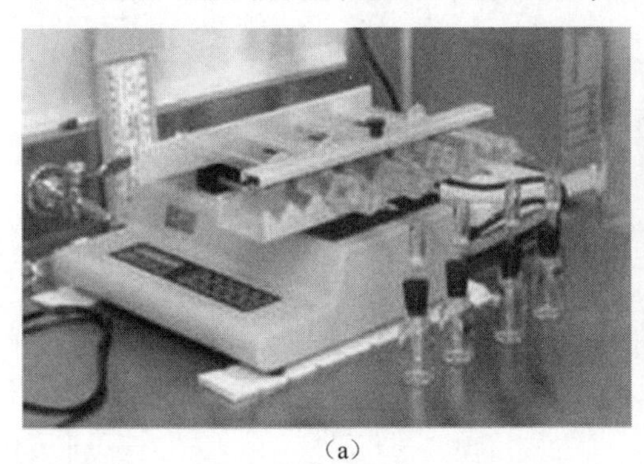
(a)

(b)

图 12.3　实验室滴落实验以及室外设置的废水与炸药试样相互作用的玻璃广口

12.3.2　室外溶解实验

在室外溶解实验中,将几毫米到几厘米大小的爆炸后的 IM 炸药放置在自然环境下的室外(图 12.3(b)),包含 IMX-101 的 5 个颗粒(1~5 号)、IMX-104 的 5 个颗粒和 PAX-21 的 2 个颗粒。实验进行了 864 天,这期间降水 147cm,试样被降水浸湿。这些实验模拟了分离的 IM 弹药在岩土中的溶解,能够基于降水率来预测弹药在其他地方的溶解情况。所有试验中不含土壤,产生的溶解过程是颗粒质量与水的体积之间的函数,平均(3.7±0.27)L 水与 1 个颗粒发生相互作用[15-16,32]。

试样最初颜色为白色(IMX-101)、奶白色(IMX-104)和黄色(PAX-21),但经过 2 周后它们的表面变成黄色,经过 1 年的阳光曝晒之后由橙色变砖红色(图 12.5)。在 864 天的溶解实验中,所有的 IM 块都发生了裂解,并且脱落下毫米级大小的颗粒,这比 TNT、B 炸药和 Tritonal(TNT+铝)的类似实验中所观察到的裂解速度都要快(图 12.6)[34]。该配方易碎的原因可能如下:①其含有 300mm 左右的大晶体;②晶体溶解后会留下空隙;③爆炸过程中会产生裂缝(图 12.7)[32]。所有的这些特征都会降低 IM 配方性能。IMX-101 和 IMX-104 的微型计算机断层扫描图像显示(图 12.7(a)、(b)),IMX-101 的内部和外部的晶体已经消失,但 NTO 晶体溶解的比 IMX-104 要少。

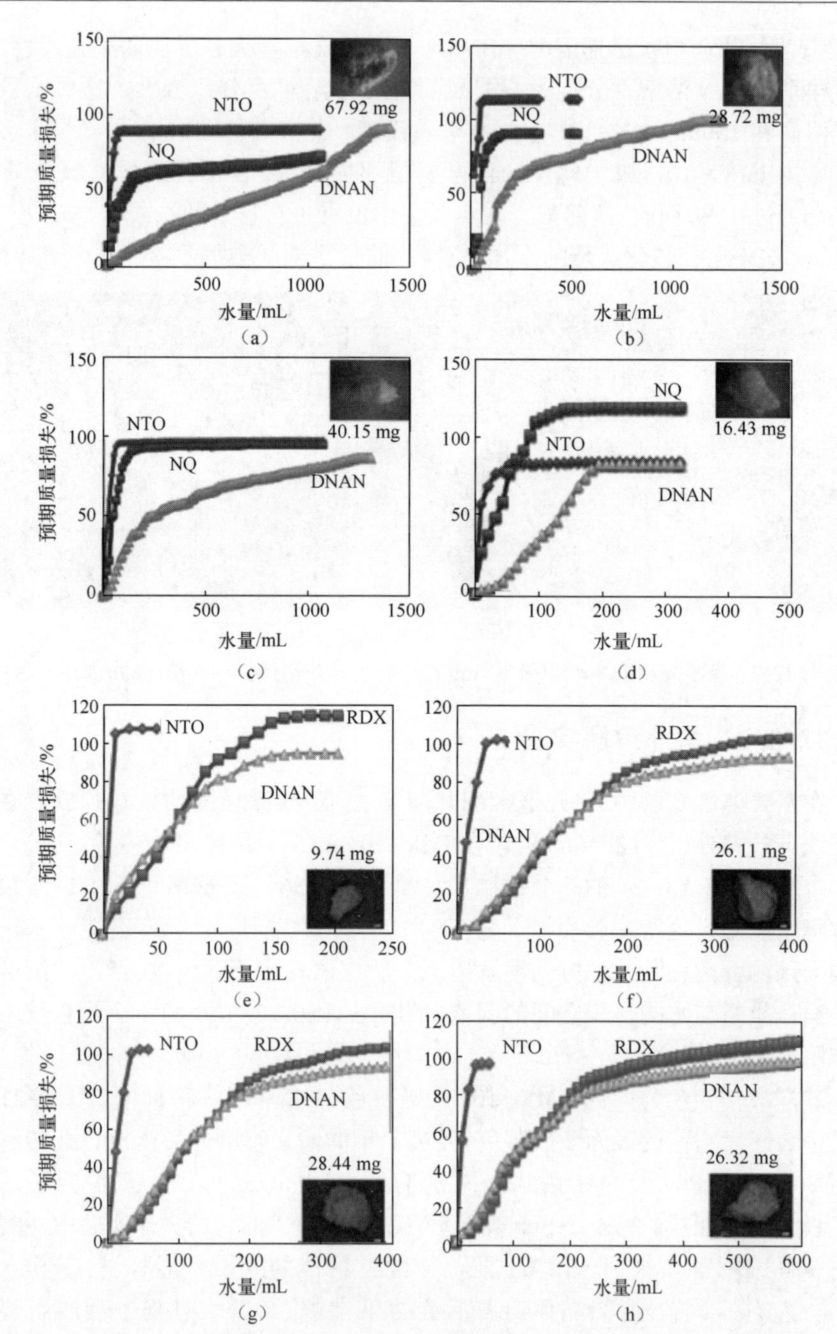

图 12.4 上下各 4 个面板分别是 IMX-101 和 IMX-104 中化合物溶解的质量百分比与水量(mL)。y 轴时高效液相色谱法测定的相对于预期质量损失百分比(初始粒子的质量乘以配方中各成分的贡献百分比。滴落速度为 0.5mL/h[25]。)

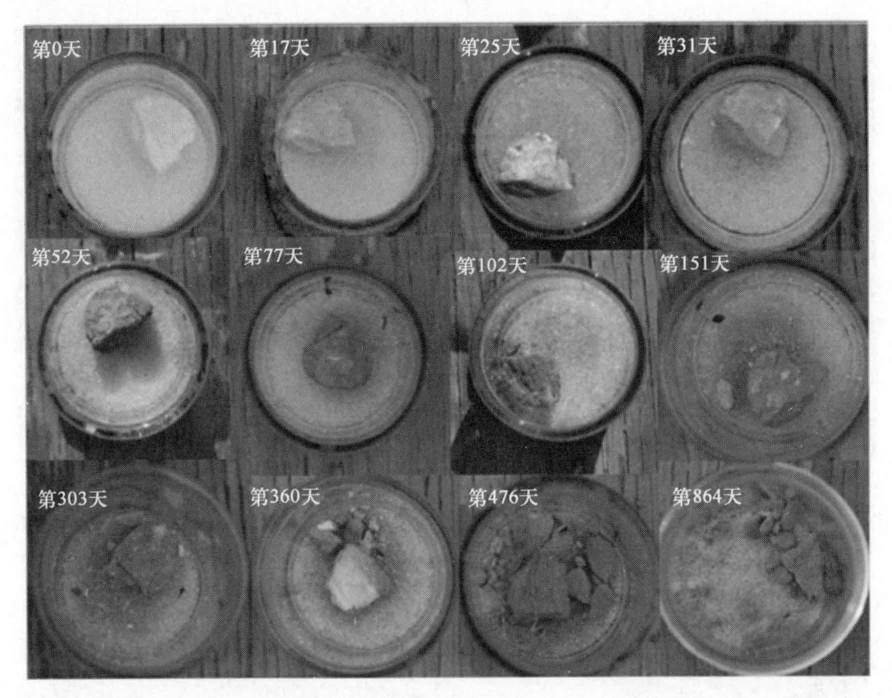

图 12.5　IMX-101-1 号,设置为室外环境溶解,显示了 864 天实验中试样外观的变化

图 12.6　与传统配方相比,IM 配方非常易碎

图 12.8 显示了 IM 配方中各组分的累积溶解质量百分比与收集的累积水量的关系。5 个 IMX-101 块的质量损失数据表明,NTO 先溶解,然后是 NQ,最后是 DNAN(图 12.8(a))。NTO 和 NQ 的溶解速率是在实验开始时较高,随着时间的推移而降低。对于不含 NQ 的 IMX-104,NTO 质量损失随水体积曲线的

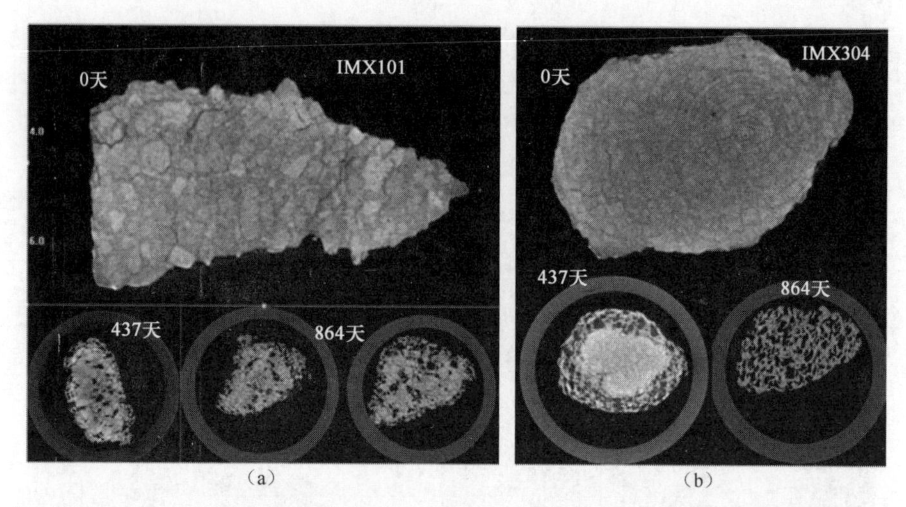

图 12.7 IMX-101 与 IMX-104 在第 0 天、437 天、864 天时的微型计算机断层扫描截面图
(这些试样在测试中裂解,因此在第 437 天和第 864 天拍摄的图像是原始试样的最大碎片)

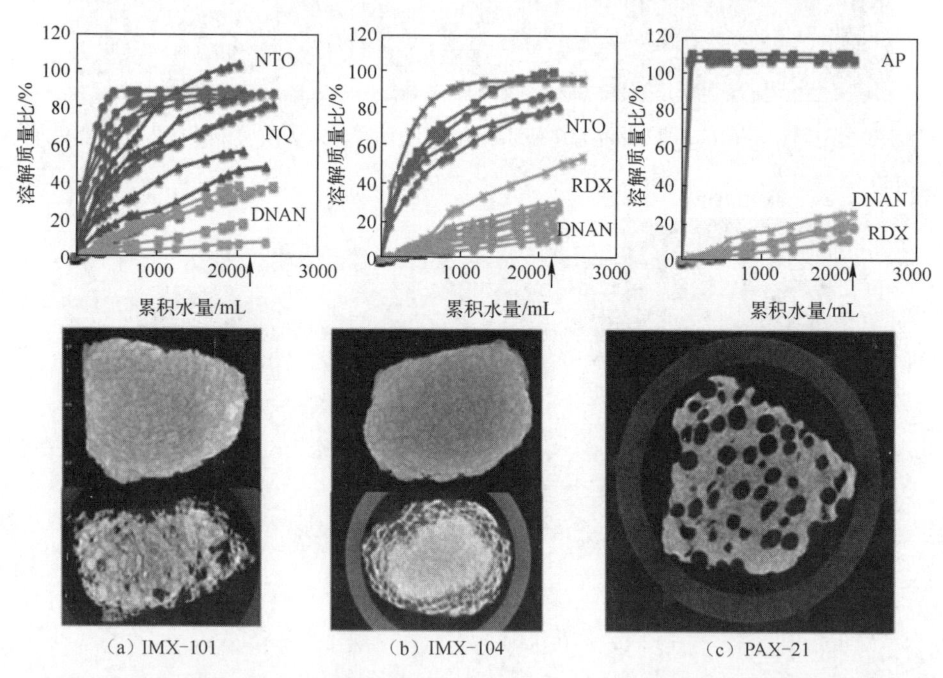

图 12.8 5 块 IMX-101、5 块 IMX-104 和 2 块 PAX-21 的溶解质量与析出体积的关系,分别为 NTO(蓝色)、NQ(橙色)、DNAN(绿色)、RDX(红色)、AP(紫色)[16](彩色版本见彩插)

注:微型计算机断层扫描图像是在测试开始和测试接近结束时拍摄的(红色箭头)。没有显示 PAX-21 的初始 μCT 图像,因为 AP 晶体外观十分明亮,会产生低质量的图像

形状更加明显(图 12.8(b))。图 12.8(c)显示 PAX-21 中的高氯酸氨溶解在第一组水试样中,说明水能够进入 PAX-21 颗粒的内部。

正如在实验室实验中发现的那样[32-33],这些配方的成分是按照它们的溶解度顺序溶解的,864 天后这些碎片都没有完全溶解。

与 TNT 和 B 炸药不同的是,IM 配方由于含有可溶性晶体成分而可被溶解,因此不能使用从地表溶解的假定溶解模型来计算这些配方的寿命[10]。然而,DNAN(和 RDX)以半恒定速度进行溶解,其质量损失与水体积呈线性关系(图 12.9)。DNAN 数据的最佳线性拟合斜率为 0.0114~0.0572,拟合优度 R^2 为 0.94~0.99。由于 DNAN 构成了基质,其准线性溶解可用于估算试样寿命。据估计,0.3~3.5g(0.6~1.4cm)的 IMX-101 颗粒需要 6~27L(240~1080cm)的降水才能溶解,因此可以根据当地的降雨量记录来估计它们的保持性。IMX-104 的数据与之类似,其中 0.2~2g(0.5~1cm)的颗粒需要 4~15L(160~600cm)的降水才能溶解,而 PAX-21 的 0.2~1.3g(0.5~1cm)的颗粒需要 7~11L(280~1080cm)的降水才能溶解。

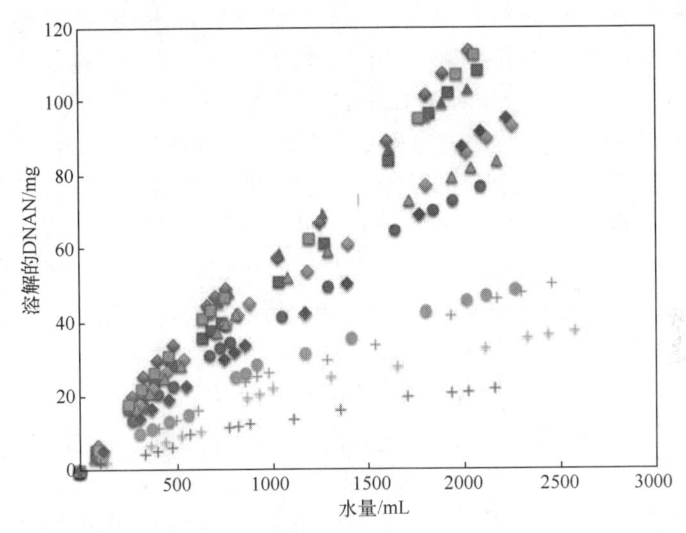

图 12.9　溶解的 DNAN 与室外样品 IMX-101、IMX-104 和 PAX-21 的水量关系

对于 NTO 或 NQ[15-16]这些毫米级大小的颗粒,以及 B 炸药和 TNT[12],其溶解不是线性的。在这些情况下,当可溶成分存在于试样表面或附近时,爆炸碎片最初质量下降更快,然后质量损失随着组分的减少而降低,或者由于水更难以接触到这些组分而降低。对于 DNAN 来说,它的低溶解度和表面积增大导致了线性质量损失。当 IM 试样裂解时,大量的碎片增加了 DNAN 的表面积,加速了溶解。这一观点有事实的支撑[15-16],即更多的碎片显示出质量损失与水量之

间更好的线性关系。虽然碎片化也影响 NTO、NQ 和 AP 的溶解，但由于这些化合物的溶解时间比碎片形成时间短，因此这些化合物的溶解都不表现出线性。

12.3.3 室外实验质量平衡

表 12.4 列出了 IM 颗粒的初始质量、最终质量、质量差以及在溶液样品中的爆炸物质量。室外高爆实验的数据也显示 IM 的初始质量与最终质量之间平均差(0.8±0.6)g，其中 80%的物质溶解到在溶液中，说明通过光转化损失了 20%。常规炸药(TNT、B 炸药、Tritonal 和 C4)的质量损失较小，初始和结束时的平均质量差为(0.2±0.08)g(成分难溶，颗粒易碎)，但其中只有 20%左右的物质溶解到溶液中。这表明，80%的物质经光转化后变成了样品中未分析出的化合物[34]。

12.3.4 IM 的光转化

光转化是一个重要的过程，因为太阳可能通过化学改变化合物的表面来产生具有不同溶解度或毒性的化合物。水解研究发现，在没有阳光的条件下，DNAN 和 NTO 在自然环境中遇到的中性、酸性和基本条件下都是稳定的，只有在 pH≥12 时才会水解(R. Pesce-Rodriguez，未发表数据[35-36])。

有报道称，DNAN 的转化过程和产物用于多种基质之中，如细胞培养、土壤微生物、污泥生物测定、处理过的废水、毒性试验生物、辐照水溶液和含氧水溶液[8]。关于 DNAN 或 IM 复合材料固体表面的光转化的研究报道较少[15]。室外样品的 HPLC 图谱中，未知峰表明颗粒表面正在光降解并形成新的化合物；注意图 12.10 中的众多附加峰。一些未知的峰较少存在于室外样本溶液中，这表明它们是短暂存在的，并很快转化为其他化合物。

有少数研究报道了 DNAN 溶液中的光转化产物。Hawari et al.[37]和 Rao et al.[38]均发现以 2-甲氧基-5-硝基苯酚和 2,4-二硝基苯酚为中间体，硝酸盐或亚硝酸盐，或两者均有(分析技术无法分离化合物)。Hawari et al.[37]也报道了氟甲酰胺衍生物作为氨基硝基茴香醚和氨基硝基苯酚转化的中间产物。DNAN 水溶液在 21 天内的最终产物为硝酸根离子(0.7mol)、铵根离子(1mol)、甲醛/甲酸(0.9mol，未分离的化合物)[37]。Rao et al.[38]观察到光转化，其半衰期为 0.11~1.51 天。Le Campion et al.[39]的研究发现，NTO 的光转化产物包括亚硝酸盐、硝酸盐和二氧化碳。

Taylor et al.[40]研究了 DNAN 纯固体和作为 IM 配方(IMX-101、IMX-104 和 PAX-21)固体成分的 DNAN 的光转化。后者时作为为其 2.5 年的溶解研究一部分，放置在外面溶解和转化的样品[16]。Taylor et al.[40]在色谱图中发现了

表 12.4　IM 和烈性炸药配方的质量平衡计算结果

钝感弹药配方							烈性炸药配方						
样品	M_i/g	M_f/g	Diff/g	M_{diss}/g	M_{miss}/g	M_{diss}(Diff)	样品	M_i/g	M_f/g	Diff/g	M_{diss}/g	M_{miss}/g	M_{diss}(Diff)
IMX-101-1	3.55	1.43	2.12	1.65	0.48	0.78	TNT-1	1.97	1.75	0.22	0.071	0.15	0.32
IMX-101-2	1.39	0.28	1.11	0.75	0.36	0.68	TNT-2	0.40	0.31	0.10	0.033	0.06	0.34
IMX-101-3	0.63	0.02	0.61	0.49	0.12	0.80	TNT-3	0.52	0.28	0.24	0.074	0.16	0.32
IMX-101-4	0.53	0.04	0.49	0.38	0.11	0.77	B 炸药-1	0.78	0.65	0.13	0.065	0.06	0.50
IMX-101-5	0.31	0.05	0.26	0.23	0.03	0.89	B 炸药-2	0.43	0.31	0.11	0.056	0.06	0.50
IMX-104-1	2.00	0.70	1.30	1.15	0.15	0.88	B 炸药-3	5.07	4.85	0.22	0.066	0.15	0.30
IMX-104-2	1.42	0.13	1.29	0.99	0.30	0.77	Tritional-1	2.97	2.77	0.20	0.047	0.16	0.23
IMX-104-3	0.99	0.23	0.76	0.65	0.11	0.86	Tritional-2	5.32	4.99	0.33	0.054	0.28	0.16
IMX-104-4	0.49	0.13	0.36	0.33	0.03	0.91	Tritional-3	2.47	2.22	0.24	0.054	0.19	0.22
IMX-104-5	0.22	0.01	0.21	0.18	0.03	0.85	C4-1	4.93	4.62	0.31	0.037	0.27	0.12
PAX-21-1	1.28	0.41	0.87	0.67	0.20	0.77	C4-2	3.97	3.64	0.33	0.059	0.27	0.18
PAX-21-2	0.25	0.08	0.17	0.14	0.03	0.80	C4-3	2.30	2.10	0.20	0.030	0.17	0.15

注:Diff = $M_i - M_f$

式中:M_i 和 M_f 分别为颗粒的初始质量和最终质量。

HPLC 质量/未处理质量 = (M_{diss})/[$M_i - (M_f + M_{diss})$]]

式中:M_{diss} 为通过高效液相色谱法测定出的水样品质量;M_{miss} 为损失质量,$M_{miss} = M_i - (M_f + M_{diss})$。

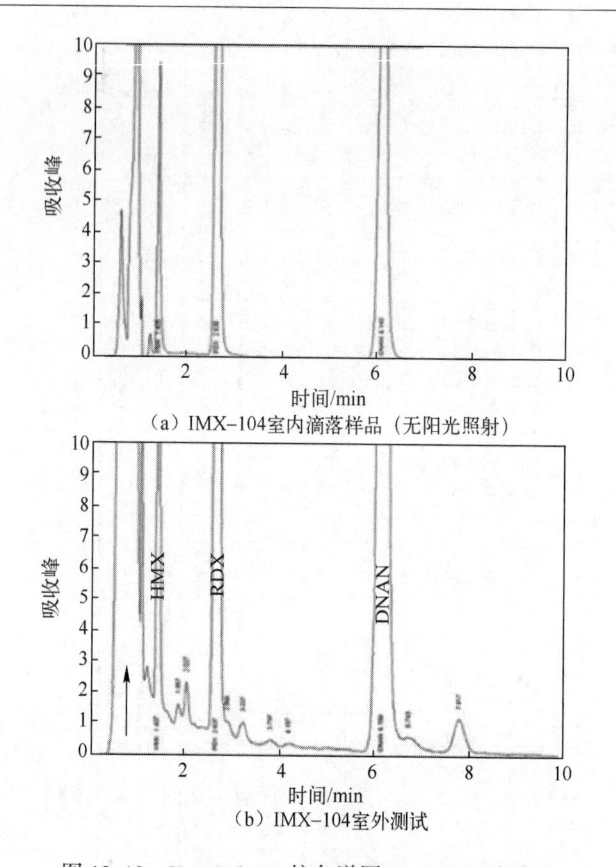

图 12.10　NovaPak C8 柱色谱图(230nm 吸光度)

注:DNAN、RDX 和 HMX 峰存在,但在室外样品中有众多未知峰和一个大的溶解前峰(箭头)。

过渡峰,表明中间产物是不稳定的,但一致发现了甲氧基硝基酚和甲氧基硝基苯胺。在大多数样品中还发现了一种未知产物,有可能是亚硝基苯。转化产物的浓度较小,小于 DNAN 溶解浓度的 1%,说明进入土壤的主要化合物不是转化产物,而是 DNAN。

R.Pesce-Rodriguez[40]研究了温度、pH 和溶解有机物对 DNAN 和 NTO 在溶液中的光转化的影响。NTO 的转化速率取决于溶液的 pH 值(图 12.11(a))。在中性 pH 环境下,NTO 的光转化速率最低。在有腐殖酸存在的情况下,NTO 的光转化速率增加了 1 倍(图 12.11(b)),但不受温度的影响(图 12.12)。Rao[38]研究发现,DNAN 在溶液中的光转化速率受 pH 和天然有机物影响较小,但随着温度的升高而增加(图 12.12)。这表明,在热环境下,DNAN 可能不稳定。计算得到的 DNAN 光转化活化能为 27.8kJ/mol[41]。

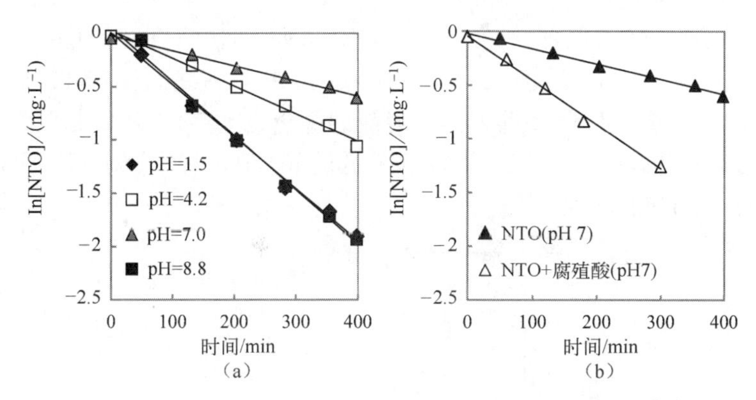

图 12.11　NTO 的光转化受溶液 pH 和天然有机物的影响[41]

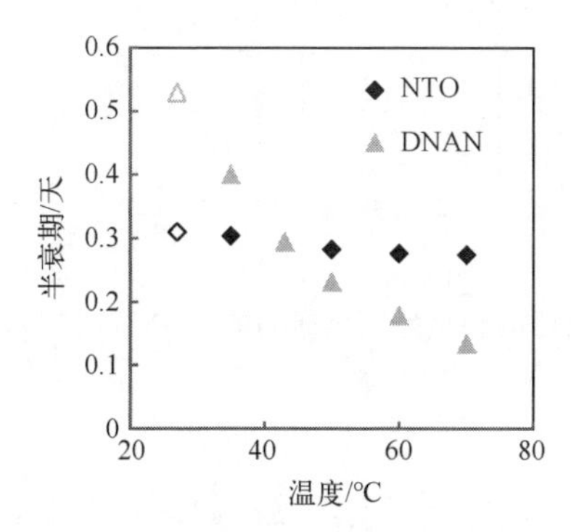

图 12.12　在模拟光下的水溶液中,NTO 和 DNAN 的半衰期(实心)和半衰期(空心)随温度的变化[41]

现在的研究是确定在 IM 配方表面或 DNAN 固体片上形成的光转化产物以及在不同气候条件下的实验。有证据显示,IM 颗粒表面光转化包括室外 IM 块的颜色变化(图 12.6 和图 12.7)、高效液相色谱图的未知峰和良好的室内滴落测试质量平衡(100(1±5%))[16]。这些光产生的化合物使水样品产生颜色,因此这些化合物是可溶的。

12.3.5　IM 溶解的 pH 值

已知 NTO 在溶液 $pK_a = 3.8$ 时为酸性[42-43],滴落液和室外水样的 pH 值经过测量后,显示了 pH 值在颗粒溶解过程中的变化(图 12.13)。对于 IMX-101 滴落样品,pH 值最初在较低的 3 水平范围内,随着 NTO 浓度下降到 10mg/L 时,pH 值上升达到中性。IMX-104 样品的 pH 值也呈现相似的趋势,但不同的是,由于 IMX-104 比 IMX-101 含有更多的 NTO,因此前几个 IMX-104 样品的

NTO 浓度更高,pH 值更低。图 12.13 显示,不同 NTO 浓度的 pH 值大部分在 2~5 之间。当 NTO 浓度低于 20mg/L 时,pH 值在 4~6 之间;当 NTO 浓度低于 10mg/L 时,溶液的 pH 值接近中性。溶液的颜色也与 NTO 浓度有关系——黄色最深的溶液具有最高的 NTO 浓度和最低的 pH 值。利用这个特性可以用来估计溶液中 NTO 的浓度[44]。

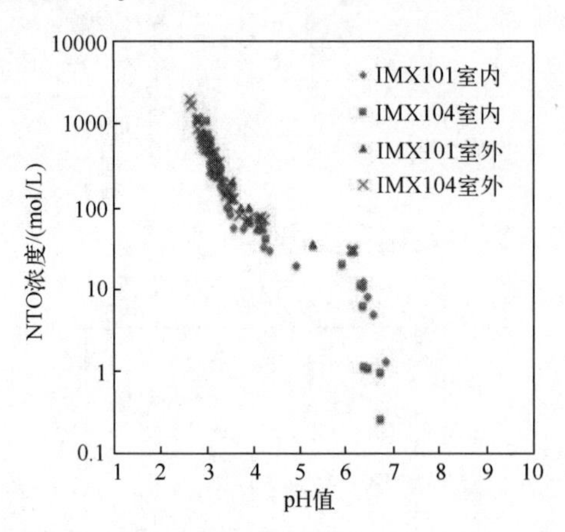

图 12.13　室内滴落样品和室外滴落样品的 NTO 浓度与 pH 值之间的关系[15]

12.4　钝感弹药配方的理化性质

一旦进入溶液中,IM 成分及其转化产物在土壤中会进行反应运输。在进入地下水的过程中,它们会不可逆地被土壤中不同的矿物和有机相吸附、转化、挥发和吸收。这些重要的归趋过程可以使用辛醇-水分配系数 K_{ow}、酸离解常数 pK_a、亨利定律常数 K_H、单电子标准还原电位 E_m、一阶转换速率常数 k、线性(K_d)或弗伦德里希土壤吸附系数 K_f 和土壤有机碳的吸收系数 K_{OC} 等参数进行评估。其中一些参数只适用于个别土壤,取决于土壤条件(K_d、k 和部分 K_{OC}),而其余参数只是化合物结构的函数,与环境行为(溶解度、K_{ow}、K_H、pK_a 和 E_m)有关。表 12.5 列出了 IM 和 HE 配方中化合物的一些参数值。

辛醇-水分配系数是反映化学物质生物积累趋势的指标,是反映其对土壤有机质吸附的指标。据报道,化合物 K_{ow} 值相对较低(见表 12.5),说明非极性相互作用,化合物不易被土壤中的有机质吸附。然而,它们仍能对土壤有机质产生吸附,如 TNT 和 DNT(2,4-和 2,6-二硝基甲苯)[45-46]。基于 K_{ow} 值,期望 NTO 比 DNAN 更具有流动性,并且表现出与 RDX 相似的环境行为。

表 12.5　环境相关理化性质、25℃溶解度、辛醇-水分配系数 K_{ow}、酸解常数 pK_a、亨利定律常数 K_H、单电子标准还原电位 E_m 以及土壤有机碳对 DNAN、NTO、NQ、RDX、TNT 的吸附系数 K_{oc}

性　能	DNAN	NTO	NQ	RDX	TNT
溶解度/(mg/L)	276.2①[21],213①[37]	16,642.0③[52]	2600①[25]	59.9①[53]	100.5①[53]
$\lg K_{ow}$	1.58①[37],1.64①[48],1.70~1.92②[48]	0.37~1.03②[48]	-0.89~0.156[54]	0.81~0.87[55]	1.6~1.84[55]
pK_a	—	3.76①[47]	12.8②[25]	—	—
$\lg K_H$	-3.25~4.40②[48]	-11.38②[47]	-5.15①[25]	-10.71②[53]	-7.96②[53]
E_m/V	-0.40①[49]	—	—	-0.55①[49]	-0.30①[49]
$\lg K_{oc}$	2.2①[56],2.2②[57]	1.1①[58],2.1②[57]	1.3①[59]	2.3[53]	3.2[53]

①测量;②估计;③根据实测值进行插值。

与大多数其他的非离子型化合物不同,NTO 是一种酸性物质,其 pK_a 为 3.7~3.76[42-43]。由于有机和无机土壤表面都带有净负电荷,土壤对 NTO 的吸附能力较差,在环境中的流动性较大。相对较低的挥发性(从水相转移到气相的能力)以及亨利常数测量(DNAN 的 $\lg K_H$ 为-3.25~-4.40,NTO 的为-11.38)[48]说明气相运输的影响并不明显。

单电子标准还原电位 E_m 是衡量硝基在化合物中还原为氨基[49]难易程度的指标,这是转化许多爆炸性化合物的第一步。Boparai et al.[50]发现,对于单电子还原电位为正的爆炸物,其还原速度更快。测定的 DNAN 的电子标准还原电位-0.40V 与 2,4- DNT 相近,后者在土壤环境中很容易被还原。需要注意的是,该化合物的转化产物可能具有不同于原污染物的环境特性和毒性特性,因此对它们的识别和研究很重要。

12.5　与土壤的相互作用

虽然溶解度、K_{ow}、K_H、pK_a 和 E_m 可以独立测量并可用于预测污染物的环境行为,但需要对在特定位置发现的土壤进行 K_d、k 和 K_{OC} 的测量,以预测 IM 化合物在此位置土壤中的归趋和迁移。可以测量这些参数来进行土壤的选择,然后将得到土壤特性相关的数据,从而可以将预测 IM 化合物在其他位置的土壤中的变化。

土壤的吸附系数或分配系数 K_d 代表炸药在土壤表面的吸收能力。尤其需要注意的是,由于含有机物、页硅酸盐黏土以及铁铝氧化物和氢氧化物,它们的表面积很大。随着 K_d 值的增大,化学物质主要存在于土壤表面,在流动的孔隙水中运动较少。通常情况下,土壤对有机污染物的吸附主要来源于土壤有机碳,K_d 值与土壤有机碳含量成正比关系,用土壤有机碳吸附系数 K_{OC} 表示。这个参数可以由 K_{ow} 导出,也可以测量特定土壤或土壤组中的能量。所得系数可用于计算 K_{ds},并利用含碳量预测能量对其他土壤的吸附。对于主要通过非极性(疏水)相互作用吸附到土壤有机质上的化合物,K_{OC} 可以较好估计化合物在一系列土壤环境中的吸附。

然而,有机质并不是影响土壤吸附力的唯一组分。通过对矿物土壤组分——层状硅酸盐黏土和铁锰氧化物的研究表明,层状硅酸盐黏土与 TNT、DNAN 具有相似的强吸附性。黏土交换位点上阳离子的类型对吸附量有影响,其中 K^+ 是土壤中常见阳离子中吸附量最大的。其吸附机理是基于交换性阳离子与硝基之间的相互作用。DNAN 未被铁或锰氧化物吸附。另外,NTO 经历了层状硅酸盐的负吸附(斥力),因为两者在相关的 pH 环境中都带负电荷。NTO 被一种带正电荷的氧化锰强烈吸附。

土壤吸附系数采用动态和平衡间歇土壤吸附实验。在这些实验中,土壤与 NTO 或 DNAN 溶液混合,并在预定的时间内达到平衡。然后将土壤从溶液中分离出来,对上层清液进行分析,以确定溶液中剩余的 NTO 或 DNAN 的量。

有机化合物在土壤中的转化速率 k 受土壤固有性质和当前土壤条件的双重影响,因此很难对不同的环境和土壤进行推断。有机化合物的转化通常是由微生物驱动的,尽管有一些证据表明土壤矿物质催化了非生物转化。在微生物转化过程中,有机污染物要么作为微生物的能量来源,要么与其他碳源共同代谢,为微生物的生长提供能量。因此,微生物的转化可以受到目标化合物的量(如果它被降解)和不稳定有机碳的可利用性(如果它被共同代谢)的影响。同时,有机污染物对土壤微生物也有毒害作用:抑制微生物生长,减少微生物转化。此外,因为硝化化合物的转化通常涉及硝基还原为氨基,所以对土壤的氧化还原状态也非常敏感,而土壤的氧化还原状态又受土壤饱和度和有效碳量的影响。由于上述因素,实验室对转化速率 k 的估计对于不同土壤或化合物之间的比较是有必要的,但不能作为对野外土壤转化速率的可靠估计。

Mark et al.[58] 和 Arthur et al.[56] 测试了美国各地军事基地收集的土壤(图 12.14)。土壤类型主要包括完整土、土培土、软土、砂质土和超细土。表 12.6 总结了选择的 11 种土壤的物理和化学性质,以及其他一些研究 NTO 和 DNAN 与土壤相互作用的研究成果。Mark et al.[58] 和 Arthur et al.[56] 采用的参数范围很广:土壤的 OC 浓度范围为 0.34%~2.28%,土壤 pH 值为 4.23~8.00,

阳离子交换能力(CEC)为 2.9~21.4mol/kg;颗粒大小(砂土壤到黏土壤土)。土壤中黏土矿物[58]的矿物组成也不同。

图 12.14　Mark et al.[54]和 Arthur et al.[52]将从这些地点收集的土壤用于钝感弹药批次和柱的研究(彩色版本见彩插)

12.5.1　不同土壤吸附的研究

1. NTO

Mark et al.[58]观察到,土壤对 NTO 的吸附非常弱,正如预期的那样,在一个带负电荷的基质中有一个净负电荷。测定的 $K_d<1cm^3/g$(表 12.6)。对于大多数土壤,弗伦德里希等温线和线性吸附等温线都描述了观察到的吸附情况(图 12.15(a))。弗伦德里希等温线的拟合结果通常稍好一些(表 12.6),但弗伦德里希参数 n 与大多数土壤的线性等温线没有显著差异。当 $n<1$ 时[58],说明在较高的 NTO 浓度下,土壤的吸附能力较弱。

土壤 pH 是 NTO 吸附的最强力指标(图 12.15(b))。线性吸附系数与土壤 pH 值呈极显著的负相关关系,而 K_d值与 OC、黏土、比表面积(SSA)无相关关系。K_f值与 pH 呈近似但略弱的负线性关系($R^2=0.7818,P=0.00030$)。

在 pH 值高、OC 含量高的卡特林土壤中,NTO 的吸附量约为 RDX 的 10 倍,K_d 分别为 $0.21cm^3/g$、$2.03cm^3/g$[51],而在普利茅斯土壤(pH 值低、OC 较低)中,NTO 与 RDX 其吸附量差异较小,分别为 $0.50cm^3/g$、$0.65cm^3/g$[14]。结果表

表 12.6　土壤相互作用试验中测定的土壤理化性质及测定的 NTO 和 DNAN 在这些土壤中的归趋和迁移参数（弗伦德里希土壤的吸附参数、K_f和 n；土壤吸附系数 K_d；土壤吸附系数归一化到 OC 分数的 $\lg K_{OC}$；变换速率常数 k；半衰期 $t_{1/2}$；R^2值的线性回归用来确定这些参数）

土壤	土质	黏土含量/%	pH①	OC③/%	CEC④/(cmol/kg)	物质	K_f	n	R^2	K_d/(cm³/g)	R^2	lg[K_{OC}/(cm³/g)]	k/h⁻¹	$t_{1/2}$/天	R^2	参考文献
卡特林	泥黏土	25.6	7.31	5.28	21.4	NTO	0.21	1.03	0.94	0.21	0.92	0.6	0.0221	1.3	0.84	[2]
						DNAN	34	0.62	0.98	5.95	0.92	2.1	0.0047	6.1	0.88	[56]
福特哈里森	砂黏土	8.7	6.67	3.88	18	NTO	0.27	1.07	0.98	0.35	0.95	1.0	0.0021	13.8	0.98	[2]
						DNAN	13.86	0.77	0.9	6.32	0.93	2.2	0.001	28.9	0.45	[56]
阿诺德 AFB	泥黏土	11.4	6.66	2.68	8.7	NTO	0.58	0.86	0.98	0.34	0.94	1.1	0.0044	6.6	0.94	[2]
						DNAN	4737	0.68	0.93	3.39	0.78	2.1	0.0022	13.1	0.92	[56]
普利茅斯	黏土砂	4.4	4.23	2.45	6.8	NTO	13/5	0.89	0.99	0.5	0.96	1.3	0.0043	6.7	0.97	[2]
						DNAN	41318	0.83	0.98	4.38	0.94	2.3	0.007	4.1	0.51	[56]
布特纳营地	砂黏土	7.7	6.69	2.42	6.1	NTO	13	0.54	0.77	0.12	0.72	0.7	0.0021	13.8	0.98	[2]
						DNAN	15.35	0.56	0.91	2.05	0.92	1.9	0.0018	16.0	0.67	[56]
石灰山	砂黏土	11.2	7.54	1.99	13	NTO	0.33	0.88	0.92	0.21	0.92	1.0	0.0123	2.3	0.6	[2]
						DNAN	10.75	0.77	0.96	4.96	0.92	2.4	0.0019	15.2	0.78	[56]
撒克萨拉斯	黏土	16.4	4.4	1.3	7.9	NTO	0.9	0.86	0.99	0.48	0.96	1.6	0.008	3.6	0.99	[2]
						DNAN	2.26	0.97	0.85	1.89	0.72	2.4	0.0013	22.2	0.54	[56]
格鲁伯营地	黏土	32.3	5.39	0.83	14.3	NTO	0.54	0.99	1	0.51	0.99	1.8	0.0025	11.6	0.98	[2]
						DNAN	7.62	0.72	0.84	1.99	0.91	2.4	0.0073	4.0	0.29	[56]

续表

土壤	土质	黏土含量/%	pH①	OC③/%	CEC④/(cmol/kg)	物质	K_f	n	R^2	K_d/(cm^3/g)	R^2	lg[K_{OC}/(cm^3/g)]	k/h^{-1}	$t_{1/2}$/天	R^2	参考文献
根西岛营地	黏土	4. 1	8. 21	0. 77	2. 9	NTO	0. 06	0. 48	0. 18	0. 02	0. 21	0. 4	0. 0004	72. 2	0. 75	[2]
						DNAN	1. 72	0. 85	0. 93	0. 93	0. 97	2. 1	0. 0041	7. 0	0. 85	[56]
佛罗伦萨 MR	黏土	26. 8	8	0. 45	12. 2	NTO	0. 09	0. 77	0. 55	0. 06	0. 59	1. 1	0. 0005	57. 8	0. 91	[2]
						DNAN	6. 59	0. 74	0. 98	1. 91	0. 94	2. 6	0. 0007	41. 3	0. 35	[56]
斯威夫特营地	砂质黏土壤	23. 7	7. 83	0. 34	6. 5	NTO	0. 1	0. 84	0. 92	0. 04	0. 59	1. 1	0. 0009	32. 1	0. 93	[2]
						DNAN	1. 27	0. 84	0. 7	0. 6	0. 84	2. 2	0. 0006	48. 1	0. 96	[56]
彼得华	—	44. 1③	4. 9	2. 5	<10	DNAN	—	—	—	73	—	2. 3	—	—	—	[37]
表层土	—	0. 4	6. 1	34	35. 0	DNAN	—	—	—	9. 1	—	2. 7	—	—	—	[37]
DRDC-09	—	1. 5	6. 7	2. 08	13. 2	NTO	—	—	—	<0. 1	—	—	—	—	—	[65]
						DNAN	—	—	—	2. 27	—	2. 0	—	—	—	[65]
砂质黏土壤	砂质黏土壤	21	6. 6	1	14	NTO	1. 39	1. 33	—	—	—	—	—	—	—	[19]
						DNAN	0. 68	1. 28	—	—	—	—	—	—	—	[19]
沙子	沙子	0. 03	—	—	—	NTO	0. 34	1. 04	—	—	—	—	—	—	—	[19]
						DNAN	0. 17	1. 18	—	—	—	—	—	—	—	[19]

①1:1 的土壤:水;②有机碳;③CEC 阳离子交换能力;④淤泥。

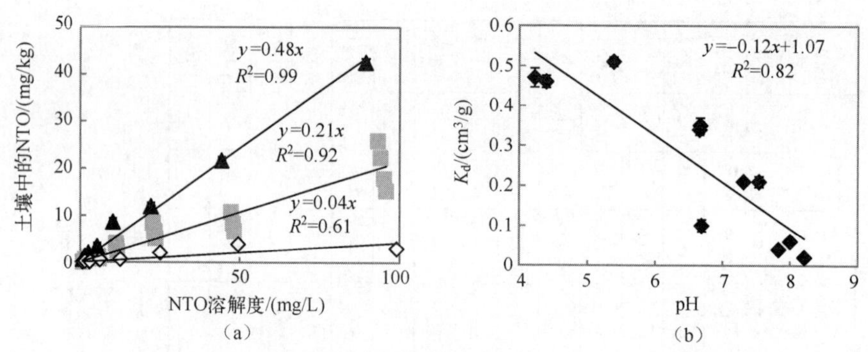

图 12.15 NTO 分别在撒克萨拉斯、卡特林和斯威夫特营地土壤中的吸附等温线(从最高到最低列出)以及 NTO 吸附系数 K_d 与土壤 pH 值的关系(P =0.00011)[54]

明,RDX 和 NTO 通过不同的吸附机制被吸附,OC 含量对预测 NTO 吸附能力并不重要。NTO 在(1.06±0.40)cm^3/g 试验土壤中的 $\log K_{OC}$ 值明显小于 RDX (2.26±0.056)cm^3/g。K_{OC} 值的百分比标准偏差(102.7%)也高于 K_d 值(72.8%),表明对 OC 含量进行归一化并没有降低变异率。

Mark et al.[58]测量的 NTO 吸附量与 Hawari et al.[65]以及 Richard et al.[33]的测量值一致。一般认为,NTO 被吸附可能是由于土壤中有限的正性位点,如有机质中的月长石或氨基基团,或者是由于 pH 较低处的不带电 NTO 分子与不带电土壤的相互作用。线性等温线支持 NTO 吸附的第二种机制。

NTO 在土壤中也发生了转化[58]。质量平衡的计算(图 12.16)显示,经过 24h 的平衡处理后,灭菌土和未灭菌土的 NTO 质量恢复几乎没有差异。然而,120h 后,未灭菌的样品流失了更多的 NTO,说明 NTO 被微生物分解。在高温土壤(卡特林)中,大部分 NTO 发生了转化。即使在经过消毒的卡特林土壤中,大

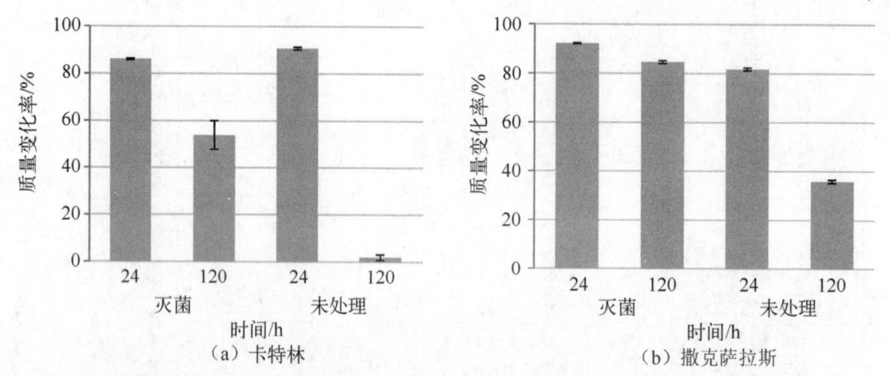

图 12.16 撒克萨拉斯和卡特林土壤的分批处理实验,对比灭菌(蒸压)土壤和溶液土壤的质量(%)

注:土壤和 NTO 溶液分别反应 24h 和 120h。误差条等于平均[54]的一个标准误差。

约 50%的 NTO 在 120h 内从溶液中流失,这可能是由于非生物的转化。这一发现表明自然衰减的潜力很大。

土壤中 NTO 的微生物转化研究表明,NTO 的氮还原过程中,5-氨基-1,2,4-三唑-3- 1 氧化环发生了裂解,形成大量无机化合物[66-67]。氧化锰(月长石)能被氧化为氧化 4-氨基-1,2,4-三唑-5-酮。

在坎普根西土壤中,转化速率估计值为 0.0004h^{-1},在卡特林土壤[58]的转化速率估计值为 0.0221h^{-1}。在 OC 含量低的土壤中,如根西岛营地、佛罗伦萨和斯威夫特营地,其测量的转化速率较低。土壤中存在的 OC 百分比与测得的转化速率常数 k(P=0.02)呈正相关,但 R^2 在 0.46 处较低(图 12.17)。其他土壤参数,如黏土含量、pH 值和 SSA,与 k 的相关性较差。普利茅斯土壤的 NTO 转化速率常数为 0.0043h^{-1},是之前在相同土壤(0.013h^{-1})[14]中测定的 RDX 值 1/3 左右。

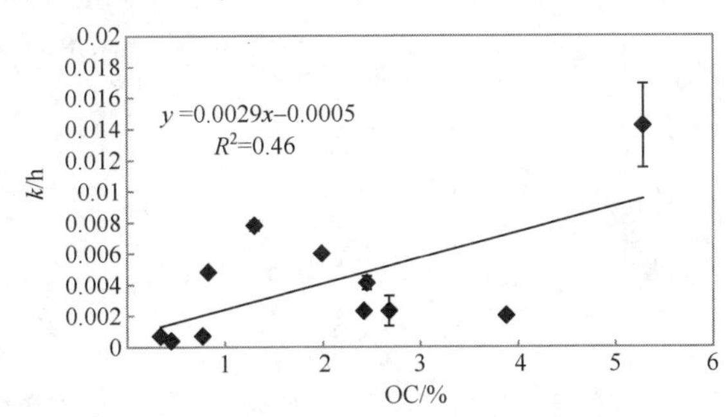

图 12.17　所测得的 NTO 转化速率常数 k 与土壤 OC 的相关性(P=0.02250)[54]

2. DNAN

与 NTO 不同,DNAN 对土壤[56]有吸附作用,说明自然衰减可能是 DNAN 修复的重要机制。所研究的全部土壤中,弗伦德里希的等温线与数据高度吻合(表 12.6,图 12.18)。弗伦德里希的参数 n 在全部土壤中的平均值为 0.76±0.21。大多数土壤 n 的估计值的 95%置信区间重叠,表明它们之间没有显著差异。在撒克萨拉斯、卡特林和斯威夫特营地这三地土壤中,n 接近于 1(导致等温线是线性的)。

等温线的线性回归也非常明显(表 12.6)。对于大多数土壤,弗伦德里希等温线显示 DNAN 吸附效果最好,但是对于哈里森堡、撒克萨拉斯、根西岛营地和斯威夫特营地四种土壤,线性等温线更符合测得数据(图 12.18)。将估算的 K_d 值标准化为土壤中的 OC 含量 K_{OC},可将估算的百分比标准偏差从 61%降至 49%。lgK_{OC} 平均值为 2.24±0.20,与 Hawari[37,65]等测得的 2.33±0.35 相似。

测定的 DNAN 吸附系数 K_{ds} 与土壤百分 OC(图 12.19(a))和阳离子交换能力(图 12.19(b))呈极显著正相关。K_{fs} 与 OC、阳离子交换能力[56]之间存在相似的线性关系。黏土含量、pH 或 SSA 等没有测量的土壤属性,其与 K_d 或 K_f 值相关。

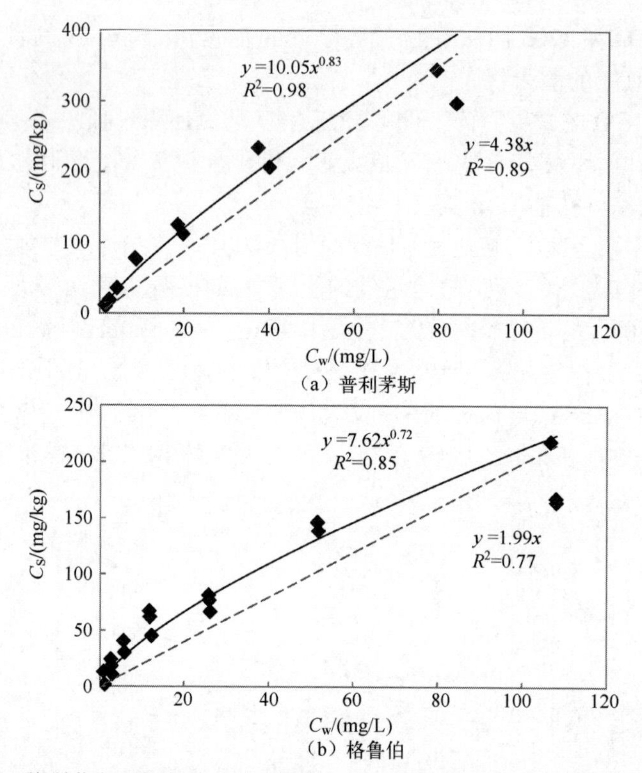

图 12.18 普利茅斯和格鲁伯营地土壤中 DNAN 的吸附等温线(彩色版本见彩插)

注:红色虚线表示线性吸附等温线与测得的吸附数据的拟合线(方程用红色表示),

黑色实线是弗伦德里希等温线与方程式拟合的结果,用黑色表示。

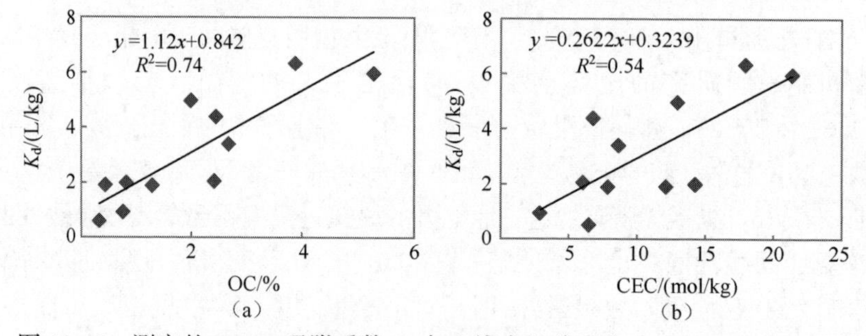

图 12.19 测定的 DNAN 吸附系数 K_{ds} 与土壤有机碳百分比($P=0.00061$)以及阳离子交换能力($P=0.0095$)[52]的相关性

DNAN 较低的 K_{ow} 和 K_{OC} 值(表 12.5)说明其对土壤的吸附力低于 TNT。比较 DNAN 和 TNT 在普利茅斯和卡特林的土壤吸附系数[52],卡特林土壤的吸附系数证实了这一趋势:TNT K_d 值(17.9)高于 DNAN K_d 值(5.95)[51],尽管在弗伦德里希两种化合物参数相似（DNAN $K_f = 34.00$，$n = 0.62$；TNT $K_f = 32.67$，$n = 0.60$）。然而，在普利茅斯土壤中，DNAN 比 TNT 吸附力更强（$K_d = 4.38\text{cm}^3/\text{g}$，TNT 为 $0.63 \sim 1.6\text{cm}^3/\text{g}$，具体取决于使用方法）。

土壤中 DNAN 的吸附机制可能与层状硅酸盐黏土的吸附以及与有机质的相互作用有关。有机质的相互作用源于 OC 和吸附系数之间的强相关性（图 12.19(a)），这表明 OC 和 K_{ds} 之间有联系[56]，而层状硅酸盐黏土的吸附证据来源于黏土[60]的直接实验以及阳离子交换能力与 DNAN 吸附系数（图 12.19(b)）之间的相关性[56]。我们认为，DNAN 通过疏水分区和特异性吸附从而与土壤有机质进行相互作用，与 TNT 相似[67]。特定吸附造成了吸附等温线的非线性。DNAN 还原产物除了可以直接与土壤发生反应外，还不可逆地吸附土壤有机质，类似于 TNT 转化的氨基产物[37]。

为了研究微生物转化的影响，将两种不同 OC 浓度的灭菌土和未灭菌土分别与 DNAN 平衡 24h 和 120h。对于已灭菌的撒克萨拉斯土壤，24h 和 120h 的回收率相似，接近 100%（图 12.20）。未灭菌的撒克萨拉斯土壤在 120h 时的回收率低于灭菌后的回收率。这些结果表明，未灭菌的撒克萨拉斯土壤的主要质量损失是由于生物转化，非生物转化或不可逆吸附的影响较小；Olivares 等也观察到土壤中的生物转化。相反，经过灭菌处理的卡特林土壤，120h 的回收率明显低于 24h 的回收率，说明其存在非生物转化或不可逆吸附作用，或两者皆存在。

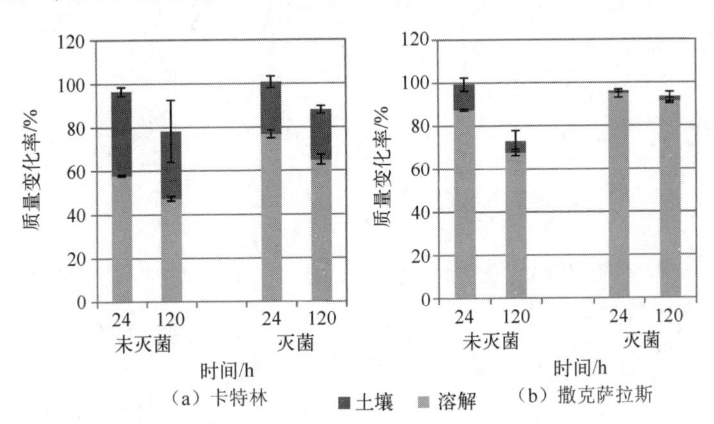

图 12.20　未灭菌和灭菌后的卡特林（5.28% OC）和撒克萨拉斯（1.30% OC）土壤中 DNAN 在接触 24h 和 120h 时的质量平衡（误差等于的置信区间平均值）[56]

转化速率常数为 $0.0006 \sim 0.0073\text{h}^{-1}$。虽然 k 随 OC 含量的增加而增加，但这一趋势无统计学意义（$P = 0.78101$）。本研究发现，pH、黏土含量和 SSA 等土壤参数与 k 无关。溶液中未检测到已知的 DNAN 转化产物。

大量研究中观察到,DNAN 的转化速率明显慢于 TNT[56]。在普利茅斯土壤中,TNT 转化速率常数为 0.21h^{-1}[14],而 DNAN 常数为 0.0070h^{-1}。Dontsova et al.[13]描述了 NQ 和 RDX 的环境行为。

12.5.2 NTO 和 DNAN 的溶液传递的 HYDRUS-1D 建模

HYDRUS-1D 是一种广泛使用的数值模型,用于模拟多孔介质中的可变饱和水流和溶质传递。使用 HYDRUS-1D 模型分析非反应示踪剂的穿透曲线,以确定表征色谱柱实验的物理参数,然后使用固定的物理参数,分析反应性化合物的穿透曲线,以确定所涉及的化学和反应过程。之后将根据模型确定的反应参数与在土壤研究和滴落试验中独立测量的相同参数进行比较。这两组值之间的一致性表明,确定的影响关系很好地表征了 IM 组分在土壤中的释放和迁移。

为了解非平衡过程,在连续流动和流动中断的情况下进行了柱迁移实验研究。在实验中,在 0.005mol/L $CaBr_2$ 中添加 NTO 或 DNAN,其中 Br 作为示踪剂。断流后切换至 0.005mol/L $CaCl_2$ 溶液,观察土壤对 NTO 和 DNAN 的分解与吸附。各批实验中使用的土壤用于柱实验。NTO 的 K_{ds} 值(图 12.21 和图 12.22,

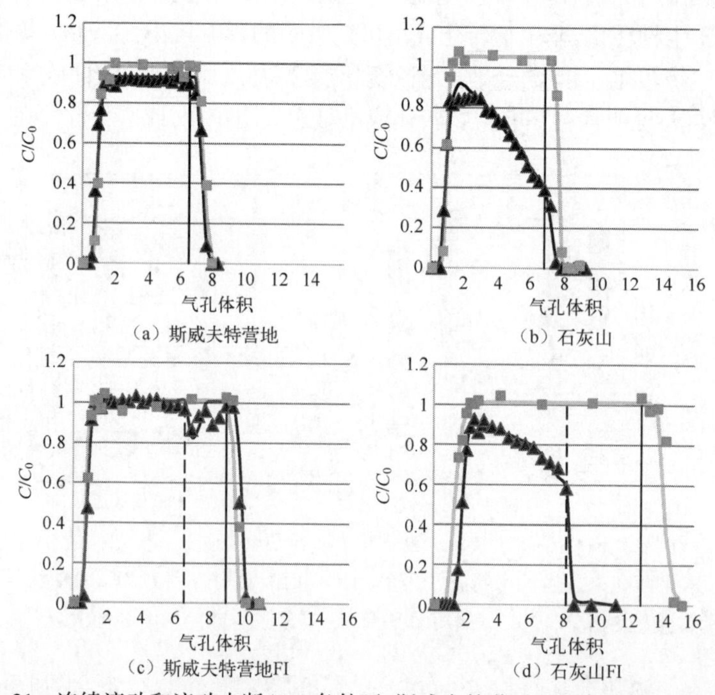

图 12.21 连续流动和流动中断(FI)条件下,斯威夫特营地和石灰山的土壤中 NTO(黑色)和 Br 示踪剂(灰色)的实测(点)和 HYDRUS 模拟穿透曲线[64]

注:黑色细虚线表示流动被中断时的时间。细实黑线表示溶液断流变回 0.005 M $CaCl_2$ 的时间。

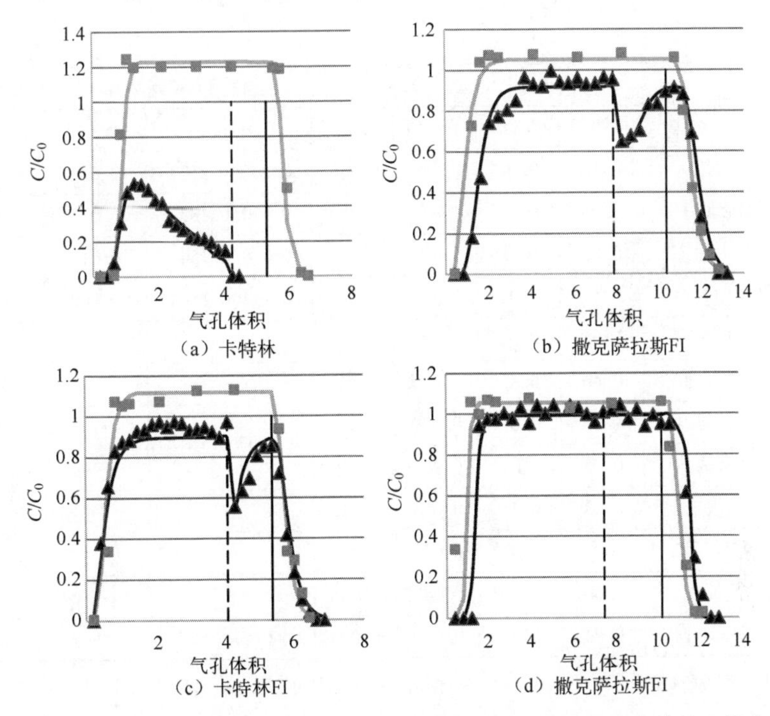

图 12.22　NTO(黑色)和 Br 示踪剂(灰色)在未经处理和灭菌处理的卡特林和撒克萨拉斯土壤中的实测点和模拟水化物的穿透曲线[64]

注:黑色细虚线表示后流动中断的时间。黑色细实线表示溶液变回 0.005M $CaCl_2$ 的时间。

表 12.7)与批量试验测得的 K_{ds} 值一致,但在土壤中发生了变化。在一半的研究土壤(撒克萨拉斯(图 12.22)、根西岛营地、佛罗伦萨和斯威夫特营地(图 12.21))中观察到一级转化动力学(稳态条件下表现为恒定的流出物浓度),与批量实验结果一致。然而,转化速率常数比批量研究[58]得出的要高。在这些土壤中,流动中断降低了流出物浓度,但流量恢复后,浓度又恢复了(图 12.21,斯威夫特营地)。

表 12.7　由 HYDRUS-1D、线性吸附系数 K_d、一阶变换速率常数 k、初始莫诺德变换速率确定的 NTO 归趋和迁移参数(括号内为平均速率)

土　壤	$K_d/(cm^3/g)$		k/h^{-1}		莫诺德变换速率/h^{-1}		R^2
	估计值	95%CI	估计值	95%CI	估计值	95%CI	
卡特林	0.15	0.04	—	—	0.058(0.123)	0.016	0.97
卡特林 FI	0.04	0.04	—	—	0.046(0.133)	0.017	0.96
阿诺德 AFB	0.17	0.02	—	—	0.072(0.121)	0.008	0.99
阿诺德 AFB FI	0.13	0.02	—	—	0.067(0.133)	0.010	0.98

续表

土　壤	K_d/(cm^3/g)		k/h^{-1}		莫诺德变换速率/h^{-1}		R^2
	估计值	95%CI	估计值	95%CI	估计值	95%CI	
布特纳营地	0.12	0.01	—	—	0.207(0.259)	0.023	0.99
布特纳营地 FI	0.06	0.01	—	—	0.100(0.183)	0.011	0.99
石灰山	0.00	0.01	—	—	0.038(0.154)	0.011	0.99
石灰山 FI	0.15	0.01	—	—	0.034(0.186)	0.009	0.99
撒克萨拉斯	0.05	0.01	0.100	0.008	—	—	0.99
撒克萨拉斯 FI	0.40	0.32	0.076	0.064	—	—	0.96
根西岛营地	0.03	0.01	0.009	0.009	—	—	0.98
根西岛营地	0.05	0.01	0.064	0.010	—	—	0.98
佛罗伦萨 MR	0.03	0.01	0.065	0.012	—	—	0.98
佛罗伦萨 MR FI	0.04	0.01	0.041	0.003	—	—	0.97
斯威夫特营地	0.00	0.00	0.040	0.008	—	—	0.98
斯威夫特营地 FI	0.04	0.01	0.009	0.004	—	—	0.99

注：土壤按 OC%的降序排列（由文献[64]修改）。FI—流动中断，CI—95%置信区间。

对于其他土壤，比如卡特林（图 12.22）、阿诺德 AFB、布特纳营地和石灰山（图 12.21）的土壤，其溶液浓度随时间的增加而降低，表明转化速率常数发生了变化。莫诺德动力学成功地描述了这些土壤的穿透曲线。对于这些土壤，当流动中断时，浓度下降到检测极限以下，而当流动重新恢复时，浓度却没有恢复。这种行为出现的原因是土壤中 OC 含量高于土壤一阶转化动力学转换（表 12.7）。为了测试这种模式是否可以通过土壤中的微生物活性来解释，Mark et al.[64]对两种土壤进行了灭菌处理，其中卡特林的 OC 含量高（表 12.5），溶液的浓度随时间降低，撒克萨拉斯的 OC 含量较低，NTO 的稳态浓度较低。灭菌的结果是，卡特林土壤溶液中 NTO 的浓度也处于稳态（图 12.22），这证实了微生物活性是造成现象差异的原因。

如果土壤具有还原条件，则可能导致 NTO 快速转化。如果微生物活性由于土壤中存在有机物和水而增加，则可能发生这种情况。微生物消耗的氧气会降低溶液中的氧化还原电位，从而使 NTO 还原为 ATO。反过来，Linker et al.[60]发现，ATO 可以被锰氧化物氧化成各种有机和无机产物。因此，在野外条件下，高 OC 含量土壤中的 NTO 可能会被完全分解。

与 NTO 相似，DNAN 在迁移过程中的转化率要比批量实验高（图 12.23）[56]。此外，虽然在分批实验中未检测到 DNAN 转化产物，但在土壤溶液中同时测量出了 2-甲氧基-5-硝基茴香醚和 4-甲氧基-3-硝基茴香醚。即使在用于色谱柱试验的两种低 OC 含量土壤中(斯威夫特营地和根西岛营地),DNAN 也会表现出延迟和转化现象。

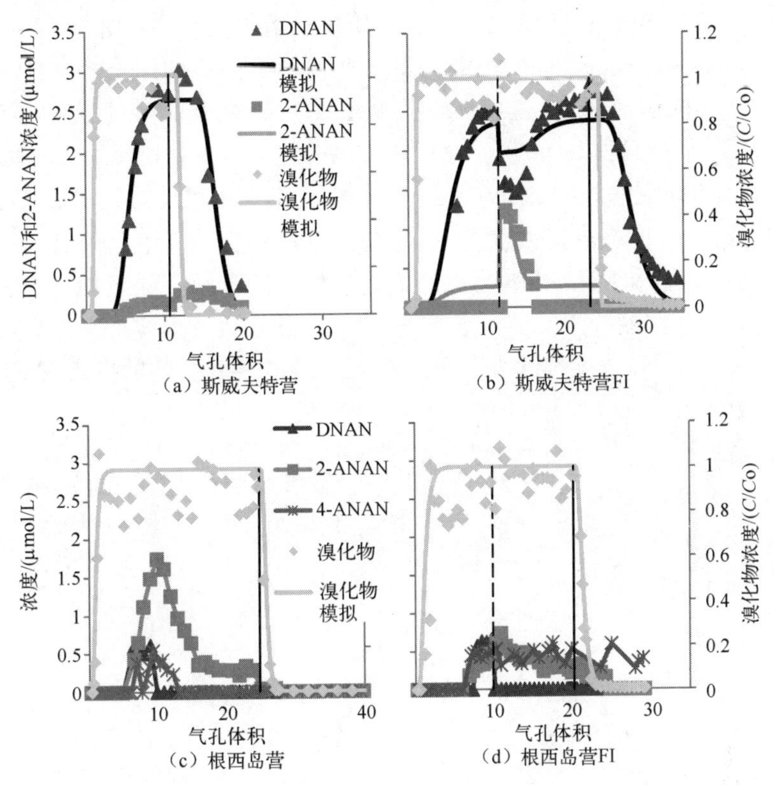

图 12.23　DNAN、2-甲氧基-5-硝基苯胺(2-ANAN)、4-甲氧基-3-硝基苯胺(4-ANAN)和 Br 示踪剂在连续流动和流动中断(FI)条件下的穿透曲线[56]

注:连续和中断流实验中,斯威夫特营地 DNAN 流入浓度分别是 2.87μmol/L 和 2.64μmol/L^{-1},根西岛营地的为 2.71μmol/L 和 2.78μmol/L。虚线表示流动中断的时间,实线表示输入溶液切换回 0.005mol/L $CaCl_2$ 的时间。

12.5.3　IM 制剂的溶解和迁移

使用斯威夫特营地和根西岛营地的土壤[41]对 IMX-101 和 IMX-104 的溶解和迁移进行了研究。之所以选择这些土壤,是因为它们的有机质含量较低,这为 IM 组分在土壤中的分解提供一个基本的估计(表 12.6)。然后去除颗粒并保持水流,观察脱附过程。

观察 IMX-101 各组分的穿透曲线发现,在溶液中还检测到 DNAN 转化产物2-甲氧基-5-硝基苯胺的存在,其浓度比DNAN低2个数量级。给出的IM组分在HYDRUS-1D中溶解的模拟结果:最快的溶解过程是IM101颗粒初始暴露于流体中时;溶解速率以指数速率进行递减,直至达到稳态速率。该模型以前曾被用于描述推进剂在硝化纤维素基质中的溶解过程[59],由于DNAN基质和IM配方的晶体成分之间的溶解度差异很大,因此可以应用于熔融IM颗粒。

在IM不同组分中,穿透曲线的形状和测量浓度有明显的变化(图12.24(a))。尽管NTO只占IMX-101总质量的20%,但NTO的初始溶液浓度最高。这与滴落和室外研究的NTO结果一致[16,32]。虽然NTO浓度最初非常高,但它们很快下降到较小的稳态流动浓度。NQ的初始浓度小于NTO(尽管IMX-101中NQ含量较高,但NQ溶解度较低),且向稳态的过渡较慢。对于DNAN来说,随着时间的推移,溶液的浓度是稳定的,表明溶解速率接近恒定。无论是NTO中还是NQ中,DNAN浓度都远小于峰值浓度,但与这些化合物的稳态浓度接近。

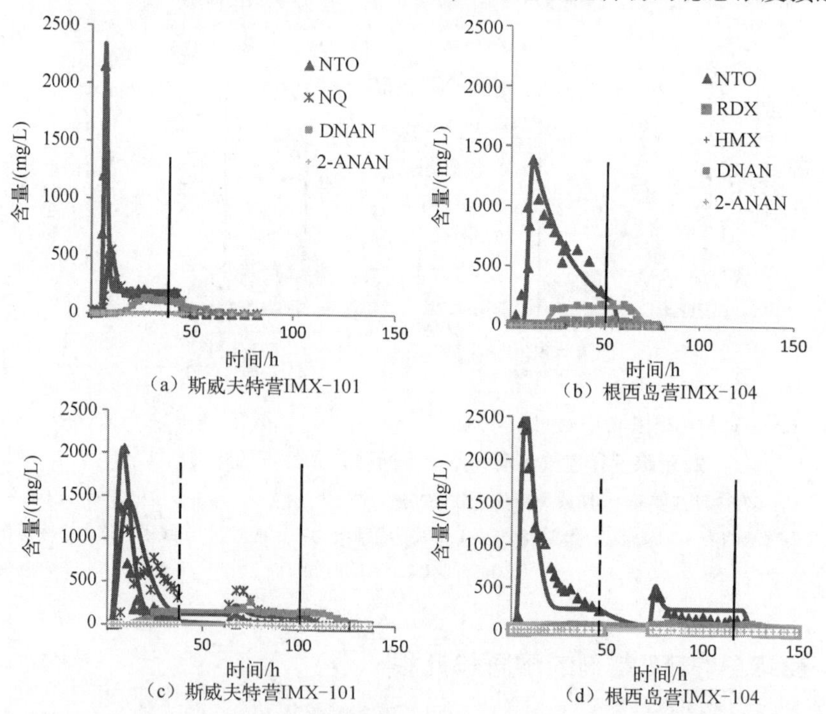

图12.24 NTO、NQ、RDX、HMX、DNAN和DNAN转化产物——2-甲氧基-5-硝基苯胺(2-ANAN)的实测点和HYDRUS-1D模拟穿透曲线

注:图(a)斯威夫特土壤中溶解的IMX-101颗粒;图(b)根西岛营地地土壤上的IMX-104颗粒;图(c)、(d)相应的流中断实验。垂直虚线表示流动中断的时间,实线表示将输入溶液切换回0.005mol/L $CaCl_2$和去除IM颗粒的时间。

从 IM 颗粒溶解并转移到土壤中的 NTO、DNAN 和 NQ 的过程参数与先前测得的分解与迁移的参数一致[56,58]。NTO 在土壤中的阻滞作用最小,是第一个被溶解的化合物。NTO 的早期溶解与两种研究土壤的测得的吸附系数均较低(根西岛营地和斯威夫特营地分别为 0.02cm^3/g、0.04cm^3/g)这一现象一致。与 NTO 相似,硝基胍在土壤环境中是一种相对惰性的化合物。撒克萨拉斯、普利茅斯和卡特林土壤的硝基胍 K_d 值分别为 0.60cm^3/g、0.44cm^3/g、0.24cm^3/g[59],而在相同土壤中 NTO 的测量值分别为 0.48cm^3/g、0.50cm^3/g、0.21cm^3/g。但是,穿透曲线表明,与 NTO 相比,NQ 的溶解时间稍晚,有一定的延迟,这表明 NQ 对这些土壤的吸附力比 NTO 高。DNAN 是 IM 中溶解的最后一部分,具有比较大的延迟。

对于 IMX-104,观察到相似的趋势(图 12.24(b)):NTO 最先溶解,初始溶液浓度最高,随时间增加而急剧下降,并在土壤中表现出最小的阻滞作用,而 DNAN 溶解速率稳定,拥有较低的溶液浓度和较高的阻滞作用。RDX 的浓度低于 DNAN,并拥有一定程度的延迟,而 HMX 的溶液浓度是 RDX 1/10。在流动中断实验中,NTO 浓度在恢复流动后增加,这与流动中断期间 NTO 的持续溶解相一致(图 12.24(c)、(d))。

12.6　结　　论

IM 配方的各个成分的溶解度相差一个数量级,并且在溶解时产生多孔颗粒。该过程增加了颗粒的表面积和溶解速率。溶解结果和 μCT 数据均表明,这些炸药配方中的组分依次溶解,并按照其溶解度即 NTO、NQ 和 DNAN 的顺序溶解。我们预计含有 NTO 的酸性水和溶液的污染混合物会影响微生物群落,其影响方式未知。

实验室滴落实验测量到的良好质量平衡表明,当没有阳光时,化合物的溶解过程不会发生明显的光或生物转化。DNAN 变色和室外溶出试验流出物的 HPLC 谱图中出现的未知峰证实了在室外化合物会发生光转化。虽然存在光转化产物,但相对于溶解的 DNAN,其浓度较小。

NTO 和 DNAN 在溶液中进行光变换。在纯水中,DNAN 的光变换比 NTO 明显。然而,速率对化学溶解很敏感。在酸性溶液和碱性溶液中,NTO 光转化变强。在有机质存在的情况下,NTO 光转化速率提高 3 倍,而有机质通常存在于土壤溶液和地表水中。溶解的有机物不影响 DNAN 光转化。我们发现在35~70℃时,NTO 的光转变对温度不敏感。另外,DNAN 的光转变速率随着温度的升高而增加。

NTO 和 DNAN 在土壤中都经历了吸附和转化。NTO 的吸附性较弱,其吸附系数低于 RDX 的测定值。以 NTO 替代的炸药化合物,会在训练区内的地下水中被检测到。NTO 在土壤中的吸附不受有机碳的影响,而受土壤 pH 的影响较大。随着土壤 pH 值的增加,其吸附量减少,这可能是由于土壤表面和 NTO 的电荷变化造成的。DNAN 吸附机制与 TNT 相似,与有机碳呈正相关。

色谱柱研究确定过程参数,这些参数表明,随着土壤略微厌氧会增加化合物转化率。NTO 转化率随土壤有机碳含量的增加而增加。NTO 对土壤几乎没有吸附力,因此它在环境中比 DNAN 更具流动性,并且由于它更易溶,因此可以预估其可以更快地到达地下水。DNAN 易光转化并吸附于土壤中,从而使其在环境中的流动性降低。大多数 IM 成分的溶解度高于 TNT 和 RDX,这增加了它们到达地下水的可能性。

参考文献

[1] Mirecki JE, Porter B, Weiss CA (2006) Environmental transport and fate process descriptorsfor propellant compounds. U.S. Army Engineer Research and Development Center, Vicksburg, MS

[2] Walsh MR, Walsh ME, Ramsey CA, Thiboutot S, Ampleman G, Diaz E, Zufelt JE (2014) Energetic residues from the detonation of IMX-104 insensitive munitions. Propellants, Explos, Pyrotech 39:243-250

[3] Olivares CI, Abrell L, Khatiwada R, Chorover J, Sierra-Alvarez R, Field JA (2016) (Bio) transformation of 2,4-dinitroanisole (DNAN) in soils. J Hazard Mater 304:214-221

[4] Lee K-Y, Chapman LB, Cobura MD (1987) 3-Nitro-1,2,4-triazol-5-one, a less sensitiveexplosive. J Energ Mater 5:27-33

[5] Fung V, Price D, LeClaire E, Morris J, Tucker N, Carrillo A (2010) Further development andoptimization of IM ingredients at Holston Army Ammunition Plant. In: 2010 insensitivemunitions and energetic materials technology symposium, Munich, Germany

[6] Walsh MR, Walsh ME, Taylor S, Ramsey CA, Ringelberg DB, Zufelt JE, Thiboutot S, Ampleman G, Diaz E (2013) Characterization of PAX-21 insensitive munition detonationresidues. Propellants, Explos, Pyrotech 38:399-409

[7] Taylor S, Dontsova K, Walsh ME, Walsh MR (2015) Outdoor dissolution of detonationresidues of three insensitive munitions (IM) formulations. Chemosphere 134:250-256

[8] Rao B, Wang W, Cai Q, Anderson T, Gu B (2013) Photochemical transformation of theinsensitive munitions compound 2,4-dinitroanisole. Sci Total Environ 443:692-699440 S. Taylor et al.

[9] Uchimiya M, Gorb L, Isayev O, Qasim MM, Leszczynski J (2010) One-electron standardreduction potentials of nitroaromatic and cyclic nitramine explosives. Environ Pollut158:3048-3053

[10] Walsh MR, Walsh ME, Ramsey CA, Thiboutot S, Ampleman G, Dowden J (2015) Energeticresidues from the detonation of IMX101 and IMX-104 munitions. ERDC/CRREL TR-15-3

[11] Arthur JD, Mark NW, Taylor S, Šimunek J, Brusseau ML, Dontsova KM (2017) Batch soilad-

sorption and column transport studies of 2,4-dinitroanisole (DNAN) in soils. J Contam-Hydrol 199:14-23

[12] Chakka S,Boddu VM,Maloney SW,Damavarapu R (2008) Prediction of physicochemical-properties of energetic materials via EPI suite. American Institute of Chemical Engineers Annual Meeting,Philadelphia,PA

[13] Wilson A (2007) Explosive ingredients and compositions for the IM M795 In: Artilleryammunition. 2007 insensitive munitions and energetic materials technology symposium,Miami,FL

[14] Boddu VM,Abburi K,Maloney SW,Damavarapu R (2008) Thermophysical properties of an-insensitive munitions compound,2,4-dinitroanisole. J Chem Eng Data 53:1120-1125

[15] Smith MW, Cliff MD (1999) NTO based explosive formulations: a technology review. Weapons Systems Division,Aeronautical and Maritime Research Laboratory

[16] Taylor S,Dontsova K,Bigl S,Richardson C,Lever J,Pitt J,Bradley JP,Walsh M,Šimunek J (2012) Dissolution rate of propellant energetics from nitrocellulose matrices. Cold Regions Research and Engineering Laboratory,Hanover,NH

[17] Monteil-Rivera F,Paquet L,Deschamps S,Balakrishnan V,Beaulieu C,Hawari J (2004) Physico-chemical measurements of CL-20 for environmental applications. Comparison with-RDX and HMX. J Chromatogr A 1025:125-132

[18] Krzmarzick MJ,Khatiwada R,Olivares CI,Abrell L,Sierra-Alvarez R,Chorover J,Field JA (2015) Biotransformation and degradation of the insensitive munitions compound,3-nitro-1,2,4-triazol-5-one,by soil bacterial communities. Environ Sci Technol 49:5681-5688

[19] Taylor S,Walsh ME,Becher JB,Ringelberg DB,Mannes PZ,Gribble GW (2017) Photo-degradation of 2,4-dinitroanisole (DNAN): an emerging munitions compound. Chemosphere 167:193-203

[20] Le Campion L,Vandais A,Ouazzani J (1999) Microbial remediation of NTO in aqueousindustrial wastes. FEMS Microbiol Lett 176:197-203

[21] Lotufo GR,Biedenbach JM,Sims JG,Chappell P,Stanley JK,Gust KA (2015) Bioaccumulation kinetics of the conventional energetics TNT and RDX relative to insensitivemunitions constituents DNAN and NTO in Rana pipiens tadpoles. Environ Toxicol Chem 34(4):880-886

[22] Taylor S,Park E,Bullion K,Dontsova K (2015) Dissolution of three insensitive munitionsformulations. Chemosphere 119:342-348

[23] Le Campion L,Giannotti C,Ouazzani J (1999) Photocatalytic degradation of5-nitro-1,2,4-triazol-3-one NTO in aqueous suspention of TiO_2. Comparison with Fentonoxidation. Chemosphere 38:1561-1570

[24] Hill FC,Sviatenko LK,Gorb L,Okovytyy SI,Blaustein GS,Leszczynski J (2012) DETM06-2X investigation of alkaline hydrolysis of nitroaromatic compounds. Chemosphere88:635-643

[25] Haag WR,Spanggord R,Mill T,Podoll RT,Chou T-W,Tse DS,Harper JC (1990) Aquatic-environmental fate of nitroguanidine. Environ Toxicol Chem 9:1359-1367

[26] Salter-Blanc AJ,Bylaska EJ,Ritchie JJ,Tratnyek PG (2013) Mechanisms and kinetics of

alkaline hydrolysis of the energetic nitroaromatic compounds 2,4,6-trinitrotoluene (TNT) and 2,4-dinitroanisole (DNAN). Environ Sci Technol 47:6790-6798

[27] Haderlein SB, Weissmahr KW, Schwarzenbach RP (1996) Specific adsorption of nitroaromaticexplosives and pesticides to clay minerals. Environ Sci Technol 30:612-622

[28] Roy WR, Krapac IG, Chou SFJ, Griffin RA (1992) Batch-type procedures for estimating soil-adsorption of chemicals. Risk Reduction Engineering Laboratory, Cincinnati, OH, p 100 Insensitive Munitions Formulations ... 441

[29] Liang J, Olivares C, Field JA, Sierra-Alvarez R (2013) Microbial toxicity of the insensitive-munitions compound, 2,4-dinitroanisole (DNAN), and its aromatic amine metabolites. J Hazard Mater 262:281-287

[30] Mark N, Arthur J, Dontsova K, Brusseau M, Taylor S, Šimunek J (2017) Column transportstudies of 3-nitro-1,2,4-triazol-5-one (NTO) in soils. Chemosphere 171:427-434

[31] Hawari J, Perreault N, Halasz A, Paquet L, Radovic Z, Manno D, Sunahara GI, Dodard S, Sarrazin M, Thiboutot S, Ampleman G, Brochu S, Diaz E, Gagnon A, Marois A (2012) Environmental fate and ecological impact of NTO, DNAN, NQ, FOX-7, and FOX-12considered as substitutes in the formulations of less sensitive composite explosives. NationalResearch Council Canada

[32] Thorn KA, Pennington JC, Hayes CA (2001) Transformation of TNT in an aerobic compost: Structure and reactivity effects in the covalent binding of aromatic amines to organic matter. Abstr Pap Am Chem Soc 41:628-632

[33] Chipen GI, Bokalder RP, Grinstein VY (1966) 1,2,4-triazol-3-one and its nitro and aminoderivatives. Chem Heterocycl Compd 2:110-116

[34] Mark N, Arthur J, Dontsova K, Brusseau M, Taylor S (2016) Adsorption and attenuationbehavior of 3-nitro-1,2,4-triazol-5-one (NTO) in eleven soils. Chemosphere 144:1249-1255

[35] Taylor S, Lever JH, Fadden J, Perron N, Packer B (2009) Outdoor weathering and dissolutionof TNT and Tritonal. Chemosphere 77:1338-1345

[36] Nandi AK, Singh SK, Kunjir GM, Singh J, Kumar A, Pandey RK (2012) Assay of theinsensitive high explosive 3-nitro-1,2,4- triazol-5-one (NTO) by acid-base titration. Cent Eur JEnerg Mater 2:4-5

[37] Taylor S, Lever JH, Bostick B, Walsh MR, Walsh ME, Packer B (2004) Underground UXO: are they a significant source of explosives in soil compared to low- and high- order-detonations? ERDC/CRREL technical report TR-04-23

[38] Dontsova K, Taylor S, Pesce-Rodriguez R, Brusseau M, Arthur J, Mark N, Walsh M, Lever J, Šimunek J (2014) Dissolution of NTO, DNAN, and insensitive munitions formulations andtheir fates in soils. Cold Regions Research and Engineering Laboratory, Hanover, NH, p 92

[39] Dontsova KM, Yost SL, Simunek J, Pennington JC, Williford CW (2006) Dissolution andtransport of TNT, RDX, and composition B in saturated soil columns. J Environ Qual35: 2043-2054

[40] Thorn KA, Pennington JC, Kennedy KR, Cox LG, Hayes CA, Porter BE (2008) N-15

NMRstudy of the immobilization of 2,4- and 2,6-dinitrotoluene in aerobic compost. Environ SciTechnol 42:2542-2550

[41] Pelletier P,Lavigne D,Laroche I,Cantin F,Phillips L,Fung V (2010) Additional propertiesstudies of DNAN based melt - pour explosive formulations. In: 2010 insensitive munitions andenergetic materials technology symposium,Munich,Germany

[42] London JO,Smith DM (1985) A toxicological study of NTO. Los Alamos National Laboratory Report

[43] Dontsova K,Taylor S (this volume) High explosives: their dissolution and fate in soils. In: Shukla M,Boddu V,Steevens J,Reddy D,Leszczynski J (eds) Energetic materials: fromcradle to grave

[44] Hawari J,Monteil-Rivera F,Perreault NN,Halasz A,Paquet L,Radovic-Hrapovic Z,Deschamps S,Thiboutot S,Ampleman G (2015) Environmental fate of 2,4-dinitroanisole (DNAN) and its reduced products. Chemosphere 119:16-23

[45] Boparai H,Comfort S,Satapanajaru T,Szecsody J,Grossl P,Shea P (2010) Abiotictransformation of high explosives by freshly precipitated iron minerals in aqueous FeIIsolutions. Chemosphere 79:865-872

[46] Dontsova KM,Hayes C,Pennington JC,Porter B (2009) Sorption of high explosives towater-dispersible clay: influence of organic carbon,aluminosilicate clay,and extractable iron. J Environ Qual 38:1458-1465

[47] Spear RJ,Louey CN,Wolfson MG (1989) A preliminary assessment of3-nitro-1,2,4-triazol-5-one (NTO) as an insensitive high explosive. DSTO MaterialsResearch Laboratory, Maribyrnong,Australia,p 38 442 S. Taylor et al.

[48] Brannon JM,Pennington JC (2002) Environmental fate and transport process descriptors forexplosives. US Army Corps of Engineers,Engineer Research and Development Center, Vicksburg,MS

[49] Linker BR,Khatiwada R,Perdrial N,Abrell L,Sierra R,Field JA,Chorover J (2015) Adsorption of novel insensitive munitions compounds at clay mineral and metal oxidesurfaces. Environ Chem 12:74-84

[50] Davies PJ,Provatas A (2006) Characterisation of 2,4-dinitroanisole: an ingredient for use inlow sensitivity melt cast formulations. Weapons Systems Division,Defence Science andTechnology Organisation

[51] Coppola EN (2007) Treatment technologies for perchlorate. In: Global demil symposium

[52] Sokkalingam N,Potoff JJ,Boddu VM,Maloney SW (2008) Prediction of environmentalimpact of high-energy materials with atomistic computer simulations. In: ADM002187. Proceedings of the army science conference (26th) held in Orlando,Florida on 1-4 Dec 2008

[53] Dumitras-Hutanu CA,Pui A,Jurcoane S,Rusu E,Drochioiu G (2009) Biological effect andthe toxicity mechanisms of some dinitrophenyl ethers. Rom Biotechnol Lett 14: 4893-4899

[54] Taylor S, Lever JH, Walsh ME, Fadden J, Perron N, Bigl S, Spanggord R, Curnow M, Packer B (2010) Dissolution rate, weathering mechanics and friability of TNT, Comp B, Tritonal, and Octol. ERDC/CRREL

[55] Eriksson J, Skyllberg U (2001) Binding of 2,4,6-trinitrotoluene and its degradation productsin a soil organic matter two-phase system. J Environ Qual 30:2053-2061

[56] Stanley JK, Lotufo GR, Biedenbach JM, Chappell P, Gust KA (2015) Toxicity of theconventional energetics TNT and RDX relative to new insensitive munitions constituentsDNAN and NTO in Rana pipiens tadpoles. Environ Toxicol Chem 34(4):873-879

[57] Dodard SG, Sarrazin M, Hawari J, Paquet L, Ampleman G, Thiboutot S, Sunahara GI (2013) Ecotoxicological assessment of a high energetic and insensitive munitions compound: 2,4-dinitroanisole (DNAN). J Hazard Mater 262:143-150

[58] Taylor S, Ringelberg DB, Dontsova K, Daghlian CP, Walsh ME, Walsh MR (2013) Insightsinto the dissolution and the three-dimensional structure of insensitive munitions formulations. Chemosphere 93:1782-1788

[59] Yoon JM, Oliver DJ, Shanks JV (2005) Plant transformation pathways of energetic materials(RDX, TNT, DNTs). In: Eaglesham A, Bessin R, Trigiano R, Hardy RWT (eds) Agriculturalbiotechnology: beyond food and energy to health and the environment, national agriculturalbiotechnology council report 17. Ithaca, New York, National Agricultural BiotechnologyCouncil, pp 103-116

[60] Walsh MR, Walsh ME, Ramsey CA, Brochu S, Thiboutot S, Ampleman G (2013) Perchloratecontamination from the detonation of insensitive high-explosive rounds. J Hazard Mater262:228-233

[61] Motzer WE (2001) Perchlorate: problems, detection, and solutions. Environ Forensics 2: 301-311

[62] Le Campion L, Adeline MT, Ouazzani J (1997) Separation of NTO related1,2,4-triazole-3-one derivatives by a high performance liquid chromatography and capillaryelectrophoresis. Propellants, Explos, Pyrotech 22:233-237

[63] Walsh MR, Walsh ME, Poulin I, Taylor S, Douglas TA (2011) Energetic residues from thedetonation of common US ordnance. Int J Energ Mater Chem Propul 10:169-186

[64] Richard T, Weidhaas J (2014) Dissolution, sorption, and phytoremediation of IMX-101explosive formulation constituents: 2,4-dinitroanisole (DNAN), 3-nitro-1,2,4-triazol-5-one(NTO), and nitroguanidine. J Hazard Mater 280:561-569

[65] Lever JH, Taylor S, Perovich L, Bjella K, Packer B (2005) Dissolution of composition Bdetonation residuals. Environ Sci Technol 39:8803-8811

[66] Taylor S, Lever JH, Fadden J, Perron N, Packer B (2009) Simulated rainfall-drivendissolution of TNT, Tritonal, comp B and Octol particles. Chemosphere 75:1074-1081

[67] Park J, Comfort SD, Shea PJ, Machacek TA (2004) Remediating munitions-contaminated soilwithzerovalent iron and cationic surfactants. J Environ Qual 33:1305-1313

第 13 章　弹药成分在水生与陆生生物体中的毒性和生物累积

Guilherme R. Lotufo

摘　要:炸药及其转化产物存在于全球陆地和水生环境中,并有可能对受污染环境中栖息的生物群有害。本章总结了有关炸药及其转化产物的毒性对微生物、土壤和水生无脊椎动物、陆生植物、水生自养生物和陆生植物影响的现有数据,以及其对生物累积潜在影响的数据。RDX(六氢-1,3,5-三硝基-1,3,5-三嗪)和 HMX(八氢-1,3,5,7-四硝基-1,3,5,7-四唑嗪)通常保持未转化状态,但是硝基芳香族炸药进入土壤和沉积物中后会发生快速转变,人们在建立浓度—反应关系时还面临着挑战。环状硝胺 RDX 和 HMX 通常不会对生物受体产生不良影响或仅仅产生轻微的不利影响,而 TNT(2,4,6 三硝基甲苯)不仅会让某些物种的生长和繁殖亚致死,大多数调查物种也会因其致死。总体而言,与硝胺炸药相比,预计硝基芳香族炸药对受污染地点的陆地和水生生物群构成的风险更大。本章还总结了其他炸药化合物的毒性。主要基于其低疏水性来预测,生物体累积研究证实了炸药在植物、鱼类和无脊椎动物中蓄积的可能性较低。

关键词:炸药;毒性;微生物无脊椎动物植物微藻类鱼类无脊椎动物;水;土壤沉积物;生物累积

13.1　引　　言

长期以来,炸药的制造过程、露天燃烧或引爆以及在垃圾填埋场的不当处置已导致炸药和相关化合物释放到陆地和水生环境中[1]。同时,由于在测试、训练和战斗中广泛使用炸药和相关化合物,它们还存在于全球陆地和水生环境中。装在炮弹中的炸药以及不完全爆炸后残留的炸药碎片可能存在于表层土

Guilherme.R. Lotufo,美国陆军工程研发中心,邮箱: guilherme.lotufo@ usace.army.mil。

壤和水生环境中。环境中的未爆炸弹药(UXO)也会带来危险,因其会在陆上和水上就地发生爆炸、腐蚀和破坏,从而释放爆炸物。此外,直到20世纪70年代,人们的惯例是在深水区处置废物,废物中包括过量、陈旧和无法使用的弹药,这进一步加剧了对水生环境的污染[5]。

内陆栖息地的土壤、沉积物、地下水或地表水中的炸药及相关化合物可能污染了全世界成千上万个地点,其浓度跨越了几个数量级[6-8]。土壤或沉积物中含有炸药的区域有时很广[3-4],但是在这些区域中发现的炸药残留物通常分布不均[3-4,6,9]。炸药和相关材料对环境的污染可能带来人们无法接受的环境风险,并有可能危及靶场和训练场的长期可持续性[10]。

本章提供了炸药及相关化合物的毒性和生物累积潜力的最新概述,尤其是在蝌蚪、鱼类、水生和土壤无脊椎动物以及水生和陆生自养生物中。Williams等广泛讨论了军用化学物质对陆地野生动植物产生的毒性[11]。本章侧重于对生物体的影响,如生存、生长和繁殖。Kuperman等概述了炸药对于土壤无脊椎动物和植物的亚致死生物化学作用[12]。Lotufo等综述了炸药对于鱼类和水生无脊椎动物的影响。[13]第10章和第11章综述了炸药的环境归趋,Monteil Rivera et al.[1]、Lotufo et al.[14-15]、Chappell et al.[16]以及Pichtel[9]也开展了这方面的研究。

炸药对土壤和水生生物的影响评估集中在TNT、RDX和HMX的毒性上,但是最近的研究已经关注不敏感弹药(IM)炸药的毒性影响。由于意外爆炸的弹药和弹药库存造成了生命、设备和基础设施的损失,美国国防部(DOD)努力开发用于未来和现有武器系统的不敏感弹药以提高安全性[17]。

13.2 对土壤微生物和无脊椎动物产生的毒性

Talmage et al.[8]和Kuperman et al.[12]综述了炸药和相关化合物对土壤微生物与无脊椎动物的影响。大多数研究使用加标的人造土壤作为暴露介质。

硝基芳香化合物炸药TNT在较低浓度下[18-20]会对微生物活性和土壤微生物群落的某些组分产生不利影响,可能导致微生物群落的组成和多样性发生长期变化[21-22]。研究人员提出土壤中TNT浓度大约为30mg/kg时可能会严重损害土壤生态系统中关键微生物的介导功能[12]。2,4-二硝基茴香醚(DNAN)是IM炸药配方的组分,对微生物产生的毒性似乎比TNT低,微生物还原性转化可能会降低DNAN的抑制作用[23]。环状硝胺炸药RDX、HMX和CL-20(China Lake化合物20;六硝基六氮杂异纤锌矿型结构烷烃;一种新兴的聚硝胺高能材料)已显示出对土壤微生物没有或仅有轻微的不利影响[24,29]。

研究人员开展了TNT加标土壤对蚯蚓、白色蚯蚓和弹尾目昆虫的致死性和亚致死性毒性影响研究[10,30-39]，发现其毒性随土壤类型、试验物种和暴露类型的不同而发生改变[10,12]，毒性变化很大。通常发生在 30~500mg/kg 浓度范围内的生物存活率和幼虫产量会下降(表 13.1)。TNT 在需氧土壤中迅速转化为还原的氨基硝基甲苯产物氨基二硝基甲苯(ADNT)和二氨基硝基甲苯(DANT)[1,12]。在加标土壤中，TNT 和 4-ADNT 促进生存降低的浓度接近于存活率下降的浓度，而 2-ADNT 和 DANT 的浓度更高[40](表 13.1)。Kuperman 等[41]研究指出，当暴露于相同土壤类型时，二硝基甲苯(2,4-DNT 和 2,6-DNT)以及 1,3,5 三硝基苯(TNB)的致死毒性大于 TNT。二硝基甲苯已经广泛应用于传统单基推进剂，可以作为炸药使用的 TNB 也能够进行工业生产。

RDX 和 HMX 在加标土壤中浓度较高时未显示出对蚯蚓和弹尾虫的存活或生长的影响(如对于 RDX，756mg/kg 的浓度对蚯蚓的死亡率没有影响)，但在很低的浓度时会降低多项繁殖参数[10,37,39,43-45,48](如当 RDX 的浓度为 15mg/kg 时就会使得蚯蚓幼体的产量降低，表 13.1)。与 RDX 和 HMX 相比，CL-20 对蚯蚓和白色蚯蚓产生的毒性相对更高[46-47](如在浓度为 0.1mg/kg 时会使得马铃薯蠕虫繁殖力降低，表 13.1)。TNT、RDX 和 HMX 混合物对蚯蚓存活的协同毒性作用的有力证据已有报道[34]。

表 13.1　暴露于炸药及其转化产物的土壤无脊椎动物的致命和半致命毒性数据

MC	物种	土壤①	持续时间/天	生物学终点②	统计学终点③	浓度/(mg/kg)	参考文献
TNT	安德爱胜蚓	AFS	14	S	LC50	365	[35]
TNT	安德爱胜蚓	AFS	14	S	LC25	331	[35]
TNT	安德爱胜蚓	NFS	14	S	LC50	222	[35]
TNT	安德爱胜蚓	AFS	28	S	NOEC(U)	881	[36]
TNT	安德爱胜蚓	AFS	28	ABD	EC25/EC50	495/660	[36]
TNT	安德爱胜蚓	AFS	28	JBD	EC25/EC50	102/529	[36]
TNT	安德爱胜蚓	NFS	28	S	NOEC(U)	136	[37]
TNT	安德爱胜蚓	NFS	28	ABD	EC20/EC50	39/56	[37]
TNT	安德爱胜蚓	NFS	28	JPD	EC20	52	[37]
TNT	安德爱胜蚓	NFS	14	S	LC50	132	[40]
TNT	赤子爱胜蚯蚓	F	28	ABD	EC20	4	[31]
TNT	赤子爱胜蚯蚓	NFS	14	S	LC50	277	[34]
TNT	线蚓	AFS	21	S	LC50	422	[32]

续表

MC	物种	土壤①	持续时间/天	生物学终点②	统计学终点③	浓度/(mg/kg)	参考文献
TNT	线蚓	AFS	42	JPD	EC50	111	[32]
TNT	隐孢子虫	F	42	S	LOEC	4	[31]
TNT	隐孢子虫	NSA	7	S	LC50	1290	[39]
TNT	隐孢子虫	NSA	28	JPD	EC50	480	[39]
TNT	隐孢子虫	F	7	S	LC50	570	[39]
TNT	隐孢子虫	F	28	JPD	EC50	360	[39]
TNT	隐孢子虫	NFS	28	JPD	EC20/EC50	77/98	[33]
TNT	隐孢子虫	NSW	28	JPD	EC20/EC50	37/48	[33]
TNT	隐孢子虫	NFS	14	S	LC50	117	[40]
TNT	隐孢子虫	NSW	14	S	NOEC(U)	238	[40]
TNT	隐孢子虫	NFS	28	JPD	EC50	84	[40]
TNT	隐孢子虫	NSW	28	JPD	EC50	41	[40]
TNT	隐孢子虫	NFS	28	JPD	EC20/EC50	71/84	[40]
TNT	隐孢子虫	NSW	28	JPD	EC20/EC50	26/41	[40]
TNT	白符跳	F	7	S	LC50	185	[39]
TNT	白符跳	F	28	JPD	EC50	110	[39]
TNT	白符跳	NSA	7	S	LC50	420	[39]
TNT	白符跳	NSA	28	JPD	EC50	315	[39]
4-ADNT	安德爱胜蚓	NFS	14	S	LC50	105	[40]
2-ADNT	安德爱胜蚓	NFS	14	S	LC50	215	[40]
2,4或2,6-DANT	安德爱胜蚓	NFS	14	S	NOEC(U)	100	[40]
TNB	隐孢子虫	NFS	14	S	LOEC	107	[41]
TNB	隐孢子虫	NSW	14	S	LOEC	176	[41]
TNB	隐孢子虫	NFS	14	JPD	EC20/EC50	42/501	[41]
TNB	隐孢子虫	NSW	14	JPD	EC20/EC50	42/633	[41]
2,4-DNT	隐孢子虫	NFS	14	S	LOEC	55	[41]
2,4-DNT	隐孢子虫	NSW	14	S	LOEC	72	[41]
2,4-DNT	隐孢子虫	NFS	14	JPD	EC20	19	[41]
2,4-DNT	隐孢子虫	NSW	14	JPD	EC20/EC50	14/36	[41]

续表

MC	物种	土壤①	持续时间/天	生物学终点②	统计学终点③	浓度/(mg/kg)	参考文献
2,4-DNT	隐孢子虫	NSW	14	JPD	EC50	27	[41]
2,6-DNT	隐孢子虫	NFS	14	S	NOEC(U)	64	[41]
2,6-DNT	隐孢子虫	NSW	14	S	LOEC	108	[41]
2,6-DNT	隐孢子虫	NFS	14	JPD	EC20/EC50	37/57	[41]
2,6-DNT	隐孢子虫	NSW	14	JPD	EC20/EC50	18/29	[41]
DNAN	安德爱胜蚓	NFS	14	S	LC50	47	[42]
RDX	安德爱胜蚓	AFS	28	S	NOEC(U)	756(U)	[36]
RDX	安德爱胜蚓	AFS	28	JPD	LOEC	95	[36]
RDX	安德爱胜蚓	NFS	28	S	NOEC(U)	201	[37]
RDX	安德爱胜蚓	NFS	28	ABD	EC20	117	[37]
RDX	安德爱胜蚓	NFS	28	JPD	EC20	15	[37]
RDX	赤子爱胜蚯蚓	NFS	14	S	LC50	586	[34]
RDX	赤子爱胜蚯蚓	F	28	S	NOEC(U)	1253	[30]
RDX	赤子爱胜蚯蚓	F	28	ABD	LOEC	1253	[30]
RDX	隐孢子虫	F	42	S	NOEC(U)	1253	[30]
RDX	隐孢子虫	NFS	14-42	S,JPD	NOEC(U)	658	[43]
RDX	隐孢子虫	NFS	7	S	NOEC(U)	1000	[39]
RDX	隐孢子虫	NFS	28	JPD	NOEC(U)	1000	[39]
RDX	隐孢子虫	NFS	14	S	NOEC(U)	21383	[44]
RDX	隐孢子虫	NSW	14	S	NOEC(U)	18347	[44]
RDX	隐孢子虫	NFS	14	JPD	EC20/EC50	3715/51413	[44]
RDX	隐孢子虫	NSW	14	JPD	EC20/EC50	8797/142356	[44]
RDX	隐孢子虫	NFS	7	S	LC50	241	[45]
RDX	隐孢子虫	NFS	28	JPD	EC50	530	[45]
RDX	隐孢子虫	NFS	14	S	LC50	7511	[40]
RDX	隐孢子虫	NSW	14	S	NOEC(U)	15236	[40]
RDX	隐孢子虫	NFS	28	JPD	EC20/EC50	4300/5610	[40]
RDX	白符跳	NFS	7	S	NOEC(U)	1000	[39]
RDX	白符跳	NFS	28	JPD	NOEC(U)	1000	[39]
RDX	白符跳	NFS	7	S	NOEC(U)	4000	[45]

续表

MC	物种	土壤[①]	持续时间/天	生物学终点[②]	统计学终点[③]	浓度/(mg/kg)	参考文献
RDX	白符跳	NFS	28	JPD	EC50	176	[45]
HMX	安德爱胜蚓	NFS	28	S	NOEC(U)	711	[37]
HMX	安德爱胜蚓	NFS	28	ABD	LOEC	16	[37]
HMX	安德爱胜蚓	NFS	28	JPD	LOEC	16	[37]
HMX	赤子爱胜蚯蚓	NFS	14	S	LC50	842	[34]
HMX	隐孢子虫	NFS	7	S	NOEC(U)	1000	[39]
HMX	隐孢子虫	NFS	28	JPD	NOEC(U)	1000	[39]
HMX	隐孢子虫	NFS	14	S	NOEC(U)	21750	[44]
HMX	隐孢子虫	NFS	14	S	NOEC(U)	17498	[44]
HMX	隐孢子虫	NFS	14	JPD	NOEC(U)	21750	[44]
HMX	隐孢子虫	NFS	14	JPD	NOEC(U)	17498	[44]
HMX	隐孢子虫大肠杆菌	NFS	14-42	S,JPD	NOEC(U)	918	[43]
HMX	白符跳	NFS	7	JPD	NOEC(U)	1000	[39]
HMX	白符跳	NFS	28	JPD	NOEC(U)	1000	[39]
CL-20	安德爱胜蚓	NFS	28	S	EC20/EC50	25.3/53.4	[46]
CL-20	安德爱胜蚓	NFS	56	S	EC50	0.05	[46]
CL-20	隐孢子虫	NFS	14	S	LC20/LC50	0.003~0.3/0.1~0.7	[43]
CL-20	隐孢子虫	NFS	28	JPD	EC50	0.08~0.62	[43]
CL-20	隐孢子虫	NFS	14	S	LC50	18	[47]
CL-20	隐孢子虫	NFS	14	S	NOEC(U)	6.8	[47]
CL-20	隐孢子虫	NFS	28	JPD	EC20/EC50	0.1/3	[47]
CL-20	隐孢子虫	NSW	28	JPD	EC20/EC50	0.035/0.1	[47]

① AFS—人造,新加标;F—现场获得;NFS—天然,新加标;NSW—天然,加标,风化; NSA—天然,加标,老化。

② S—存活;ABD—成人生物量减少;JBD—青少年生物量减少;JPD—青少年生产减少。

③ LC50—50%被测生物体的估计致死浓度(中值);LC25—25%被测生物体的估计致死浓度(中值);LC20—20%被测生物体的估计致死浓度(中值);EC25—估计会导致25%测量反应抑制的浓度;EC50—估计会导致50%测量反应抑制的浓度;NOEC(U)—没有观察到影响效应的浓度,不限(测试的最高浓度);LOEC—观察到最低影响效应的浓度。

风化和老化会导致掺入具有不同特性的土壤的 TNT 浓度大幅下降,这可能是由于快速转化为胺化产物以及土壤基质的吸附导致生物利用度降低所致[10,33,44,49]。相反,在风化和老化过程中,这些土壤中的 RDX 浓度并未明显降低[10,29]。

风化和老化显著增加了 TNT、2,6-DNT(2,6-二硝基甲苯)和 CL-20 对白色蚯蚓产生的毒性,而 2,4-DNT 或 TNB 的毒性未受影响[33,41,47](表 13.1)。影响土壤中 TNT 生物利用度的主要因素是土壤有机质含量、黏土含量和阳离子交换量[10,49]。人们发现,土壤中的黏土和有机质含量均会影响 TNT 对暴露于加标和风化土壤中的线蚓的影响,其中有机质含量是主要因素[10]。对于 RDX 或 HMX,人们发现风化和老化的毒性加标土壤对无脊椎动物没有影响[44,48]。

13.3　对陆生植物产生的毒性

Kuperman[12],Via et al.[50]针对炸药和相关化合物对陆生植物的毒性研究进行了综述,而 Via 等仅限于研究 TNT 和 RDX 的毒性影响。研究表明,硝基芳香化合物炸药,特别是 TNT 及其转化产物,会对陆生植物产生毒性[51-59],对于多个物种来说,当土壤浓度在 10~100mg/kg 范围内时,其生长速率显著下降(表 13.2)。此外,TNT 还对发芽和出苗产生不利影响[55-57,60],并影响光合作用和植物与水的关系[61-62](表 13.2)。据报道,TNT 最显著的作用是抑制新根和破坏根毛,与优先发生生物累积的植物部位相对应[50]。TNT 的单氨基分解产物与母体化合物的植物毒性相似,但二氨基产物的毒性较小[59]。风化和老化显著降低了掺入 TNT、TNB 或 2,6-DNT 的沙质黏土壤对出苗植物产生的毒性,但对枝条生长过程中所产生的毒性显著增加[58](表 13.2)。DNAN 的浓度为 7mg/kg 时会抑制黑麦草的生长[42](表 13.2)。

表 13.2　暴露于炸药及其转化产物的陆生植物的致命和半致命毒性数据

化学品	物　种	土壤①	持续时间/天	生物学终点②	统计学终点③	浓度/(mg/kg)	参考文献
TNT	燕麦	NFS	14	BD	NOEC(U)	1600	[51]
TNT	大麦	NSA	14	SBD	IC20	139	[57]
TNT	大麦	ASA	14	SBD	IC20	1200	[57]
TNT	莴苣	ASA	5	ED	IC20	3113	[57]
TNT	独行菜	NFS	14	SBD	LOEC	54	[51]
TNT	多年生黑麦草	F	55	BD	EC20	4	[31]

续表

化学品	物　　种	土壤①	持续时间/天	生物学终点②	统计学终点③	浓度/(mg/kg)	参考文献
TNT	紫花苜蓿	NFS	16	SBD	EC20	41	[58]
TNT	紫花苜蓿	NSA	16	SBD	EC20	3	[58]
TNT	杨梅	NFS	7	DP	LOEC	30	[62]
TNT	杨梅	NFS	7 or56	DG,MA	NOEC(U)	900	[63]
TNT	蜡杨梅	NFS	63	SCD,PD	LOEC	100	[61]
TNT	大麻	NFS	40	BD	NOEC(U)	500	[60]
TNT	大麻	NFS	8	GD	LOEC	500	[60]
TNT	普通小麦	NFS	14	SBD	LOEC	50	[51]
TNT	普通小麦	NFS	19	SBD	LOEC	100	[34]
TNT	三叶草	NFS	19	SBD	LOEC	180	[34]
TNB	紫花苜蓿	NFS	16	SBD	EC20	38	[58]
TNB	紫花苜蓿	NSA	16	SBD	EC20	20	[58]
2,4-DNT	紫花苜蓿	NFS	16	SBD	EC20	11	[58]
2,4-DNT	紫花苜蓿	NSA	16	SBD	EC20	7	[58]
2,6-DNT	紫花苜蓿	NFS	16	SBD	EC20	1	[58]
2,6-DNT	紫花苜蓿	NSA	16	SBD	EC20	2	[58]
RDX	香根菊	NFS	42	SCD,PD	LOEC	100	[64]
RDX	多年生黑麦草	F	55	BD	NOEC(U)	1540	[30]
RDX	多年生黑麦草	NFS	21	BD	NOEC(U)	9586	[65]
RDX	紫花苜蓿	F	55	BD	NOEC(U)	1540	[30]
RDX	杨梅	NFS	7	DP	LOEC	750	[62]
RDX	杨梅	NFS	21	GD	LOEC	100	[63]
RDX	杨梅	NFS	56	MA	LOEC	200	[63]
RDX	红豆草	NFS	42	BD	LOEC	46	[66]
RDX	三叶草	NFS	19	SBD	NOEC(U)	1000	[34]
RDX	普通小麦	NFS	19	SBD	NOEC(U)	1000	[34]
HMX	大麦	NSA	14	SBD	NOEC (U)	3321	[57]
HMX	大麦	ASA	14	SBD	NOEC (U)	1866	[57]
HMX	多年生黑麦草	NFS	21	BD	NOEC(U)	9282	[65]
HMX	三叶草	NFS	19	SBD	NOEC(U)	1000	[34]

续表

化学品	物　　种	土壤①	持续时间/天	生物学终点②	统计学终点③	浓度/(mg/kg)	参考文献
HMX	普通小麦	NFS	19	SBD	NOEC(U)	1000	[34]
CL-20	多年生黑麦草	NFS	21	SBD	NOEC(U)	10000	[27]
CL-20	多年生黑麦草	NFS	21	BD	NOEC(U)	9604	[65]
CL-20	紫花苜蓿	NFS	19	SBD	NOEC(U)	10000	[27]
DNAN	多年生黑麦草	NSA	19	BD	EC50	7	[42]
硝酸甘油	紫花苜蓿	NFS	16	BD	EC20	23	[67]
硝酸甘油	植物稗草	NFS	16	BD	EC20	9	[67]
硝酸甘油	多年生黑麦草	NFS	19	BD	EC20	16	[67]

① AFS—人造,新加标;F—现场获得;NFS—天然,新加标;NSW—天然,加标,风化; NSA—天然,加标,老化。

② BD—生物量减少;ED—减少植物出苗;GD—减少发芽;SCD—减少气孔;传导性;PD—降低光合作用; SBD—减少幼苗生物量;SBD—减少芽生物量;MA—形态变化。

③ NOEC(U)—没有观察到影响效应的浓度,不限(测试的最高浓度);LOEC—观察到最低影响效应的浓度;EC20—估计会导致 20%测量反应抑制的浓度;EC50—估计会导致 50%测量反应抑制的浓度。

研究表明,即使浓度超过 9000mg/kg(表 13.2),硝胺炸药 RDX、HMX 和 CL-20 也不会对各种陆生植物[19,30,34,57,65]的生长造成不利影响。但 RDX 则会抑制幼苗发芽,减缓生长,改变叶形态,并且会降低一些植物物种[62-64,66](表 13.2)的光合作用。RDX 最显著的影响是改变植物中叶片和茎的形态,与发生生物累积的植物部位相对应[50]。在加标土壤中的有效浓度中值低至 23mg/kg 的情况下,硝酸甘油(1,2,3-三硝酸丙烷酯)会减缓苜蓿、稗草和黑麦草的生长[67]。硝酸甘油主要用于制造炸药、火药和火箭推进剂。

13.4　对水生自养生物产生的毒性

硝基芳香化合物炸药对蓝藻细菌以及微藻和大型藻类产生的毒性参见文献[68]。当 TNT 的浓度范围在 0.75~18mg/L 之间时,会导致蓝藻和绿色微藻种群减少[69-71]。总体而言,与母体化合物相比,TNT 的单氨基转化产物对微藻产生的毒性较低[71]。当硝基芳香族化合物 2,4-DNT 和 2,6-DNT 的浓度范围为 0.9~16.5mg/L 时,会引起微藻种群增长率降低,与所报道的 TNT 的影响相似[69]。Nipper et al.[72]研究了各种硝基芳香化合物炸药及其转化产物对海白菜游动孢子萌发的毒性。他报告了硝基芳香族化合物在 0.05~4.4mg/L 的浓度范围内会引发毒性,其中 1,3,5-TNB 是测试中毒性最高的化合物,其次是

TNT、2,4-DNT 和 2,6-DNT。

蓝藻细菌和海藻对 RDX 的影响相对耐受,仅在 12.0~36.7mg/L 的浓度范围对种群的生长有影响[71-73]。而当蓝藻细菌和微藻类暴露于浓度接近或超过其溶解度极限的 HMX 时,并未减少其种群增长[71,74]。

水生自养生物对苦味酸(2,4,6-三硝基苯酚)相对耐受[75],但对四氢三苯甲基(三硝基苯基甲基硝胺)较为敏感,据报道,产生亚致死作用的浓度分别为 61mg/L 或更高的浓度以及 0.43mg/L [75-76]。苦味酸用于手榴弹和矿井充填,而三硝基苯甲硝胺用作助推药,雷管药和炸药混合物的成分。苦味酸和三硝基苯甲硝胺都被认为是过时的军用炸药。

将淡水微藻暴露于浓度低至 0.4mg/L 的硝酸甘油中会导致种群增长降低和叶绿素 a 降低[77-78]。暴露于 58mg/L 浓度的 DEGN(二甘醇二硝酸盐)会导致微藻种群增长下降,而在 508mg/L 或更高浓度条件下暴露于硝基胍中会导致种群生长下降以及叶绿素下降[79]。

13.5 对蝌蚪和鱼产生的毒性

Talmage et al. [8]、Juhasz et al. [80]、Nipper et al. [68]以及 Lotufo et al. [13]对炸药化合物对水生生物的影响进行了全面概述。许多水生动物毒性研究报告显示,TNT 及其胺化的转化产物或相关化合物 TNB、2,4-DNT 和 2,6-DNT 会导致蝌蚪[81-83]、淡水鱼[78,84-85]、海洋和河口鱼类[72,86]的存活率下降。除了在最高测试浓度(50mg/L)下 2,4-DANT 显示无毒外,在 0.4~28mg/L 的浓度范围内,鱼的存活率均有所降低(表 13.3)。在长期暴露期间(表 13.3),蝌蚪的存活率在 TNT 浓度低至 0.003mg/L 时[83]以及 2,4-DNT 和 2,6-DNT 浓度分别低至 0.13mg/L 和 0.21mg/L 时[81]明显降低,表明硝基芳香化合物炸药对两栖动物幼体的长期影响可能比鱼类大得多。

硝胺 RDX 在 2~28mg/L 的浓度范围内会对淡水鱼[92,94,98-99]和河口鱼[93]造成致死(表 13.3)和亚致死的影响。对淡水鱼的研究[74]表明,黑头呆幼鱼暴露于 HMX 饱和溶液中易受 HMX 的影响(表 13.3)。除了 Bentley 等提到 HMX 对黑头呆鱼有毒性影响[74],所研究的所有其他淡水物种[74,100]和河口鱼类均不受 HMX 最高测试浓度的影响(表 13.3)。在那些研究中所报道的最高无影响效应浓度高于 HMX 的水溶解度极限值。

当比较八种炸药和相关化合物对海鱼胚胎产生的毒性时,Nipper 等报道,三硝基苯甲硝胺是整体毒性最高的化合物,在浓度为 1mg/L 时就会产生毒性。[72]它也是最易降解的化合物,经常在测试暴露结束时降低到非常低的水平，甚至低于检测水平。与三硝基苯甲硝胺的高毒性相反，硝基酚炸药苦味酸在很高的浓度下才对鱼类具有致命毒性[72,95]（表 13.3）。

硝酸甘油对鱼类产生的毒性范围与所报道的 TNT 范围重叠[77-78]（表 13.3）。淡水鱼暴露于浓度为 1.9mg/L 和 3.6mg/L 的硝酸甘油中会产生致死作用[78]。DESGN 的毒性远高于 TNT 和硝酸甘油，在浓度超过 250mg/L 时会对鱼类产生致死作用[96]。鱼类可耐受硝基胍的致死作用，当暴露浓度超过 1500mg/L 时无明显毒性产生[78]（表 13.3）。DNAN 在浓度范围为 2.4~10mg/L 时会对蝌蚪[83]和黑头呆鱼[97]产生致死毒性。NTO（3-硝基-1，2，4-三唑-5-酮）是 IM 炸药配方的一种组分，在 5.0mg/L 或更高浓度下，会降低蝌蚪的存活率[83]（表 13.3）。

表 13.3 暴露于炸药及其转化产物的蝌蚪和鱼类的致命毒性数据

加标 MC	物种		栖息地①	持续时间/天	统计学终点②	浓度/(mg/kg)	参考文献
TNT	蛙类	非洲爪蛙	FW	4	LC50	3.8	[82]
TNT		牛蛙	FW	4	LC50	40.3	[81]
TNT		牛蛙	FW	90	LOEC	0.12	[81]
TNT		北美豹蛙	FW	4	LC50	4.4	[83]
TNT		北美豹蛙	FW	28	LC50	0.003	[83]
2-ADNT		非洲爪蛙	FW	4	LC50	32.7	[82]
4-ADNT		非洲爪蛙	FW	4	LC50	22.7	[82]
2,4-DNT		牛蛙	FW	4	LC50	79.3	[81]
2,4-DNT		牛蛙	FW	90	LOEC	0.13	[81]
2,6-DNT		牛蛙	FW	4	LC50	92.4	[81]
2,6-DNT		牛蛙	FW	90	LOEC	0.21	[81]
DANA		北美豹蛙	FW	4	LC50	24.3	[83]
DANA		北美豹蛙	FW	28	LOEC	2.4	[83]
NTO		北美豹蛙	FW	28	LOEC	5.0	[83]
TNT	鱼类	太阳鱼	FW	4	LC50	2.6	[87]
TNT		斑点叉尾鮰	FW	4	LC50	2.4	[87]
TNT		黑头呆鱼	FW	10	LC50	2.2	[88]
TNT		虹鳟鱼	FW	4	LC50	0.8	[89]
TNT		美国红鱼	M/E	2	LC50	7.6	[72]
TNT		杂色鳉	M/E	5	LC50	1.7	[86]
2-ADNT		黑头呆鱼	FW	4	LC50	14.8	[85]
2-ADNT		杂色鳉	M/E	5	LC50	8.6	[86]
4-ADNT		黑头呆鱼	FW	4	LC50	6.9	[85]
2,4-DANT		杂色鳉	M/E	5	NOEC (U)	50	[86]

续表

加标 MC	物种		栖息地①	持续时间/天	统计学终点②	浓度/(mg/kg)	参考文献
TNB	鱼类	太阳鱼	FW	4	LC50	0.85	[90]
TNB		斑点叉尾鮰	FW	18	LC50	0.38	[90]
TNB		黑头呆鱼	FW	4	LC50	0.49	[90]
TNB		虹鳟鱼	FW	18	LC50	0.43	[90]
TNB		美国红鱼	M/E	2	LC50	1.20	[72]
TNB		杂色鳉	M/E	5	LC50	1.20	[86]
2,4-DNT		太阳鱼	FW	4	LC50	13.5	[89]
2,4-DNT		黑头呆鱼	FW	4	LC50	24.3	[91]
2,4-DNT		虹鳟鱼	FW	4	LC50	16.3	[89]
2,4-DNT		美国红鱼	FW	2	LC50	48	[72]
2,6-DNT		美国红鱼	FW	2	LC50	28.0	[72]
RDX		太阳鱼	FW	4	LC50	3.6	[92]
RDX		斑点叉尾鮰	FW	4	LC50	4.1	[92]
RDX		黑头呆鱼	FW	4	LC50	5.8	[92]
RDX		虹鳟鱼	FW	4	LC50	6.4	[92]
RDX		杂色鳉	M/E	10	LC50	9.9	[93]
RDX		斑马鱼	FW	4	LC50	23	[94]
HMX		黑头呆鱼	FW	4	LC50	15	[74]
HMX		虹鳟鱼	FW	4	NOEC (U)	32	[74]
HMX		斑点叉尾鮰	FW	4	NOEC (U)	32	[74]
苦味酸		虹鳟鱼	FW	4	LC50	110	[95]
苦味酸		美国红鱼	M/E	2	LC50	127	[72]
Tetryl		美国红鱼	M/E	2	LC50	1.1	[72]
NG		黑头呆鱼	FW	4	LC50	3.6	[78]
NG		虹鳟鱼	FW	4	LC50	1.9	[78]
NQ		黑头呆鱼	FW	4	NOEC (U)	3,320	[78]
NQ		虹鳟鱼	FW	4	NOEC (U)	1,550	[78]
DEGDN		黑头呆鱼	FW	4	LC50	491	[96]
DEGDN		虹鳟鱼	FW	4	LC50	284	[96]
DNAN		黑头呆鱼	FW	7	LC50	10.0	[97]

① FW—淡水；M/E—海洋或江口。

② LC50—50%被测生物体的估计致死浓度(中值)；NOEC(U)—没有观察到影响效应的浓度，不限(测试的最高浓度)；LOEC—观察到最低影响效应的浓度。

13.6　对水生无脊椎动物产生的毒性

许多水生动物毒性研究报告称,TNT 及其胺化的转化产物或相关化合物TNB、2,4-DNT 和 2,6-DNT 会导致淡水鱼[70,78,101-105]、海洋生物和河口无脊椎动物的存活率降低[72,102,106-108]。在 1~6mg/L 的浓度范围内,会对大多数物种产生毒性(表 13.4)。据报道,暴露于 2,4-DANT 的水蚤类动物[103],暴露于 TNT的水蚤类动物和轮虫[78,105]以及暴露于 TNT、1,3,5-TNB、2,4-DNT 或 2,6-DNT 的多毛类环虫的后代产量均有所降低[72](表 13.4)。在最大测试浓度下,海洋和淡水的多种水生无脊椎动物物种均能耐受 RDX 的致死作用,如暴露于7.2mg/L 浓度的 RDX 不会引起珊瑚的死亡[109]。即便 RDX 的浓度接近其在水中的溶解度(28mg/L 或更高),也未对海洋无脊椎动物造成明显的死亡率[72,102,107](表 13.4)。然而,在亚致死浓度时,RDX 会对一些淡水[78,92]和海洋无脊椎动物物种[72]产生致命影响或减少它们的繁殖(表 13.4)。所有调查的淡水[74,100]和海洋无脊椎动物[107]种类均不受最高测试浓度 HMX 的影响,HMX 的测试浓度超过该炸药的水溶解度极限值(表 13.4)。

当比较八种炸药和相关化合物对海洋无脊椎动物的毒性时,Nipper 等指出,三硝基苯甲硝胺是整体毒性最高的化合物,在 1mg/L 或更低的浓度下就会产生毒性。[72] 在高浓度下,苦味酸对淡水和海洋无脊椎动物具有致命毒性[72,95,102,116](表 13.4)。在相对较高的浓度时,苦味酸可使海胆胚胎发育以及桡足动物孵化成功率明显降低,但浓度低于各自的致死浓度[72,76]。

表 13.4　暴露于炸药及其转化产物的水生无脊椎动物的致死和亚致死毒性数据

加标 MC	物　　种	栖息地①	持续时间/天	生物学终点②	统计学终点③	浓度/(mg/kg)	参考文献
RDX	美丽鹿角珊瑚	M/E	4	S	NOEC(U)	7.2	[109]
RDX	巴氏杆菌	M/E	4	S	NOEC(U)	47	[72]
RDX	斑点银线虫	M/E	2	ED	NOEC(U)	75	[72]
RDX	大型蚤	FW	2	I	NOEC(U)	55	[102]
RDX	模糊网纹蚤	FW	7	OP	LOEC	6.0	[78]
RDX	大型蚤	FW	21	OP	LOEC	4.8	[92]
RDX	绞股蝇	M/E	7	S	NOEC(U)	49	[72]
RDX	绞股蝇	M/E	7	OP	LOEC	23.7	[72]

续表

加标 MC	物　种	栖息地①	持续时间/天	生物学终点②	统计学终点③	浓度/(mg/kg)	参考文献
RDX	紫贻贝	M/E	2	ED	NOEC(U)	28	[107]
RDX	脊柱菱形蛛	M/E	4	S	NOEC(U)	36	[102]
HMX	大型蚤	FW	28	S	NOEC(U)	3.9	[100]
HMX	大型蚤	FW	28	OP	NOEC(U)	3.9	[100]
HMX	紫贻贝	FW	4	S	NOEC(U)	28.4	[107,110]
HMX	紫贻贝	FW	2	ED	NOEC(U)	2.0	[107,110]
TNT	巴氏杆菌	M/E	4	S	LC50	0.26	[72]
TNT	斑点银线虫	M/E	2	ED	EC50	12.0	[72]
TNT	萼花臂尾轮虫	FW	1	S	LC50	5.6	[111]
TNT	模糊网纹蚤	FW	2	S	LC50	4.0	[78]
TNT	模糊网纹蚤	FW	7	OP	EC50	3.3	[103]
TNT	摇蚊	FW	4	S	LC50	1.9	[101,112]
TNT	大型蚤	FW	4	S	LC50	1.0	[113]
TNT	绞股蝇	M/E	7	S	LC50	5.6	[72]
TNT	绞股蝇	M/E	7	OP	EC50	1.1	[72]
TNT	端足虫	FW	4	S	LC50	3.6	[104]
TNT	带丝蚓	FW	2	S	LC50	5.2	[89]
TNT	紫贻贝	M/E	4	S	LC50	19.5	[107,110]
TNT	紫贻贝	M/E	2	ED	EC50	0.8	[107,110]
TNT	正颤蚓	FW	4	S	LC50	7.7	[101,112]
2-ADNT	端足虫	FW	4	S	LC50	3.8	[104]
2-ADNT	模糊网纹蚤	FW	7	OP	EC50	3.1	[103]
2-ADNT	模糊网纹蚤	FW	7	S	LC50	4.9	[103]
2-ADNT	大型蚤	FW	4	S	LC50	1.06	[113]
4-ADNT	端足虫	FW	4	S	LC50	9.2	[104]
4-ADNT	模糊网纹蚤	FW	7	OP	EC50	5.1	[103]
4-ADNT	模糊网纹蚤	FW	7	S	LC50	6.6	[103]
4-ADNT	大型蚤	FW	4	S	LC50	5.1	[113]
2,4-DANT	端足虫	FW	4	S	LC50	1.70	[104]
2,4-DANT	模糊网纹蚤	FW	7	OP	EC50	0.05	[103]

续表

加标 MC	物　　种	栖息地①	持续时间/天	生物学终点②	统计学终点③	浓度/(mg/kg)	参考文献
2,6-DANT	模糊网纹蚤	FW	7	OP	EC50	0.33	[103]
TNB	端足虫	M/E	4	S	LC50	2.30	[104]
TNB	模糊网纹蚤	FW	7	OP	EC50	1.41	[103]
TNB	巴氏杆菌	M/E	4	S	LC50	0.74	[72]
TNB	绞股蝇	M/E	7	OP	EC50	0.40	[72]
TNB	绞股蝇	M/E	7	S	LC50	1.60	[72]
TNB	斑点银线虫	M/E	2	ED	EC50	1.30	[72]
2,4-DNT	巴氏杆菌	M/E	4	S	LC50	4.4	[72]
2,4-DNT	绞股蝇	M/E	7	OP	EC50	5.2	[72]
2,4-DNT	绞股蝇	M/E	7	S	LC50	20.0	[72]
2,4-DNT	斑点银线虫	M/E	2	ED	EC50	51.0	[72]
2,4-DNT	大型蚤	FW	21	I	EC50	0.6	[114]
2,4-DNT	大型蚤	FW	2	S	LC50	35.0	[115]
2,4-DNT	大型蚤	FW	2	S	LC50	47.5	[70]
2,6-DNT	裂殖酵母	M/E	4	HS	EC50	55.0	[76]
2,6-DNT	裂殖酵母	M/E	4	S	LC50	65.0	[76]
2,6-DNT	巴氏杆菌	M/E	4	S	LC50	5.0	[72]
2,6-DNT	绞股蝇	M/E	7	OP	EC50	2.1	[72]
2,6-DNT	绞股蝇	M/E	7	S	LC50	13.0	[72]
2,6-DNT	斑点银线虫	M/E	2	ED	EC50	6.7	[72]
2,6-DNT	大型蚤	FW	2	S	LC50	21.8	[70]
苦味酸	巴氏杆菌	M/E	4	S	LC50	13	[72]
苦味酸	美洲巨蛎	M/E	6	SD	EC50	28	[95]
苦味酸	美洲巨蛎	M/E	6	S	LC50	255	[95]
苦味酸	绞股蝇	M/E	7	OP	EC50	155	[72]
苦味酸	绞股蝇	M/E	7	S	LC50	265	[72]
苦味酸	脊柱菱形蛛	M/E	4	S	LC50	95	[102]
苦味酸	斑点银线虫	M/E	2	ED	EC50	281	[72]
苦味酸	大型蚤	FW	2	S	LC50	85	[116]
三硝基苯甲硝胺	巴氏杆菌	M/E	4	S	LC50	0.37	[72]

续表

加标 MC	物　种	栖息地①	持续时间/天	生物学终点②	统计学终点③	浓度/(mg/kg)	参考文献
三硝基苯甲硝胺	绞股蝇	M/E	7	OP	EC50	0.010	[72]
三硝基苯甲硝胺	绞股蝇	M/E	7	OP	EC50	0.008	[72]
三硝基苯甲硝胺	绞股蝇	M/E	7	S	LC50	0.030	[72]
三硝基苯甲硝胺	斑点银线虫	M/E	2	ED	EC50	0.050	[72]
NG	模糊网纹蚤	FW	2	S	LC50	17.8	[78]
NG	水螅滨螺	FW	2	S	LC50	17.4	[78]
DEGN	双花六列绦虫	FW	2	S	LC50	343	[96]
DEGN	摇蚊	FW	2	S	LC50	160	[96]
DEGN	大型蚤	FW	2	S	LC50	90	[96]
PETN	脊柱菱形蛛	M/E	4	S,OP	NOEC(U)	32	[102]
PETN	大型蚤	FW	4	S,OP	NOEC(U)	49	[102]
NQ	模糊网纹蚤	FW	2	S	LC50	2698	[78]
NQ	模糊网纹蚤	FW	7	OP	LOEC	440	[78]
NQ	水螅滨螺	FW	2	S	LC50	2061	[78]
DEGDN	大型蚤	FW	2	S	LC50	90.1	[96]
DNAN	模糊网纹蚤	FW	6	S	LC50	6.7	[97]
DNAN	模糊网纹蚤	FW	6	OP	IC25	2.8	[97]
DNAN	细长型蚤状溞	FW	9-11	S	LC50	13.7	[97]
DNAN	细长型蚤状溞	FW	9-11	OP	IC25	2.3	[97]
NTO	模糊网纹蚤	FW	7	OP	IC50	57	[117]

① FW—淡水；M/E—海洋或河口。

② S—存活；ED—胚胎发育；I—制动性骨质疏松症；OP—后代生产；HS—卵孵化成功率；SD—贝壳沉积。

③ NOEC（U）—没有观察到影响效应的浓度,不限(测试的最高浓度)；LOEC—观察到最低影响效应的浓度。

注:LC50—50%被测生物体的估计致死浓度(中值)；EC50—估计会导致 50%测量反应抑制的浓度；IC25—抑制浓度,25% 下降；IC50—抑制浓度,50%下降。

暴露于浓度为 17~18mg/L 的硝酸甘油中会对淡水无脊椎动物产生致死作用[78]。DEGN 的毒性远高于 TNT 和硝酸甘油,在 90mg/L 和更高的浓度条件下会产生致死效应[96](表 13.4)。对于桡足动物和水蚤类动物,它们是研究 PETN(季戊四醇四硝酸酯)对水生生物毒性影响的单物种种群,在最高测试浓度(分别为 32mg/L 和 49mg/L)下未观察到致死或亚致死作用[102]。水生无脊椎动物对硝基胍具有相对的耐受性,在 440mg/L 或更高浓度下才会产生明显的毒性[78,102]。对硝化纤维的研究表明,在浓度高达 1000mg/L 时对淡水无脊椎动物不产生毒性[118]。硝酸纤维整体上无毒性可能是由于其在水中不溶的结果。DNAN 在 2.4~42mg/L 的浓度下对水蚤类动物具有致命毒性[97],NTO 在浓度为 57mg/L 时会降低水蚤类动物的繁殖率[117](表 13.4)。

13.7　光转化产物的毒性

Nipper 等对炸药的光转化产物的毒性进行了综述[68]。据 Rosenblatt 等报道,TNT 的光解作用降低了其对淡水鱼类和水蚤类动物产生的毒性,但没有促进其对端足类动物和蚊、蠓等小虫的毒性变化[119]。用紫外线照射 TNT 加标水不会引起对这两种物种的毒性变化[102]。硝基胍光解所产生的化学混合物,使水蚤类动物和羊头小鱼的毒性急剧增加了两个数量级[78-79]。在 6mg/L 的浓度时,RDX 减少了水蚤类动物的繁殖[120],但是在浓度为 10mg/L 时,在相同的暴露条件下在阳光下光解 28 天,对存活率和繁殖效应没有产生影响[121]。

除了已证明光转化产物对水生生物具有毒性外,一些研究还报道了水生无脊椎动物组织中积累的炸药及其转化产物发生光活化的潜在可能[68]。在毒性试验结束时,用紫外线照射 2,4-DNT 加标水 2h,导致对水蚤类动物产生的急性毒性明显增加,但是对河口桡足动物的影响不大[102]。与近紫外光的共同暴露只会引起 2-ADNT 对花虫类动物产生的毒性增加(10 倍),而不会引起 TNT 和 4-ADNT 的毒性增加[113]。相对于在黑暗中暴露,海胆蛋或胚胎与近紫外光的共同暴露增加了 TNT、2,4-DNT 和 2,6-DNT 的毒性[106]。在上述研究中,与无紫外线处理相比,生物累积化合物的光转化和光活化都可能提高毒性。

13.8　加标沉积物对暴露其中的水生无脊椎动物和鱼类产生的毒性

军事设施内的沉积物受到污染的主要原因是径流被污染,以及从制造设施和废液池流出的废水和溢出物[8]。此外,水下未爆弹药破裂或腐蚀也有可能会污染周围环境中的沉积物[2,122]。据研究人员报道,在开始全沉积物毒性试验后,TNT 及其氨基转化产物[101,112,123-128],TNB [123,127-128]以及 2,6-DNT、苦味酸和三硝基苯甲硝铵[76,129]会发生快速转化,转化产物的消失以及迁移到上覆水中的情况。炸药及其转化产物在沉积物中的浓度迅速变化,这对人们开发准确的毒性数据以评估受污染的沉积物地点的风险提出了独特的挑战[76,112,130]。应当在暴露条件(如持续时间、水质要求)下对沉积物中的硝基芳香化合物炸药的毒性进行评估,以使母体化合物的降解最低,并且在实验期间不需要换水[112]。

与针对暴露在土壤中的炸药和相关化合物的影响研究相比,针对沉积物中相关炸药对淡水[112,127-128]和对海洋无脊椎动物[76,102,123,126,129,131]产生的毒性的研究相对较少。研究人员开展了一项单独研究,研究了炸药暴露于加标沉积物中时对鱼类的毒性影响[124]。Lotufo 等对沉积物中炸药及相关化合物的毒性和归趋进行了研究评述[14],并进行了扩展研究[13]。

据报道,TNT 加标的沉积物对多毛类环虫和河口片脚类动物[126,131]、淡水蚊、蠓等小虫和片脚类动物物种[127-128]、寡头鱼类[101,112]以及河口鱼类有毒[124]。在很宽的浓度范围内(37~508mg/kg)会对大多数物种产生毒性。研究人员所观察到的浓度影响的变化性部分原因在于在准确表征暴露浓度方面存在挑战[14,112]。针对海洋无脊椎动物、河口无脊椎动物[123]和淡水无脊椎动物[127-128]评估了加标到沉积物中的 TNT 转化产物的毒性。结果表明,尽管所研究的物种在响应性方面差异很大,但 TNT、2-ADNT 和 TNB 在基本相近的浓度条件下对每个物种均会引发毒性。利用海洋片脚类动物研究了掺有 2,6-DNT 的沉积物的毒性[129]。在任何处理中均未观察到明显的致死作用,但由于在沉积物中测得的 2,6-DNT 最高浓度相对较低(5mg/kg),因此该化合物在较高浓度下的作用仍然未知。

据报道,掺入 RDX 和 HMX 的沉积物对一种多毛类环虫和两种海洋片脚类动物[123,126]以及对淡水蚊、蠓等小虫和片脚类动物[127]具有毒性。在 RDX 浓度范围为 102~2000mg/kg、HMX 浓度范围为 115~353mg/kg 之间的沉积物中,没有观察到明显的死亡率,这表明海底无脊椎动物对这些炸药具有很高的耐受性。利用海洋片脚类动物研究了苦味酸和三硝基苯甲硝铵加标到沉积物中的毒性。在加标的沙质沉积物中观察到了明显的致死作用,沉积物中苦味酸的浓度与之前报道的暴露于 TNT 的海洋片脚类动物的致死浓度相似,但是三硝基苯甲硝胺在低至 4mg/kg 的浓度下,会有明显的致死效应[129]。

13.9 土壤无脊椎动物和陆生植物中的生物累积

Johnson 等综述了土壤无脊椎动物和陆生维管植物吸收和生物累积炸药及相关化合物的潜力[132]。炸药化合物疏水性较弱,因此预计其生物累积的可能性较低,这一点已通过研究 TNT、RDX,HMX 和 DNAN 在土壤无脊椎动物中的生物累积性得到了证实。蚯蚓体内对 TNT 的吸收导致其母体化合物发生了广泛的生物转化以及可提取的还原转化产物 ADNT、DANT[40,133-134]和尚未明确的不可提取化合物(结合残基)的生物累积,这些化合物与母体化合物相比具有较低的消除率[135]。研究人员还报道了 RDX 的不可提取的转化产物在蚯蚓中的生物累积[136]。“不可提取”表示易于提取母体化合物和主要代谢产物的溶剂不能提取与有机分子(可能是蛋白质)结合的代谢产物[135]。与 TNT 不同,暴露于 RDX 会导致大多数母体化合物在蚯蚓组织中的生物累积[30,136-137]。Dodard 等[42,138-140]报道了 DNAN 及其转化产物在蚯蚓体内的生物累积。硝基芳香化合物和硝胺类炸药由于其快速转化、排泄和缺乏持续暴露而不太可能从土壤无脊椎动物中转移到其捕食者体内[132]。

对陆地维管植物中 TNT 分布的评估表明,它几乎完全存储在根中[53,141-143]。在黄色胡瓜的根组织中发现的大多数物质(95%)是 TNT 的单氨基转化产物形式,可抵抗有机溶剂萃取[54]。相比之下,RDX 在植物中的流动性很高,并且已被证明优先集中于地上组织,主要集中在叶子和花朵中,以母体化合物的形式存在[141,143-145]。然而,与对所有其他植物的研究发现相反,RDX 主要保留在针叶树的根中[146]。不同于 TNT 和 RDX,人们对炸药在陆地植物中的生物累积现象研究相对较少。据报道,硝胺炸药 HMX 在植物中具有较低的生物累积潜力,主要发现于叶片组织中[147-148]。暴露于三硝基苯甲硝胺会导致母体化合物在矮菜豆组织中大量降解,从而导致母体化合物的生物累积度较低[149]。当多年生黑麦草暴露于掺入硝酸甘油的土壤时,在组织中未发现母体化合物,而是在根部和枝条中以二硝基甘油的形式积累[67]。据报道,在 DNAN 加标的土壤里生长的草中积累着 DNAN 及其胺化的转化产物[42,150]。将草暴露于 NOT 环境下,在其根或芽中未检测到 NTO [150]。

13.9.1　鱼类和水生无脊椎动物的生物累积

根据预测模型,炸药及相关化合物不太可能在水生生物中生物累积[15,138,140,151]。报告了在实验室中暴露于 TNT 及其单氨基转化产物[88,107,110,112,138-140,152-157]、2,4-DNT[158-159]、2,6-DNT [159]、RDX[98,110,151-152,154-155,157,160]、HMX[110,157]和 DNAN[155]的蝌蚪、鱼和水生无脊椎动物的生物浓度因子(水生生物中化学浓度与周围水中化学浓度之比)。

测量的硝基芳香化合物的生物浓缩因子(BCF)值(0.3~23.5L/kg)总体上高于硝胺类化合物(0.3~4.4L/kg),与模型预测值基本一致[13,151]。据报道,TNT [88,107,110,112,152]和 RDX[151]在鱼类和水生无脊椎动物中发生了广泛的生物转化。据报道,与可提取的 TNT 和胺化转化产物相比,在水生无脊椎动物和鱼类中普遍形成了不可提取的残留[138-140,153-154,156]。对膳食途径与炸药在鱼类中的生物累积相关性进行研究[153,160-162]并得出结论，水接触是 TNT、RDX 和类似化合物的主要暴露途径，而饮食摄取途径仅提供了极少的摄入量，如果有的话，会造成这些炸药的净生物累积。

13.10 总结和结论

环硝胺类炸药 RDX、HMX 和 CL-20 已显示出对土壤微生物没有或仅有很小的不利影响，而硝基芳香化合物炸药 TNT 在相对较低的浓度下对微生物活性和土壤微生物群落的某些成分会产生不利影响。用 TNT 加标的土壤对无脊椎动物造成了致命和亚致死作用，但毒性浓度随测试物种和土壤类型的不同而有很大差异，部分原因是 TNT 在加标后迅速转化为还原的氨基产物。风化和老化显著降低了加标芳香硝基化合物的浓度，并增加了 TNT 和 2,6-DNT 的毒性，但并未影响掺有 2,4-DNT 或 TNB 的土壤的毒性。人们发现土壤有机质含量，黏土含量和阳离子交换能力会影响土壤中 TNT 的生物利用度。RDX 和 HMX，即使在浓度很高的情况下也对土壤无脊椎动物的存活或生长没有影响（如 RDX 在浓度为 756mg/kg 时对蚯蚓的死亡率无影响），但在相对较低的浓度下却会导致繁殖率下降。环硝胺类炸药 RDX 在植物中具有很高的移动性，并集中在植物的叶片和花朵的组织中，而 TNT 几乎只储存在根部并进行大量转化。RDX 已被证明会影响某些植物物种的形态学，而对其他方面则没有影响，即使在土壤中浓度很高时也是如此。所有研究的植物物种均对土壤中高浓度 HMX 和 CL-20 的暴露具有一定的耐受性。TNT 和其他硝基芳香化合物炸药及其降解产物还显示出会减缓植物的生长，影响发芽和出苗，并促进不良的生理效应。研究人员还报道了硝酸甘油和 DNAN 具有一定的危害植物的毒性。

炸药对鱼类、水生无脊椎动物和自养生物的影响已得到广泛研究。在大多数测试物种中，接近或处于最大溶解度的 RDX 和 HMX 暴露不会导致或仅产生轻微的生物学反应，而 TNT、其胺化的转化产物以及相关化合物 TNB、2,4-DNT 和 2,6-DNT 降低了鱼类和无脊椎动物的存活率、无脊椎动物的繁殖，蓝藻和微藻类种群增长以及大型海藻的游动孢子萌发。在长期暴露于超低浓度的 TNT、2,4-DNT 和 2,6-DNT 期间，蝌蚪的存活率明显降低，这表明两栖动物幼体可能比鱼类对硝基芳香化合物炸药的长期影响更为敏感。三硝基苯甲硝胺对鱼类和水生无脊椎动物具有高毒性，硝酸甘油具有中等毒性，而苦味酸和硝基胍的毒性则较小。与在土壤中观察到的情况类似，硝基芳香化合物炸药添加到沉积物中后会发生快速转化，导致炸药及其转化产物的浓度大大降低。在实验室中，暴露于掺有炸药 TNT、TNB、苦味酸、三硝基苯甲硝胺和 TNT 转化产物的沉积物中可显著提高无脊椎动物的死亡率。但是,底栖无脊椎动物暴露于 RDX 和 HMX 加标的沉积物中不会引起致命的毒性,即使在浓度很高的情况下也是如此。

炸药化合物的疏水性较弱,因此其生物累积潜力预计较低,这一点已经被植物、鱼类和无脊椎动物暴露在土壤或水中的情况证实。TNT 在蚯蚓、鱼类和无脊椎动物体内的吸收导致母体化合物发生广泛的生物转化以及可提取和不可提取转化产物的累积。对于鱼类,水接触是炸药化合物暴露的主要途径,饮食摄入仅占很小的比例。炸药生态毒理学研究在过去几十年中取得了很大进展,已产生了大量数据,足以对与陆上和水生环境中存在的炸药及其转化产物的潜在危害进行充分表征。将在本章概述的实验室测试中确定的毒性值与实际污染场地报告的有限的浓度信息进行对比表明,鱼类和水生无脊椎动物暴露于炸药的风险较低[163]。据报道,与之不同的是,污染场地的土壤中炸药的浓度较高[7,30],这表明植物和土壤无脊椎动物暴露于炸药的危险性更高。然而,鉴于所有已知信息都是通过湿度适中栖息地的物种和土壤得到的,因此,关于炸药对生长在水资源有限环境中的植物和土壤无脊椎动物的毒性影响还存在一定的知识差距。

参考文献

[1] Monteil-Rivera F,Halasz A,Groom C,Zhao JS,Thiboutot S,Ampleman G,Hawari J(2009) Fate and transport of explosives in the environment. In: Sunahara GI,Lotufo GR,Kuperman RG,Hawari J (eds) Ecotoxicology of explosives. CRC Press,Boca Raton,FL

[2] Lewis J,Martel R,Trepanier L,Ampleman G,Thiboutot S (2009) Quantifying the transportof energetic materials in unsaturated sediments from cracked unexploded ordnance. J Environ Qual 38:2229-2236

[3] Taylor S,Bigl S,Packer B (2015) Condition of in situ unexploded ordnance. Sci TotalEnviron 505:762-769

[4] Voie ØA,Mariussen E (2016) Risk assessment of sea dumped conventional munitions. Prop. Explos,Pyrot In Press

[5] Carton G,Jagusiewicz A (2009) Historic disposal of munitions in US and European coastalwaters, how historic information can be used in characterizing and managing risk. MarTechnol Soc J 43:16-32

[6] Jenkins TF,Pennington JC,Ranney TA,Berry TE,Miyares PH,Walsh ME (2001) Characterization of explosives contamination at military firing ranges. ERDC TR-01-5. USArmy Engineer Research and Development Center,Hanover,NH

[7] Simini M,Wentsel RS,Checkai RT,Phillips CT,Chester NA,Majors MA,Amos JC (1995)

Evaluation of soil toxicity at joliet army ammunition plant. Environ Toxicol Chem 14:623-630

[8] Talmage SS,Opresko DM,Maxwell CJ,Welsh CJ,Cretella FM,Reno PH,Daniel FB(1999) Nitroaromatic munition compounds: environmental effects and screening values. RevEnviron Contam Toxicol 161:1-156

[9] Pichtel J (2012) Distribution and fate of military explosives and propellants in soil: a review. Appl Environ Soil Sci 2012:33p

[10] Kuperman RG,Checkai RT,Simini M,Phillips CT,Kolakowski JE,Lanno R (2013) Soil-properties affect the toxicities of 2,4,6-trinitrotoluene (TNT) and hexahydro-1,3,5-trinitro-1,3,5-triazine (RDX) to the enchytraeid worm Enchytraeus crypticus. EnvironToxicol Chem 32:2648-2659

[11] Williams M,Reddy G,Quinn M,Johnson M (2015) Wildlife toxicity assessments forchemicals of military concern. Elsevier Inc. ,Oxford,UK

[12] Kuperman RG,Simini M,Siciliano S,Gong P (2009) Effects of energetic materials on soilorganisms. In: Sunahara GI,Lotufo GR,Kuperman RG,Hawari J (eds) Ecotoxicology ofexplosives. CRC Press,Boca Raton,FL

[13] Lotufo GR,Rosen G,Wild W,Carton G (2013) Summary review of the aquatic toxicology of munitions constituents. ERDC/EL TR-13-8. US Army Engineer Research and Development Center,Vicksburg,MS

[14] Lotufo GR,Nipper M,Carr RS,Conder JM (2009) Fate and toxicity of explosives insediment. In: Sunahara GI,Lotufo GR,Kuperman RG,Hawari J (eds) Ecotoxicology ofexplosives. CRC Press,Boca Raton,FL

[15] Lotufo GR,Lydy MJ,Rorrer GL,Cruz-Uribe O,Cheney DP (2009) Bioconcentration,bioaccumulation and biotransformation of explosives and related compounds in aquaticorganisms. In: Sunahara GI,Lotufo GR,Kuperman RG,Hawari J (eds) Ecotoxicology ofexplosives. CRC Press,Boca Raton,FL

[16] Chappell MA,Price CL,Miller LF (2011) Solid-phase considerations for the environmentalfate of nitrobenzene and triazine munition constituents in soil. Appl Geochem 26:S330-S333

[17] Duncan K (2002) Insensitive munitions and the army: improving safety and survivability. Army Logistician 34:16-17

[18] Gong P,Siciliano SD,Greer CW,Paquet L,Hawari J,Sunahara GI (1999) Effects andbioavailability of 2,4,6-trinitrotoluene in spiked and field-contaminated soils to indigenousmicroorganisms. Environ Toxicol Chem 18:2681-2688 Toxicity and Bioaccumulation of Munitions Constituents in ...471

[19] Gong P,Gasparrini P,Rho D,Hawari J,Thiboutot S,Ampleman G,Sunahara GI (2000) Anin situ respirometric technique to measure pollution-induced microbial community tolerancein soils contaminated with 2,4,6-trinitrotoluene. Ecotoxicol Environ Saf 47:96-103

[20] Meyers SK,Deng SP,Basta NT,Clarkson WW,Wilber GG (2007) Long-term explosive-

contamination in soil: effects on soil microbial community and bioremediation. Soil Sed-Contam 16:61-77

[21] Fuller ME, Manning JF (1998) Evidence for differential effects of 2,4,6-trinitrotoluene andother munitions compounds on specific subpopulations of soil microbial communities. Environ Toxicol Chem 17:2185-2195

[22] George IF, Liles MR, Hartmann M, Ludwig W, Goodman RM, Agathos SN (2009) Changesin soil acidobacteria communities after 2,4,6-trinitrotoluene contamination. FEMS MicrobiolLett 296:159-166

[23] Liang J, Olivares C, Field JA, Sierra-Alvarez R (2013) Microbial toxicity of the insensitivemunitions compound, 2,4-dinitroanisole (DNAN), and its aromatic amine metabolites. J Hazard Mater262:281-287

[24] Anderson JAH, Canas JE, Long MK, Zak JC, Cox SB (2010) Bacterial communitydynamics in high and low bioavailability soils following laboratory exposure to a range ofhexahydro-1,3,5-trinitro-1,3,5-triazine concentrations. Environ Toxicol Chem 29:38-44

[25] Gong P, Hawari J, Thiboutot S, Ampleman G, Sunahara GI (2001) Ecotoxicological effectsof hexahydro-1,3,5-trinitro-1,3,5-triazine on soil microbial activities. Environ Toxicol Chem20:947-951

[26] Gong P, Hawari J, Thiboutot S, Ampleman G, Sunahara GI (2002) Toxicity ofoctahydro-1,3,5,7-tetranitro-1,3,5,7-tetrazocine (HMX) to soil microbes. Bull EnvironContam Toxicol 69:97-103

[27] Gong P, Sunahara GI, Rocheleau S, Dodard SG, Robidoux PY, Hawari J (2004) Preliminaryecotoxicological characterization of a new energetic substance, CL-20. Chemosphere56:653-658

[28] Juck D, Driscoll BT, Charles TC, Greer CW (2003) Effect of experimental contaminationwith the explosive hexahydro-1,3,5-trinitro-1,3,5-triazine on soil bacterial communities. FEMS Microbiol Ecol 43:255-262

[29] Sunahara GI, Robidoux PY, Gong P, Lachance B, Rocheleau S, Dodard S, Sarrazin M, Hawari J, Thiboutot S, Ampleman G, Renoux AY (2001) Laboratory and field approaches tocharacterize the soil ecotoxicology of polynitro explosives. In: Greenberg BM, Hull RN, Roberts MHJ, Gensemer RW (eds) Environmental toxicology and risk assessment ASTM. West Conshohocken, PA

[30] Best EPH, Geter KN, Tatem HE, Lane BK (2006) Effects, transfer, and fate of RDX fromaged soil in plants and worms. Chemosphere 62:616-625

[31] Best EPH, Tatem HE, Geter KN, Wells ML, Lane BK (2008) Effects, uptake, and fate of 2,4,6-trinitrotoluene aged in soil in plants and worms. Environ Toxicol Chem 27:2539-2547

[32] Dodard SG, Renoux AY, Powlowski J, Sunahara GI (2003) Lethal and subchronic effects of 2,4,6-trinitrotoluene (TNT) on Enchytraeus albidus in spiked artificial soil. EcotoxicolEnviron Saf 54:131-138

[33] Kuperman RG, Checkai RT, Simini M, Phillips CT, Kolakowski JE, Kurnas CW (2005) Weathering and aging of 2,4,6-Trinitrotoluene in soil increases toxicity to potwormEnchytraeus crypticus. Environ Toxicol Chem 24:2509-2518

[34] Panz K, Miksch K, Sojka T (2013) Synergetic toxic effect of an explosive material mixturein soil. Bull Environ Contam Toxicol 91:555-559

[35] Robidoux PY, Hawari J, Thiboutot S, Ampleman G, Sunahara GI (1999) Acute toxicity of 2,4,6-trinitrotoluene in earthworm (Eisenia andrei). Ecotoxicol Environ Saf 44:311-321

[36] Robidoux PY, Svendsen C, Caumartin J, Hawari J, Ampleman G, Thiboutot S, Weeks JM, Sunahara GI (2000) Chronic Toxicity of energetic compounds in soil determined using theearthworm (Eisenia andrei) reproduction test. Environ Toxicol Chem 19: 1764 - 1773472 G. R. Lotufo

[37] Robidoux PY, Hawari J, Bardai G, Paquet L, Ampleman G, Thiboutot S, Sudahara GI(2002) TNT, RDX, and HMX decrease earthworm (Eisenia andrei) life-cycle responses in aspiked natural forest soil. Arch Environ Contam Toxicol 43:379-388

[38] Robidoux PY, Svendsen C, Sarrazin M, Thiboutot S, Ampleman G, Hawari J, Weeks JM, Sunahara GI (2005) Assessment of a 2,4,6-trinitrotoluene-contaminated site using Aporrectodea rosea and Eisenia andrei in mesocosms. Arch Environ Contam Toxicol48:56-67

[39] Schafer R, Achazi RK (1999) The Toxicity of soil samples containing TNT and otherammunition derived compounds in the enchytraeid and collembola-biotest. Environ SciPollut R 6: 213-219

[40] Lachance B, Renoux AY, Sarrazin M, Hawari J, Sunahara GI (2004) Toxicity andbioaccumulation of reduced TNT metabolites in the earthworm Eisenia andrei exposed toamended forest soil. Chemosphere 55:1339-1348

[41] Kuperman RG, Checkai RT, Simini M, Phillips CT, Anthony JS, Kolakowski JE, Davis EA (2006) toxicity of emerging energetic soil contaminant CL-20 to Potworm Enchytraeuscrypticus in freshly amended or weathered and aged treatments. Chemosphere 62:1282-1293

[42] Dodard SG, Sarrazin M, Hawari J, Paquet L, Ampleman G, Thiboutot S, Sunahara GI (2013) Ecotoxicological assessment of a high energetic and insensitive munitions compound:2,4-dinitroanisole (DNAN). J Hazard Mater 262:143-150

[43] Dodard SG, Sunahara GI, Kuperman RG, Sarrazin M, Gong P, Ampleman G, Thiboutot S, Hawari J (2005) Survival and reproduction of enchytraeid worms, oligochaeta, in differentsoil types amended with energetic cyclic nitramines. Environ Toxicol Chem 24: 2579-2587

[44] Kuperman RG, Checkai RT, Simini M, Phillips CT, Kolakowski JE, Kurnas CW, Sunahara GI (2003) Survival and reproduction of Enchytraeus crypticus (Oligochaeta, Enchytraeidae) in a natural sandy loam soil amended with the nitro-heterocyclic explosivesRDX and HMX. Pedobiologia 47:651-656

[45] Schafer R, Achazi R (2004) Toxicity of Hexyl to F. candida and E. crypticus. J Soils

Sed4:157-162

[46] Robidoux PY,Sunahara GI,Savard K,Berthelot Y,Dodard SG,Martel M,Gong P,Hawari J (2004) Acute and chronic toxicity of the new explosive CL-20 to the earthworm(Eisenia andrei) exposed to amended natural soils. Environ Toxicol Chem 23:1026-1034

[47] Kuperman RG,Checkai RT,Simini M,Phillips CT,Kolakowski JE,Kurnas CW (2006) Toxicities of dinitrotoluenes and trinitrobenzene freshly amended or weathered and aged in asandy loam soil to Enchytraeus crypticus. Environ Toxicol Chem 25:1368-1375

[48] Simini M,Checkai RT,Kuperman RG,Phillips CT,Kolakowski JE,Kurnas CW,Sunahara GI (2003) Reproduction and survival of Eisenia fetida in a sandy loam soilamended with the nitro-heterocyclic explosives RDX and HMX. Pedobiologia 47:657-662

[49] Huang Q,Liu BR,Hosiana M,Guo X,Wang TT,Gui MY (2016) Bioavailability of 2,4,6-trinitrotoluene (TNT) to earthworms in three different types of soils in China. SoilSediment Contam 25:38-49

[50] Via SM,Zinnert JC (2016) Impacts of explosive compounds on vegetation: a need forcommunity scale investigations. Environ Pollut 208:495-505

[51] Gong P,Wilke BM,Fleischmann S (1999) Soil-based phytotoxicity of 2,4,6-Trinitrotoluene(TNT) to terrestrial higher plants. Arch Environ Contam Toxicol 36:152-157

[52] Krishnan G,Horst GL,Darnell S,Powers WL (2000) Growth and development of smoothbromegrass and tall fescue in TNT-contaminated soil. Environ Pollut 107:109-116

[53] Palazzo AJ,Leggett DC (1986) Effect and disposition of TNT in a terrestrial plant. J EnvironQual 15:49-52

[54] Palazzo AJ,Leggett DC (1986) Effect and disposition of TNT in a terrestrial plant andvalidation of analytical methods. CRREL-86-15. Cold Regions Research and EngineeringLab Hanover,NH

[55] Peterson MM (1996) TNT and 4-Amino-2,6-dinitrotoluene influence on germination andearly seedling development of tall fescue. Environ Pollut 93:57-62 Toxicity and Bioaccumulation of Munitions Constituents in ...473

[56] Peterson MM, Horst GL, Shea PJ, Comfort SD (1998) Germination and seedlingdevelopment of switchgrass and smooth bromegrass exposed to 2,4,6-trinitrotoluene. Environ Pollut 99:53-59

[57] Robidoux PY, Bardai G, Paquet L, Ampleman G, Thiboutot S, Hawari J, Sunahara GI (2003) Phytotoxicity of 2,4,6-trinitrotoluene (TNT) and octahydro-1,3,5,7-tetranitro-1,3,5,7-tetrazocine (HMX) in spiked artificial and natural forest soils. Arch Environ-Contam Toxicol 44:198-209

[58] Rocheleau S,Kuperman RG,Martel M,Paquet L,Bardai G,Wong S,Sarrazin M,Dodard S,Gong P,Hawari J,Checkai RT,Sunahara GI (2006) Phytotoxicity of nitroaromatic energeticcompounds freshly amended or weathered and aged in sandy loam soil. Chemosphere62:545-558

[59] Picka K,Friedl Z (2004) Phytotoxicity of some toluene nitroderivatives and products of theirreduction. Fresenius Environ Bull 13:789-794

[60] Vila M, Lorber - Pascal S, Laurent F (2008) Phytotoxicity to and uptake of TNT by rice. Environ Geochem Health 30:199-203

[61] Naumann JC, Anderson JE, Young DR (2010) Remote detection of plant physiologicalresponses to TNT soil contamination. Plant Soil 329:239-248

[62] Via SM,Zinnert JC,Butler AD,Young DR (2014) Comparative physiological responses of-Morella cerifera to RDX, TNT, and composition B contaminated soils. Environ Exper Bot99:67-74

[63] Via SM,Zinnert JC,Young DR (2015) Differential effects of two explosive compounds on-seed germination and seedling morphology of a woody shrub,Morella cerifera. Ecotoxicology 24:194-201

[64] Zinnert JC (2012) Plants as phytosensors: physiological responses of a woody plant inresponse to RDX exposure and potential for remote detection. Int J Plant Sci 173:1005-1014

[65] Rocheleau S,Lachance B,Kuperman RG,Hawari J,Thiboutot S,Ampleman G,Sunahara GI (2008) Toxicity and uptake of cyclic nitrarnine explosives in ryegrassLolium perenne. Environ Pollut 156:199-206

[66] Winfield LE,Rodgers JH,D'Surney SJ (2004) The responses of selected terrestrial plants toshort (<12 days) and long term (2,4 and 6 weeks) hexahydro-1,3,5-trinitro-1,3,5-triazine(RDX) exposure. Part I: growth and developmental effects. Ecotoxicology 13:335-347

[67] Rocheleau S,Kuperman RG,Dodard SG,Sarrazin M,Savard K,Paquet L,Hawari J,Checkai RT, Thiboutot S, Ampleman G, Sunahara GI (2011) Phytotoxicity and uptake ofnitroglycerin in a natural sandy loam soil. Sci Total Environ 409:5284-5291

[68] Nipper M,Carr RS,Lotufo GR (2009) Aquatic toxicology of explosives. In: Sunahara GI, Lotufo GR,Kuperman RG,Hawari J (eds) Ecotoxicology of explosives. CRC Press,BocaRaton,FL

[69] Dodard SG,Renoux AY,Hawari J,Ampleman G,Thiboutot S,Sunahara GI (1999) Ecotoxicity characterization of dinitrotoluenes and some of their reduced metabolites. Chemosphere 38:2071-2079

[70] Liu DH, Spanggord RJ, Bailey HC, Javitz HS, Jones DCL (1983c) Toxicity of TNT-wastewaters to aquatic organisms. Final report. Vol. I. Acute toxicity of LAP wastewater and 2,4,6-trinitrotoluene. AD A142144. SRI International,Menlo Park,CA

[71] Sunahara GI,Dodard S,Sarrazin M,Paquet L,Ampleman G,Thiboutot S,Hawari J,Renoux AY (1998) Development of a soil extraction procedure for ecotoxicity characterizationof energetic compounds. Ecotoxicol Environ Saf 39:185-194

[72] Nipper M,Carr RS,Biedenbach JM,Hooten RL,Miller K,Saepoff S (2001) Developmentof marine toxicity data for ordnance compounds. Arch Environ Contam Toxicol 41:308-318

[73] Burton DT,Turley SD,Peters GT (1994) The toxicity of hexahydro-1,3,5-trinitro-1,3,5-triazine (RDX) to the freshwater green alga Selenastrum capricornutum. Water Air Soil-Pollut 76:449-457

[74] Bentley RE,Leblanc GA,Hollister TA,Sleight BH (1977) Laboratory evaluation of thetoxicity of nitrocellulose to aquatic organisms. AD A037749. US Army Medical Researchand Development Command,Washington,DC474 G. R. Lotufo

[75] Bringmann G,Kuhn R (1978) Testing of substances for their toxicity threshold: modelorganisms Microcystis (Diplocystis) aeruginosa and Scenedesmus quadricauda. Mitt Int Ver-Theor Angew Limnol 21:275-284

[76] Nipper M,Carr RS,Biedenbach JM,Hooten RL,Miller K (2005) Fate and effects of picricacid and 2,6-DNT in marine environments: Toxicity of degradation products. Mar Pollut-Bull 50:1205-1217

[77] Bentley RE,Dean JW,Ellis SJ,Leblanc GA,Sauter S,Buxter KS,Sleight BH (1978) Laboratory evaluation of the toxicity of nitroglycerine to aquatic organisms. AD-A061739 ed

[78] Burton DT,Turley SD,Peters GT (1993) Toxicity of nitroguanidine,nitroglycerin,hexahydro-1,3,5-trinitro-1,3,5-triazine (RDX),and 2,4,6-trinitrotoluene (TNT) to selectedfreshwater aquatic organisms report. AD A267467). The University of Maryland,Agricultural Experiment Station. Queenstown,MD

[79] van der Schalie WH (1985) The toxicity of nitroguanidine and photolyzed nitroguanidine tofreshwater aquatic organisms. Technical report 8404. AD-A153045. US Army MedicalBioengineering Research and Development Laboratory,Fredrick,MD

[80] Juhasz AL,Naidu R (2007) Explosives: fate,dynamics,and ecological impact in terrestrialand marine environments. Rev Environ Contam Toxicol 191:163-215

[81] Paden NE,Smith EE,Maul JD,Kendall RJ (2011) Effects of chronic 2,4,6,-trinitrotoluene,2,4-dinitrotoluene,and 2,6-dinitrotoluene exposure on developing bullfrog (Rana catesbeiana) tadpoles. Ecotoxicol Environ Saf 74:924-928

[82] Saka M (2004) Developmental toxicity of p,p′-dichlorodiphenyltrichloroethane,2,4,6-trinitrotoluene,their metabolites, and benzo[a]pyrene in Xenopus laevis embryos. Environ Toxicol Chem 23:1065-1073

[83] Stanley JK,Lotufo GR,Biedenbach JM,Chappell P,Gust KA (2015) Toxicity of theconventional energetics TNT and RDX relative to new insensitive munitions constituentsDNAN and NTO in Rana pipiens tadpoles. Environ Toxicol Chem 34:873-879

[84] Bailey HC,Spanggord RJ,Javitz HS,Liu DH (1985) Toxicity of TNT wastewaters toaquatic organisms. Final report,vol III. Chronic toxicity of LAP wastewater and2,4,6-Trinitrotoluene. AD-A164282. SRI international,Menlo Park,CA

[85] Pearson JG,Glennon JP,Barkley JJ,Highfill JW (1979) An Approach to the Toxicological-Evaluation of a Complex Industrial Wastewater. In: Marking LL,Kimerle RA (eds) Aquatictoxicology and hazard assessment: sixth symposium,ASTM STP,667th edn. AmericanSo-

ciety for Testing Materials, Philadelphia, PA

[86] Lotufo GR, Blackburn W, Gibson AB (2010) Toxicity of trinitrotoluene to sheepsheadminnows in water exposures. Ecotoxicol Environ Saf 73:718-726

[87] Liu DH, Bailey HC, Pearson JG (1983a) Toxicity of a complex munitions wastewater toaquatic organism. In: Bishop WE, Cardwell RD, Heidolph BB (eds) Aquatic toxicology andhazard assessment: sixth symposium, ASTM STP 802. American Society for TestingMaterials, Philadelphia, PA

[88] Yoo LJ, Lotufo GR, Gibson AB, Steevens JA, Sims JG (2006) Toxicity and bioaccumulationof 2,4,6-trinitrotoluene in fathead minnow (Pimephales promelas). Environ ToxicolChem 25:3253-3260

[89] Liu DH, Spanggord RJ, Bailey HC, Javitz HS, Jones DCL (1983b) Toxicity of TNT-wastewaters to aquatic organisms. Final report. Vol. II. Acute toxicity of condensate-wastewater and 2,4-dinitrotoluene. DSU-4262. SRI International, Menlo Park, CA

[90] van der Schalie WH (1983) The acute and chronic toxicity of 3,5-dinitroaniline, 1,3-dinitrobenene, and 1,3,5-trinitrobenzene to freshwater aquatic organisms. TechnicalReport 8305. U. S. Army Medical Bioengineering Research and Development Laboratory, Fort Derick, MD

[91] Broderius SJ, Kahl MD, Elonen GE, Hammermeister DE, Hoglund MD (2005) Acomparison of the lethal and sublethal toxicity of organic chemical mixtures to the fatheadminnow (Pimephales promelas). Environ Toxicol Chem 24:3117-3127 Toxicity and Bioaccumulation of Munitions Constituents in ...475

[92] Bentley RE, Leblanc GA, Hollister TA, Sleight BH (1977) Acute toxicity of -1,3,5,7-tetranitro-octahydro-1,3,5,7-tetrazocine (HMX) to aquatic organisms. Final report. AD A061730. EG & G Bionomics, Wareham, MA

[93] Lotufo GR, Gibson AB, Leslie YJ (2010) b Toxicity and bioconcentration evaluation of RDX and HMX using sheepshead minnows in water exposures. Ecotoxicol Environ Saf 73: 1653-1657

[94] Mukhi S, Pan XP, Cobb GP, Patino R (2005) Toxicity of hexahydro-1,3,5-trinitro-1,3,5-triazine to larval zebrafish (Danio rerio). Chemosphere 61:178-185

[95] Goodfellow WL Jr, Burton DT, Graves WC, Hall LW Jr, Cooper KR (1983) Acute toxicityof picric acid and picramic acid to rainbow trout, Salmo gairdneri, and American oyster, Crassostrea virginica. Water Resour Bull 19:641-648

[96] Fisher DJ, Burton DT, Paulson RL (1989) Comparative acute toxicity of diethyleneglycoldinitrate to freshwater aquatic organisms. Environ Toxicol Chem 8:545-550

[97] Kennedy AJ, Laird JG, Lounds C, Gong P, Barker ND, Brasfield SM, Russell AL, Johnson MS (2015) Inter- and intraspecies chemical sensitivity: a case study using2,4-dinitroanisole. Environ Toxicol Chem 34:402-411

[98] Mukhi S, Patino R (2008) Effects of hexahydro-1,3,5-trinitro-1,3,5-triazine (RDX)

inzebrafish: general and reproductive toxicity. Chemosphere 72:726–732

[99] Warner CM, Gust KA, Stanley JK, Habib T, Wilbanks MS, Garcia-Reyero N, Perkins EJ (2012) A systems toxicology approach to elucidate the mechanisms involved in RDXspecies-specific sensitivity. Environ Sci Technol 46:7790–7798

[100] Bentley RE, Petrocelli SR, Suprenant DC (1984) Determination of the toxicity to aquaticorganisms of HMX and related wastewater constituents. Part III. Toxicity of HMX, TAX-and SEX to aquatic organisms. Final report. AD A172385. Springborn Biomomics, Wareham, MD

[101] Conder JM, Lotufo GR, Turner PK, La Point TW, Steevens JA (2004) Solid phasemicroextraction fibers for estimating the toxicity and bioavailability of sediment-associatedorganic compounds. Aquat Ecosyst Health Manag 7:387–397

[102] Dave G, Nilsson E, Wernersson A-S (2000) Sediment and water phase toxicity andUV-activation of six chemicals used in military explosives. Aquat. Ecosyst. Health Manag3: 291–299

[103] Griest WH, Vass AA, Stewart AJ, Ho CH (1998) Chemical and toxicological characterizationof slurry reactor biotreatment of explosives-contaminated soils. Technical reportSFIM-AEC-ETCR-96186. U. S. Army Environmental Center, Aberdeen, MD

[104] Sims JG, Steevens JA (2008) The role of metabolism in the toxicity of 2,4,6-trinitrotolueneand its degradation products to the aquatic amphipod Hyalella azteca. Ecotoxicol EnvironSaf 70:38–46

[105] Snell TW, Moffat BD (1992) A 2-d life cycle test with the totifer Brachionus calyciflorus. Environ Toxicol Chem 11:1249–1257

[106] Davenport R, Johnson LR, Schaeffer DJ, Balbach H (1994) Phototoxicology. 1. Light-enhanced toxicity of TNT and some related compounds to Daphnia magna andLytechinus variagatus embryos. Ecotoxicol Environ Saf 27:14–22

[107] Rosen G, Lotufo GR (2007) Bioaccumulation of explosive compounds in the marine mussel, Mytilus galloprovincialis. Ecotoxicol Environ Saf 68:237–245

[108] Won WD, DiSalvo LH, Ng J (1976) Toxicity and mutagenicity of 2,4,6-trinitrotolueneandits microbial metabolites. Appl Environ Microbiol 31:576–580

[109] Gust KA, Najar FZ, Habib T, Lotufo GR, Piggot AM, Fouke BW, Laird JG, Wilbanks MS, Rawat A, Indest KJ, Roe BA, Perkins EJ (2014) Coral-zooxanthellae meta-transcriptomicsreveals integrated response to pollutant stress. BMC Genom 15:591

[110] Rosen G, Lotufo GR (2007) Toxicity of explosive compounds to the marine mussel, Mytilusgalloprovincialis, in aqueous exposures. Ecotoxicol Environ Saf 68:228–236

[111] Toussaint MW, Shedd TR, van der Schalie WH, Leather GR (1995) A comparison ofstandard acute toxicity tests with rapid - screening toxicity tests. Environ Toxicol Chem14 (5):907–915476 G. R. Lotufo

[112] Conder JM, La Point TW, Steevens JA, Lotufo GR (2004) Recommendations for theas-

sessment of TNT toxicity in sediment. Environ Toxicol Chem 23:141-149

[113] Johnson LR, Davenport R, Balbach H, Schaeffer DJ (1994) Phototoxicology. 3. Comparative toxicity of trinitrotoluene and aminodinitrotoluenes to Daphnia magna, Dugesia dorotocephala, and sheep erythrocytes. Ecotoxicol Environ Saf 27:34-49

[114] Deneer JW, Seinen W, Hermens JL (1988) Growth of Daphnia magna exposed to mixturesof chemicals with diverse modes of action. Ecotoxicol Environ Saf 15:72-77

[115] Liu DH, Spanggord RJ, Bailey HC (1976) Toxicity of TNT wastewater (pink water) toaquatic organisms. ADA0310. US Army Medical Research and Development Command, Washington, DC

[116] LeBlanc GA (1980) Acute toxicity of priority pollutants to water flea (Daphnia magna). BullEnviron Contam Toxicol 24:684-691

[117] Haley MV, Kuperman RG, Checkai RT (2009) Aquatic toxicity of 3-Nitro-1,2,4-Triazol-5-one. ECBC-TR-726. US Army Research, Development and Engineering Command, Edgewood Chemical Biological Center, Aberdeen Proving Ground, MD

[118] Bentley RE, Dean JW, Ellis SJ, Hollister TA, Leblanc GA, Sauter S, Sleight BH (1977) Laboratory evaluation of the toxicity of cyclotrimethylene trinitramine (RDX) to aquaticorganisms. ADA 061730. US Army Medical Bioengineering Research and DevelopmentLaboratory, Fort Detrick, MD

[119] Rosenblatt DH, Burrows EP, Mitchell WR, Parmer DL (1991) Organic explosives andrelated compounds. In: Huntzinger O (ed) The handbook of environmental chemistry—anthropogenic compounds, vol 3 Part G. Springer, Berlin

[120] Peters GT, Burton DT, Paulson RL, Turley SD (1991) The acute and chronic toxicity ofhexahydro-1,3,5-trinitro-1,3,5-traizine (RDX) to three freshwater invertebrates. EnvironToxicol Chem 10:1073-1081

[121] Burton DT, Turley SD (1995) Reduction of hexahydro-1,3,5-trinitro-1,3,5-triazine (RDX) toxicity to the cladoceran Ceriodaphnia dubia following photolysis in sunlight. Bull Environ Contam Toxicol 55:89-95

[122] Dave G (2003) Field test of ammunition (TNT) dumping in the ocean. In: M Munawar (ed) Quality assessment and management: insight and progress. Aquatic Ecosyst Health Manag Soc213-220

[123] Lotufo GR, Farrar JD, Inouye LS, Bridges TS, Ringelberg DB (2001) Toxicity ofsediment-associated nitroaromatic and cyclonitramine compounds to benthic invertebrates. Environ Toxicol Chem 20:1762-1771

[124] Lotufo GR, Blackburn W, Marlborough SJ, Fleeger JW (2010) Toxicity and bioaccumulationof TNT in marine fish in sediment exposures. Ecotoxicol Environ Saf 73:1720-1727

[125] Nipper M, Qian Y, Carr RS, Miller K (2004) Degradation of picric acid and 2,6-DNT inmarine sediments and waters: the role of microbial activity and ultra-violet exposure. Chemosphere 56:519-530

[126] Rosen G,Lotufo GR (2005) Toxicity and fate of two munitions constituents in spikedsediment exposures with the marine amphipod Eohaustorius estuarius. Environ ToxicolChem 24:2887-2897

[127] Steevens JA,Duke BM,Lotufo GR,Bridges TS (2002) Toxicity of the explosives2,4,6-trinitrotoluene,hexahydro-1,3,5-trinitro-1,3,5-triazine,and octahydro-1,3,5,7-tetranitro-1,3,5,7-tetrazocine in sediments to Chironomus tentans and Hyalella azteca:Low-dose hormesis and high-dose mortality. Environ Toxicol Chem 21:1475-1482

[128] Lotufo GR,Farrar JD (2005) Comparative and mixture sediment toxicity of trinitrotoluene-and its major transformation products to a freshwater midge. Arch Environ Contam Toxicol49:333-342

[129] Nipper M,Carr RS,Biedenbach JM,Hooten RL,Miller K (2002) Toxicological andchemical assessment of ordnance compounds in marine sediments and porewaters. MarPollut Bull 44:789-806 Toxicity and Bioaccumulation of Munitions Constituents in ...477

[130] Pascoe GA,Kroeger K,Leisle D,Feldpausch RJ (2010) Munition constituents: Preliminarysediment screening criteria for the protection of marine benthic invertebrates. Chemosphere81:807-816

[131] Green AS,Moore DW,Farrar D (1999) Chronic toxicity of 2,4,6-trinitrotoluene to a marinepolychaete and an estuarine amphipod. Environ Toxicol Chem 18:1783-1790

[132] Johnson MS,Salice CJ,Sample BE,Robidoux PY (2009) Bioconcentration,bioaccumulation,and biomagnification of nitroaromatic and nitramine explosives in terrestrial systems. In: Sunahara GI,Lotufo GR,Kuperman RG,Hawari J (eds) Ecotoxicology of explosives. CRC Press,Boca Raton,FL

[133] Dodard SG,Powlowski J,Sunahara GI (2004) Biotransformation of 2,4,6-trinitrotoluene (TNT) by enchytraeids (Enchytraeus albidus) in vivo and in vitro. Environ Pollut131: 263-273

[134] Renoux AY,Sarrazin M,Hawari J,Sunahara GI (2000) Transformation of 2,4,6-trinitrotoluene in soil in the presence of the earthworm Eisenia andrei. EnvironToxicol Chem 19: 1473-1480

[135] Belden JB,Lotufo GR,Chambliss CK,Fisher JC,Johnson DR,Boyd RE,Sims JG (2011) Accumulation of 14C-trinitrotoluene and related nonextractable (bound) residues in Eiseniafetida. Environ Pollut 159:1368

[136] Sarrazin M,Dodard SG,Savard K,Lachance B,Robidoux PY,Kuperman RG,Hawari J, Ampleman G,Thiboutot S,Sunahara GI (2009) Accumulation ofhexahydro-1,3,5-trinitro-1,3,5-triazine by the earthworm Eisenia andrei in a sandy loamsoil. Environ Toxicol Chem 28:2125-2133

[137] Savard K,Sarrazin M,Dodard SG,Monteil-Rivera F,Kuperman RG,Hawari J,Sunahara GI(2010) Role of soil interstitial water in the accumulation of hexahydro-1,3,5- trinitro-1,3,5-triazine in the earthworm Eisenia andrei. Environ Toxicol Chem 29:998-1005

[138] Lotufo GR, Farrar JD, Biedenbach JM, Laird JG, Krasnec MO, Lay C, Morris JM, Gielazyn ML (2016) Effects of sediment amended with deepwater horizon incident slick oilon the infaunal amphipod Leptocheirus plumulosus. Mar Pollut Bull 109:253-258

[139] Lotufo GR, Coleman JG, Harmon AR, Chappell MA, Bednar AJ, Russell AL, Smith JC, Brasfield SM (2016) Accumulation of 2,4-dinitroanisole in the earthworm Eisenia fetida-from chemically spiked and aged natural soils. Environ Toxicol Chem 35:1835-1842

[140] Lotufo GR, Belden JB, Fisher JC, Chen SF, Mowery RA, Chambliss CK, Rosen G (2016) Accumulation and depuration of trinitrotoluene and related extractable and nonextractable (bound) residues in marine fish and mussels. Environ Pollut 210:129-136

[141] Brentner LB, Mukherji ST, Walsh SA, Schnoor JL (2010) Localization ofhexahydro-1,3,5-trinitro-1,3,5-triazine (RDX) and 2,4,6-trinitrotoluene (TNT) in poplarand switch-grass plants using phosphor imager autoradiography. Environ Pollut 158:470-475

[142] Schneider K, Oltmanns J, Radenberg T, Schneider T, Pauly-Mundegar D (1996) Uptake ofnitroaromatic compounds in plants. Environ Sci Pollut R 3:135-138

[143] Vila M, Lorber-Pascal S, Laurent F (2007) Fate of RDX and TNT in agronomic plants. Environ Pollut 148:148-154

[144] Chen D, Liu Z, Banwart W (2011) Concentration-dependent RDX uptake and remedi-ationby crop plants. Environ Sci Pollut Res 18:908-917

[145] Price RA, Pennington JC, Larson SL, Neumann D, Hayes CA (2002) Uptake of RDX andTNT by agronomic plants. Soil Sed Contam 11:307-326

[146] Schoenmuth B, Mueller JO, Scharnhorst T, Schenke D, Buttner C, Pestemer W (2014) Elevated root retention of hexahydro-1,3,5-trinitro-1,3,5-triazine (RDX) in coniferous trees. Environ Sci Pollut R 21:3733-3743

[147] Groom CA, Halasz A, Paquet L, Olivier L, Dubois C, Hawari J (2002) Accumulation ofHMX (octahydro-1,3,5,7-tetranitri-1,3,5,7-tetrazocine) in indigenous and agricultural plantsgrown in HMX-contaminated anti-tank firing-range soil. Environ Sci Technol 36:112-118

[148] Yoon JM, Van Aken B, Schnoor JL (2006) Leaching of contaminated leaves following-uptake and phytoremediation of RDX, HMX, and TNT by Poplar. Int J Phytoremediat8:81-94478 G. R. Lotufo

[149] Harvey SD, Fellows RJ, Cataldo DA, Bean RM (1993) Analysis of the explosive2,4,6-trinitrophenylmethylnitramine (tetryl) in bush bean plants. J Chromatogr A 630:167-177

[150] Richard T, Weidhaas J (2014) Dissolution, sorption, and phytoremediation of IMX-101explosive formulation constituents: 2,4-dinitroanisole (DNAN), 3-nitro-1,2,4-triazol-5-one(NTO), and nitroguanidine. J Hazard Mater 280:561-569

[151] Ballentine ML, Ariyarathna T, Smith RW, Cooper C, Vlahos P, Fallis S, Groshens TJ, Tobias C (2016) Uptake and fate of hexahydro-1,3,5-trinitro-1,3,5-triazine (RDX) in coastalmarine biota determined using a stable isotopic tracer, 15N—[RDX]. Chemo-

sphere 153:28-38

[152] Ballentine M, Tobias C, Vlahos P, Smith R, Cooper C (2015) Bioconcentration of TNT andRDX in coastal marine biota. Arch Environ Contam Toxicol 68:718-728

[153] Belden JB, Lotufo GR, Lydy MJ (2005) Accumulation of hexahydro-1,3,5-trinitro-1,3,5-triazine in channel catfish (Ictalurus punctatus) and aquatic oligochaetes (Lumbriculus variegatus). Environ Toxicol Chem 24:1962-1967

[154] Lotufo GR (2011) Whole-body and body-part-specific bioconcentration of explosivecompounds in sheepshead minnows. Ecotoxicol Environ Saf 74:301-306

[155] Lotufo GR, Biedenbach JM, Sims JG, Chappell P, Stanley JK, Gust KA (2015) Bioaccumulation kinetics of the conventional energetics TNT and RDX relative toinsensitive munitions constituents DNAN and NTO in Rana pipiens tadpoles. EnvironToxicol Chem 34:880-886

[156] Ownby DR, Belden JB, Lotufo GR, Lydy MJ (2005) Accumulation of trinitrotoluene (TNT) in aquatic organisms: Part 1—Bioconcentration and distribution in channel catfish (Ictalurus punctatus). Chemosphere 58:1153-1159

[157] Lotufo GR, Lydy MJ (2005) Comparative toxicokinetics of explosive compounds insheepshead minnows. Arch Environ Contam Toxicol 49:206-214

[158] Lang PZ, Wang Y, Chen DB, Wang N, Zhao XM, Ding YZ (1997) Bioconcentration, elimination and metabolism of 2,4-dinitrotoluene in carps (Cyprinus carpio L.). Chemosphere 35:1799-1815

[159] Wang Y, Wang ZJ, Wang CX, Wang WH (1999) Uptake of weakly hydrophobicnitroaromatics from water by semipermeable membrane devices (SPMDs) and by goldfish (Carassius auratus). Chemosphere 38:51-66

[160] Belden JB, Ownby DR, Lotufo GR, Lydy MJ (2005) Accumulation of trinitrotoluene (TNT) in aquatic organisms: Part 2—bioconcentration in aquatic invertebrates and potentialfor trophic transfer to channel catfish (Ictalurus punctatus). Chemosphere 58:1161-1168

[161] Houston JG, Lotufo GR (2005) Dietary exposure of fathead minnows to the explosives TNTand RDX and to the pesticide DDT using contaminated invertebrates. Int J Environ Res PublHealth 2:286-292

[162] Lotufo GR, Blackburn W (2010) Bioaccumulation of TNT and DDT in sheepsheadminnows, Cyprinodon variegatus L., following feeding of contaminated invertebrates. BullEnviron Contam Toxicol 84:545-549

[163] Rosen G, Wild B, George R., Belden JB, Lotufo GR (2017) Optimization and fielddemonstration of a passive sampling technology for monitoring conventional munitionsconstituents in aquatic environments. Mar Technol Soc J (in press)

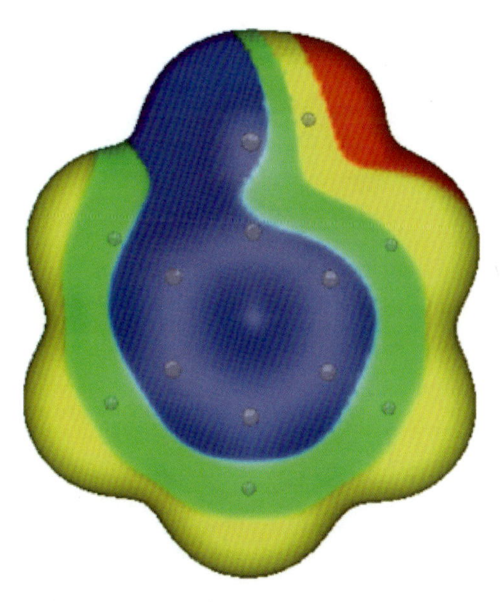

图 1.2　电子密度 0.001au 等高线定义的苯酚分子表面静电势计算值

注:羟基处于高位;表面内的核位置用灰色小球表示;彩色区的静电势,红色区>20kcal/mol,黄色区 0~20kcal/mol,绿色区-10~0kcal/mol,蓝色区<-10kcal/mol;表面中心区均为负值;最高正电势(红色区)与羟基上的氢原子有关。

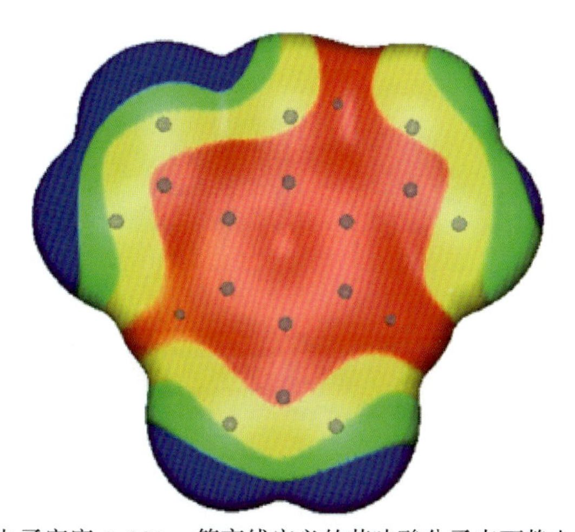

图 1.3　电子密度 0.001au 等高线定义的苦味酸分子表面静电势计算值

注:羟基处于高位;表面内的核位置用灰色小球表示;彩色区的静电势,红色区>20kcal/mol,黄色区 0~20kcal/mol,绿色区 -10~0kcal/mol,蓝色区<-10kcal/mol;高正电势(红色区)位于环和 C-NO_2键上方和下方;周围负电势与氧原子有关。

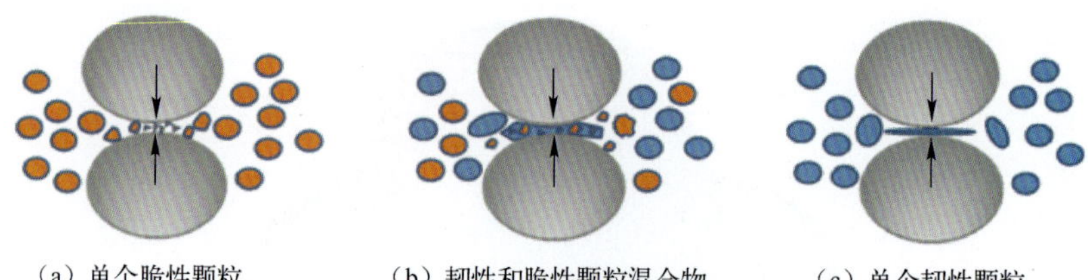

图 5.7　在高能机械研磨过程中截留的粉末颗粒引起的形态变化[23]

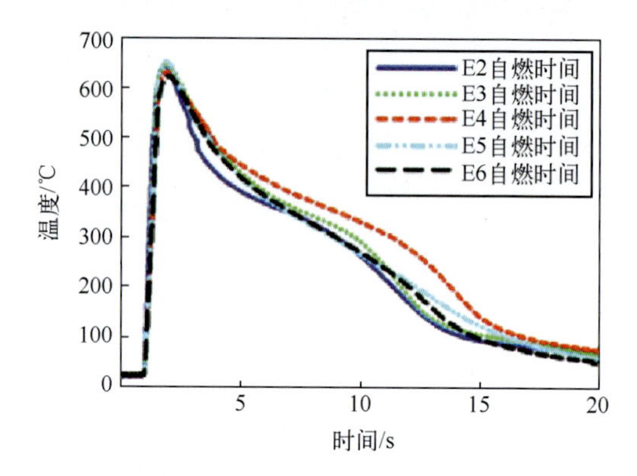

图 5.16　五种铁/陶瓷(硅酸铝)复合基材的动态燃烧特性

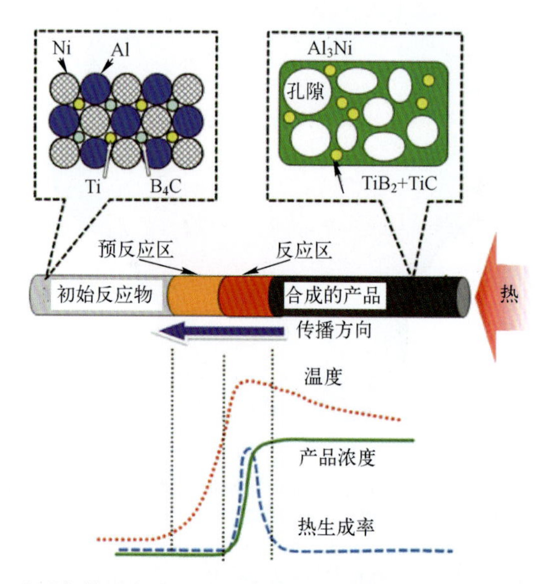

图 5.19　采用自蔓延发泡工艺用分子筛合成多孔 Al-Ni 金属间化合物[59]

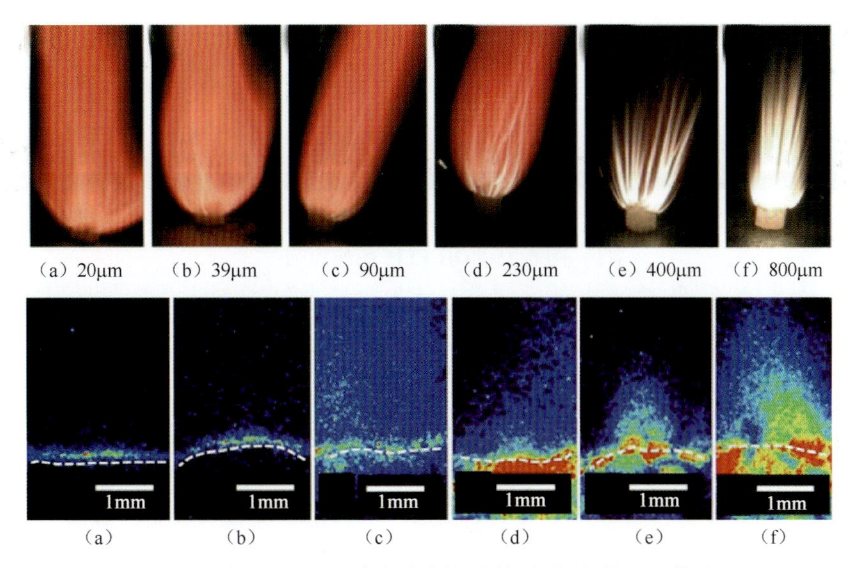

图 6.10　在 1atm 下的单峰分布推进剂(根据文献[77]修改)

注:上行为推进剂火焰的可视化结构,下行为 PLIF 结构。

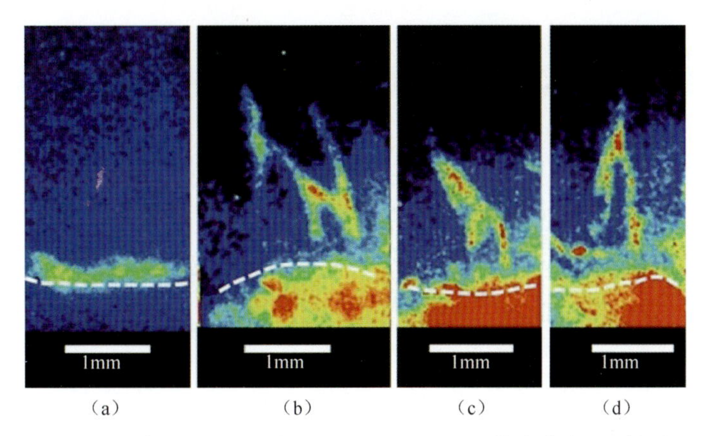

图 6.13　在 0.5MPa 压力下,20μm 和 790μm 单峰分布 AP 推进剂上方的火焰结构[77]

注:白色虚线置于推进剂表面以下。

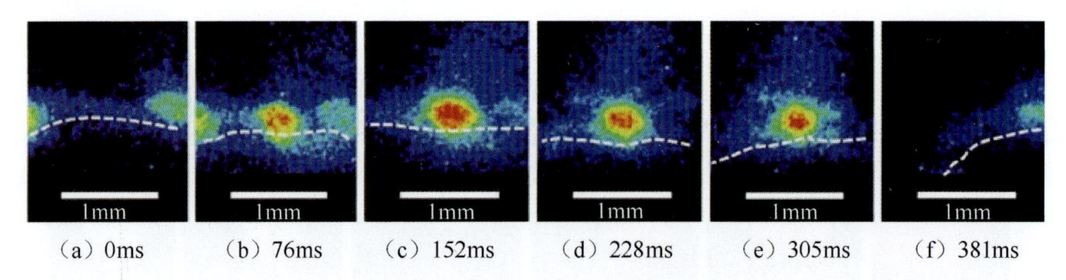

图 6.15　OH PLIF 图像序列

注:气相 OH 的浓度与推进剂表面的 AP 晶体一样明显。将白色虚线放在推进剂表面以下区域作为参考点。Isert et al.[61] 和 Hedman[62] 的研究也得到了类似的结果。

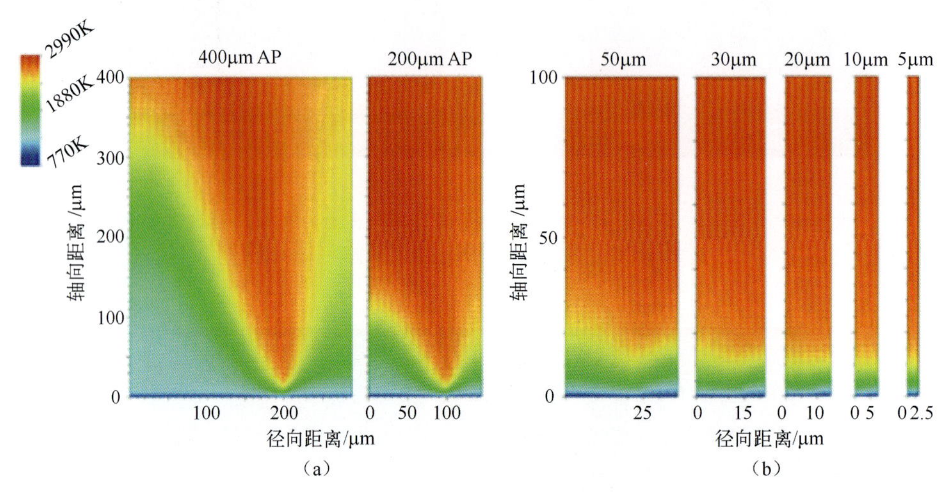

图 6.20　在 20atm 下,86%的 AP 复合推进剂的表面温度曲线[45]

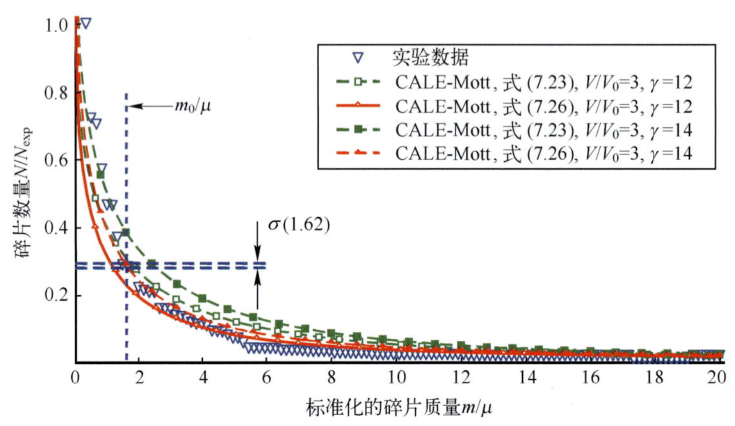

图 7.5　药型 A,碎片累计数与 m/μ(不同的 γ,用式(7.19)和式(7.22)进行 CALE-Mott 分析)

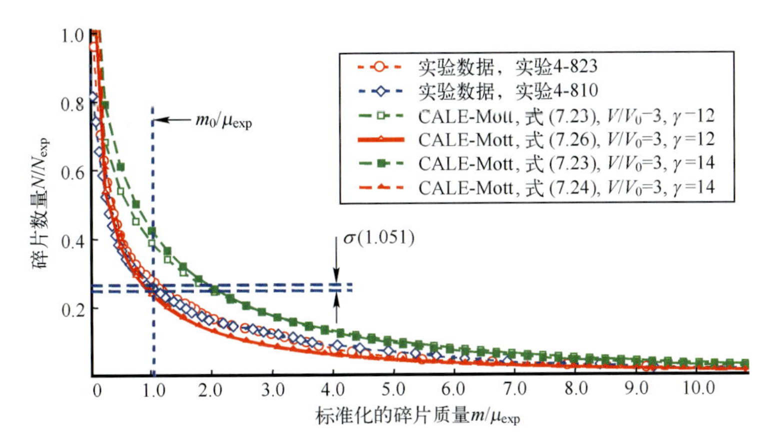

图 7.10　药型 B,碎片的累计数量与标准化碎片质量 m/μ_{exp} 的关系

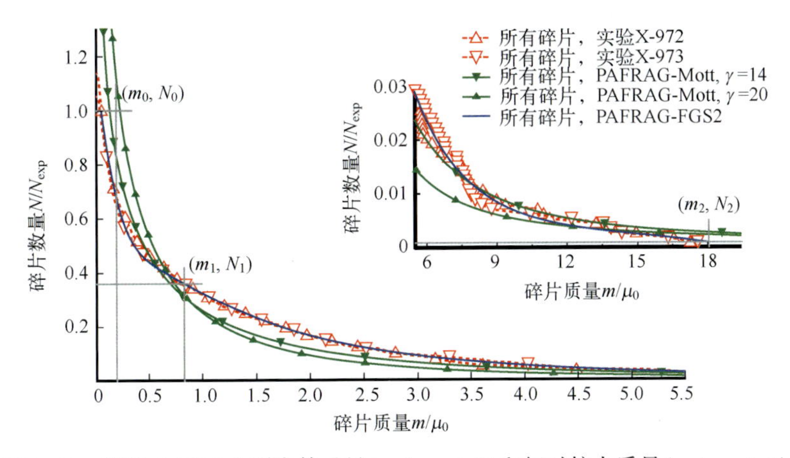

图 7.12　药型 C,对于小到中等重量(m/m_0<5.5)和相对较大质量(m/m_0>5.5)的碎片,碎片的累积数量与碎片质量的关系 $N=N(m)$

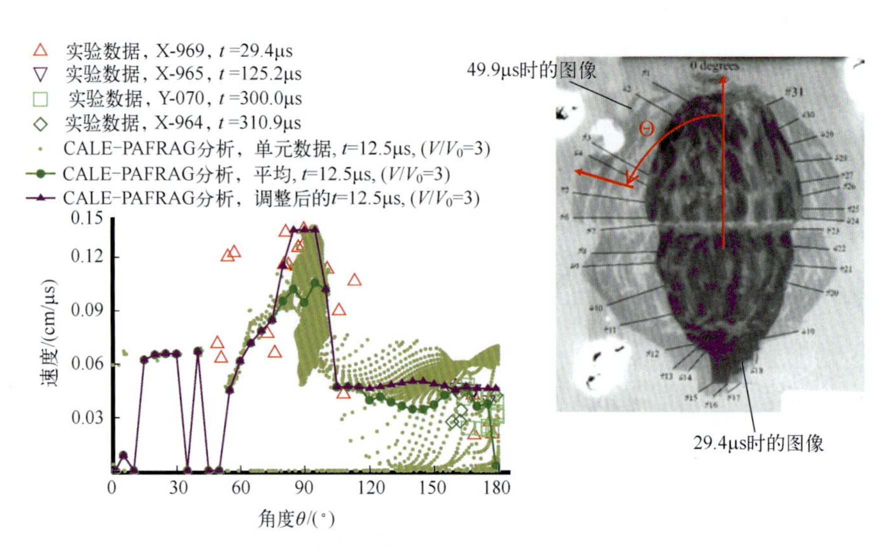

图 7.13　药型 C，爆轰后，在 29.4μs 和 49.9μs（试验编号 X-969）下，碎片速度与碎片喷射角 θ 的关系以及闪光射线图像

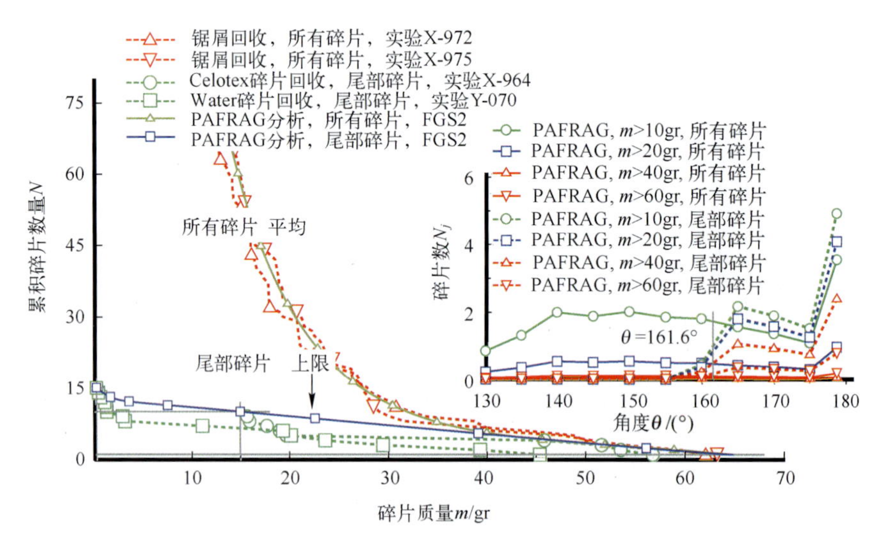

图 7.15　药型 C，“所有碎片”和“仅尾部”（θ>161.6°）分布的碎片累积数量与碎片质量以及碎片数量与 θ 的关系

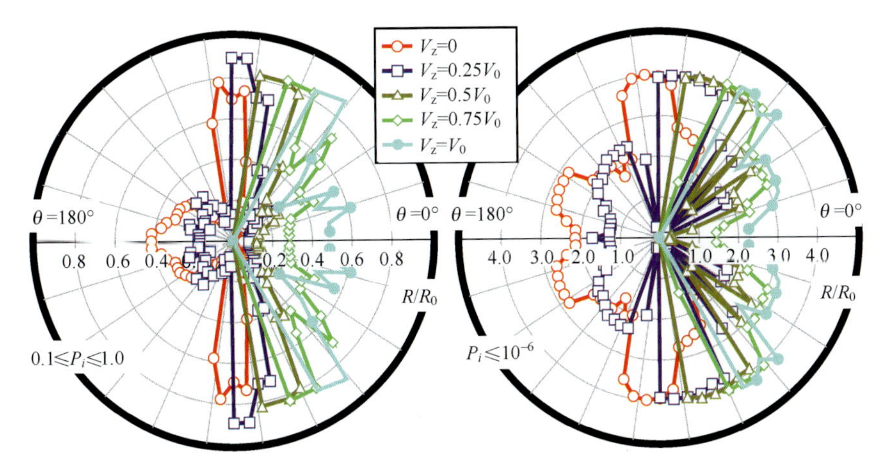

图 7.16 药型 C,“全部碎片”和“仅尾部”(H>161.6°)分布的碎片,其碎片累积数量与碎片质量的关系和碎片数量与 θ 的关系

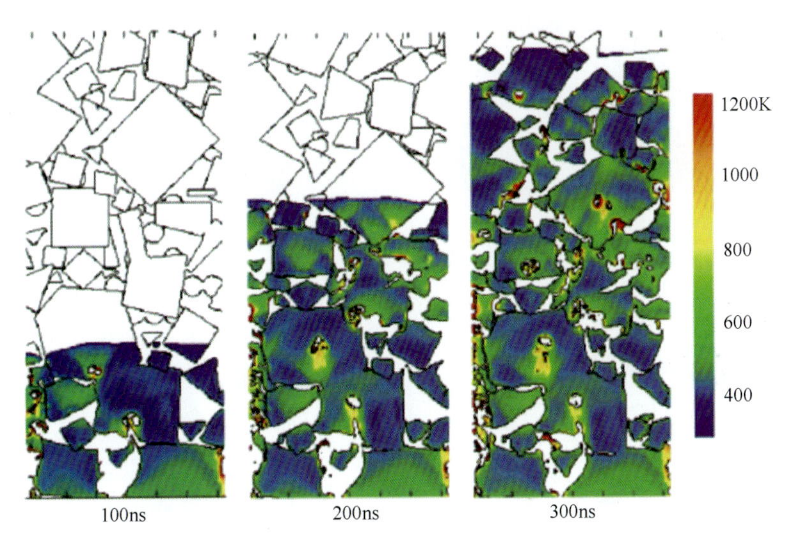

图 8.3 在 1000m/s 冲击条件下基于 HMX 的 PBX 的计算温度场

注:在这些图像中,为清楚起见,删除了聚氨酯黏结剂和孔洞空间。局部加热源于晶间孔洞塌缩和物质喷射的无弹性作用[11]。

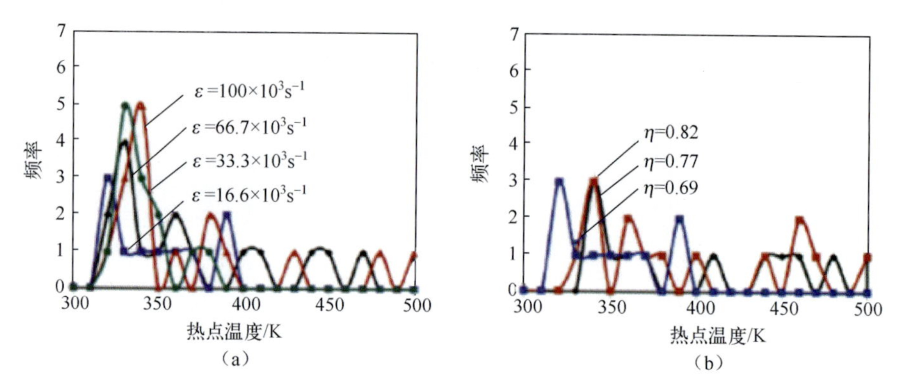

图 8.4 基于 HMX 的 PBX 在动态压缩条件下模拟的总应变率，以及含能材料体积分数对热点温度分布的影响

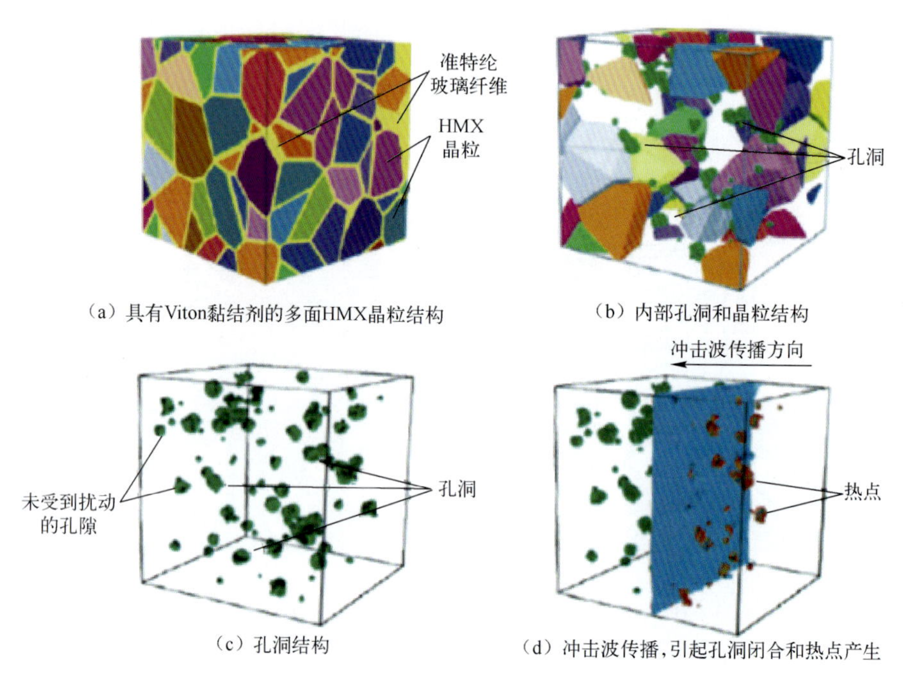

图 8.5 在对详细微观结构进行的三维模拟中，冲击载荷下形成的热点[35]

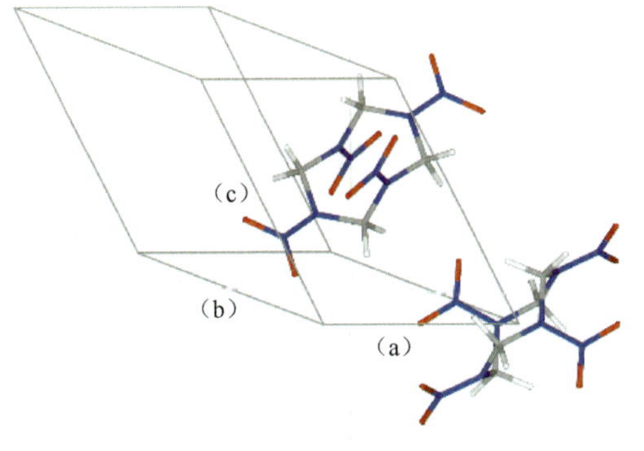

图 8.9　空间群 $P2_1=c$ 中的 β-HMX(单斜晶体结构)晶胞

注:原子用颜色标记为:C(灰色),H(白色),N(蓝色),O(红色)。
HMX 分子在此阶段表现出椅子样构象

图 8.10　当冲击波(9.4GPa)使 β-HMX 晶体中的单个孔(1μm)塌缩时产生的压力和温度场(参考实例模拟参数。时间原点与冲击波到达孔左侧[75]相一致)

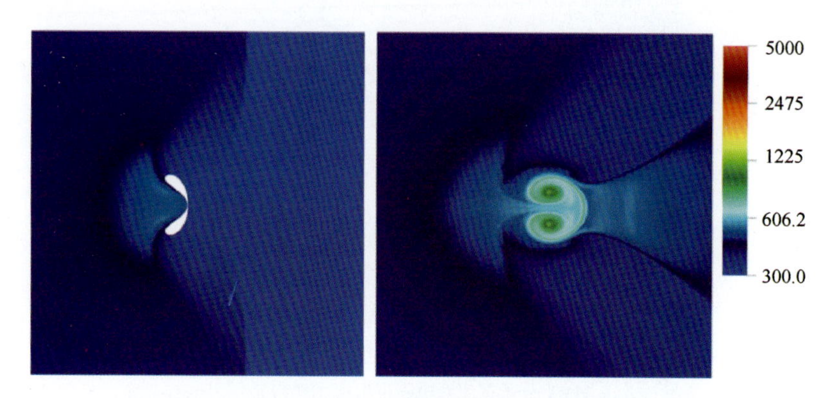

图 8.12　使用与速率无关/各向同性的强度模型(参考实例模拟参数)模拟孔洞塌缩时获得的温度场(闭合过程和局部化程度与根据速率相关/晶体模型所做的预测形成鲜明对比)

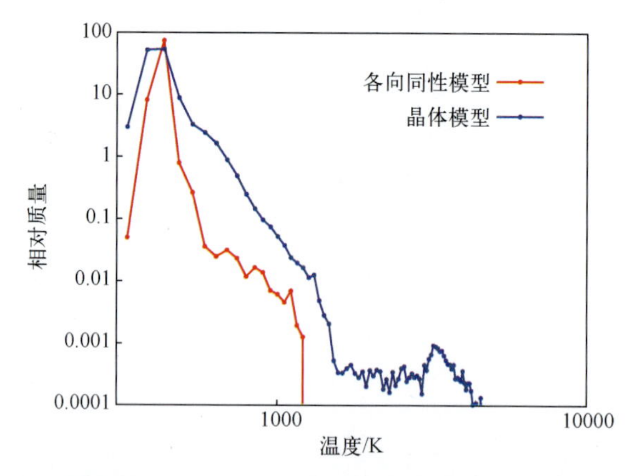

图 8.13　使用速率无关/各向同性强度模型和速率相关/晶体模型模拟孔洞塌缩时计算(在对数-对数空间中)的温度直方图

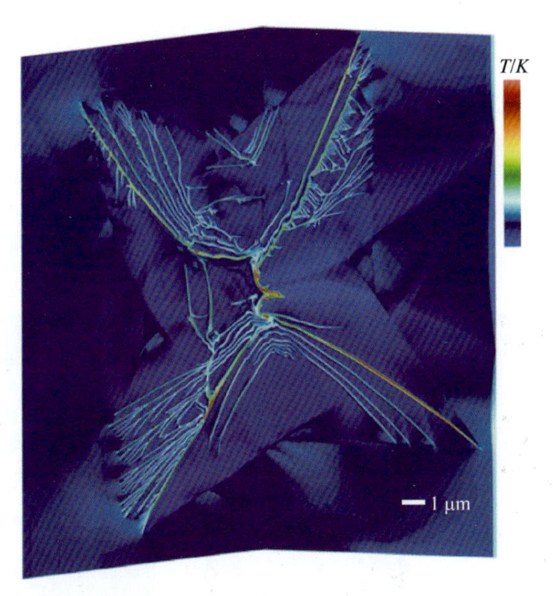

图 8.14　在较高液体黏度(22.0cP)的情况下计算出的温度场[75]

注:由于机械耗散增加,在中心热点(孔洞塌缩区域)和剪切带中都发生反应

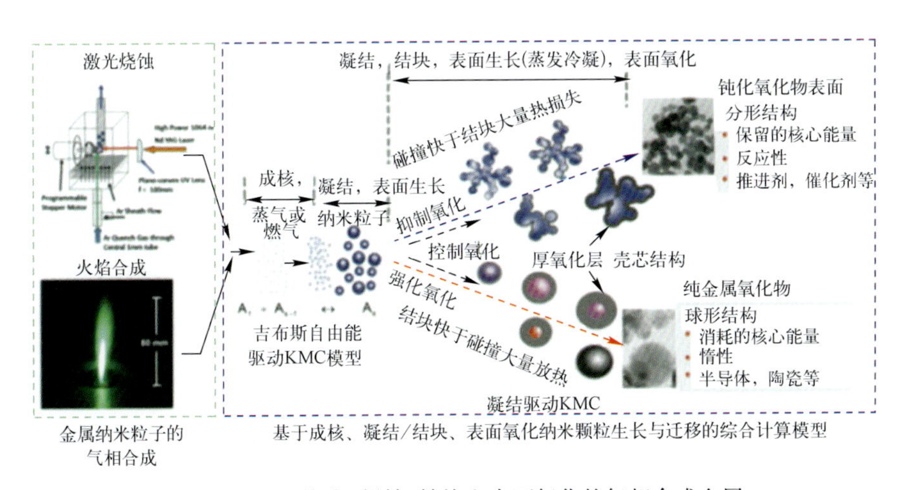

图 9.1　基于核化、凝结/结块和表面氧化的气相合成金属纳米粒子的生长和迁移计算模型

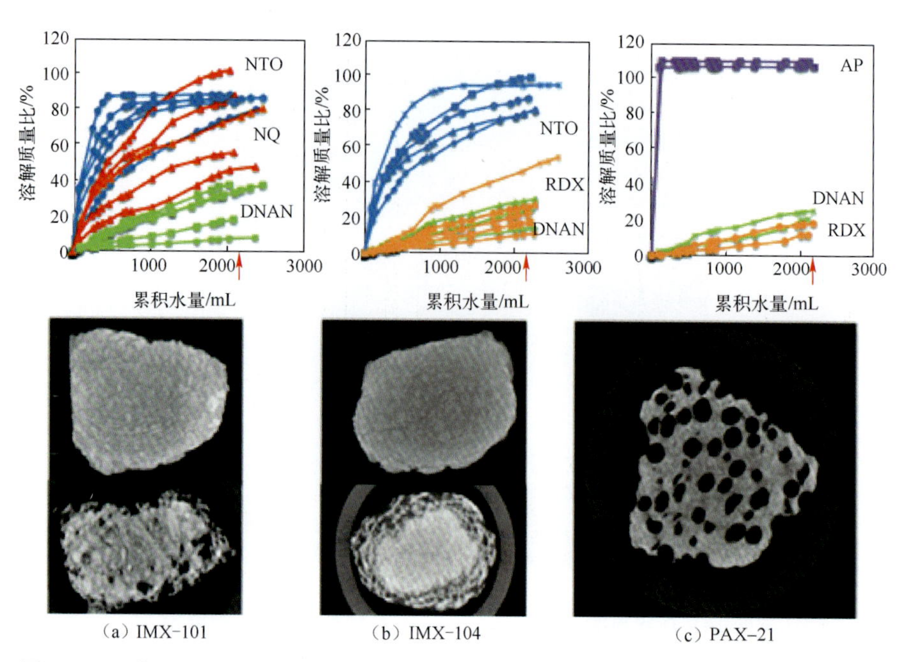

图 12.8 5 块 IMX-101、5 块 IMX-104 和 2 块 PAX-21 的溶解质量与析出体积的关系，分别为 NTO(蓝色)、NQ(橙色)、DNAN(绿色)、RDX(红色)、AP(紫色)[16]

注：微型计算机断层扫描图像是在测试开始和测试接近结束时拍摄的(红色箭头)。没有显示 PAX-21 的初始 μCT 图像，因为 AP 晶体外观十分明亮，会产生低质量的图像

图 12.14 Mark et al.[54]和 Arthur et al.[52]将从这些地点收集的土壤用于钝感弹药批次和柱的研究

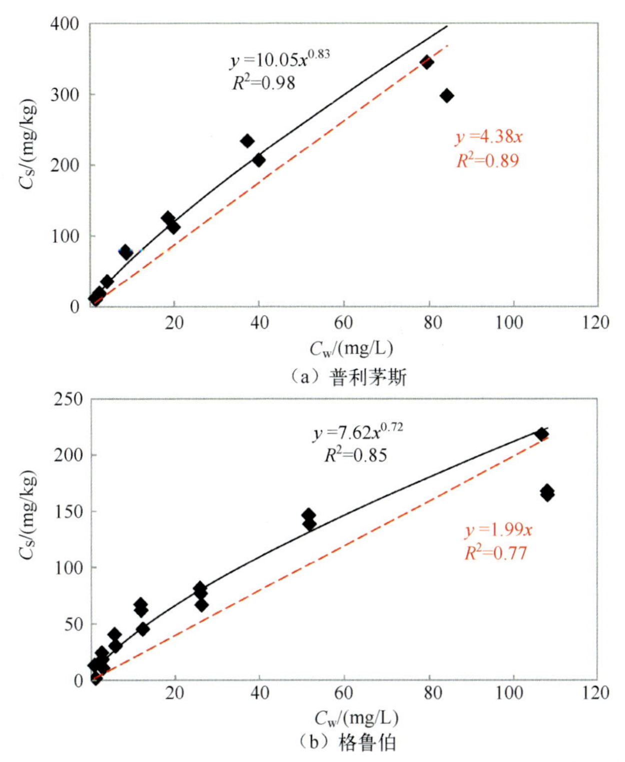

图 12. 18　普利茅斯和格鲁伯营地土壤中 DNAN 的吸附等温线

注:红色虚线表示线性吸附等温线与测得的吸附数据的拟合线(方程用红色表示),黑色实线是弗伦德里希等温线与方程式拟合的结果,用黑色表示。